Formeln

Frequenz	$f = \frac{1}{T}$
Kreisfrequenz	$\omega = 2 \cdot \pi \cdot f$
Wellenlänge	$\lambda = \frac{c}{f}$
Geschwindigkeit	$v = \frac{s}{t}$
Arbeit, Energie	
– mechanisch	$W = F \cdot s$
– elektrisch	$W = U \cdot I \cdot t$
Leistung	$P = \frac{W}{t}$
– mechanisch	$P = \frac{F \cdot s}{t}$
– elektrisch	$P = U \cdot I$
	$P = \frac{U^2}{R}$
	$P = I^2 \cdot R$
	$P = \frac{\hat{u} \cdot \hat{\imath}}{2}$
Wirkungsgrad	$\eta = \frac{P_{ab}}{P_{zu}}$
Elektrische Spannung	$U = \frac{W}{Q}$
Elektrische Stromstärke	$I = \frac{Q}{t}$
Induktivität	$L = \frac{\mu_o \cdot \mu_r \cdot N^2 \cdot A}{l}$
A_L-Wert	$L = A_L \cdot N^2$
Induktionsspannung	$u = N \frac{\Delta \Phi}{\Delta t}$
	$u = L \frac{\Delta I}{\Delta t}$
Elektrische Feldstärke	$E = \frac{F}{Q}$; $E = \frac{U}{l}$
Elektrische Kapazität	$C = \frac{Q}{U}$
Kapazität des Plattenkondensators	$C = \frac{\varepsilon_r \cdot \varepsilon_o \cdot A}{d}$
Parallelschaltung von Kondensatoren	$C_g = C_1 + C_2 + \ldots + C_n$
Reihenschaltung von Kondensatoren	$\frac{1}{C_g} = \frac{1}{C_1} + \frac{1}{C_2} + \ldots + \frac{1}{C_n}$
Elektrischer Widerstand	$R = \frac{\varrho \cdot l}{q}$; $R = \frac{l}{\varkappa \cdot q}$; $R = \frac{1}{G}$

Formeln

Leitwert	$G = \frac{1}{R}$
Ohmsches Gesetz	$I = \frac{U}{R}$; $R = \frac{U}{I}$; $U = I \cdot R$
Augenblickswert einer Wechselspannung	$u = \hat{u} \cdot \sin \omega \cdot t$
Effektivwerte bei Wechselspannung	$U = \frac{\hat{u}}{\sqrt{2}}$; $I = \frac{\hat{\imath}}{\sqrt{2}}$
Spannung von Spitze zu Spitze	$u_{ss} = 2 \cdot \hat{u}$
Magnetischer Fluß	$\Phi = B \cdot A$
Magnetische Feldstärke	$H = \frac{\Theta}{l} = \frac{I \cdot N}{l}$
Magnetische Flußdichte	$B = \mu_o \cdot \mu_r \cdot H$
Scheinwiderstand	$Z = \frac{U}{I}$
Induktiver Blindwiderstand	$X_L = \omega \cdot L$
Kapazitiver Blindwiderstand	$X_C = \frac{1}{\omega \cdot C}$
Zeitkonstante beim Kondensator	$\tau = R \cdot C$
Tastgrad	$D = \frac{t_i}{T}$
Grenzfrequenz (RC-Glied)	$f_g = \frac{1}{2 \cdot \pi \cdot R \cdot C}$
Resonanzfrequenz	$f_o = \frac{1}{2\pi \sqrt{L \cdot C}}$
Umrechnung von Reihenschaltung in Parallelschaltung (RL-Glied)	$R_{par} = R_{ser}(1 + Q^2)$
	$X_{L\,par} = X_{L\,ser}\left(1 + \frac{1}{Q^2}\right)$
Bandbreite	$B = f_{go} - f_{gu}$
	$B = \frac{f_o}{Q}$
Transformator, Übertrager	$\ddot{u} = \frac{U_1}{U_2}$
	$\ddot{u} = \frac{I_2}{I_1}$
	$\ddot{u}^2 = \frac{R_1}{R_2}$ bzw. $\frac{Z_1}{Z_2}$
Differentieller Widerstand	$r = \frac{\Delta U}{\Delta I}$
	$r = \frac{u}{i}$

Vorwort

Die Kommunikationselektronik ist kein eindeutig abgrenzbarer Bereich innerhalb der Elektrotechnik. Sie befaßt sich im wesentlichen mit funktechnischen, telekommunikationstechnischen und informationstechnischen Problemen. Es ist deshalb nicht sinnvoll, diese weitverzweigten Gebiete durch ein einzelnes Lehrbuch vollständig abzudekken. Deshalb sind in dem vorliegenden Band zunächst die wichtigsten und gemeinsamen Grundlagen der Fachbildung zusammengefaßt worden.

Der vorliegende Band Kommunikationselektronik I baut auf den Band Elektrotechnik Grundbildung E auf und setzt die dort eingeschlagene Konzeption fort. Er richtet sich an Auszubildende des zweiten Ausbildungsjahres kommunikationselektronischer Berufe in Industrie und Handwerk (z.B. Fachrichtung Informationstechnik Telekommunikationstechnik und Funktechnik; sowie Radio- und Fernsehtechniker und Fernmeldeanlagenelektroniker). Das Buch ist aber auch für die Erarbeitung grundlegender elektronischer Kenntnisse in verschiedenen technischen Berufen einsetzbar. Darüber hinaus kann es im Unterricht der Fachoberschule, entsprechender Fachschulen und im Fachgymnasium verwendet werden.

Praxisnähe, Problemorientierung, Veranschaulichung und mehrfarbige Abbildungen sowie eine ausführliche und erklärende Darstellungsweise mit Experimenten sollen zum Lernen motivieren.

Das Buch ist so gestaltet, daß es außer der Unterstützung des Unterrichts auch der Weiterbildung und selbständigen Erarbeitung von technischen Zusammenhängen dienen kann.

Zur Festigung des Gelernten dienen Beispiele, Übersichten, Merksätze und Aufgaben. Um einen schnellen Überblick zu erleichtern und Strukturen deutlich zu machen, sind Hinterlegungen, Teilüberschriften und andere Hervorhebungen eingefügt.

Wenn es notwendig erschien und Lehrpläne einzelner Bundesländer es erforderten, wurden einige im Grundbildungsband bereits behandelten Zusammenhänge noch einmal verkürzt in die einzelnen Kapitel eingearbeitet.

Die Gliederung des Buches entspricht in seinen wesentlichen Punkten den Rahmenlehrplänen der KMK für die industriellen und handwerklichen Elektroberufe. Trotz des aufbauenden Charakters ist die Reihenfolge einiger Buchkapitel für den Unterrichtenden nicht bindend. Eine Anpassung an die jeweiligen Lehrpläne und an die methodischen Vorstellungen des Lehrers ist möglich.

Für Hinweise und Verbesserungsvorschläge sind Autoren und Verlag jederzeit aufgeschlossen und dankbar.

Autoren und Verlag Braunschweig 1989

Inhaltsverzeichnis

1 Wechselstromkreis

In der Kommunikationselektronik werden Wechselspannungen und -ströme z.B. zur Übertragung von Signalen verwendet oder zur Energieversorung von Geräten. Wechselspannungen werden durch Induktion in Großgeneratoren erzeugt (Energieversorgung) oder auf elektronischem Wege in kleinen Geräten. Zunächst soll jedoch der Induktionsvorgang behandelt werden.

1.1 Sinusförmige Spannungen und Ströme

1.1.1 Erzeugung sinusförmiger Spannungen

Ursache ⟶ **Wirkung**

magnetische Feldstärke

$H = \frac{I \cdot N}{l}$

$[H] = \frac{A}{m}$

elektrische Durchflutung

$\Theta = I \cdot N$

magnetische Flußdichte

$B = \frac{\Phi}{A}$

$[B] = \frac{Vs}{m^2} = T$

$H \cdot \mu_0 \cdot \mu_r = B$

μ_0: magnetische Feldkonstante

μ_r: Permeabilitätszahl

$\mu_0 = 1{,}256 \cdot 10^{-6} \frac{Vs}{Am}$

Wir unterscheiden zwei Arten von Induktionsvorgängen, die **Induktion der Bewegung** und die **Induktion der Ruhe.** Bei der Spannungserzeugung mit einem Generator wird die Induktion der Bewegung angewendet. Die Abb. 1 zeigt dazu einen einfachen Versuch.

Durch die Bewegung des Dauermagneten ändert sich der Fluß in der Spule. Eine Änderung des Flusses in einer bestimmten Zeit bedeutet aber nach dem Induktionsgesetz,

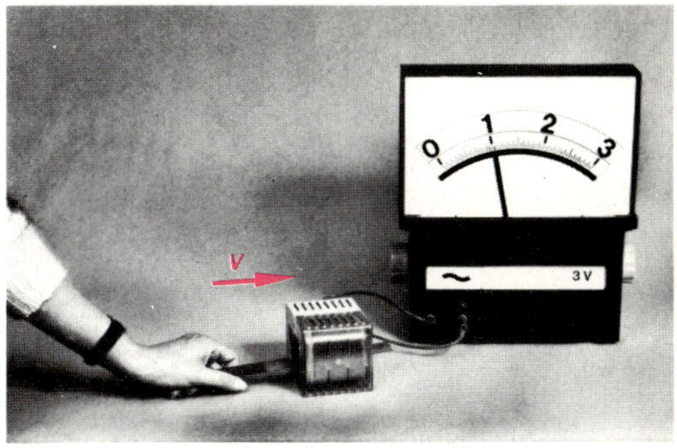

Abb. 1: Induktionsvorgang

daß in der Spule eine Spannung entsteht. Die Höhe der Spannung hängt davon ab, wie schnell sich der Fluß ändert und wie groß die Windungszahl ist. Ohne Berücksichtigung der Spannungsrichtung lautet dann das **Induktionsgesetz**

$$u = N \frac{\triangle \Phi}{\triangle t}$$

Jeder noch so kompliziert aufgebaute Generator läßt sich vereinfacht durch eine in einem Magnetfeld rotierende Leiterschleife darstellen (Abb. 2). Diese rotiert mit gleichbleibender Geschwindigkeit im homogenen (gleichbleibenden) Magnetfeld. Die Spannung wird über zwei Schleifkontakte abge-

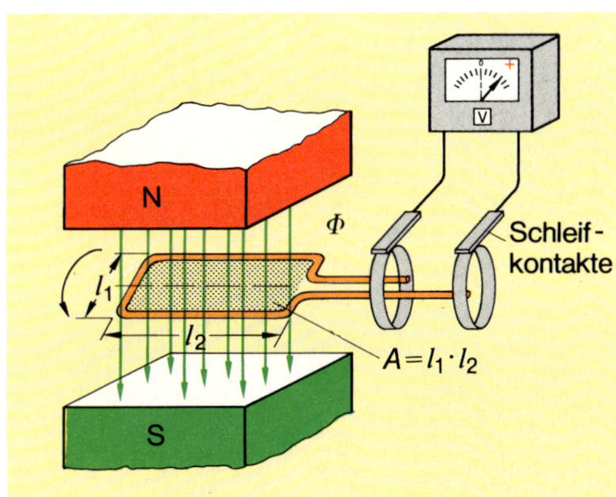

Abb. 2: Rotierende Leiterschleife im Magnetfeld zur Spannungserzeugung (Generatormodell)

nommen. Die Entstehung der Spannung soll nun erklärt werden. Dazu wird eine weitere Vereinfachung der Abb. 2; S. 11 vorgenommen, indem der Generator im Schnitt dargestellt wird. Die sich bei der Drehung ergebenden Zusammenhänge zeigt Abb. 1.

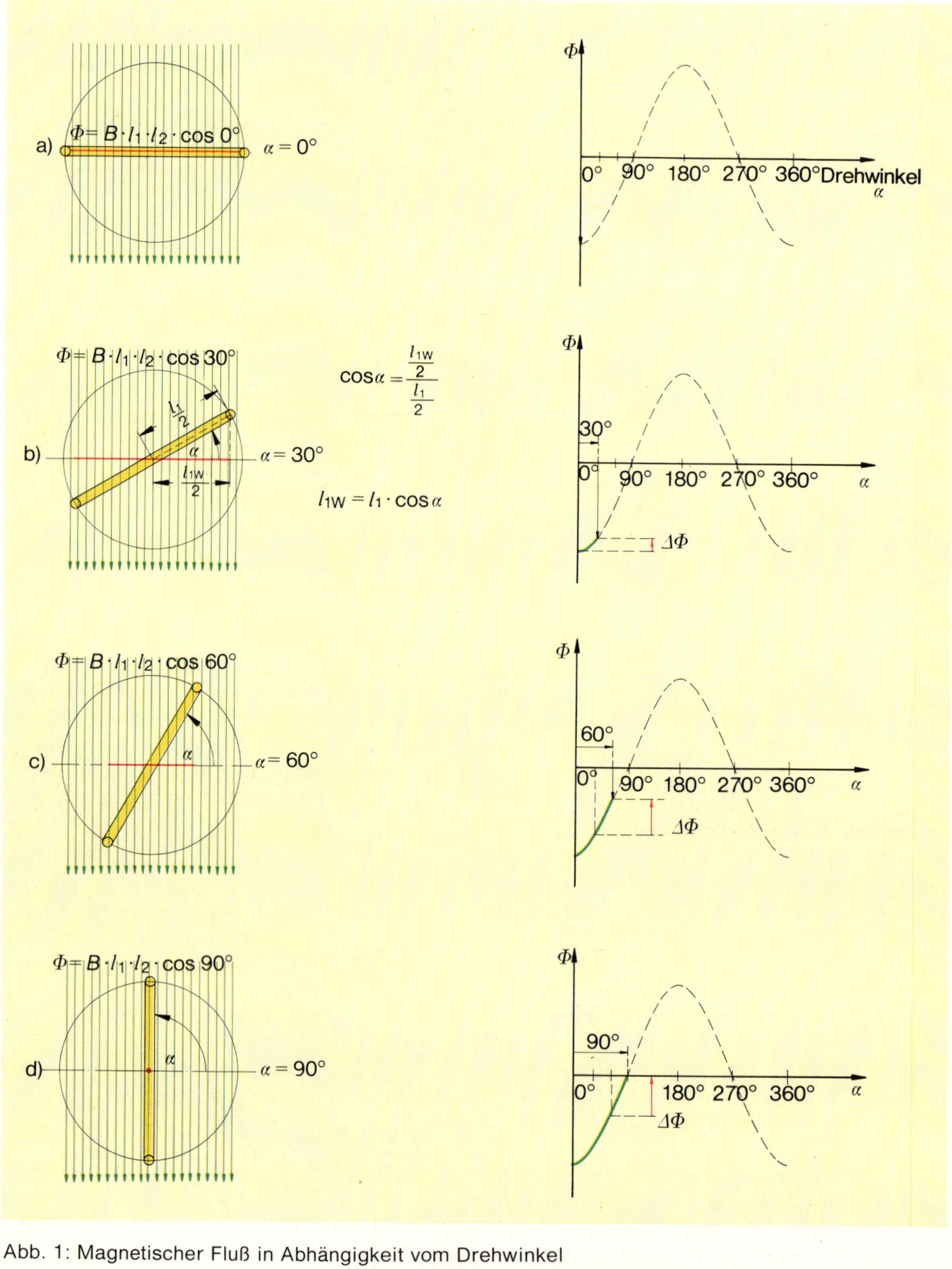

Abb. 1: Magnetischer Fluß in Abhängigkeit vom Drehwinkel

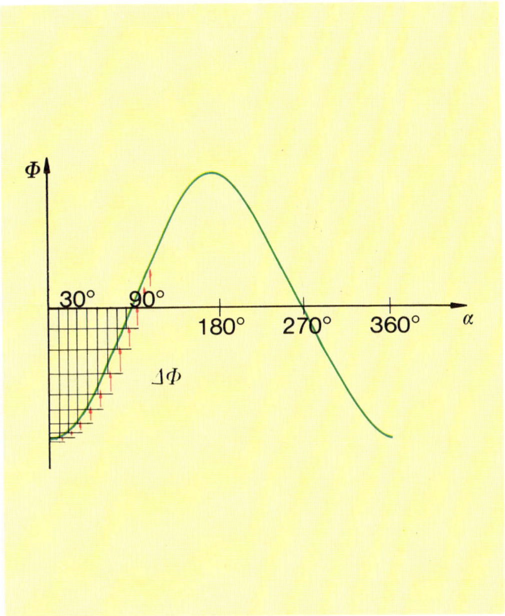

Abb. 2: Fluß und Flußabnahme zwischen 0° und 90°

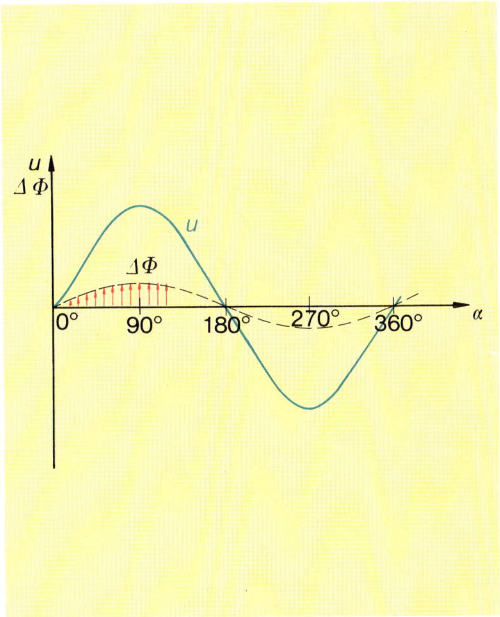

Abb. 3: Flußänderung und Spannung

Die Abb. 1a zeigt die Anfangsstellung der Leiterschleife. Darunter befinden sich die Abb. 1b bis 1d, in denen die Leiterschleife um einen Winkel von jeweils 30° weitergedreht gezeichnet wurde. Dabei wird deutlich, daß sich die Fläche, durch die der Fluß hindurchtritt, verkleinert. In der Abb. 1 wird dieses durch die rote Linie anschaulich gemacht.

Der Fluß kann mit der Formel $\Phi = B \cdot A$ berechnet werden. Bei der Spannungserzeugung bleibt die Größe B konstant, da sich die Leiterschleife in einem homogenen Feld bewegt. Die Fläche berechnet sich aus den Abmessungen der Leiterschleife mit $A = l_1 \cdot l_2$. Für l_1 darf jedoch nicht die konstante Länge eingesetzt werden, sondern die zu jeder Winkelstellung gehörende wirksame Länge l_{1w}. Sie läßt sich mit Hilfe der Cosinusfunktion berechnen (vgl. Abb. 1b). Der Fluß berechnet sich danach mit der Formel $\Phi = B \cdot l_1 \cdot l_2 \cdot \cos \alpha$. Der Fluß muß also mit zunehmendem Winkel kleiner werden, und zwar nach der Cosinusfunktion.

Die bisherigen Betrachtungen sind ohne Berücksichtigung des Vorzeichens durchgeführt worden. Berücksichtigt man dieses, dann ergeben sich die Liniendiagramme der Abb. 1. Der Fluß ist dabei in Abhängigkeit vom Drehwinkel α dargestellt. Da sich im Verlauf einer Umdrehung die Flußrichtung durch die Leiterschleife ändert, wechselt auch die Polarität der Spannung. Es entsteht eine Wechselspannung.

Für die induzierte Spannung ist nach dem Induktionsgesetz die Änderung des Flusses in einer bestimmten Zeit (Änderungsgeschwindigkeit) verantwortlich. Die Änderung des Flusses $\Delta\Phi$ ist in Abb. 2 für gleichbleibende Zeitabschnitte Δt bzw. Winkeländerungen an verschiedenen Stellen der Flußkurve eingezeichnet. Es wird dabei deutlich, daß die Abnahme nicht konstant ist, sondern mit zunehmendem Winkel ebenfalls zunimmt. Die Änderung ist bei 0° Null und bei 90° am größten. Die Spannung muß demnach bei 0° ebenfalls Null und bei 90° maximal sein. Trägt man diese Änderungen des Flusses in positiver Richtung in ein Diagramm ein (Abb. 3, vergrößerter Maßstab und gleichbleibende Winkel- bzw. Zeitabschnitte), dann erhält man bereits den Verlauf der Spannung. Er ist ein sinusförmiger Spannungsverlauf.

Bewegt man eine Leiterschleife in einem homogenen Magnetfeld auf einer Kreisbahn, dann entsteht eine sinusförmige Spannung.

Unklar bleibt bisher noch die Polarität der Spannung. Sie läßt sich jedoch mit der **Lenzschen Regel** erklären, die durch die Zeichnungen von Versuchen der Abb. 1 verdeutlicht wird.

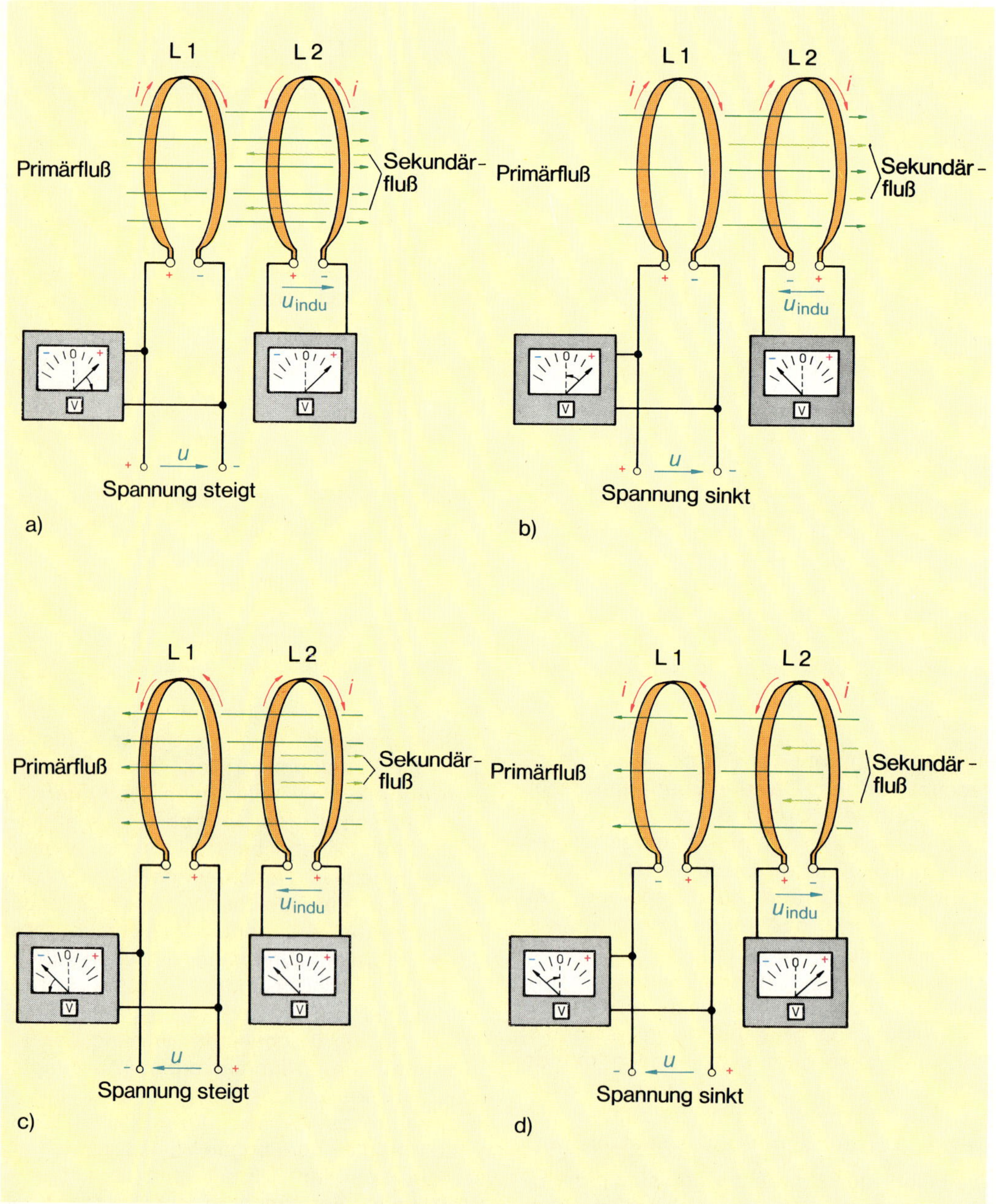

Abb. 1: Veranschaulichung der Lenzschen Regel

Bei ansteigender Spannung (z. B. Einschalten) ist der Strom in der Sekundärspule L2 so gerichtet, daß das Sekundärfeld dem erzeugenden Feld entgegen wirkt (Abb. 1a und c).

Das primäre Feld wird geschwächt. Die Polarität der Induktionsspannung ergibt sich dann aus der Stromrichtung.

Verringert sich die Spannung (z. B. Abschalten) dann fließen beide Ströme in die gleiche Richtung. Das sekundäre Feld ist bestrebt, die Abnahme auszugleichen (Abb. 1b und d). Die Polarität der Induktionsspannung ergibt sich wieder aus der Stromrichtung.

Die Primärspule kann durch einen Dauermagneten ersetzt werden. Um die gleichen Wirkungen zu erzielen, müßte in Abb. 1a ein Dauermagnet in die Richtung der Spule L2 bewegt werden. Der Fluß steigt dabei an. In Abb. 1b müßte er von der Spule wegbewegt werden. Der Nordpol muß in beiden Fällen zur Spule L2 hinzeigen.

> Die induzierte Spannung bewirkt einen Strom, der stets so gerichtet ist, daß sein magnetisches Feld der Ursache des Induktionsvorganges entgegen wirkt.

In Abb. 2 sind zwei Zustände für $\alpha = 30°$ und für $\alpha = 330°$ gezeichnet. Im ersten Fall nimmt der Fluß ab. Diese Verringerung bewirkt eine Induktionsspannung und einen Strom durch den Leiter, dessen Magnetfeld der Verringerung entgegenwirkt. Die beiden Felder gehen deshalb in die gleiche Richtung. Die Richtung des Stromflusses und damit die Polarität an den Anschlüssen kann so festgestellt werden. Abb. 1; S. 16 zeigt dazu den Stromverlauf und die Spannungsrichtung in der Leiterschleife.

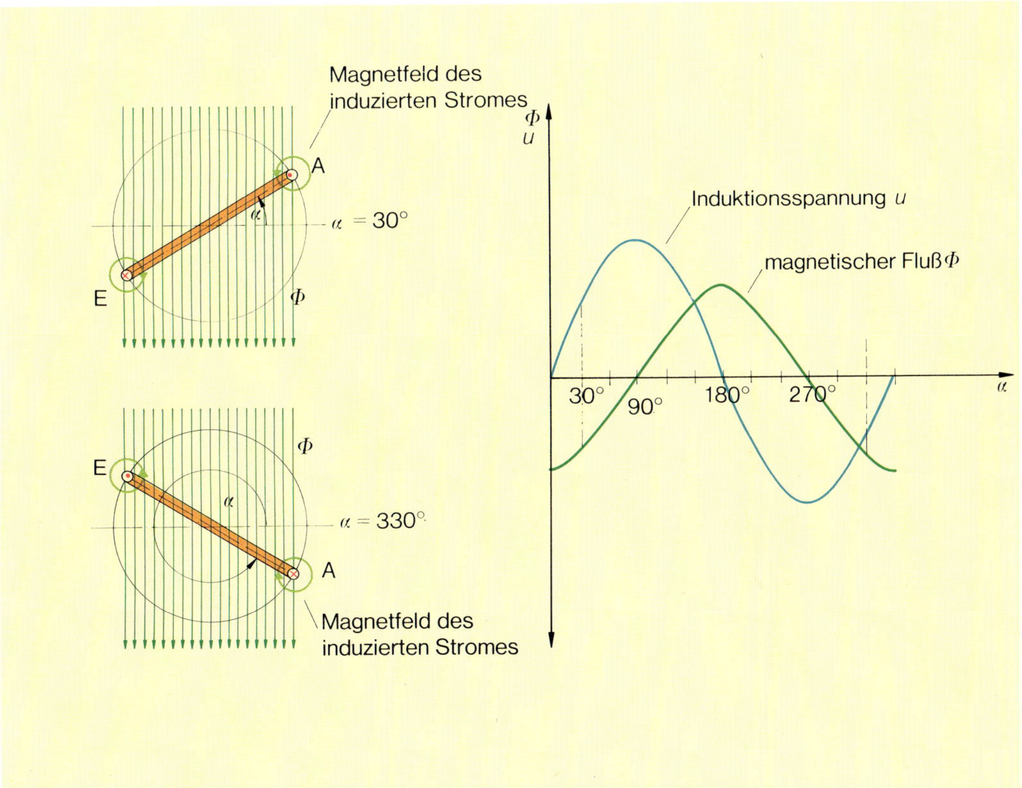

Abb. 2: Zusammenhang zwischen magnetischem Fluß und induzierter Spannung

Bei $\alpha = 330°$ in Abb. 2; S. 15 nimmt der Fluß zu. Die Zunahme wird durch den Induktionsvorgang behindert (Lenzsche Regel). Das Magnetfeld um die Leiterschleife wirkt dem erzeugenden Magnetfeld entgegen.

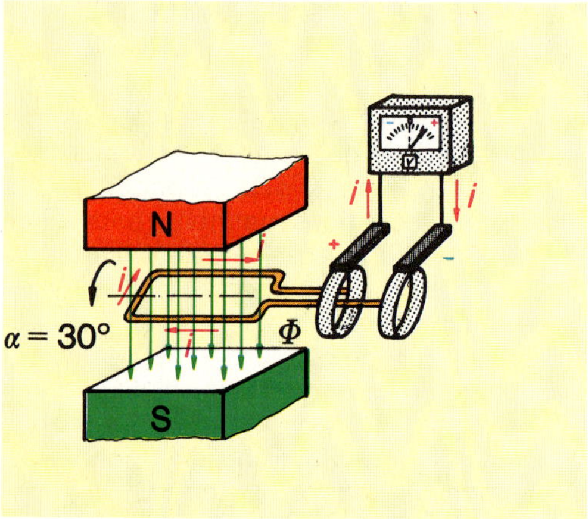

Abb. 1: Stromverlauf und Spannungsrichtung beim Induktionsvorgang

tion und der Sinuskurve der Wechselspannung wollen wir jetzt klären. Außerdem ist zur genauen Kennzeichnung von Wechselspannungen notwendig, einige Größen einzuführen.

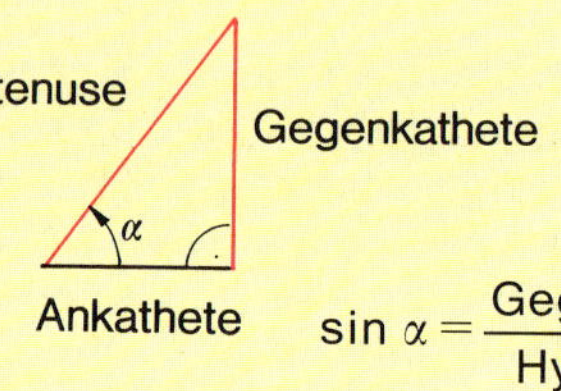

$$\sin \alpha = \frac{\text{Gegenkathete}}{\text{Hypotenuse}}$$

α	0°	10°	20°	30°	40°
sin α	0	0,174	0,342	0,500	0,643

α	50°	60°	70°	80°	90°
sin α	0,766	0,866	0,940	0,985	1,000

Abb. 2: Sinusfunktion

1.1.2 Darstellungsmöglichkeiten und Kenngrößen

Bisher haben wir erarbeitet, daß die mit dem Generator in 1.1.1 erzeugte Spannung einen sinusförmigen Verlauf hat. Aus der Mathematik ist jedoch auch bekannt, daß man bei der Berechnung rechtwinkliger Dreiecke Sinusfunktionen verwendet. Den Zusammenhang zwischen dieser mathematischen Funktion und der Sinuskurve der Wechselspannung wollen wir jetzt klären.

Sinusfunktion

In Abb. 2 wird die Sinusfunktion verdeutlicht. Der Sinus eines Winkels im rechtwinkligen Dreieck ist das Verhältnis von den Seiten Gegenkathete zu Hypotenuse. Stellt man die Werte der Winkel mit den dazugehörigen Sinuswerten in einer Tabelle zusammen (Abb. 2), dann sieht man, daß die Sinuswerte der Winkel von 0°. . .90° zwi-

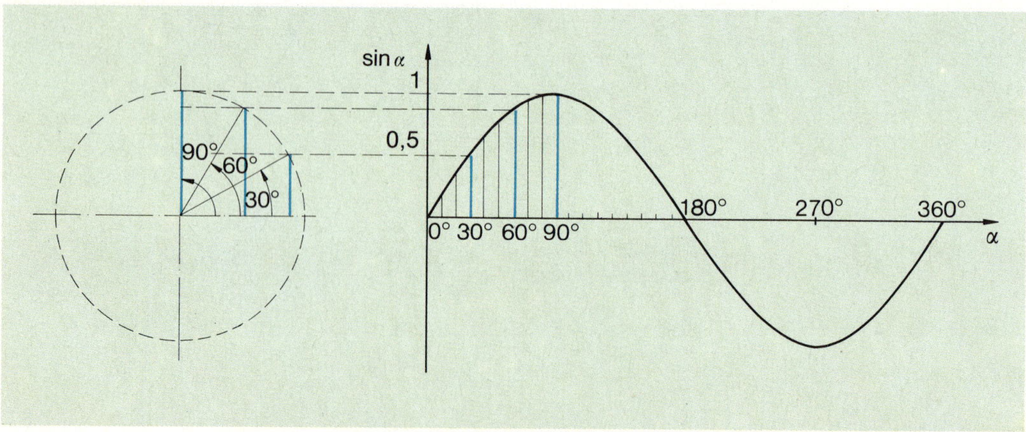

Abb. 3: Entstehung und Kurvenverlauf der Sinuskurve

schen 0 und 1 liegen. Die Winkel ändern sich gleichmäßig, die Sinuswerte jedoch nicht. Bei kleinen Winkeln sind die Sinusänderungen im Vergleich zu Winkeln um 90° sehr groß.

Trägt man den Sinuswert in Abhängigkeit vom Winkel α auf, dann erhält man den im rechten Teil der Abb. 3 dargestellten Verlauf. Für die Winkel von 30°, 60° und 90° sind die Sinuswerte besonders hervorgehoben. Im linken Teil der Abb. 3 sind die dazugehörigen Dreiecke eingezeichnet. Die Hypotenuse ist bei jeder Winkelstellung gleich, da sie der Radius des Kreises ist.

Legt man den Radius z.B. mit 1 cm fest, dann entspricht die Länge der Gegenkathete dem Sinuswert. Dieser kann dann in den Kurvenverlauf übertragen werden. Die Sinuskurve läßt sich also mit Hilfe des Kreises konstruieren. Kreise dieser Art werden Einheitskreise genannt. Die so gewonnene Kurve entspricht der im Generator erzeugten sinusförmigen Wechselspannung.

Linien- und Zeigerdiagramm

Aus der Konstruktion der Sinuskurve kann man entnehmen, daß es zwei Darstellungsarten gibt. In Abb. 4 sind die Zusammenhänge noch einmal an einer sinusförmigen Wechselspannung zu sehen. Der rechte Teil gibt den Verlauf der Spannung in Abhängigkeit vom Drehwinkel an. Für jede Winkelstellung kann die dazugehörige Spannung abgelesen werden. Diagramme dieser Art werden **Liniendiagramme** genannt.

Im linken Teil der Abb. 4 ist die Hypotenuse durch einen Zeiger dargestellt. Dieser Zeiger rotiert entgegen dem Uhrzeigersinn. Seine Länge stellt den Scheitelwert der Spannung dar. Dieser Wert wird bei 90° und bei 270° erreicht. Für die übrigen Winkelstellungen läßt sich die Spannung auch bei diesem Diagramm ablesen. Sie ist die Projektion des Zeigers auf die Achse AB. Diagramme dieser Art werden **Zeigerdiagramme** genannt.

Linien- und Zeigerdiagramme werden zur graphischen Darstellung von sinusförmigen Wechselspannungen und Wechselströmen verwendet.

Scheitelwert, Momentanwert

Für die Beschreibung von Wechselspannungen sind die Begriffe Scheitelwert und Momentanwert üblich.

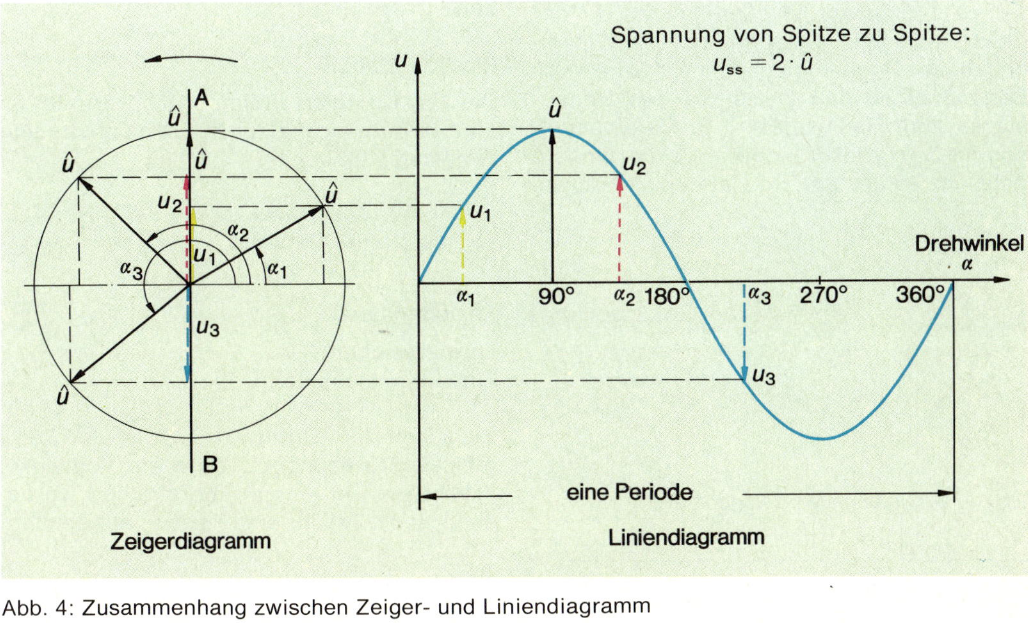

Abb. 4: Zusammenhang zwischen Zeiger- und Liniendiagramm

Der Scheitelwert $\hat{u}$[1] (Amplitude) ist der größtmögliche Wert einer Wechselspannung.
Der Augenblickswert u (Momentanwert) ist der Wert, der im jeweiligen Betrachtungsaugenblick vorhanden ist.

Für Augenblickswerte von Wechselspannungen und Wechselströmen werden Kleinbuchstaben verwendet.

Periode

Der in Abb. 4; S. 17 dargestellte Kurvenverlauf stellt eine Schwingung dar. Bei 360° beginnt die Kurve aufs neue usw. Diesen Vorgang nennt man **periodisch.** Es reihen sich beliebig viele Schwingungen aneinander.

Eine Periode ist die vollständige Schwingung einer Wechselspannung oder eines sinusförmigen Wechselstromes.

Gradmaß, Bogenmaß

Die Winkel wurden bisher im Gradmaß angegeben. Danach wird der Kreisumfang in 360 gleich große Teile aufgeteilt. Ein einzelnes Teil davon ist dann 1 Grad. In der Elektrotechnik ist daneben auch die Winkelangabe im Bogenmaß üblich. Ein Winkel im Bogenmaß ist das Verhältnis des Bogenstücks zum Radius (Abb. 1). Danach entspricht dem Winkel eine Zahl ohne Einheit, denn im Zähler und im Nenner stehen die

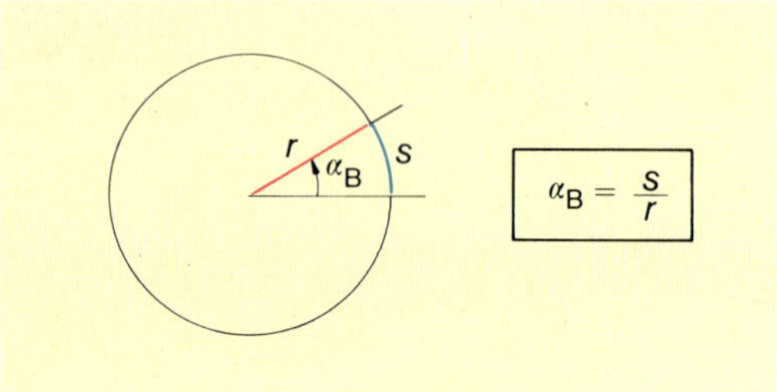

Abb. 1: Winkelangabe im Bogenmaß

[1] sprich: u Dach; es ist auch die Bezeichnung u_{max} möglich.

Einheiten Meter. Es ist aber auch üblich, die Einheit rad (Radiant) zu verwenden.

Zwischen den Winkeln im Gradmaß und im Bogenmaß gibt es einfache Beziehungen (Abb. 2):

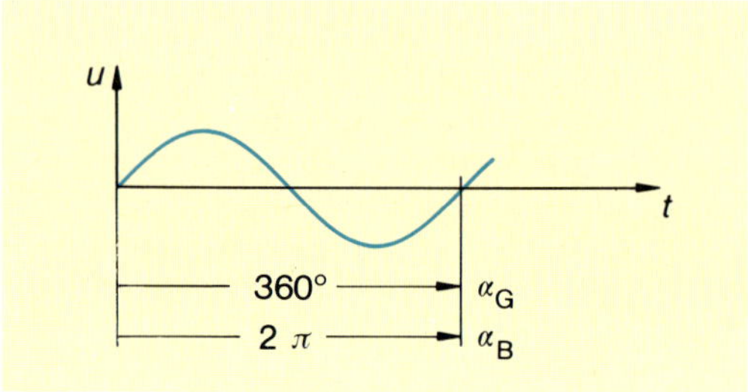

Abb. 2: Zusammenhang zwischen Grad- und Bogenmaß

Vollwinkel im Gradmaß: $\alpha_G = 360°$

Vollwinkel im Bogenmaß: $\alpha_B = \frac{2\pi \cdot r}{r} = 2\pi$

Faßt man beide Beziehungen zusammen, dann ergibt sich folgende Umrechnungsformel:

$$\frac{\alpha_G}{\alpha_B} = \frac{360°}{2\pi}$$

Jeder Winkel kann durch diese Beziehung in das andere Winkelmaß umgewandelt werden.

Periodendauer

Die Zeit für einen Umlauf (eine Periode) ist eine weitere Größe zur Kennzeichnung von Wechselspannungen.

Die Periodendauer ist die Zeit für die Dauer einer Periode.

Periodendauer:

Formelzeichen T
Einheitenzeichen s

Zwischen dem Drehwinkel α und der Zeit t gibt es Beziehungen. Wenn ein Vollwinkel (360° bzw. 2π) einmal überstrichen wurde, dann ist die Zeit für eine Periode abgelaufen.

$360° \triangleq 1\,T$
$2\pi \triangleq 1\,T$

Anstelle des Drehwinkels α kann deshalb auch die Zeit t in das Liniendiagramm eingetragen werden (Abb. 3).

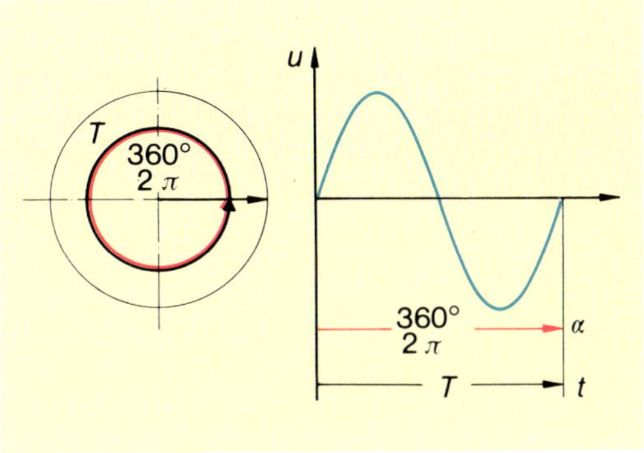

Abb. 3: Zusammenhang zwischen Winkel und Zeit

Frequenz

Als weitere Größe ist die Frequenz für die Wechselspannung von Bedeutung.

Zur Verdeutlichung des Frequenzbegriffs dient Abb. 4. In ihr sind vier Perioden mit einer Gesamtzeit von 80 ms zu erkennen. Vier Perioden in 80 ms bedeuten:

$$\frac{4 \text{ Perioden}}{80 \cdot 10^{-3}\text{ s}} = \frac{50 \text{ Perioden}}{1 \text{ s}}$$

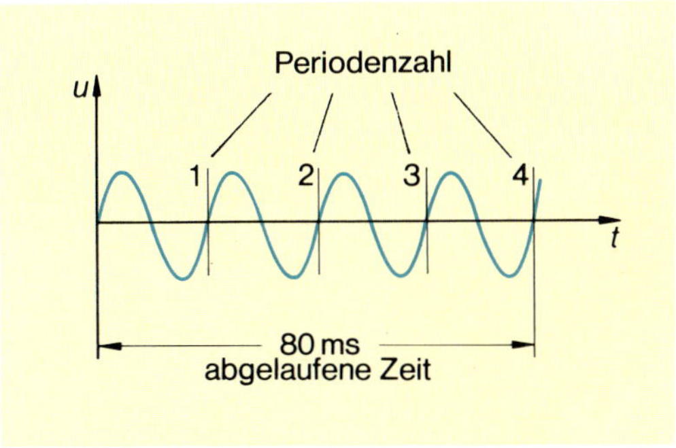

Abb. 4: Spannung mit einer Frequenz von 50 Hertz

50 Perioden (Schwingungen) laufen in einer Sekunde ab. Die Anzahl der Perioden dividiert durch die abgelaufene Zeit wird Frequenz genannt.

$$\textbf{Frequenz} = \frac{\textbf{Anzahl der Perioden}}{\textbf{abgelaufene Zeit}}$$

> Die Frequenz gibt an, wieviele Perioden in einer Sekunde ablaufen.

Da die Anzahl der Perioden eine Zahl ist und im Nenner die Zeit steht, wird die Frequenz in $\frac{1}{\text{s}}$ angegeben.

Die Größe Frequenz hat die Einheit **Hertz.**[1]

Frequenz:

Formelzeichen f
Einheitenzeichen Hz

$$1\text{ Hz} = \frac{1}{\text{s}}$$

Die Frequenz läßt sich einfach ausdrücken, wenn anstelle der beliebigen Zeit t die genau festgelegte Zeit T für eine Periode verwendet wird. Die Anzahl der Perioden ist dann 1.

$$\textbf{Frequenz} = \frac{\textbf{eine Periode}}{\textbf{Periodendauer}} \qquad \boxed{f = \frac{1}{T}}$$

Wellenlänge

Die Frequenz ist eine wichtige Größe zur Kennzeichnung von Wellen. Rundfunkwellen sind elektromagnetische Wellen eines bestimmten Frequenzbereiches (Abb. 1; S. 20), die sich mit Lichtgeschwindigkeit ausbreiten ($c = 300\,000$ km/s).

Frequenz und Wellenlänge sind zueinander umgekehrt proportional. Wenn die Frequenz groß ist, dann ist die Wellenlänge klein und umgekehrt. Die Ausbreitungsgeschwindigkeit ist die Proportionalitätskonstante.

Wellenlänge:

Formelzeichen λ $\boxed{\lambda = \frac{c}{f}}$

Einheitenzeichen m

Lichtgeschwindigkeit: $\boxed{c = \lambda \cdot f}$

---

[1] Heinrich Hertz, deutscher Physiker, 1857 bis 1894.

Kreisfrequenz

Da die Sinuskurve aus der Kreisbewegung herleitbar ist, kann man anstelle der Perioden den überstrichenen Winkel zur Zeit in Beziehung setzen.

$$\textbf{Kreisfrequenz} = \frac{\textbf{überstrichener Winkel}}{\textbf{abgelaufene Zeit}}$$

Kreisfrequenz:

Formelzeichen ω

Einheitenzeichen $\frac{1}{s}$

Legt man für die überstrichenen Winkel einen Vollwinkel (360°, 2π) zugrunde, dann muß für die Zeit die Periodendauer T verwendet werden.

Kreisfrequenz

$$\omega = \frac{2\pi}{T}$$

Ersetzt man $\frac{1}{T}$ durch die Frequenz, dann ergibt sich:

$$\omega = 2\pi \cdot f \qquad f = \frac{1}{T}$$

Gleichung der Sinuskurve

Der Kurvenverlauf (Augenblickswerte) einer sinusförmigen Wechselspannung läßt sich durch eine mathematische Formel ausdrücken. Dabei wird auf die Sinusfunktion zurückgegriffen.

$$u = \hat{u} \cdot \sin \alpha$$

Der Scheitelwert wird mit dem Sinus des Winkels α multipliziert. Die Sinuswerte gehen von 0 bis ± 1, so daß sich der bekannte Verlauf der Sinuskurve ergibt.

Die Formel läßt sich mit Hilfe der neu eingeführten Größen in einer anderen Form darstellen. Der Winkel α hängt von der jeweiligen Winkelstellung ab und diese wiederum von der Zeit, so daß anstelle von α eine Beziehung stehen kann, in der die Zeit vorkommt.

Zwischen dem Winkel und der Zeit ergeben sich folgende Zusammenhänge (vgl. S. 19, Abb. 3):

$$\frac{\alpha}{t} = \frac{2\pi}{T} \qquad \left(\frac{\text{Vollwinkel im Bogenmaß}}{\text{Periodendauer}}\right)$$

$$\alpha = \frac{2\pi \cdot t}{T}; \qquad \frac{1}{T} = f$$

$$\alpha = 2\pi \cdot f \cdot t; \qquad 2\pi \cdot f = \omega$$

$$\alpha = \omega \cdot t$$

Mit der letzten Beziehung hat die Gleichung für die sinusförmige Spannung folgende Form:

$$u = \hat{u} \sin \omega t$$

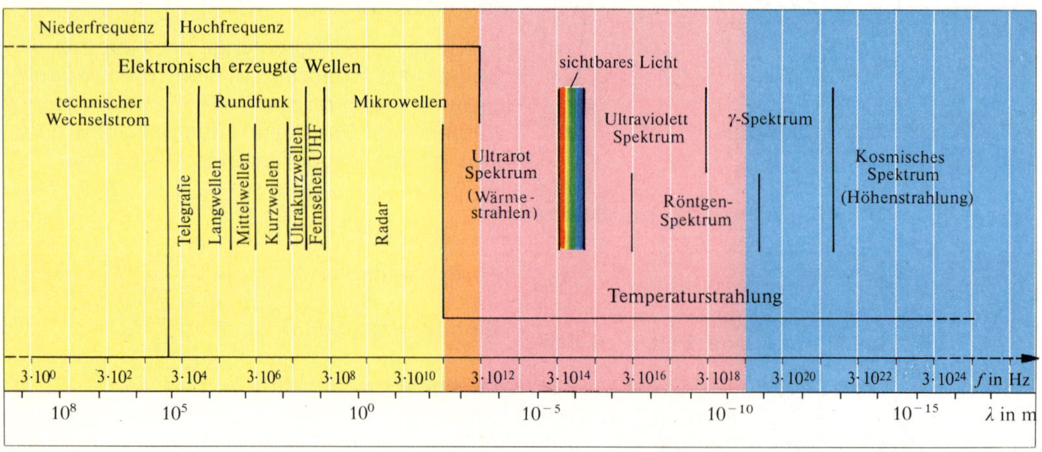

Abb. 1: Frequenzbereiche elektromagnetischer Wellen

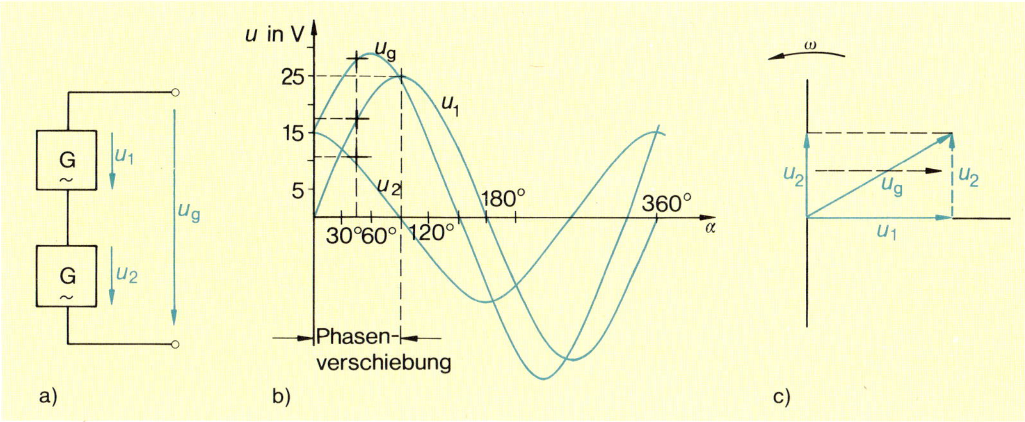

Abb. 2: Addition phasenverschobener Spannungen

Addition sinusförmiger Spannungen

Die Vorteile von Zeigerdiagrammen werden deutlich, wenn Spannungsquellen gleicher Frequenz zusammengeschaltet und die resultierende Spannung ermittelt werden soll. Die Abb. 2 zeigt die Schaltung und die Vorgehensweise.

Zwei Spannungen mit den Scheitelwerten 25 V und 15 V, zwischen denen eine Phasenverschiebung von 90° besteht, sind in Reihe geschaltet. Mit Hilfe des Liniendiagramms wird wie folgt vorgegangen:

Bei der Winkeleinstellung $\alpha = 0°$ ist $u_1 = 0$ V und $u_2 = 15$ V. Die Gesamtspannung ist dann ebenfalls 15 V.

Bei der Winkeleinstellung $\alpha = 45°$ ist $u_1 =$ 17,7 V und $u_2 = 10{,}6$ V. Die Gesamtspannung ist dann die Summe aus den Einzelspannungen und beträgt 28,3 V.

Dieses Verfahren läßt sich fortführen, bis genügend Punkte zum Zeichnen der neuen Kurve vorliegen.

Einfacher wird die Konstruktion bei der Verwendung von Zeigerdiagrammen. Die Zeiger werden dabei wie Vektoren (gerichtete Größen) behandelt und zur Ermittlung der Gesamtspannung phasenrichtig aneinander gefügt (vgl. Abb. 2c). Die Länge des resultierenden Zeigers entspricht dann dem Scheitelwert der Gesamtspannung. Diesen neuen Zeiger muß man sich ebenfalls rotierend vorstellen.

Addition von Wechsel- und Gleichspannungen

In elektronischen Schaltungen liegen an Bauteilen häufig Gleich- und Wechselspannungen. Auch hierbei kann die resultierende Spannung durch Addition der Momentanwerte ermittelt werden. Da die Gleichspannung konstant bleibt, verschiebt sich lediglich die Wechselspannung in die positive oder negative Richtung (Abb. 3). Das Ergebnis ist eine Mischspannung, wie sie z.B. am Kollektor eines NF-Transistors liegt, wenn er mit einer Wechselspannung angesteuert wird.

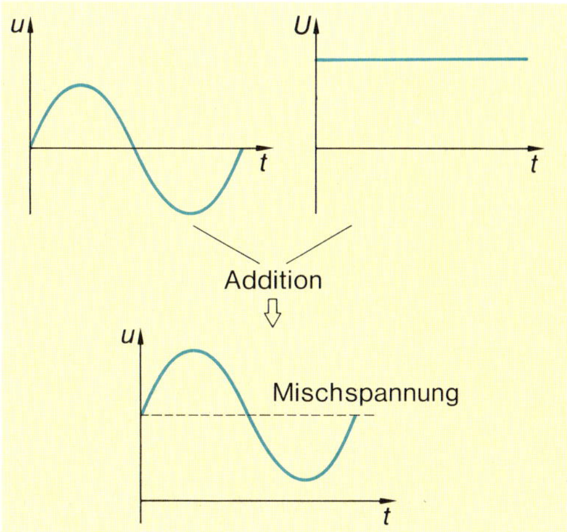

Abb. 3: Addition von Wechsel- und Gleichspannung

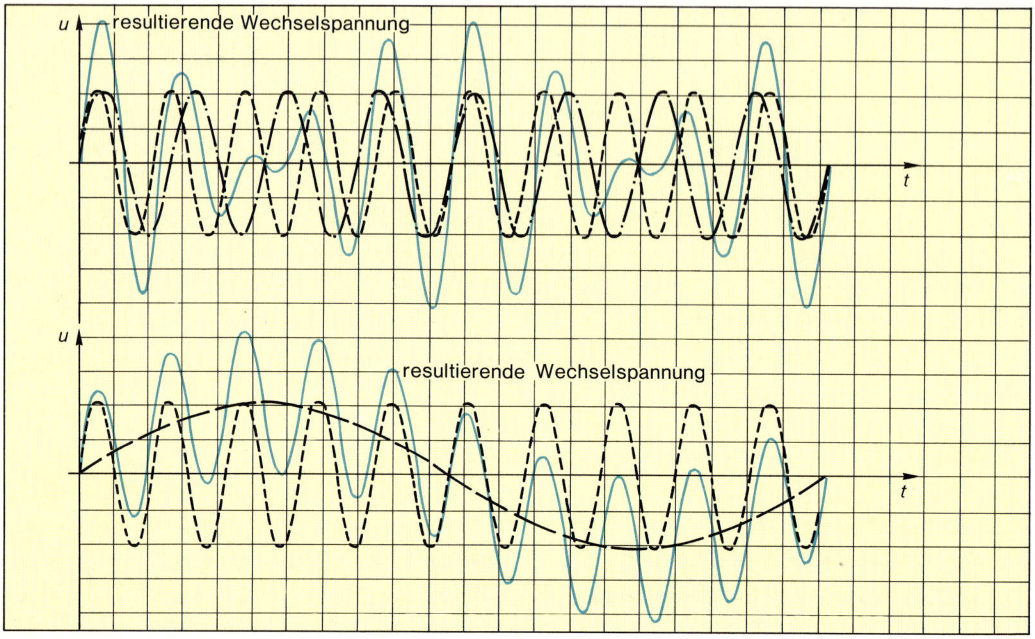

Abb. 1: Addition von Wechselspannungen unterschiedlicher Frequenz

Addition von Wechselspannungen unterschiedlicher Frequenz

In Rundfunkempfängern werden Wechselspannungen mit unterschiedlichen Frequenzen verarbeitet. So wird z.B. in der Eingangsstufe aus der Frequenz des Eingangssignals und einer im Gerät erzeugten Frequenz (Oszillatorfrequenz) eine erheblich tiefere Frequenz erzeugt, die Zwischenfrequenz. Bevor diese Spannung in der Mischstufe entsteht, kommt es zu einer Überlagerung der beiden Spannungen. Die Momentanwerte der Spannungen werden addiert. Die Abb. 1 zeigt die sich ändernden Amplituden zweier Fälle, bei denen das Verhältnis zwischen den zu addierenden Spannungen unterschiedlich ist. Die resultierende Spannung weicht in ihrer Form von den ursprünglichen Spannungen ab.

Aufgaben zu 1.1.1 und 1.1.2

1. Zählen Sie die Größen zur Kennzeichnung eines Magnetfeldes auf und nennen Sie die Formel, durch die sie miteinander verknüpft werden!

2. In einer Leiterschleife $N = 1$ ändert sich der magnetische Fluß in 5 ms von $\Phi_1 =$ 15 Vs auf $\Phi_2 = 19$ Vs gleichmäßig. Wie groß ist der Wert der induzierten Spannung?

3. Bei welcher Winkeleinstellung der rotierenden Leiterschleife in Abb. 1; S. 12 ist die induzierte Spannung maximal und wann Null?

4. Nennen Sie die Lenzsche Regel und erklären Sie diese an einem Beispiel!

5. Stellen Sie mit Hilfe von Abb. 2; S. 15 fest, welche Richtungen die Ströme in der rotierenden Leiterschleife bei den Winkelstellungen $\alpha = 120°$ und $\alpha = 210°$ haben!

6. Welche Vorzeichen besitzen die Sinuswerte zwischen den Winkeln größer 180° und kleiner 360°?

7. Zeichnen Sie für die Winkel 120°, 180°, 220°, 270°, 300° und 360° die Zeigerdiagramme einer sinusförmigen Spannung (vgl. Abb. 4; S. 17)!

8. Zwei Spannungen mit $\hat{u}_1 = 10$ V und $\hat{u}_2 =$ 5 V sowie 45° Phasenverschiebung sind in Reihe geschaltet. Ermitteln Sie den Wert der Gesamtspannung!

9. Berechnen Sie den Momentanwert einer sinusförmigen Spannung bei $\alpha = 45°$, wenn die Spannung bei $\alpha = 0°$ durch Null geht und der Scheitelwert 311 V ist!

10. Drücken Sie den Winkel $\alpha = 210°$ im Bogenmaß aus!

11. Ermitteln Sie die Periodendauer einer Frequenz von 60 Hz und vergleichen Sie diese Frequenz mit der Periodendauer von 50 Hz!

12. Wie groß sind die Zahlenverhältnisse der in Abb. 1 überlagerten Wechselspannungsfrequenzen?

13. Berechnen Sie die Kreisfrequenz von $f = 50$ Hz!

1.1.3 Effektivwerte

Obwohl sich die Größen und die Richtungen von Wechselspannungen und Wechselströmen ständig ändern, verwendet man in der Elektrotechnik auch feste Werte. Sie werden Effektivwerte genannt. Zur Erläuterung dient der Versuch 1–1.

Die Zeigerinstrumente im Versuch zeigen demnach in Wechselstromkreisen nicht die Scheitelwerte, sondern kleinere Werte an. Diese werden Effektivwerte genannt. Sie werden wie Gleichstromwerte durch Großbuchstaben gekennzeichnet[1].

Die Scheitelwerte sind um einen bestimmten Faktor größer als ihre Effektivwerte. Man erhält diesen Faktor, indem man den Scheitelwert durch den Effektivwert dividiert:

Beispiel: $\dfrac{311\ \text{V}}{220\ \text{V}} = 1{,}41$

Der Zahlenwert ist etwa 1,41. Genauere Untersuchungen ergeben, daß es sich dabei um den Wert $\sqrt{2} \approx 1{,}414$ handelt. Der Zusammenhang zwischen Scheitelwert und Effektivwert läßt sich dann durch folgende Formeln ausdrücken:

$$\hat{u} = U \cdot \sqrt{2} \qquad \hat{\imath} = I \cdot \sqrt{2}$$

$$u_{ss} = 2 \cdot U \cdot \sqrt{2}$$

[1] Möglich ist auch die Kennzeichnung durch den Index eff

Versuch 1–1: Spannungs- und Strommessung im Wechselstromkreis

Aufbau mit Zeigerinstrumenten

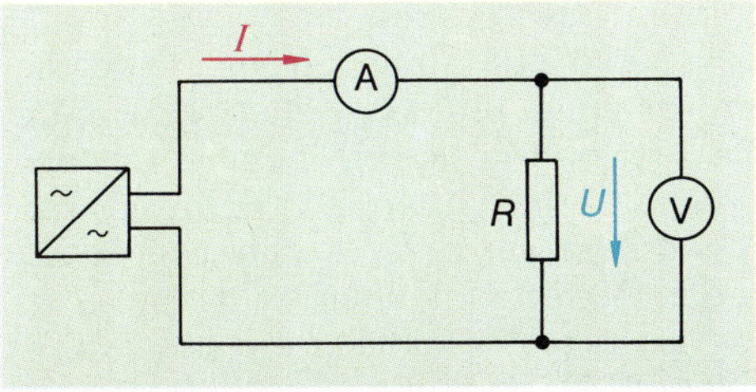

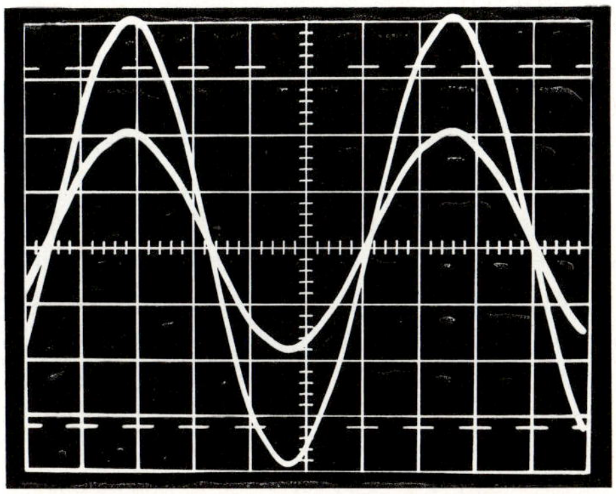

Durchführung

Mit Zeigerinstrumenten und einem Oszilloskop werden Spannung und Stromstärke in einem Wechselstromkreis gemessen.

Ergebnis

Zeigerinstrumente:	$U = 220$ V	$I = 1{,}14$ A
Oszilloskop:	$\hat{u} = 311$ V	$\hat{\imath} = 1{,}6$ A

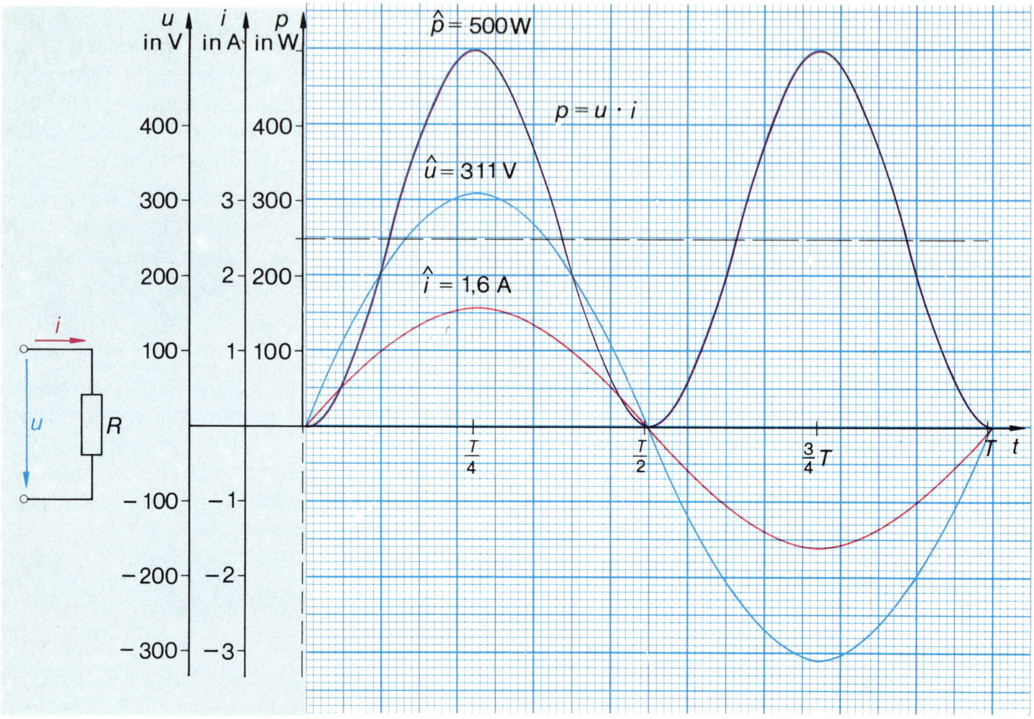

Abb. 1: Leistung im Wechselstromkreis

Welche Bedeutung der Effektivwert hat, und wie er sich herleiten läßt, wollen wir nun klären.

Die elektrische Leistung ist das Produkt aus Spannung und Stromstärke. Da diese aber nicht konstant sind, ändert sich die Leistung ständig.

Die Abb. 1 zeigt die graphisch ermittelte Leistung an einem Widerstand im Wechselstromkreis. Für jeden Zeitaugenblick ist die Leistung mit der Formel $p = u \cdot i$ ermittelt worden.

Die Leistung ist am Widerstand R immer dann maximal, wenn Stromstärke und Spannung ebenfalls maximal sind,

bei $\frac{T}{4}, \frac{3}{4}T$

Sie ist Null, wenn Stromstärke und Spannung ebenfalls Null sind,

bei $0\,T, \frac{1}{2}T, 1\,T$

Sie pendelt zwischen 0 W und 500 W.

Wenn die Spannung negativ wird (Abb. 1), dann bedeutet dies lediglich, daß die Polarität gewechselt hat. Die Spannung verursacht nun einen Strom in umgekehrter Richtung. Beide Größen sind negativ. Die Leistung ist jedoch positiv, da auch in diesem Bereich Energie in Form von Wärme abgegeben wird. Außerdem werden zwei negative Werte miteinander multipliziert, so daß auch mathematisch ein positiver Wert entsteht.

Für die Umsetzung der Energie in Wärme ist nicht die Spitzenleistung entscheidend, sondern die mittlere Leistung in einer Periode. Diese läßt sich bestimmen, indem man graphisch die Spitzen der Leistung in die Minima klappt (Abb. 2). Eine Wechselspannung und eine Stromstärke mit den Scheitelwerten von 311 V und 1,6 A erzeugen eine mittlere Leistung (effektive Leistung) von 250 W. Will man diese berechnen, dann muß man anstelle der Scheitelwerte die kleineren Effektivwerte einsetzen:

$220\,V \cdot 1{,}14\,A \approx 251\,W$

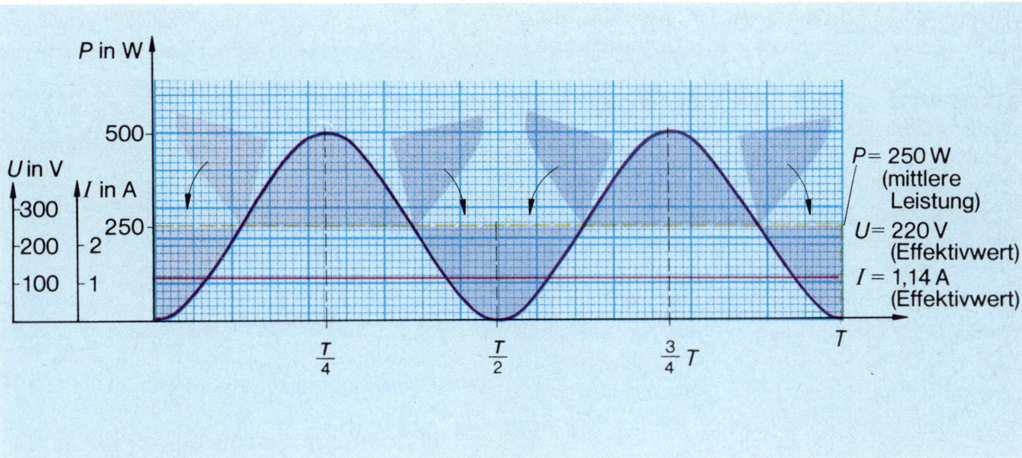

Abb. 2: Ermittlung der mittleren Leistung und der Effektivwerte im Wechselstromkreis

Diese 251 W können auch mit Gleichspannungen und Gleichströmen erreicht werden (Abb. 2). Die Werte müßten dann ebenfalls 220 V und 1,14 A sein.

Effektivwerte von Wechselspannungen und Wechselströmen entsprechen den Gleichspannungen und Gleichströmen, die die gleiche Leistung erzeugen.

Für die Berechnung der Wechselstromleistung sind folgende Formeln anwendbar:

$$P = \frac{\hat{u} \cdot \hat{\imath}}{2}$$
$$P = U \cdot I$$

$$P = \frac{\hat{u}}{\sqrt{2}} \cdot \frac{\hat{\imath}}{\sqrt{2}}$$
$$P = \frac{\hat{u} \cdot \hat{\imath}}{\sqrt{4}}$$
$$P = \frac{\hat{u} \cdot \hat{\imath}}{2}$$

Aufgaben zu 1.1.3

1. Um welchen Faktor unterscheidet sich der Effektivwert vom Spitzenwert sinusförmiger Spannungen?

2. Erklären Sie die Bedeutung des Begriffs Effektivwert bei Wechselspannungen und Wechselströmen!

3. Ein Widerstand R liegt an einer Wechselspannung. Skizzieren Sie den zeitlichen Verlauf der Spannung, Stromstärke und Leistung über zwei Perioden!

4. Berechnen Sie die Leistung einer Verstärkerstufe, wenn mit dem Oszilloskop eine Scheitelwertspannung von 25 mV und ein effektiver Wechselstrom von 16 µA gemessen werden.

1.2 Nichtsinusförmige Spannungen und Ströme

Nichtsinusförmige Spannungen spielen in der Signalverarbeitung eine immer größer werdende Rolle. Die Formen der Impulse sind dabei recht unterschiedlich. Sie sind den jeweiligen Erfordernissen angepaßt.

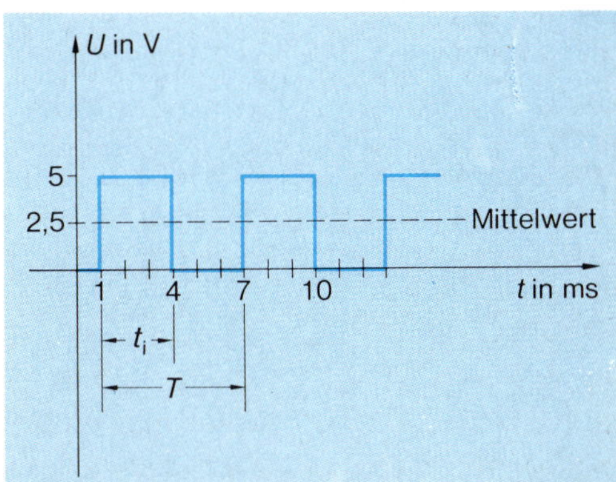

Abb. 3: Rechteckimpulse

Eine einfache Form ist der Rechteckimpuls (Abb. 3; S. 25). Er ist durch sprungartigen Anstieg, eine Verweildauer und durch einen sprungartigen Abfall kennzeichenbar. Erzeugen läßt sich dieser Impuls am einfachsten durch einen Schalter, der periodisch eine Gleichspannung an einen Widerstand schaltet. Mechanische Schalter werden jedoch kaum noch angewendet. Halbleiterbauteile wie Transistoren und Thyristoren haben diese Aufgabe übernommen.

Charakteristisch für die periodische Impulsfolge ist wie bei der sinusförmigen Wechselspannung die Frequenz. Sie läßt sich aus der Periodendauer ermitteln.

Frequenz: $f = \frac{1}{T}$

Eine weitere wichtige Aussage läßt sich über den Impuls mit dem Tastgrad machen. Er ist das Verhältnis von Impulsdauer zu Periodendauer.

Tastgrad: $D = \frac{t_i}{T}$ t_i: Impulsdauer

Die in Abb. 3 auf S. 25 dargestellten Impulse befinden sich nur im positiven Bereich. Es läßt sich ein Durchschnittswert angeben, der **arithmetischer Mittelwert** genannt wird.

Der arithmetische Mittelwert einer Spannung ist der Durchschnittswert, den dieser während einer Periode annimmt.

In dem angeführten Beispiel ist der arithmetische Mittelwert 2,5 V. Anders verhält es sich mit der Impulsfolge der Abb. 1. Positive und negative Anteile sind gleich groß. Der arithmetische Mittelwert ist Null.

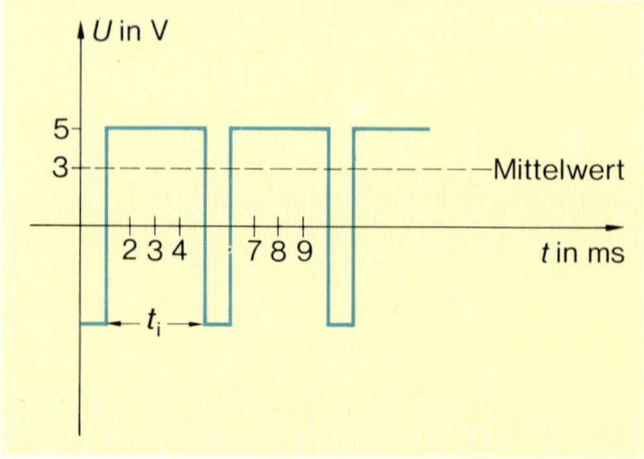

Abb. 2: Unsymmetrische Rechteckimpulse

In Abb. 2 ist ein nicht symmetrischer Impuls dargestellt. Auch hier lassen sich Tastgrad und arithmetischer Mittelwert berechnen.

$$D = \frac{4\ \text{ms}}{5\ \text{ms}}; \quad D = 0{,}8$$

Der arithmetische Mittelwert ist 3 V.

Die Abb. 3 zeigt eine für die Fernsehtechnik bedeutsame Impulsform, einen sägezahnförmigen Strom. Für die Ablenkung des Elektronenstrahls werden diese Ströme benötigt. Sie haben einen mit der Zeit linearen Anstieg und Abfall. Das damit verbundene Magnetfeld bewegt den Elektronenstrahl gleichmäßig über den Bildschirm. Am Rand des Bildschirmes muß der Elektronenstrahl schnell wieder in die Anfangsposition zurückkehren. Deshalb ist die abfallende Flanke erheblich kürzer als die ansteigende.

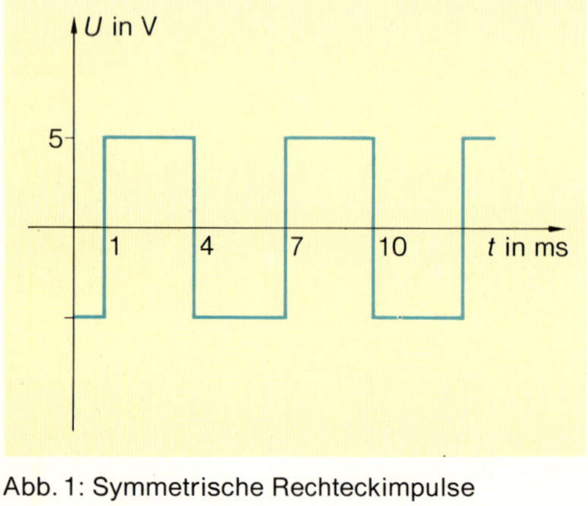

Abb. 1: Symmetrische Rechteckimpulse

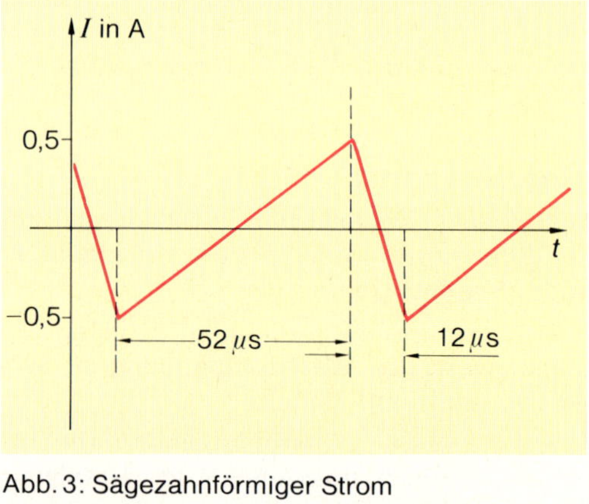

Abb. 3: Sägezahnförmiger Strom

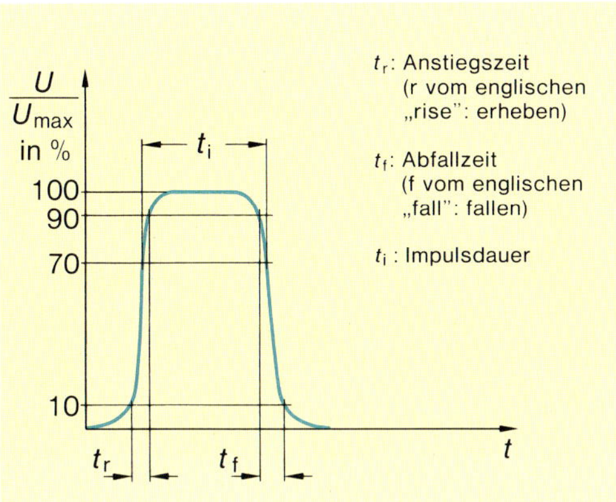

Abb. 4: Rechteckimpuls mit Anstiegs- und Abfallzeit

Die bisher dargestellten Impulse waren idealisierte Impulse. Anstieg und Abfall waren verzögerungsfrei, die Übergänge waren senkrecht. Auf dem Übertragungsweg werden diese idealen Impulse verformt. Zwischen Null und dem Maximum gibt es Verzögerungszeiten. Durch schaltungstechnische Maßnahmen können sie jedoch stark verringert werden. Abb. 4 zeigt die Zeiten, die als Anstiegs- und als Abfallzeit festgelegt sind.

Alle periodischen Impulse lassen sich durch eine Vielzahl sinusförmiger Wechselspannungen darstellen. Der französische Mathematiker und Physiker Fourier kam zu dieser erstaunlichen Erkenntnis. Sie läßt sich schnell durch die Abb. 5 beweisen. Addiert man zu der Grundschwingung, die der Frequenz der Rechteckschwingung entspricht, die dargestellten Oberschwingungen, dann ist schon eine angedeutete Rechteckform erkennbar. Durch die Addition weiterer Schwingungen, die in der Amplitude geringer und in der Frequenz größer sind, läßt sich die Steilheit verbessern und damit die Rechteckform vervollkommnen. Durch diese letzte Erkenntnis wird deutlich, daß auf dem Wege einer Übertragungskette die höheren Frequenzen nicht beschnitten werden dürfen, da sonst die Rechteckform verfälscht wird.

Aufgaben zu 1.2

1. Wie groß ist die Frequenz der Rechteckspannung der Abb. 3 auf S. 25?
2. Ermitteln Sie die Frequenz des sägezahnförmigen Stromes in Abb. 3!
3. Zeichnen Sie einen unsymmetrischen Rechteckimpuls mit einem Tastgrad von 1 : 4!
4. Wie groß ist der arithmetische Mittelwert des Stromes in Abb. 3?

1.3 Kondensatoren an Wechselspannung

Kondensatoren sind nach Widerständen die häufigsten Bauteile in elektronischen Schaltungen. Sie übernehmen vielfältige Aufgaben. Die Abb. 6 zeigt einen Auszug aus einer Schaltung. Der Kondensator C_1 dient dabei zur Kopplung zwischen den beiden Transistoren. Er soll verhindern, daß die hohe Gleichspannung zwischen Kollektor und Masse an die Basis gelangt und gleichzeitig gewährleisten, daß die verstärkte Wechselspannung nicht behindert wird. Im Emitterzweig befindet sich der Kondensator C_2. Er beeinflußt zusammen mit dem Widerstand das Verhalten der Schaltung bei angelegter Wechselspannung.

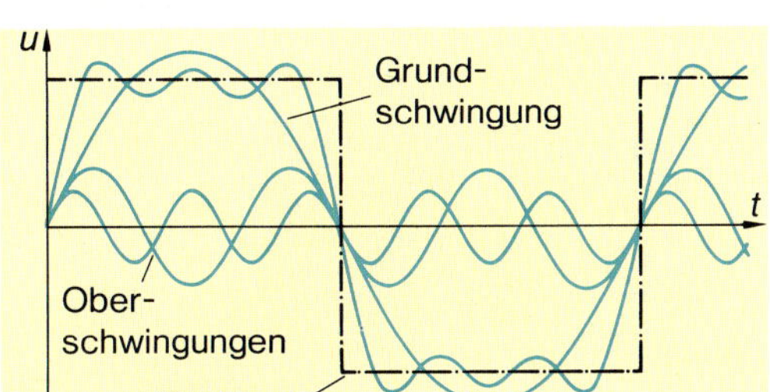

Abb. 5: Addition von Sinusschwingungen zu einem Rechtecksignal

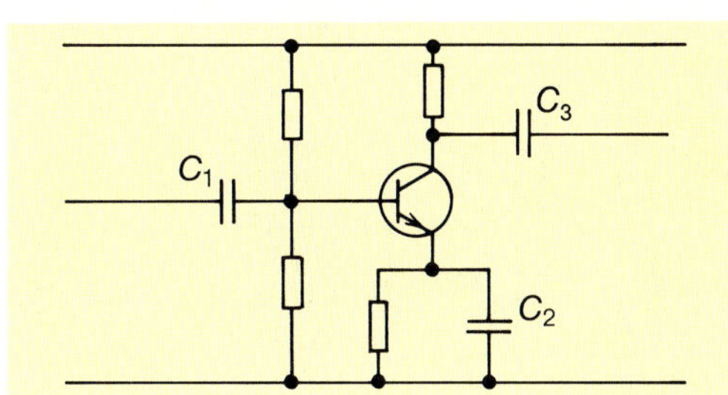

Abb. 6: Kondensatoren in einer Transistorschaltung

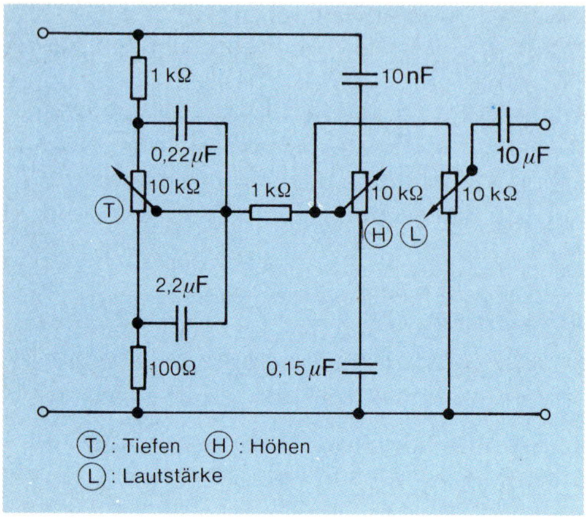

Abb. 1: Klangeinsteller für Höhen und Tiefen

Kondensatoren werden zusammen mit Widerständen auch zur Klangbeeinflussung eingesetzt. Die Abb. 1 zeigt ein Klangeinstellnetzwerk für hohe und tiefe Frequenzen. Je nach Potentiometereinstellung werden unterschiedliche Kondensatoren wirksam.

Abb. 2: Kondensatoren in einer elektronischen Schaltung

Bevor jedoch Anwendungsmöglichkeiten von Kondensatoren genauer erklärt werden können, wollen wir uns im folgenden mit dem Kondensator im Wechselstromkreis befassen.

1.3.1 Widerstand des Kondensators

Der Aufbau des Kondensators und sein Verhalten im Gleichstromkreis sind bereits kurz behandelt worden. Auf diesen Grundlagen wollen wir aufbauen.

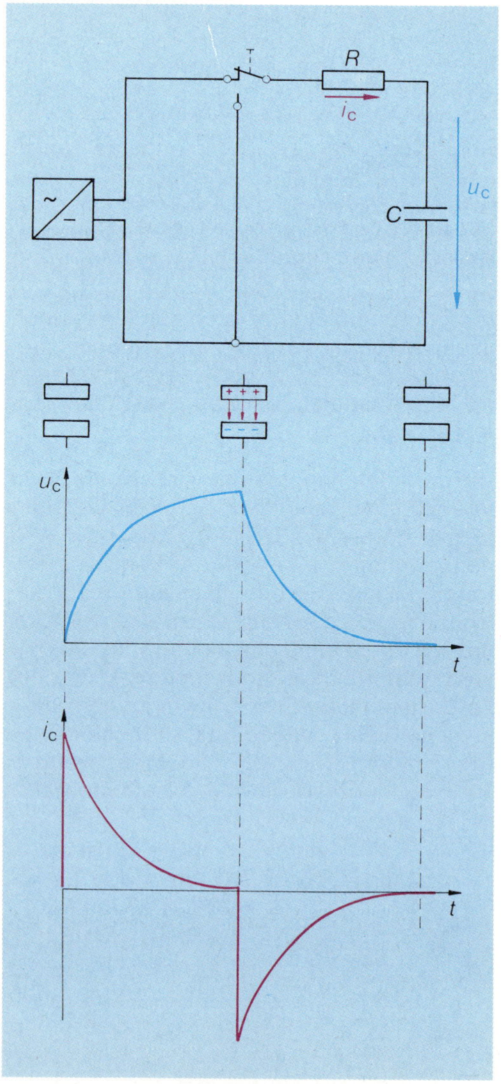

Abb. 3: Auf- und Entladeverhalten des Kondensators im Gleichstromkreis

Das Schaltzeichen deutet bereits an, daß der Kondensator aus zwei voneinander isolierten Leitern besteht. Diese haben unterschiedliche Formen (z. B. Metallplatten).

Das Verhalten des Kondensators im Gleichstromkreis wollen wir mit der Abb. 3 erklären. Der Kondensator kann durch Schließen des Schalters aufgeladen werden. Es fließen vom Minuspol der Spannungsquelle Ladungen auf die eine Platte, während sie von der anderen durch den Pluspol abgezogen werden. Der Kondensator nimmt eine Ladung auf. Für diesen Vorgang wird eine bestimmte Zeit benötigt (vgl. Diagramm der Abb. 3). Am Ende des Ladevorgangs hat der Kondensator die Spannung der Spannungsquelle angenommen. Die Ladungen, die bis zum Erreichen dieses Zustands bewegt wurden, sind auf den Platten des Kondensators gespeichert.

Die Eigenschaft der Ladungsspeicherung wird in einer Größe zusammengefaßt. Sie ist die **Kapazität** (Fassungsvermögen) des Kondensators.

Kapazität:

Formelzeichen C
Einheitenzeichen F (Farad)

$$1\,\mathrm{F} = 1\,\frac{\mathrm{As}}{\mathrm{V}}$$

Diese Kapazität hängt allein vom Aufbau des Kondensators ab.

Plattenkondensator

$$C = \frac{\varepsilon_o \cdot \varepsilon_r \cdot A}{d}$$

A: Plattenfläche
d: Plattenabstand

$$\varepsilon_o = 8{,}86 \cdot 10^{-12}\,\frac{\mathrm{As}}{\mathrm{Vm}}$$

ε_r: Dielektrizitätszahl

ε_o: elektrische Feldkonstante

Wird nach dem Laden die Spannungsquelle abgetrennt, dann bleibt der Kondensator geladen. Nach Umschalten des Schalters wird der Kondensator mit einem umgekehrten Stromfluß entladen und die Spannung sinkt bis auf 0 V.

Zur Untersuchung des Wechselstromverhaltens dient Versuch 1–2.

Das Ergebnis läßt sich aus dem Verhalten des Kondensators im Gleichstromkreis erklären. Eine Wechselspannung ändert ständig ihre Polarität. Dadurch wird der Kondensator ständig aufgeladen und entladen. Es fließt demnach ein ständiger Auf- und Entladestrom, der die Lampe zum Leuchten bringt.

Im Wechselstromkreis mit einem Kondensator fließt durch ständiges Auf- und Entladen ein Strom.

Versuch 1–2: Kondensator und Lampe im Wechselstromkreis

Meßschaltung

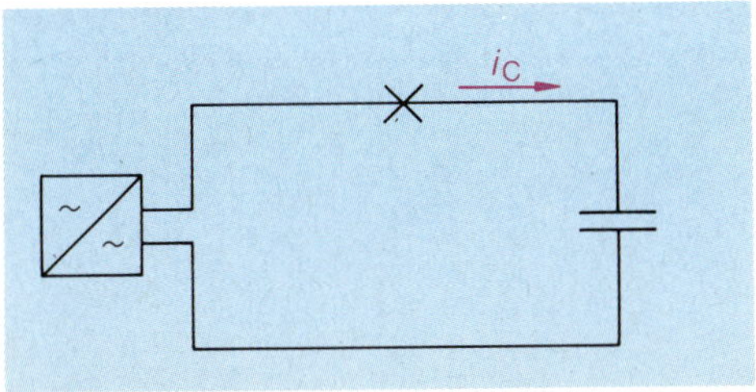

Durchführung

Es wird geprüft, ob ein Strom fließt, obwohl der Kondensator eine Unterbrechung des Stromkreises darstellt.

Ergebnis

Die Lampe leuchtet. Es fließt also ein Strom.

Versuch 1–3: Zusammenhang zwischen Wechselstromstärke und Wechselspannung beim Kondensator

Meßschaltung

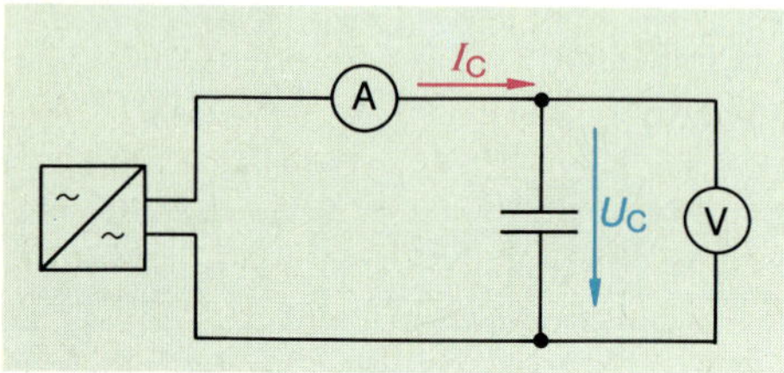

Durchführung

Die Spannung wird in Schritten von 5 V verändert und die Stromstärke gemessen.

Ergebnis

$f = 50$ Hz
$C = 4\ \mu$F

U_C in V	5	10	15	20	25
I in mA	6,3	12,6	18,9	25,2	31,5

Versuch 1–3 soll die gewonnenen Kenntnisse weiter präzisieren.

Der Versuch zeigt:

Mit zunehmender Spannung steigt die Stromstärke im gleichen Verhältnis.

Überträgt man das Meßergebnis in ein Diagramm (Abb. 1), dann bestätigt sich der proportionale Zusammenhang.

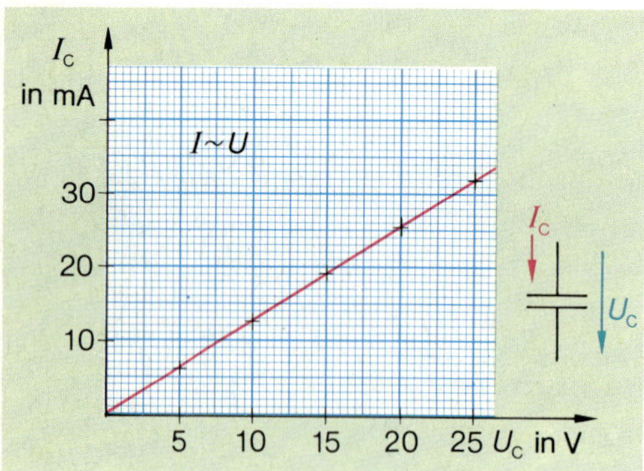

Abb. 1: Stromstärke in Abhängigkeit von der Spannung beim Kondensator

$I_C \sim U_C$; $\frac{U_C}{I_C} = \text{konstant}$; $\frac{U_C}{I_C} = 794\ \Omega$

Das Verhältnis von U_C zu I_C ist der **Blindwiderstand des Kondensators.**

Der Begriff Blindwiderstand wird zusammen mit der Leistung auf S. 33 geklärt.

Blindwiderstand des Kondensators:

Formelzeichen X_C
Einheitenzeichen Ω

$$X_C = \frac{U_C}{I_C}$$

Der Kondensator verhält sich im Wechselstromkreis wie ein Widerstand (Blindwiderstand).

Der Wirkwiderstand des Kondensators ist in vielen Fällen vernachlässigbar (idealer Kondensator).

Der Blindwiderstand des Kondensators ist von der Kapazität abhängig und von der Geschwindigkeit, mit der die Auf- und Entladevorgänge erfolgen (Frequenz). Zur Klärung der Zusammenhänge dient Versuch 1–4.

Die Stromstärke steigt mit Frequenz und Kapazität. Die Blindwiderstände verringern sich mit steigender Frequenz und Kapazität (vgl. Abb. 2 und 3). Die dargestellten Größen sind umgekehrt proportional.

$X_C \sim \frac{1}{f}$ $\quad X_C \sim \frac{1}{C}$

$$X_C \sim \frac{1}{f \cdot C}$$

Versuch 1–4: Blindwiderstand des Kondensators in Abhängigkeit von der Frequenz und der Kapazität

Meßschaltung

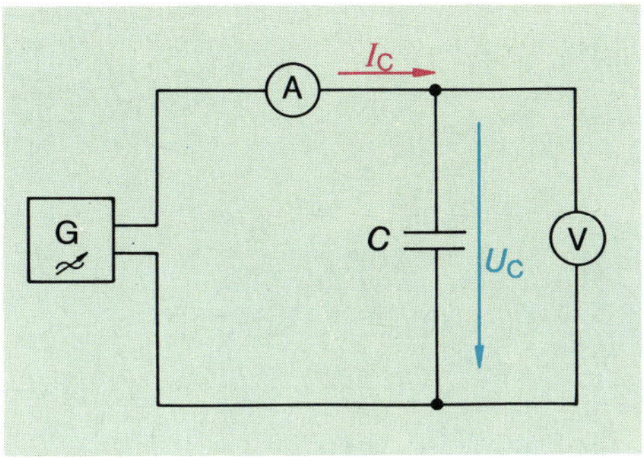

Durchführung

1. Die Frequenz der Wechselspannung wird verändert und die Stromstärke bei gleichbleibender Kapazität gemessen. Der Blindwiderstand wird aus U_C und I_C berechnet (X_C in Abhängigkeit von f).
2. Die Frequenz bleibt konstant. Die Kapazitäten werden verändert und die Stromstärke gemessen. Der Blindwiderstand wird aus U_C und I_C berechnet (X_C in Abhängigkeit von C).

Ergebnis

1. X_C in Abhängigkeit von f
$C = 2\,\mu F$; $U_C = 5\,V$

f in Hz	I_C in mA	$X_C = \frac{U_C}{I_C}$ in Ω
50	3,13	1600
100	6,25	800
150	9,43	530
200	12,5	400
300	18,5	270
400	25,0	200
500	31,3	160
600	38,5	130

2. X_C in Abhängigkeit von C
$f = 50\,Hz$; $U_C = 5\,V$

C in µF	I_C in mA	$X_C = \frac{U_C}{I_C}$ in Ω
2	3,13	1600
4	6,25	800
6	9,43	530
8	12,5	400
10	15,6	320
15	23,8	210
20	31,3	160

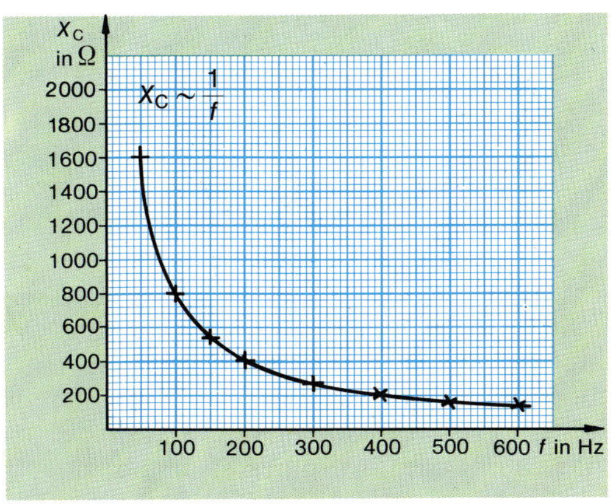

Abb. 2: Blindwiderstand in Abhängigkeit von der Frequenz beim Kondensator

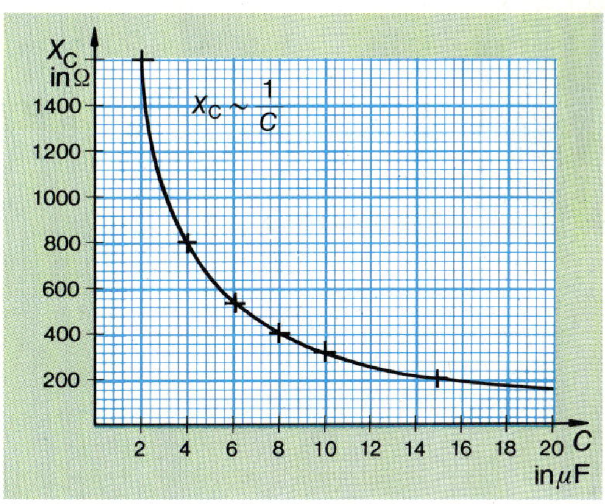

Abb. 3: Blindwiderstand in Abhängigkeit von der Kapazität beim Kondensator

Die letzte Proportionalität läßt sich als Gleichung schreiben, wenn eine Konstante eingeführt wird. Sie steht im Nenner. Wertet man die Messungen aus, dann erhält man einen Wert, der bei 2π liegt.

Blindwiderstand des Kondensators

$$\omega = 2\pi \cdot f$$

$$X_C = \frac{1}{2\pi \cdot f \cdot C} \qquad \boxed{X_C = \frac{1}{\omega \cdot C}}$$

Beim Kondensator sind die phasenmäßigen Beziehungen zwischen Spannung und Stromstärke bedeutsam. Aus dem Verlauf der Auf- und Entladekurven im Gleichstromkreis lassen sich bereits erste Schlüsse ziehen. Bei maximaler Spannung (Kondensator ist aufgeladen) ist die Stromstärke Null. Bei maximaler Stromstärke (Einschaltmoment) ist die Spannung Null.

Die Abb. 1 zeigt das Oszillogramm und das Linien- und Zeigerdiagramm der Spannung und Stromstärke beim Kondensator.

Beim idealen Kondensator eilt die Stromstärke der Spannung um 90° $\left(\frac{\pi}{2}\right)$ voraus.

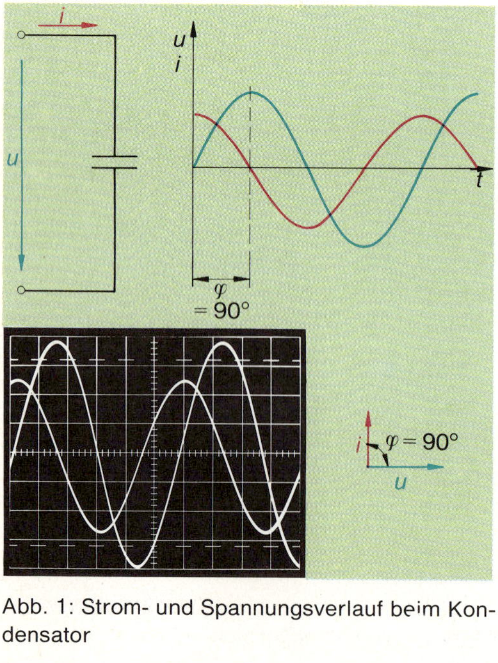

Abb. 1: Strom- und Spannungsverlauf beim Kondensator

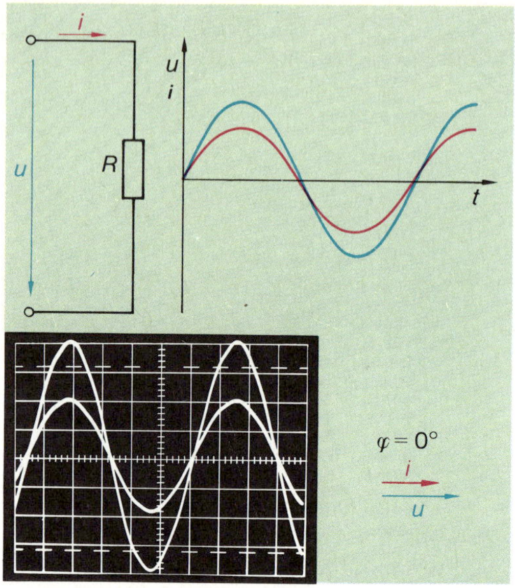

Abb. 2: Strom- und Spannungsverlauf beim Widerstand R

Am Widerstand R dagegen ergibt sich der Verlauf der Abb. 2. Stromstärke und Spannung sind in Phase, d.h., sie gehen an der gleichen Stelle durch Null und haben dabei die gleiche Richtung.

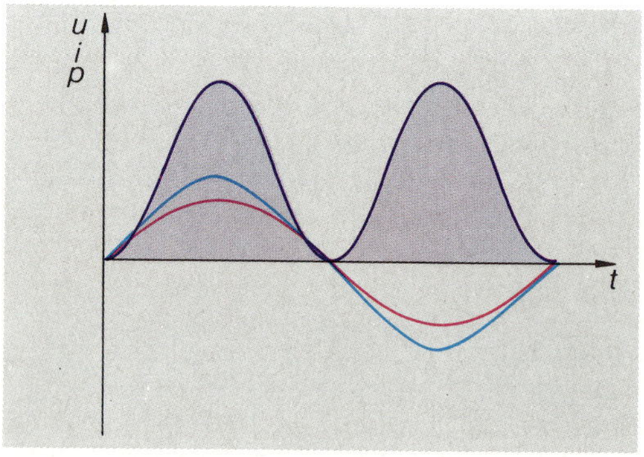

Abb. 3: Leistungsverlauf beim Wirkwiderstand

1.3.2 Leistung beim Kondensator

Bevor auf die Leistung beim Kondensator eingegangen wird, soll zunächst der Leistungsverlauf beim Widerstand R betrachtet werden. Da Stromstärke und Spannung in Phase sind (Abb. 2), ergibt sich eine positive, pulsierende Leistung (Abb. 3). Energie wird ständig als Wärme abgegeben. Man nennt diese Widerstände auch Wirkwiderstände.

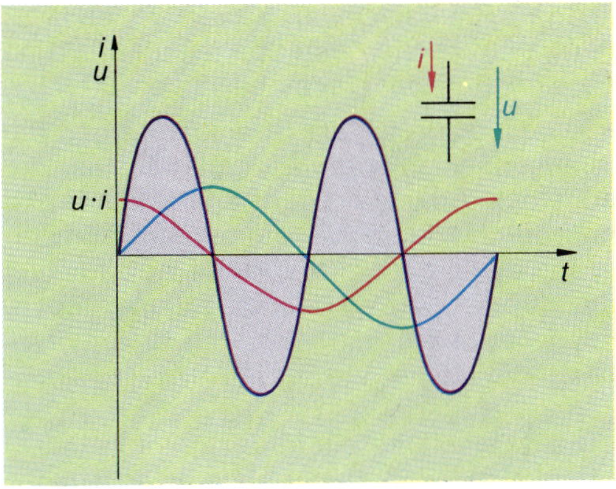

Abb. 4: Verlauf der Spannung, Stromstärke und Leistung beim Kondensator

Im Wechselstromkreis wird der Kondensator ständig aufgeladen und entladen. Spannung und Stromstärke sind immer vorhanden, so daß man auch eine Leistung angeben kann. Da Stromstärke und Spannung jedoch nicht in Phase sind, ergibt sich keine Wirkleistung. Beim Aufladen und Entladen wird keine Wärme abgegeben. Wie bei der Spule bezeichnet man diese Leistung als Blindleistung. Konstruieren läßt sich die Leistungskurve durch die Multiplikation der Augenblickswerte von Spannung und Stromstärke.

Die Abb. 4 zeigt den Verlauf. Die positiven und negativen Anteile sind gleich groß, die mittlere Leistung ist also Null (keine Leistungsabgabe). Damit wird deutlich, daß keine Wirkleistung entsteht. Der Widerstand des Kondensators ist deshalb ein Blindwiderstand.

Blindleistung beim Kondensator

$\boxed{Q_C = U_C \cdot I_C}$ $[Q_C] = \text{var}$

var: Volt Ampere reaktiv

Aufgaben zu 1.3

1. Erklären Sie den Auf- und Entladevorgang eines Kondensators an Gleichspannung!
2. Von welchen Größen hängt die Kapazität eines Kondensators ab?
3. Erklären Sie, weshalb bei Anschluß einer Wechselspannung an einen Kondensator ein Strom fließt!
4. An einem Kondensator wird bei einer Spannung von 20 V und einer Frequenz von 50 Hz eine Stromstärke von 25 mA gemessen. Wie groß sind der Blindwiderstand und die Kapazität?
5. Wie ändert sich die Stromstärke, wenn anstelle eines Kondensators von 4 μF ein Kondensator von 8 μF an dieselbe Spannung von 220 V und 50 Hz gelegt wird?
6. Erklären Sie, in welcher Weise der Blindwiderstand des Kondensators von der Frequenz und von der Kapazität abhängt!
7. Skizzieren Sie die Diagramme X_C in Abhängigkeit von C und von f!

1.4 Schaltungen mit Kondensatoren und Wirkwiderständen

In vielen Fällen kommt der Kondensator gemeinsam mit Wirkwiderständen in Schaltungen vor. Im folgenden wird zunächst die Reihenschaltung und dann die Parallelschaltung behandelt.

1.4.1 Reihenschaltung

Strom- und Spannungsverhalten

Abb. 5 zeigt die Reihenschaltung mit einem Wirkwiderstand und einem kapazitiven Blindwiderstand. In jeder Reihenschaltung fließt überall derselbe Strom. Die Stromstärke ist deshalb überall gleich. An jedem Widerstand ist eine Spannung meßbar. Welchen Einfluß hat der Blindwiderstand auf diese Spannungen? Dieses Problem wollen wir jetzt näher untersuchen.

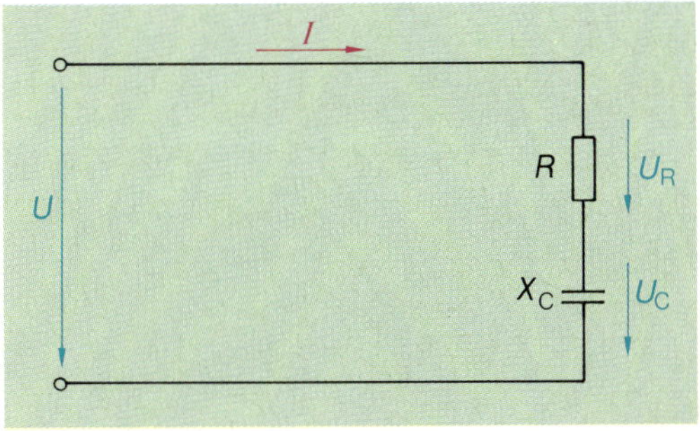

Abb. 5: Reihenschaltung von Wirkwiderstand und kapazitivem Blindwiderstand

• Die Stromstärke ist für die Widerstände die gemeinsame Größe. Auf ihren Verlauf werden alle anderen Größen bezogen (Abb. 1a).

• Die Stromstärke verursacht an R einen Spannungsabfall U_R, der phasengleich mit I ist (Abb. 1b).

$U_R = I \cdot R$

• Stromstärke und Spannung sind am kapazitiven Blindwiderstand nicht in Phase (vgl. 1.3.1). Die Stromstärke eilt der Spannung um 90° voraus. Da die Stromstärke als Bezugsgröße verwendet wurde, muß die Spannung u im Diagramm um 90° nacheilend gezeichnet werden (Abb. 1c).

$U_C = I \cdot X_C$

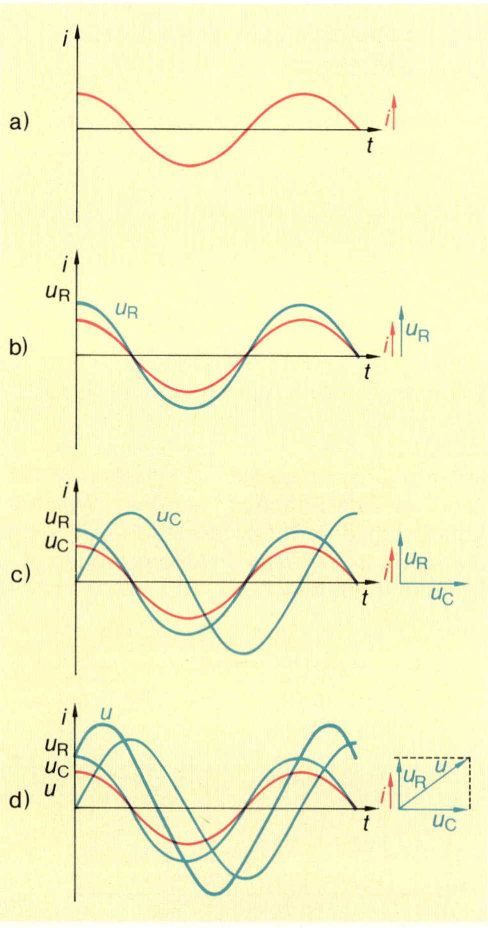

Abb. 1: Linien- und Zeigerdiagramme der Reihenschaltung von R und X_C

In der Reihenschaltung aus R und X_C herrscht zwischen den Spannungen u_R und u_C eine Phasenverschiebung von 90°.

• Die Ursache für die Stromstärke und die Spannungen an den Widerständen ist die angelegte Spannung u. Ihren Verlauf erhält man durch Addition der momentanen Einzelspannungen u_R und u_C (Abb. 1d). Zwischen der Stromstärke und der angelegten Spannung ergibt sich so eine Phasenverschiebung, die kleiner als 90° ist.

> Die Stromstärke eilt in der Reihenschaltung aus R und X_C der angelegten Spannung um weniger als 90° voraus.

Da Drehspulmeßgeräte keine Augenblickswerte, sondern Effektivwerte anzeigen, ist es sinnvoll, von diesen auszugehen.

Das Zeigerdiagramm (Effektivwerte) der Abb. 1d läßt sich zur Berechnung der einzelnen Größen in ein Dreieck umzeichnen. Dazu wird die Blindspannung U_C zeichnerisch parallel verschoben. Das Dreieck besteht dann aus den Seiten U_R, U_C und U (Abb. 2). Da es sich um ein rechtwinkliges Dreieck handelt, können zur Berechnung der Satz des Pythagoras und die Winkelfunktionen verwendet werden.

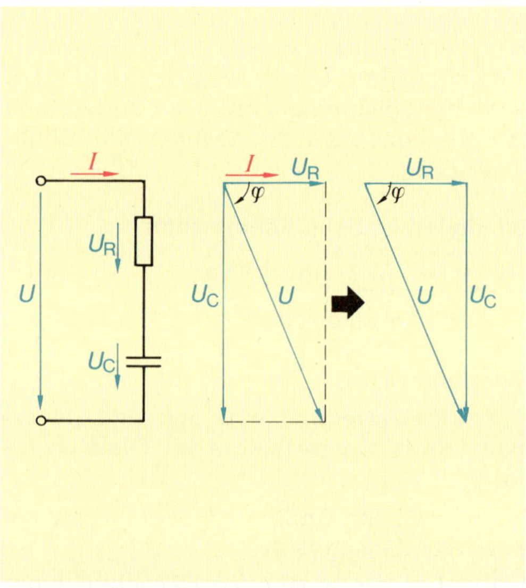

Abb. 2: Zeigerdiagramm und Spannungsdreieck der Reihenschaltung von R und X_C

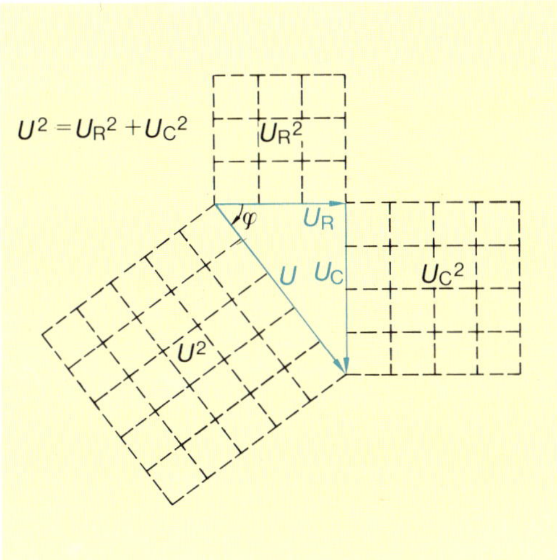

Abb. 3: Anwendung des Satzes des Pythagoras beim Spannungsdreieck

In Abb. 3 wird der Lehrsatz des **Pythagoras** verdeutlicht. Danach ist das Quadrat über der Hypotenuse (U^2) gleich der Summe der Quadrate über den Katheten (U_R^2 und U_C^2).

$$\boxed{U^2 = U_R^2 + U_C^2}$$

$$U = \sqrt{U_R^2 + U_C^2}$$

$$U_R = \sqrt{U^2 - U_C^2}$$

$$U_C = \sqrt{U^2 - U_R^2}$$

Mit **Winkelfunktionen** kann der Phasenverschiebungswinkel φ ermittelt werden. Winkelfunktionen sind in einem rechtwinkligen Dreieck Verhältnisse von zwei Seiten (Abb. 4).

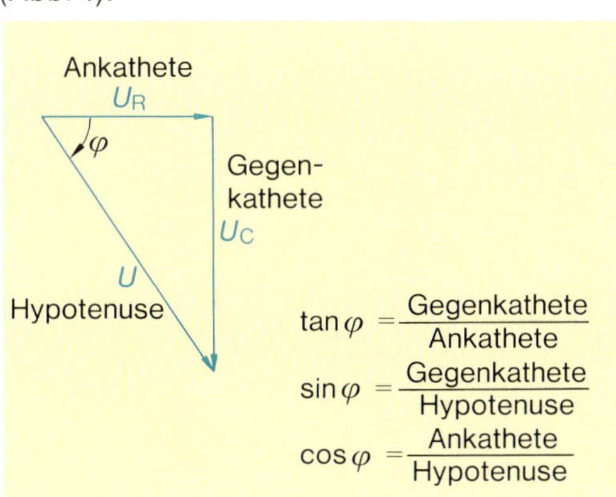

Abb. 4: Spannungsdreieck und Winkelfunktionen

Überträgt man die allgemeinen Definitionen auf das Spannungsdreieck, dann ergeben sich die folgenden Formeln.

$$\boxed{\tan\varphi = \frac{U_C}{U_R}}$$

$$\boxed{\sin\varphi = \frac{U_C}{U}}$$

$$\boxed{\cos\varphi = \frac{U_R}{U}}$$

Diese Formeln lassen sich durch Umstellen auch zur Berechnung von U_C, U_R und U verwenden, wenn der Phasenverschiebungswinkel bekannt ist.

Widerstände

Neben dem Strom- und Spannungsverhalten sind Aussagen über das Widerstandsverhalten ebenfalls wichtig.

Aus 1.3.1 ist bekannt, daß der Kondensator wie ein Blindwiderstand wirkt. Hinzu kommt bei der Reihenschaltung der Wirkwiderstand. Beide bilden einen gemeinsamen Widerstand, dessen Größe ermittlet werden soll.

Ausgegangen wird dabei beispielhaft vom Koppelkondensator einer Transistorstufe und dem Eingangswiderstand der Transistorschaltung (Abb. 5).

Die gemeinsame Größe der Reihenschaltung ist immer die Stromstärke. Sie läßt sich über X_C oder R errechnen.

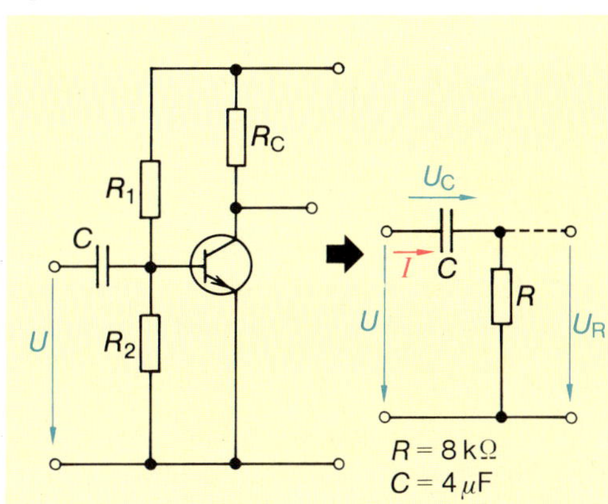

Abb. 5: Reihenschaltung von R und X_C

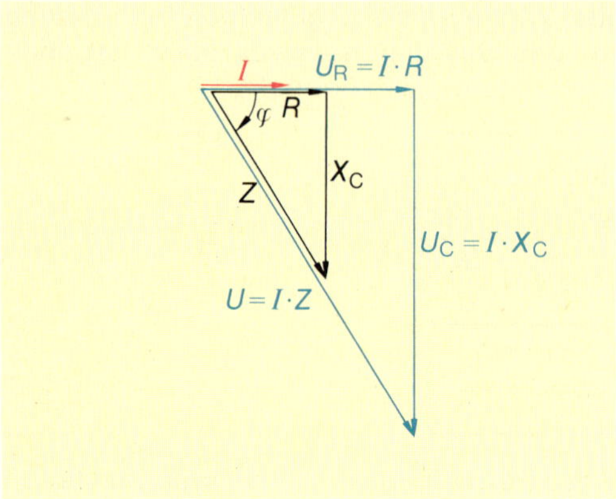

Abb. 1: Zusammenhang zwischen Spannungs- und Widerstandsdreieck bei der Reihenschaltung von R und X_C

Für die einzelnen Spannungen gibt es die folgenden Berechnungsformeln:

$U_C = I \cdot X_C$

$U_R = I \cdot R$

$U = I \cdot Z$

Der Widerstand Z ist der Widerstand der gesamten Schaltung. Da tatsächlich nur R und X_C vorhanden sind, nennt man ihn **Scheinwiderstand** (Impedanz).

Scheinwiderstand:

Formelzeichen Z
Einheitenzeichen Ω

Aus der Berechnung geht hervor, daß die Widerstände in allen Fällen mit der gleichbleibenden Stromstärke multipliziert werden.

Bestimmend für die Länge der Spannungspfeile im Dreieck sind also ein konstanter Faktor (I) und der jeweilige Widerstand (R, X_C oder Z). Es kann deshalb mit den Widerstandswerten ein neues Dreieck gezeichnet werden. Es unterscheidet sich vom Spannungsdreieck lediglich durch einen anderen Maßstab. Da die Winkel gleich geblieben sind, handelt es sich um ähnliche Dreiecke (Abb. 1). Die Widerstände sind auch durch Pfeile dargestellt.

Mit diesem Widerstandsdreieck lassen sich unter Anwendung des Lehrsatzes von Pythagoras und der Winkelfunktionen grundlegende Formeln zur Berechnung aufstellen.

$$\boxed{Z^2 = R^2 + X_C^2}$$

$$Z = \sqrt{R^2 + X_C^2}$$
$$R = \sqrt{Z^2 - X_C^2}$$
$$X_L = \sqrt{Z^2 - R^2}$$

$$\boxed{\tan\varphi = \frac{X_C}{R}} \quad \boxed{\sin\varphi = \frac{X_C}{Z}} \quad \boxed{\cos\varphi = \frac{R}{Z}}$$

Wie beim Spannungsdreieck können auch hier die Winkelfunktionen nach Umstellen zur Berechnung von R, X_C und Z verwendet werden, wenn der Phasenverschiebungswinkel bekannt ist.

Beispiel:

$R = 20\,\Omega$; $X_C = 40\,\Omega$

Gesucht wird der Scheinwiderstand und der Phasenverschiebungswinkel.

$Z = \sqrt{R^2 + X_C^2}$; $\qquad \tan\varphi = \frac{X_C}{R}$

$Z = \sqrt{400\,\Omega^2 + 1600\,\Omega^2}$; $\qquad \tan\varphi = 2$

$\underline{Z = 44{,}7\,\Omega}$ $\qquad \underline{\varphi = 63{,}4^\circ}$

Leistung

Herausgearbeitet wurde bereits, daß Stromstärke und Spannung nicht in Phase sind. Die Schaltung stellt keinen reinen Wirkwiderstand ($\varphi = 0^\circ$) und auch keinen reinen Blindwiderstand ($\varphi = 90^\circ$) dar. Die Stromstärke eilt der Spannung um weniger als 90° voraus.

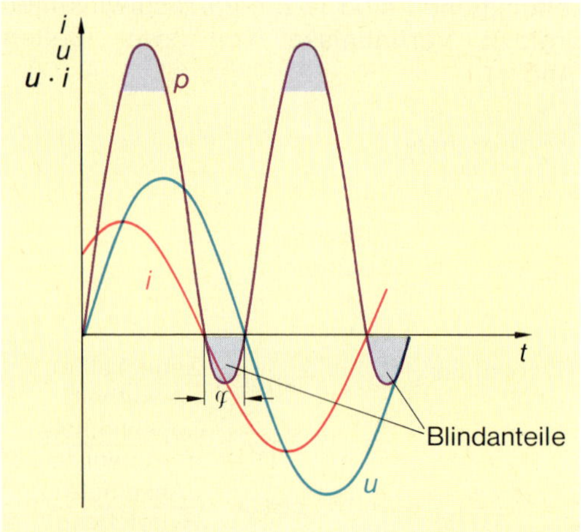

Abb. 2: Stromstärke-, Spannungs- und Leistungsverlauf bei der Reihenschaltung von R und X_C

Das Liniendiagramm in Abb. 2 zeigt die genauen Phasenbeziehungen und den Verlauf der Leistung. Die Leistung wurde durch die Multiplikation der Momentanwerte von *u* und *i* ermittelt.

In dem Diagramm sind positive und negative Leistungsanteile erkennbar. Der negative Anteil bedeutet, daß die in dem Kondensator gespeicherte Energie an das Netz zurückgegeben wird (vgl. 1.3.2). Die zurückfließende Energie mußte vorher zum Aufbau des Feldes aufgenommen werden. Sie liegt im positiven Bereich und ist genau so groß wie der negative Anteil.

Deshalb muß von der im positiven Bereich liegenden Fläche der negative Anteil subtrahiert werden. Der verbleibende Rest ist dann die Energie, die in Form von Wirkleistung abgegeben wird.

Es wird schwierig, aus dem Diagramm die Größen der Anteile der Blind-, Wirk- und Scheinleistung zu entnehmen, da gekrümmte Kurvenverläufe vorliegen. Mit Hilfe von Zeigern für Blind-, Wirk- und Scheinleistungen kann dieses Problem jedoch gelöst werden. Wie beim Widerstandsdreieck wird auch hier auf das Spannungsdreieck zurückgegriffen, um die Leistungen zu berechnen.

Wirkleistung: $P = U_R \cdot I$

Blindleistung: $Q = U_C \cdot I$

Scheinleistung: $S = U \cdot I$

Scheinleistung:

Formelzeichen S
Einheitenzeichen VA

In allen drei Leistungen ist ein gemeinsamer Faktor vorhanden, die Stromstärke I. Die Spannungen sind unterschiedlich. Man kann deshalb vom Spannungsdreieck ausgehen und ein Leistungsdreieck zeichnen, bei dem in diesem Fall jede Seite mit dem Faktor I multipliziert wird. Die Abb. 3 zeigt dieses Leistungsdreieck. Es ist wie das Widerstandsdreieck dem Spannungsdreieck ähnlich, da sämtliche Winkel übereinstimmen.

Für die Berechnung lassen sich die folgenden Grundformeln anwenden:

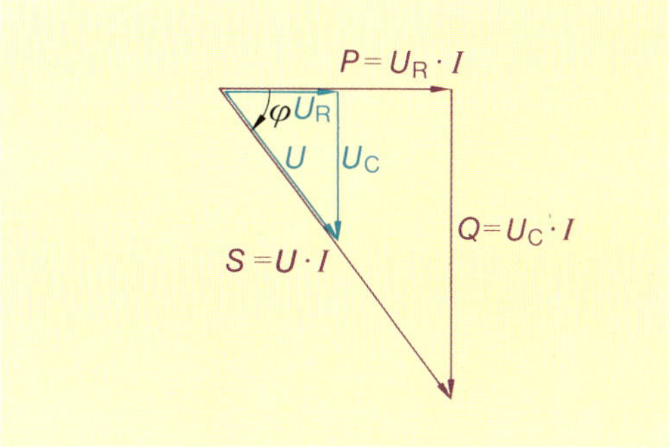

Abb. 3: Zusammenhang zwischen Spannungs- und Leistungsdreieck bei der Reihenschaltung von R und X_C

$$S^2 = P^2 + Q^2$$

$$S = \sqrt{P^2 + Q^2}$$
$$P = \sqrt{S^2 - Q^2}$$
$$Q = \sqrt{S^2 - P^2}$$

$$\tan\varphi = \frac{Q}{P} \qquad \sin\varphi = \frac{Q}{S} \qquad \cos\varphi = \frac{P}{S}$$

Beispiel:

Grundlage für die folgende Entwicklung ist die *RC*-Schaltung von S. 35, Abb. 5. Es wird die Frequenz gesucht, bei der die Phasenverschiebung zwischen der Eingangsspannung (Spannung U) und der Ausgangsspannung (Spannung am Transistoreingang) genau 45° beträgt.

Wenn die Phasenverschiebung 45° groß sein soll, dann müssen R und X_C gleich groß sein. Die Katheten des Dreiecks sind gleich lang (vgl. Abb. 4).

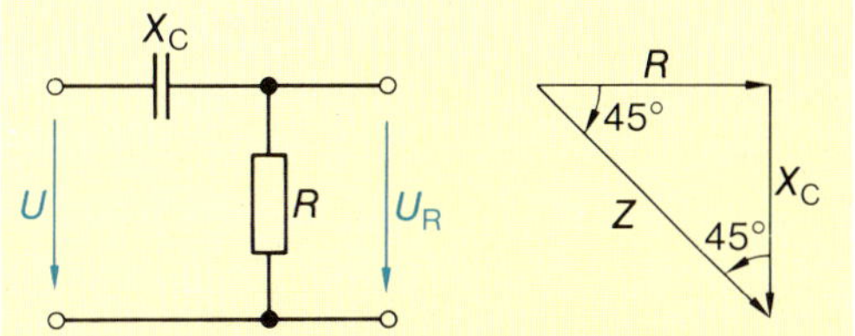

$$X_C = R$$

$$\frac{1}{2\pi f \cdot C} = R \qquad f = \frac{1}{2\pi \cdot R \cdot C}$$

Abb. 4: Reihenschaltung von R und X_C für den Sonderfall $R = X_C$

Frequenzverhalten

RC-Schaltungen spielen bei der Frequenzbeeinflussung von Signalen eine wesentliche Rolle. Deshalb soll jetzt die Reihenschaltung aus R und X_C untersucht werden, wenn Spannungen mit unterschiedlichen Frequenzen angelegt werden.

Die grundsätzliche Schaltung ist in Abb. 1 zu sehen. Die Frequenz wird verändert und die Ausgangsspannung bei konstanter Eingangsspannung gemessen. In das Diagramm wird nicht die absolute Spannung, sondern das Verhältnis von Ausgangs- zu Eingangsspannung aufgetragen (normierte Darstellung). Das Verhältnis kann dabei maximal 1 werden. Die Frequenzachse ist logarithmisch eingeteilt, um größere Frequenzbereiche darstellen zu können.

Der Kurvenverlauf zeigt die typische Durchlaßkurve eines **Tiefpasses**. Spannungen tiefer Frequenz werden durchgelassen, während hohe gesperrt werden. Zu dieser Aussage läßt sich einfach gelangen, wenn die Widerstände betrachtet werden. Bei tiefen Frequenzen ist der Widerstand des Kondensators im Vergleich zu R groß. Es wird an ihm eine große Spannung vorhanden sein. Bei hohen Frequenzen verhält es sich umgekehrt. Die hohen Frequenzen werden gewissermaßen kurzgeschlossen.

Bei Filterschaltungen werden Grenzen angegeben, die durch einen bestimmten Spannungswert am Ausgang im Verhältnis zur Eingangsspannung gekennzeichnet sind. In Abb. 1 ist dies der Wert $\frac{1}{\sqrt{2}} \approx 0{,}707$. Diese Grenze ist dann erreicht, wenn der Spannungsabfall an R und X_C gleich groß ist, wie die folgende Formeldarstellung zeigt:

$$U^2 = U_R^2 + U_C^2 \qquad U_R = U_C \quad \text{(Bedingung)}$$

$$U^2 = 2 \cdot U_C^2$$

$$\frac{U_C}{U} = \frac{1}{\sqrt{2}}$$

Die an der Grenze vorhandene Frequenz wird Grenzfrequenz genannt. Sie läßt sich über die Widerstände berechnen (vgl. S. 37).

Grenzfrequenz: $X_C = R$ $\qquad$ $$\boxed{f_g = \frac{1}{2\pi \cdot R \cdot C}}$$

Der untere Teil der Abb. 1 gibt die Phasenlage zwischen Ausgangs- und Eingangsspannung wieder. Sie geht von 0° bis 90°. Bei der Grenzfrequenz ist sie 45°.

Die Abb. 2 zeigt einen **Hochpaß**. Im Vergleich zum Tiefpaß sind Kondensator und Widerstand ausgetauscht worden. Bei tiefen Frequenzen wird der Kondensator durch seinen hohen Widerstand wie eine Sperre wirken und die Spannung am Ausgang klein sein. Bei hohen Frequenzen ist er vernachlässigbar und die Spannung am Ausgang wird groß sein (Abb. 2).

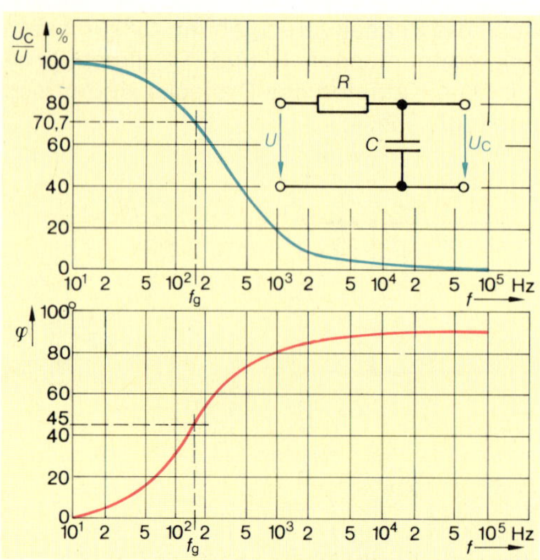

Abb. 1: Tiefpaß

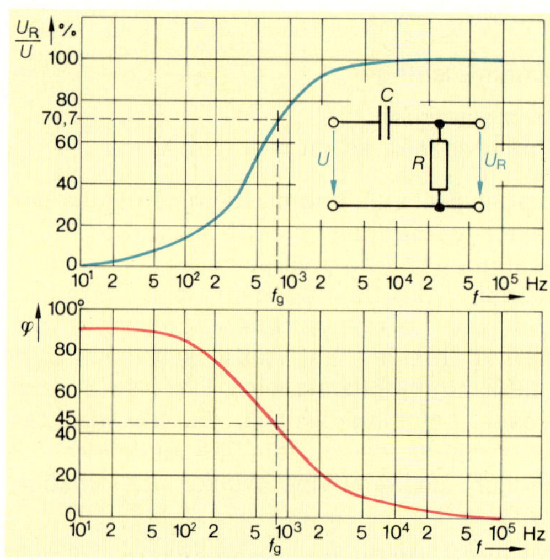

Abb. 2: Hochpaß

Impulsverhalten bei Rechtecksignalen

Rechtecksignale sind im Prinzip Gleichspannungen, die ein- bzw. ausgeschaltet werden. Der Kondensator kann sich dabei auf- und entladen. Ein Maß für die Zeit des Auf- und Entladevorgangs ist die Zeitkonstante τ.

Zeitkonstante: $\tau = R \cdot C$

Nach einer Zeit von etwa $5\,\tau$ ist der Kondensator aufgeladen bzw. entladen. Legt man an die *RC*-Schaltung Impulse, deren Impulsdauer $t_i = 5\,\tau$ ist, kommt es zur Impulsverformung nach Abb. 3a. Mit kleiner werdender Impulsdauer t_i kann sich der Kondensator nicht mehr vollständig auf- bzw. entladen, und es entstehen die Kurvenverläufe 3b bis 3e. *RC*-Glieder dieser Art werden **Integrierglieder** genannt.

Der Strom durch die *RC*-Schaltung verursacht am Widerstand einen Spannungsabfall. Die Abb. 4 zeigt für verschiedene Impulsdauern die Spannungsverläufe. Wenn die Impulsdauer t_i groß gegenüber der Zeitkonstanten τ ist, werden praktisch nur die Flanken der Rechteckspannungen übertragen (Nadelimpulse). Die Impulse befinden sich im positiven und negativen Bereich, da sich die Stromrichtungen durch die Auf- und Entladung ändern. Mit Verkleinerung der Impulsdauer t_i nimmt die Verformung ab, bis bei sehr kleinen Werten die Impulsform angenähert erhalten bleibt. *RC*-Glieder dieser Art werden **Differenzierglieder** genannt.

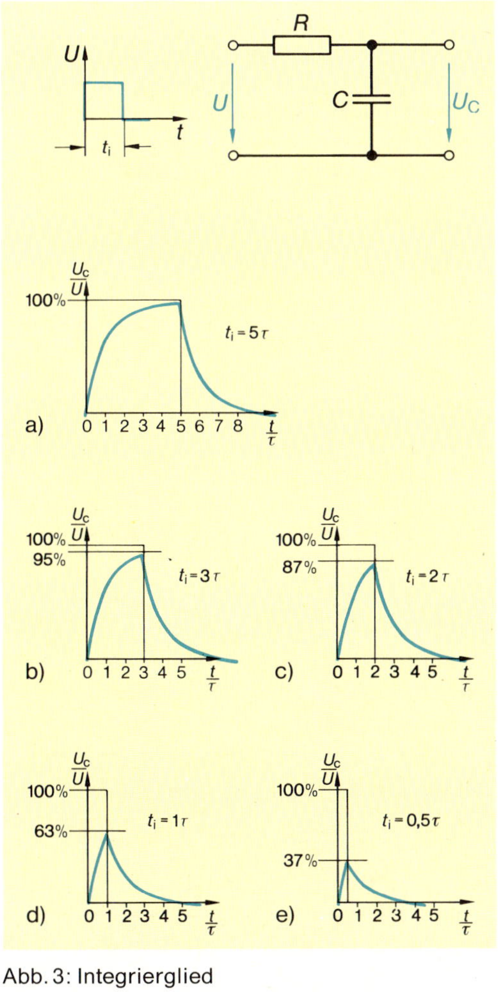

Abb. 3: Integrierglied

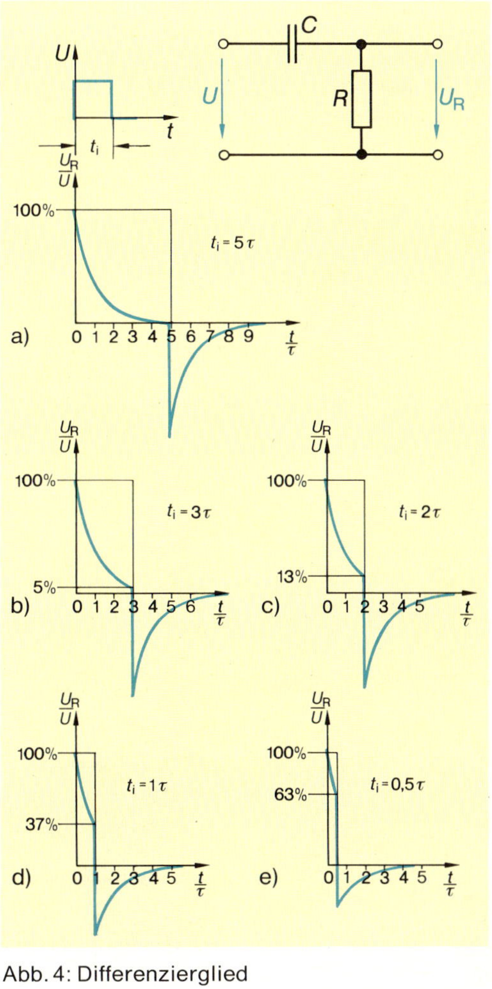

Abb. 4: Differenzierglied

Aufgaben zu 1.4.1

1. Eine Reihenschaltung aus R und X_C liegt an einer konstanten Wechselspannung. Wie verändern sich I, U_R, U_C und φ, wenn die Kapazität des Kondensators durch Austausch vergrößert wird?

2. An einer Reihenschaltung mit $R = 1\ \text{k}\Omega$ und $C = 10\ \mu\text{F}$ liegt eine Gesamtspannung von 20 mV und $f = 100$ Hz.

Ermitteln Sie die Größe der Spannungen U_R, U_C, φ und den Scheinwiderstand Z sowie die Grenzfrequenz der Schaltung!

3. Der Frequenzgang eines Tiefpasses wird durch die Parallelschaltung eines weiteren Kondensators zu C_1 verändert.

In welche Richtung verschiebt sich die Grenzfrequenz?

4. Zeichnen Sie die Spannung am Kondensator einer RC-Reihenschaltung, wenn ein Rechtecksignal anliegt! Die Impulsdauer ist groß gegenüber der Zeitkonstanten. Zeichnen Sie außerdem den Stromverlauf!

1.4.2 Parallelschaltung

Die Parallelschaltung aus R und X_C ist ebenfalls häufig in elektronischen Schaltungen anzutreffen. Die Abb. 1 zeigt zwei Beispiele. Sie dienen wie bei der Reihenschaltung der Frequenzbeeinflussung, Phasenverschiebung, Impulsverformung usw.

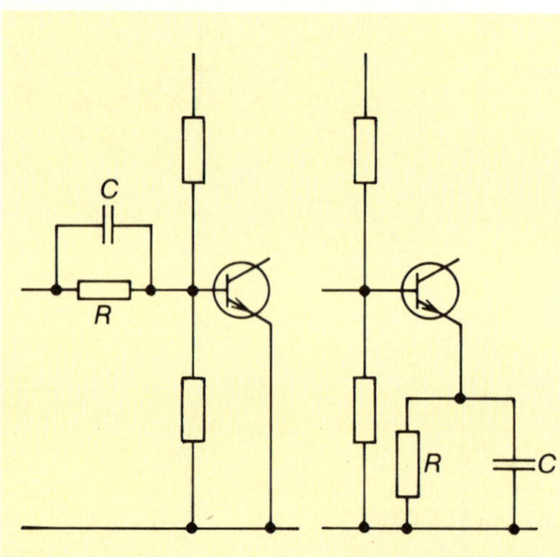

Abb. 1: Beispiele für Parallelschaltungen von R und X_C

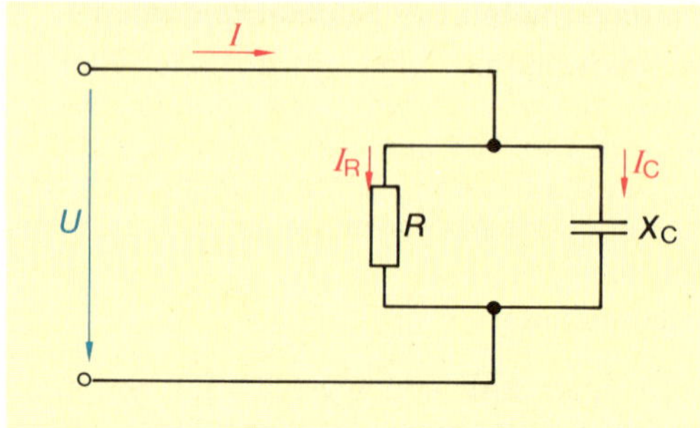

Abb. 2: Parallelschaltung von Wirkwiderstand und kapazitivem Blindwiderstand

Strom- und Spannungsverhalten

Aus der Schaltung in Abb. 2 ist zu entnehmen, daß bei der Parallelschaltung für die beiden Bauteile dieselbe Spannung wirksam wird. Daneben gibt es drei Ströme, den Gesamtstrom I, den Wirkstrom I_R durch den Wirkwiderstand und den Blindstrom I_C durch den Blindwiderstand. Für die Konstruktion der Linien- und Zeigerdiagramme wird wie bei der Reihenschaltung schrittweise vorgegangen.

- Die gemeinsame Größe ist die Spannung. Auf sie müssen alle anderen Größen phasenmäßig bezogen werden (Abb. 3a).
- Der Wirkstrom i_R ist in Phase mit der Spannung u (Abb. 3b).
- Der Blindstrom i_C eilt der Spannung u um 90° voraus (Abb. 3c).
- Die Gesamtstromstärke i erhält man aus der Addition der Momentanwerte (Abb. 3d). Der Phasenverschiebungswinkel zwischen angelegter Spannung und dem Gesamtstrom ist also kleiner als 90°.

Wir gehen im folgenden wieder von Effektivwerten aus.

Das Zeigerdiagramm kann zu einem Dreieck umgezeichnet werden. Es besteht aus den drei Strömen (Abb. 4). Zum Dreieck können folgende Formeln aufgestellt werden:

$$\boxed{I^2 = I_R^2 + I_C^2} \qquad I = \sqrt{I_R^2 + I_C^2}$$

$$I_R = \sqrt{I^2 - I_C^2}$$

$$I_C = \sqrt{I^2 - I_R^2}$$

$$\boxed{\tan\varphi = \frac{I_C}{I_R}} \qquad \boxed{\sin\varphi = \frac{I_C}{I}} \qquad \boxed{\cos\varphi = \frac{I_R}{I}}$$

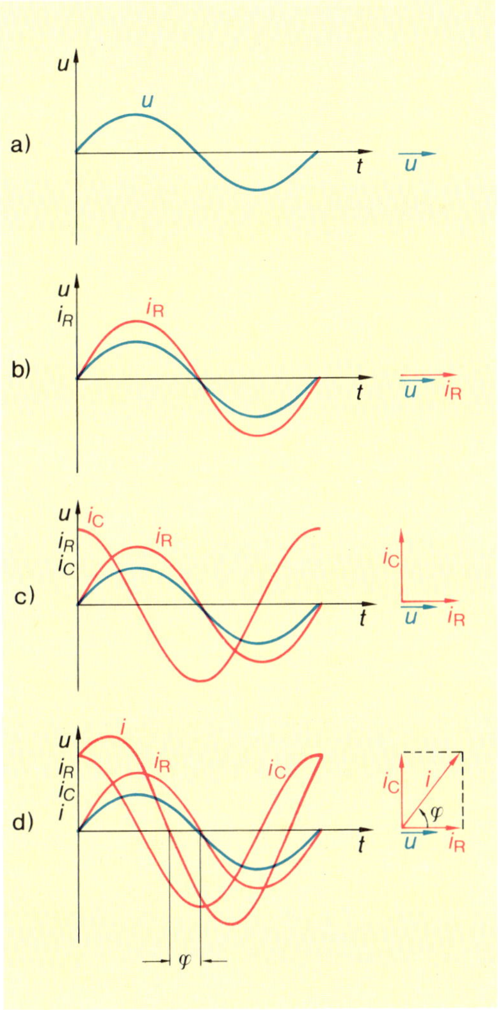

Abb. 3: Linien- und Zeigerdiagramme der Parallelschaltung von R und X_C

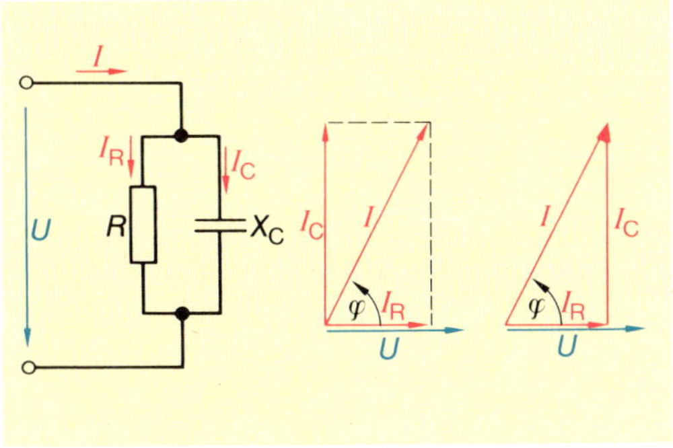

Abb. 4: Zeigerdiagramm und Stromdreieck der Parallelschaltung von R und X_C

Widerstände

Bei der Reihenschaltung konnte aus dem Spannungsdreieck ein Widerstandsdreieck entwickelt werden. Bei der Parallelschaltung soll ähnlich vorgegangen werden. Allerdings gehen wir hier von einem Stromdreieck aus. Die Stromstärken berechnen sich wie folgt:

$$I = \frac{U}{Z}; \quad I_R = \frac{U}{R}; \quad I_C = \frac{U}{X_C}$$

In jeder Formel taucht als Faktor die gemeinsame Spannung U auf. Die Formeln können deshalb auch in folgender Form geschrieben werden:

$$I = U\left(\frac{1}{Z}\right) \quad I_R = U\left(\frac{1}{R}\right) \quad I_C = U\left(\frac{1}{X_C}\right)$$

$$I = U \cdot Y \quad I_R = U \cdot G \quad I_C = U \cdot B_C$$

Y: Scheinleitwert
G: Wirkleitwert
B: Blindleitwert

Anstelle des Stromdreiecks kann jetzt ein Leitwertdreieck mit einem veränderten Maßstab gezeichnet werden (Abb. 5).

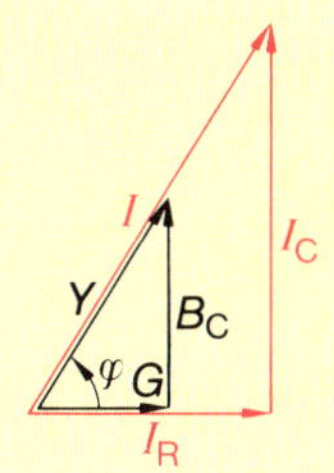

$$G = \frac{1}{R} \qquad B_C = \frac{1}{X_C} \qquad Y = \frac{1}{Z}$$

Abb. 5: Zusammenhang zwischen Strom- und Leitwertdreieck bei der Parallelschaltung von R und X_C

Strom- und Leitwertdreieck sind ähnlich. Es ergeben sich die folgenden Berechnungsformeln:

$$\left(\frac{1}{Z}\right)^2 = \left(\frac{1}{R}\right)^2 + \left(\frac{1}{X_C}\right)^2$$

$$Y^2 = G^2 + B_C^2$$

$$Y = \sqrt{G^2 + B_C^2}$$
$$G = \sqrt{Y^2 - B_C^2}$$
$$B_C = \sqrt{Y^2 - G^2}$$

$$\tan\varphi = \frac{R}{X_C} \qquad \sin\varphi = \frac{Z}{X_C} \qquad \cos\varphi = \frac{Z}{R}$$

Leistung

Bei der Ermittlung der Leistung kann ähnlich wie bei der Reihenschaltung vorgegangen werden. Hier ist allerdings die gemeinsame Größe die Spannung U.

$S = U \cdot I \quad P = U \cdot I_R \quad Q = U \cdot I_C$

Leistung und Stromstärke sind also verhältnisgleich. Es kann deshalb ein Leistungsdreieck gezeichnet werden, das dem Stromdreieck ähnlich ist (Abb. 1).

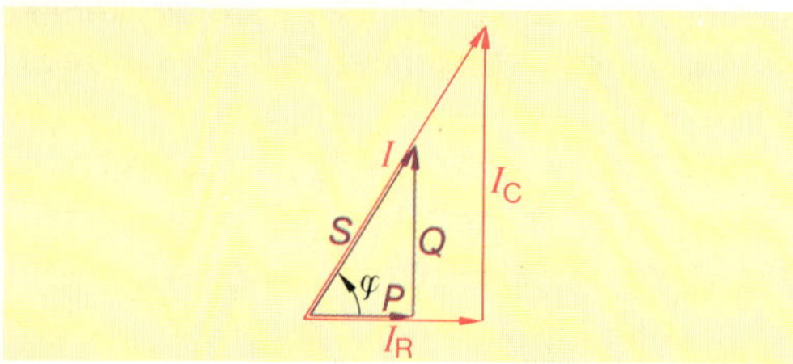

Abb. 1: Zusammenhang zwischen Strom- und Leistungsdreieck bei der Parallelschaltung von R und X_C

Folgende Berechnungsformeln ergeben sich:

$$S^2 = P^2 + Q^2$$

$$S = \sqrt{P^2 + Q^2}$$
$$P = \sqrt{S^2 - Q^2}$$
$$Q = \sqrt{S^2 - P^2}$$

$$\tan \varphi = \frac{Q}{P} \qquad \sin \varphi = \frac{Q}{S} \qquad \cos \varphi = \frac{P}{S}$$

1.4.3 Verluste des Kondensators

Kondensatoren erwärmen sich bei Anschluß an eine Spannung geringfügig. Beim Anlegen einer Gleichspannung lassen sich dann noch geringe Ströme feststellen, wenn der Aufladevorgang abgeschlossen ist. Die Isolierung zwischen den Leitern kann man sich wie einen Widerstand vorstellen, der parallel neben dem idealen Kondensator liegt (vgl. Abb. 2). Hervorgerufen wird dieser Widerstand durch den sehr hohen Widerstand der Isolation und bei angelegter Wechselspannung durch das ständige Umpolen der Moleküle im Dielektrikum (Polarisation). Hinzu kommen noch die geringen Widerstände der Zuleitungen und der Beläge.

Zur Kennzeichnung der Qualität eines Kondensators verwendet man den Verlustfaktor (Abb. 2).

Verlustfaktor des Kondensators

$$\tan \delta = \frac{X_C}{R}$$

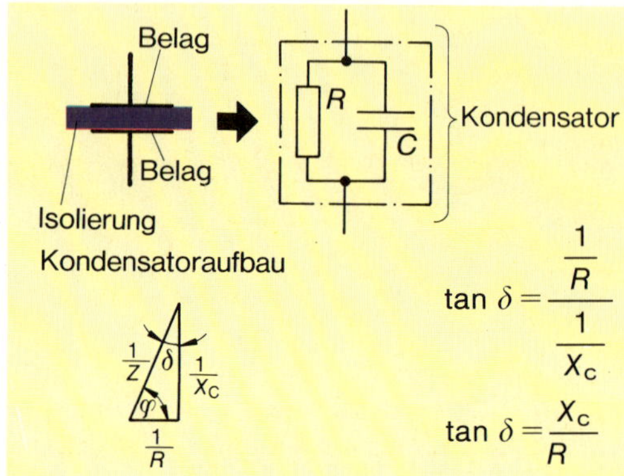

Abb. 2: Ersatzschaltbild und Leitwertdreieck des Kondensators (übertrieben groß)

Der Verlustfaktor ist sehr klein. MP-Kondensatoren besitzen z. B. bei 50 Hz einen Verlustfaktor, der kleiner als $5 \cdot 10^{-3}$ ist. Dabei muß berücksichtigt werden, daß er von Temperatur und Frequenz abhängt.

Der $\tan \delta$ ist z. B. bei 1 MHz für Styroflex 0,0002 und Papier 0,004.

Ein 250 pF Kondensator hat dann bei 1,5 MHz und Styroflex-Dielektrikum einen Verlustwiderstand von 2,12 MΩ. Der gleiche Kondensator hat mit Papierdielektrikum einen Verlustwiderstand von 106 kΩ.

Aufgaben zu 1.4.2 und 1.4.3

1. Entwickeln Sie aus dem Stromdreieck der Parallelschaltung von R und X_C das Leitwertdreieck!

2. Stellen Sie mit dem Leitwertdreieck für die Parallelschaltung aus R und X_C Formeln zur Berechnung von Z und den Phasenverschiebungswinkel auf!

3. Zur Parallelschaltung aus R und X_C wird ein weiterer Kondensator parallel geschaltet. Wie verändern sich Z, I, I_R, I_C, φ, S, P und Q, wenn die Spannung konstant bleibt?

4. Wodurch entstehen Verluste im Kondensator?

5. Zeichnen Sie das Ersatzschaltbild des verlustbehafteten Kondensators!

1.5 Spule an Wechselspannung

Spulen sind in der Energieversorgung nachrichtentechnischer Geräte in Form von Transformatoren und zur Anpassung von z. B. Endstufen an Lautsprechern als Übertrager zu finden. Darüber hinaus sind sie in HF-Stufen zu finden, wo sie mit Kondensatoren vielfältige Aufgaben übernehmen. Es können dies z. B. Schwingschaltungen, Filterschaltungen usw. sein (Abb. 4).

Die Spule kann nicht wie der Kondensator als ideales Bauteil angesehen werden. Durch die immer vorhandenen Wicklungen treten stets Verluste auf, die in Form eines Gesamtverlustwiderstandes zusammengefaßt werden und zum eigentlichen Blindwiderstand in Reihe liegen. Die Spule tritt also stets als Scheinwiderstand auf, der aus dem Wirk- und Blindwiderstand besteht (Abb. 5). Nur unter bestimmten Bedingungen kann der Wirkwiderstand vernachlässigt werden.

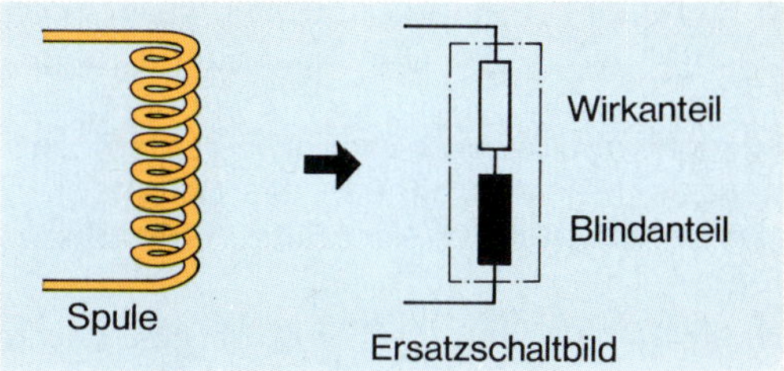

Abb. 5: Ersatzschaltbild der Spule

Abb. 3: Spulen

Abb. 4: Spulen in einer HF-Schaltung

1.5.1 Induktivität der Spule

Um das Verhalten der Spule im Wechselstromkreis besser verstehen zu können, müssen wir zunächst einige Eigenschaften der Spule auffrischen.

Der Wechselstrom ändert ständig seine Größe und Richtung. Das damit verbundene Magnetfeld führt zu Induktionsvorgängen, die den zusätzlichen Widerstand verursachen. Diese Induktionsvorgänge sollen jetzt genauer untersucht werden.

Induktionsvorgang

Durch die Induktion der Bewegung können Wechselspannungen in Generatoren erzeugt werden. Jetzt steht im Mittelpunkt der Betrachtungen die **Induktion der Ruhe.** Zur Verdeutlichung dieses wichtigen Vorgangs dient der Versuchsaufbau der nachstehenden Abb. 6.

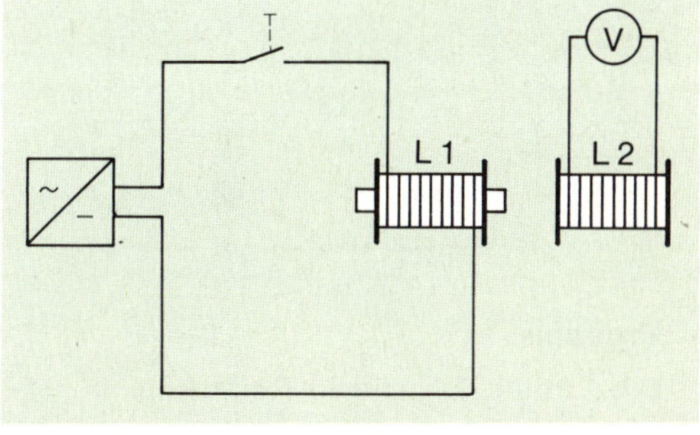

Abb. 6: Induktionsvorgang

Die Spule L1 (Primärspule) wird über einen Schalter an eine Gleichspannung angeschlossen. Die Spule L2 (Sekundärspule) ist nicht mit ihr verbunden. Trotzdem entsteht nach dem Schließen des Schalters in der Sekundärspule kurzzeitig eine Spannung.

Erklären läßt sich dieses Ergebnis durch das sich ändernde magnetische Feld, das zum Teil die Sekundärspule durchsetzt. Jede Magnetfeldänderung verursacht in Leitern eine Ladungstrennung und damit eine Induktionsspannung (Induktionsgesetz).

Die Wirkung läßt sich erhöhen, wenn beide Spulen dicht aneinander liegen. Ein größerer magnetischer Fluß kann jetzt die Sekundärspule durchsetzen und führt so zu einer größeren Spannung. Eine noch größere Wirkung erhält man, wenn beide Spulen direkt übereinander gewickelt sind. Der Fluß der Primärspule durchsetzt dann fast vollständig die Sekundärspule.

Selbstinduktion

Wir haben bisher erarbeitet, daß dann eine Induktionsspannung entsteht, wenn sich der magnetische Fluß in einer Spule ändert. Der Vorgang in der Sekundärspule wurde erklärt. Was geschieht aber in der Primärspule, in der sich ja auch der Fluß verändert? Diesem Problem wollen wir durch Versuch 1–5 auf den Grund gehen.

Das Ergebnis wollen wir mit Hilfe bereits erarbeiteter Kenntnisse erklären. Zunächst kann gefolgert werden, daß ein zusätzlicher Widerstand (Lampe leuchtet verzögert auf) den Strom nach dem Einschalten behindert hat. Dieser Widerstand war am Anfang groß (Lampe war dunkel) und am Ende des Schaltvorgangs klein (Lampe leuchtete hell). Wenn sich die Stromstärke in der Spule ändert, dann entsteht gleichzeitig ein sich änderndes Magnetfeld, das eine Induktionsspannung zur Folge hat (Induktionsgesetz). Diese neu entstandene Spannung wirkt der angelegten Spannung entgegen (Lenzsche Regel), so daß die angelegte Spannung erst allmählich wirksam werden kann. Die Induktionsspannung verschwindet, wenn sich die Stromstärke nicht mehr verändert.

Die Gegenspannung ist durch den sich ändernden Strom in der Spule entstanden. Man nennt diese Spannung **Selbstinduktionsspannung.**

> Eine Selbstinduktionsspannung entsteht in einer Spule durch Änderung der Stromstärke.

Schaltvorgänge bei Spulen

Das Ergebnis des Versuchs 1–5 und die nachfolgenden Überlegungen haben uns gezeigt, daß sich die Stromstärke und die Spannung an der Spule nicht gleichsinnig

Versuch 1–5: Selbstinduktion

Meßschaltung

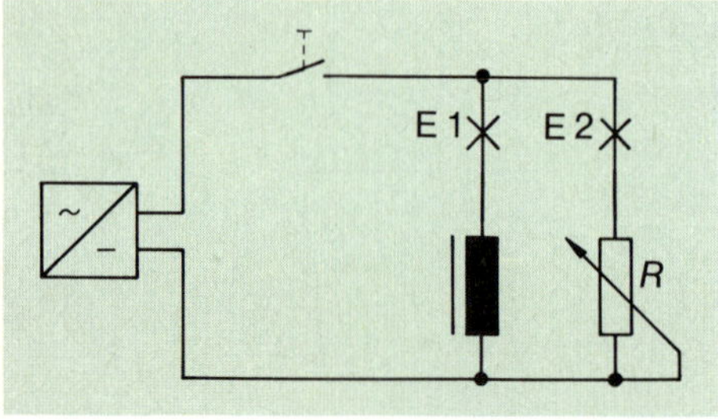

Durchführung

Im eingeschalteten Zustand wird der Widerstand *R* so verändert, daß beide Lampen gleich hell leuchten. Dann wird der Schalter geöffnet und wieder geschlossen. Das Verhalten der Lampen wird beobachtet.

Ergebnis

Die Lampe E1, die in Reihe mit der Spule liegt, leuchtet nach dem Schließen des Schalters verzögert auf und erreicht erst allmählich ihre maximale Helligkeit.

verhalten. Die Stromstärke beginnt beim Einschalten bei Null und steigt allmählich auf einen Maximalwert. Die Gesamtspannung verteilt sich auf die Spule und die Lampe (Reihenschaltung). Im Einschaltmoment ist die Lampenspannung Null. Demzufolge muß die Spannung an der Spule maximal sein. Mit zunehmender Stromstärke sinkt die Spannung an der Spule und steigt an der Lampe (Lampe leuchtet).

Die beiden Diagramme der Abb. 1 zeigen den Verlauf der Spannung und der Stromstärke an der Spule, wie man sie mit dem Oszilloskop sichtbar machen kann.

Aus den Diagrammen können die Endwerte 1 V und 0,8 A entnommen werden. Wenn die Stromstärke sich nicht mehr verändert, wirkt die Spule immer noch wie ein Widerstand. Er läßt sich über die Beziehung des Ohmschen Gesetzes berechnen.

$$R = \frac{1\,\mathrm{V}}{0{,}8\,\mathrm{A}}; \qquad \underline{R = 1{,}25\,\Omega}$$

Er ist der Gleichstromwiderstand der Spule. Er hängt allein von der Wicklung ab. Zu diesem Widerstand kommt ein weiterer Widerstand hinzu, wenn sich die Stromstärke ändert.

Bisher wurden die Vorgänge beim Aufbau des magnetischen Feldes in der Spule behandelt. Zur Entstehung und Aufrechterhaltung des magnetischen Feldes ist ein Stromfluß erforderlich. Ein Stromfluß bedeutet aber, daß Arbeit verrichtet wird, die als Energie im Magnetfeld der Spule gespeichert ist. Es kann mit ihr wieder Arbeit verrichtet werden (z.B. Anziehen von Eisen).

Als nächstes sollen jetzt die Vorgänge beim Abbau des Feldes behandelt werden.

Die in der Spule gespeicherte Energie muß sich auch nach dem Abschalten in Form eines sich verringernden Stromflusses abbauen können. Es muß also auch nach dem Abschalten der Spannungsquelle ein Stromkreis für die Spule vorhanden sein. Dieses

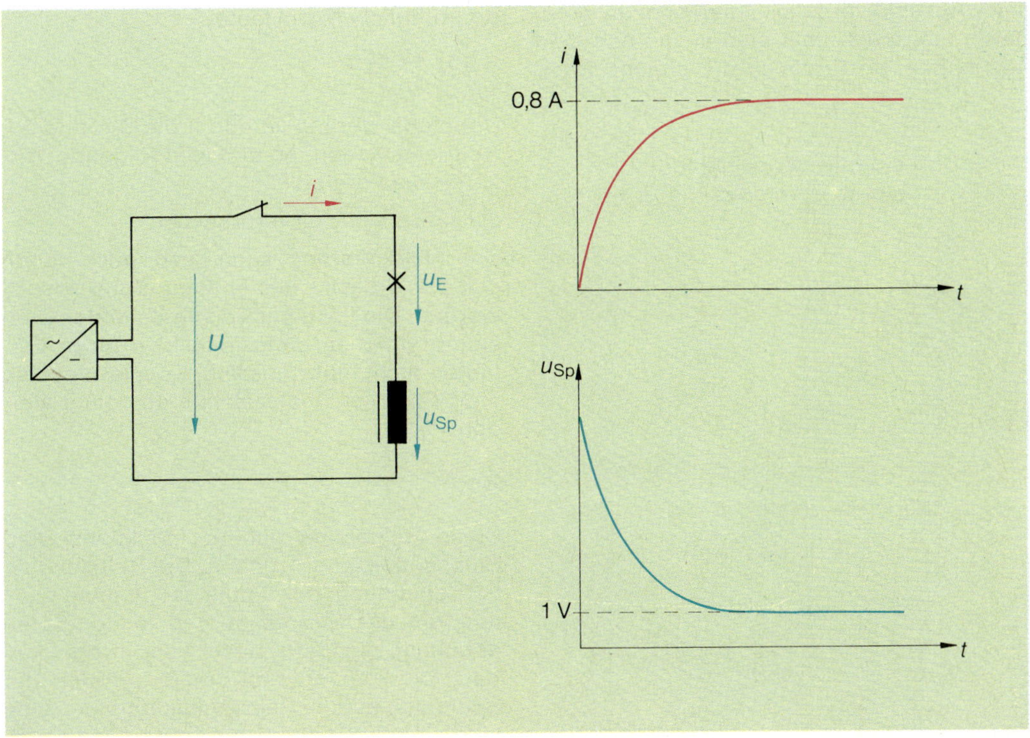

Abb. 1: Strom- und Spannungsverlauf beim Einschalten von Spulen

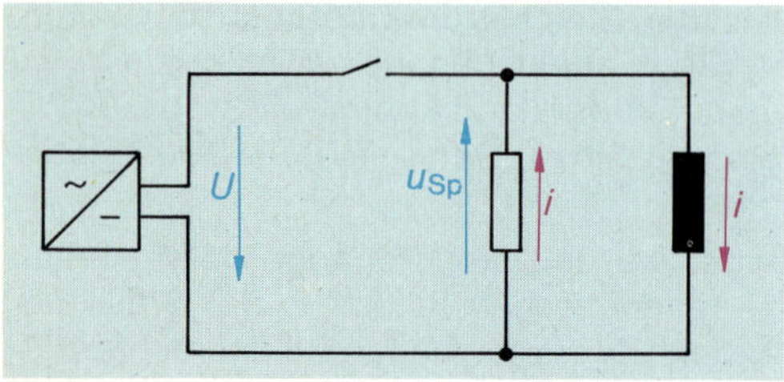

Abb. 1: Strom und Spannungsrichtungen beim Abschalten von Spulen

wird durch den Widerstand parallel zur Spule (Abb. 1) ermöglicht. Durch diese Maßnahme kommt es außerdem zu einem verzögerten Abbau, so daß die Vorgänge besser beobachtet werden können.

Nach dem Öffnen des Schalters ist die Spannungsquelle abgetrennt. Diese Änderung bedeutet aber, daß eine Induktionsspannung an der Spule entstehen muß. Nach der Lenzschen Regel versucht sie, den Stromfluß in voller Höhe und in gleicher Richtung aufrechtzuerhalten, um so der Änderung durch den Abschaltvorgang entgegenzuwirken. Durch die Spule fließt also auch nach dem Abschalten ein Strom in die gleiche Richtung. Da durch den Parallelwiderstand der Stromkreis geschlossen ist, fließt der Strom auch durch den Widerstand.

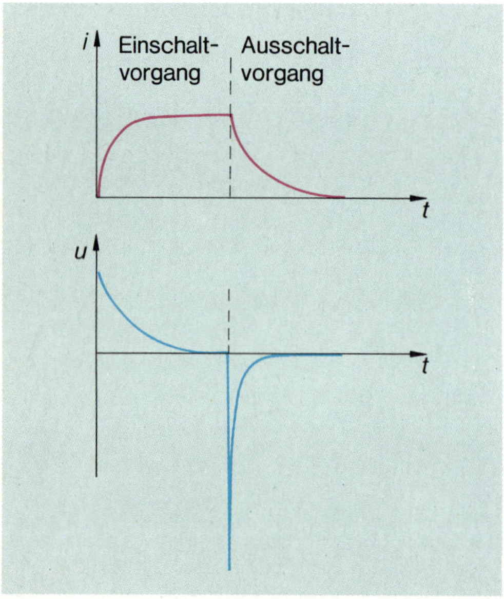

Abb. 2: Schaltvorgänge an Spulen (Strom- und Spannungsverlauf)

Die entstehende Spannung ist im wesentlichen von der Größe des Parallelwiderstandes abhängig. Es ist deshalb gefährlich, wenn Spulen alleine an Spannungsquellen angeschlossen sind und Schaltvorgänge durchgeführt werden müssen. Als Parallelwiderstand würde dann der immer vorhandene hohe Isolationswiderstand wirken, so daß die Abschaltspannung hohe Werte erreicht (Abb. 2). Es kann dabei zu Überschlägen und zur Zerstörung von Isolierungen bei Schaltern kommen.

Die Polarität der Spannung ergibt sich aus der Stromrichtung. Abb. 1 zeigt, daß die Polarität der Spannung an der Spule im Vergleich zur ursprünglich angelegten Spannung umgekehrt ist.

Bestimmung der Induktivität

Alle bisher beschriebenen Versuche sind mit dem Induktionsgesetz beschreibbar. Die ursprüngliche Form lautet:

$$u = N \frac{\triangle \Phi}{\triangle t}$$

Die Flußänderung ist durch die Stromänderung entstanden, so daß sich folgende Wirkungskette ergibt:

$\triangle I$ verursacht $\triangle \Phi$ verursacht u

Die Flußänderung kann also auch durch $\triangle I$, die Ursache der Flußänderung ersetzt werden. Die linke und rechte Seite der Gleichung stimmen dann jedoch in ihren Einheiten nicht mehr überein. Es muß deshalb ein Proportionalitätszeichen eingefügt werden.

$$u \sim N \frac{\triangle I}{\triangle t}$$

Diese Beziehung gilt für Induktions- und Selbstinduktionsvorgänge. Die Selbstinduktionsspannung der Spule ist jedoch nicht nur von der Stromänderung in der Spule abhängig, sondern auch von ihrem Aufbau. Die Abb. 3 zeigt die Baugrößen der Spule, die auf die Selbstinduktion der Spule einen Einfluß haben. Vergrößert man z. B. die Windungszahl, dann erhöht sich auch

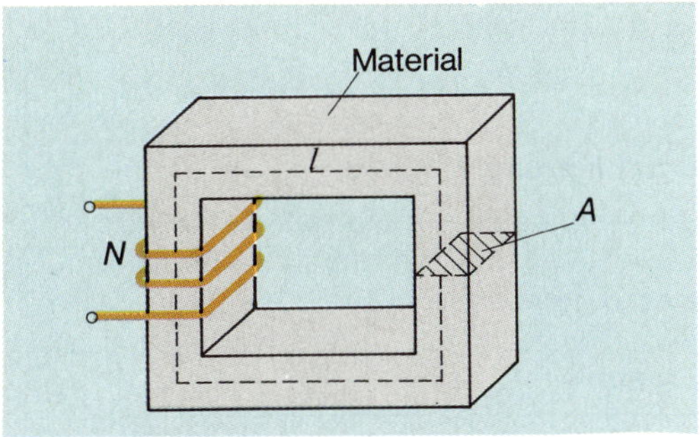

Abb. 3: Baugrößen der Spule

der magnetische Fluß und damit die Induktionsspannung bei Flußänderungen. Erhebliche Vergrößerungen des Flusses erhält man, wenn als Kernmaterial Eisen verwendet wird. Eine Vergrößerung der Fläche führt ebenfalls zu einer Vergrößerung der Selbstinduktionsspannung. Jedoch bewirken bauformbedingte Verlängerungen der Feldlinien Verringerungen der Induktionsspannungen.

Die Selbstinduktionsspannung hängt demnach ab von:

- der Windungszahl N
- der Permeabilitätszahl des Kernmaterials μ_r
- der Spulenfläche A
- der Feldlinienlänge l

Alle diese Größen werden zu folgender Formel zusammengefaßt und mit Induktivität bezeichnet.

Die Größe Induktivität hat die Einheit **Henry**[1].

Induktivität:

Formelzeichen L
Einheitenzeichen H

A_L-Wert:
(Spulenkonstante)

$$L = \frac{\mu_0 \cdot \mu_r \cdot N^2 \cdot A}{l}$$

$$L = A_L \cdot N^2$$

Die Induktivität der Spule ist eine für die Selbstinduktionsspannung bestimmende Größe.

[1] benannt nach Joseph Henry, amerikanischer Physiker, 1797–1878

Die Formel für die Induktionsspannung läßt sich jetzt in folgender Form schreiben:

$$u = L \cdot \frac{\triangle I}{\triangle t}$$

Die Einheit der Induktivität kann durch Umstellen der Gleichung nach L und Einsetzen der bekannten Einheiten ermittelt werden.

$$L = \frac{u \cdot \triangle t}{\triangle I}$$

$$[L] = \frac{\mathrm{V\,s}}{\mathrm{A}}$$

$$1\,\mathrm{H} = 1\frac{\mathrm{V\,s}}{\mathrm{A}}$$

Aufgaben zu 1.5.1

1. Erklären Sie, weshalb beim Anschalten einer Gleichspannung an eine Spule die Stromstärke langsam ansteigt!

2. Eine Lampe und eine Spule liegen in Reihe. Sie werden an eine Gleichspannung angeschlossen. Zeichnen Sie den Kurvenverlauf der Spannung an der Lampe und an der Spule nach dem Einschalten in Abhängigkeit von der Zeit!

3. Beschreiben Sie ein Meßverfahren, mit dem man den Gleichstromwiderstand der Spule messen kann!

4. Zeichnen Sie den zeitlichen Verlauf der Spannung an einer Spule, wenn der Stromfluß unterbrochen wird (Gleichstrom)!

5. Bei zwei Spulen mit gleichem Aufbau ändert sich die Stromstärke.
a) $\triangle I_1 = 3$ A von 5 s . . . 8 s gleichmäßig
b) $\triangle I_2 = 1{,}5$ A von 5 s . . . 6 s gleichmäßig
In welchem Fall ist die Induktionsspannung am größten?

6. Zählen Sie die Größen auf, von denen die Induktivität abhängt!

1.5.2 Widerstand der Spule

Auf S. 44 haben wir festgestellt, daß das Widerstandsverhalten der Spule von der Art der angelegten Spannung abhängt. Bei Gleichspannung tritt lediglich der durch die Wicklung hervorgerufene Widerstand R_{Cu} auf (Widerstand des Kupferleiters).

Versuch 1–6: Scheinwiderstand der Spule

Meßschaltung

Spule ohne Eisenkern, $N = 1000$

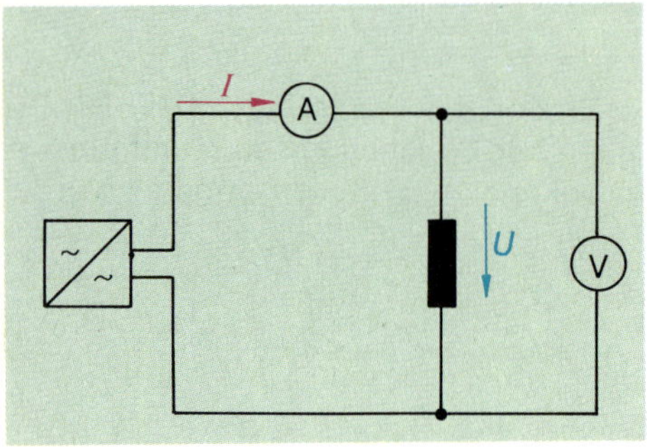

Durchführung

Die Wechselspannung von 50 Hz wird in Stufen von 5 V erhöht und die Stromstärke gemessen.

Ergebnis

U in V	5	10	15	20	25
I in A	0,35	0,7	1,06	1,41	1,76

Legt man an eine Spule eine Wechselspannung, dann kommt es zu ständigen Stromstärkeänderungen und zur Selbstinduktion. Bei der Spule ist deshalb bei angelegter Wechselspannung ein anderer Widerstand feststellbar. Da dieser Widerstand scheinbar auftritt, wird der gesamte Widerstand der Spule im Wechselstromkreis **Scheinwiderstand** Z genannt.

Wie sich nun der Scheinwiderstand im Stromkreis verhält, wollen wir durch den Versuch 1–6 klären.

Das Ergebnis zeigt: die Stromstärke steigt im gleichen Verhältnis wie die Spannung.

Bildet man für jeden Meßpunkt das Verhältnis $\frac{U}{I}$, dann ergibt sich die folgende Tabelle:

$\frac{U}{I}$ in Ω	14,3	14,3	14,2	14,2	14,2

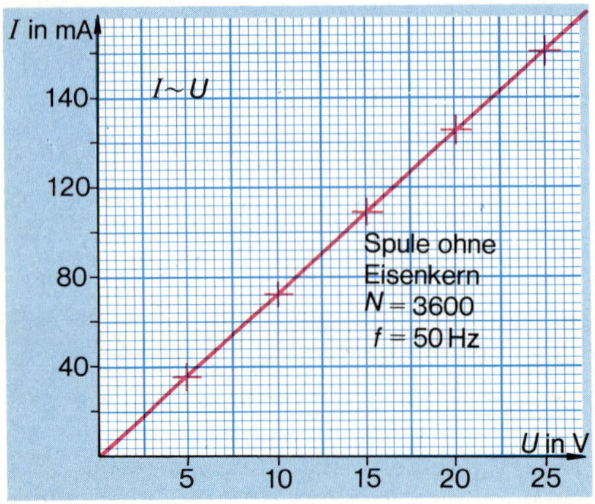

Abb. 1: Zusammenhang zwischen Stromstärke und Spannung bei der Spule

Das Verhältnis $\frac{U}{I}$ ist im Rahmen der Meßgenauigkeit konstant (vgl. Abb. 1).

Diese Beziehung ist bereits vom Ohmschen Gesetz her bekannt. Das Verhältnis $\frac{U}{I}$ ist bei Gleichspannung der Widerstand R. Bei der Spule ist das Verhältnis $\frac{U}{I}$ auch ein Widerstand, nämlich der bereits bekannte Scheinwiderstand Z.

Scheinwiderstand der Spule

$$Z = \frac{U}{I}$$

Blindwiderstand

Der Versuch 1–6 wurde mit einer Spule durchgeführt, die keinen Eisenkern besaß. Der Einfluß des Eisens soll durch Versuch 1–7 geklärt werden.

Das Meßergebnis zeigt uns, daß sich durch das Eisen der Widerstandswert erheblich erhöht hat. Der Gleichstromwiderstand ist in beiden Fällen gleich geblieben. Die Spule hat einen Gleichstromwiderstand von 13,3 Ω.

Versuch 1–7: Einfluß des Eisenkerns auf den Scheinwiderstand der Spule

Aufbau

$N = 1000$ $N = 1000$

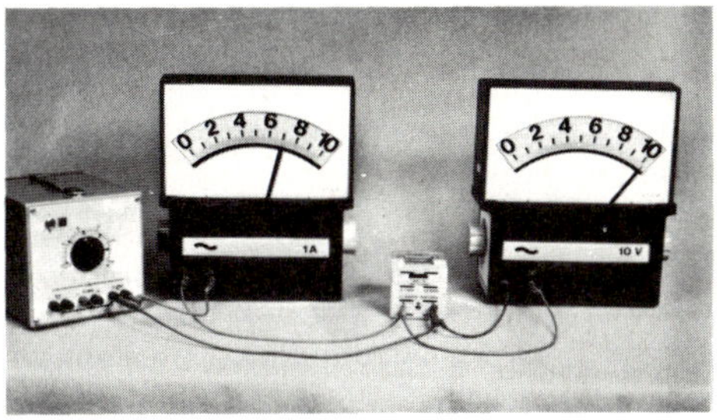

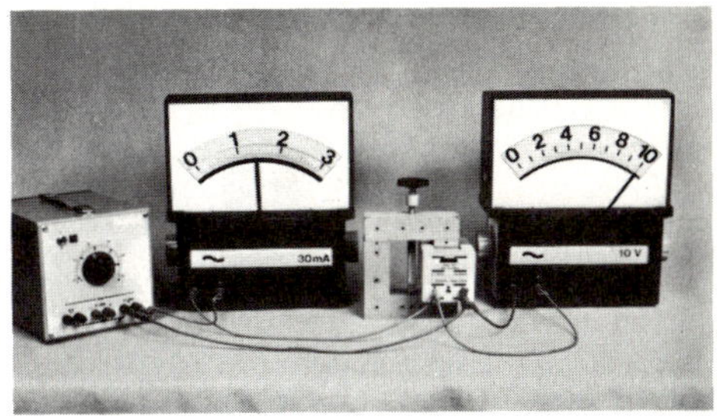

Durchführung

Der Scheinwiderstand der Spule wird über die Beziehung $Z = \frac{U}{I}$ berechnet.

1. ohne Eisenkern, Z_{Luft}
2. mit Eisenkern, Z_{Fe}

Ergebnis

1. $Z_{Luft} = \frac{10\ \text{V}}{0{,}7\ \text{A}}$ $Z_{Luft} = 14{,}3\ \Omega$

2. $Z_{Fe} = \frac{10\ \text{V}}{14{,}5\ \text{mA}}$ $Z_{Fe} = 689{,}7\ \Omega$

Erhöht hat sich beim Scheinwiderstand nur der Anteil, der durch den Wechselstrom hervorgerufen wurde. Dieser Anteil wird **Blindwiderstand** genannt.

Blindwiderstand der Spule:

Formelzeichen X_L
Einheitenzeichen Ω

Der Scheinwiderstand der Spule setzt sich also aus zwei Anteilen zusammen. Für die Spule mit Eisenkern aus Versuch 1–7 ergibt sich die folgende Aufteilung:

Scheinwiderstand
$Z = 689{,}7\ \Omega$

Gleichstromwiderstand $R = 13{,}3\ \Omega$ — **Blindwiderstand** X_L

Der Gleichstromwiderstand ist im Vergleich zum Scheinwiderstand sehr klein. Der Scheinwiderstand besteht also in diesem Fall hauptsächlich aus dem Blindanteil. Es kann deshalb für diesen Fall $X_L \approx Z$ gesetzt werden.

In Wechselstromkreisen kann der Gleichstromwiderstand nicht immer mit dem **Wirkwiderstand** (vgl. 1.5.3) gleichgesetzt werden.

Der Wirkwiderstand umfaßt nicht nur den Widerstand des Kupferleiters, sondern zusätzlich alle im Kreis auftretenden Verluste, bei denen Wärme entsteht (z.B. Wirbelstromverluste). Der Wirkwiderstand ist folglich etwas größer als der Gleichstromwiderstand.

In vielen technischen Geräten ist durch eine große Induktivität (z.B. durch einen Eisenkern erzeugt) der Blindwiderstand gegenüber dem Wirkwiderstand so groß, daß die Spule im Rahmen technischer Genauigkeit wie ein induktiver Blindwiderstand behandelt werden kann (ideale Spule). X_L kann über die Beziehung $\frac{U}{I}$ berechnet werden.

Der Blindwiderstand X_L der Spule ist von der Induktivität L abhängig. Außerdem hängt er auch von der Frequenz der Wechselspannung ab, denn die Häufigkeit der Strom-

Versuch 1–8: Abhängigkeit des Blindwiderstandes von der Induktivität und der Frequenz

Aufbau

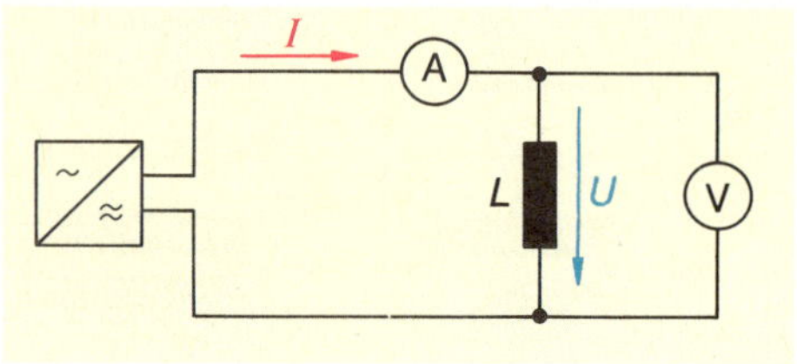

Durchführung

1. Spulen verschiedener Induktivität werden an eine Spannung mit gleichbleibender Frequenz von 750 Hz gelegt und die Stromstärke gemessen. Der Blindwiderstand wird über $\frac{U}{I}$ berechnet, weil bei dieser Frequenz der Gleichstromwiderstand vernachlässigt werden kann (X_L in Abhängigkeit von L).

2. Eine Spule wird an Wechselspannungen mit unterschiedlichen Frequenzen gelegt und die Stromstärke gemessen.

Der Blindwiderstand wird über die Beziehung $\frac{U}{I}$ berechnet (X_L in Abhängigkeit von f).

Ergebnis

1. $f = 750$ Hz

L in mH	U in V	I in mA	X_L in Ω
2,2	4	385	10,4
8,7	4	98	41
32,6	4	26	154

2. $L = 2{,}2$ mH

f in Hz	U in V	I in mA	X_L in Ω
750	4	385	10,4
1500	4	192	20,8
3000	4	95	42,1

änderungen verändert die Selbstinduktionsspannung. Diese beiden Abhängigkeiten sollen in Versuch 1–8 untersucht werden.

Der Versuch zeigt:

- X_L steigt im gleichen Verhältnis wie L.
- X_L steigt im gleichen Verhältnis wie f.

Die Meßwerte sind in Abb. 1 und 2 in Diagrammen eingetragen. Sie bestätigen die proportionalen Zusammenhänge.

$X_L \sim f$ $\quad X_L \sim L$

$X_L \sim f \cdot L$

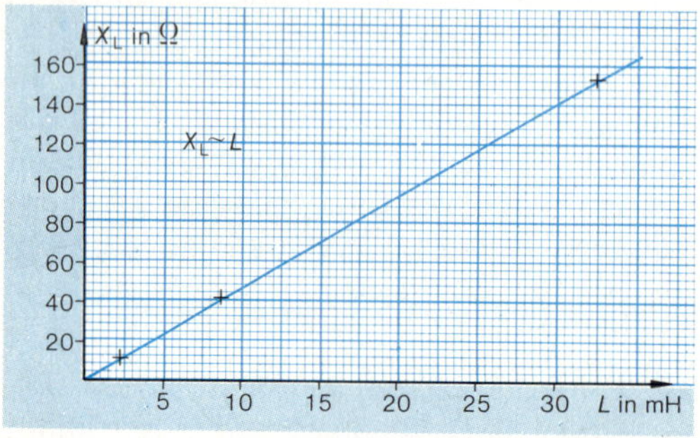

Abb. 1: Blindwiderstand in Abhängigkeit von der Induktivität bei der Spule

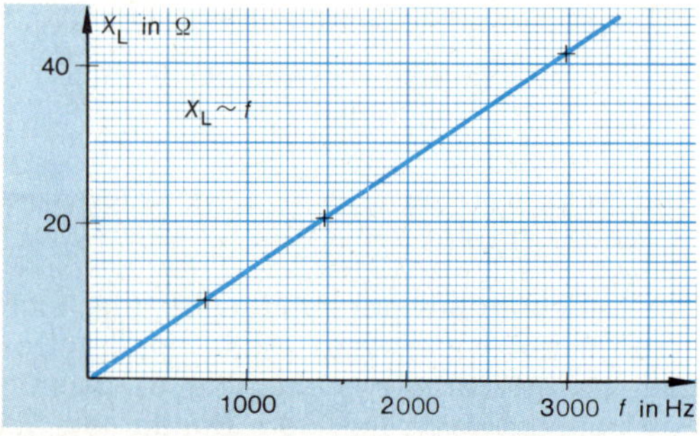

Abb. 2: Blindwiderstand in Abhängigkeit von der Frequenz bei der Spule

Diese letzte Beziehung kann noch nicht als Gleichung geschrieben werden, da die Zahlenwerte nicht übereinstimmen. Die Konstante läßt sich jedoch aus den Meßwerten ermitteln.

$X_L = k \cdot f \cdot L$

$k = \frac{X_L}{f \cdot L} \quad k \approx 6{,}3$

Die Konstante entspricht 2π. Damit ergibt sich folgende Endformel für den **Blindwiderstand der Spule:**

$$\boxed{X_L = 2\pi \cdot f \cdot L}$$

$2\pi f$ entspricht der Kreisfrequenz ω (vgl. 1.1.2).

$$\boxed{X_L = \omega \cdot L}$$

Phasenverschiebung

In 1.5.1 haben wir gesehen, daß sich die Stromstärke und die Spannung an der Spule nicht gleichsinnig verhalten. Wenn die Stromstärke maximal ist, dann ist die Spannung minimal usw. Wie sich die Spannung und die Stromstärke zueinander verhalten, soll der Versuch 1–9 zeigen.

Stromstärke und Spannung sind nicht in Phase. Sie gehen nicht an der gleichen Stelle durch Null und gehen auch nicht in die gleiche Richtung.

Das Meßergebnis kann weiter präzisiert werden. Die Phasenverschiebung beträgt $90° \left(\frac{\pi}{2}\right)$. Die Stromstärke erreicht später ihren Maximalwert. Sie eilt der Spannung nach.

Bei der idealen Spule eilt die Stromstärke der Spannung um $90° \left(\frac{\pi}{2}\right)$ nach.

Oszillogramme entsprechen Liniendiagrammen. Wechselgrößen lassen sich aber auch vereinfacht durch Zeigerdiagramme darstellen (Abb. 1; S. 52).

Zur Verdeutlichung der Phasenverschiebung dient die Abb. 1; S. 52, in der die Phasenbeziehungen bei einer idealen Spule zu sehen sind.

Versuch: 1–9: Phasenverschiebung zwischen Stromstärke und Spannung bei der Spule

Meßschaltung

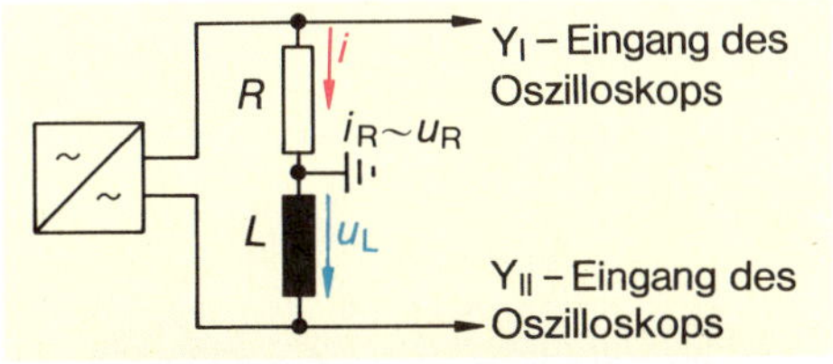

Durchführung

Auf dem Sichtschirm des Oszilloskops wird die Spannung an der Spule und die Stromstärke indirekt über den Spannungsabfall am Vorwiderstand abgebildet.

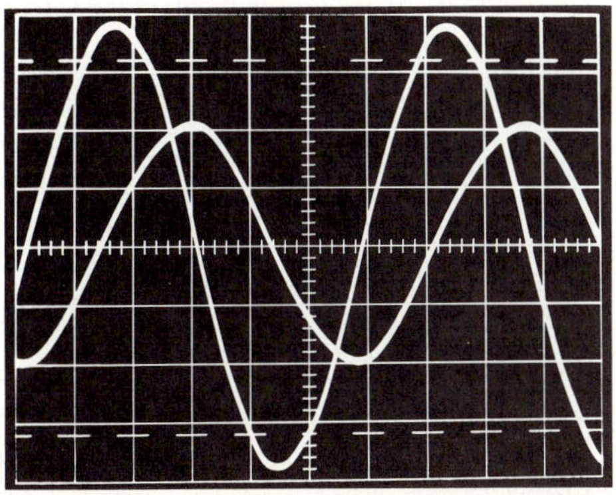

Ergebnis

Da für beide Bauteile der Bezugspunkt (Masse) zwischen den Bauteilen liegt, sind die Eingangsspannungen für das Oszilloskop um 180° phasenverschoben. Um das abgebildete Oszillogramm zu erreichen, muß ein Eingang am Oszilloskop negiert werden (Phasendrehung 180°). Dadurch wird die schaltungstechnische Phasenverschiebung aufgehoben.

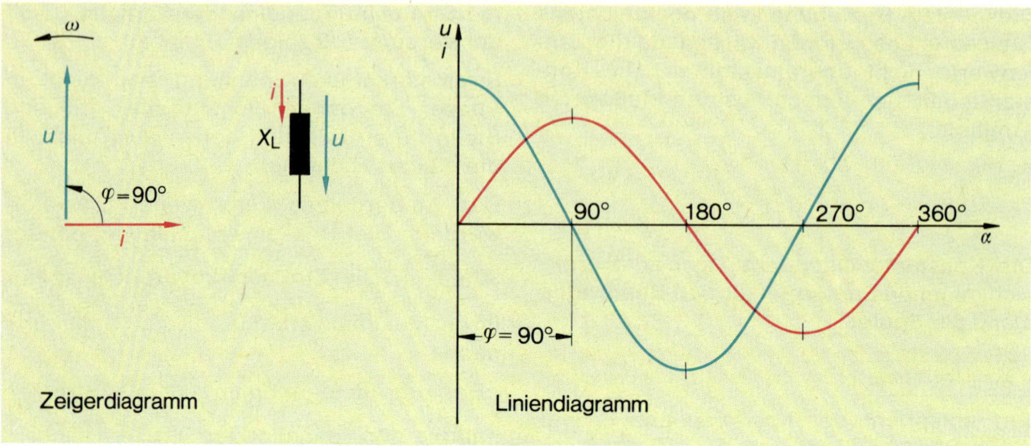

Abb. 1: Strom- und Spannungsverlauf bei der idealen Spule

1.5.3 Leistungen bei der Spule

Durch den immer vorhandenen Verlustwiderstand der Spule müßte immer die Gesamtleistung in Form der Scheinleistung angegeben werden.

Wenn man den Blindanteil der Spule jedoch erheblich vergrößert, z. B. durch Eisen, kann der Wirkwiderstand vernachlässigt werden. Die Scheinleistung entspricht dann der Blindleistung.

Der zeitliche Leistungsverlauf bei einem induktiven Blindwiderstand läßt sich wieder durch Multiplikation der Momentanwerte ermitteln ($p = u \cdot i$).

Da beim induktiven Blindwiderstand Stromstärke und Spannung nicht in Phase sind, hat das Liniendiagramm der Leistung im Vergleich zum Wirkwiderstand einen anderen Verlauf. In Abb. 2 kann man erkennen, daß die Leistung zwischen positiven und negativen Werten schwankt.

Eine positive Leistung bedeutet, daß Energie aufgenommen wird (Aufbau des Feldes). Negative Leistung bedeutet, daß die gespeicherte Energie an das Netz zurückgegeben wird (Abbau des Feldes). Positive und negative Leistungsanteile sind gleich groß, so daß über eine Periode gesehen die mittlere Leistung bei der Induktivität Null ist.

Es wird also keine Wirkleistung in Form von Wärme abgegeben.

Ein Blindwiderstand ist ein Widerstand, der elektrische Energie zum Feldaufbau aufnimmt und bei Feldabbau wieder abgibt.

Das Produkt aus U und I wird Blindleistung genannt.

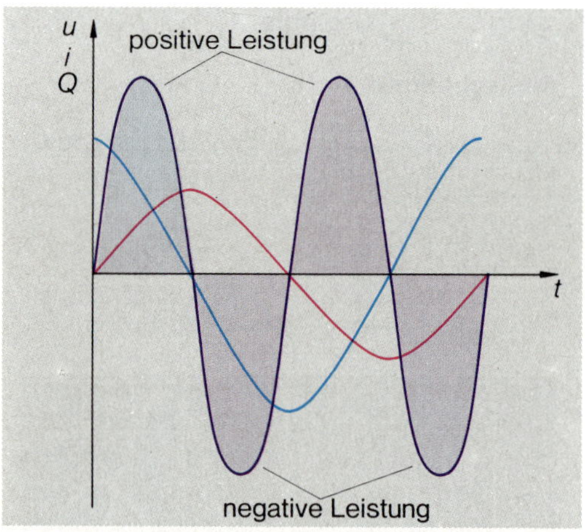

Abb. 2: Verlauf der Blindleistung bei der Induktivität

Aufgaben zu 1.5.2 und 1.5.3

1. Aus welchen Widerstandsanteilen setzt sich der Scheinwiderstand einer Spule zusammen?

2. Von welchen Größen hängt der Blindwiderstand der Induktivität ab?

3. Eine Spule ohne Eisenkern liegt an einer Wechselspannung. Welche Größen ändern sich, wenn bei konstanter Spannung ein Eisenkern eingefügt wird?

4. Zeichnen Sie Diagramme für
a) X_L in Abhängigkeit von L (f ist konstant)
b) X_L in Abhängigkeit von f (L ist konstant)!

5. Eine Spule hat eine Induktivität von 10 H (Wirkwiderstand vernachlässigbar). Wie groß ist die Stromstärke, wenn sie an einer Spannung von 220 V und 50 Hz liegt?

6. Erklären Sie den Unterschied zwischen einem Wirk- und einem Blindwiderstand!

7. Erklären Sie die Begriffe «positive» und «negative Leistung» bei der Spule!

8. Zeichnen Sie den Verlauf der Leistung bei einem induktiven Blindwiderstand für zwei Perioden!

1.6 Schaltungen mit Spulen und Wirkwiderständen

Die Spule ist kein idealer Blindwiderstand. Unter bestimmten Bedingungen kann sie jedoch als solcher angesehen werden (vgl. S. 49). In den folgenden Ausführungen wird die Spule wie ein reiner Blindwiderstand behandelt.

1.6.1 Reihenschaltung

Die Abb. 3 zeigt die Reihenschaltung von einer Drosselspule mit einem Wirkwiderstand. Das Verhalten einer Reihenschaltung soll jetzt behandelt werden.

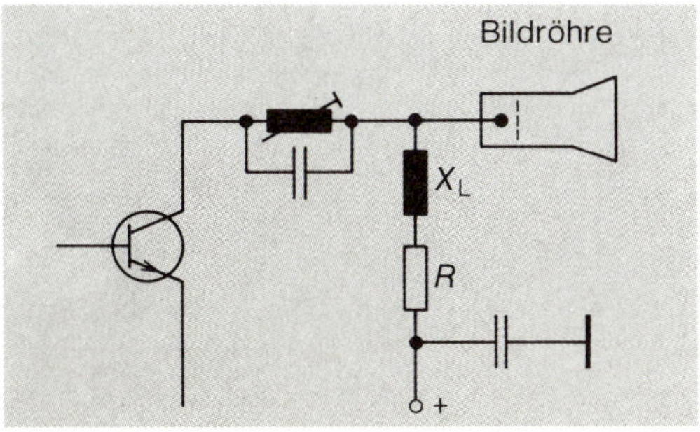

Abb. 3: Reihenschaltung von R und X_L

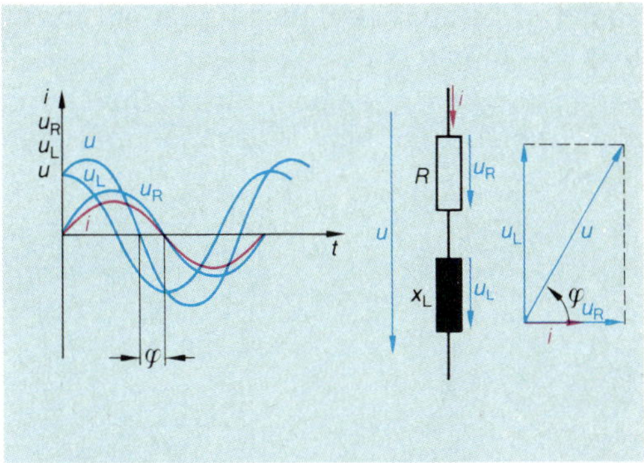

Abb. 4: Linien- und Zeigerdiagramm der Reihenschaltung von R und X_L

Bei jeder Reihenschaltung teilt sich die von der Quelle gelieferte Spannung auf. Wie beim Kondensator muß jedoch die Phasenverschiebung berücksichtigt werden. Bei der Erklärung der Zusammenhänge gehen wir von eindeutigen Beziehungen aus. Das Linien- und Zeigerdiagramm zeigt die Abb. 4. Wie bei der Betrachtung beim Kondensator wird auch hier in folgender Reihenfolge vorgegangen:

1. Stromstärke zeichnen (Bezugsgröße).

2. Spannung am Wirkwiderstand u_R zeichnen (u_R in Phase mit i).

3. Spannung am Blindwiderstand u_L zeichnen (u_L ist um 90° voreilend).

4. Gesamtspannung u durch Addition von u_R und u_L zeichnen.

Aus dem Zeigerdiagramm kann ein Dreieck aus drei Spannungen gezeichnet werden (Abb. 1; S. 54). Daraus lassen sich Berechnungsformeln aufstellen.

Die Stromstärke ist für alle drei Spannungen bestimmend. Sie lassen sich deshalb wie folgt berechnen:

$$U_R = I \cdot R$$
$$U_L = I \cdot X_L$$
$$U = I \cdot Z$$

Der Widerstand Z ist dabei wieder der Scheinwiderstand der Gesamtschaltung. Da die Stromstärke als gemeinsame Größe in allen drei Gleichungen vorkommt, kann ein Dreieck mit Widerstandsgrößen gezeichnet werden. Aus diesem ergeben sich neue Berechnungsformeln (Abb. 2, S. 54).

Auch die Leistungen lassen sich auf diese Weise ermitteln (vgl. Abb. 3).

Neben den Aussagen über Strom, Spannung und Leistung ist eine Aussage über das

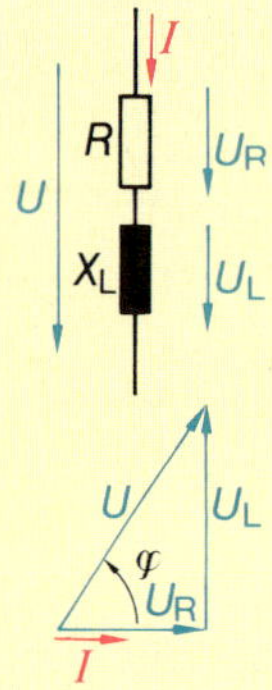

$$U^2 = U_R^2 + U_L^2$$

$$\tan\varphi = \frac{U_L}{U_R}$$

$$\sin\varphi = \frac{U_L}{U}$$

$$\cos\varphi = \frac{U_R}{U}$$

Abb: 1: Spannungsdreieck und Berechnungsformeln der Reihenschaltung von R und X_L

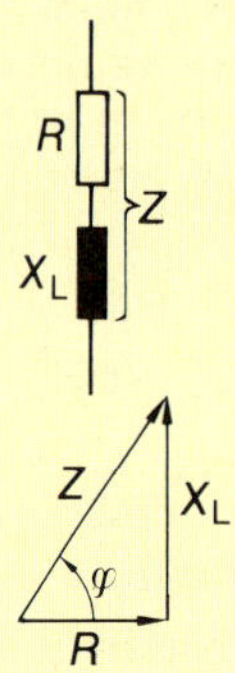

$$Z^2 = R^2 + X_L^2$$

$$\tan\varphi = \frac{X_L}{R}$$

$$\sin\varphi = \frac{X_L}{Z}$$

$$\cos\varphi = \frac{R}{Z}$$

Abb. 2: Widerstandsdreieck und Berechnungsformeln der Reihenschaltung von R und X_L

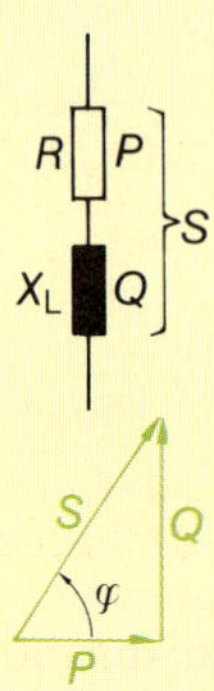

$$S^2 = P^2 + Q^2$$

$$\tan\varphi = \frac{Q}{P}$$

$$\sin\varphi = \frac{Q}{S}$$

$$\cos\varphi = \frac{P}{S}$$

Abb. 3: Leistungsdreieck und Berechnungsformeln der Reihenschaltung von R und X_L

Frequenzverhalten von *RL*-Schaltungen wichtig. Die Spule zeigt dabei im Vergleich zum Kondensator ein umgekehrtes Verhalten. Bei tiefen Frequenzen ist der Blindwiderstand klein (vgl. Formel für X_L). Mit zunehmender Frequenz steigt der Widerstand.

Die Abb. 4 zeigt einen **Tiefpaß** und seine Ausgangsspannung in Abhängigkeit von der Frequenz. Die Ausgangsspannung wird am Wirkwiderstand abgenommen. Bei tiefen Frequenzen ist der Blindwiderstand klein, die Eingangsspannung kann ohne entscheidende Verringerung an den Ausgang gelangen. Mit zunehmender Frequenz vergrößert sich der Blindwiderstand der Spule, so daß sie wie eine Sperre wirkt. Die Grenzfrequenz ergibt sich aus der gleichen Überlegung wie beim Kondensator.

Grenzfrequenz: $X_L = R$ $\quad f_g = \frac{R}{2\pi L}$

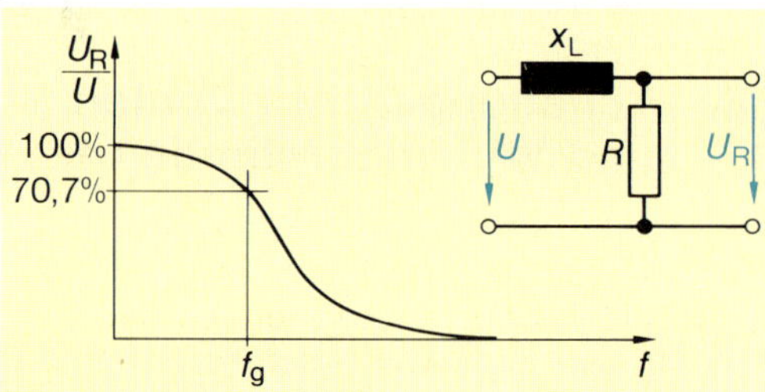

Abb. 4: Tiefpaß

Die Abb. 5 zeigt einen **Hochpaß** und die Ausgangsspannung in Abhängigkeit von der Frequenz. Bei tiefen Frequenzen ist der Blindwiderstand klein gegenüber R, so daß die Spannung am Ausgang ebenfalls klein ist. Mit zunehmender Frequenz wird der Blindwiderstand größer und die Spannung steigt am Ausgang entsprechend.

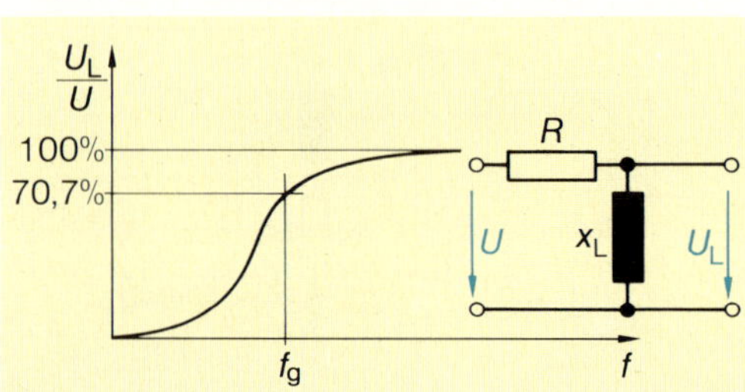

Abb. 5: Hochpaß

1.6.2 Parallelschaltung

Die Parallelschaltung von X_L und R sowie das Stromdreieck zeigt die Abb. 6. Bei der Konstruktion des Dreiecks wird in folgender Reihenfolge vorgegangen:

1. Spannung festlegen (gemeinsame Größe für X_L und R).

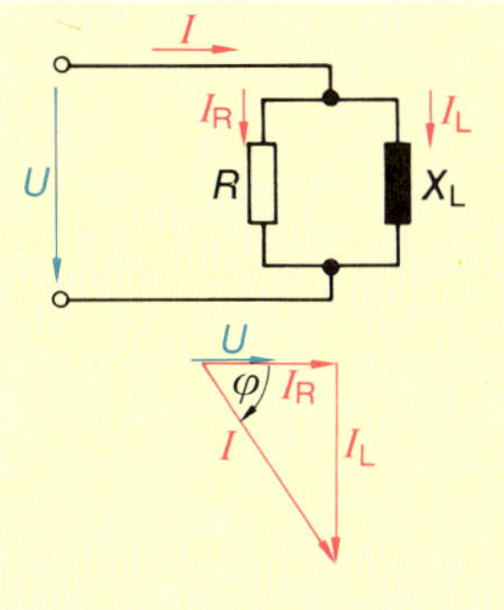

$$I^2 = I_R^2 + I_L^2$$

$$\tan \varphi = \frac{I_L}{I_R}$$

$$\sin \varphi = \frac{I_L}{I}$$

$$\cos \varphi = \frac{I_R}{I}$$

Abb. 6: Stromdreieck und Berechnungsformeln der Parallelschaltung von R und X_L

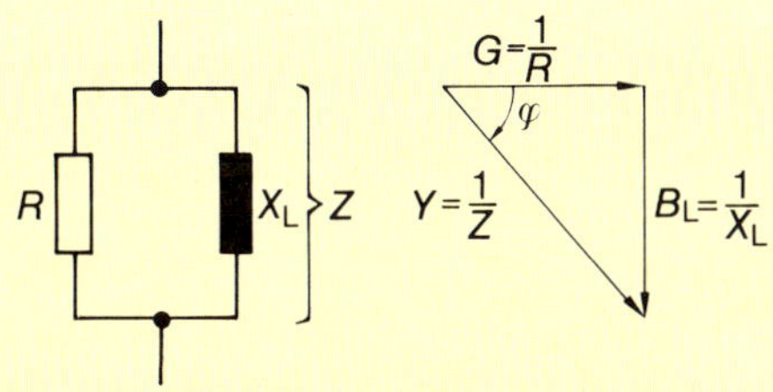

$$I = \frac{U}{Z} \qquad I_R = \frac{U}{R} \qquad I_C = \frac{U}{X_L}$$

$$\tan \varphi = \frac{R}{X_L}$$

$$\sin \varphi = \frac{Z}{X_L}$$

$$\cos \varphi = \frac{Z}{R}$$

$$\left(\frac{1}{Z}\right)^2 = \left(\frac{1}{R}\right)^2 + \left(\frac{1}{X_L}\right)^2$$

$$Y^2 = G^2 + B_L^2$$

Abb. 7: Leitwertdreieck und Berechnungsformeln der Parallelschaltung von R und X_L

2. Wirkstrom I_R in Phase mit U zeichnen.

3. Blindstrom I_L um 90° phasenverschoben zeichnen.

4. Gesamtstrom aus der Addition der Einzelströme ermitteln und einzeichnen.

Das Stromdreieck wird benutzt, um das Leitwert- und Leistungsdreieck zu entwickeln (Abb. 7 und 8).

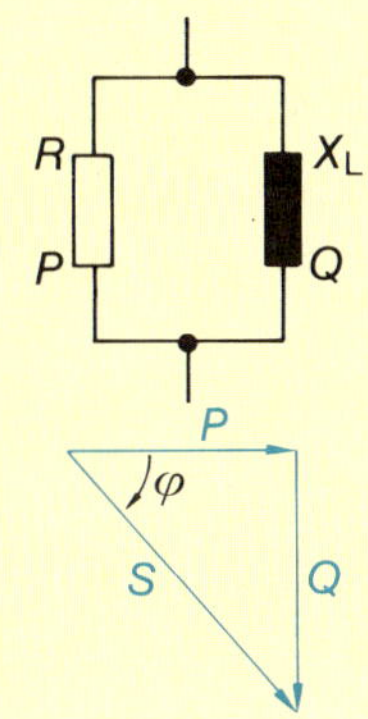

$$S^2 = P^2 + Q^2$$

$$\tan \varphi = \frac{Q}{P}$$

$$\sin \varphi = \frac{Q}{S}$$

$$\cos \varphi = \frac{P}{S}$$

Abb. 8: Leistungsdreieck und Berechnungsformeln der Parallelschaltung von R und X_L

1.6.3 Verluste der Spule

Die Spule ist ein besonders verlustbehaftetes Bauteil, das außerdem frequenzabhängig ist, so daß Spulen aus dem NF-Bereich auf keinen Fall im HF-Bereich eingesetzt werden können und umgekehrt.

Verluste im NF-Bereich

Die wesentlichsten Verluste im NF-Bereich sind Kupfer- und Eisenverluste.

Durch besondere Baumaßnahmen versucht man, diese möglichst gering zu halten, um so den Wirkungsgrad zu erhöhen.

Kupferverluste treten durch den Kupferwiderstand der Spulenwicklung auf. Er läßt sich durch Querschnittvergrößerung des Leiters verkleinern $\left(R = \frac{\varrho \cdot l}{q}\right)$. Dies kann jedoch nicht in beliebigem Umfang geschehen, da dadurch die Kosten für das Kupfer und auch die Abmessungen der Anlagen zu groß werden.

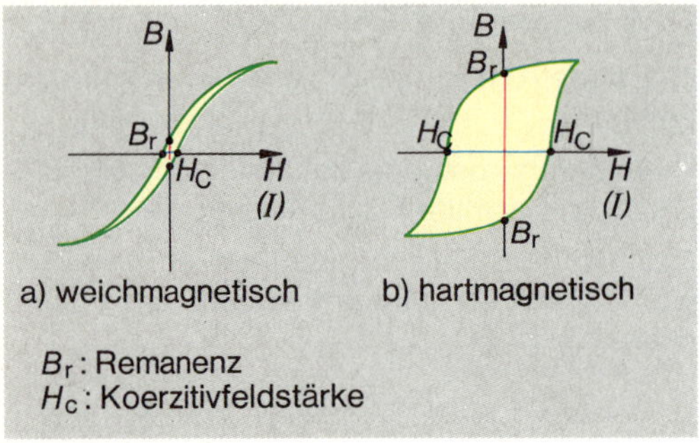

Abb. 1: Hysteresekurven magnetischer Werkstoffe

Eisenverluste lassen sich in **Hysterese-** und **Wirbelstromverluste** einteilen. Um die **Hystereseverluste** erklären zu können, wird auf die Hysteresekurve zurückgegriffen. Abb. 1 zeigt das Verhalten von magnetischen Werkstoffen.

Für die magnetische Feldstärke gilt die Formel $H = \frac{N \cdot I}{l}$. Da N und l konstant sind, ist H alleine von I abhängig.

Die Kurven machen deutlich, daß bei der Stromstärke $I = 0$ A ein Restmagnetismus bestehen bleibt (Remanenz). Wenn jetzt die Wechselspannung ihre Polarität ändert, muß zunächst dieser Restmagnetismus abgebaut werden, bevor eine Ummagnetisierung des Eisens eintritt. Durch den Strom muß die Koerzitivfeldstärke aufgebracht werden. Dazu ist Arbeit erforderlich, die von der Spannungsquelle geliefert wird.

Die von der Kurve eingeschlossene Fläche entspricht der im Eisen verrichteten Ummagnetisierungsarbeit. Je schmaler die Kurve ist, desto geringer sind auch die Verluste.

Eine Verringerung der Verluste läßt sich erreichen durch

- geeignete Metalle (z.B. Nickellegierungen),
- einen Metallaufbau mit geringen Störstellen und Verunreinigungen (besondere Walz- und Glühverfahren) und
- einheitliche Ausrichtung der Kristalle im Blech.

Die **Wirbelstromverluste** treten ebenfalls im Eisenkern auf. Durch den Wechselstrom ändert sich der magnetische Fluß. Da der Metallkern auch ein elektrischer Leiter ist, wird auch dort eine Spannung induziert (Abb. 2). Der im Eisenkern entstehende Wirbelstrom erzeugt ein Magnetfeld, das dem erregenden Wechselfeld entgegen wirkt (Lenzsche Regel). Es kommt also zu einer Schwächung, die durch eine höhere Leistungsaufnahme ausgeglichen werden muß.

Als Abhilfen bieten sich folgende Maßnahmen an:

- Der Kern wird in dünne Metallstreifen (Lamellen) aufgeteilt, die elektrisch voneinander isoliert sind (Wirbelstrom wird zum Teil unterbrochen, Abb. 3).
- Als Kernwerkstoffe werden Materialien verwendet, die einen hohen spezifischen elektrischen Widerstand haben (Verringerung des Wirbelstromes).
- Es werden niedrige Frequenzen verwendet, weil dabei geringere Induktionsspannungen entstehen. (Wirbelstrom wird kleiner.)
- Es werden besondere Legierungen verwendet (Mischkristalle, z.B. FeSi- oder FeNi-Legierungen).

Bei allen genannten Verlusten wird elektrische Energie in der Spule in Wärme umgewandelt.

Verluste im HF-Bereich

Die Kupfer-, Wirbelstrom- und Hystereseverluste treten im HF-Bereich ebenfalls auf. Spulen befinden sich außerdem häufig in

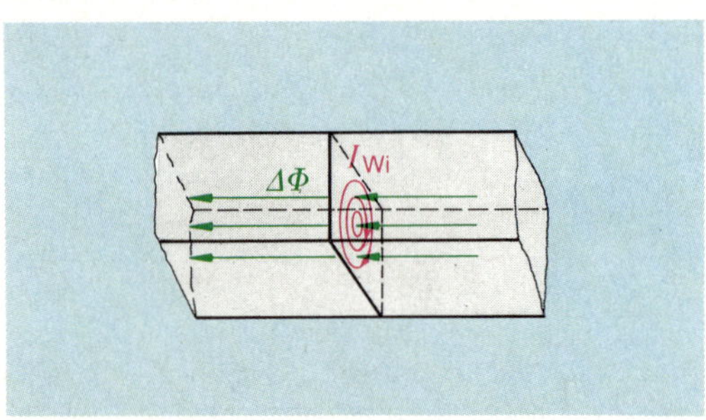

Abb. 2: Wirbelströme in einem massiven Eisenkern

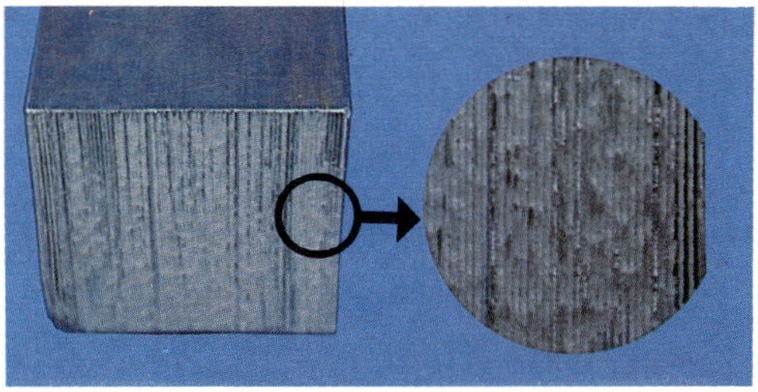

Abb. 3: Geblätterter Eisenkern

Abschirmbechern, so daß zusätzliche Wirbelstromverluste auftreten.

Als Kernmaterial eignet sich nicht mehr geblättertes Eisen. Die einzelnen Eisenbereiche müssen noch kleiner sein, um die Hystereseverluste gering zu halten. Geeignet sind Ferritmaterialien, die im wesentlichen aus Eisenoxid bestehen, denen andere Metalloxide zugesetzt sind (z.B. NiO, CoO, Mn_2O, MgO) (Abb. 4). Die Eisenatome sind bei diesen Materialien durch die Sauerstoffatome gegeneinander isoliert.

Abb. 4: Verschiedene Kerne aus Ferritmaterial

Bei höheren Frequenzen findet eine Verdrängung des Stromflusses in die Oberflächenschicht des Leiters statt. Durch diesen **Skineffekt**[1] ist also nicht mehr der gesamte Leiterquerschnitt an der Stromleitung beteiligt. Der Widerstand erhöht sich. Bis etwa 2 MHz verwendet man deshalb viele dünne Leiter, die gegeneinander isoliert sind (HF-Litze, Abb. 5). Bei noch höheren Frequenzen ist jedoch wegen der geringeren Oberflächenkrümmung ein dicker Volldraht wieder günstiger. Durch Versilbern der Oberfläche wird der Widerstand verringert.

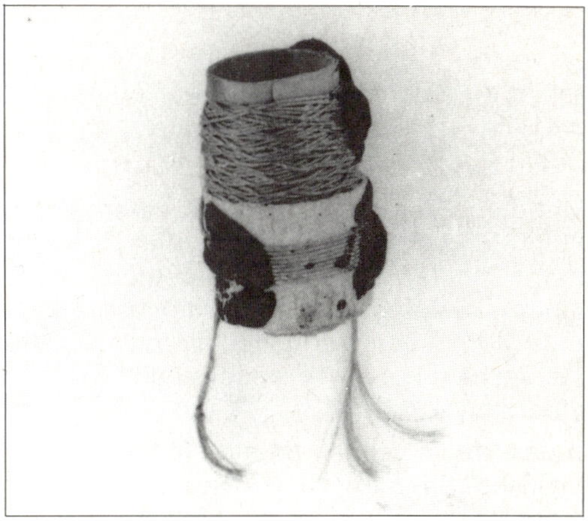

Abb. 5: Spule aus HF-Litze

Stromdurchflossene Spulen bauen um sich ein Magnetfeld auf. Im Zusammenwirken mit elektrischen Feldern kommt es zu Abstrahlungen, zu **Strahlungsverlusten.**

Eine Spule besteht aus aneinanderliegenden Windungen. Sie sind gegeneinander isoliert. Das bedeutet aber, daß zwischen den Windungen Kapazitäten vorhanden sind (Abb. 6). Ihre Größe hängt von der Isolation und der Wicklungsanordnung ab. Verluste dieser Art werden **dielektrische Verluste** genannt.

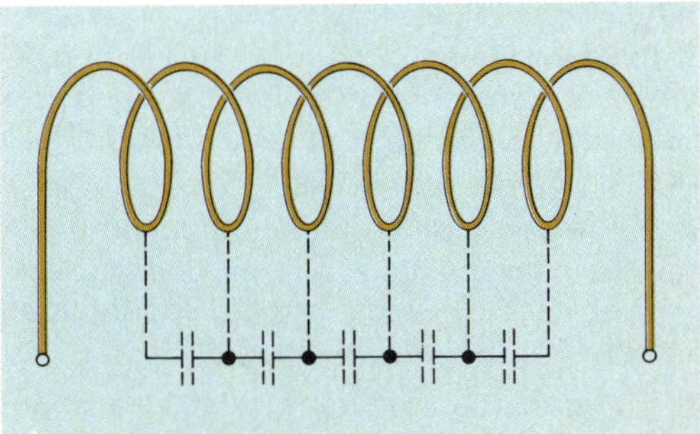

Abb. 6: Windungskapazitäten bei einer Spule

[1] skin (engl.): Haut

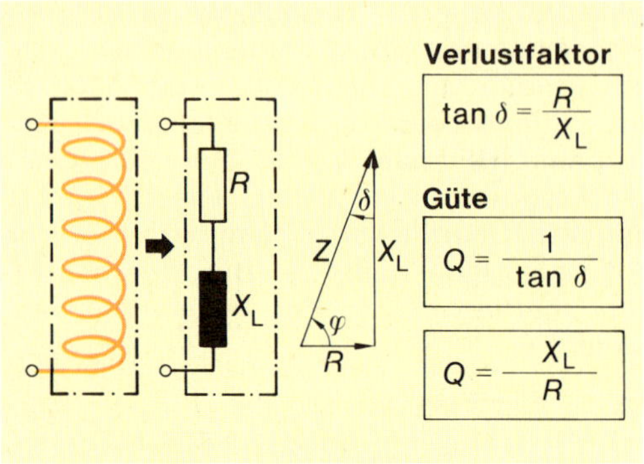

Abb. 1: Ersatzschaltbild der Spule, Verlustfaktor und Güte

Alle diese Verluste werden zu einem Wirkwiderstand zusammengefaßt, der in Reihe zum induktiven Blindwiderstand liegt (Abb. 1). Gekennzeichnet werden diese Verluste durch den Verlustfaktor $\tan\delta$. Er ist das Verhältnis von Wirkwiderstand zu Blindwiderstand (Abb. 1).

In der Praxis verwendet man jedoch häufig die Güte. Sie ist der Kehrwert des Verlustfaktors.

Spulengüte $Q = \frac{X_L}{R}$

Eine Mittelwellenspule mit HF-Litze und Kern hat etwa eine Güte von 250. Durch bestimmte Maßnahmen lassen sich Spulen mit Güten bis zu 400 herstellen.

Aufgaben zu 1.6

1. An einer Reihenschaltung aus R und X_L werden folgende Spannungen gemessen: $U_R = 4\,V$ und $U_L = 3\,V$.
Zeichnen Sie das Liniendiagramm! Ermitteln Sie den Verlauf der angelegten Spannung sowie den Maximalwert!

2. In einer Reihenschaltung aus R und X_L wird bei konstanter Gesamtspannung der Eisenkern der Spule entfernt. Wie verändern sich X_L, Z, U_R, U_L, I und φ?

3. Schreiben Sie für das Spannungsdreieck der Reihenschaltung aus R und X_L alle Formeln für die Berechnung der Spannungen und der Phasenverschiebung auf!

4. Erklären Sie, wie man aus dem Spannungsdreieck der Reihenschaltung mit R und X_L ein Widerstandsdreieck erhält!

5. Zeichnen Sie das Stromdreieck der Parallelschaltung aus $R = 50\,\Omega$ und $X_L = 30\,\Omega$! An der Schaltung liegen 220 V. Ermitteln Sie graphisch Z und φ!

6. Der Wirkwiderstand R einer Parallelschaltung aus R und X_L wird vergrößert. Welche Auswirkungen hat diese Änderung auf die Größen Z, I, I_R, I_L, φ, S, P und Q, wenn die Gesamtspannung konstant bleibt?

7. Wodurch entstehen Wirbelstromverluste?

8. Geben Sie Maßnahmen an, mit denen Hystereseverluste verringert werden können!

9. Geben Sie Maßnahmen an, mit denen man Wirbelstromverluste verringern kann!

10. Zeichnen Sie das Ersatzschaltbild der Spule!

1.7 Schaltungen mit Spulen, Kondensatoren und Wirkwiderständen

Schaltungen, in denen Spulen, Kondensatoren und Wirkwiderstände vorkommen, sind im HF-Bereich häufig anzutreffen. Sie dienen besonders der Schwingungserzeugung und der Beeinflussung des Frequenzverhaltens bestimmter Schaltungen.

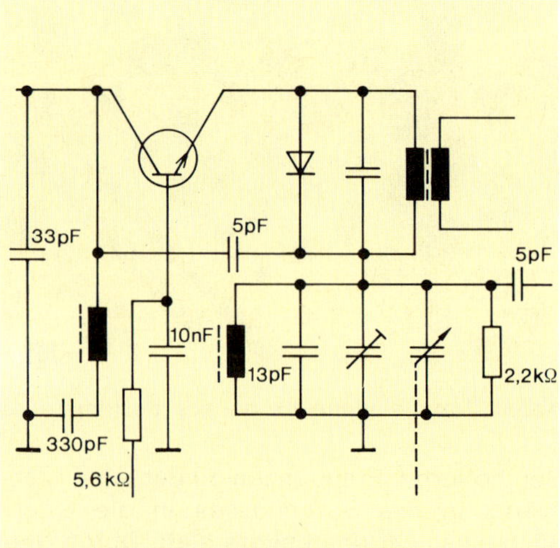

Abb. 2: Schaltungsauszug mit Spulen, Kondensatoren und Wirkwiderständen

1.7.1 Reihenschaltung

Die Reihenschaltung im Wechselstromkreis soll mit folgenden gemessenen Werten untersucht werden: $U = 220\,V$; $U_C = 414\,V$; $U_L = 204\,V$; $U_R = 65\,V$.

Die Spannung am Kondensator von 414 V ist größer als die angelegte Spannung von 220 V. Dieses überraschende Ergebnis läßt sich jedoch mit den bisher erarbeiteten Kenntnissen über die Phasenbeziehungen zwischen Strom und Spannungen erklären.

Am Wirkwiderstand sind Strom und Spannung in Phase (Abb. 3). Dieselbe Stromstärke verursacht an X_C einen Spannungsabfall, der um 90° nacheilt. An der Spule sind die Verhältnisse umgekehrt. Die Spannung eilt dort dem Strom um 90° voraus. Zwischen der Spannung am Kondensator und am induktiven Blindwiderstand herrscht somit eine Phasenverschiebung von 180° (vgl. Zeigerdiagramm der Abb. 3).

Bei Reihenschaltungen von kapazitiven und induktiven Blindwiderständen sind die Spannungen an den Blindwiderständen um 180° phasenverschoben.

Spannungen mit 180° Phasenverschiebung lassen sich zusammenfassen. Es ergibt sich dann eine Spannung an beiden Bauteilen von $U_X = U_C - U_L$; $U_X = 210\,V$. Dieses Ergebnis kann durch Messung bestätigt werden.

Zur Berechnung von Schaltungen mit Blindwiderständen werden die Zeigerdiagramme in Dreiecke umgewandelt. Die Abb. 4 zeigt das Spannungsdreieck. Aus diesem lassen

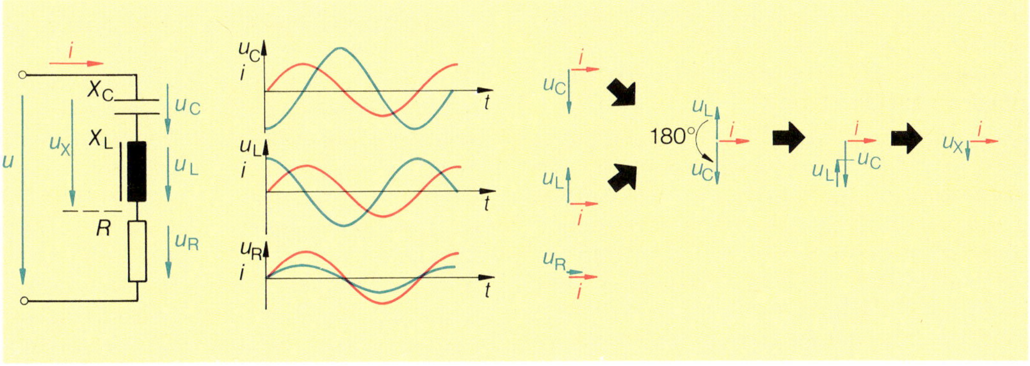

Abb. 3: Linien- und Zeigerdiagramme der Phasenbeziehungen bei der Reihenschaltung von X_C, X_L und R

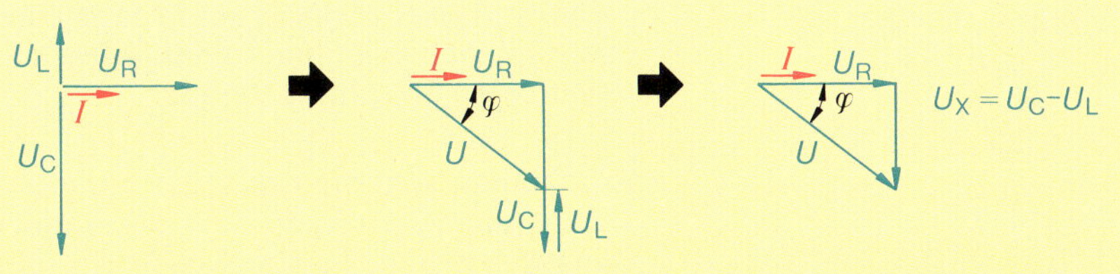

$$U^2 = U_R^2 + (U_C - U_L)^2$$

$$\tan\varphi = \frac{U_C - U_L}{U_R}$$

Abb. 4: Phasenbeziehungen und Berechnungsformeln der Reihenschaltung von R, X_L und X_C, wenn $X_C > X_L$ ist

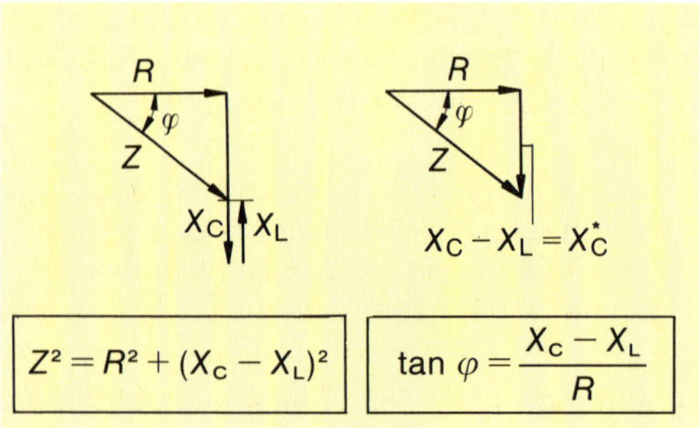

Abb. 1: Widerstandsbeziehungen und Berechnungsformeln der Reihenschaltung von R, X_L und X_C, wenn $X_C > X_L$ ist.

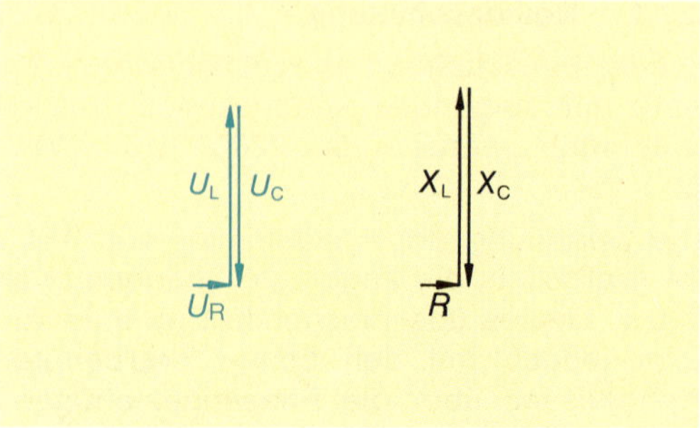

Abb. 2: Phasenbeziehungen bei der Reihenschaltung von R, X_L und X_C, wenn $X_L = X_C$ ist

sich dann Widerstands- (Abb. 1) und Leistungsdreiecke entwickeln.

In dem geschilderten Beispiel ist der Blindwiderstand X_L kleiner als der Blindwiderstand X_C. Aus dem Widerstandsdreieck (Abb. 1) geht hervor, daß auch die Blindwiderstände voneinander subtrahiert werden können. Als Ergebnis ergibt sich ein kapazitiver Restwiderstand X_C^*.

Vergrößert man die Induktivität, dann steigt auch der induktive Blindwiderstand. Ein Sonderfall ist erreicht, wenn die beiden Blindwiderstände gleich groß sind. Sie heben sich dann in ihren Wirkungen auf, so daß der Wirkwiderstand der resultierende Widerstand der Schaltung ist. Dieses ist in dem Beispiel dann der Fall, wenn die Induktivität etwa $L = 10$ H beträgt.

Berechnungsbeispiel für $X_L \approx X_C$

Reihenschaltung mit $R = 500\ \Omega$; $C = 1\ \mu F$; $L = 10$ H; $U = 220$ V und $f = 50$ Hz.
Wie groß sind I, U_C, U_L und U_R?

$$X_C = \frac{1}{2\pi \cdot f \cdot C};\quad X_C = 3183\ \Omega$$

$$X_L = 2\pi\, f \cdot L;\quad X_L = 3141\ \Omega$$

$$Z = \sqrt{R^2 + (X_C - X_L)^2};\quad Z = 502\ \Omega$$

$$I = \frac{U}{Z};\quad \underline{I = 0{,}44\ \text{A}}$$

$$U_C = I \cdot X_C;\quad \underline{U_C = 1400\ \text{V}}$$

$$U_L = I \cdot X_L;\quad \underline{U_L = 1382\ \text{V}}$$

$$U_R = I \cdot R;\quad \underline{U_R = 220\ \text{V}}$$

Aus dem Beispiel wird deutlich, daß in der Reihenschaltung die Spannungen an den Blindwiderständen sehr groß werden können.

Bei der Reihenschaltung von kapazitiven und induktiven Blindwiderständen können die Spannungen an den Blindwiderständen erheblich größer als die Gesamtspannung werden (Spannungsüberhöhung).

Das Beispiel bringt noch eine weitere Erkenntnis. Beim Sonderfall $X_L = X_C$ fließt der größtmögliche Strom. Der Wirkwiderstand allein bestimmt dann die Stromstärke. Zwischen dem Strom und der angelegten Spannung herrscht Phasengleichheit. Dieser Sonderfall wird mit **Resonanz** bezeichnet.

Bei $X_L = X_C$ heben sich die Blindwiderstände in ihrer Wirkung auf. Die Schaltung verhält sich wie ein reiner Wirkwiderstand. Es herrscht Resonanz.

Erhöht man jetzt die Kapazität des Kondensators, dann verringert sich der kapazitive Blindwiderstand. Es überwiegt dann der induktive Blindwiderstand.

Berechnungsbeispiel für $X_L > X_C$

Reihenschaltung mit $R = 500\ \Omega$; $C = 4\ \mu F$; $L = 10$ H; $U = 220$ V und $f = 50$ Hz.
Wie groß sind I, U_C, U_L und U_R?

$X_C = 796\ \Omega$; $X_L = 3141\ \Omega$

$Z = \sqrt{R^2 + (X_L - X_C)^2}$; $Z = 2398\ \Omega$

$I = \frac{U}{Z}$; $\underline{I = 0{,}092\ \text{A}}$

$U_C = I \cdot X_C$; $\underline{U_C = 73{,}2\ \text{V}}$

$U_L = I \cdot X_L$; $\underline{U_L = 289\ \text{V}}$

$U_R = I \cdot R$; $\underline{U_R = 46\ \text{V}}$

Die drei behandelten Fälle sind in Tab. 1.1 zusammengefaßt.

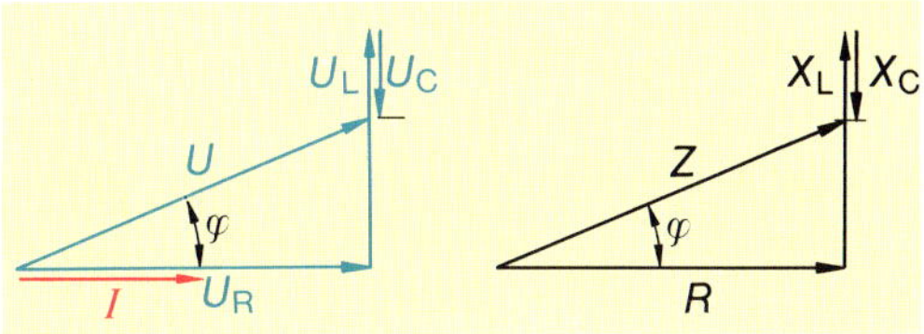

Abb. 3: Phasenbeziehungen bei der Reihenschaltung von R, X_L und X_C, wenn $X_L > X_C$ ist

Tab. 1.1: Mögliche Fälle bei der Reihenschaltung von R, X_L und X_C

	$X_L > X_C$	$X_L = X_C$	$X_L < X_C$
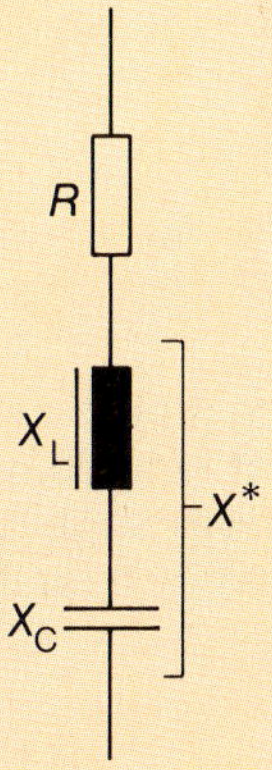	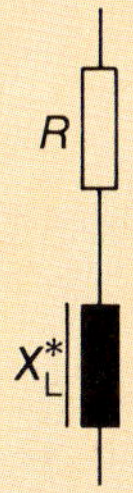 Gesamt-Spannung dem Strom um weniger als 90° voreilend	 Gesamt-Spannung und Strom: In Phase	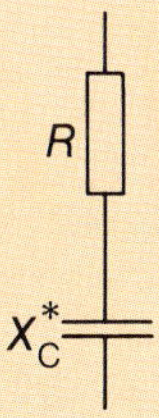 Gesamt-Spannung dem Strom um weniger als 90° nacheilend
	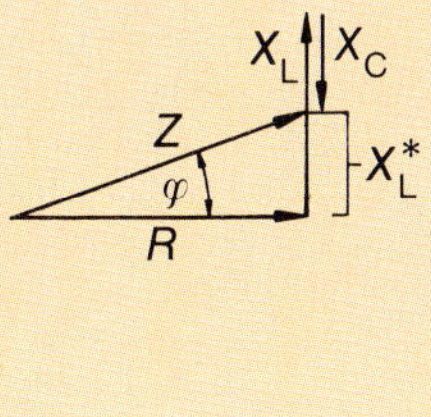	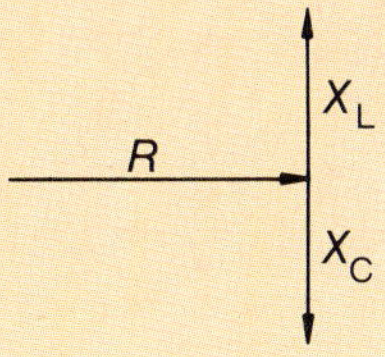	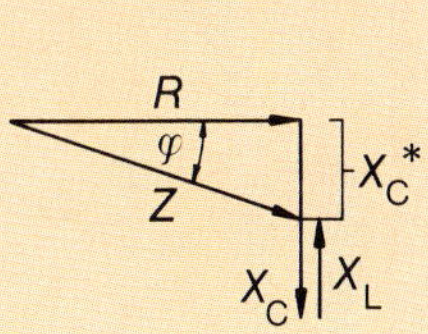

1.7.2 Parallelschaltung

Bei der Parallelschaltung von X_L, X_C und R lassen sich ebenfalls die folgenden drei Fälle unterscheiden:

$X_L > X_C$; $X_L = X_C$; $X_L < X_C$

Zunächst wird der Fall $X_L > X_C$ behandelt.

Die Abb. 1; S. 62 zeigt die Phasenverhältnisse zwischen der angelegten Spannung und den drei Strömen durch die Widerstände. Da die Stromstärke bei der Induktivität um 90° nacheilt und beim Kondensator um 90° vorauseilt, ergibt sich auch hier eine Phasenverschiebung zwischen den Stromstärken I_C und I_L von 180°. Der resultierende Blindstrom ist dann durch Subtraktion ermittelbar.

Bei der Parallelschaltung von X_L und X_C herrscht zwischen I_C und I_L eine Phasenverschiebung von 180°.

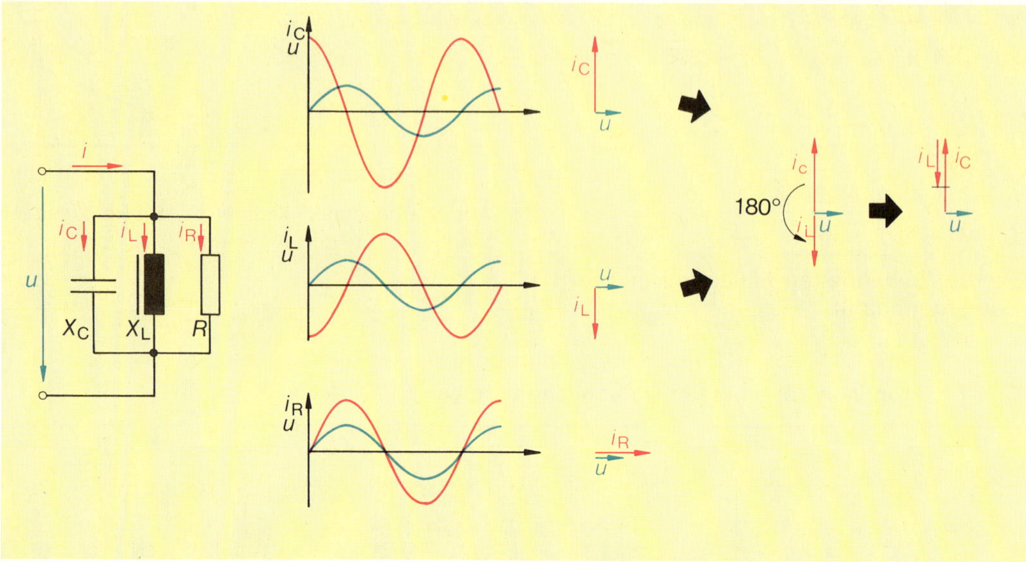

Abb. 1: Linien- und Zeigerdiagramme der Phasenbeziehungen bei der Parallelschaltung von X_C, X_L und R

In Abb. 2 ist das Stromdreieck mit Berechnungsformeln und in Abb. 3 das Leitwertdreieck mit Berechnungsformeln zu sehen.

Auch bei Parallelschaltung gibt es den Resonanzfall, wenn $X_L = X_C$ ist. Die Blindwiderstände heben sich in ihren Wirkungen auf. Das Berechnungsbeispiel soll dies bestätigen.

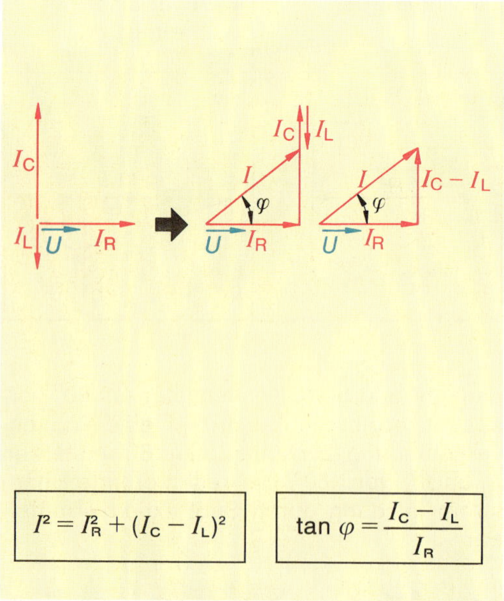

Abb. 2: Stromdreieck und Berechnungsformeln der Parallelschaltung von R, X_L und X_C, für $X_L > X_C$

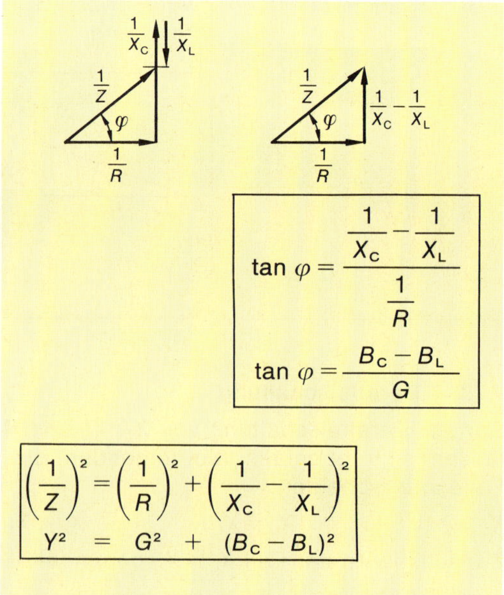

Abb. 3: Leitwertdreieck und Berechnungsformeln der Parallelschaltung von R, X_L und X_C, für $X_L > X_C$

Berechnungsbeispiel für $X_L \approx X_C$

Parallelschaltung mit $R = 500\ \Omega$; $C = 1\ \mu F$; $L = 10\ H$; $U = 220\ V$ und $f = 50\ Hz$.
Wie groß sind I, I_C, I_L und I_R?

$$X_C = 3183\ \Omega; \quad \frac{1}{X_C} = 0{,}314\ mS$$

$$X_L = 3141\ \Omega; \quad \frac{1}{X_L} = 0{,}318\ mS$$

$$\frac{1}{Z} = \sqrt{\left(\frac{1}{R}\right)^2 + \left(\frac{1}{X_L} - \frac{1}{X_C}\right)^2}; \quad Z = 500\ \Omega$$

$$I = \frac{U}{Z}; \quad \underline{I = 0{,}44\ A}$$

$$I_C = \frac{U}{X_C}; \quad \underline{I_C = 69{,}1\ mA}$$

$$I_L = \frac{U}{X_L}; \quad \underline{I_L = 70{,}0\ mA}$$

$$I_R = \frac{U}{R}; \quad \underline{I_R = 0{,}44\ A}; \ \underline{I_R = 440\ mA}$$

> Bei der Parallelschaltung von kapazitiven und induktiven Blindwiderständen können die Stromstärken in den Blindwiderständen erheblich größer als die Gesamtstromstärke werden (Stromüberhöhung).

Aufgaben zu 1.7.1 und 1.7.2

1. Zeichnen Sie das Zeigerdiagramm der Spannungen für die Reihenschaltung aus R, X_L und X_C, wenn X_C größer als X_L ist!
2. In einer Reihenschaltung aus $R = 100\ \Omega$, $X_L = 100\ \Omega$ und X_C wird X_C von 0 bis 200 Ω verändert. Welche Phasenverschiebungswinkel zwischen der Gesamtspannung und der Stromstärke lassen sich einstellen?
3. Beschreiben Sie die Vorgänge, die in der Reihenschaltung aus R, X_L und X_C auftreten, wenn $X_L = X_C$ ist!
4. Zeichnen Sie für die Reihenschaltung aus R, X_L und X_C das Spannungsdreieck, wenn X_L größer als X_C ist.
5. Zeichnen Sie ein Stromdreieck und ermitteln Sie φ sowie I, wenn folgende Größen für eine Parallelschaltung gegeben sind: $I_C = 50\ mA$; $I_L = 120\ mA$; $I_R = 250\ mA$!
6. In einer Parallelschaltung aus R, X_L und X_C wird der Kondensator entfernt. Wie verändern sich I_L, I_R, I und φ?
7. Welche Größen werden bei der Parallelschaltung aus R, X_L und X_C maximal bzw. minimal, wenn bei konstanter Spannung $X_C = X_L$ ist?

Tab. 1.2: Mögliche Fälle bei der Parallelschaltung von R, X_L und X_C

	$X_L > X_C$	$X_L = X_C$	$X_L < X_C$
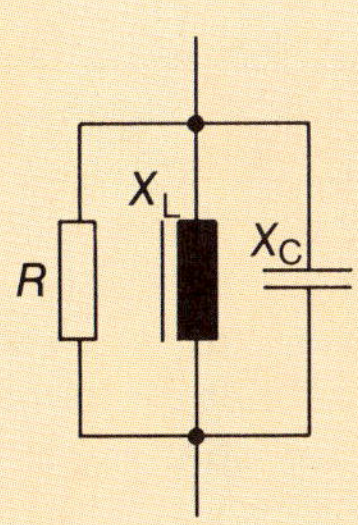	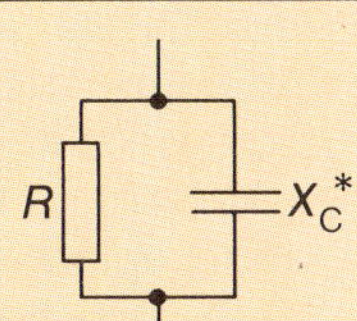 Gesamtstrom eilt der Spannung um weniger als 90° voraus	 Gesamtstrom ist mit der Spannung in Phase	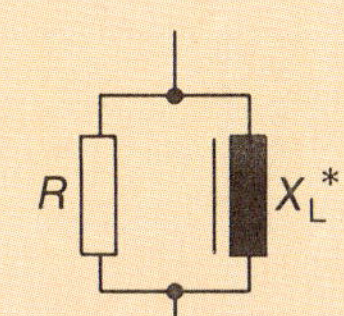 Gesamtstrom eilt der Spannung um weniger als 90° nach
	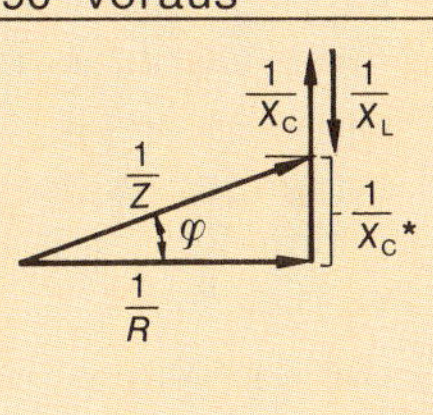	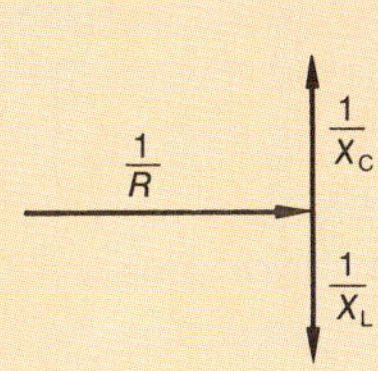	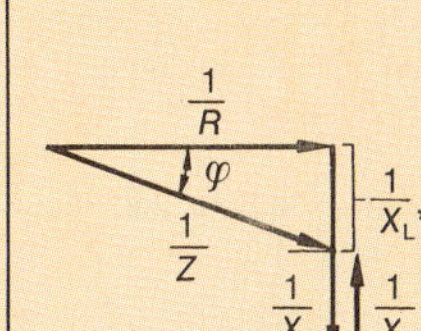

1.7.3 Parallelschwingkreis

Elektrische Schwingkreise sind im Prinzip die in 1.7.1 und 1.7.2 behandelten *RCL*-Schaltungen.

Sie enthalten Induktivitäten, Kapazitäten und Wirkwiderstände. Man unterscheidet Parallel- und Reihenschwingkreise. Beim Parallelschwingkreis liegen *L*, *C* und *R* parallel, beim Reihenschwingkreis liegen *L*, *C* und *R* in Reihe. Wir wollen uns zunächst mit dem Parallelschwingkreis befassen.

Bei elektrischen Schwingkreisen spielt der Resonanzfall, bei dem $X_L = X_C$ ist, eine besondere Rolle. Durch das dabei gezeigte Verhalten können Spannungen bzw. Ströme bestimmter Frequenzen besonders angehoben oder abgesenkt werden. Dieses ist dann wichtig, wenn aus einem Spannungsgemisch mit verschiedenen Frequenzen Selektion betrieben werden muß, wie z.B. beim Einstellen eines Senders am Empfänger. Die Antenne empfängt alle für ihren Bereich vorkommenden Frequenzen ohne Behinderung. Im Empfänger muß selektiert und dann die Spannung mit der gewünschten Frequenz verstärkt werden. Dazu dienen Schwingkreise. Zur Einführung wird die Schaltung der Abb. 1 behandelt.

Schaltet man Spulen und Kondensatoren zusammen, dann entsteht ein elektrischer Schwingkreis. Der Kondensator wird auf die Gleichspannung der Quelle aufgeladen und dann über die Spule entladen (Abb. 1).

Den Verlauf der Spannung zeigt Abb. 2. Die Spannung beginnt mit dem Maximalwert. Sie sinkt allmählich, kehrt die Richtung um, beginnt wieder von neuem usw.

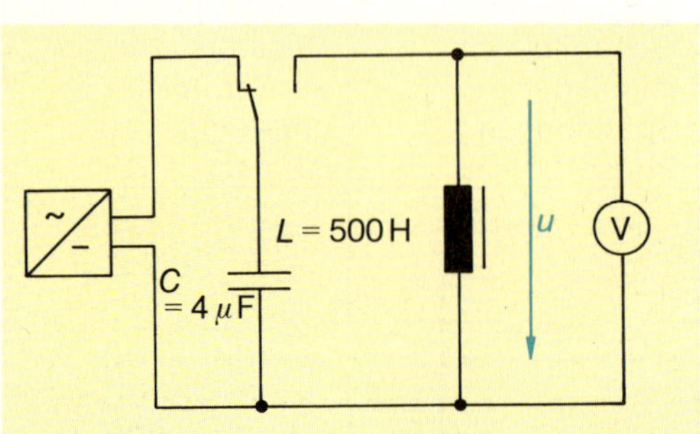

Abb. 1: Aufbau zur Erzeugung gedämpfter Schwingungen

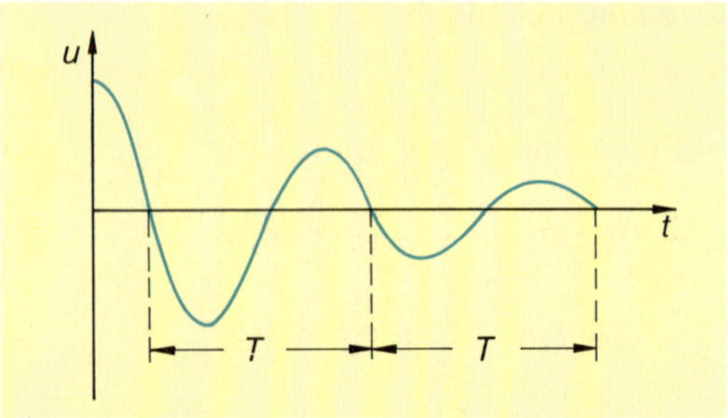

Abb. 2: Verlauf der gedämpften Schwingungen

Die Amplitude wird dabei geringer. Es entsteht eine gedämpfte Schwingung. Ursachen für die Dämpfung sind die in jedem Schwingkreis vorhandenen Wirkwiderstände. In ihnen wird elektrische Energie in Wärme umgewandelt.

> Ein elektrischer Schwingkreis besteht aus einer Spule und einem Kondensator. Ohne ständige Energiezufuhr entstehen gedämpfte Schwingungen.

Die einzelnen Phasen der Energieumwandlung beim Schwingkreis sollen jetzt genauer untersucht werden. Zur Unterstützung dient die Abb. 3. Für fünf Zeitpunkte sind die Energiezustände sowie Spannung und Stromstärke eingezeichnet. Das Liniendiagramm verdeutlicht den Verlauf der Spannung und der Stromstärke.

- Nach dem Schließen des Schalters ist die Spannung maximal, da der Kondensator noch voll aufgeladen ist. Die Energie ist im elektrischen Feld gespeichert. Der Kondensator beginnt sich jetzt allmählich über die Spule zu entladen, d.h., die Ladungen setzen sich in Bewegung. Es fließt ein zunehmender Strom bei sinkender Spannung.

- In der zweiten Darstellung ist der Kondensator bereits entladen. Die Stromstärke hat ihren Maximalwert erreicht.

Die vorher im Kondensator gespeicherten Ladungen sind in Bewegung. Das magnetische Feld hat ebenfalls seinen Maximalwert erreicht.

Die Ladungen bewegen sich jedoch weiter, so daß der Kondensator allmählich umgeladen wird.

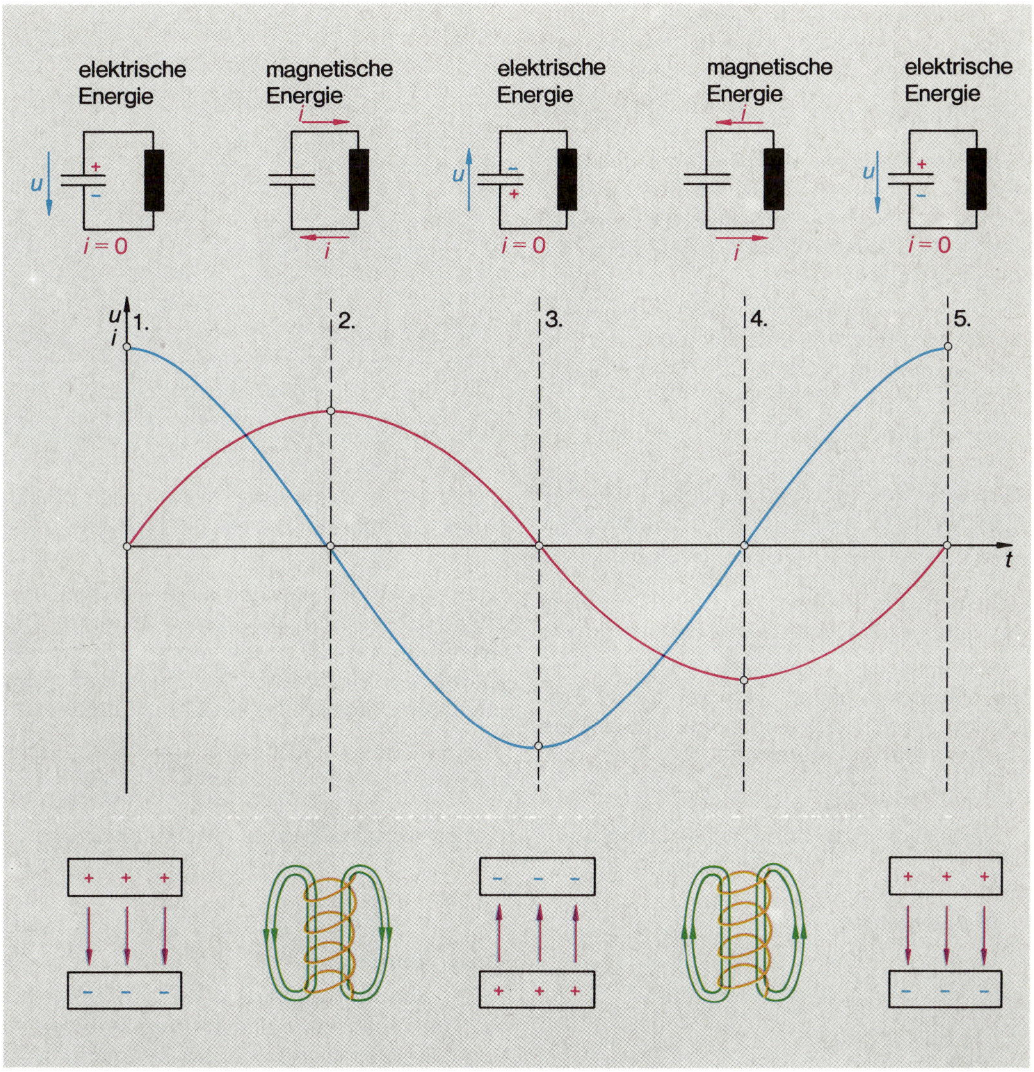

Abb. 3: Strom- und Spannungsverlauf beim Parallelschwingkreis

- In der dritten Darstellung ist die Umladung des Kondensators abgeschlossen (Polaritätswechsel). Die Energie ist wieder als elektrische Energie im Kondensator gespeichert. Dieser Zustand bleibt jedoch nicht erhalten, da sich der Kondensator wieder über die Spule entlädt. Es fließt ein Strom durch die Spule in umgekehrter Richtung.
- In der vierten Darstellung ist der Kondensator wieder entladen und die Stromstärke durch die Spule maximal. Das Magnetfeld ist in voller Stärke aufgebaut.

Die Ladungen bewegen sich jedoch wieder weiter, so daß eine erneute Aufladung des Kondensators erfolgt.

- In der fünften Darstellung ist der Ausgangszustand wieder erreicht.

In einem Schwingkreis wird elektrische Energie in magnetische umgewandelt und umgekehrt. Die Ladungen pendeln dabei zwischen den Kondensatorplatten hin und her.

Die Zeitdauer für die einzelnen Schwingungen ist konstant. Die Frequenz der Schwingungen ist also ebenfalls konstant, da die Beziehung $f = \frac{1}{T}$ gilt. Diese Frequenz wird **Eigenfrequenz** des Systems genannt. Sie hängt nicht von der Höhe der Aufladespannung des Kondensators ab, sondern allein von den verwendeten Bauteilen des Schwingkreises.

Das Verhalten eines Schwingkreises gegenüber Spannungen mit unterschiedlichen Frequenzen soll in Versuch 1–10 untersucht werden.

Das Ergebnis zeigt:

Bei einer bestimmten Frequenz erreicht die Stromstärke ein Minimum und der Scheinwiderstand ein Maximum.

Trägt man die Meßwerte in ein Diagramm ein, dann ergibt sich der Verlauf den die Abb. 1 zeigt.

Das Diagramm zeigt, daß bei tiefen Frequenzen ($f < f_0$) der Scheinwiderstand klein ist. Erklärbar ist dies dadurch, daß par-

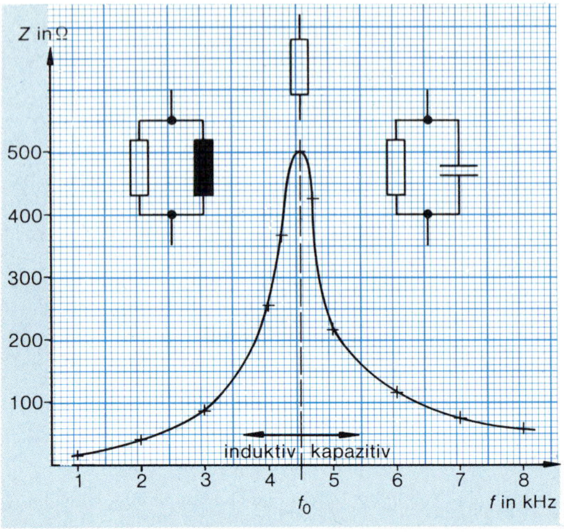

Abb. 1 : Scheinwiderstand des Parallelschwingkreises in Abhängigkeit von der Frequenz

allel zu R und X_C der kleine Blindwiderstand der Spule ($X_L = 2\pi \cdot f \cdot L$) liegt. Der Widerstand des Kondensators ist in diesem Bereich größer. Mit zunehmender Frequenz steigt der Widerstand der Spule und der des Kondensators sinkt $\left(X_C = \frac{1}{2\pi f \cdot C}\right)$. Es gibt

Versuch 1–10: Scheinwiderstand des Parallelschwingkreises in Abhängigkeit von der Frequenz

Meßschaltung

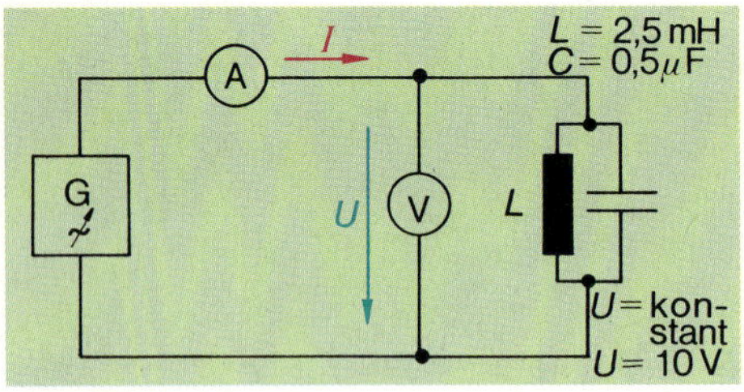

Durchführung

An einen Schwingkreis werden Spannungen unterschiedlicher Frequenz gelegt. Die Spannung und die Stromstärke werden gemessen. Der Scheinwiderstand wird dann über die Beziehung $Z = \frac{U}{I}$ berechnet.

$U = 10$ V

Meßergebnis

f in kHz	1	2	3	4	4,2	4,5	4,7	5	6	7	8
I in mA	625	256	120	39	28,1	20	23,4	46,5	84,7	131	173
Z in Ω	16	39,1	83,3	256	356	500	427	215	118	76,3	57,8

eine Frequenz, bei der die beiden Blindwiderstände gleich groß sind. Diese wird **Resonanzfrequenz** genannt. Sie ist identisch mit der Eigenfrequenz des Systems.

Resonanz ist bei einem Schwingkreis dann vorhanden, wenn die Erregerfrequenz gleich der Eigenfrequenz des Systems ist.

Die Resonanzfrequenz läßt sich mit Hilfe der Formeln für die Blindwiderstände berechnen.

Resonanzbedingung: $X_L = X_C$

$$2\pi f_0 \cdot L = \frac{1}{2\pi f_0 \cdot C}$$

$$f_0^2 = \frac{1}{4\pi^2 L \cdot C}$$

Resonanzfrequenz des Schwingkreises

$$f_0 = \frac{1}{2\pi\sqrt{L \cdot C}}$$

(Thomsonsche Schwingkreisformel[1])

Wählt man beim Parallelschwingkreis Frequenzen, die größer als die Resonanzfrequenz sind (Abb. 1; S. 66), dann wird der Blindwiderstand des Kondensators bestimmend. Er wird mit zunehmender Frequenz kleiner und der Blindwiderstand der Spule größer.

In Versuch 1–10 lag die Resonanzfrequenz bei 4,5 kHz. Obwohl im Schaltbild des Versuchs kein Wirkwiderstand erkennbar ist, wirkt die Parallelschaltung aus X_L und X_C wie ein Wirkwiderstand von 500 Ω. Man nennt diesen Widerstand **Resonanzwiderstand.**

Der Resonanzwiderstand ist der Widerstand, der bei der Resonanzfrequenz vorhanden ist.

Im Versuchsschaltbild wird nicht berücksichtigt, daß die Bauteile mit Verlusten behaftet sind. Der Verlustwiderstand des Kondensators kann vernachlässigt werden, da er groß gegenüber dem Resonanzwiderstand ist. Der 500 Ω große Parallelwiderstand muß also durch die Spule entstehen.

[1] Joseph John Thomson, engl. Physiker, 1856–1940.

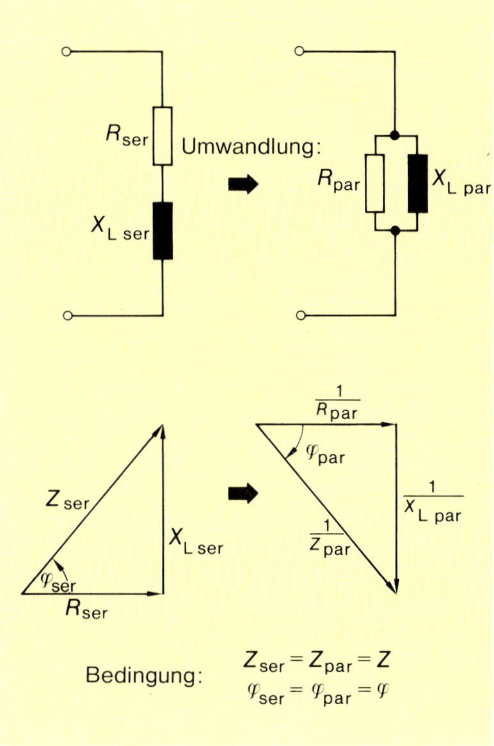

Abb. 2: Umwandlung einer Reihenschaltung in eine Parallelschaltung

Abb. 2 zeigt die reale Spule eines Parallelschwingkreises. In Reihe mit $X_{L\,ser}$ liegt der Verlustwiderstand R_{ser}. Diese Reihenschaltung läßt sich in eine Parallelschaltung umrechnen. Dazu dürfen aber der Gesamtwiderstand und die Phasenlage nicht verändert werden, beide Schaltungen müssen also gleichwertig bleiben.

Aus dem Widerstandsdreieck lassen sich Formeln für Z_{ser} und $\cos\varphi_{ser}$ aufstellen.

$$Z_{ser}^2 = R_{ser}^2 + X_{L\,ser}^2\,;\quad \cos\varphi_{ser} = \frac{R_{ser}}{Z_{ser}}$$

Aus dem Leitwertdreieck ergibt sich der

$$\cos\varphi_{par} = \frac{Z_{par}}{R_{par}}$$

Setzt man beide Kosinusfunktionen gleich, dann ergibt sich:

$$\frac{R_{ser}}{Z_{ser}} = \frac{Z_{par}}{R_{par}}\,;\qquad R_{par} = \frac{Z_{ser} \cdot Z_{par}}{R_{ser}}$$

Da $Z_{ser} = Z_{par}$ ist und für Z_{ser} die Widerstandsformel für die Reihenschaltung eingesetzt werden kann, ergibt sich für R_{par} folgende Formel:

$$R_{par} = \frac{R_{ser}^2 + X_{L\,ser}^2}{R_{ser}}$$

Zieht man R_{ser} vor eine Klammer, dann ergibt sich:

$$R_{par} = R_{ser}\left(1 + \frac{X_{L\,ser}^2}{R_{ser}^2}\right); \quad \frac{X_{L\,ser}}{R_{ser}} = Q$$

Für den zweiten Klammerausdruck kann die Güte eingesetzt werden (vgl. Abb. 2, S. 67).

$$\boxed{R_{par} = R_{ser}(1 + Q^2)}$$

Diese letzte Formel besagt, daß der Reihenwiderstand der Spule mit dem Faktor $(1 + Q^2)$ multipliziert werden muß, wenn man den Parallelwiderstand errechnen will.

Beispiel: $R_{ser} = 5\,\Omega \quad Q = 10$

$R_{par} = 5\,\Omega\,(1 + 100)$

$R_{par} = 505\,\Omega$

Das Beispiel zeigt uns, daß der mit der Induktivität in Reihe liegende Verlustwiderstand R_{ser} als umgerechneter Parallelwiderstand R_{par} erheblich größer ist.

Wenn die Güte größer als 10 ist, kann vereinfacht mit $R_{par} \approx R_{ser} \cdot Q^2$ gerechnet werden. Hätte man das Beispiel mit dieser vereinfachten Formel berechnet, dann würde der Fehler nur 1% betragen.

Durch eine ähnliche Herleitung erhält man eine Formel für die Parallelinduktivität.

$$\boxed{X_{L\,par} = X_{L\,ser}\left(1 + \frac{1}{Q^2}\right)}$$

Diese Formel sagt aus, daß sich die Parallelinduktivität nur unwesentlich von der Reiheninduktivität unterscheidet, wenn die Güte groß ist.

Beispiel: $X_{L\,ser} = 100\,\Omega \quad Q = 10$

$X_{L\,par} = 100\,\Omega\left(1 + \frac{1}{100}\right)$

$X_{L\,par} = 101\,\Omega$

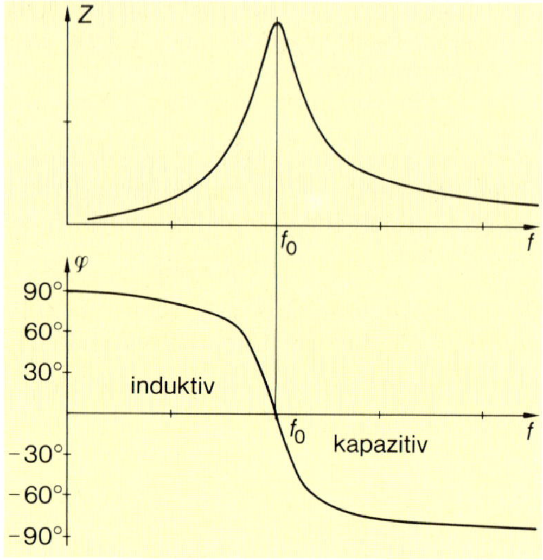

Abb. 1: Scheinwiderstand und Phasenverschiebungswinkel beim Parallelschwingkreis in Abhängigkeit von der Frequenz

Die Steilheit eines Schwingkreises ist vom parallel liegenden Wirkwiderstand abhängig. Den Einfluß des Widerstandes bezeichnet man als Dämpfung. Abb. 2 zeigt einige Kurvenverläufe für verschieden große Dämpfungswiderstände.

Zwischen der angelegten Spannung und dem Gesamtstrom gibt es je nach Frequenz unterschiedlich große Phasenverschiebungen. Abb. 1 zeigt, daß sich bei $f < f_0$ der Schwingkreis induktiv und bei $f > f_0$ kapazitiv verhält. Insgesamt ist etwa eine Phasenverschiebung von 180° möglich.

Für die Anwendung als Filterschaltung ist die Angabe von Grenzfrequenzen wichtig. Man unterscheidet beim Schwingkreis eine obere und eine untere Grenzfrequenz, die bei $\frac{1}{\sqrt{2}}$ unterhalb des Maximalwertes liegen.

Die Phasenverschiebungen sind bei diesen Frequenzen 45°. Die Differenz zwischen beiden Frequenzen ist die Bandbreite. Der Schwingkreis ist ein **Bandpaß** (Abb. 2).

Bandbreite:

$$\boxed{B = f_{go} - f_{gu}}$$

f_{go}: obere Grenzfrequenz

f_{gu}: untere Grenzfrequenz

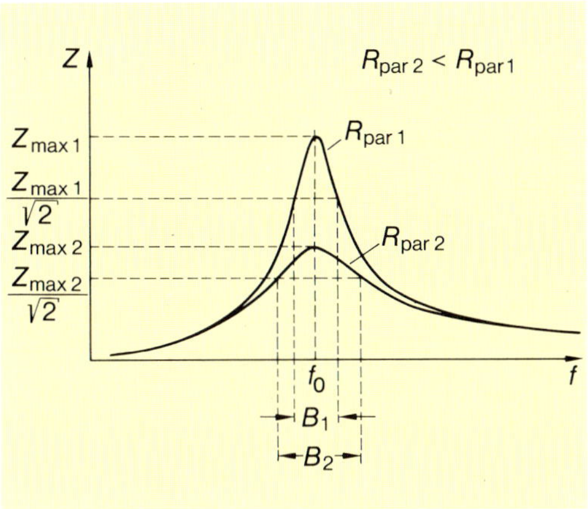

Abb. 2: Bandbreite

Die Bandbreite ist vom Resonanzwiderstand abhängig. Man verwendet deshalb auch eine Formel, in der sie durch die Resonanzfrequenz und durch die Güte ausgedrückt wird.

Bandbreite: $B = \frac{f_0}{Q}$ $Q = \frac{X_{L\,ser}}{R_{ser}}; Q = \frac{R_{par}}{X_{L\,par}}$

Da bei Resonanz $X_L = X_C$ ist, können in die Formeln für die Güte anstelle von X_L auch X_C eingesetzt werden. Durch Hinzuschalten weiterer Wirkwiderstände läßt sich die Bandbreite vergrößern, weil sich die Kurven abflachen.

Schwingkreise werden an aktiven Bauteilen wie z.B. Transistoren betrieben. Dieser Transistor kann dann wie ein Generator mit einem Innenwiderstand aufgefaßt werden. Es ergibt sich dann das Ersatzschaltbild der Abb. 3.

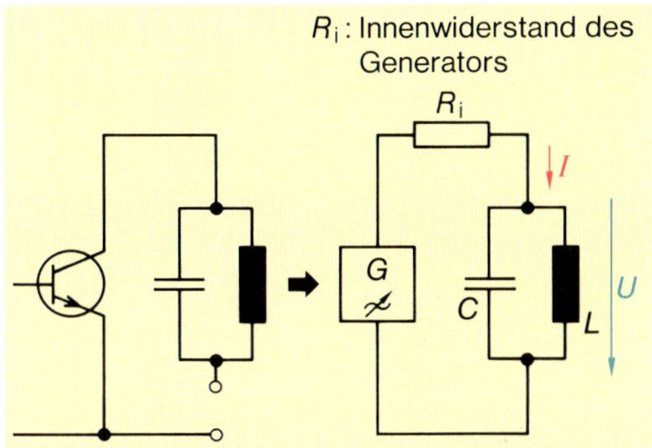

Abb. 3: Ansteuerung eines Parallelschwingkreises

Der Innenwiderstand kann groß oder klein gegenüber dem Resonanzwiderstand R_{par} sein. Diese beiden Fälle sollen jetzt untersucht werden (Abb. 4).

Wenn R_i groß gegenüber R_{par} ist, fließt ein nahezu konstanter Strom in die Schaltung (Generator wirkt wie eine Stromquelle). Dieser Strom sorgt dann für den größten Spannungsabfall, wenn der größte Widerstand in der Parallelschaltung liegt. Dies ist bei der Resonanz der Fall. Diese Schaltung wird angewendet, um aus einem Frequenzgemisch die Spannung mit der Resonanzfrequenz gegenüber anderen hervorzuheben.

Wenn der Innenwiderstand klein gegenüber dem Parallelwiderstand ist, dann bleibt die Spannung unabhängig von der Frequenz konstant. Da im Resonanzfall der größte Widerstand in der Schaltung wirkt, fließt der kleinste Strom (Abb. 4).

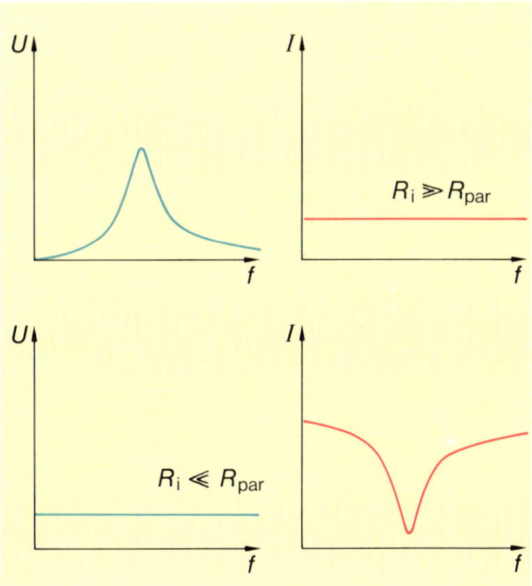

Abb. 4: Strom- und Spannungsverhalten beim Parallelschwingkreis, Generatoren mit unterschiedlichen Innwiderständen

1.7.4 Reihenschwingkreis

Einen Reihenschwingkreis erhält man aus Reihenschaltung von L und C. Abb. 1; S. 70 zeigt diese Schaltung mit der verlustbehafteten Spule. Durch alle Bauteile fließt derselbe Strom und es kommt zu Spannungsabfällen an den Widerständen. Bei Frequenzen unterhalb der Resonanzfrequenz ist der Blindwiderstand des Kondensators größer als der Blindwiderstand der Spule (vgl. Abb. 2). Der Schwingkreis wirkt kapazitiv. Bei Resonanz ist im Kreis $X_C = X_L$. Es wirkt nur noch der Widerstand R_{ser}. Bei Frequenzen oberhalb der Resonanzfrequenz überwiegt der Blindwiderstand der Spule. Der Schwingkreis ist induktiv. Zeichnet man nicht wie in Abb. 2 die Einzelwiderstände, sondern den resultierenden Widerstand, dann ergibt sich die Abb. 4.

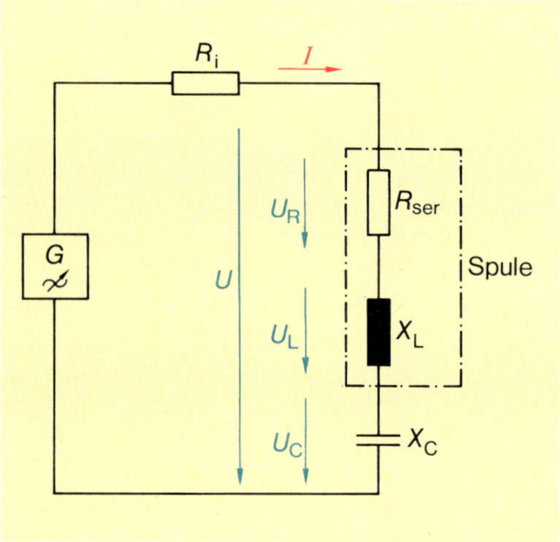

Abb. 1: Reihenschwingkreis

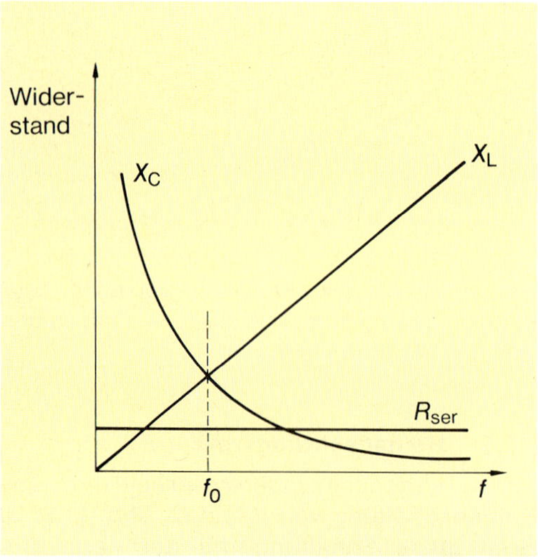

Abb. 2: Einzelwiderstände des Reihenschwingkreises in Abhängigkeit von der Frequenz

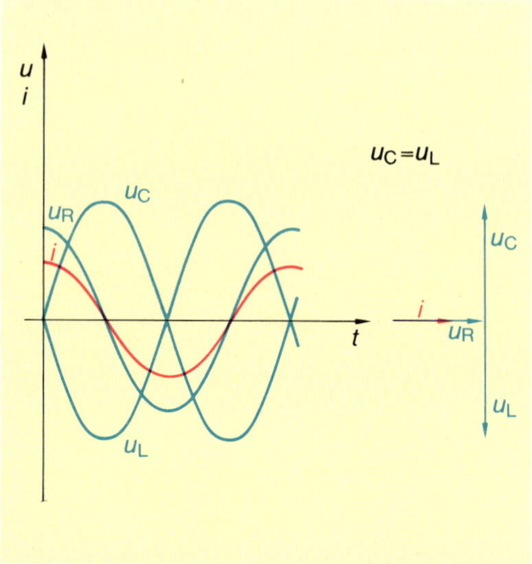

Abb. 3: Linien und Zeigerdiagramm beim Reihenschwingkreis für den Resonanzfall

Der Reihenschwingkreis hat bei Resonanz seinen kleinsten Widerstand. Er stellt dabei einen Wirkwiderstand dar.

Den Zusammenhang zwischen Spannungen und Stromstärke bei Resonanz zeigt die Abb. 3. Gemeinsame Größe für alle Widerstände ist die Stromstärke i. Bei Resonanz sind $u_C = u_L$, aber um 180° phasenverschoben. Sie heben sich in ihrer Wirkung auf. Allein für die Schaltung ist jetzt der Widerstand R_{ser} wirksam. Stromstärke und Gesamtspannung sind deshalb bei Resonanz in Phase.

Bei Resonanz fließt im Reihenschwingkreis der größte Strom.

Schließt man an den Reihenschwingkreis Generatoren mit verschieden großen Innenwiderständen an, dann ergeben sich für den Strom und die Spannung am Schwingkreis die Kurvenverläufe der Abb. 5.

Wenn der Innenwiderstand R_i klein gegenüber R_{ser} ist, bleibt die Spannung unabhängig von der Frequenz konstant. Die Stromstärke steigt deshalb bei Resonanz auf ein Maximum, die nur durch den Reihenwiderstand begrenzt wird.

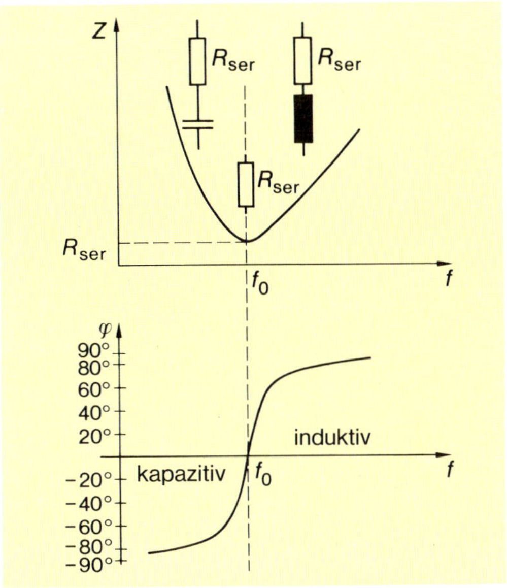

Abb. 4: Scheinwiderstand und Phasenverschiebungswinkel beim Reihenschwingkreis in Abhängigkeit von der Frequenz

Ist der Innenwiderstand R_i groß gegenüber R_{ser}, dann wird ein konstanter Strom in die Schaltung fließen. Die Spannung erfährt bei Resonanz eine Absenkung, da ja der Widerstand des Kreises seinen kleinsten Wert hat.

Reihenschwingkreise eignen sich zum Absenken von Spannungen mit bestimmten Frequenzen.

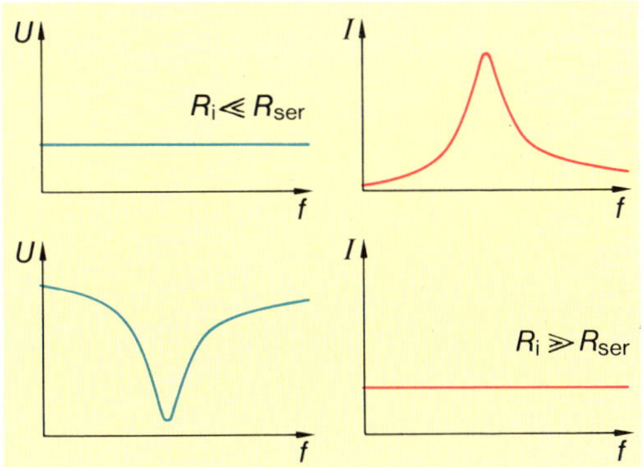

Abb. 5: Strom- und Spannungsverhalten beim Reihenschwingkreis mit unterschiedlich großen Innenwiderständen der Generatoren

Auch für den Reihenschwingkreis lassen sich Formeln zur Kennzeichnung angeben. Für die Resonanzfrequenz gibt es dieselbe Formel, da bei Resonanz $X_L = X_C$ ist. Entsprechende Formeln gibt es für die Bandbreite und Güte.

Resonanzfrequenz

$$f_0 = \frac{1}{2\pi\sqrt{L \cdot C}}$$

Bandbreite:

$$B = f_{go} - f_{gu} \qquad B = \frac{f_0}{Q}$$

Güte:

$$Q = \frac{X}{R_{ser}} \qquad X = X_L = X_C$$

1.7.5 Bandfilter

Die Durchlaßkurve eines einzelnen Schwingkreises reicht in den meisten Fällen nicht aus, um in HF-Schaltungen die gewünschte Bandbreite zu erzielen.

Durch eine Kopplung zwischen zwei Schwingkreisen entsteht jedoch eine neue Durchlaßkurve mit steileren Flanken. Die Selektivität wird größer. Solche Schaltungen werden Bandfilter genannt.

Bandfilter sind gekoppelte Schwingkreise.

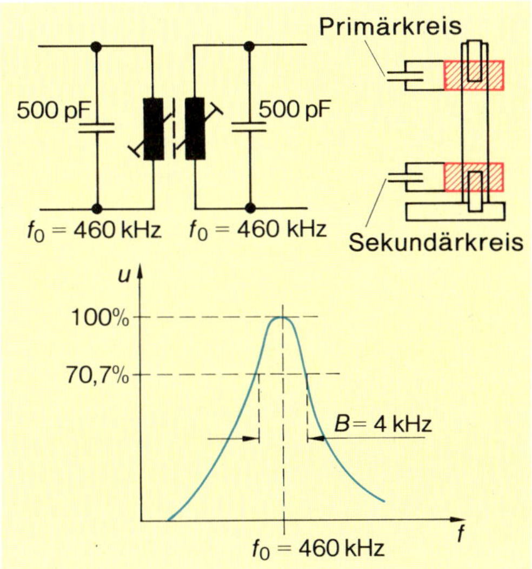

Abb. 6: Bandfilter mit loser Kopplung

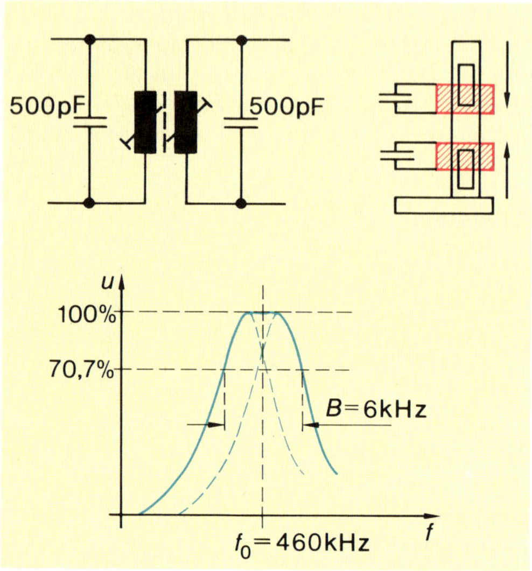

Abb. 1: Bandfilter mit kritischer Kopplung

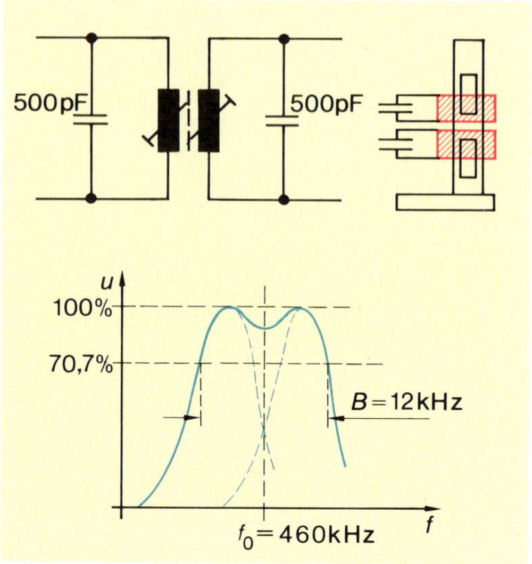

Abb. 2: Bandfilter mit überkritischer Kopplung

Die Abb. 6 auf S. 71 zeigt die Schaltung, die Anordnung der Spulen und die Durchlaßkurve eines Bandfilters mit induktiver Kopplung. Die Übertragung der Energie des Primärkreises in den Sekundärkreis geschieht durch das Magnetfeld. Die Gesamtdurchlaßkurve gleicht der Durchlaßkurve der Einzelkreise. Da sich die Einzelkreise noch nicht wesentlich beeinflussen, nennt man die Kopplung **lose Kopplung.**

Schiebt man die Spulen dichter aneinander, dann verstärkt sich die Kopplung. Es kommt zu einer gegenseitigen Beeinflussung der Schwingkreise. Die Resonanzfrequenzen rücken auseinander und die Bandbreite erhöht sich. Die Kopplung ist eine **kritische Kopplung** (Abb. 1).

Macht man die Kopplung noch enger, dann ergibt sich im Dach der gemeinsamen Übertragungskennlinie bereits eine Einbuchtung. Die Bandbreite ist weiter gestiegen. Diese Kopplung wird **überkritische** (feste) **Kopplung** genannt (Abb. 2).

Bandfiltereigenschaften können auch mit Keramikfiltern erreicht werden, die ähnlich wie Schwingquarze arbeiten. Elektrische Schwingungen werden auf der Eingangsseite in mechanische und auf der Ausgangsseite in elektrische umgewandelt.

Aufgaben zu 1.7.3 bis 1.7.5

1. Bei einem Parallelschwingkreis wird die Kapazität vergrößert. In welche Richtung verändert sich die Resonanzfrequenz?

2. Skizzieren Sie für den Parallelschwingkreis die Leitwerte in Abhängigkeit von der Frequenz!

3. Zu einem Parallelschwingkreis wird ein Wirkwiderstand parallel geschaltet. Welchen Einfluß hat das auf Güte und Bandbreite?

4. Aus einem Frequenzgemisch soll die Frequenz von 1,2 MHz herausgefiltert werden. Es steht eine Kapazität von 470 pF zur Verfügung. Wie groß ist die Induktivität?

5. Erklären Sie den Unterschied zwischen dem Verlustfaktor und der Güte.

6. Um welchen Faktor unterscheidet sich der umgewandelte Parallelwirkwiderstand des Parallelschwingkreises vom Reihenwiderstand der Spule, wenn die Güte 20 ist?

7. Beim Reihenschwingkreis wird die Induktivität verkleinert. Wie verändert sich die Resonanzfrequenz?

8. Erklären Sie die Unterschiede zwischen dem Parallel- und Reihenschwingkreis!

9. Welche Unterschiede bestehen zwischen der losen, kritischen und überkritischen Kopplung bei Bandfiltern?

1.8 Transformator, Übertrager

In der Nachrichtentechnik werden Transformatoren im Netzteil zur Spannungsanpassung verwendet. Er wird z. B. als Netztransformator in elektronischen Schaltungen eingesetzt (Abb. 3).

Die magnetische Übertragung wird aber auch zur galvanischen Trennung zwischen zwei Stufen und zur genauen Anpassung zwischen diesen Stufen verwendet. Es muß dabei nicht wie beim Netztransformator nur eine Frequenz (50 Hz), sondern in den meisten Fällen ein ganzes Frequenzspektrum übertragen werden. Deshalb nennt man dieses Bauteil auch Übertrager (Abb. 4). Eine Übertragung bzw. Anpassung kann z. B. zwischen der Endstufe eines Verstärkers und dem Lautsprecher (Ausgangsübertrager) oder zwischen unterschiedlichen Leitungen (Leitungsübertrager) erfolgen.

Abb. 3: Transformator im Netzteil

Abb. 4: Übertrager

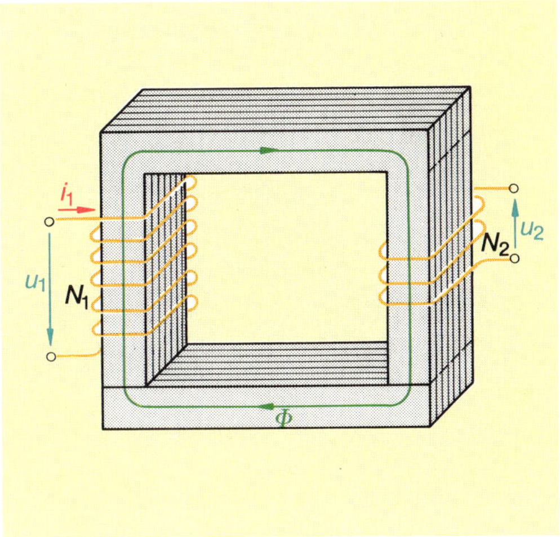

Abb. 5: Aufbau eines Transformators

Ein Übertrager/Transformator besteht aus zwei galvanisch getrennten Wicklungen, die auf einen Eisenkern aufgebracht sind (Abb. 5). Der Eisenkern ist aus gegeneinander isolierten Weicheisenblechen aufgebaut, um die Ummagnetisierungsverluste und Wirbelstromverluste möglichst klein zu halten (vgl. 1.6.3).

Schließt man die eine Wicklung – Primärwicklung mit der Windungszahl N_1 – an eine Wechselspannung U_1 an, so erzeugt der Wechselstrom ein Wechselfeld. Dieses erzeugt in der Primärwicklung eine Selbstinduktionsspannung. Außerdem durchsetzt es auch die zweite Wicklung – Sekundärwicklung mit der Windungszahl N_2 – und induziert in ihr eine Wechselspannung U_2.

Schließt man die Primärwicklung eines Transformators an eine Wechselspannung an, so ändert sich dauernd der magnetische Fluß. In der Sekundärwicklung wird eine Wechselspannung induziert.

1.8.1 Übersetzungsverhältnis der Spannungen

Der Zusammenhang zwischen Windungszahlen und Spannungen soll durch Versuch 1–11 geklärt werden.

Versuch 1–11: Zusammenhang zwischen Windungszahlen und Spannungen

Aufbau

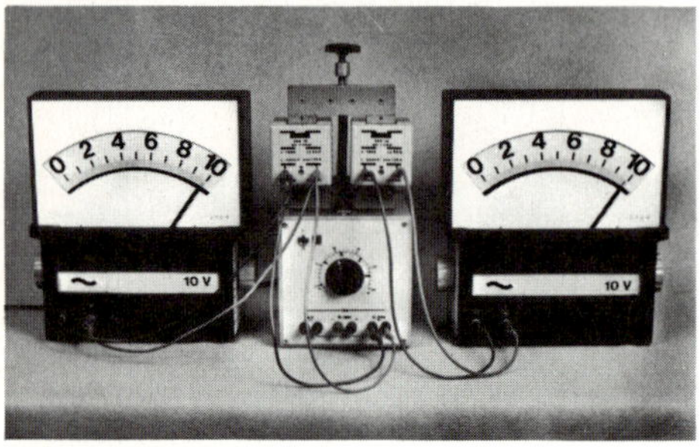

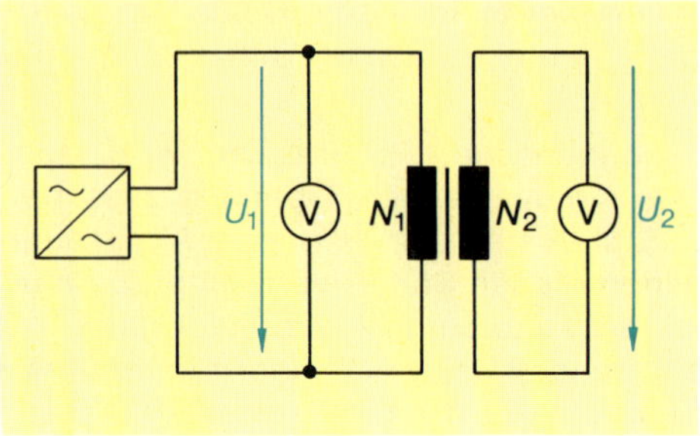

Durchführung

An eine Spannungsquelle U_1 wird die Primärwicklung angeschlossen. Es werden die Spannungen an der Primär- und Sekundärwicklung gemessen.

Meßergebnis

Nr.	N_1	N_2	U_1 in V	U_2 in V	$ü = \frac{U_1}{U_2}$
1	1200	1200	10	10	$\frac{10}{10}$
2	1200	1200	20	20	$\frac{20}{20}$
3	1200	600	20	10	$\frac{20}{10}$
4	600	1200	20	40	$\frac{20}{40}$

Aus den Meßergebnissen erkennt man:

Bei einem Transformator ohne Belastung (Leerlauf) verhalten sich die Spannungen wie die Windungszahlen.

$$\frac{U_1}{U_2} = \frac{N_1}{N_2}$$

Das Verhältnis der Spannungen ist nach VDE 0532 als **Übersetzungsverhältnis** festgelegt.

Übersetzungsverhältnis:

Formelzeichen $ü$

$$ü = \frac{U_1}{U_2}$$

Da sich die Spannungen wie die Windungszahlen verhalten, kann man auch das Verhältnis der Windungszahlen durch das Übersetzungsverhältnis ausdrücken.

$$ü = \frac{N_1}{N_2}$$

Theoretisch kann man das Verhältnis von Spannungen zu Windungszahlen folgendermaßen herleiten:

Eine Induktionsspannung hängt nach dem Induktionsgesetz immer von $\frac{\triangle \Phi}{\triangle t}$ und der Anzahl der Windungen N ab, die den Fluß umfassen.

$$u = N \cdot \frac{\triangle \Phi}{\triangle t}$$

Gehen wir davon aus, daß der Fluß in der Sekundärspule gleich dem Fluß in der Primärspule ist – was wir mit hinreichender Genauigkeit beim leerlaufenden Transformator mit Eisenkern tun können – so ergeben sich folgende Zusammenhänge:

$$U_1 = N_1 \frac{\Delta\Phi}{\Delta t}; \qquad U_2 = N_2 \frac{\Delta\Phi}{\Delta t}$$

$$\frac{\Delta\Phi}{\Delta t} = \frac{U_1}{N_1}; \qquad \frac{\Delta\Phi}{\Delta t} = \frac{U_2}{N_2}$$

Da $\frac{\Delta\Phi}{\Delta t}$ in beiden Fällen gleich ist, können wir auch die rechten Seiten der beiden Gleichungen gleichsetzen und erhalten:

$$\frac{U_1}{N_1} = \frac{U_2}{N_2} \quad \text{oder} \quad \frac{U_1}{U_2} = \frac{N_1}{N_2}$$

1.8.2 Übersetzungsverhältnis der Ströme

Um das Übersetzungsverhältnis der Ströme zu klären, soll der Versuch 1–11 erweitert werden (Versuch 1–12).

Aus den Meßergebnissen von Versuch 1–12 kann man erkennen:

> Bei einem Transformator verhalten sich die Stromstärken etwa umgekehrt wie die Windungszahlen.

Für die Praxis gilt mit hinreichender Genauigkeit:

$$\frac{I_2}{I_1} = \frac{N_1}{N_2}$$

Das Verhältnis der Stromstärken kann man auch durch das Übersetzungsverhältnis ausdrücken.

$$ü = \frac{I_2}{I_1}$$

Aus dem Übersetzungsverhältnis der Spannungen und Ströme kann das Übersetzungsverhältnis der Widerstände abgeleitet werden.

Versuch 1–12: Zusammenhang zwischen Windungszahlen und Stromstärken

Aufbau

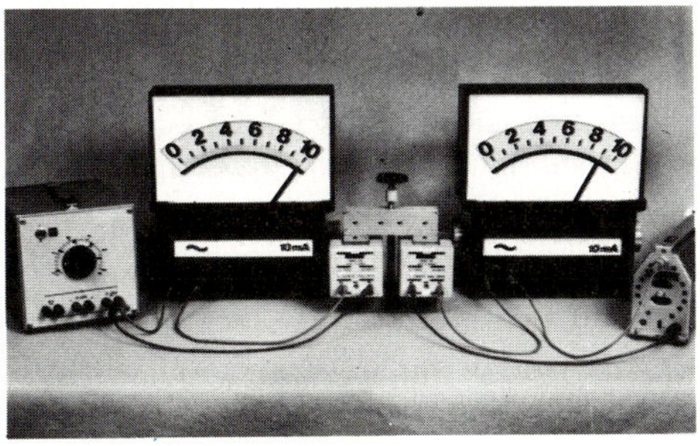

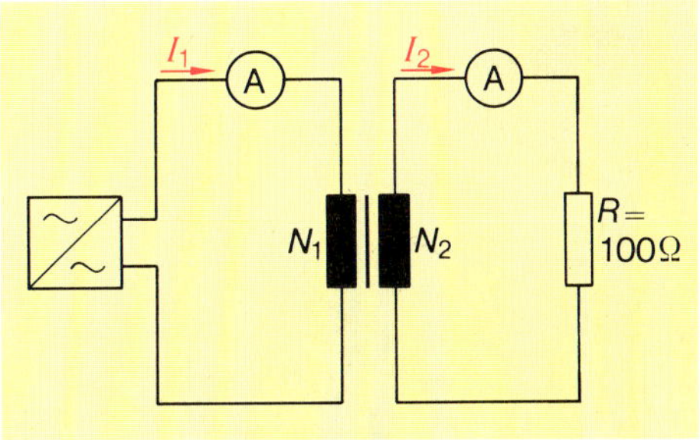

Durchführung

Der Transformator wird auf der Sekundärseite mit einem Widerstand $R = 100\ \Omega$ belastet. Es werden die Stromstärken in der Primär- und der Sekundärwicklung gemessen.

Meßergebnisse

Nr.	N_1	N_2	I_1 in A	I_2 in A
1	1200	1200	0,10	0,09
2	1200	600	0,06	0,10
3	600	1200	0,35	0,17

1.8.3 Übersetzungsverhältnis der Widerstände und Leistungsanpassung

Bei sekundärseitiger Belastung eines Transformators liegt am Belastungswiderstand eine Spannung und es fließt ein Strom. Im Primärkreis fließt ebenfalls ein Strom und es ist eine Spannung vorhanden, so daß mit einem auf die Primärseite transformierten Widerstand gearbeitet werden kann.

Den Zusammenhang zwischen den Widerständen zeigt die folgende Herleitung.

$$R_1 = \frac{U_1}{I_1}; \qquad R_2 = \frac{U_2}{I_2}$$

Bildet man das Widerstandsverhältnis $\frac{R_1}{R_2}$, dann ergibt sich:

$$\frac{R_1}{R_2} = \frac{U_1 \cdot I_2}{U_2 \cdot I_1}; \quad \frac{U_1}{U_2} = \ddot{u}; \quad \frac{I_2}{I_1} = \ddot{u}$$

$$\frac{R_1}{R_2} = \ddot{u}^2 \qquad \boxed{R_1 = \ddot{u}^2 \cdot R_2} \qquad \boxed{Z_1 = \ddot{u}^2 \cdot Z_2}$$

Der Widerstand wird durch den Transformator mit dem Quadrat des Übersetzungsverhältnisses übersetzt.

Die für Wirkwiderstände vorgenommene Herleitung gilt auch für Blind- und Scheinwiderstände.

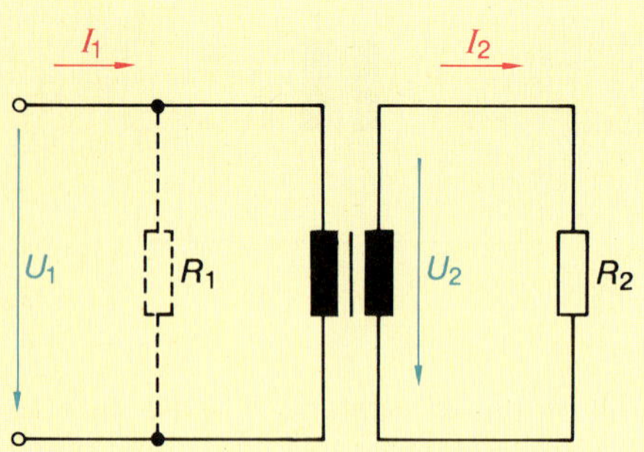

Abb. 1: Widerstandsübersetzung beim Transformator

Beispiel:

Der Innenwiderstand einer Endstufe mit einem Innenwiderstand von 10 kΩ soll durch einen Übertrager an einen Lautsprecher mit einem Widerstand von 5 Ω angepaßt werden. Gesucht wird das Übersetzungsverhältnis (Lösung in Abb. 2).

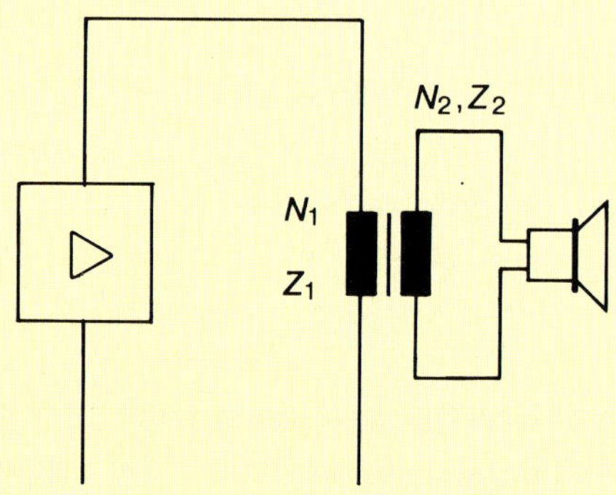

$$\ddot{u}^2 = \frac{Z_1}{Z_2} \qquad \ddot{u}^2 = 2000$$

$$\ddot{u} = 44{,}7$$

Abb. 2: Anpassung

Die Widerstandsübersetzung spielt bei Übertragern eine wichtige Rolle. Durch sie wird eine Anpassung des Generators (z.B. eine Verstärkerstufe) an die nachfolgende Stufe erreicht.

Bei der Anpassung lassen sich zwei Extremfälle unterscheiden:

- Spannungsanpassung,
Belastungswiderstand ≫ Innenwiderstand ($R_a \gg R_i$)
- Stromanpassung,
Belastungswiderstand ≪ Innenwiderstand ($R_a \ll R_i$)

Bei der Spannungsanpassung ist die Ausgangsspannung etwa so groß wie die Leerlaufspannung. Da in diesem Fall nur ein geringer Strom fließt, ist die abgegebene Leistung ebenfalls gering. Es gilt:

$P_a = U_a \cdot I$

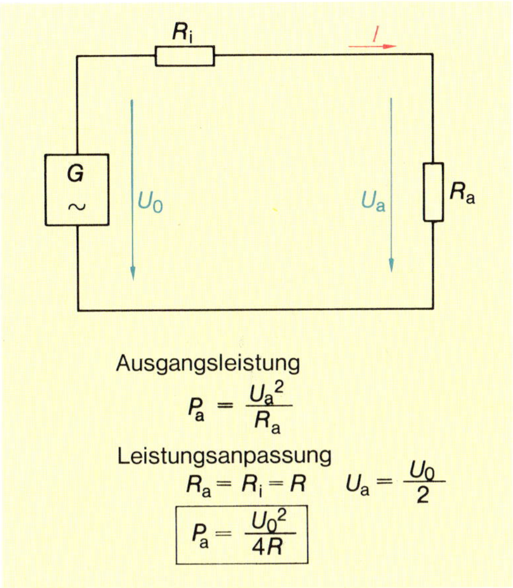

Abb. 3: Leistungsanpassung

Bei der Stromanpassung erfolgt die Belastung durch einen im Vergleich zum Innenwiderstand sehr kleinen Belastungswiderstand. Die Leistungsabgabe ist ebenfalls gering, da die Ausgangsspannung klein ist.

Zwischen diesen beiden Extremfällen gibt es einen Belastungsfall, bei dem maximale Leistung abgegeben wird. Sie ist dann erreicht, wenn $R_i = R_a$ ist (Abb. 3).

Der Übertrager muß in der Regel ein Frequenzspektrum übertragen. Es kann dies z.B. das NF-Spektrum bei einem Ausgangsübertrager sein, das von ca. 15 Hz bis 15 kHz reicht. Durch den Aufbau des Übertragers muß gewährleistet sein, daß dieses Frequenzspektrum gleichmäßig übertragen wird.

Die untere Grenzfrequenz wird durch den induktiven Blindwiderstand der Wicklung bestimmt ($X_L = 2\pi f \cdot L$). Der Innenwiderstand des Generators und die Spuleninduktivität liegen in Reihe. Es ist ein Hochpaß vorhanden.

Bei hohen Frequenzen spielen die Wicklungs- und Schaltkapazitäten eine Rolle. Zusammen mit der Spuleninduktivität bilden sie einen Tiefpaß, der die obere Frequenzgrenze festlegt.

Aufgaben zu 1.8

1. Wie ändert sich bei einem Transformator mit konstanter Primärspannung die Sekundärspannung, wenn die Windungszahl auf der Sekundärseite verdreifacht wird?

2. Wie ändert sich bei einem Transformator mit konstanter Primärspannung die Sekundärspannung, wenn die Windungszahl auf der Primärseite verdoppelt wird?

3. Was versteht man bei Transformatoren unter dem Übersetzungsverhältnis? Geben Sie die Formeln an!

4. Ein Transformator für $U_1 = 220$ V hat auf der Primärseite eine Windungszahl $N_1 =$ 1760. Welche Spannung kann im Leerlauf auf der Sekundärseite gemessen werden, wenn die Sekundärwicklung 440 Windungen besitzt?

5. Welchen Primärstrom nimmt ein Transformator für $U_1 = 220$ V auf, wenn bei einer Sekundärspannung von 6,3 V ein Sekundärstrom von 5 A fließt?

6. Zwischen zwei Transistoren befindet sich zur Leistungsanpassung ein Übertrager (Abb. 4). Wie groß ist der Eingangswiderstand des Transistors V_2, wenn folgende Größen bekannt sind:

Ausgangswiderstand von V_1: 9 kΩ;

$N_1 = 250$; $N_2 = 110$

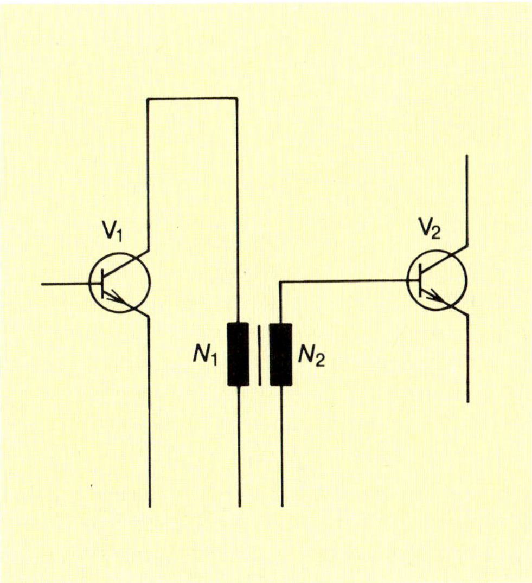

Abb. 4: Zu Aufgabe 6

1.9 Schutzmaßnahmen gegen zu hohe Berührungsspannungen

1.9.1 Gefahren des elektrischen Stromes und Fehlerarten

Vor den Gefahren des elektrischen Stromes kann nicht oft genug gewarnt werden. Da der Mensch Elektrizität nicht direkt durch Sinnesorgane wahrnehmen kann, muß vorsichtig und gewissenhaft mit elektrischen Geräten umgegangen werden, besonders bei Reparaturen.

Wirkungen des elektrischen Stromes auf den menschlichen Körper:

- Reize auf Nerven (Nervenlähmungen)
- Reize auf Skelettmuskeln (Muskellähmungen)
- Reize auf Herzmuskel (Störung des Herzrhythmus)
- Elektrolytische Wirkungen (Zersetzung der Körperflüssigkeit und des Blutes)

Wissenschaftliche Untersuchungen haben gezeigt, daß der Körperwiderstand des Menschen außer vom Körperbau auch von der Höhe der elektrischen Spannung und der Herzfrequenz abhängt. Die Frequenz der angelegten Spannung verändert die Herzfrequenz. Höhere Herzfrequenz verursacht höhere Hautfeuchtigkeit, diese bewirkt wiederum eine Verringerung des Körperwiderstandes. Es kann mit folgenden Durchschnittwerten für den Widerstand des menschlichen Körpers gerechnet werden:

- bei 25 V mit 3250 Ω,
- bei 50 V mit 2625 Ω,
- bei 220 V mit 1350 Ω.[1]

Die äußere Beschaffenheit der Haut, wie Feuchtigkeit und Hornhaut, beeinflußt diese Werte erheblich. Die oben genannten Werte sind Durchschnittswerte und gelten für etwa 50% der Menschen. Der Stromweg verläuft dabei von Hand zu Hand, eine großflächige Berührung des spannungsführenden Teils wird angenommen.

Die Kleidung spielt bei der Widerstandserhöhung im Fehlerfall eine wichtige Rolle, da sie den Übergangswiderstand beein-

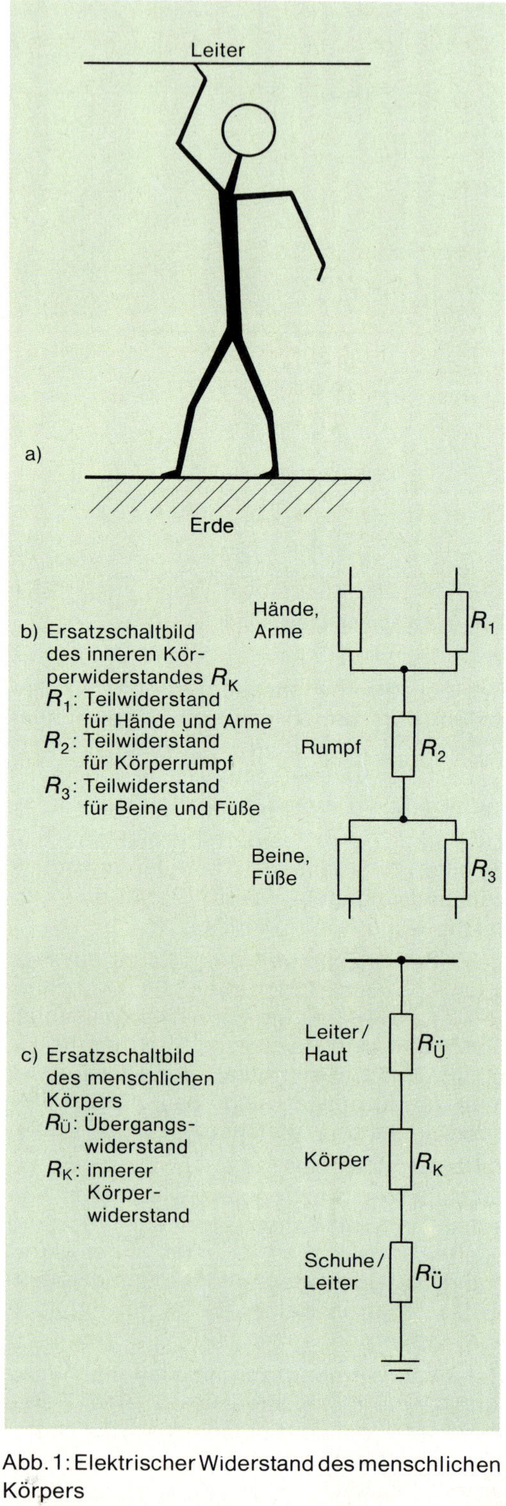

Abb. 1: Elektrischer Widerstand des menschlichen Körpers

[1] Werte laut IEC-Report 479, 1984

flußt. Körperwiderstand R_K und Übergangswiderstand $R_ü$ lassen in der Abb. 1 die Gesetzmäßigkeiten erkennen, nach denen die Größe des elektrischen Stromes und damit das Maß der Gefährdung bestimmt werden.

Die wichtigsten Bestimmungen über Schutzmaßnahmen sind in der DIN VDE 0100 veröffentlicht.

Sie beinhaltet die „Bestimmungen für das Errichten von Starkstromanlagen mit Nennspannungen bis 1000 V". Die wichtigsten Bestimmungen betreffen die Schutzmaßnahmen in DIN VDE 0100 T. 410.

Aus den Bestimmungen kann man erkennen, daß die Einhaltung der entsprechenden Vorschriften beim Errichten, Warten und Instandsetzen elektrischer Anlagen unbedingt erforderlich ist. Stets wird nach Unfällen in elektrischen Anlagen derjenige zur Verantwortung gezogen, der zuletzt dort gearbeitet, sie vielleicht sogar erstellt oder ein elektrisches Gerät repariert hat.

In der VDE 0100 T. 200 werden auch Fehlerarten unterschieden. Eine Auswahl soll im folgenden vorgestellt werden.

Der **Isolationsfehler** entsteht durch einen fehlerhaften Zustand der Isolierung.

Beispiel: Eine Antennenleitung wird verlegt und dabei der Nagel zur Befestigung der Schelle durch eine Elektroleitung geschlagen.

Ein **Körperschluß** entsteht dann, wenn eine leitende Verbindung zwischen z.B. dem Metallgehäuse und den Stromzuführungsleitungen besteht.

Beispiel: Die Zuleitung eines Elektrogerätes mit Metallgehäuse (z.B. NF-Verstärker) wird nicht durch einen Gumminippel eingeführt, so daß bei Beschädigung der Zuleitung eine Verbindung zwischen der Spannung führenden Leitung und dem Gehäuse entstehen kann (Abb. 2).

Von einem **Kurzschluß** spricht man dann, wenn eine leitende Verbindung zwischen betriebsmäßig gegeneinander unter Spannung stehenden Leitern besteht und im Fehlerstromkreis kein Nutzwiderstand liegt (Abb. 3).

Beispiel: Ist die Zugentlastung bei Anschluß einer vieradrigen Zuleitung zu einem Elektromotor unzureichend, so können sich bei Zugbeanspruchung z.B. Spannung führende Leiter aus der Klemmverbindung lösen und berühren.

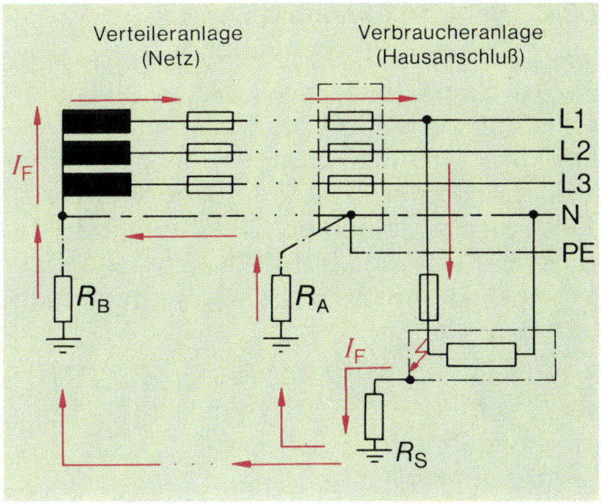

Abb. 2: Fehlerstromkreis bei Körperschluß

I_F: Fehlerstrom

R_B: Widerstand des Betriebserders

R_A: Erdungswiderstand der Verbraucheranlage

R_S: Widerstand des Schutzerders

Ein **Leiterschluß** liegt dann vor, wenn eine leitende Verbindung zwischen betriebsmäßig unter Spannung stehenden Leitern besteht und im Fehlerstromkreis ein Nutzwiderstand liegt (z.B. Glühlampe, Rundfunkgerät).

Beispiel: Bei der Reparatur eines Fernsehgerätes werden Bauteile ausgelötet. Dabei fällt ein Tropfen Lötzinn in das Gerät. Dieses Lötzinn kann Leiter überbrücken, z.B. die Pole des zweipoligen Netzschalters.

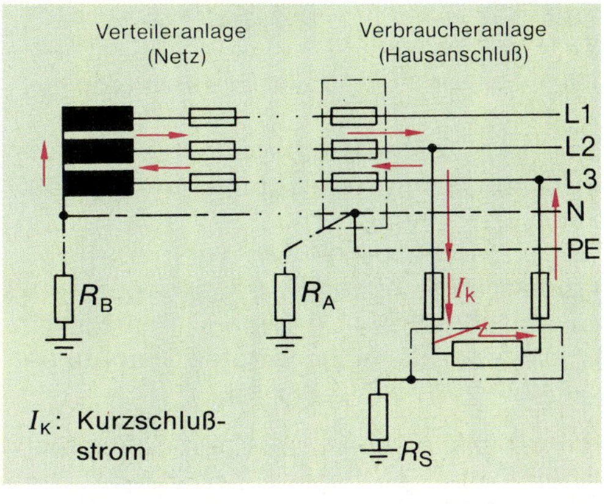

Abb. 3: Fehlerstromkreis bei Kurzschluß

I_k: Kurzschlußstrom

1.9.2 Schutzmaßnahmen ohne besonderen Schutzleiter

Bei der **Schutzisolierung** wird durch Isolierschichten verhindert, daß im Fehlerfall berührbare Metallteile Spannung gegenüber Erde annehmen können. Dies kann z.B. durch eine vollständige Umhüllung der Metallteile durch Isolierstoff (Kunststoffgehäuse) oder durch Zwischenisolierungen geschehen.

Schutzisolierte Geräte müssen nach DIN VDE 0106 mit nebenstehendem Zeichen gekennzeichnet sein:

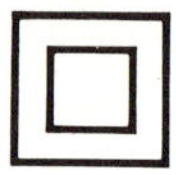

Für den Anschluß von Betriebsmitteln mit Schutzisolierung gelten folgende Bestimmungen:

- Schutzisolierte Betriebsmittel dürfen keine Schutzleiterklemme besitzen!
- Die Anschlußleitung ist zweiadrig, also ohne Schutzleiter!
- Ein evtl. mitgeführter Schutzleiter darf nicht an das Betriebsmittel angeschlossen werden!
- Der Stecker muß aus Weichgummi oder thermoplastischem Isolierstoff ohne Schutzkontaktstücke bestehen (Abb. 1)!

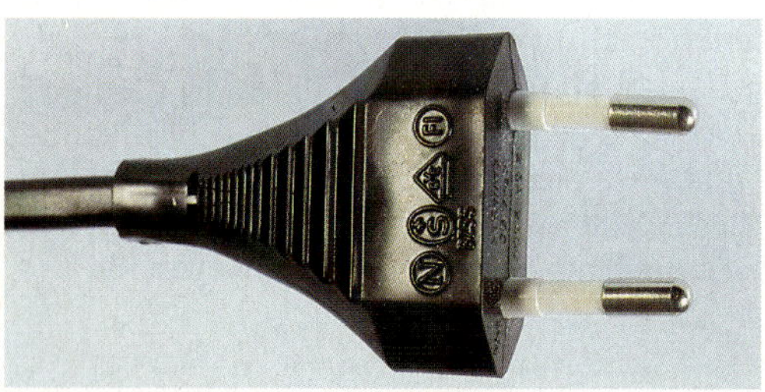

Abb. 1: Stecker für schutzisolierte Betriebsmittel

Bei der **Schutzkleinspannung** werden Stromkreise mit Nennspannungen bis 50 V Wechselspannung bzw. 120 V Gleichspannung ungeerdet betrieben. Die Speisung aus Stromkreisen höherer Spannungen muß galvanisch getrennt erfolgen. Man betreibt dann die Geräte mit genormten Spannungen von 42 V, 24 V, 12 V oder 6 V.

Bei den bisher beschriebenen Schutzmaßnahmen ging es darum, den elektrischen Widerstand im Fehlerfall groß bzw. die elektrische Spannung klein zu halten. Bei der **Schutztrennung** schließt man einen Fehlerstrom zwischen Gerät und Erde grundsätzlich aus.

Man trennt galvanisch über einen Trenntransformator nach DIN VDE 0550 den Verbraucher vom Netz, so daß zwei nur über das Magnetfeld im Eisenkern des Transformators verknüpfte Stromkreise entstehen. Sie heißen Netzstromkreis und Verbraucherstromkreis. Der Verbraucherstromkreis darf nicht geerdet sein, so daß unabhängig von der Höhe der Spannung im Verbraucherstromkreis diese, gegen Erde gemessen, immer Null ist. Die Berührung eines der beiden Leiter im Verbraucherstromkreis ist also stets ungefährlich, wenn der zweite Leiter keinen Erdschluß hat (Abb. 2).

Die Vorschrift, nur einen Verbraucher für den Anschluß an einen Trenntransformator zuzulassen, bietet eine zusätzliche Sicherheit. Bei Körperschluß bzw. Erdschluß kann dann keine gefährliche Fehlerspannung zwischen zwei Geräten bzw. zwischen einem Gerät und der Erde entstehen. Für die Anwendung der Schutztrennung gelten folgende Anforderungen:

- Ein Trenntransformator darf nur ein Gerät mit höchstens 16 A Nennstrom betreiben.
- Das Gerät wird an den Trenntransformator über eine fest eingebaute Steckdose ohne Schutzkontakt angeschlossen.
- Bei ortsveränderlichen Trenntransformatoren muß das Gehäuse schutzisoliert sein.

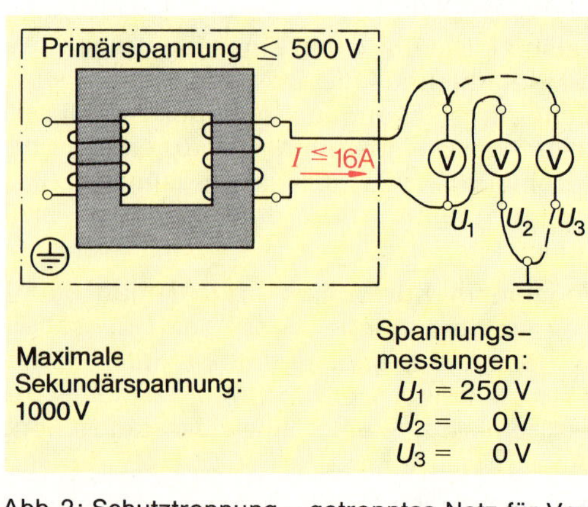

Abb. 2: Schutztrennung – getrenntes Netz für Verbraucher

1.9.3 Schutzmaßnahmen mit besonderem Schutzleiter

Schutzmaßnahmen mit Schutzleiter werden durch nebenstehendes Zeichen gekennzeichnet.

Der Schutzleiter und die Erdungsleitungen müssen bei jedem Hausanschluß oder jeder gleichwertigen Versorgungseinrichtung mit den verschiedenen leitfähigen Teilen der Anlage, z. B. Wasserleitung, Heizungsanlage, verbunden werden. Schutzleiter ist, je nach Netzform, der von der Stromquelle kommende PEN-Leiter oder der abgehende Leiter PE. Die Verbindung der Leitungen der verschiedenen Versorgungssysteme wird als Hauptpotentialausgleich bezeichnet.

Die Schutzmaßnahmen mit besonderem Schutzleiter sollen das Bestehenbleiben einer unzulässig hohen Berührungsspannung ($U_B \leq 50$ V) verhindern. Man teilt die Schutzmaßnahmen je nach Verlegung des Schutzleiters nach Netzformen ein in

- **TN-Netz** mit Überstromschutzeinrichtung mit Fehlerstrom-Schutzeinrichtung,
- **TT-Netz** mit Überstromschutzeinrichtung mit Fehlerstrom-Schutzeinrichtung mit Fehlerspannungs-Schutzeinrichtung,
- **IT-Netz** mit Überstromschutzeinrichtung mit Fehlerstrom-Schutzeinrichtung mit Fehlerspannungs-Schutzeinrichtung mit Isolationsüberwachungseinrichtung.

Die Bedeutung der Kennbuchstaben für die einzelnen Netzformen lautet:

Erster Buchstabe: – Erdungsverhältnisse der Spannungsquelle:

T direkte Erdung eines Punktes,

I entweder Isolierung aller aktiven Teile von Erde oder Verbindung eines Punktes mit Erde über eine Impedanz.[1]

Zweiter Buchstabe: – Erdungsverhältnisse der Körper der elektrischen Anlage:

T Körper direkt geerdet, unabhängig von der bestehenden Erdung eines Punktes der Spannungsquelle.

N Körper direkt mit dem Betriebserder verbunden (in Wechselspannungsnetzen ist der geerdete Punkt im allgemeinen der Sternpunkt).

[1] Scheinwiderstand

Weitere Buchstaben: – Anordnung des Neutralleiters und des Schutzleiters im TN-Netz:

S Neutralleiter- und Schutzleiterfunktionen durch getrennte Leiter.

C Neutralleiter- und Schutzleiterfunktionen kombiniert in einem Leiter (PEN-Leiter).

Tab. 1.3: Vergleich der Schutzmaßnahmen

Schutzmaßnahme im	entspricht nach bisheriger VDE 0100/05.73
TN-S-Netz	Nullung mit getrenntem Schutzleiter
TN-C-Netz	Nullung ohne getrennten Schutzleiter
TN-C-S-Netz	Kombination der beiden Nullungsarten
TT-Netz	Schutzerdung, FI-, FU-Schutzeinrichtung
IT-Netz	Schutzleitungssystem

Schutzmaßnahmen im TN-Netz
(Abb. 1, S. 82)

Im TN-Netz müssen die Körper der elektrischen Betriebsmittel mit dem geerdeten Punkt des Netzes durch einen Schutzleiter (PE) oder den PEN-Leiter verbunden sein. Schutzleiter, PEN-Leiter und Erder sollen das gleiche Potential (Potentialausgleich) haben. Durch die Erdung des N-Leiters

- Betriebserder am Transformator und
- Fundamenterder an den Verbraucherstellen

erreicht man eine Herabsetzung des Gesamterdungswiderstandes. Er soll im TN-Netz den Wert $R_B \leq 2\,\Omega$ haben.

Der **FI-Schutzschalter** überwacht Fehlerströme, die aufgrund eines Isolationsfehlers (z. B. Körperschluß) von einem elektrischen Gerät über den Schutzleiter zum Erder abfließen. Er löst aus, wenn der Nennfehlerstrom (I_{FN}) überschritten wird.

Das Bestehenbleiben einer zu hohen Berührungsspannung an einem nicht zum Betriebsstromkreis gehörenden leitfähigen Anlageteil wird dadurch verhindert.

Der FI-Schutzschalter kontrolliert über einen sogenannten Summenstromwandler den zum Erder abfließenden Fehlerstrom. Im

TN-S-Netz — TN-C-Netz — TN-C-S-Netz

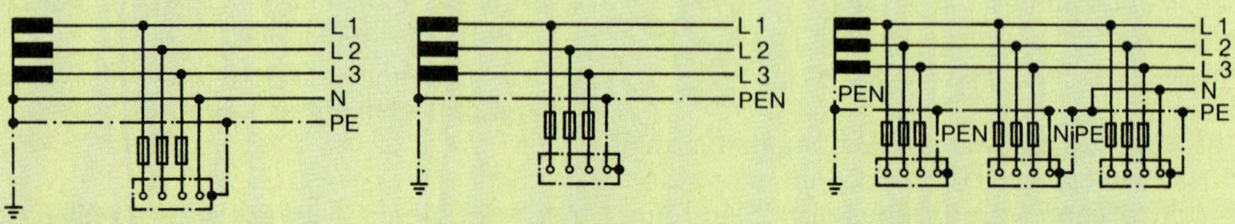

TN-S-Netz: getrennte Führung von N- und PE-Leiter vom Transformator zum Verbraucher

TN-C-Netz: gemeinsame Führung von N- und PE-Leiter im PEN-Leiter vom Transformator zum Verbraucher

TN-C-S-Netz: gemeinsame Führung von N- und PE-Leiter nur in einem Teil des Netzes, Auftrennung des PEN-Leiters in N- und PE-Leiter in der Hauptverteilung der Verbraucherstelle, häufigste Netzform im Drehstromnetz

Abb. 1: TN-Netzformen mit Überstromschutz

Normalfall ist die Summe der Ströme, die zu den elektrischen Betriebsmitteln fließen, gleich der Summe der zurückfließenden Ströme, so daß sich deren Magnetfelder im Summenstromwandler aufheben. Im Fehlerfall fließt aber ein Teilstrom, der Fehlerstrom, vom metallischen Gehäuse des fehlerhaften Gerätes über die Erde zum Transformator des Netzes zurück. Jetzt heben sich die Magnetfelder der Ströme nicht mehr auf. Es entsteht ein Differenzmagnetfeld. Dies erzeugt in der FI-Spule eine Induktionsspannung, die dann über einen Strom die Abschaltung verursacht.

Die FI-Schutzschaltung bietet im Vergleich zu allen anderen Schutzmaßnahmen mit besonderem Schutzleiter die größte Sicherheit, um die Fehlerspannung nicht über 50 V bzw. 25 V ansteigen zu lassen.

Ein großer Vorteil der FI-Schutzschaltung besteht darin, daß sich jede andere Schutzmaßnahme mit besonderem Schutzleiter ohne Schwierigkeiten auf die FI-Schutzschaltung umstellen läßt.

Der Sicherungsautomat (Abb. 2) mit FI-Auslösung ($I_{FN} = 10$ mA, $I_{FN} = 30$ mA) schützt den zugeordneten Stromkreis vor Fehlerströmen. Der Automat enthält einen elektromagnetischen Schnellauslöser und einen thermischen Bimetallauslöser. Er wird für Wechsel- und Drehstromanlagen in 2- und 4-poliger Ausführung gebaut. In der Bauweise des Personenschutz-Automaten übt er Schutzfunktionen aus und schützt bei:

- Überlast und Kurzschluß,
- direktem Berühren eines aktiven Leiters,
- direktem Berühren von zu hoher Berührungsspannung,
- Anwendung der Schutzmaßnahme mit besonderem Schutzleiter,
- Isolationsfehlern des Mittelleiters.

Bei grob fahrlässigem Verhalten („Badewannenunfall"), wo der Körperwiderstand des Menschen stark herabgesetzt wird, gewährt auch der Personenschutzautomat keinen absoluten Schutz.

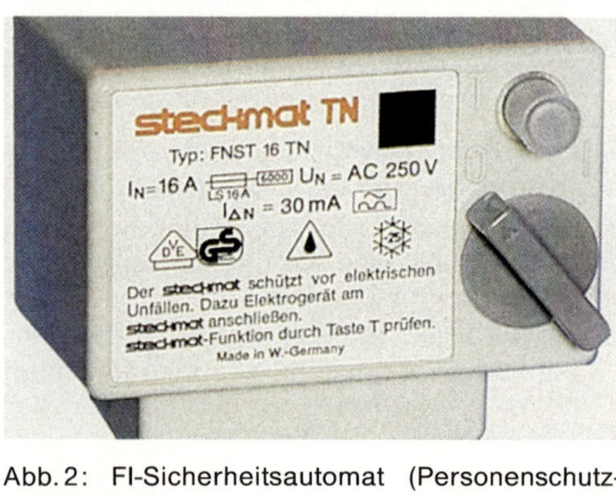

Abb. 2: FI-Sicherheitsautomat (Personenschutz-Automat)

Aufgaben zu 1.9

1. Beschreiben Sie Gefahren des elektrischen Stromes für den Menschen und seine Auswirkungen!

2. Geben Sie Durchschnittswiderstandswerte des menschlichen Körpers an!

3. Welche Faktoren beeinflussen den Widerstandswert des menschlichen Körpers?

4. Erklären Sie die Begriffe Isolationsfehler, Körperschluß, Kurzschluß und Leiterschluß!

5. Beschreiben Sie die Schutzmaßnahme der Schutzisolierung und nennen Sie Geräte, bei denen diese Schutzmaßnahme angewendet wird!

6. Was versteht man unter dem Begriff Schutztrennung?

7. Beschreiben Sie die Schutzmaßnahme mit einem besonderen Schutzleiter!

8. Erklären Sie die Unterschiede zwischen den TN-, TT- und IT-Netzen!

9. Beschreiben Sie die grundsätzliche Arbeitsweise eines FI-Schutzschalters!

1.10 Messen im Wechselstromkreis

1.10.1 Messen mit dem Oszilloskop

Zur genauen Darstellung von Wechselgrößen (zeitabhängige Größen) eignet sich in besonderem Maße das Oszilloskop. Das wichtigste Bauteil dabei ist die Elektronenstrahlröhre (auch Braun'sche[1] Röhre genannt). Sie ist im Prinzip wie eine Elektronenröhre aufgebaut, mit den Elektroden Katode, Gitter und Anode (Abb. 3). Durch Energiezufuhr (Heizung eines Heizfadens) sammeln sich an der Oberfläche der Katode freie Elektronen. Es entsteht um die Elektrode eine Elektronenwolke. Die Katode ist von einem metallenen Hohlzylinder umgeben (auch Wehneltzylinder oder Steuergitter genannt), der in Richtung des Leuchtschirmes eine kreisförmige Öffnung aufweist. Zwischen Katode und Wehneltzylinder wird eine Spannung gelegt. Die Polarität ist so, daß der Wehneltzylinder negativ gegenüber der Katode ist. Durch eine einstellbare Spannung kann der Elektronenstrom gesteuert werden. Der Strahlstrom ändert sich und damit auch die Helligkeit (Intensität) des Leuchtpunktes.

Die Beschriftung vieler Oszilloskope erfolgt in Abkürzungen, in vielen Fällen außerdem in englischer Sprache. Deshalb werden in den folgenden Darstellungen mögliche Kennzeichnungen der Bedienungselemente aufgenommen.

Helligkeit
Beschriftungsmöglichkeit: HELLIGK, INTENS

Der Elektronenstrahl durchläuft nach Verlassen des Wehneltzylinders weitere Elektrodensysteme, deren Spannungen einstellbar sind. Mit dem Fokus-Einsteller läßt sich der Strahl mehr oder weniger stark bündeln (fokussieren). Die Schärfe des Leuchtpunktes und damit das Gesamtbild ist einstellbar.

Strahlschärfeeinstellung
Beschriftungsmöglichkeiten:
FOKUS, FOCUS

Die letzte Elektrode ist die in Form einer Blende ausgebildete Anode (Abb. 3). Die Anodenspannung ist etwa 1 kV bis 3 kV groß.

Die Elektronen werden also beschleunigt und passieren mit hoher Geschwindigkeit die Ablenkplatten.

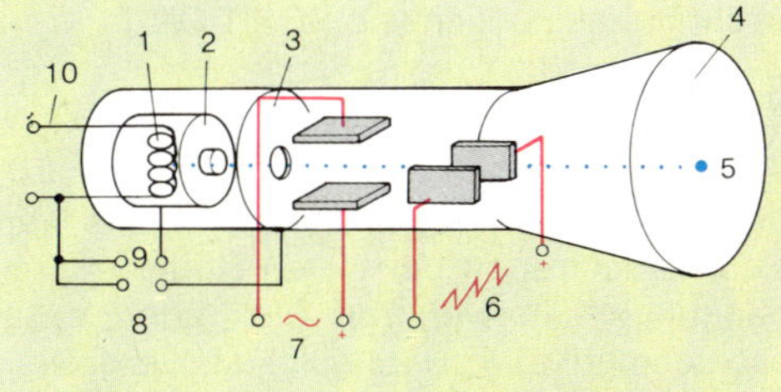

1 Katode
2 Wehneltzylinder
3 Anode
4 Bildschirm
5 Elektronenstrahl
6 Spannung für horizontale Ablenkung
7 Spannung für vertikale Ablenkung
8 Beschleunigungsspannung
9 Focussierungsspannung
10 Heizung

Abb. 3: Aufbau einer Elektronenstrahlröhre

[1] Karl Ferdinand Braun, 1850—1918, deutscher Physiker

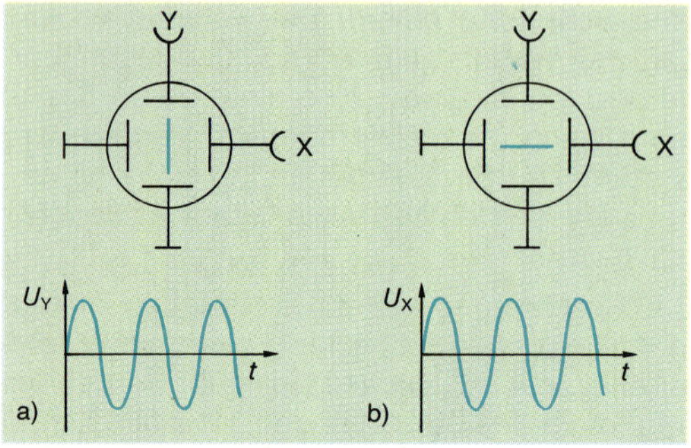

Abb. 1: Ablenkung des Elektronenstrahls beim Oszilloskop

Hinter der Anode befindet sich das Ablenksystem mit den Ablenkplattenpaaren für die vertikale Ablenkung (Y-Platten) und die horizontale Ablenkung (X-Platten). Die Paare sind um 90° versetzt angeordnet. Durch Anlegen einer Spannung an die Platten läßt sich der Elektronenstrahl ablenken. Er trifft je nach Polarität und Größe der Spannung an verschiedenen Stellen des Leuchtschirms auf. Wird anstelle der Gleichspannung eine Wechselspannung angelegt, dann entsteht kein Punkt, sondern ein vertikaler bzw. horizontaler Strich (Abb. 1). Durch einstellbare Gleichspannungen an den Platten läßt sich der Elektronenstrahl genau auf die Mitte des Bildschirms zentrieren. Man unterscheidet vertikale und horizontale Verschiebungen.

Vertikalverschiebung
Beschriftungsmöglichkeit: POSITION ↕

Horizontalverschiebung
Beschriftungsmöglichkeit: POSITION ↔

Nach Durchlaufen der Ablenksysteme werden die Elektronen bei vielen Röhren durch Spannungen an weiteren Elektroden nachbeschleunigt. Die Bildhelligkeit vergrößert sich dadurch.

Die Elektronen treffen auf die mit einer Leuchtschicht belegte Innenseite der Kolbenstirnfläche der Elektronenstrahlröhre. Durch den Aufprall entsteht Licht (Lumineszenz), das je nach Zusammensetzung der Schicht eine unterschiedliche Farbe besitzt. Der Bildschirm läßt sich häufig stufig oder stetig beleuchten.

Skalenbeleuchtung
Beschriftungsmöglichkeiten: SKALE, ILLUM

Um eine mit der Zeit veränderliche Spannung auf dem Schirm abbilden zu können, müssen die Elektronen gleichzeitig in vertikaler und horizontaler Richtung abgelenkt werden. Legt man z.B. an die Y-Platten die abzubildende Spannung, dann folgt der Elektronenstrahl der angelegten Spannung. Da die Größe der Spannung von der Zeit abhängig ist, muß gleichzeitig eine Ablenkung der Elektronen in horizontaler Richtung erfolgen. Dieses geschieht durch eine Spannung, deren augenblickliche Größe zur Zeit proportional ist (Sägezahnspannung). Die Abb. 2 zeigt die Entstehung einer Sinuskurve auf dem Bildschirm. Am Ende des geschriebenen Kurvenzuges kehrt der Elektronenstrahl wieder an den Anfang zurück.

Zur Ablenkung des Elektronenstrahls um 1 cm benötigt man etwa folgende Spannungen an den Platten:
Vertikal 2 V/cm bis 16 V/cm
Horizontal: 9 V/cm bis 32 V/cm

Aus diesen Angaben wird deutlich, daß Meßverstärker erforderlich sind (Abb. 3). Das zu messende Signal wird über einen Abschwächer auf den Y-Verstärker (Vertikalverstärker) gegeben. Je nach Schalterstellung können Gleichspannungen (DC) bzw. Mischspannungen oder Wechselspannungen (AC) gemessen werden.

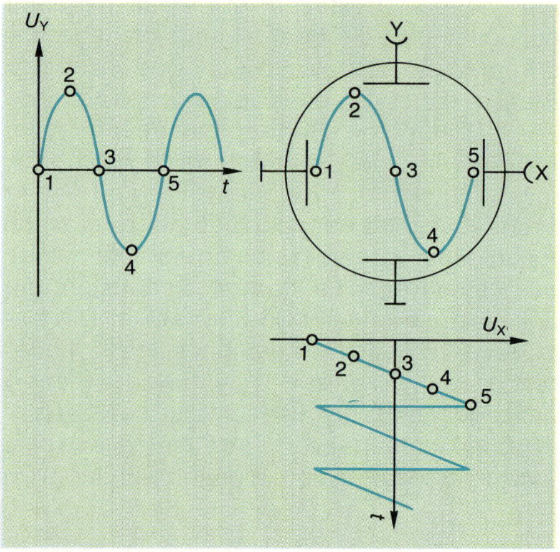

Abb. 2: Bildentstehung beim Oszilloskop

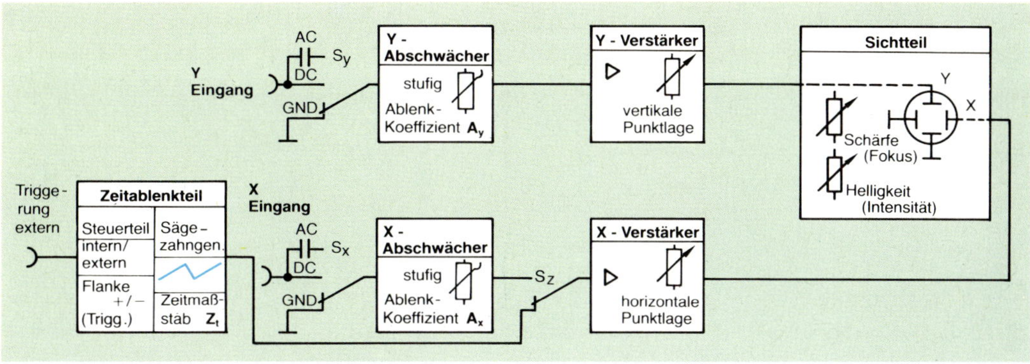

Abb. 3: Blockschaltbild eines Oszilloskops

Neben diesen beiden Einstellmöglichkeiten gibt es häufig eine Einstellungsart, bei der der Eingang des Verstärkers auf Masse gelegt wird. Die Nullage des Elektronenstrahls läßt sich so besser einstellen.

Gleichspannung
Beschriftungsmöglichkeiten:
≃, DC (engl.: direct current)

Wechselspannung
Beschriftungsmöglichkeiten:
~, AC (engl.: alternating current)

Ablenkkoeffizient, A_y
Beschriftungsmöglichkeiten:
V/CM (Volt/Zentimeter),
V/SKT (Volt/Skalenteil),

CAL ↩ (Eichstellung bei Rechtsanschlag)

Masse
Beschriftungsmöglichkeiten:
⊥, ⏚, GND (engl.: ground)

Im Eingangsbereich des Y-Verstärkers befindet sich ein stufig einstellbarer Spannungsteiler mit Angabe des Ablenkkoeffizienten A_y (auch Ablenkempfindlichkeit genannt) für die jeweiligen Stufen. Häufig können mit Feineinstellern Zwischenwerte eingestellt werden.

Der Eingangswiderstand heutiger Oszilloskope liegt häufig bei 1 MΩ. Die parallel liegende Eingangskapazität ist etwa 25 pF bis 35 pF groß. Dieses bedeutet aber, daß das Eingangssignal hoher Frequenzen beeinflußt wird. Besonders störend ist dieses bei Spannungsimpulsen. Durch einen frequenzkompensierten Spannungsteiler kann dieser Meßfehler ausgeglichen werden.

Abb. 4 zeigt einen frequenzkompensierten Spannungsteiler (Tastkopf) mit der Anschlußleitung, die für zusätzliche Kapazitäten sorgt. Die Eingangskapazität des Oszilloskops ist somit in der Abbildung 50 pF groß. In einigen Oszilloskopen steht das Rechtecksignal eines Generators zur Einstellung von C_1 zur Verfügung. Der Einstellkondensator wird so lange verändert, bis das Rechtecksignal optimal abgebildet wird.

Der X-Verstärker (Horizontalverstärker, Abb. 3), ist ebenfalls als Gleichspannungsverstärker ausgelegt. Er enthält einen X-Abschwächer mit einstellbaren Ablenkkoeffizienten.

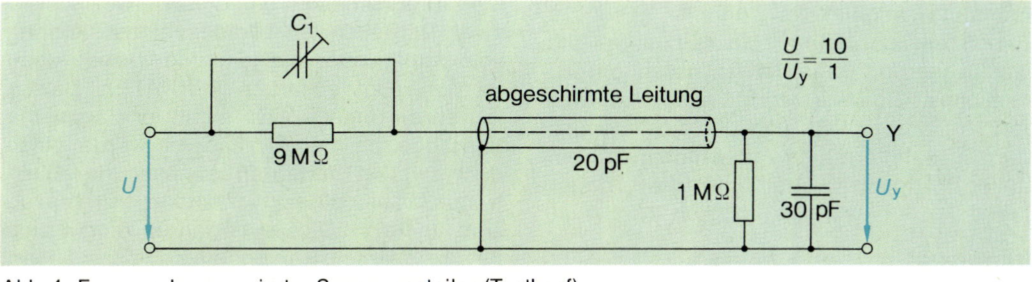

Abb. 4: Frequenzkompensierter Spannungsteiler (Tastkopf)

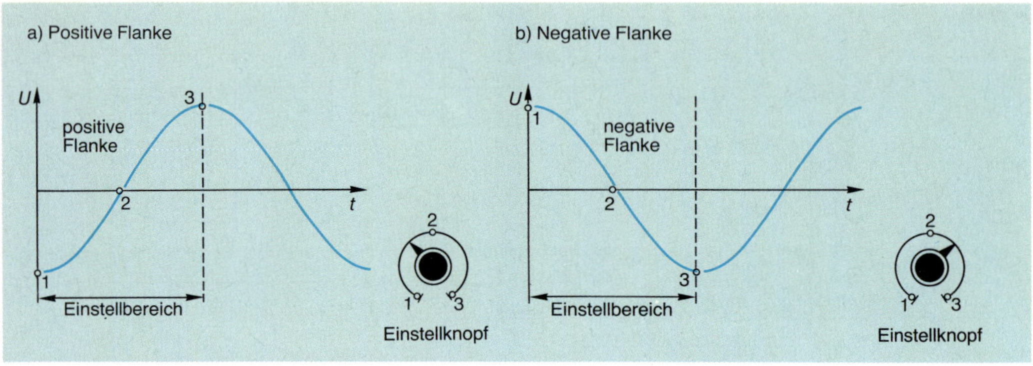

Abb. 1: Triggerung mit Niveau- und Flankeneinstellung

In dem Zeitablenkteil erzeugt ein Generator eine zeitlineare Sägezahnspannung (Kippgenerator, Sägezahngenerator). Durch diese Spannung wird der Elektronenstrahl in horizontaler Richtung gleichförmig abgelenkt. Die Zeitablenkfrequenz läßt sich stufig, im allgemeinen auch stetig einstellen.

Zeitmaßstab, Zeitbasis, Z_t
Beschriftungsmöglichkeiten:
ZEIT/CM, ZEIT/SKT,
TIME/CM, TIME/DIV

(Einheiten: s/cm, ms/cm, µs/cm ... /DIV,/Skt)
CAL ↩ (Eichpunkt bei Rechtsanschlag)

In der geeichten Stellung kann die Frequenz einer unbekannten Wechselspannung gemessen werden.

Ältere oder einfachere Oszilloskope besitzen gelegentlich freischwingende Zeitablenkgeneratoren. Durch Einstellung der Synchronisation (Gleichlauf zwischen Generator- und Meßfrequenz) läßt sich ein stehendes Bild erzeugen.

Beim Triggerverfahren wird jede einzelne Zeitablenkung durch einen von der Meßspannung abgeleiteten Impuls ausgelöst. Es entsteht also immer ein stehendes Bild. Die Triggerung kann häufig durch ein zusätzliches Signal (extern) ausgelöst werden. Außerdem läßt sich der Auslösepunkt der sägezahnförmigen Ablenkspannung einstellen (Trigger-Niveau) und die Triggerflanke (+, −) festlegen (vgl. Abb. 1).

Triggerung
Beschriftungsmöglichkeiten:

INTERN: Triggerspannung wird intern aus Meßspannung gewonnen;
EXTERN: externes Signal steuert den Zeitablenkgenerator;
+: Auslösung bei positiver Triggerflanke;
−: Auslösung bei negativer Triggerflanke;
NIVEAU, LEVEL: stufenlose Verstellung der Strahlauslösung;
LINE: Triggerung durch Netzspannung.

In vielen Fällen ist es erforderlich, zwei Kurven auf dem Schirm abzubilden. Beim **Zweistrahl-Oszilloskop** werden zwei getrennte Elektronenstrahlen erzeugt. Die Ablenksysteme werden durch zwei getrennte Meßverstärker für die Y-Ablenkung und im allgemeinen durch einen gemeinsamen Zeitablenkgenerator angesteuert.

Beim **Zweikanal-Oszilloskop** handelt es sich im Prinzip um ein Einstrahl-Oszilloskop, das mit zwei gleichen Vorverstärkern und einem elektronischen Schalter ausgerüstet ist. Die Eingangsspannungen werden also nach erfolgter Verstärkung mit Hilfe eines elektronischen Schalters über einen gemeinsamen Endverstärker an die Y-Ablenkplatten gegeben.

Man unterscheidet bei diesem Oszilloskop zwei Betriebsarten. Beide Kurven können vollständig, aber nacheinander geschrieben werden (Betriebsart ALTERNATE). Dieses Verfahren eignet sich nicht für langsame Vorgänge, da das Bild flackern würde. Nach dem zweiten Verfahren wechselt der Elektronenstrahl ständig von einem Kurvenzug zum anderen. Dieses Verfahren eignet sich für langsame Kurvenabläufe (Betriebsart CHOPPED).

Spannungsmessung

Legt man an die Y-Platten – über einen Verstärker – eine Gleichspannung, so wird der Elektronenstrahl (je nach Polarität der angelegten Spannung) nach oben oder unten abgelenkt. Bei eingeschaltetem Sägezahngenerator erscheint auf dem Bildschirm ein Strich.

Durch den eingestellten Meßbereich kann jetzt der Wert der Spannung ermittelt werden. Steht z. B. der Meßbereich auf der Schalterstellung 1 V/cm und wird der Strahl um 4 cm aus seiner Ruhelage nach oben abgelenkt, so liegt eine Spannung von +4 V am Y-Eingang an. Der Umschalter am Y-Eingang steht bei dieser Messung auf DC.

Wird eine sinusförmige Spannung an die Y-Platten angelegt, so würde der Elektronenstrahl ohne die Horizontalablenkung ständig nur nach oben und unten abgelenkt. Wird der Strahl aber auch durch den Sägezahngenerator ständig horizontal abgelenkt, so wird der Verlauf der Spannung auf dem Bildschirm sichtbar (Abb. 2). Entspricht die Zeit, in der die Sägezahnspannung von ihrem tiefsten Wert auf den höchsten Wert ansteigt, der Periodendauer der Wechselspannung, so wird eine Schwingung dargestellt. Ist die Frequenz der Sägezahnspannung halb so groß wie die der Wechselspannung, so werden zwei Schwingungen dargestellt.

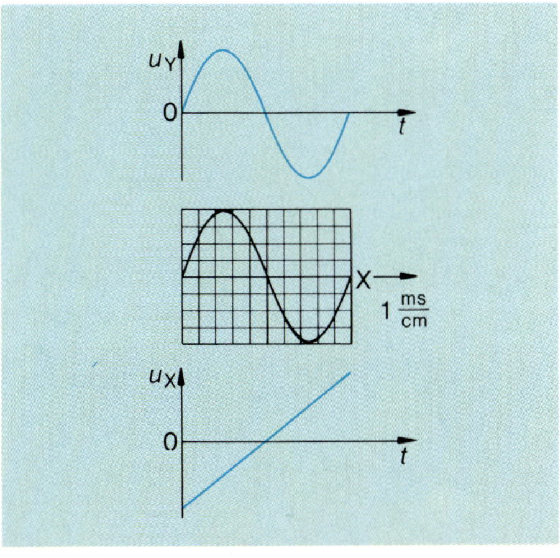

Abb. 2: Darstellung einer sinusförmigen Spannung bei eingeschalteter Horizontalablenkung

Strommessung

Da eine Ablenkung des Elektronenstrahls nur durch eine Spannung erfolgen kann, müssen Ströme indirekt gemessen werden. In der Praxis läßt man den Strom durch einen bekannten Meßwiderstand R_m fließen und mißt die Spannung an diesem Widerstand ($I \sim U_{Rm}$). Bei dieser Meßmethode soll der Meßwiderstand R_m klein gegenüber dem Widerstand des Verbrauchers sein, um den Meßfehler gering zu halten.

Strom- und Spannungsmessung

Bei den meisten Elektronenstrahl-Oszilloskopen sind jeweils eine X- und eine Y-Platte gemeinsam geerdet. Daher muß man diesen Bezugspunkt (⊥) so legen, daß er für beide Spannungen gemeinsam ist (Abb. 3). Allerdings kann bei dieser Art der Messung eine Kurve um 180° phasenverschoben sein. Daher wählt man oft die Meßschaltungen nach Abb. 4.

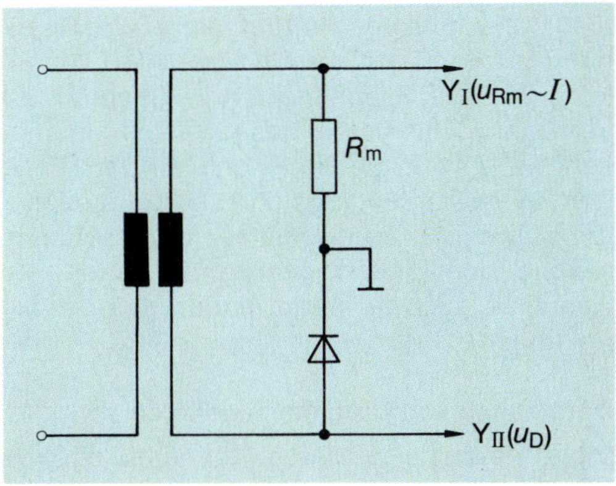

Abb. 3: Strom- und Spannungsmessung

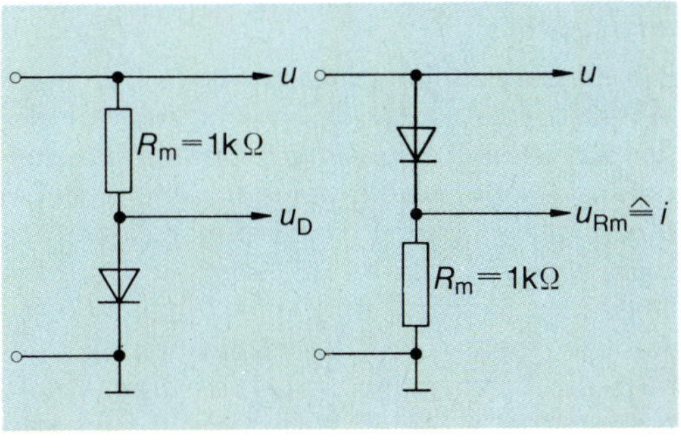

Abb. 4: Strom- und Spannungsmessung bei einer Diode im Wechselstromkreis

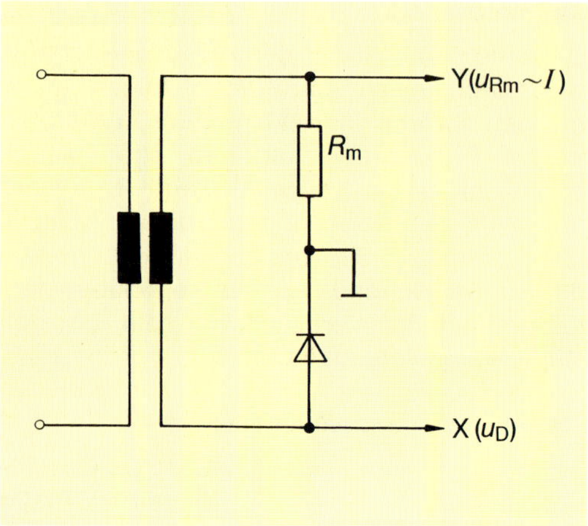

Abb. 1: Schaltung zur Kennlinienaufnahme einer Diode

Auch die Darstellung von Kennlinien ist mit dem Elektronenstrahl-Oszilloskop möglich. Am Beispiel einer Diodenkennlinie soll das Meßverfahren erläutert werden. Abb. 1 zeigt die Meßschaltung. Hierbei dient die Spannung an der Diode zur horizontalen Ablenkung und die Spannung am Widerstand zur vertikalen Ablenkung des Strahles. In diesem Falle wird die Spannung an der Diode dem X-Verstärker zugeführt. Der Sägezahngenerator ist abgeschaltet. Je nachdem, welche der Platten geerdet ist, kann die Kennlinie auch in einem anderen Quadranten liegen.

Darstellung von Durchlaßkennlinien

Viele elektronische Bauteile zeigen ein von der Frequenz abhängiges Verhalten. Diese Frequenzabhängigkeit ist dementsprechend auch bei ganzen Baugruppen und Anlagen anzutreffen.

Die Frequenzabhängigkeit wird in Durchlaßkurven zum Ausdruck gebracht. Kurven dieser Art lassen sich einfach punktweise aufnehmen. Abb. 2 zeigt eine Möglichkeit bei einem Schwingkreis. Die Frequenz der Ausgangsspannung eines HF-Generators wird in Stufen verändert und die dazugehörige Ausgangsspannung am Schwingkreis gemessen. Trägt man die gemessenen Spannungswerte in ein Diagramm ein und verbindet die Meßpunkte, dann entsteht die Durchlaßkurve.

Die Kennlinie kann automatisch als vollständiger Kurvenzug auf dem Oszilloskop sichtbar gemacht werden, wenn ein **Wobbler** verwendet wird.

Das Kernstück des Wobblers ist im Prinzip ein Sägezahngenerator (Abb. 3). Die sägezahnförmige Spannung wird benutzt, um den Elektronenstrahl von links nach rechts auf dem Bildschirm laufen zu lassen. Die Zeitablenkung des Oszilloskops ist abgeschaltet. Gleichzeitig wird diese Spannung verwendet, um die Frequenz eines HF-Generators zu verändern. Die Frequenz der Ausgangsspannung eines Generators und der Ort des Elektronenstrahls auf dem Bildschirm sind also synchron. Jede Auslenkung des Elektronenstrahls in X-Richtung entspricht einer bestimmten Frequenz der Ausgangsspannung. Da gleichzeitig an den Y-Eingang des Oszilloskops die Ausgangsspannung des Meßobjekts gelangt, ist die Ausgangsspannung in Abhängigkeit von der Frequenz abgebildet worden.

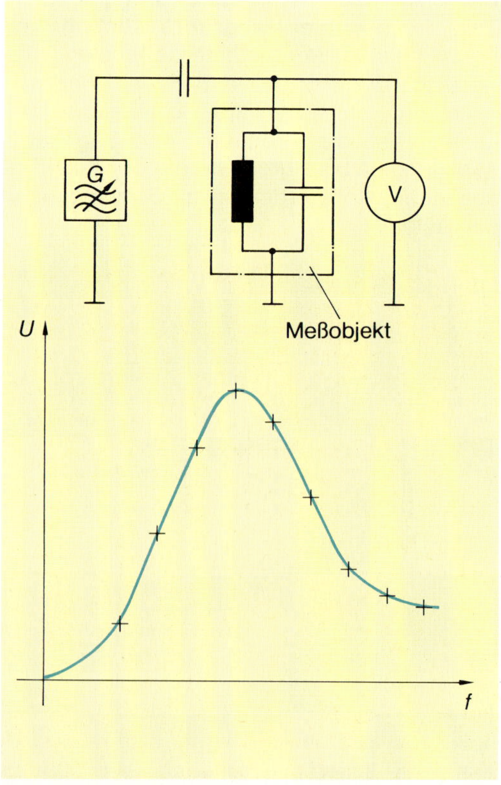

Abb. 2: Aufnahme einer Durchlaßkennlinie

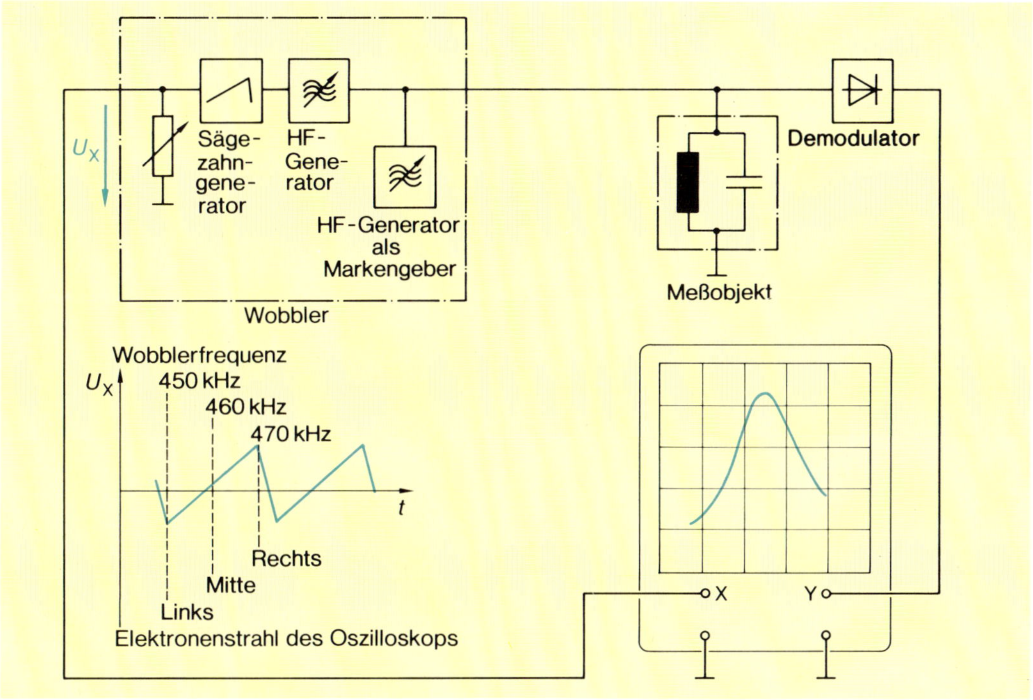

Abb. 3: Darstellung von Durchlaßkennlinien mit Wobbler und Oszilloskop

Das Ausgangssignal gelangt nicht direkt an den Y-Eingang. Der dazwischen geschaltete Demodulator läßt nur den in der Abb. 3 zu erkennenden Teil der Kennlinie passieren. Ohne Demodulator würde eine symmetrische Kennlinie mit gleichartigen Teilen ober- und unterhalb der Nullinie entstehen.

Da auf dem Kurvenzug keine eindeutigen Frequenzen ablesbar sind, gibt man durch einen Markengenerator genau bekannte Frequenzen auf das Meßobjekt. Auf dem Bildschirm entstehen linienartige Störungen, mit denen z. B. das Maximum genau bestimmt werden kann.

Anstelle des Sägezahngenerators im Wobbler kann auch die sägezahnförmige Ablenkspannung des Oszilloskops verwendet werden. Die Spannung muß jedoch am Ausgang verfügbar sein, damit mit ihr die Frequenz des HF-Generators verändert werden kann. Die Resonanzfrequenz von Schwingkreisen läßt sich z. B. auch durch veränderliche Spannung an einer Kapazitätsdiode beeinflussen (vgl. 2.2).

Aufgaben zu 1.10.1

1. Welche Aufgabe hat der Sägezahngenerator bei einem Elektronenstrahl-Oszilloskop?

2. Skizzieren Sie eine Meßschaltung zur Strommessung mit dem Elektronenstrahl-Oszilloskop!

3. Eine sinusförmige Wechselspannung wird mit dem Oszilloskop gemessen. Bei einer Einstellung von $2 \frac{V}{cm}$ für den Y-Verstärker werden 5 cm zwischen dem positiven und dem negativen Spitzenwert der Spannung abgelesen. Welchen Wert würde ein Drehspulinstrument anzeigen?

4. Erklären Sie den Unterschied zwischen Triggerung und Synchronisation beim Oszilloskop!

5. Welcher Unterschied besteht zwischen dem Zweistrahl- und dem Zweikanal-Oszilloskop?

6. Zeichnen Sie den grundsätzlichen Aufbau eines Wobblers (Blockschaltbild)!

1.10.2 Messung von Induktivitäten und Kapazitäten

Induktivitätsbestimmung durch Strom- und Spannungsmessung

Durch eine Gleichstrom- und Gleichspannungsmessung wird der Wirkwiderstand

$R = \frac{U-}{I-}$ annähernd bestimmbar. Durch eine Wechselstrom- und Wechselspannungsmessung wird der Scheinwiderstand bestimmt. Mit Hilfe des pythagoreischen Lehrsatzes kann dann X_L bzw. L ermittelt werden.

Induktivitätsbestimmung mit einer Meßbrücke

Abb. 1 zeigt den grundsätzlichen Aufbau einer Meßbrücke zur Induktivitätsbestimmung. Die Brücke ist abgeglichen, wenn zwischen den Punkten C und D keine Spannung besteht. Man vergleicht hierbei den unbekannten Scheinwiderstand Z_X (bestehend aus R_X und X_{LX}) mit einem bekannten Scheinwiderstand (R_1 und X_{L1}). Mit Hilfe des Potentiometers P wird der Phasenwinkel φ eingestellt. Dadurch wird der Wirkwiderstandsanteil der Spulen verändert, bis die Phasenwinkel φ_X und φ_1 gleich sind (Abb. 2). Mit R_2 kann das Widerstandsverhältnis von R_2 zu R_3 eingestellt werden. Sind das Potentiometer R_p und der Widerstand R_2 so eingestellt, daß keine Spannung zwischen C und D besteht, gilt:

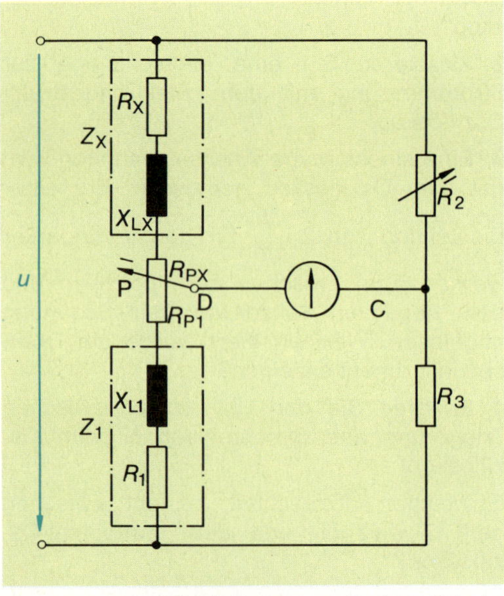

Abb. 1: Induktivitätsbestimmung mit einer Scheinwiderstandsmeßbrücke

$$\frac{X_{LX}}{X_{L1}} = \frac{R_2}{R_3}$$

$$\frac{\omega \cdot L_X}{\omega \cdot L_1} = \frac{R_2}{R_3}$$

$$L_X = L_1 \frac{R_2}{R_3}$$

Der Wert der Induktivität kann aus der Einstellung des Potentiometers und des Widerstandes R_2 ermittelt werden.

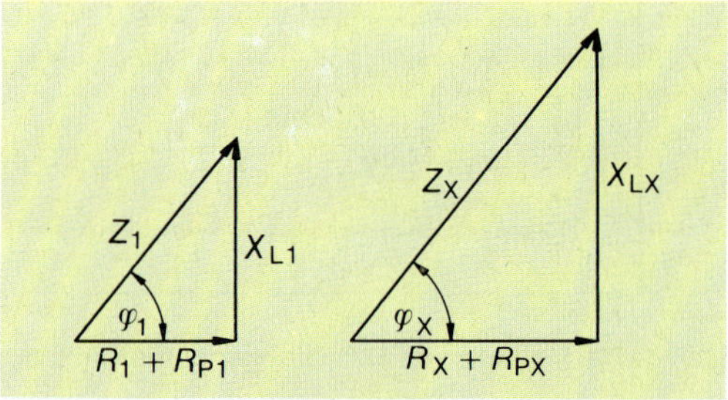

Abb. 2: Zeigerdiagramme bei abgeglichenem Phasenverschiebungswinkel

Kapazitätsbestimmung durch Strom- und Spannungsvergleich

Abb. 3a zeigt das Prinzip einer Kapazitätsbestimmung durch Strom- und Spannungsvergleich. Man vergleicht die Ströme I und I_X, wobei der Strom I durch einen Kondensator mit bekannter Kapazität fließt. Aus dem Verhältnis der Ströme kann man die Kapazität des unbekannten Kondensators bestimmen.

$$\frac{I}{I_X} = \frac{C}{C_X}; \quad C_X = \frac{C \cdot I_X}{I}$$

Eine weitere Möglichkeit, die Kapazität zu bestimmen, zeigt Abb. 3b. Die Kondensatoren C_1 (bekannte Kapazität) und C_X sind in Reihe geschaltet. Da sich die Spannungen umgekehrt wie die Kapazitäten verhalten, ergibt sich:

$$\frac{U_X}{U_1} = \frac{C_1}{C_X}; \quad C_X = \frac{C_1 \cdot U_1}{U_X}$$

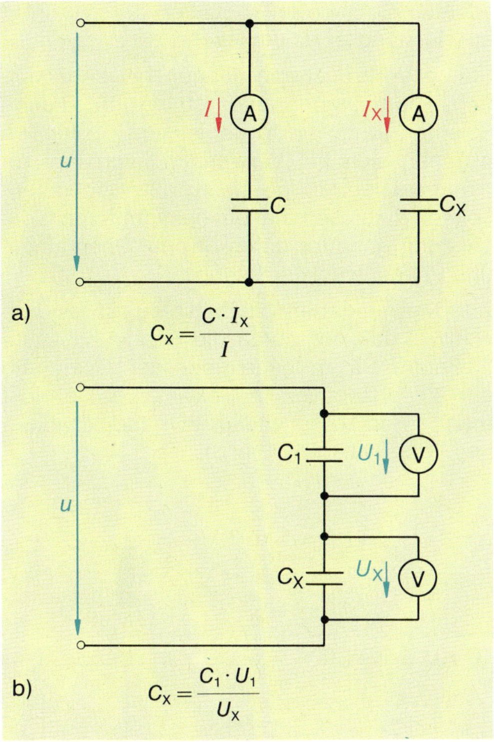

Abb. 3: Kapazitätsbestimmung durch a) Stromvergleich; b) Spannungsvergleich

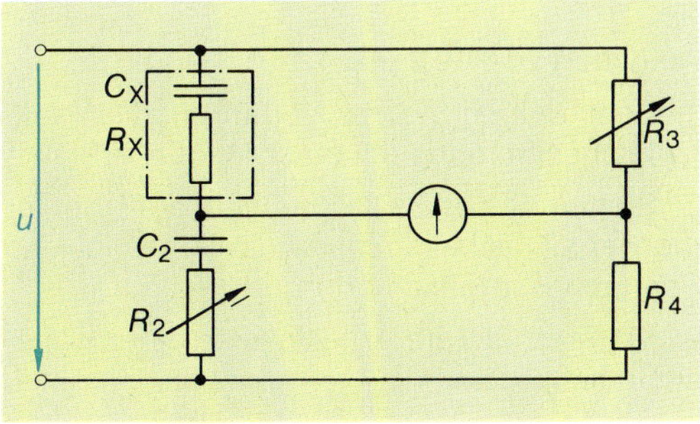

Abb. 4: Kapazitätsmeßbrücke

Kapazitätsbestimmung mit einer Meßbrücke

Abb. 4 zeigt eine Möglichkeit, die Kapazität eines Kondensators mit Hilfe einer Meßbrücke zu bestimmen. Der Brückenabgleich erfolgt hierbei durch Veränderung des Widerstandes R_3 und durch Änderung des Reihenwiderstandes R_2 (Phasenabgleich).

Bei abgeglichener Brücke gilt:

$$\frac{C_X}{C_2} = \frac{R_4}{R_3};$$

$$C_X = C_2 \frac{R_4}{R_3}$$

1.10.3 Leistungsmessung

Abb. 5 zeigt den Aufbau eines elektrodynamischen Meßwerkes. Die feste Spule (Stromspule 1) erzeugt ein Magnetfeld. In diesem Magnetfeld befindet sich die Drehspule (Spannungsspule 2). Wird auch die Spannungsspule von einem Strom durchflossen, so bildet sich ein zweites Magnetfeld aus, und es entsteht ein Drehmoment. Das Drehmoment – und damit der Zeigerausschlag – hängt von beiden Strömen ab.

Das elektrodynamische Meßgerät eignet sich zur Leistungsmessung bei Gleich- und Wechselspannungen.

Schaltungsmöglichkeiten des Leistungsmessers im Einphasennetz zeigt Abb. 1 auf S. 92. Damit der Spannungsunterschied zwischen Strom- und Spannungsspule nicht zu groß ist (Gefahr der Isolationsbeschädi-

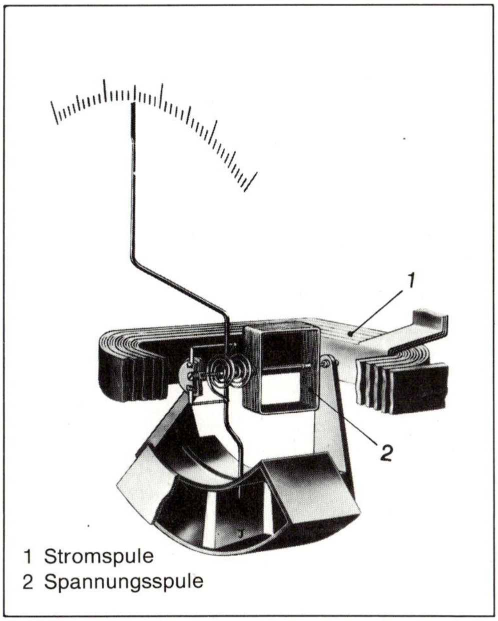

Abb. 5: Elektrodynamisches Meßwerk

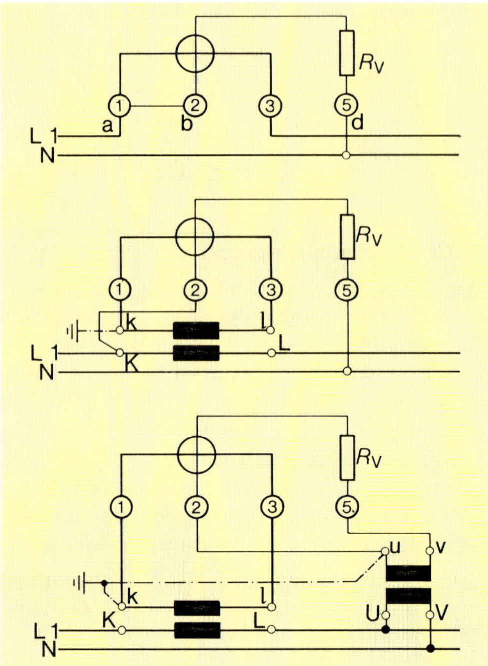

Abb. 1: Leistungsmesserschaltungen im Einphasennetz

gung), wird in der Regel ein Widerstand mit der Spannungsspule in Reihe geschaltet. Je nach Schaltung des Leistungsmessers wird entweder die Spannung oder die Stromstärke am Verbraucher ungenau gemessen (Abb. 2).

Dadurch ergeben sich Fehler, die unter Umständen korrigiert werden müssen. Für die Messung der Erzeugerleistung verwendet man meist die Spannungsfehlerschaltung bei kleinen Strömen und großen Spannungen. Bei großen Strömen und kleinen Spannungen bevorzugt man die Stromfehlerschaltung. Bei der Messung der Verbraucherleistung ist es umgekehrt.

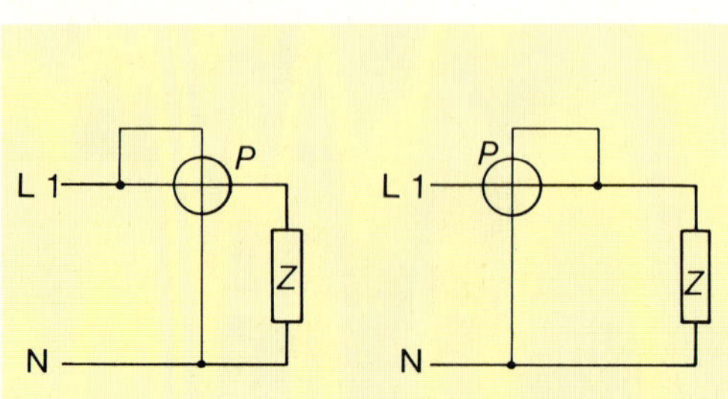

Abb. 2: Spannungs- und Stromfehlerschaltung von Leistungsmessern

Sollen Verbraucherleistungen bei sehr kleinen Spannungen (unter 10 V) und kleinen Strömen (unter 0,1 A) gemessen werden, so ergeben sich bei Verwendung von elektrodynamischen Meßgeräten große Ungenauigkeiten. In diesen Fällen bestimmt man die Leistung genauer durch Strom-, Spannungs- und Phasenwinkelmessung.

Zur Messung der **Blindleistung** ist es notwendig, daß der durch die Spannungsspule fließende Strom gegenüber der Spannung um 90° phasenverschoben ist. Das erreicht man durch Zuschaltung von Induktivitäten und Widerständen (Abb. 3).

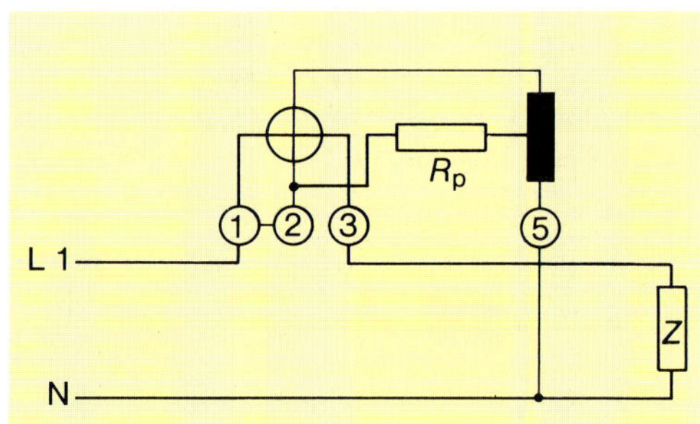

Abb. 3: Blindleistungsmessung mit elektrodynamischem Meßgerät

Aufgaben zu 1.10.2 und 1.10.3

1. Beschreiben Sie das Verfahren zur Induktivitätsbestimmung mit einer Meßbrücke!

2. Stellen Sie die Gleichungen auf, die für die Kapazitätsbestimmung durch Strom- und Spannungsvergleich erforderlich sind!

3. Erklären Sie die Arbeitsweise einer Kapazitätsmeßbrücke!

4. Der Zeiger eines elektrodynamischen Meßwerks schlägt in die verkehrte Richtung aus. Welcher Fehler liegt vor?

5. Vergleichen Sie die Spannungs- und Stromfehlerschaltung bei der Leistungsmessung mit den entsprechenden Schaltungen zur Widerstandsmessung. Welche Gemeinsamkeiten bzw. Unterschiede bestehen?

6. Beschreiben Sie die Unterschiede und Gemeinsamkeiten der Leistungsmesserschaltungen von Abb. 1. Welche Aufgabe haben dort die Übertrager?

2 Elektronische Bauelemente und Anwendungen

2.1 Dioden zur Gleichrichtung und Stabilisierung

Bei Halbleiterbauelementen, die vorwiegend in Geräten der Unterhaltungselektronik (Rundfunk-, Fernsehgeräte u.a.) eingesetzt werden, besteht die Typenbezeichnung aus 2 Buchstaben und 3 Ziffern. Bauteile, die vorwiegend in Industriegeräten eingesetzt werden (professionelle Typen), haben als Typenbezeichnung 3 Buchstaben und 2 Ziffern. Die Ziffern haben keine technische Bedeutung. Sie dienen nur der eindeutigen Kennzeichnung. Eine Übersicht über die Bedeutung der Buchstaben gibt Tab. 2.1.

Als Halbleitergrundmaterialien werden für Dioden Silicium und Germanium verwendet. Bei Germaniumdioden liegt die Diffusionsspannung etwas niedriger, und im Sperrbereich treten bei niedrigeren Spannungen Durchbrucherscheinungen auf (Abb. 4).

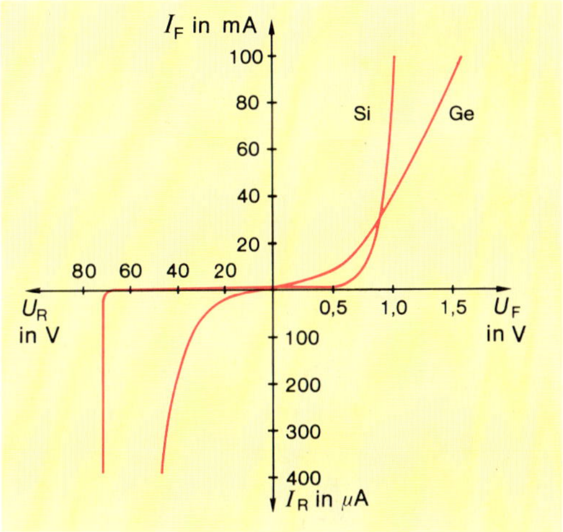

Abb. 4: Vergleich der Kennlinien von Silicium- und Germaniumdioden

Germaniumdioden werden fast ausschließlich als Spitzendioden gefertigt. Auf ein N-leitendes Germaniumplättchen wird ein S-förmig gebogener Draht (Molybdän, Wolf-

Tab 2.1: Kennzeichnung von Halbleiterbauelementen

Erster Buchstabe (Werkstoff)	Zweiter Buchstabe (Anwendung)		Dritter Buchstabe
A Germanium	A Diode	Q Strahlungserzeugendes Bauelement z. B. Lumineszenzdiode	Z Y X professionelle Typen
B Silicium	B Kapazitätsdiode	R Thyristoren	
C Gallium-Arsenid	C NF-Transistor	S Transistor für Schalteranwendungen	
D Indium-Antimonid	D NF-Leistungstransistor	T Steuerbare Leistungsgleichrichter	
R Werkstoffe für Fotoleiter und Hallgeneratoren	E Tunneldiode	U Leistungstransistoren für Schalteranwendungen	
	F Hochfrequenztransistor	X Vervielfacher-Diode	
	H Hall-Feldsonde	Y Leistungsdiode	
	K Hallgenerator	Z Z-Diode	
	L HF-Leistungstransistor		
	M Hallgenerator		
	P Strahlungsempfindliches Bauelement z. B. Fotoelement		

1 N mit zwei bis vier Ziffern kennzeichnet eine Diode
2 N mit zwei bis vier Ziffern kennzeichnet einen Transistor

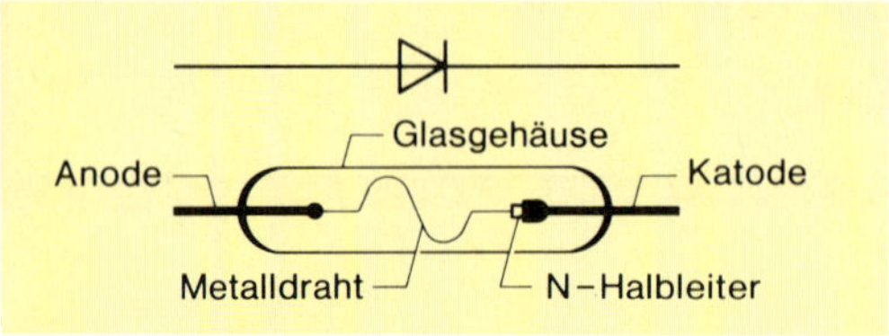

Abb. 1: Aufbau einer Spitzendiode

ram oder Gold-Gallium) aufgeschweißt (Abb. 1). Es bildet sich durch Umwandlung der Kristallstruktur eine PN-Schicht mit kleinen Abmessungen. Spitzendioden besitzen deshalb kleine Eigenkapazitäten und werden in HF-Schaltungen oder als Schalter (kleiner Durchlaßwiderstand) eingesetzt. Ströme

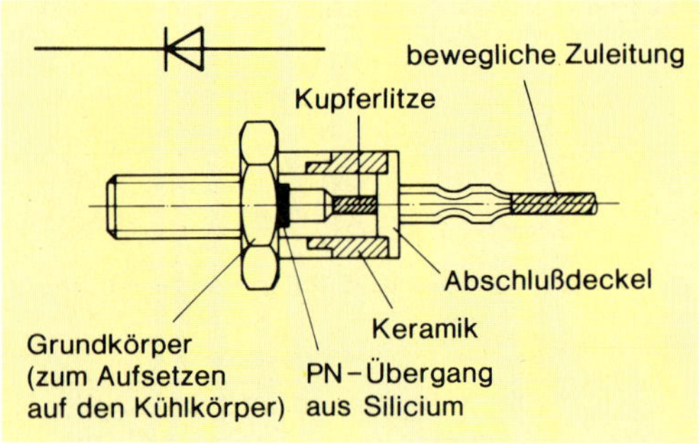

Abb. 2: Aufbau einer Flächendiode für größere Leistungen

über 100 mA sind mit Spitzendioden kaum erreichbar.

Größere Stromstärken lassen sich mit Flächendioden erreichen. Der PN-Übergang ist flächenartig ausgebildet (Abb. 2). Seine Größe bestimmt die Durchlaßstromstärke. Es gibt Dioden für über 1000 A und Sperrspannungen von einigen 1000 V.

2.1.1 Schaltungen mit Gleichrichterdioden

Einpuls-Mittelschaltung

Die einfachste Gleichrichterschaltung ist die **Einpuls-Mittelschaltung M 1.** Ihre Funktion soll mit Hilfe von Versuch 2–1 erklärt werden.

Das Versuchsergebnis zeigt, daß die am Ausgang der Gleichrichterschaltung auftretende Spannung U_d aus den positiven, sinusförmigen Halbschwingungen der Wechselspannung U_v besteht. Es hat zwar eine Gleichrichtung stattgefunden, doch ist U_d keine reine Gleichspannung. Man bezeichnet U_d als **pulsförmige Spannung.**

Pulsförmig ist eine Spannung oder ein Strom immer dann, wenn periodisch wiederkehrend Spannungs- oder Strompulse auftreten und die Pulsdauer t_i kleiner als die Periodendauer T ist (Abb. 3).

Versuch 2–1 Wirkungsweise der Einpuls-Mittelpunktschaltung

Aufbau

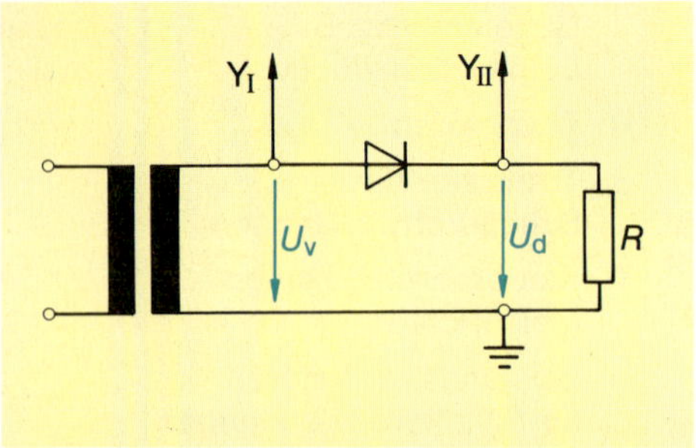

U_v: ventilseitige Wechselspannung
I_v: ventilseitiger Leiterstrom
U_d: Gleichspannung
I_d: Gleichstrom

Durchführung

Die Spannungen U_v und U_d werden gleichzeitig oszillografiert.

Ergebnis ➧

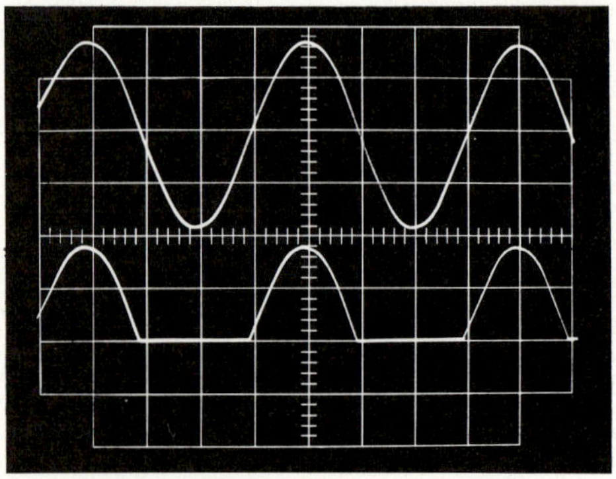

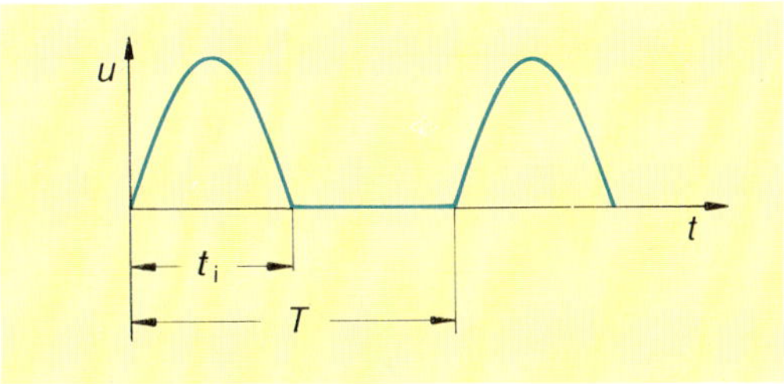

Abb. 3: Pulsförmige Spannung

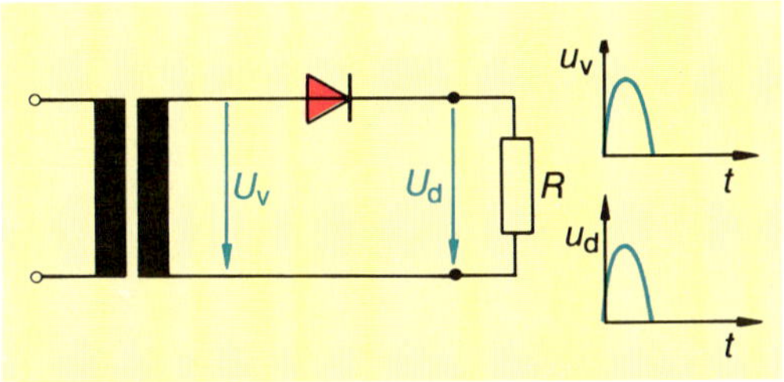

Abb. 4: Diode in Durchlaßrichtung

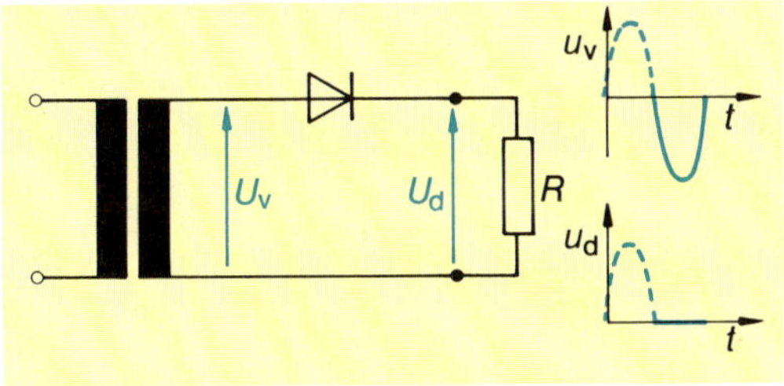

Abb. 5: Diode in Sperrichtung

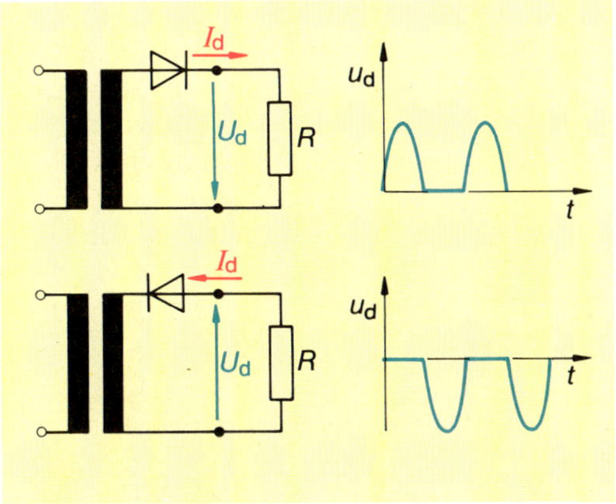

Abb. 6: Richtung von Strom und Spannung in einer Einpuls-Mittelpunktschaltung

Es muß nun weiter geklärt werden, wie die pulsförmige Gleichspannung U_d in der Einpuls-Mittelpunktschaltung entsteht.

Abb. 4 und 5 dienen der Erläuterung. Aus Abb. 4 wird deutlich, daß die Gleichrichterdiode in Durchlaßrichtung geschaltet ist. Damit liegt die positive Halbwelle von U_v an dem Verbraucher und treibt durch diesen einen Strom. Während der negativen Halbwelle von U_v (Abb. 5) ist die Gleichrichterdiode in Sperrichtung geschaltet. Durch die Diode und den Verbraucher kann somit kein Strom fließen und keine Spannung am Verbraucherwiderstand abfallen. Somit ändert die Spannung am Verbraucher ihre Richtung nicht mehr. Die Wechselspannung U_v wird gleichgerichtet.

Es soll nun geklärt werden, welche Richtung die Gleichspannung in einer Einpuls-Mittelpunktschaltung hat. Die Abb. 6 zeigt noch einmal die grundsätzlichen Schaltungen von Versuch 2–1. Wie man erkennt, haben U_d und somit auch I_d in den Abbildungen verschiedene Richtungen.

Der positive Pol der Gleichspannung liegt immer am Kathodenanschluß der Gleichrichterdiode.

Zweipuls-Mittelpunktschaltung

Einen etwas weniger stark pulsierenden Verlauf der Gleichspannung als die Einpuls-Mittelpunktschaltung liefert die Zweipuls-Mittelpunktschaltung **M 2** (Abb. 7).

Diese Schaltung erfordert einen Gleichrichtertransformator mit Mittelanzapfung, der zwei gleich große Teilspannungen liefert. Außerdem erfordert sie zwei Gleichrichterdioden. Diese bilden die zwei **Zweige der**

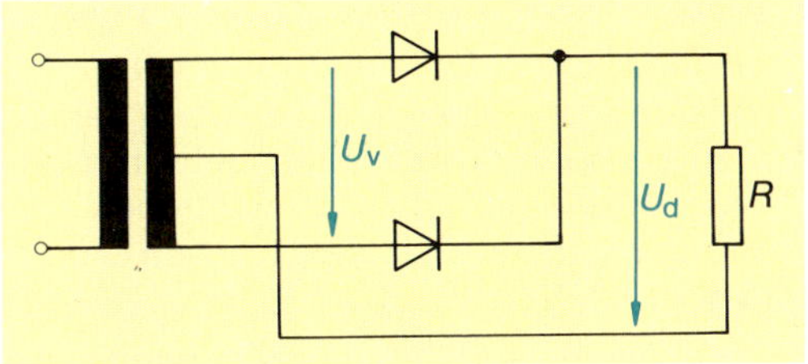

Abb. 7: Zweipuls-Mittelpunktschaltung

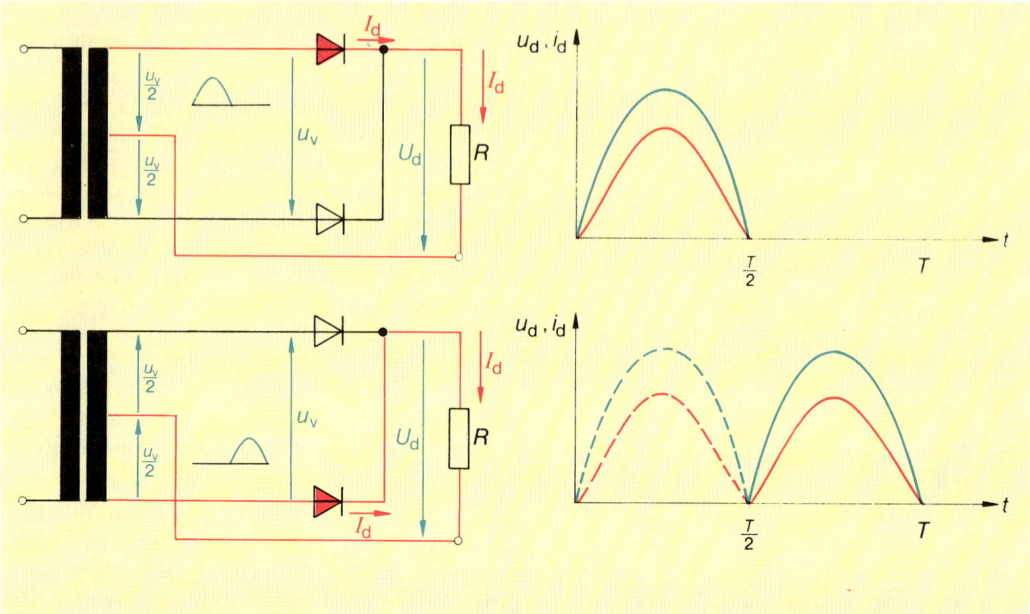

Abb. 1: Ströme und Spannungen in der Zweipuls-Mittelpunktschaltung

Gleichrichterschaltung. Abb. 1 zeigt den Verlauf der Gleichspannung u_d. Man erkennt, daß die Zweipuls-Mittelpunktschaltung eine Gleichspannung mit zwei Pulsen pro Periode liefert.

Mit Hilfe von Abb. 1 soll auch die Funktion der Zweipuls-Mittelpunktschaltung geklärt werden. Man erkennt, daß die beiden Teilspannungen $\frac{u_v}{2}$, bezogen auf die Mittelanzapfung des Tranformators, entgegengesetzt gerichtet sind. Bei der eingezeichneten Polung der Teilspannungen ist einmal nur die obere Gleichrichterdiode in Durchlaßrichtung geschaltet. Wechselt nun die Richtung der Wechselspannung, dann wird die obere Diode gesperrt und die untere Diode in Durchlaßrichtung geschaltet. Bei Vergleich der Richtung von I_d in beiden Fällen stellt man fest, daß diese durch den Verbraucher die gleiche geblieben ist. Durch den Verbraucher fließt also ein Gleichstrom.

In der Zweipuls-Mittelpunktschaltung setzt sich der Gleichstrom I_d aus den beiden Teilströmen durch die beiden Dioden zusammen. Diese Teilströme nennt man **Zweigströme.**

Zweipuls-Brückenschaltung

In Abb. 2 ist die einfachste Zweiwegschaltung, die Zweipuls-Brückenschaltung **B 2,** dargestellt. Sie besteht aus zwei parallel geschalteten Zweigpaaren. Die gleichpoligen äußeren Anschlüsse der Gleichrichterdioden sind miteinander verbunden und bilden die Gleichstromanschlüsse des Gleichrichtersatzes. Die Mittelanschlüsse der Zweigpaare sind mit der Wechselspannungsquelle verbunden. Der Gleichrichtertransformator verfügt nur über eine Wick-

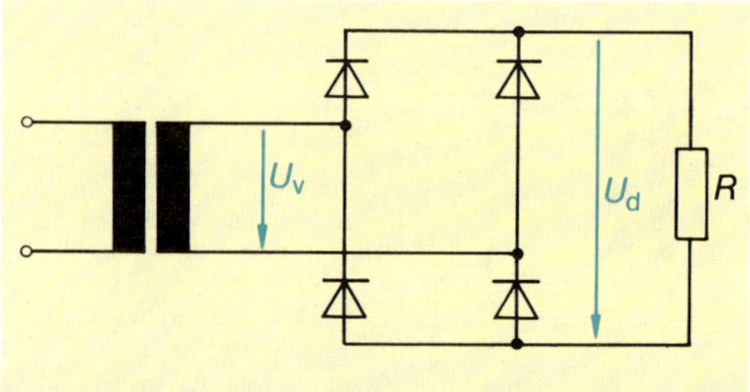

Abb. 2: Zweipuls-Brückenschaltung

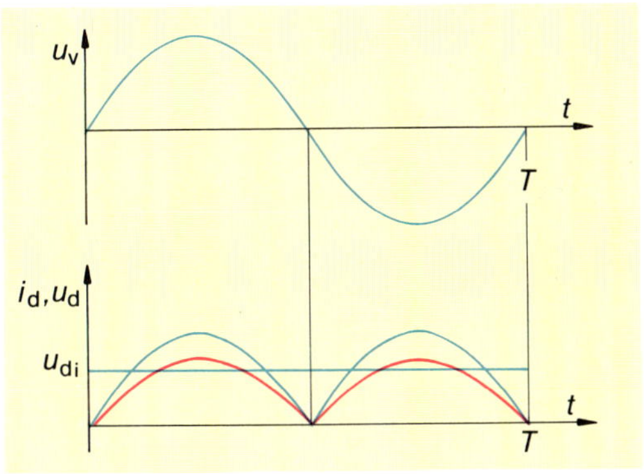

Abb. 3: Spannungen und Ströme in der Zweipuls-Brückenschaltung

lung. Abb. 3 gibt den Verlauf von u_v und u_d wieder. Die Gleichspannung zeigt prinzipiell den gleichen Verlauf wie bei der Zweipuls-Mittelpunktschaltung. Die Abb. 4 zeigt, welche Dioden bei unterschiedlicher Polarität von u_v jeweils in Durchlaßrichtung geschaltet sind.

Bei der Brückenschaltung sind abwechselnd zwei Dioden in Durchlaß- und in Sperrrichtung geschaltet.

Es fließt daher sowohl während der positiven als auch der negativen Halbwelle der angelegten Wechselspannung ein Strom durch den Verbraucher.

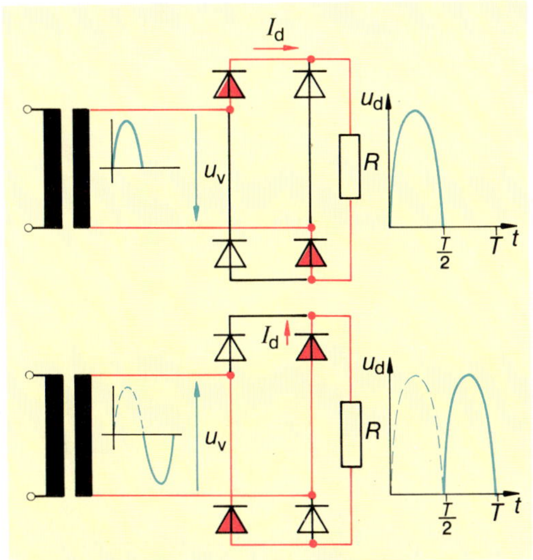

Abb. 4: Funktion der Zweipuls-Brückenschaltung

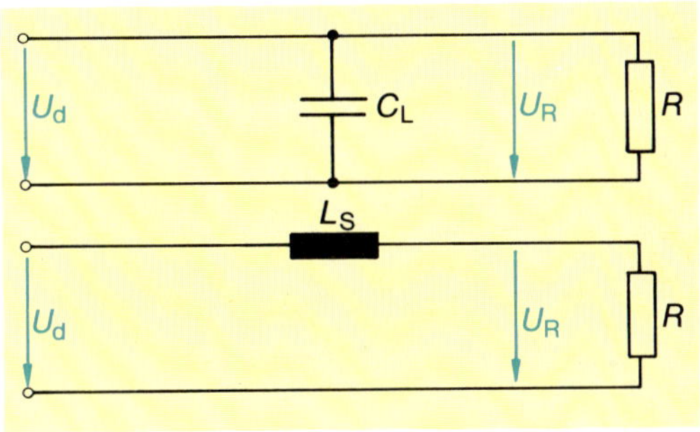

Abb. 5: Glättungsschaltungen

Glättungs- und Siebschaltungen

Alle Gleichrichterschaltungen liefern pulsierende Gleichspannungen und -ströme. Diese sind für viele Anwendungen, z. B. für die Stromversorgung elektronischer Geräte, nicht geeignet. Die pulsierenden Spannungen und Ströme müssen daher geglättet werden. Abb. 5 zeigt Glättungsschaltungen.

Schaltungen mit **Ladekondensatoren** werden bis zu Gleichstromleistungen von ca. 2 kW angewendet.

Abb. 6 erläutert die Funktion der Glättungsschaltung mit Ladekondensator. C_L lädt sich während der Durchlaßzeit der Gleichrichterdioden auf und entlädt sich über den Verbraucher, sobald die Gleichspannung U_d unter den Wert der Kondensatorspannung gesunken ist.

Die Schaltung mit **Glättungsdrossel** arbeitet ähnlich. Durch den Strom I_d wird in ihr ein Magnetfeld aufgebaut. Sobald nun der Strom durch die Drossel abnimmt, bricht das Magnetfeld teilweise zusammen und es entsteht ein Induktionsstrom. Dieser hat, gemäß der Lenzschen Regel, die gleiche Richtung wie I_d und fließt zusätzlich über den Verbraucher.

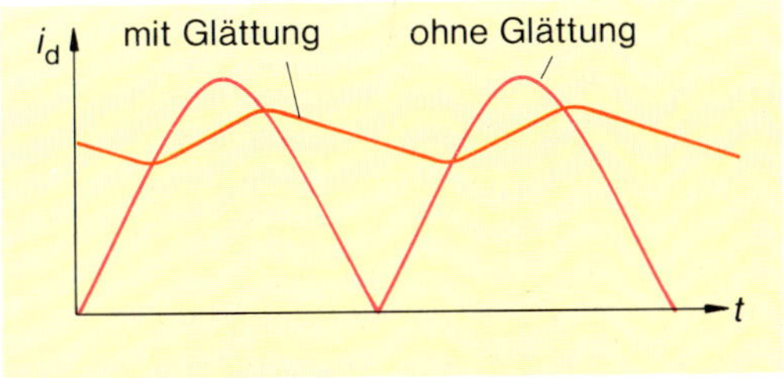

Abb. 6: Wirkung des Ladekondensators

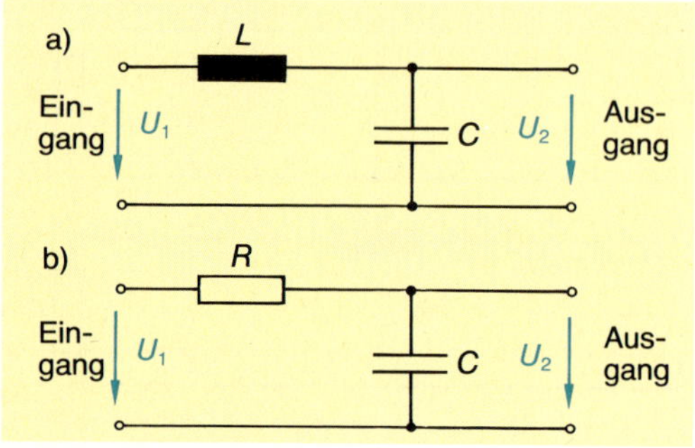

Abb. 1: Siebschaltungen
a) LC-Siebschaltung
b) RC-Siebschaltung

Mit Hilfe von Kondensatoren und Drosseln können pulsierende Gleichspannungen und -ströme geglättet werden.

Die Wirkungsweise der Glättungsschaltungen läßt sich auch ohne Rückgriff auf die energiespeichernde Wirkung von Kondensatoren und Drosseln erklären.

Gleichrichterschaltungen erzeugen Mischspannungen und -ströme. Der Ladekondensator hat für den Wechselanteil (Brummspannung) der gleichgerichteten Spannung einen kleinen Widerstand und schließt ihn kurz. Als Folge davon liegt eine fast reine Gleichspannung am Verbraucher.

Die Glättungsdrossel hat für den Wechselstromanteil einen hohen Widerstand, während der Gleichstromanteil des gleichgerichteten Stromes weitgehend unverändert durchgelassen wird. Durch den angeschlossenen Verbraucher fließt daher fast reiner Gleichstrom. Am Verbraucher entsteht somit eine nahezu reine Gleichspannung.

In den Fällen, in denen die geglättete Gleichspannung noch nicht den Anforderungen entspricht, wird diese mit Hilfe von **Siebschaltungen** (Abb. 1) weiter geglättet. Die beste Siebwirkung besitzt die **LC-Siebschaltung,** weil bei ihr die Siebwirkung von Drossel und Kondensator kombiniert wird.

Das Siebverhalten von Schaltungen wird durch den **Siebfaktor** s gekennzeichnet. Er ist das Verhältnis von Eingangs- zu Ausgangsspannung.

$$s = \frac{U_1}{U_2}$$ (vgl. Abb. 1)

In der folgenden Herleitung des Siebfaktors bei der **LC-Siebschaltung** (Abb. 1a) wird davon ausgegangen, daß der Blindwiderstand des Kondensators sehr viel kleiner als der Lastwiderstand ist und der Wirkwiderstand der Spule gegenüber dem induktiven Blindwiderstand vernachlässigt werden kann.

$$s = \frac{U_1}{U_2} = \frac{Z_{ges}}{X_C} = \frac{\sqrt{(X_L - X_C)^2}}{X_C}$$

$$s = (2\pi \cdot f)^2 \cdot L \cdot C - 1$$

Da in der Regel $(2\pi \cdot f)^2 \cdot L \cdot C \gg 1$ ist, gilt vereinfacht:

$$s \approx (2\pi \cdot f)^2 \cdot L \cdot C$$

In der Herleitung des Siebfaktors bei der **RC-Siebschaltung** geht man davon aus, daß der Blindwiderstand des Kondensators klein gegenüber dem Lastwiderstand ist.

$$s = \frac{U_1}{U_2} = \frac{Z_{ges}}{X_C} = \frac{\sqrt{R^2 + X_C^2}}{X_C}$$

$$s = \sqrt{(2\pi \cdot f \cdot R \cdot C)^2 + 1}$$

Da in der Regel $(2\pi \cdot f \cdot R \cdot C)^2 \gg 1$ ist, gilt vereinfacht:

$$s \approx 2\pi \cdot f \cdot R \cdot C$$

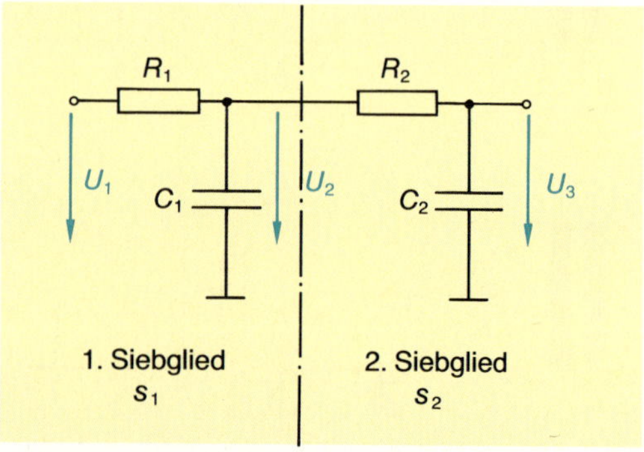

Abb. 2: Siebkette aus RC-Gliedern

Die RC-Siebschaltung besitzt gegenüber der LC-Siebschaltung Nachteile, weil der Strom nicht durch eine als verlustlos anzusehende Spule, sondern durch den Wirkwiderstand R fließt. Die am Ausgang zur Verfügung stehende Gleichspannung ist geringer.

Die Siebwirkung läßt sich erhöhen, wenn wie in Abb. 2 mehrere Siebglieder hintereinander geschaltet werden. Der Gesamtsiebfaktor s_G wird aus den Einzelsiebfaktoren wie folgt ermittelt:

$$s_G = \frac{U_3}{U_1} = \frac{U_3}{U_2} \cdot \frac{U_2}{U_1} = s_1 \cdot s_2$$

Der Gesamtsiebfaktor ist das Produkt aus den Einzelsiebfaktoren.

$$\boxed{s_G = s_1 \cdot s_2 \ldots s_n}$$

Beispiel:

Die Siebkette von Abb. 2 besteht aus
$R_1 = 500\ \Omega$,
$R_2 = 1\ \mathrm{k}\Omega$,
$C_1 = 50\ \mu\mathrm{F}$ und $C_2 = 100\ \mu\mathrm{F}$.

Wie groß sind die Einzelsiebfaktoren und der Gesamtsiebfaktor, wenn sich vor der Kette ein Brückengleichrichter befindet ($f = 100$ Hz)?

$$s_1 = 2\pi \cdot \frac{100}{s} \cdot 0{,}5 \cdot 10^3 \frac{\mathrm{V}}{\mathrm{A}} \cdot 50 \cdot 10^{-6} \frac{\mathrm{As}}{\mathrm{V}}$$

$\underline{s_1 = 15{,}7}$

$$s_2 = 2\pi \cdot \frac{100}{s} \cdot 1 \cdot 10^3 \frac{\mathrm{V}}{\mathrm{A}} \cdot 100 \cdot 10^{-6} \frac{\mathrm{As}}{\mathrm{V}}$$

$\underline{s_2 = 62{,}8}$

$s_G = s_1 \cdot s_2$

$\underline{s_G = 986}$

Begrenzerschaltungen

Dioden werden nicht nur als Gleichrichter, sondern auch als Begrenzer von Spannungen eingesetzt. Abb. 3 zeigt eine einfache Schaltung. Aufgrund der Diffusionsspannung U_{Di} gelangt bei Siliciumdioden nur noch eine Spannung von etwa 0,7 V an den Ausgang. Bei Spannungen über 0,7 V wird die Diode leitend und damit niederohmig. Der Hauptteil der Spannung fällt jetzt am Vorwiderstand ab. Die Ausgangsspannung ist dadurch begrenzt worden.

Die Begrenzerspannung läßt sich vergrößern, wenn Dioden in Reihe geschaltet werden. Die Diffusionsspannungen addieren sich (Abb. 4).

Bei antiparallel geschalteten Dioden findet eine Begrenzung der positiven und negativen Halbwelle statt (Abb. 5).

Die Höhe der Begrenzerspannung läßt sich auch durch eine zusätzliche Spannung festlegen (Abb. 1, S. 100).

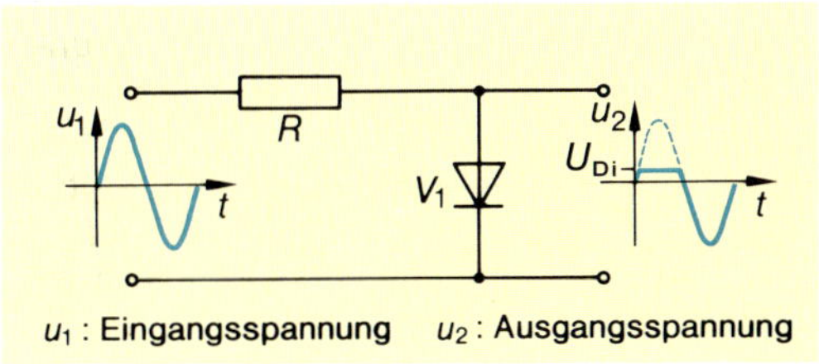

Abb. 3: Begrenzerschaltung mit einer Diode

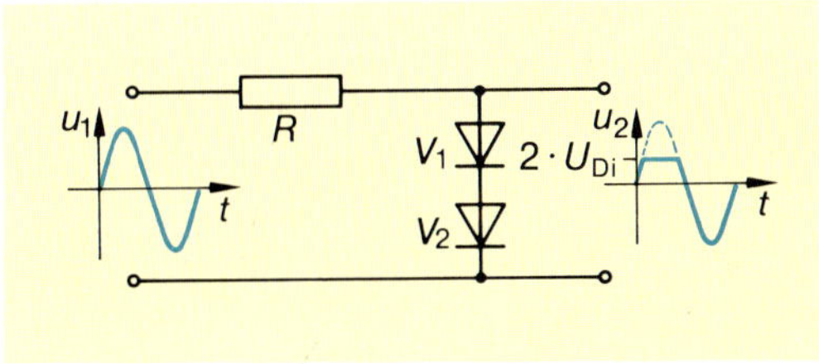

Abb. 4: Begrenzerschaltung mit Reihenschaltung von Dioden

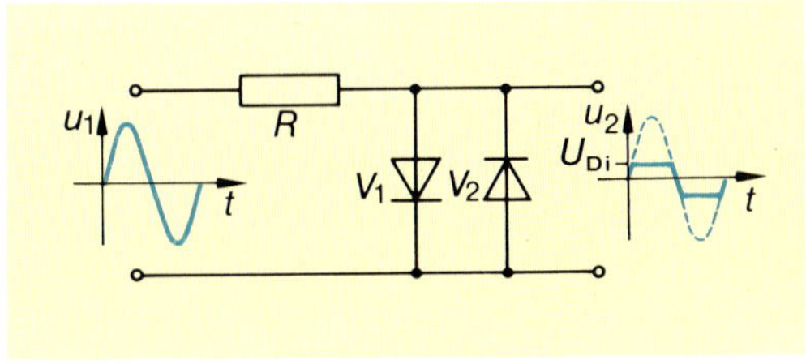

Abb. 5: Doppelseitige Begrenzung durch antiparallele Dioden

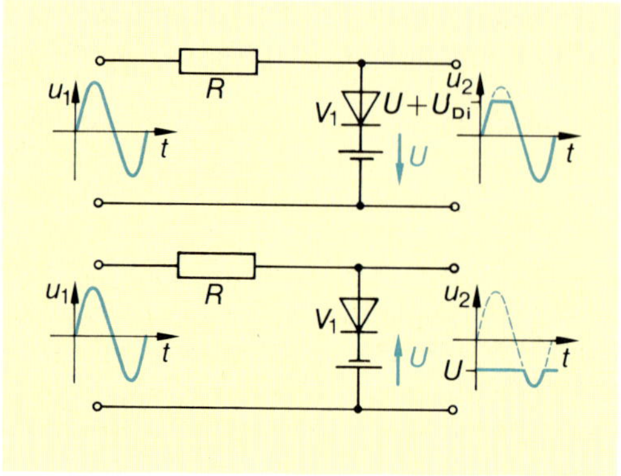

Abb. 1: Begrenzung auf vorgegebenen Spannungswert

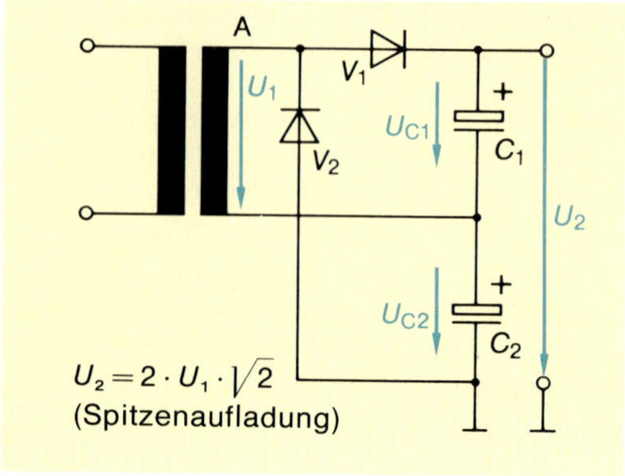

Abb. 3: Spannungsverdoppler (Delon-Schaltung)

Spannungsvervielfacher

Spannungen können mit einem Transformator auf höhere Werte gebracht werden. Es eignen sich dazu aber auch Dioden. Die vergleichsweise hohen Kosten für einen Transformator entfallen. Die Hochspannung für die Anodenspannung der Bildröhre im Fernsehgerät wird z.B. auf diese Weise erzeugt (Abb. 2).

Eine Spannungsverdopplerschaltung zeigt die Abb. 3 (Delon-Schaltung). Mit der positiven Halbwelle an Punkt A wird über V 1 der Kondensator C_1 aufgeladen, und mit der negativen Halbwelle wird über V 2 der Kondensator C_2 aufgeladen. Als Ausgangsspannung steht dann an der Reihenschaltung der Kondensatoren eine verdoppelte Spannung zur Verfügung (Spitzenaufladung).

Eine andere Spannungsverdopplerschaltung ist die Villard-Schaltung von Abb. 4. Durch die negative Halbwelle der Wechselspannung an A wird V 1 leitend, und C_1 lädt sich so auf, daß A negativ und B positiv werden (Abb. 4a). Bei der nachfolgenden positiven Halbwelle an A sperrt V 1, und für V 2 addiert sich die Aufladespannung an C_1 mit der positiven Halbwelle, so daß eine verdoppelte Spannung durch V 2 gleichgerichtet wird (Abb. 4b).

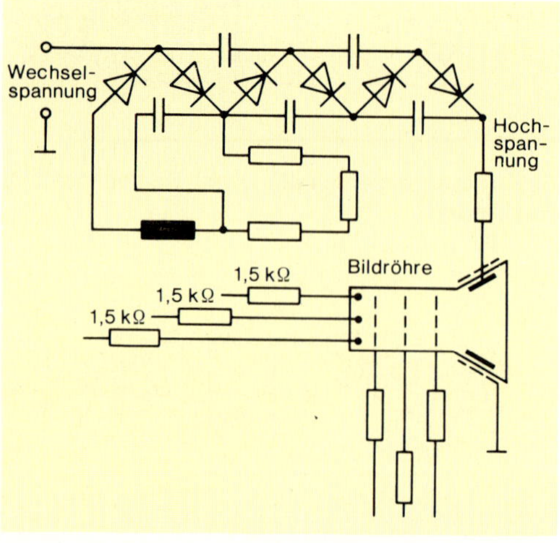

Abb. 2: Spannungsvervielfacher zur Hochspannungserzeugung für die Fernsehbildröhre

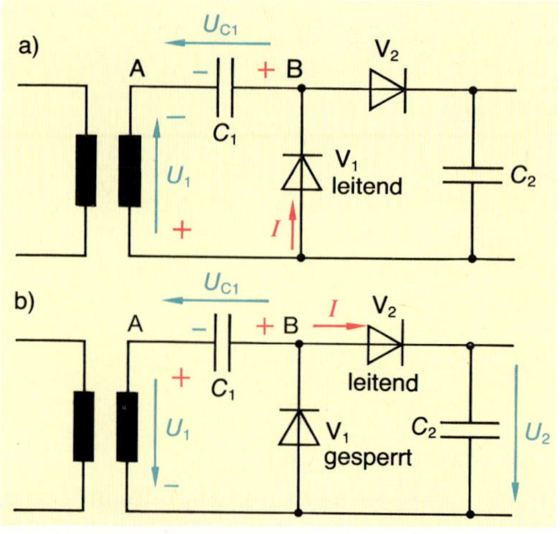

Abb. 4: Arbeitsweise des Spannungsverdopplers (Villard-Schaltung)

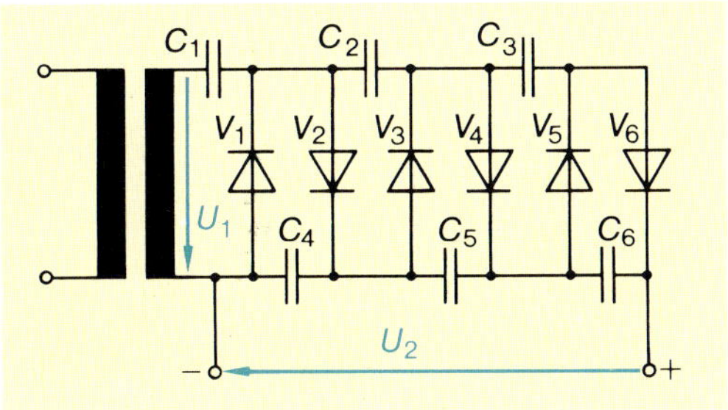

Abb. 5: Spannungsvervielfacher in Villard-Schaltung

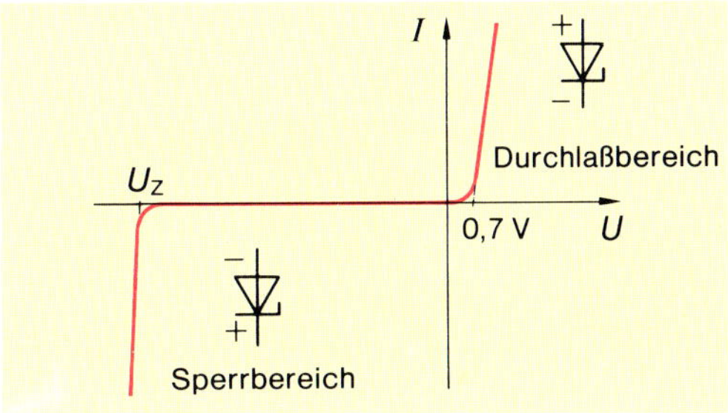

Abb. 6: Kennlinie einer Z-Diode

Durch hintereinander geschaltete Villard-Schaltungen entstehen Spannungsvervielfacher. In Abb. 5 sind drei Spannungsverdoppler in Reihe geschaltet. Die Ausgangsspannung U_2 ist sechsmal so groß wie die Eingangsspannung.

Aufgaben zu 2.1.1

1. Worin besteht der Unterschied zwischen einer Einpuls- und einer Zweipulsgleichrichterschaltung?

2. Aus welchen Teilen besteht grundsätzlich eine Gleichrichterschaltung?

3. Welche besondere Eigenschaft haben alle durch Gleichrichtung gewonnenen Gleichspannungen gegenüber chemisch erzeugten?

4. Erklären Sie den Unterschied zwischen Gleichrichter- und Begrenzerschaltung!

5. Erklären Sie die Unterschiede der Kondensatoren C_1 und C_2 von Abb. 4!

2.1.2 Z-Dioden

Bei in Sperrichtung betriebenen Halbleiterdioden steigt mit zunehmender Sperrspannung der Sperrstrom zunächst nur geringfügig an. Wenn jedoch eine bestimmte Grenzspannung erreicht wird, steigt der Sperrstrom rasch auf große Werte an (Abb. 6).

Zur Klärung dieser Erscheinungen haben die Arbeiten von Carl Zener[1] beigetragen, die sich um 1940 mit Durchbruchserscheinungen im Dielektrikum befaßt haben. Nach ihm sind zunächst Dioden mit besonderen Durchbruchserscheinungen benannt worden.

Der Zener-Effekt ist jedoch nur bis etwa 5,5 V für den Kennlinienverlauf bedeutsam. Das elektrische Feld bewirkt ein Loslösen der Valenzelektronen, wodurch der Sperrstrom ansteigt.

Ab etwa 5,5 V tritt ein anderer Effekt auf. Die freien Elektronen werden so stark beschleunigt, daß sie bei Zusammenstößen mit anderen Atomen Elektronen herausschlagen. Die Zahl der Elektronen erhöht sich lawinenartig (Lawinen- oder Avalanche-Effekt).

Auf Wunsch von Carl Zener werden Dioden mit diesen Effekten nicht mehr als Zener-Dioden, sondern als Z-Dioden bezeichnet.

Die Z-Diode zeigt in Durchlaßrichtung (Abb. 6) das von der Gleichrichterdiode bekannte Verhalten. In Sperrichtung etwa ab U_z steigt jedoch der Strom steil an.

Z-Dioden werden in Sperrichtung und über einen Vorwiderstand betrieben (Abb. 7). Der Vorwiderstand dient der Strombegrenzung.

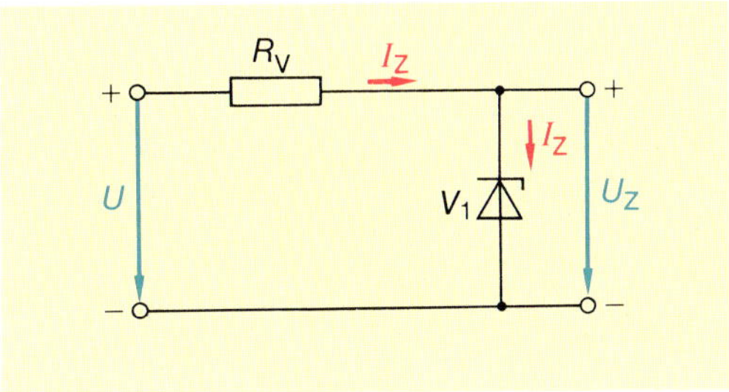

Abb. 7: Stabilisierungsschaltung mit Z-Diode

[1] Carl Zener, deutsch-amerikanischer Physiker, geb. 1905

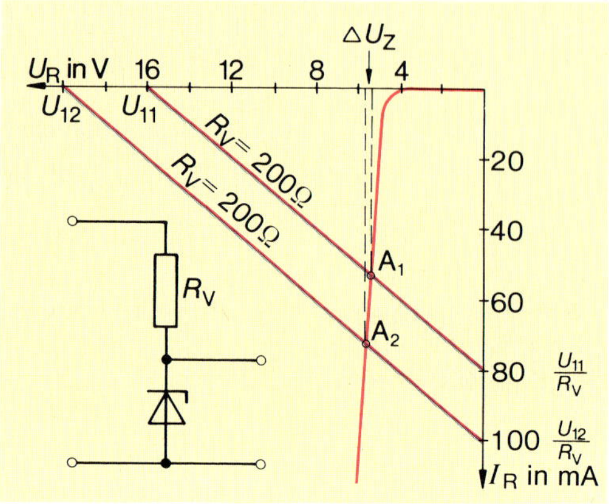

Abb. 1: Stabilisierung mit Z-Diode

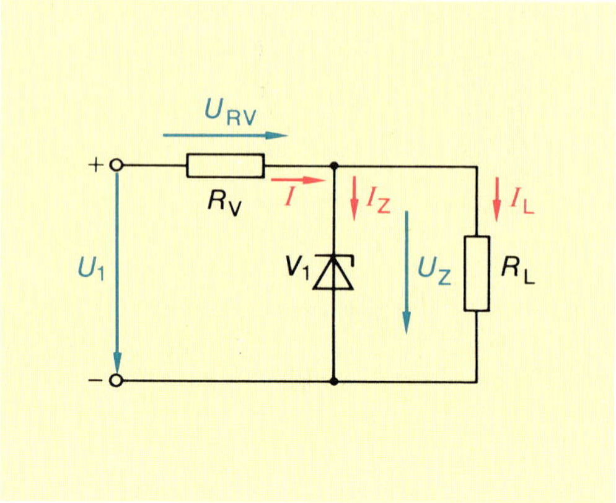

Abb. 2: Stabilisierungsschaltung mit Z-Diode und Belastungswiderstand

Damit die Z-Dioden nicht durch einen zu hohen Sperrstrom zerstört werden, schaltet man sie mit einem Vorwiderstand in Reihe.

Der maximal zulässige Sperrstrom $I_{Z\,max}$ ist von der zulässigen **Verlustleistung**

$$P_{tot} = U_Z \cdot I_Z$$

der Z-Diode abhängig. Er wird wie folgt berechnet.

$$I_{Z\,max} = \frac{P_{tot}}{U_Z}$$

P_{tot} entnimmt man dem Datenblatt. U_Z ergibt sich aus dem Datenblatt oder der Typenbezeichnung der Z-Diode.

Abb. 1 erläutert die Wirkungsweise der Stabilisierungsschaltung. Die Arbeitsgerade wurde nach dem bereits bekannten Verfahren konstruiert.

Für verschiedene Eingangsspannungen U_1 wurde der Spannungsabfall an der Z-Diode ermittelt. Es wird deutlich, daß sich U_Z bei einer Veränderung von U_1 nur sehr gering ändert. Die Spannung am Verbraucher bleibt somit nahezu konstant.

Je steiler die Kennlinie der Z-Diode verläuft, desto besser ist die Stabilisierungswirkung.

Spannungsstabilisierungsschaltung

Die grundlegende Stabilisierungsschaltung zeigt Abb. 2. Parallel zur Z-Diode liegt der Belastungswiderstand. Schaltungen dieser Art werden Parallelstabilisatoren genannt.

Der Gesamtstrom I teilt sich auf in I_Z und I_L. Verändert sich jetzt die Belastung, dann ändert sich die Stromverteilung. Sinkt z.B. I_L, dann steigt I_Z und umgekehrt. Die Z-Diode wirkt also wie ein regelbarer Widerstand. Die Veränderung ist von der Belastung abhängig.

Reicht die Stabilisierung mit einer Z-Diode nicht aus, dann läßt sich die Wirkung durch eine zweistufige Schaltung verbessern (Abb. 3).

Z-Dioden können auch in Reihe geschaltet werden. Ihre Z-Spannungen addieren sich dann.

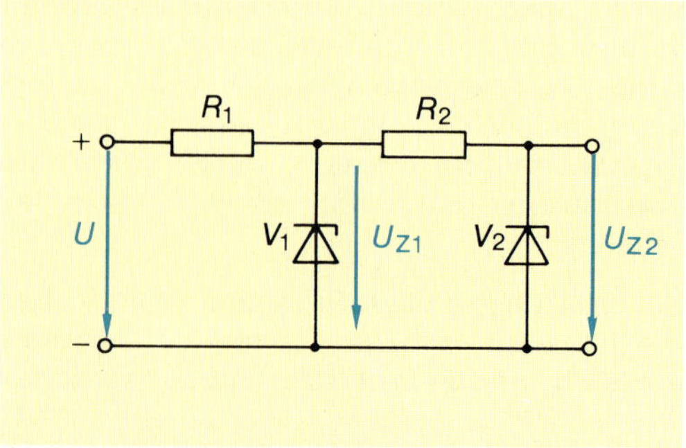

Abb. 3: Stabilisierungskette mit Z-Dioden

Arbeitsbereich der Z-Diode

Der Sperrstrom I_Z darf den Wert $I_{Z\,max}$ nicht überschreiten. Andererseits darf I_Z einen Minimalwert $I_{Z\,min}$ nicht unterschreiten, weil der Arbeitspunkt der Z-Diode sonst in den Knickbereich der Kennlinie verlagert wird (vgl. Abb. 1). In diesem Bereich ist die Stabilisierungswirkung der Z-Diode sehr schlecht, weil die Kennlinie dort verhältnismäßig flach verläuft. Als Faustregel gilt, falls vom Hersteller nichts anderes vorgeschrieben wird:

$$I_{Z\,min} = 0{,}1 \cdot I_{Z\,max}$$

Berechnung des Vorwiderstandes R_v

Aus Abb. 2; läßt sich entnehmen:

$$U_{Rv} = (I_L + I_Z) \cdot R_v$$

Daraus folgt:

$$R_v = \frac{U_{Rv}}{I_L + I_Z}$$

Da $U_{Rv} = U_1 - U_Z$ ist, ergibt sich:

$$R_v = \frac{U_1 - U_Z}{I_L + I_Z}$$

Da U_1, I_L und I_Z sich während des Betriebs der Schaltung ändern können, müssen diese möglichen Änderungen bei der Berechnung von R_v berücksichtigt werden.

Beim Betrieb der Schaltung können zwei Extremfälle auftreten, welche die einwandfreie Arbeitsweise der Schaltung gefährden:

1.: U_1 minimal und I_L maximal
2.: U_1 maximal und I_L minimal

Im ersten Fall kann $I_{Z\,min}$ unterschritten werden (keine Stabilisierung), im zweiten Fall kann $I_{Z\,max}$ überschritten werden (Zerstörung der Z-Diode).

Unter Berücksichtigung beider Extremfälle berechnet man daher einen Minimal- und einen Maximalwert für R_v. Zwischen diesen beiden Werten kann der in der Schaltung zu verwendende Vorwiderstand frei gewählt werden. Für die Berechnung von $R_{v\,min}$ und $R_{v\,max}$ gelten die folgenden Formeln:

$$R_{v\,min} = \frac{U_{1\,max} - U_Z}{I_{Z\,max} + I_{L\,min}}$$

$$R_{v\,max} = \frac{U_{1\,min} - U_Z}{I_{Z\,min} + I_{L\,max}}$$

Stabilisierungsschaltungen mit Z-Dioden lassen sich Lastströme bis ungefähr 2 A entnehmen.

Bezeichnungsschema für Z-Dioden

Z-Dioden unterliegen einem besonderen Bezeichnungsschema. Die Bezeichnung des Grundtyps besteht aus 3 Buchstaben und zwei Ziffern, z.B. BZX 84. An die Bezeichnung des Grundtyps wird eine Zusatzkennzeichnung angehängt. Es ergibt sich beispielsweise die Bezeichnung BZX 84/C 9 V 1.

Die folgende Darstellung erläutert das Bezeichnungsschema.

BZX 84/C 9V1

Grundtyp	Toleranz der Z-Spannung in %	Z-Spannung z. B. 9,1 V
	C ≙ ±5%	
	D ≙ ±10%	

Aufgaben zu 2.1.2

1. Beschreiben Sie den Aufbau einer Stabilisierungsschaltung mit einer Z-Diode!

2. Erläutern Sie den Zener- und den Lawineneffekt!

3. Wovon hängt die Stabilisierungswirkung einer Schaltung mit Z-Diode ab?

4. Zwischen welchen Werten liegt der Arbeitsbereich der Z-Diode BZX 55/C 3VO ($U_Z = 3$ V und $P_v = 500$ mW)?

5. Eine Stabilisierungsschaltung mit Z-Diode soll eine stabile Ausgangsspannung von 10 V liefern. Die Eingangsspannung beträgt 20 V ± 10%. Der Laststrom hat einen Wert von 50 mA ± 5%. Berechnen Sie $R_{v\,min}$ und $R_{v\,max}$ für $I_{Z\,max} = 0{,}13$ A.

6. Zwei Z-Dioden mit den Spannungen 4,7 V und 5,1 V sind in Reihe geschaltet. Wie groß ist die Spannung, die durch diese Schaltung stabilisiert werden kann?

2.2 Dioden für Sonderaufgaben

Kapazitätsdioden

Da sich die durch die Sperrschicht getrennten P- und N-Zonen gegenüberliegen, besitzt jede Halbleiterdiode im gesperrten Zustand eine Eigenkapazität. Weil die Anschlußfläche konstant bleibt, wird die Kapazität durch die Dicke der Sperrschicht bestimmt. Erhöht man die Sperrspannung, dann werden mehr bewegliche Ladungsträger abgezogen und die Sperrschicht verbreitert sich (Abb. 1).

Dieser bei jeder Diode vorhandene Effekt tritt bei Kapazitätsdioden besonders hervor. Mit Hilfe einer veränderbaren Spannung läßt sich die Kapazität verändern. Kapazitätsdioden können also als einstellbare Kondensatoren eingesetzt werden. Wenn die Spannung an der Kapazität steigt, dann verringert sich die Kapazität (Abb. 2), weil die Sperrschicht dicker wird.

> Kapazitätsdioden werden in Sperrichtung betrieben und verringern mit zunehmender Sperrspannung ihre Kapazität.

In Eingangsstufen (Tunern) von Rundfunk- und Fernsehgeräten ist eine Abstimmung der Schwingkreise auf die gewünschte Senderfrequenz erforderlich. Die Spulen oder Kondensatoren werden auf die gewünschte Resonanzfrequenz abgestimmt. Ersetzt man einen Teil der Kondensatoren durch Kapazitätsdioden, dann läßt sich der gewünschte Sender mit Hilfe einer Spannung einstellen.

In Abb. 3 sind zwei Schaltungsmöglichkeiten zu sehen. Die Spannung wird über einen Vorwiderstand den Kapazitätsdioden zugeführt. Im ersten Teil der Abb. 3 bilden die Serienkapazität C_{ser} und die Kapazität der Diode eine Reihenschaltung. Im zweiten Teil der Abb. 3 wirken zwei Kapazitätsdioden als veränderbare Kapazitäten.

Die Kapazitätsdioden sind wie alle Halbleiterbauelemente von der Temperatur abhängig. Die Diffusionsspannung verringert sich um etwa $2\frac{mV}{K}$. Zur Kompensation kann man z. B. in Reihe mit der Abstimmspannung eine in Durchlaßrichtung betriebene Si-Diode schalten (Abb. 4). Die Durchlaßspan-

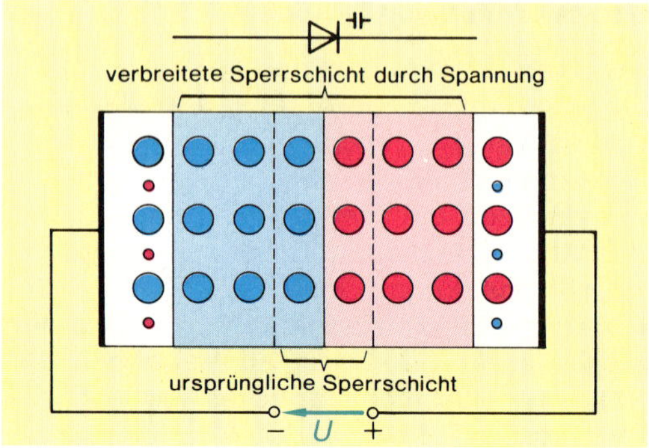

Abb. 1: Vergrößerung der Sperrschicht bei Dioden durch Spannungsvergrößerung

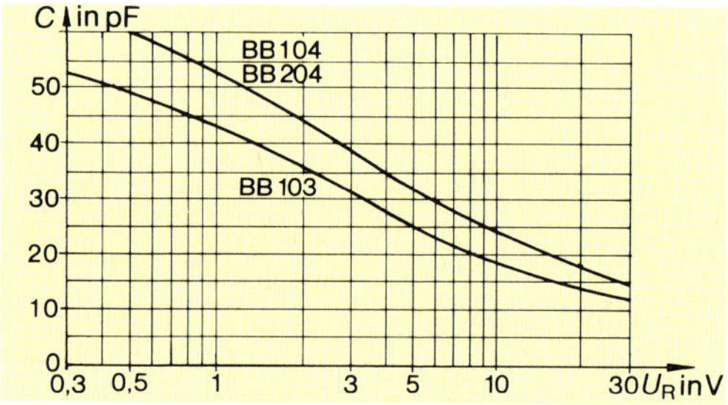

Abb. 2: Kapazität in Abhängigkeit von der Sperrspannung bei Kapazitätsdioden

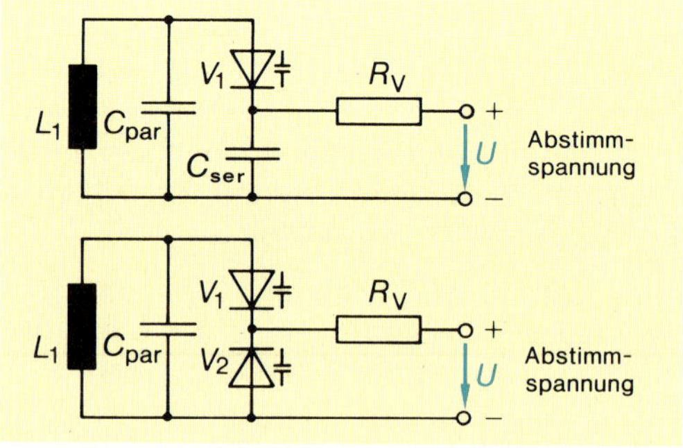

Abb. 3: Parallelschwingkreise mit Abstimmung durch Kapazitätsdioden

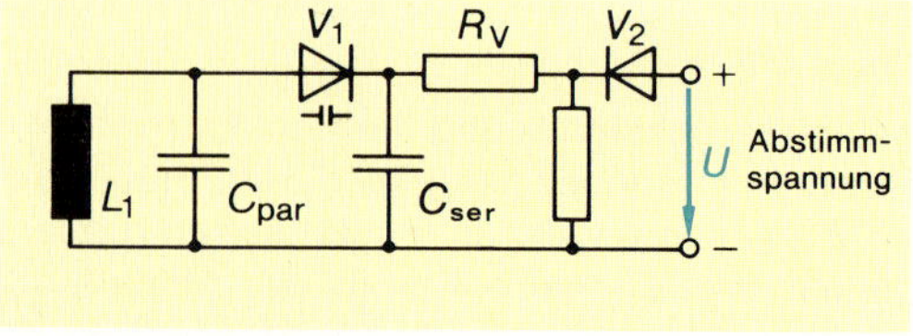

Abb. 4: Temperaturkompensation für eine Kapazitätsdiode

nung ändert sich etwa um $-2\frac{\text{mV}}{\text{K}}$, so daß die Schaltung nahezu temperaturunabhängig wirkt.

Dioden für Schaltaufgaben

In HF-Stufen müssen beim Wellenbereichswechsel in Schwingkreisen z.B. Spulen hinzu oder abgeschaltet werden. Mechanische Schalter an den Schwingkreisen sind ungünstig.

Für Schaltzwecke lassen sich auch Dioden einsetzen. Sie müssen u.a. folgende besonderen Bedingungen erfüllen:

- kleiner differentieller Widerstand (Abb. 5),
- frequenzunabhängiger Durchlaßwiderstand,
- geringe Eigeninduktivität.

Dioden, die diese Eigenschaften besitzen, werden auch als **Schaltdioden** bezeichnet.

Schaltdioden lassen sich im gesperrten Zustand wie offene Schalter und im leitenden Zustand wie ein geschlossener Schalter auffassen.

In Abb. 6 ist eine Anwendungsmöglichkeit im HF-Bereich zu sehen. Mit dem Umschalter kann die Diode in den Durchlaß- und in den Sperrbereich gebracht werden. Im gesperrten Zustand sind L_1 und L_2 wirksam. Ist wie in Abb. 6a jedoch die Diode leitend, dann ist L_2 praktisch kurzgeschlossen (Durchlaßwiderstand der Diode vernachlässigt). Es wirken nur noch C_k und L_1 (Abb. 6b).

Mit Schaltdioden können nicht nur Spulen kurzgeschlossen, sondern auch hinzugeschaltet werden.

Ein weiteres Anwendungsgebiet von Schaltdioden ist das Schalten von NF-Signalen (Tonbandgerät, NF-Verstärker). Mit Schaltdioden verringern sich in diesen Bereichen die Längen der abgeschirmten Leitungen zwischen den Ein- und Ausgängen der verschiedenen Stufen. Die Störanfälligkeit verringert sich.

Die Abb. 7 zeigt eine grundlegende Schaltung. Durch die Schaltspannung ist die Diode im Durchlaßzustand. Der kleine Widerstand ermöglicht eine Weiterleitung des NF-Signals an den Verstärker. Ist die Diode gesperrt

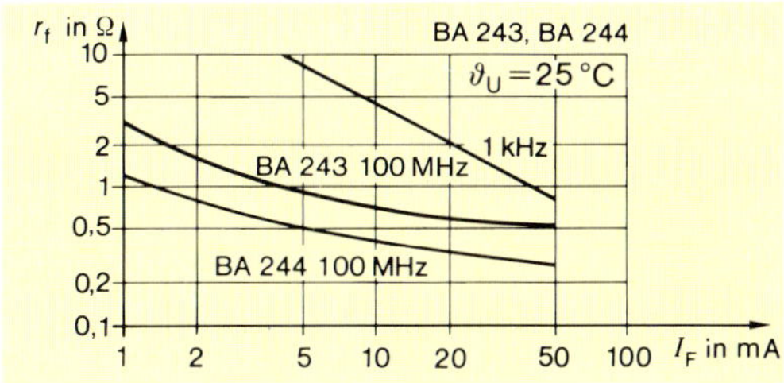

Abb. 5: Differentieller Durchlaßwiderstand in Abhängigkeit vom Durchlaßstrom bei Schaltdioden

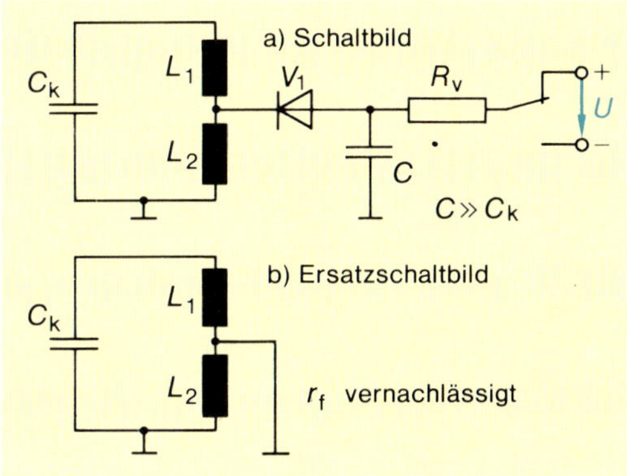

Abb. 6: Diode als Schalter im Schwingkreis

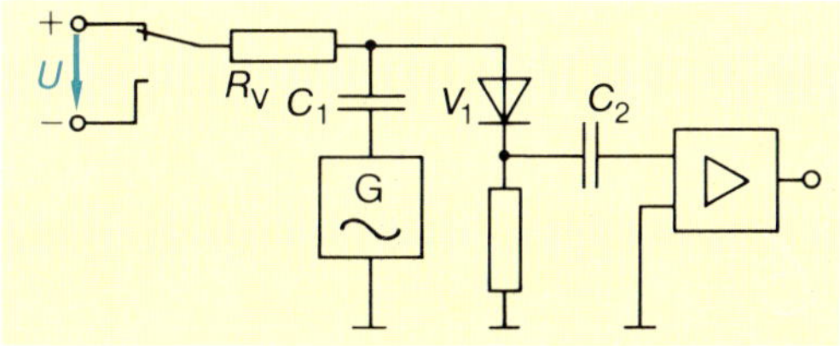

Abb. 7: Diode als Schalter von NF-Signalen

(negative Polung an der Anode der Diode), dann verhindert der hohe Sperrwiderstand der Diode eine Weiterleitung des Signals.

Aufgaben

1. Wie verändert sich die Resonanzfrequenz des Parallelschwingkreises von Abb. 3 bei Erhöhung der Abstimmspannung?

2. Eine Kapazitätsdiode soll einen Reihenschwingkreis abstimmen. Zeichnen Sie das entsprechende Schaltbild!

3. Ermitteln Sie aus dem Diagramm der Abb. 5 den differentiellen Durchlaßwiderstand der BA 243 bei $I_F = 10$ mA!

PIN-Dioden

PIN gibt die Zonenfolge der Diode an und bedeutet P-intrinsic-N. Die PIN-Diode hat zwischen den P- und N-Zonen eine extrem hochohmige und fast eigenleitende (intrinsic) Schicht ($d = 10\ \mu m \dots 100\ \mu m$).

Die PIN-Diode hat zwei von der Frequenz abhängige Anwendungsbereiche. Bei Frequenzen unter 10 MHz arbeitet sie wie eine Gleichrichterdiode mit hoher Sperrspannung und kleinem Durchlaßwiderstand. Der Wirkungsgrad ist groß.

Bei Frequenzen oberhalb von etwa 10 MHz tritt kein Gleichrichtereffekt mehr auf. Die Diode verhält sich wie ein von der Durchlaßstromstärke abhängiger Widerstand (Abb. 1).

PIN-Dioden arbeiten ab ca. 10 MHz wie ein vom Steuerstrom abhängiger Widerstand.

Als wichtigste Anwendungsgebiete sind gleichstromgesteuerte Dämpfungsglieder für Hochfrequenzempfänger und Antennenanlagen zu nennen. Die Abb. 2 zeigt drei PIN-Dioden zu einer Einheit zusammengeschaltet. Fließt kein Steuerstrom I_{St}, dann werden V 1 und V3 durch die Hilfsspannung U_H in Durchlaßrichtung betrieben. V2 ist gesperrt, da die Spannungsabfälle an R_1 und R_2 gleich groß sind ($R_1 = R_2$). Die Schaltung hat in diesem Fall maximale Dämpfung.

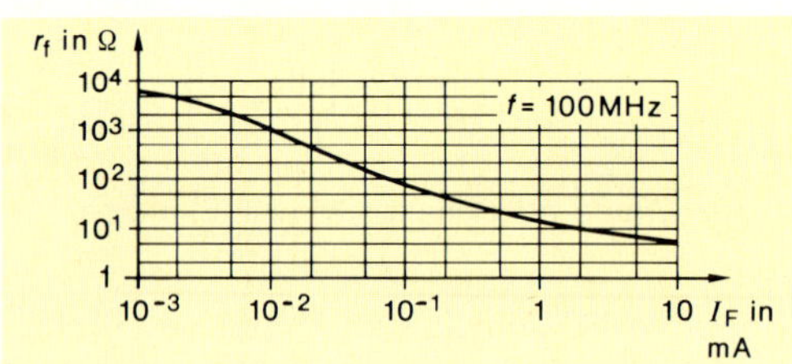

Abb. 1: Durchlaßwiderstand in Abhängigkeit vom Durchlaßstrom bei einer PIN-Diode

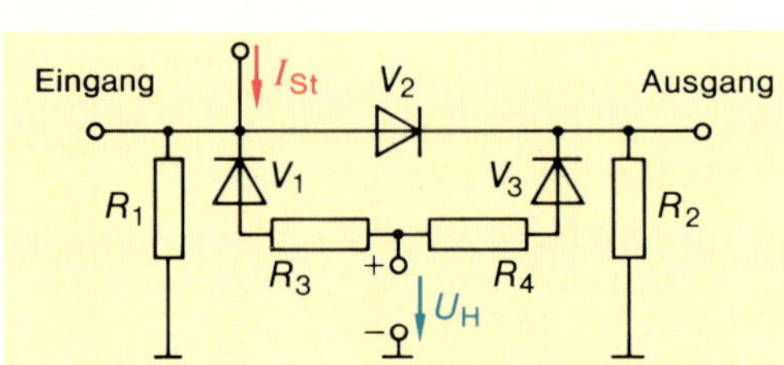

Abb. 2: PIN-Diodenschaltung als steuerstromabhängiges Dämpfungsglied

Fließt dagegen ein Steuerstrom, dann verringert er den Durchlaßzustand der Dioden V 1 und V 3. Darüber hinaus fließt jetzt ein Durchlaßstrom durch V 2. Wenn V 1 und V 3 voll gesperrt sind, dann ist V 2 leitend und das Schaltglied hat seine kleinste Dämpfung.

Tunneldioden

Tunneldioden, auch nach ihrem Entdecker Esaki-Dioden benannt, haben stark dotierte P- und N-Zonen. Dadurch wird erreicht, daß die so entstehende schmale Sperrschicht bei angelegter Spannung leicht abgebaut werden kann. Diese Diode hat also kein echtes Sperrverhalten. Sie verhält sich in diesem Bereich wie ein Widerstand.

Die Kennlinie für den Durchlaßbereich zeigt Abb. 3. Im Anfangsbereich steigt die Stromstärke mit der Spannung proportional an. Ab Punkt A fällt die Kurve. Bei zunehmender Spannung sinkt die Stromstärke. Der Widerstand ist also negativ. Ab Punkt C geht die Kurve in die normale Durchlaßkennlinie einer Diode über.

Mit Tunneldioden lassen sich einfache Schwingschaltungen aufbauen. Legt man den Arbeitspunkt in den negativen Steigungsbereich der Kennlinie, dann kann durch den negativen Widerstand der Verlustwiderstand des Schwingkreises ausgeschaltet werden (vgl. 5.2). Neben diesem Anwendungsbereich werden Tunneldioden auch als Verstärker und Schalter eingesetzt. Wegen des hohen Preises sind Tunneldioden in Schaltungen selten zu finden.

Tunneldioden haben in ihrer Kennlinie einen negativen Anteil.

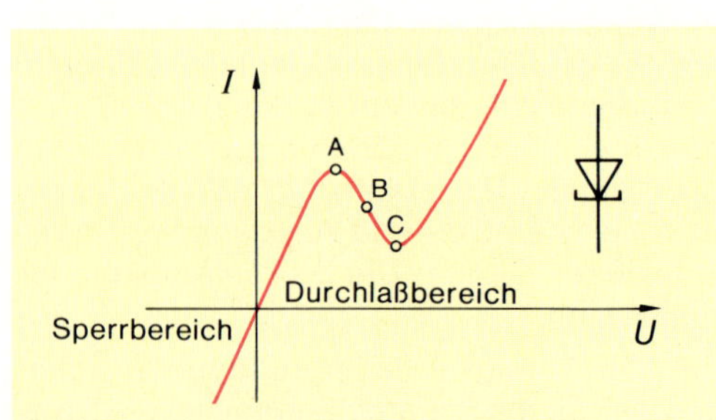

Abb. 3: Kennlinie einer Tunneldiode

Backward-Dioden

Die Backward-Diode ist eine Sonderausführung der Tunneldiode. Im Durchlaßbereich verläuft die Kennlinie jedoch nach einem kurzen Anstieg relativ flach. Bei Spannungen von 400 mV...500 mV steigt die Kurve steil an (Abb. 4).

Die Backward-Diode besitzt wie die Tunneldiode kein echtes Sperrverhalten. Deshalb steigt die Kurve in diesem Bereich steil an.

Man nutzt sie zu Gleichrichterzwecken für kleine HF-Spannungen. Hierbei wird die Diode in Sperrichtung betrieben. Daher stammt auch der Name, denn backward bedeutet rückwärts (engl.).

Backward-Dioden werden in Sperrichtung betrieben und zur Gleichrichtung kleiner HF-Spannungen eingesetzt.

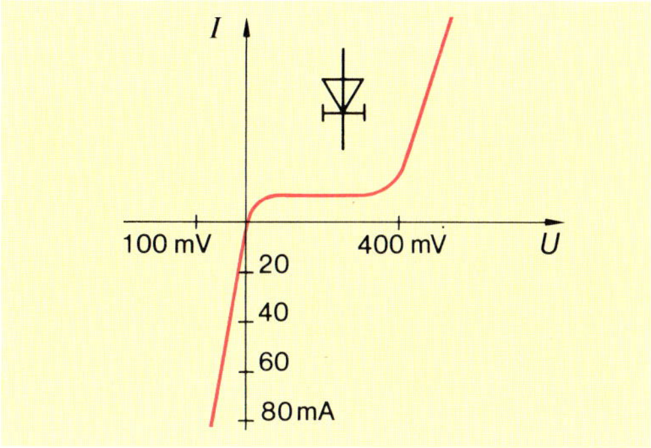

Abb. 4: Kennlinie einer Backward-Diode

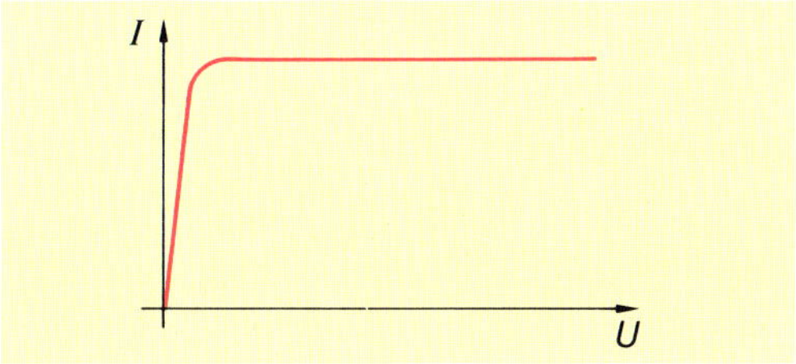

Abb. 5: Kennlinie einer Feldeffektdiode

Schottky-Dioden (Hot-Carrier-Dioden)

Bei üblichen Halbleiterdioden (z. B. Gleichrichterdioden) kommt es beim Umschalten vom Durchlaß- in den Sperrzustand zu Verzögerungen, da die Basis von Ladungen geräumt werden muß.

Die Schottky-Diode (nach ihrem Entdecker so benannt) hat eine Metall-Halbleiter-Sperrschicht. Die Ladungsträger im Metall sind weitaus beweglicher, so daß mit diesen Dioden schnellere Umschaltzeiten erreicht werden können (ca. 100 ps). Sie werden deshalb als schnelle Schaltdioden eingesetzt. Der Preis ist im Vergleich zu anderen Dioden noch hoch.

Schottky-Dioden werden als schnelle Schaltdioden eingesetzt.

Feldeffektdioden

Bei der Feldeffektdiode (auch Curristor genannt) steigt im Durchlaßbereich die Kennlinie zunächst steil an (Abb. 5). Danach bleibt die Stromstärke nahezu konstant, auch wenn die Spannung vergrößert wird. Sie läßt sich deshalb als Konstantstromquelle einsetzen.

Bei der Feldeffektdiode fließt im Arbeitsbereich unabhängig von einer sich ändernden Spannung ein konstanter Strom.

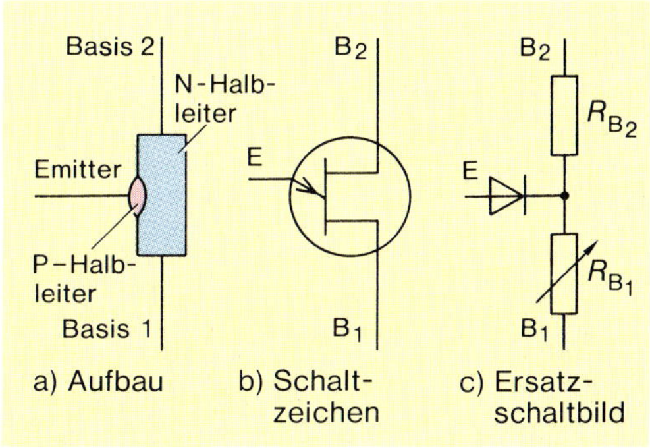

Abb. 6: Doppelbasisdiode (Unijunction-Transistor)

Doppelbasisdioden

Dieses Bauteil hat auch die Bezeichnungen **Unijunction-Transistor** oder **Doppelbasistransistor.** Die Namen sind irreführend, da es sich hier lediglich um ein Bauteil mit nur einem PN-Übergang handelt.

Abb. 6a zeigt den grundsätzlichen Aufbau. Zwischen den beiden Basisanschlüssen befindet sich N-leitendes Silicium geringer Dotierung. Es ist hochohmig. Zwischen dem Emitteranschluß und dem unteren Basisanschluß befindet sich die Diodenstrecke.

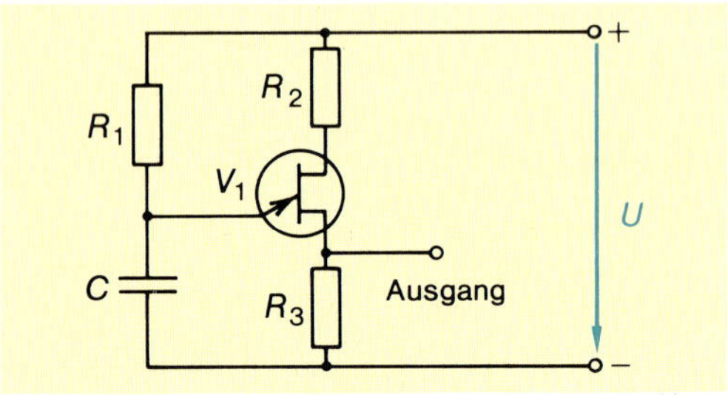

Abb. 1: Impulsgenerator mit Doppelbasisdiode

Betreibt man diese in Durchlaßrichtung, dann wird der Strom zwischen den Basisanschlüssen steuerbar. Das Ersatzschaltbild zeigt Abb. 6c, S. 107. Mit Hilfe einer Steuerspannung kann R_{B1} verändert werden.

Mit Doppelbasisdioden lassen sich einfache Impulsgeneratoren aufbauen (Abb. 1). Durch die Betriebsspannung lädt sich der Kondensator über R_1 auf. Sobald die Diffusionsspannung der Diode erreicht ist, fließt ein Strom von B_2 nach B_1. Der Kondensator entlädt sich dabei über die niederohmige Strecke, und die Diode sperrt. Der Vorgang wiederholt sich, so daß am Ausgang eine impulsartige Spannung entsteht.

Aufgaben

1. Nennen Sie Anwendungsbereiche der PIN-Dioden!
2. Erklären Sie den Unterschied zwischen der Tunneldiode und der Backward-Diode!
3. Wofür ist die Schottky-Diode einsetzbar?
4. Wozu eignet sich die Feldeffektdiode?
5. Wie ist die Doppelbasisdiode aufgebaut?

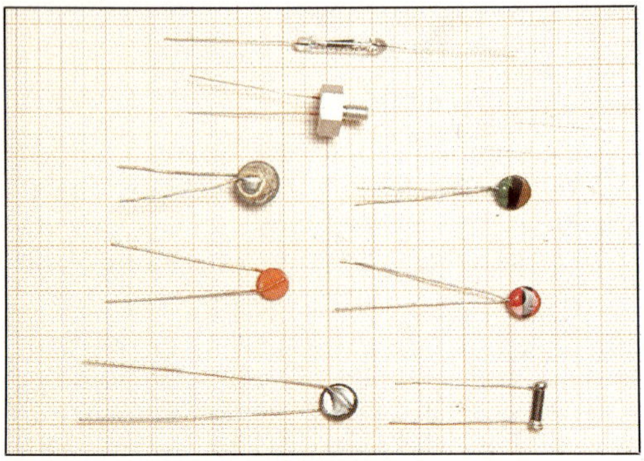

Abb. 2: Temperaturabhängige Widerstände

2.3 Temperatur- und spannungsabhängige Widerstände

2.3.1 Heißleiter (NTC)

Heißleiter sind Halbleiterwiderstände, deren Widerstandswerte mit zunehmender Temperatur abnehmen.

Der negative Temperaturkoeffizient (NTC) beträgt etwa 3...6%/K. Er ist damit etwa 10mal größer als der von Metallen. Aufgebaut sind sie aus gesinterten Mischungen von Oxidkeramiken. Der Leitungsvorgang beruht auf Eigenleitung und Störstellenleitung.

Das Verhalten von Heißleitern läßt sich durch zwei Kennlinien verdeutlichen. In der Widerstands-Temperatur-Kennlinie von Abb. 3 ist erkennbar, daß mit steigender Temperatur der Widerstand abnimmt. Dies geschieht, weil Bindungen durch die Wärme aufbrechen und zusätzliche Ladungen frei werden.

Legt man eine Spannung an den Heißleiter, dann kommt es auch zu Erwärmungen. In Abb. 4 ist der Zusammenhang zwischen Strom und Spannung verdeutlicht worden. Im Anfangsbereich der Kurve ist der Widerstand noch konstant, da die Eigenerwärmung noch nicht hoch genug ist. Danach verringert sich der Widerstand, so daß Schutzmaßnahmen in Form von Strombegrenzungen vorgenommen werden müssen.

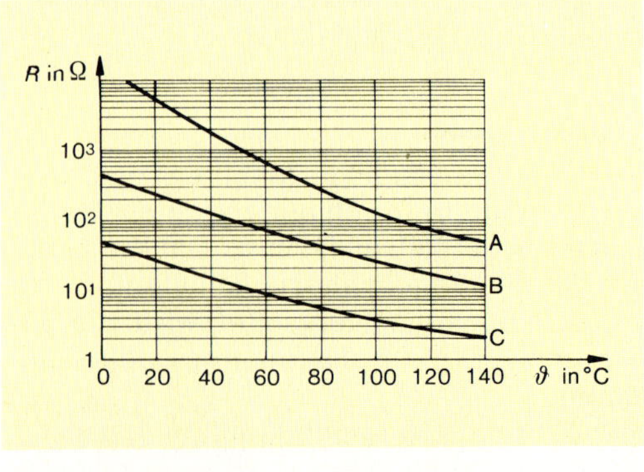

Abb. 3: Widerstand in Abhängigkeit von der Temperatur beim NTC-Widerstand

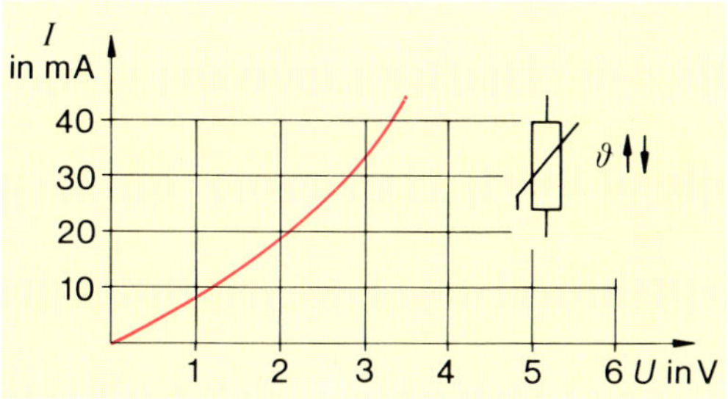

Abb. 4: Stromstärke in Abhängigkeit von der Spannung beim NTC-Widerstand

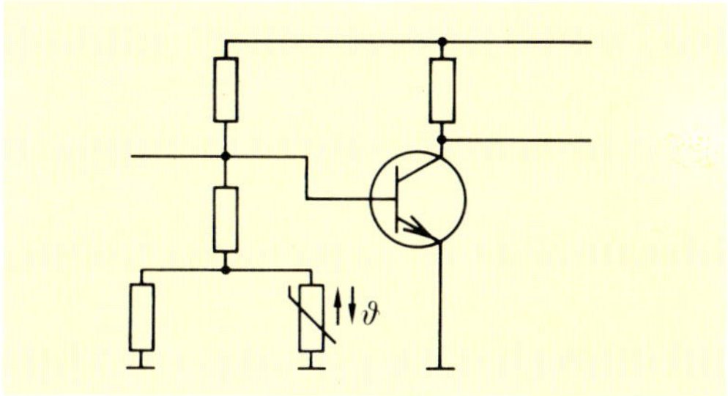

Abb. 5: Arbeitspunktstabilisierung eines Transistors mit NTC-Widerstand

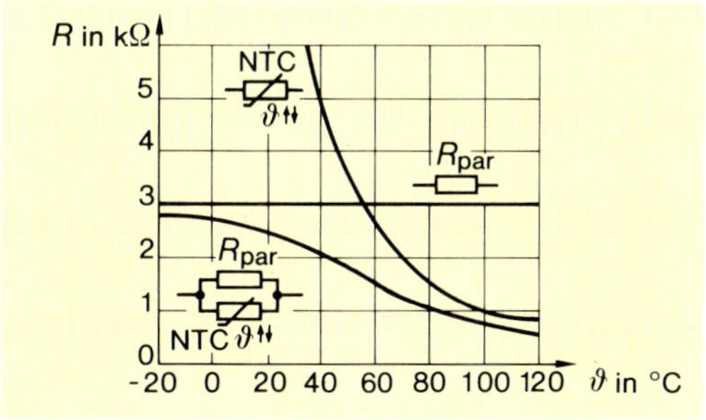

Abb. 6: Linearisierung der Kennlinie eines NTC-Widerstandes

Heißleiter werden zur Temperaturmessung, Temperaturkompensation, Relaisverzögerung, Stromstoßabschwächung und Spannungsstabilisierung eingesetzt.

Die Abb. 5 zeigt eine Schaltung zur Arbeitspunktstabilisierung eines Transistors (vgl. 3.3). Das Zusammenwirken zwischen dem temperaturabhängigen und dem temperaturunabhängigen Widerstand zeigt die Abb. 6. Durch die Parallelschaltung wird eine Linearisierung der Kennlinie erreicht.

2.3.2 Kaltleiter (PTC)

Kaltleiter sind Halbleiterwiderstände, deren Widerstandswerte mit zunehmender Temperatur abnehmen.

Kaltleiter bestehen aus gesintertem Bariumtitanat ($BaTiO_3$), das bei der Herstellung mit Lanthanatomen dotiert wird. Dadurch wird das hochisolierende Bariumtitanat leitfähig (Halbleiter) gemacht.

Der Kaltleiter-Effekt beruht auf der Überlagerung von zwei Vorgängen. Durch den Sinterprozeß entstehen an den Korngrenzen der Kristallite Gitterbaufehler in Form von negativen Bariumfehlstellen (vgl. Abb. 7). Diese negativen Ladungen (fest) üben eine abstoßende Wirkung auf die ebenfalls negativen und beweglichen Ladungsträger (Spannungsquelle) aus und behindern somit den Übergang von Korn zu Korn (Stromfluß).

Unterhalb der sog. Curietemperatur (etwa 120 °C) wird diese Abstoßung jedoch durch einen zweiten Effekt aufgehoben, weil unterhalb von 120 °C im Kristallgefüge noch die Dipole des Bariumtitanats vorhanden sind. Sie schirmen die in der Abb. 7 dargestellten Ladungen fast vollständig ab. Oberhalb der Curietemperatur wandelt sich das Bariumtitanat jedoch um, so daß die Behinderung des Stromflusses durch die Ladungen an den Korngrenzen sprungartig zunimmt. Der Widerstand steigt um einige Zehnerpotenzen.

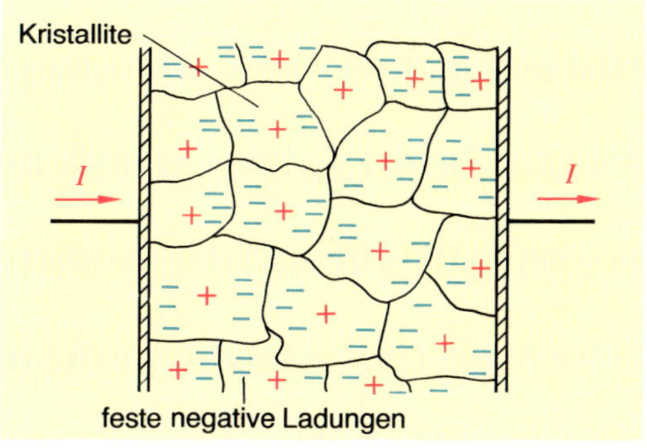

Abb. 7: Schematischer Aufbau eines Kaltleiters (vereinfacht) und Stromfluß

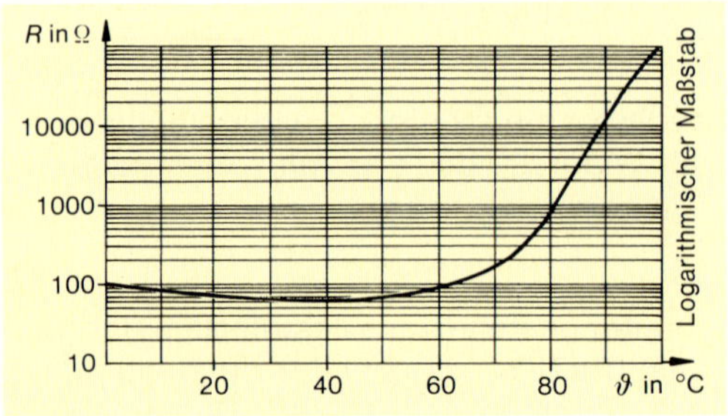

Abb. 1: Widerstand in Abhängigkeit von der Temperatur beim PTC-Widerstand

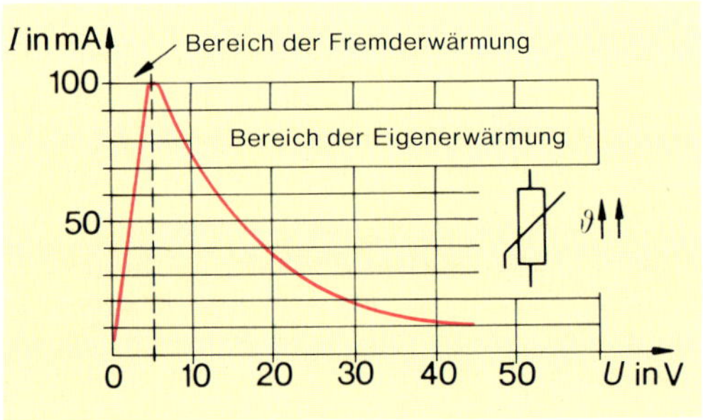

Abb. 2: Stromstärke in Abhängigkeit von der Spannung beim PTC-Widerstand

Den Zusammenhang zwischen Widerstand und Temperatur zeigt Abb. 1. Im Anfangsteil der Kurve ist erkennbar, daß die Kennlinie das typische Verhalten eines Heißleiters zeigt, der Widerstand sinkt noch etwas mit zunehmender Temperatur. Die Dipole des Bariumtitanats und die Ladungen an den Korngrenzen haben sich noch weitgehend kompensiert. Ab etwa 60 °C steigt der Widerstand, und das für den Kaltleiter typische Verhalten wird deutlich. Die Verringerung der Curietemperatur auf Werte kleiner als 120 °C läßt sich z. B. durch einen Zusatz von Bleiatomen erreichen.

Den Zusammenhang zwischen Strom und Spannung zeigt Abb. 2. Im Anfangsteil der Kennlinie ist der Widerstand noch konstant. Danach sinkt er, da mit zunehmender Spannung die Stromstärke geringer wird.

Kaltleiter werden für ähnliche Anwendungsbereiche wie Heißleiter eingesetzt. Aufgrund ihrer großen Widerstandsänderung können sie direkt Schaltaufgaben übernehmen.

Sie können z. B. als Motorschutz-Kaltleiter direkt in die Wicklungen der Maschinen eingebaut, als Niveaukontrolle für Flüssigkeiten eingesetzt, zur Schaltverzögerung oder zur Stromstabilisierung eingesetzt werden.

Die Abb. 3 zeigt eine Schaltung zur Entmagnetisierung von Lochmasken der Farbbildröhre mit Kaltleitern. Mit Hilfe der Schaltung wird erreicht, daß nach dem Einschalten die Stromstärke durch Vergrößerung der Widerstandswerte der PTC-Widerstände allmählich abnimmt.

Durch den steilen Kennlinienverlauf können mit PTC-Widerständen (wie in Abb. 4) Relais direkt geschaltet werden. Der Strom durch den PTC ist so bemessen, daß er sich selbst erwärmt. Befindet er sich allerdings in der Flüssigkeit, wird er abgekühlt, sein Widerstand ist klein, und das Relais K1 schaltet die Lampe ein. Sinkt jetzt der Wasserspiegel, so daß sich der PTC in der Luft befindet, erwärmt er sich. Sein Widerstand steigt, der Strom sinkt und das Relais schaltet die Lampe aus.

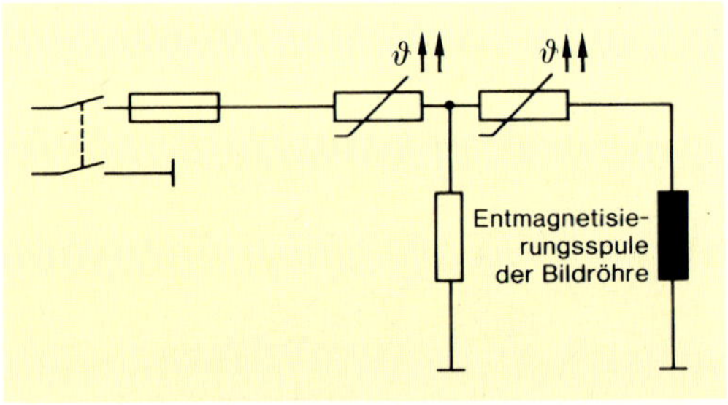

Abb. 3: Schaltung zur Entmagnetisierung der Lochmaske bei Farbbildröhren

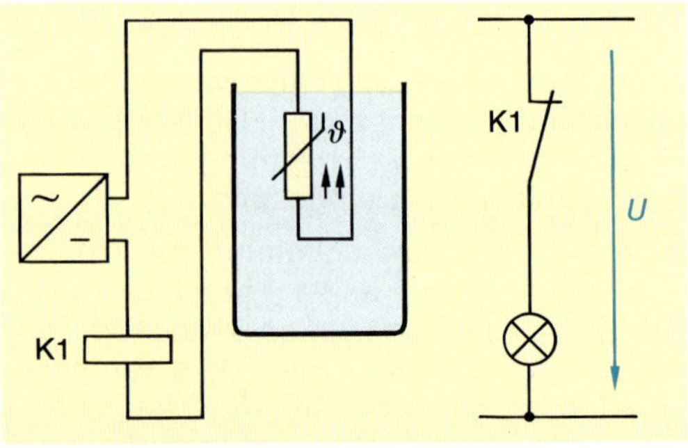

Abb. 4: Füllstandsanzeige mit PTC

2.3.3 Varistoren (VDR)

Varistoren sind spannungsabhängige Widerstände (VDR: Voltage Dependent Resistor).

Als Basismaterialien werden Siliciumcarbid (SiC) oder Zinkoxid (ZnO) verwendet. Mit Zinkoxid erreicht man einen erheblich steileren Kennlinienverlauf. In Abb. 5 ist die Abhängigkeit des Widerstandes von der Spannung bei einem Zinkoxid-Varistor zu sehen. Zwischen 50 V und 150 V ändert sich der Widerstand um etwa 7 Zehnerpotenzen (10 MΩ bis 1 Ω).

Das Strom-Spannungs-Diagramm ist symmetrisch (Abb. 6). Spannungserhöhungen bewirken eine vergrößerte Stromzunahme. Der Widerstand nimmt also mit zunehmender Spannung ab. Vorstellen läßt sich dieses als Durchbrechen von im Sperrzustand befindlichen Halbleiterdioden, die in einer Vielzahl im interkristallinen Bereich anzutreffen sind.

Legt man an einen Varistor eine sinusförmige Spannung, dann kommt es zu Verformungen der Spannungen bzw. Ströme.

Varistoren lassen sich zur Spannungsbegrenzung und zum Schutz in elektronischen Schaltungen einsetzen. Ein Beispiel zeigt die Abb. 7. Durch Ein- und Ausschaltungen kommt es an der Spule zu hohen Induktionsspannungen, die den Transistor gefährden können. Der VDR-Widerstand wird jedoch mit zunehmender Spannung kleiner, so daß eine Begrenzung eintritt.

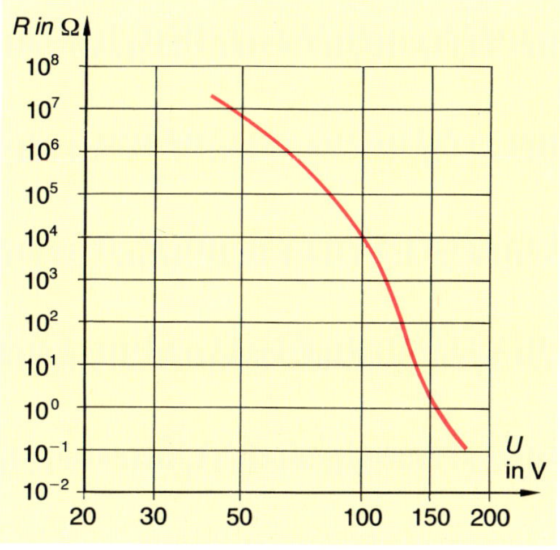

Abb. 5: Zinkoxid-VDR-Kennlinie

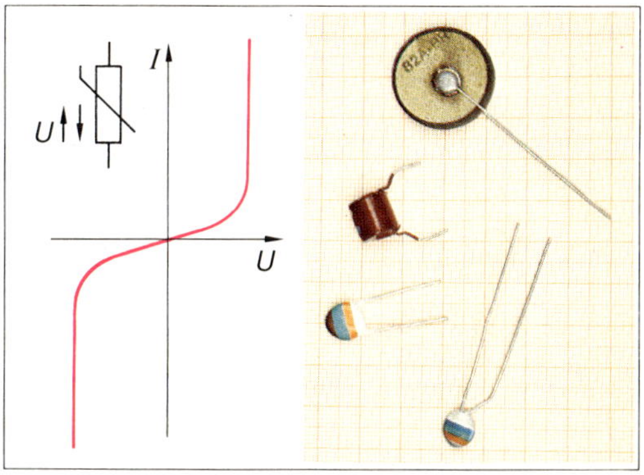

Abb. 6: Kennlinie eines Varistors (VDR)

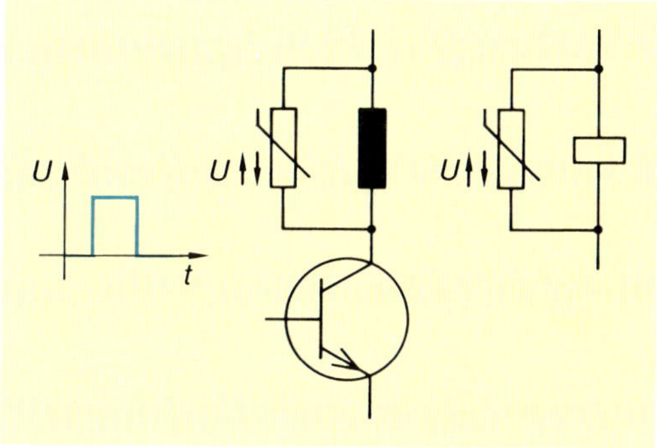

Abb. 7: Varistor als Überspannungsschutz

Aufgaben zu 2.3

1. Entnehmen Sie aus Abb. 3; S. 108 die Widerstandsveränderung beim NTC-Widerstand, wenn sich die Temperatur von 70 °C auf 90 °C erhöht (Kennlinie C)!

2. Zum Schutz vor zu hohen Einschaltströmen hat man bei Geräten mit Elektronenröhren in Reihe mit den Heizfäden Heißleiter geschaltet. Erklären Sie diese Schutzmaßnahme.

3. Entnehmen Sie aus Abb. 1; S. 110, um welchen Wert sich der PTC-Widerstand verändert, wenn sich die Temperatur von 70 °C auf 90 °C verändert.

4. Ein Wirkwiderstand und ein Varistor liegen in Reihe an einer Spannungsquelle, deren Spannung sich ändert. Der Varistor soll als Stabilisator arbeiten.
Zeichnen Sie die beiden Kennlinien in ein Diagramm und beschreiben Sie die Stabilisierungswirkung.

Abb. 1: Transistoren

2.4 Transistoren

2.4.1 Aufbau und Wirkung

Bei bipolaren Transistoren (Abb. 2) treten zwei Arten von Ladungsträgern auf: Löcher und Elektronen.

Je nach Schichtenfolge unterscheidet man **PNP- und NPN-Transistoren.** Der NPN-Transistor wird am häufigsten verwendet.

In einem Transistor sind zwei PN-Übergänge vorhanden. Die mittlere Schicht eines Transistors, die **Basis,** hat eine Stärke von einigen Mikrometern. Dies ist für die Funktion des Transistors von großer Bedeutung und der Grund dafür, daß man einen Transistor nicht aus zwei getrennten Dioden aufbauen kann.

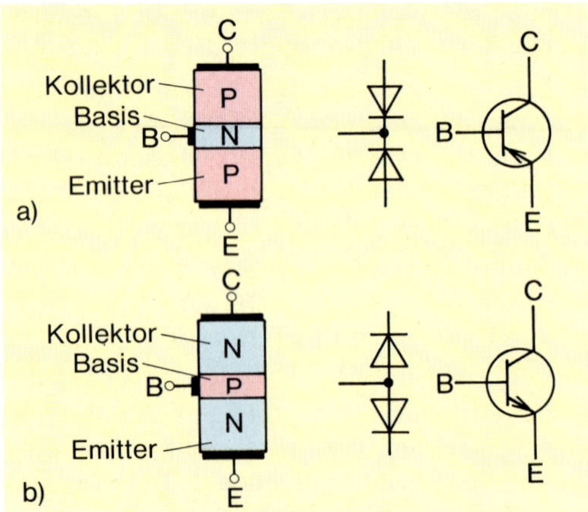

Abb. 2: Aufbau, Diodenersatzschaltbilder und Schaltzeichen von bipolaren Transistoren
a) PNP-Transistor b) NPN-Transistor

Wie die Betriebsspannungen für ein einwandfreies Funktionieren des Transistors anzuschließen sind, zeigt die Abb. 3.

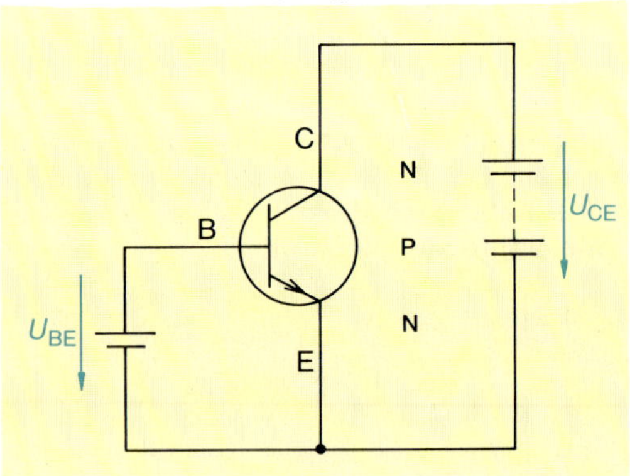

Abb. 3: Betriebsspannungen am Transistor

Der PN-Übergang zwischen Basis und Emitter wird in Durchlaßrichtung und die Kollektor-Emitter-Strecke in Sperrichtung geschaltet. Die Spannung zwischen Kollektor und Emitter U_{CE} muß wesentlich größer als die Spannung zwischen Basis und Emitter U_{BE} sein.

Die Wirkungsweise des Transistors soll mit Hilfe des Versuchs 2–2 geklärt werden.

Versuch 2–2: Wirkungsweise des bipolaren Transistors

Aufbau

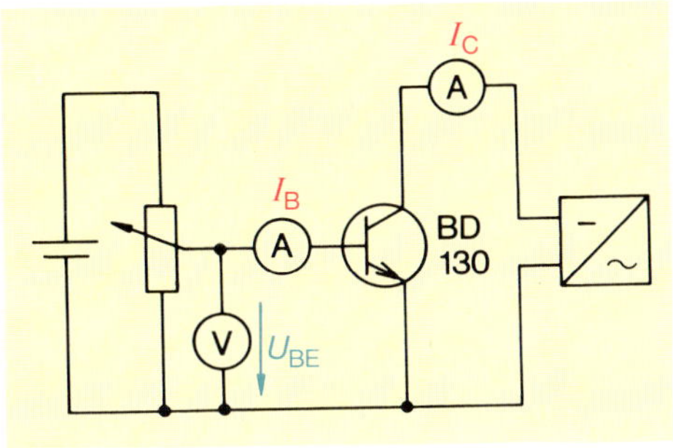

Durchführung

U_{BE} wird schrittweise erhöht. U_{BE}, I_B und I_C werden gemessen. U_{CE} wird mit 4 V konstant gehalten.

Ergebnis

U_{BE} in V	0,5	0,6	0,64	0,66	0,68	0,7	0,72	0,74	0,76
I_B in µA	0	0	2	5	9	16	29	54	87
I_C in mA	0	0	0,22	0,55	1,0	1,8	3,2	5,9	9,6

Der Versuch zeigt:

Steigt U_{BE} über 0,6 V, dann fließen ein Basis- und ein Kollektorstrom. Der Kollektorstrom ist von U_{BE} und I_B abhängig. Er steigt, wenn U_{BE} und I_B steigen. Der Kollektorstrom I_C ist sehr viel größer als I_B.

Die Basis-Emitter-Strecke eines Transistors bildet bekanntlich einen PN-Übergang. Ist die in Durchlaßrichtung angelegte Spannung U_{BE} größer als die Diffusionsspannung, dann fließt beim NPN-Transistor ein Elektronenstrom vom Emitter zur Basis. Der durch U_{CE} positiv geladene Kollektor des Transistors zieht den größten Teil der in der dünnen Basiszone befindlichen Elektronen an und saugt sie über den PN-Übergang zwischen Basis und Kollektor ab. Dadurch fließt ein Kollektorstrom. Ein kleiner Teil des Emitterstroms fließt über die Basis zur Basisspannungsquelle und bildet so den Basisstrom.

In Abb. 4 werden die Verhältnisse verdeutlicht.

Der in Versuch 2–2 ermittelte Zusammenhang zwischen U_{BE} und I_B wird üblicherweise grafisch dargestellt und als **Eingangskennlinie** des Transistors bezeichnet (Abb. 5).

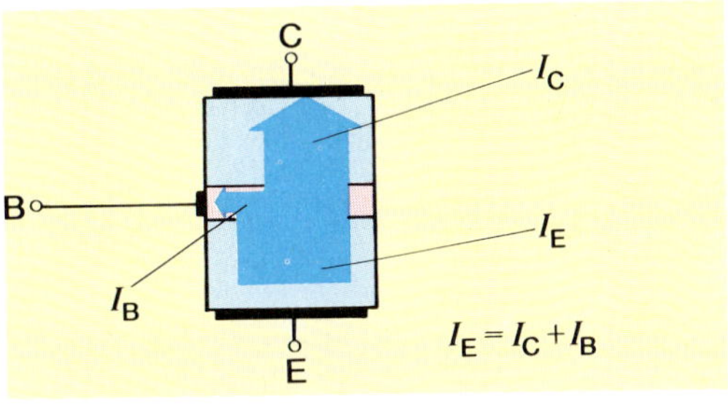

Abb. 4: Ströme im NPN-Transistor

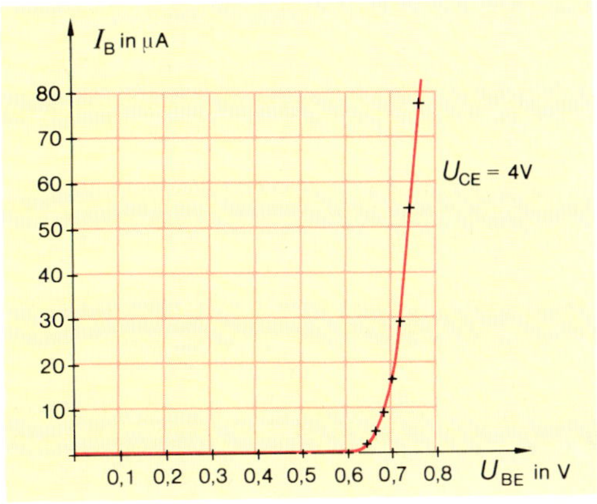

Abb. 5: Eingangskennlinie des Transistors BC 140

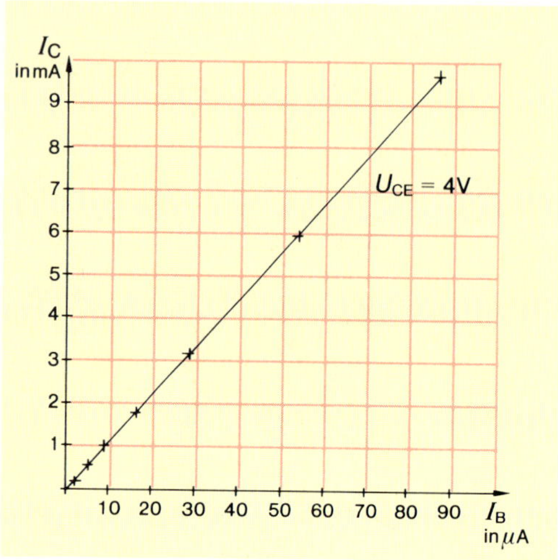

Abb. 1: Stromsteuerkennlinie des Transistors BC 140

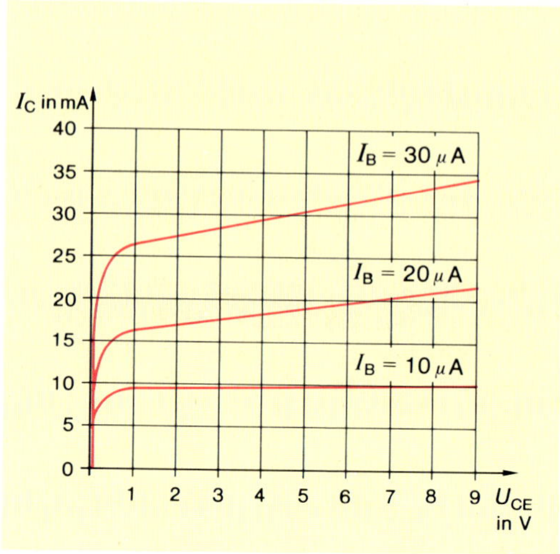

Abb. 2: Ausgangskennlinien des Transistors BC 140

Abb. 1 gibt grafisch den Zusammenhang zwischen I_B und I_C wieder. Diese Darstellung wird als **Stromsteuerkennlinie** bezeichnet.

Das Verhältnis von Kollektorstromstärke zur Basisstromstärke bezeichnet man als **Stromverstärkung** (statische Stromverstärkung) B.

$$B = \frac{I_C}{I_B}$$

Sie läßt sich leicht mit Hilfe der Stromsteuerkennlinie ermitteln.

Anhand der Versuchsergebnisse und der daraus abgeleiteten Kennlinien wird deutlich, daß der Kollektorstrom von U_{BE} und I_B abhängt.

Die Kollektorstromstärke läßt sich durch U_{BE} und I_B steuern.

Da ein Basisstrom aber erst fließt, wenn eine entsprechende Basis-Emitter-Spannung U_{BE} vorhanden ist, muß zur Steuerung der Kollektorstromstärke eine **Steuerleistung** $U_{BE} \cdot I_B$ aufgebracht werden. Diese kann jedoch bei vielen Anwendungsfällen vernachlässigt werden, da sie sehr klein ist.

Für die Schaltungsberechnung ist die **Ausgangskennlinie** des Transistors (Abb. 2) von Bedeutung. Sie beschreibt den Zusammenhang zwischen U_{CE} und I_C für verschiedene Werte von I_B oder auch U_{BE}. Abb. 3 zeigt die Schaltung für die Kennlinienaufnahme.

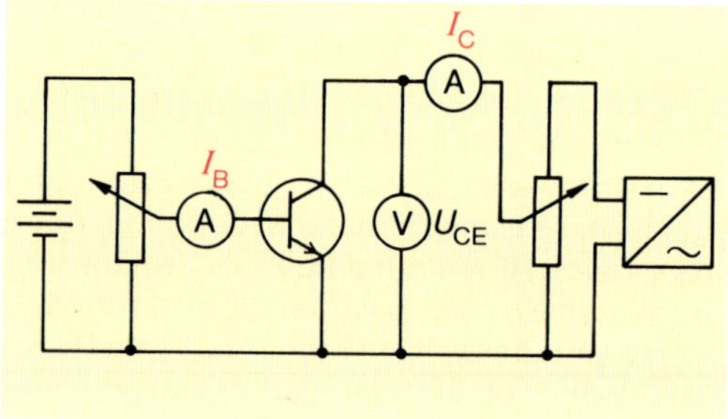

Abb. 3: Aufnahme der Ausgangskennlinie

Die Wirkung des Transistors läßt sich auch mit Hilfe der schon bei der Diode verwendeten Modellzeichnungen für die Schichtenfolgen erklären.

Die Schichtenfolgen eines NPN-Transistors sind in Abb. 4 zu sehen. Alle drei Zonen sind dort aus Gründen der Übersichtlichkeit gleich dick gezeichnet. Die Basiszone ist jedoch erheblich dünner als die anderen Zonen.

An den beiden Diodenstrecken liegen zwei Spannungen. Die Basis-Emitter-Diode ist in Durchlaßrichtung und die Kollektor-Basis-Diode in Sperrichtung geschaltet.

Elektronen gelangen vom Emitter in die Basiszone. Da die Basis jedoch sehr dünn ist und am Kollektor der positive Pol der Spannung U_{CE} liegt, fließt der größte Teil des Emitterstroms durch die Basis hindurch und als Kollektorstrom weiter. Ein geringer Teil fließt auch über die Basis ab und es kommt zu Rekombinationen zwischen den in der Basis vorhandenen Löchern und Elektronen. Durch Verändern der Basis-Emitter-Spannung läßt sich somit der Kollektorstrom steuern.

Da Halbleiterdiodenstrecken kein ideales Sperrverhalten zeigen, fließen auch im gesperrten Zustand Ströme, die **Restströme.**

Restströme sind Sperrströme und werden durch die Eigenleitung hervorgerufen. Sie sind von der Temperatur abhängig.

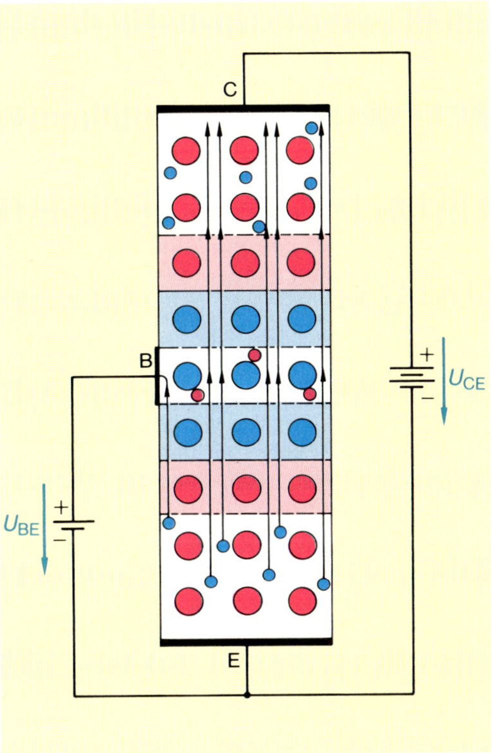

Abb. 4: Verhalten des Transistors bei angelegten Spannungen

Man unterscheidet verschiedene Arten von Restströmen. Der **Kollektor-Basis-Reststrom** I_{CBO} fließt zwischen Basis und Kollektor. Die Emitterelektrode wird bei der Messung offen gelassen (Abb. 5a). Bei Germaniumhalbleitern liegt er im µA- und bei Siliciumhalbleitern im nA-Bereich.

Der **Kollektor-Emitter-Reststrom** I_{CEO} wird gemessen, wenn die Basis nicht angeschlossen ist (Abb. 5b). Dieser Fall liegt in Verstärkerschaltungen dann vor, wenn keine Ansteuerung erfolgt.

Für I_{CEO} gibt es folgende Näherung:

$I_{CEO} \approx B \cdot I_{CBO}$

Der Kollektor-Emitter-Reststrom ist um den Stromverstärkungsfaktor größer als der Kollektor-Basis-Reststrom.

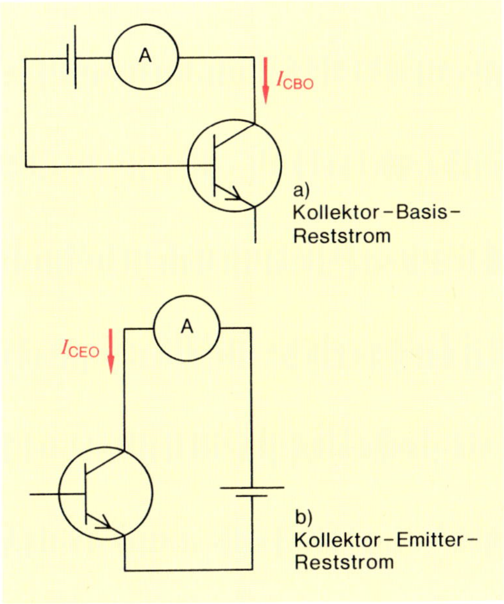

Abb. 5: Restströme beim Transistor

Alle Restströme sind von der Temperatur und der angelegten Spannung abhängig.

Bisher wurden nur das Verhalten und die Kennlinien eines NPN-Transistors untersucht. Die angeführten Überlegungen gelten sinngemäß auch für PNP-Transistoren. Es ist jedoch zu beachten, daß die Ströme im PNP-Transistor Löcherströme sind.

Um die Berechnung von Transistorschaltungen zu vereinfachen, wurde die Richtung der Ströme beim Transistor willkürlich so festgelegt, daß alle Strompfeile in den Transistor hineinzeigen. Ströme, die danach entgegengesetzt der technischen Stromrichtung fließen, erhalten ein Minuszeichen vor dem Formelzeichen oder dem Zahlenwert (Abb. 1).

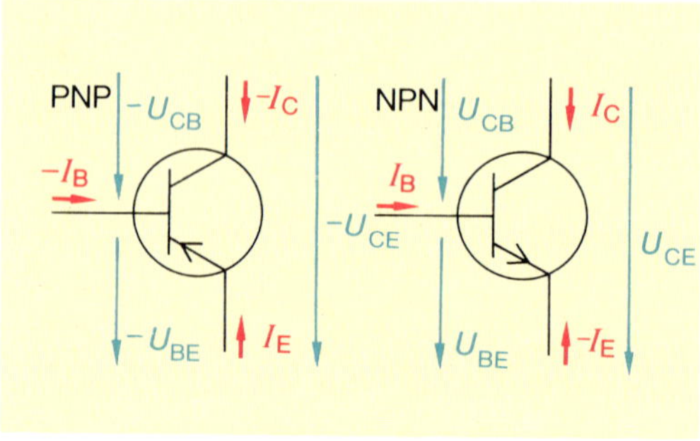

Abb. 1: Stromrichtungen am Transistor

Grenzwerte von Transistoren

Beim Einsatz des Transistors dürfen bestimmte Spannungs-Strom- und Leistungsgrenzwerte nicht überschritten werden. Diese lassen sich aus den Datenblättern der Hersteller entnehmen.

Grenzwerte werden angegeben für die Basis-Emitter-Spannung, die Kollektor-Basis-Spannung und die Kollektor-Emitter-Spannung. Für den Basis- und den Kollektorstrom werden ebenfalls Grenzwerte ausgewiesen.

Ein Transistor darf im Betrieb nicht zu stark erwärmt werden. Die Erwärmung wird durch die in Wärme umgewandelte elektrische Leistung des Transistors, die Verlustleistung P_{tot}, hervorgerufen. Diese wird wie folgt berechnet:

$$P_{tot} = U_{CE} \cdot I_C + U_{BE} \cdot I_B$$

Um eine unzulässige Erwärmung des Transistors zu vermeiden, darf die im Datenblatt des Herstellers angegebene maximale Verlustleistung nicht überschritten werden (Abb. 2).

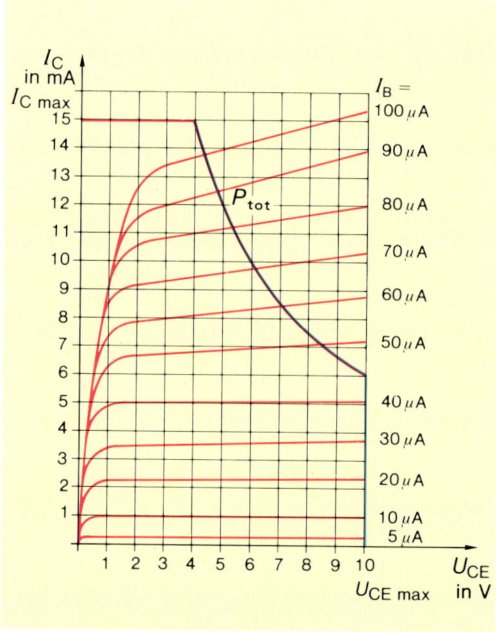

Abb. 2: Arbeitsbereich eines Transistors

Erzeugung der Basisvorspannung und Festlegung der Arbeitspunkte

Die Basis-Emitter-Spannung U_{BE} zur Arbeitspunkteinstellung (Basisvorspannung) wird in elektronischen Schaltungen nicht durch eine separate Spannungsquelle erzeugt, sondern durch Widerstände. Die Abb. 3 zeigt eine Möglichkeit mit einem Vorwiderstand.

Durch die Wahl der Basisvorspannung werden auch I_B und der Arbeitspunkt der Basis-Emitter-Strecke des Transistors festgelegt. Er wird auch als **eingangsseitiger Arbeitspunkt** bezeichnet.

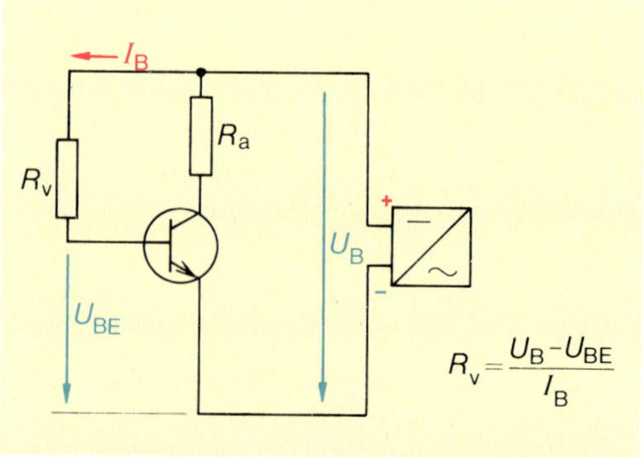

Abb. 3: Erzeugung der Basisvorspannung

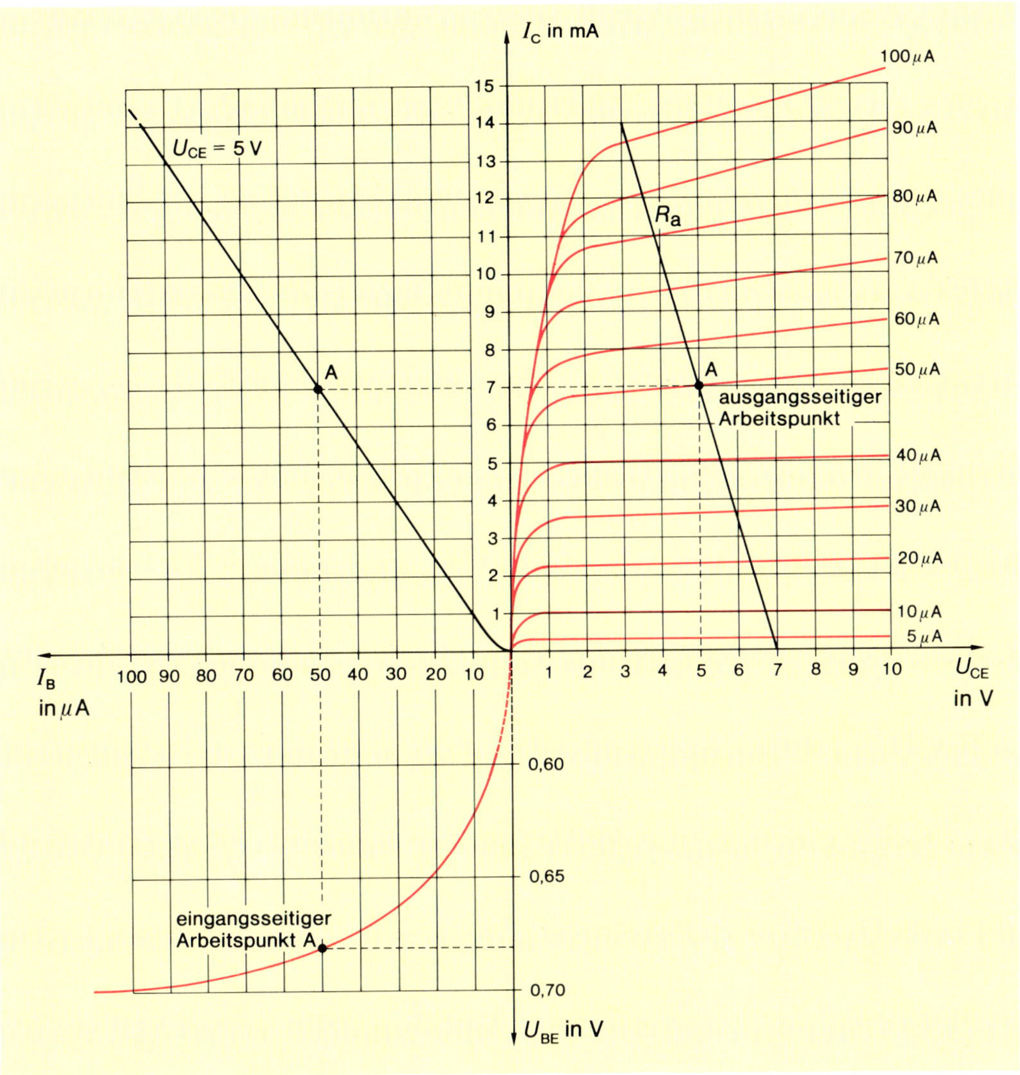

Abb. 4: Arbeitspunkte des Transistors

Abb. 4 zeigt die wichtigsten Kennlinien eines Transistors im Zusammenhang. Für eine Basisvorspannung von $U_{BE} = 0{,}68\,V$ wurde der eingangsseitige Arbeitspunkt eingetragen.

Ein Transistor wird in der Regel mit einem Arbeitswiderstand R_a in der Kollektorzuleitung in Reihe geschaltet. Daher läßt sich in das Ausgangskennlinienfeld eine Arbeitsgerade zur Ermittlung des **ausgangsseitigen Arbeitspunktes** eintragen. Die Konstruktion der Arbeitsgeraden erfolgt wie bei den Gleichrichterdioden. Die genaue Ermittlung des ausgangsseitigen Arbeitspunktes und die Spannungsaufteilung auf den Transistor (U_{CE}) und den Arbeitswiderstand (U_{Ra}) läßt sich ebenfalls aus Abb. 4 entnehmen.

Ändert sich U_{BE}, dann ändern sich auch der eingangs- und ausgangsseitige Arbeitspunkt.

Halbleitertechnologie

Die ersten Transistoren (etwa ab 1950) wurden durch **Legierungsverfahren** hergestellt. Metallkügelchen wurden unter hohen Temperaturen in das Halbleitergrundmaterial einlegiert. In der Anfangszeit war dies Germanium.

Die Herstellung von Transistoren nach dem **Diffusionsverfahren** wird etwa seit 1960 angewendet. Dotierungsmaterialien dringen bei Wärmeeinwirkung in noch vorhandene Gitterstörungen ein und bilden mit benachbarten Zonen Sperrschichten. Eindringtiefe und Konzentration der Diffusionsatome läßt sich durch die Wärmezufuhr steuern.

Im Rahmen dieser Entwicklung sind zwei Bauformen entstanden. Beim **Mesa-Transistor** wird der Transistor von einer Seite beginnend in Schichten aufgebaut.

Beim **Planar-Transistor** ist die Oberfläche mit einer Siliciumdioxidschicht überzogen. Sie wirkt als Schutzschicht.

Beim **Epitaxie-Verfahren** schlagen sich auf einen Halbleitergrundkörper die Zonen aus einem gasförmigen Zustand nieder. Der Transistor wächst aus dem Grundkristall heraus.

Neuere Technologien arbeiten nach dem **Ionenimplantationsverfahren.** Hierbei wird mit niedrigen Temperaturen gearbeitet. Durch ein elektrisches Feld werden die Dotierungsionen auf eine hohe Geschwindigkeit gebracht und gezielt in den Grundkristall geschossen. Auf diese Weise lassen sich sehr genaue und viele Halbleiterzonen in einem Kristall herstellen.

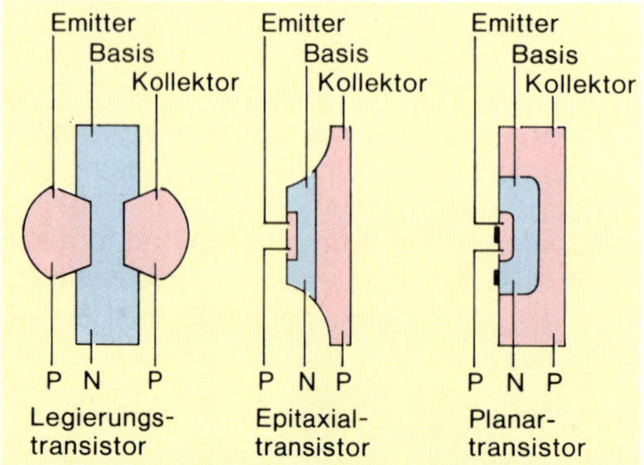

Abb. 1: Aufbauformen von Transistoren

Aufgaben zu 2.4.1

1. Schildern Sie den Aufbau eines NPN-Transistors!
2. Welche Dicke hat die Basis eines Transistors im Vergleich zu den übrigen Schichten?
3. Wie muß ein Transistor geschaltet sein, damit ein Kollektorstrom fließt?
4. Wie kann der Kollektorstrom eines Transistors gesteuert werden?
5. Benennen Sie das Verhältnis von I_C zu I_B?
6. Ein Transistor hat eine Gleichstromverstärkung von $B = 130$.
Wie groß ist der Kollektorstrom, wenn der Basisstrom 10 μA groß ist?
7. Erklären Sie den Unterschied zwischen dem Kollektor-Basis- und dem Kollektor-Emitter-Reststrom!
8. Für welche Größen eines Transistors werden Grenzwerte angegeben?
9. Beschreiben Sie eine Schaltung zur Erzeugung der Basisvorspannung für einen PNP-Transistor!
10. Wie verändert sich der Kollektorstrom bei einem PNP-Transistor, wenn die Basis-Emitter-Spannung negativer wird?

2.4.2 Transistor als Verstärker

Transistoren werden sehr häufig zur Verstärkung kleiner Wechsel- oder Gleichspannungen eingesetzt. Im folgenden wollen wir uns daher zunächst mit der Verstärkerwirkung der Transistoren beschäftigen.

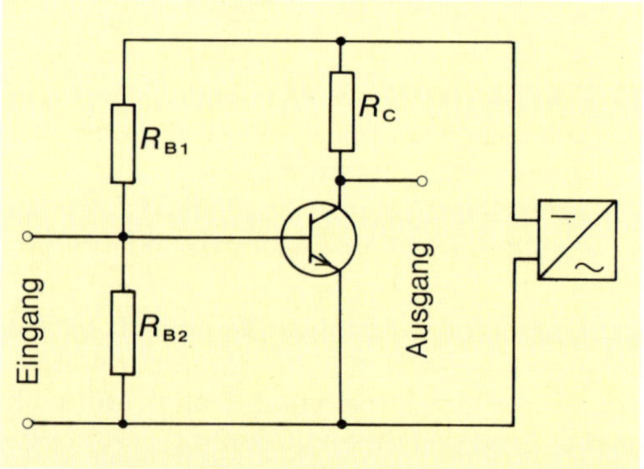

Abb. 2: Transistorverstärker

Abb. 2 zeigt eine einfache Verstärkerschaltung. R_C ist der Arbeitswiderstand. Die Basisvorspannung wird durch den Spannungsteiler R_{B1} und R_{B2} erzeugt. Der Eingang der Schaltung liegt zwischen Basis und Emitter, der Ausgang zwischen Kollektor und Emitter. Da der Emitter für Eingang und Ausgang gemeinsamer Anschlußpunkt ist, bezeichnet man die Schaltung als **Emitterschaltung.** Es gibt auch Schaltungen, bei denen Basis oder Kollektor als gemeinsamer Anschluß **(Basis-** oder **Kollektorschaltung)** verwendet werden.

Die Verstärkereigenschaft der Emitterschaltung soll in Versuch 2–3 untersucht werden. Zur Erleichterung der Versuchsdurchführung wird der Basisspannungsteiler durch eine gesonderte Spannungsquelle ersetzt.

Der Versuch zeigt:

Die Änderung der Basis-Emitter-Spannung (Eingangsspannung) von $\triangle U_{BE} = 0{,}17$ V bewirkt eine Veränderung der Kollektor-Emitter-Spannung (Ausgangsspannung) von $\triangle U_{CE} = 12{,}5$ V.

Die Änderung des Basisstroms (Eingangsstrom) von $\triangle I_B = 50$ mA bewirkt eine Änderung des Kollektorstroms (Ausgangsstrom) von $\triangle I_C = 1{,}25$ A.

Die Eingangsspannungsänderung $\triangle U_{BE}$ und die Eingangsstromänderung $\triangle I_B$ wurden verstärkt.

Vergleicht man die Änderung der Eingangsleistung (Steuerleistung) $\triangle U_{BE} \cdot \triangle I_B$ mit der Änderung der Ausgangsleistung $\triangle U_{CE} \cdot \triangle I_C$, dann stellt man fest, daß auch eine **Leistungsverstärkung** stattgefunden hat.

Ein Transistor kann Spannungen, Ströme und Leistungen verstärken.

Abb. 1; S. 120 zeigt Kennlinien des Transistors BD 130 und erläutert die Entstehung der **Spannungs- und Stromverstärkung.** Die Veränderung von U_{BE} bewirkt eine Verschiebung des Arbeitspunktes auf der Eingangs- und Ausgangsseite von A_1 nach A_2. Dadurch ergeben sich die Veränderungen von I_B, I_C und U_{CE}. Es wird deutlich, daß $\triangle U_{CE}$ sehr viel größer als $\triangle U_{BE}$ und $\triangle I_C$ sehr viel größer als $\triangle I_B$ wird.

Darüber hinaus zeigt Abb. 1; S. 120, daß sich U_{BE} und U_{CE} gegensinnig ändern. Wird U_{BE} vergrößert, so verringert sich U_{CE} und umgekehrt. Dies liegt daran, daß sich der Spannungsabfall an R_C gleichsinnig mit I_C, I_B und U_{BE} ändert. Weil $U_{CE} = U_B - U_{Ra}$ ist, bewirkt ein Anwachsen von U_{RC} ein Sinken von U_{CE}.

Versuch 2 – 3: Verstärkereigenschaften des Transistors (Leistungstransistor)

Aufbau

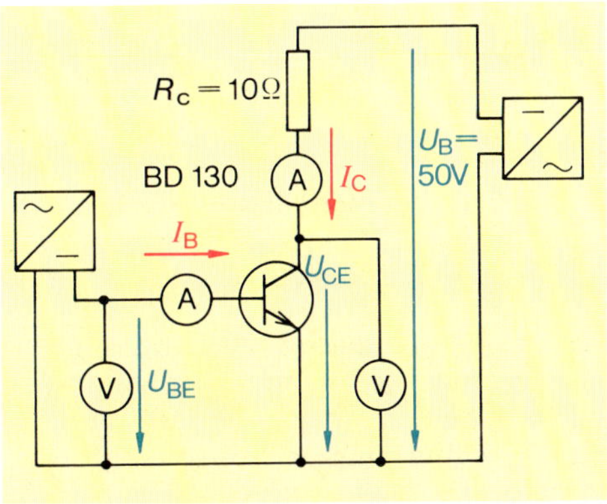

Durchführung

U_{BE} wird von ca. 0,83 V auf 1 V erhöht. U_{BE}, U_{CE}, I_B und I_C werden gemessen.

Ergebnis

U_{BE} in V	U_{CE} in V	I_B in mA	I_C in A
0,83	22,5	50	2,75
1	10	100	4

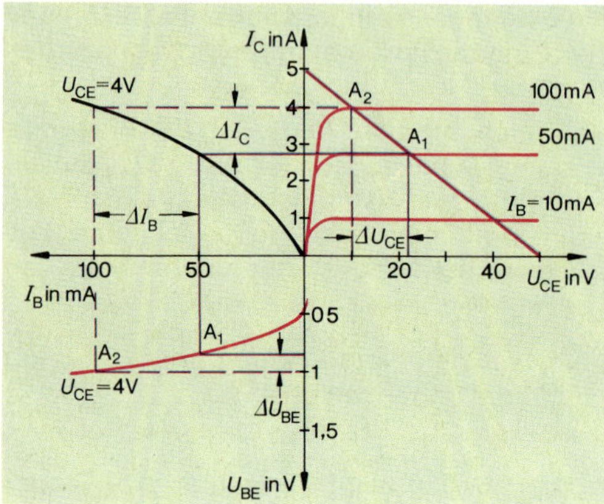

Abb. 1: Verstärkung mit Transistor

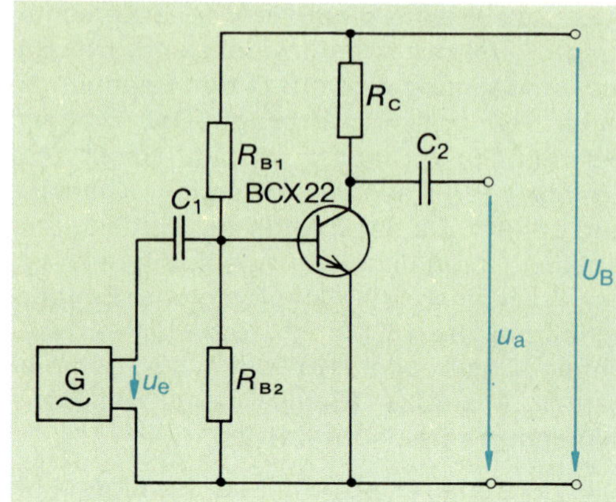

Abb. 2: Wechselspannungsverstärker in Emitterschaltung

Das Verhältnis von $\triangle U_{CE}$ zu $\triangle U_{BE}$ heißt **Spannungsverstärkung** v_u.

$$v_u = \frac{\triangle U_{CE}}{\triangle U_{BE}}$$

Das Verhältnis von $\triangle I_C$ zu $\triangle I_B$ heißt **Stromverstärkung** v_i.

$$v_i = \frac{\triangle I_C}{\triangle I_B}$$

Das Verhältnis von $\frac{\triangle U_{CE} \cdot \triangle I_C}{\triangle U_{BE} \cdot \triangle I_B}$ heißt **Leistungsverstärkung** v_p. Es ist gleich dem Produkt $v_u \cdot v_i$.

$$v_p = v_u \cdot v_i$$

Mit den Meßwerten aus Versuch 3–4 oder mit Hilfe der Abb. 1 ergeben sich für die Schaltung aus Versuch 3–4 folgende Verstärkungen.

$$v_u = \frac{12{,}5\,\text{V}}{0{,}17\,\text{V}} \qquad v_i = \frac{1{,}25\,\text{A}}{0{,}05\,\text{A}} \qquad v_p = 73{,}53 \cdot 25$$

$$\underline{v_u = 73{,}53} \qquad \underline{v_i = 25} \qquad \underline{v_p = 1838{,}25}$$

Wechselspannungsverstärker

Abb. 2 zeigt einen einfachen Wechselspannungsverstärker in Emitterschaltung. Die Kondensatoren C_1 und C_2 heißen **Koppelkondensatoren.** Sie verhindern, daß Gleichströme in die Schaltung hinein- bzw. aus ihr herausfließen. u_e ist die **Eingangswechselspannung** und u_a die **Ausgangswechselspannung.**

Die Eigenschaften der Verstärkerschaltung lassen sich mit Hilfe des Transistorkennlinienfeldes (Abb. 3) erläutern.

Die Eingangswechselspannung u_e überlagert sich der Basisvorspannung. Zwischen Basis und Emitter entsteht eine Mischspannung die sich um $\triangle U_{BE}$ ändert. Aus Abb. 3 entnimmt man, daß sich der Basis- und der Kollektorstrom gleichsinnig mit u_e ändern. U_{CE} ändert sich gegensinnig zu I_C und u_e, weil bei steigendem Kollektorstrom der Spannungsabfall an R_C größer und U_{CE} damit kleiner wird. Die Kollektor-Emitter-Spannung ist, wie die Basis-Emitter-Spannung, eine Mischspannung. Der Koppelkondensator C_2 läßt jedoch nur den Wechselspannungsanteil durch, so daß am Ausgang der Schaltung nur die Ausgangswechselspannung u_a zu messen ist. Diese hat zu u_e eine Phasenverschiebung von 180°.

In der Emitterschaltung sind Eingangs- und Ausgangswechselspannung um 180° phasenverschoben.

Ist die Spannungsverstärkung einer Verstärkerstufe für einen Anwendungsfall zu gering, dann können mehrere Verstärkerstufen hintereinander geschaltet werden. Man erhält dann einen mehrstufigen Verstärker.

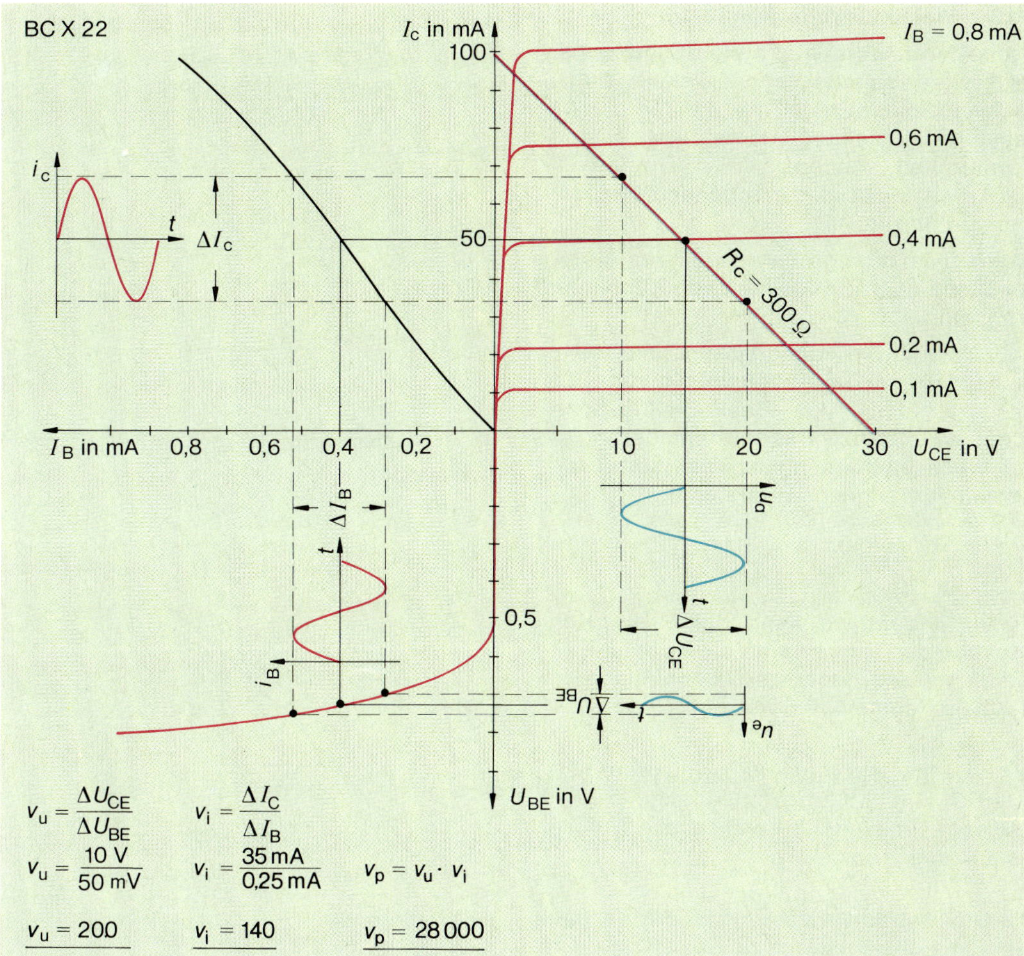

Abb. 3: Verstärkung von Wechselspannungen

Aufgaben zu 2.4.2

1. Wie heißt die Verstärkerschaltung, bei der für Ausgang und Eingang der Emitter des Transistors gemeinsamer Anschlußpunkt ist?

2. Welche Größen können in einer Transistorschaltung verstärkt werden?

3. Erläutern Sie den Vorgang der Spannungsverstärkung in der Emitterschaltung!

4. Wie wird bei einem Wechselspannungsverstärker die Verstärkung von Gleichspannungen verhindert?

5. Verdeutlichen Sie das Phasenverhalten einer Emitterschaltung mit Hilfe seiner Eingangs-, Steuer- und Ausgangskennlinie.

6. Bei einer Verstärkerstufe ergeben sich folgende Meßwerte: $\Delta U_{BE} = 0{,}15$ V; $\Delta U_{CE} = 5{,}3$ V; $\Delta I_B = 100$ µA; $\Delta I_C = 7{,}5$ mA. Berechnen Sie v_u; v_i und v_p!

7. Welche Phasenlage besitzt die Ausgangs- gegenüber der Eingangsspannung bei einem Transistor, der den Emitter als gemeinsame Elektrode für Ein- und Ausgang besitzt?

2.4.3 Wechselstromkenngrößen

Transistoren werden in vielen Schaltungen als Wechselspannungsverstärker eingesetzt. Es sind deshalb nicht nur die für die Arbeitspunkteinstellung notwendigen Gleichstromgrößen, sondern auch die im jeweiligen Arbeitspunkt vorherrschenden Wechselstromgrößen wichtig.

Die Wechselstromgrößen lassen sich wie bei der Diode über die Steilheit von Kennlinien ermitteln.

Abb. 1 zeigt die Eingangskennlinie eines Transistors, I_B in Abhängigkeit von U_{BE}. Das Verhältnis von Basis-Emitter-Spannungsänderung zu Basisstromänderung ist der **Wechselstromeingangswiderstand** (differentieller Eingangswiderstand).

$$r_{BE} = \frac{\Delta U_{BE}}{\Delta I_B}$$

Dieser Widerstand kann durch die Konstruktion der Tangente an die Kennlinie ermittelt werden oder aus Datenblättern der Hersteller entnommen werden.

Der Wechselstromeingangswiderstand ist der für eine am Eingang liegende Wechselspannungsquelle wirksame Widerstand des Transistors.

Die Gleichstromverstärkung ist das Verhältnis von Kollektorstrom zu Basisstrom. Die **Wechselstromverstärkung** läßt sich über die Tangentensteigung aus der Kennlinie entnehmen (Abb. 2).

$$\beta = \frac{\Delta I_C}{\Delta I_B}$$

Der Ausgangswiderstand für Wechselstrom läßt sich aus dem Ausgangskennlinienfeld entnehmen (Abb. 3). Legt man im Arbeitspunkt eine Tangente an die Kennlinie, dann ist der **Wechselstromausgangswiderstand** die Steigung der Tangente.

$$r_{CE} = \frac{\Delta U_{CE}}{\Delta I_C}$$

Mit den auf diese Weise ermittelten Kenngrößen läßt sich ein Ersatzschaltbild des Transistors für Wechselstrom zeichnen

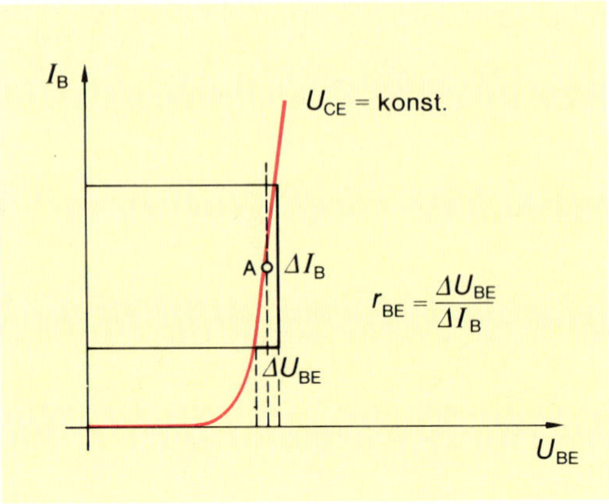

Abb. 1: Ermittlung des Wechselstromeingangswiderstandes

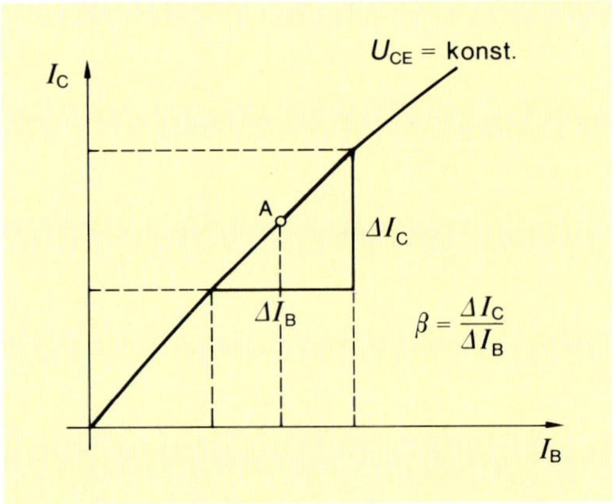

Abb. 2: Ermittlung der Wechselstromverstärkung

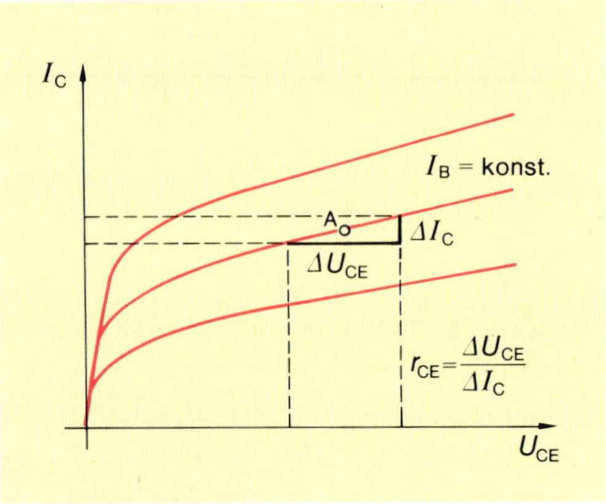

Abb. 3: Ermittlung des Wechselstromausgangswiderstandes

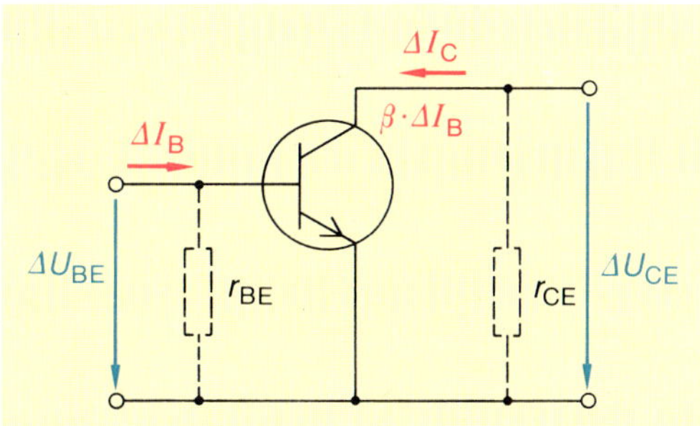

Abb. 4: Vereinfachtes Ersatzschaltbild des Transistors für Wechselstrombetrachtungen

(Abb. 4). Zwischen Basis und Emitter liegt der Eingangswiderstand. Der Eingangsstrom wird um den Stromverstärkungsfaktor β verstärkt und fließt dann als Kollektorstrom. Zwischen Kollektor und Emitter liegt der Ausgangswiderstand.

2.4.4 Wärmeübertragung bei Halbleiterbauelementen

In allen Halbleiterbauelementen wird elektrische Energie in Wärme umgewandelt. Durch geeignete Kühlmaßnahmen muß deshalb erreicht werden, daß die Temperatur des Halbleiterkristalls bestimmte Grenzwerte nicht überschreitet.

Germanium: 70 °C ... 90 °C
Silicium: 125 °C ... 200 °C

Bei Kleinsignaltransistoren reicht in der Regel die umgebende Luft als Kühlmedium aus. Leistungshalbleiter sind dagegen auf Kühlbleche bzw. bestimmte Kühlkörper montiert.

Zwischen dem Ort der höchsten Temperatur, im Innern des Halbleiterkristalls und der umgebenden Luft gibt es ein Temperaturgefälle. Dieser Temperaturunterschied läßt sich wie eine „Spannung" auffassen. Zwischen dem Kristall und der Luft befinden sich jedoch noch verschiedenartige Materialien (Gehäuse, Kühlbleche usw.), die den Wärmetransport behindern. Man kann sich diese Behinderung wie „Widerstände" vorstellen. Sie werden als **Wärmewiderstände** bezeichnet.

Legt man die bisher entwickelte Analogie zugrunde, dann ergibt sich für den Wärme-

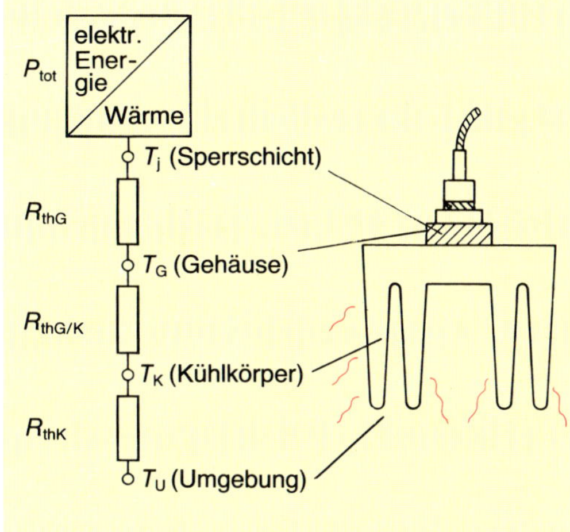

R_{thU}	: Sperrschicht und Umgebung	$[R_{thU}] = \frac{K}{W}$
R_{thG}	: Sperrschicht und Gehäuse	$[R_{thG}] = \frac{K}{W}$
R_{thK}	: Kühlkörper	$[R_{thK}] = \frac{K}{W}$
$R_{thG/K}$	: Gehäuse und Kühlkörper	$[R_{thG/K}] = \frac{K}{W}$
P_{tot}	: Gesamtverlustleistung	$[P_{tot}] = W$
T_j	: Sperrschichttemperatur	$[T_j] = °C$
T_u	: Umgebungstemperatur	$[T_u] = °C$

Die Änderung von 1°C entspricht der Änderung von 1 K.

Abb. 5: Wärmeübertragung bei Halbleiterbauelementen

transport in einem Halbleiterbauelement das „Ersatzschaltbild" von Abb. 5. Aus ihr kann der gesamte Wärmewiderstand als Reihenschaltung aus allen Wärmewiderständen entnommen werden.

$$R_{thU} = R_{thG} + R_{thG/K} + R_{thK}$$

Die Erwärmung in der Widerstandskette (R_{thU}) erfolgt durch die elektrische Leistung, die Gesamtverlustleistung P_{tot}. Sie ist also für den Temperaturunterschied $T_j - T_u$ verantwortlich. Die Gesamtverlustleistung ist proportional zum Temperaturunterschied.

Diese drei Größen lassen sich zu einer Gleichung für den Wärmewiderstand zusammenfassen:

$$R_{th} = \frac{T_j - T_u}{P_{tot}}$$

Der Wärmewiderstand gibt an, welcher Temperaturunterschied in Kelvin bei einer Verlustleistung von 1 W entsteht.

Der Wärmewiderstand zwischen Kristall und Gehäuse ist durch die Konstruktion vorgegeben. Beeinflußbar sind lediglich die anderen Wärmewiderstände. Sie können durch eine geeignete Auswahl der Kühlmittel und durch gute Wärmeübergänge (z. B. Wärmeleitpaste) verringert werden.

Aufgaben zu 2.4.3 u. 2.4.4

1. Ermitteln Sie aus Abb. 3 von S. 121 den Wechselstromeingangswiderstand des Transistors!

2. Ermitteln Sie aus Abb. 3 von S. 121 die Wechselstromverstärkung!

3. Die Kennlinie I_B in Abhängigkeit von U_{BE} verläuft bei Germaniumtransistoren flacher als bei Siliciumtransistoren. Ist der Wechselstromwiderstand größer oder kleiner? Begründen Sie Ihre Antwort.

4. Die Wechselstromverstärkung eines Transistors ist 140.
Wie groß ist die Kollektorstromänderung, wenn sich der Eingangsstrom um 15 µA ändert?

5. Der Kollektorstrom in einer Transistorschaltung ändert sich von 1,6 mA bis 2,9 mA. Dabei ändert sich die Kollektor-Emitter-Spannung von 12 V auf 5,3 V.
Wie groß ist der Wechselstromausgangswiderstand?

6. Ein Transistor besitzt einen Wechselstromausgangswiderstand von 8 kΩ. Wie groß ist die Kollektor-Emitter-Spannung, wenn sich der Basisstrom von 2 µA auf 3 µA ändert? Die Stromverstärkung beträgt 135.

7. Was versteht man unter dem Wärmewiderstand bei Halbleiterbauelementen?

8. Aus welchen Teilen kann man sich den Gesamtwärmewiderstand eines Halbleiterbauelements vorstellen?

2.5 Feldeffekttransistoren (unipolare Transistoren)

Feldeffekttransistoren sind unipolare Transistoren, d. h. die Stromleitung im Transistor erfolgt nur durch eine Ladungsart, den Löchern oder Elektronen.

Die Steuerung des Stroms geschieht über elektrostatische Felder, die senkrecht auf einen N- oder P-dotierten Strompfad (Kanal) einwirken. Aufgrund des hohen Eingangswiderstandes ist die Steuerung nahezu leistungslos. Sie kann durch Verändern von Sperrschichten oder über Isolierschichten geschehen. Deshalb lassen sich Feldeffekttransistoren in zwei Grundtypen einteilen, in die **Sperrschicht-** und **Isolierschicht-Feldeffekttransistoren.**

2.5.1 Sperrschicht-Feldeffekttransistor, PN-FET

Abb. 1 zeigt den Schnitt durch einen Sperrschicht-Feldeffekttransistor mit einem N-Kanal. An diesen Kanal sind oben und unten die Elektroden Drain und Source angeschlossen.

Der Kanal ist von der Gate-Elektrode teilweise umschlossen. Zwischen Source und Drain fließt der durch das Gate steuerbare Strom.

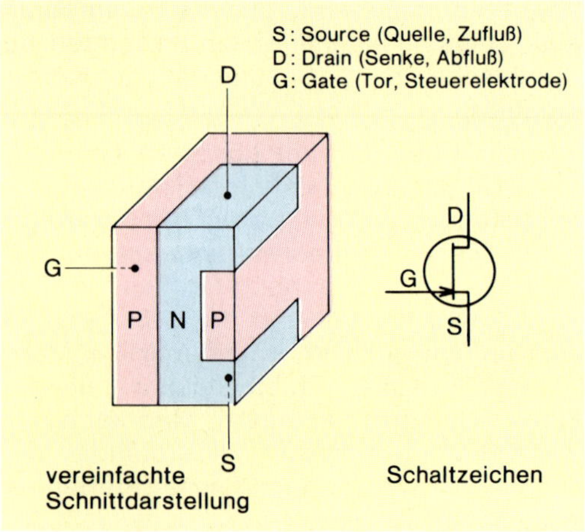

Abb. 1: Sperrschicht-Feldeffekttransistor mit N-Kanal

Um einen steuerbaren Strom zwischen Source und Drain zu erhalten, muß eine Spannung zwischen diese Elektroden gelegt werden (Abb. 2). Legt man jetzt noch zwischen Gate und Source eine Spannung, dann läßt sich der Strom zwischen Source und Drain steuern (Abb. 2).

Die Polarität der Steuerspannung ist so, daß das Gate negativ gegenüber der Source-Elektrode ist. Dadurch wird erreicht, daß sich die PN-Übergänge im gesperrten Zustand befinden. Die Größe der Spannung beeinflußt die Breite der Sperrschicht. Durch sie verändert sich der wirksame Querschnitt des Kanals und damit auch die Leitfähigkeit der Strecke (Widerstand).

Bei Sperrschicht-Feldeffekttransistoren erreicht man eine Steuerung des Stromes im Kanal durch eine Änderung der Sperrspannung am PN-Übergang.

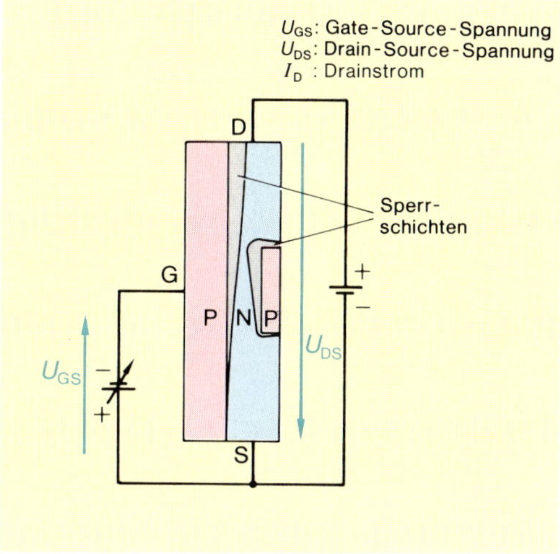

Abb. 2: Steuerung des Stromes I_D beim Sperrschicht-Feldeffekttransistor

Die Abb. 2 zeigt weiter eine in einer bestimmten Form ausgebreitete Sperrschicht. Die keilförmige Verengung im oberen Teil kommt dadurch zustande, daß dort der Spannungsunterschied zwischen Gate und Drain am größten ist. Erhöht man die Gate-Source-Spannung so weit, daß sich die Sperrschichten berühren, dann ist der Kanal praktisch gesperrt (abgeschnürt). Diese Spannung nennt man **Abschnürspannung.** Eine Spannungserhöhung bringt nur eine geringfügige Stromerhöhung (I_D).

Verringert man jetzt die Gate-Source-Spannung wieder, dann wird der Kanal freigegeben und es fließt ein Strom. Er nimmt mit Verringerung der Spannung zu.

Der Zusammenhang zwischen dem Drainstrom und der Steuerspannung U_{GS} wird in einer Kennlinie verdeutlicht. In Abb. 1 (S. 126) ist zu sehen, daß bei $-U_{GS} = 6\,V$ der Transistor gesperrt ist. Es hat eine Abschnürung des Kanals stattgefunden. Mit Verringerung dieser Spannung steigt der Drainstrom an, bis bei $U_{GS} = 0\,V$ der Maximalwert erreicht wird.

Mit der Steuerkennline kann eine Aussage über die Verstärkung gemacht werden. Je steiler die Kennlinie ist, desto größer wird die Stromänderung bei gleichbleibender Spannungsänderung sein. Die Verstärkung ist dann ebenfalls groß.

Die Beziehung zwischen Gate-Source-Spannungsänderung und Drainstromänderung wird in einer Kenngröße zusammengefaßt. Sie wird **Steilheit** genannt.

$$S = \frac{\Delta I_D}{\Delta U_{GS}}$$

Praktische Steilheitswerte von Sperrschicht-Feldeffekttransistoren liegen zwischen $1\,\frac{mA}{V}$ und $50\,\frac{mA}{V}$.

Die Steilheit gibt an, um wieviel mA sich der Drainstrom ändert, wenn die Steuerspannung (U_{GS}) um 1V geändert wird.

Die Ausgangskennlinie ist ebenfalls in Abb. 1 (S. 126) zu sehen. Im Anfangsbereich sind U_{DS} und I_D etwa proportional. Der Transistor verhält sich wie ein Widerstand (ohmscher Bereich). Er läßt sich in diesem Bereich als steuerbarer Widerstand einsetzen.

Der zweite Bereich ist gekennzeichnet durch einen nahezu geradlinigen Verlauf. Eine Spannungserhöhung zwischen Drain und

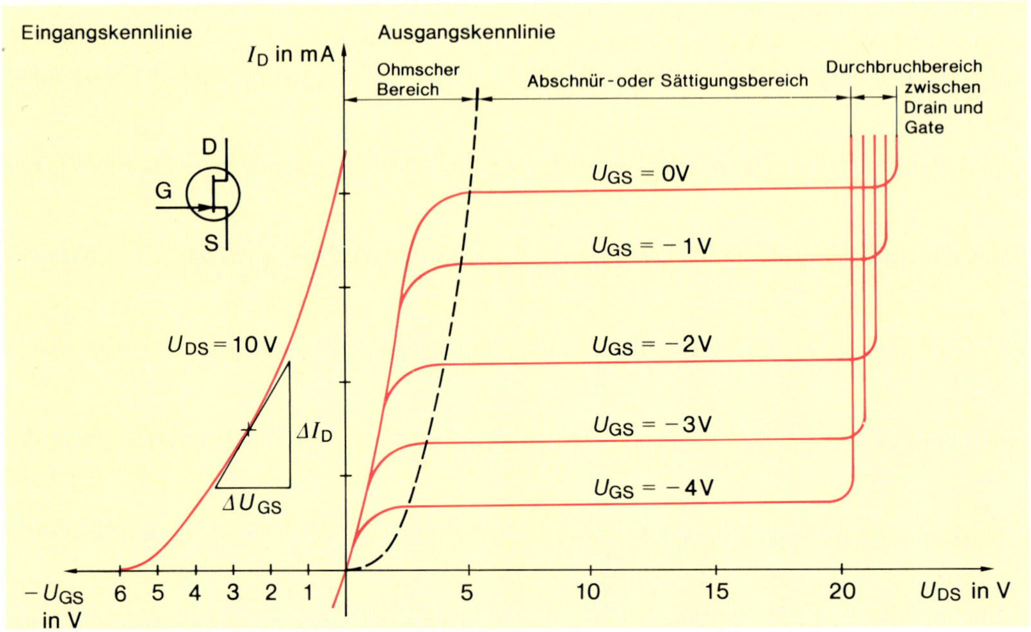

Abb. 1: Kennlinien eines Sperrschicht-Feldeffekttransistors mit N-Kanal

Source bringt keine nennenswerte Stromänderung. Der Strom wird durch eine bestimmte Steuerspannung U_{GS} bestimmt. In diesem Bereich liegt der Arbeitspunkt für Verstärker.

Im dritten Bereich kommt es aufgrund der hohen Spannung zwischen Drain und Source zu einem Durchbruch zwischen Drain und Gate. Die Sperrschicht wird abgebaut und die Stromstärke erhöht sich sprungartig. Es besteht Zerstörungsgefahr. Die Durchbruchspannung bei gängigen Sperrschicht-Feldeffekttransistoren liegt zwischen 20 V und 30 V.

Die Steuerung des Sperrschicht-Feldeffekttransistors geschieht bei gesperrten PN-Übergängen. Dementsprechend gering sind die Eingangsströme. Die Gate-Ströme gängiger Sperrschicht-Feldeffekttransistoren liegen zwischen 10^{-8} A und 10^{-12} A. Daraus resultieren hohe Eingangswiderstände von 10 GΩ bis 10 TΩ.

Feldeffekttransistoren haben einen hohen Eingangswiderstand. Die Steuerung ist nahezu leistungslos.

Der Ausgangswiderstand läßt sich wie bei bipolaren Transistoren ermitteln. Der **Gleichstromwiderstand** ist das Verhältnis von U_{DS} zu I_D.

$$R_{DS} = \frac{U_{DS}}{I_D}$$

Der **differentielle Ausgangswiderstand** (Wechselstromwiderstand) ist aus der Steigung der Kennlinie im Arbeitspunkt ermittelbar.

$$r_{DS} = \frac{\Delta U_{DS}}{\Delta I_D}$$

Übliche Werte für r_{DS} bei Sperrschicht-Feldeffekttransistoren liegen zwischen 60 kΩ und 250 kΩ.

Feldeffekttransistoren werden häufig im Kleinsignalbereich eingesetzt. Maximale Verlustleistungen von ca. 200 mW bei $I_{D\,max} \approx 25$ mA sind üblich. Es gibt aber auch Feldeffekttransistoren mit großen Leistungen. Der Transistor BUZ 10 z. B. kann bei Spannungen von $U_{DS} \approx 50$ V mit $I_D \approx 12$ A ... 30 A betrieben werden.

Der Eingangsstrom von Feldeffekttransistoren ist nahezu Null. Deshalb muß nicht wie bei bipolaren Transistoren ein Basisstrom eingestellt werden, sondern es muß nur dafür gesorgt werden, daß das Gate negativ gegenüber der Source-Elektrode ist. Erreichen läßt sich dies durch die in Abb. 2 zu erkennende Verstärkerstufe.

Der Drainstrom sorgt am Widerstand R_S für einen Spannungsabfall. Die Source-Elektrode ist also positiver als die Masse, die für alle Elektroden der Bezugspunkt ist. Da zwischen Gate und Masse der Widerstand R_G liegt und durch ihn kein Strom fließt, ist auch die Gate-Elektrode negativer als die Source-Elektrode. Anders ausgedrückt, die Source-Elektrode ist positiver als die Gate-Elektrode.

Der Arbeitspunkt wird auf diese Art mit R_S und I_D festgelegt. Die Vorspannung der Gate-Elektrode ist als Spannungsabfall an R_S meßbar, $U_{GS} = R_S \cdot I_D$.

Legt man an den Eingang eine Wechselspannung (Abb. 3) dann ändert sich der Drainstrom I_D. Dieser sorgt für einen sich ändernden Spannungsabfall an R_D, so daß am Ausgang eine sich ändernde Spannung zur Verfügung steht.

Neben Sperrschicht-Feldeffekttransistoren mit N-Kanal gibt es Sperrschicht-Feldeffekttransistoren mit einem P-Kanal. Der steuerbare Strom besteht dabei aus Löchern. Die Kennlinien sind ähnlich. Es muß jedoch die Polarität der Spannungen zwischen Gate und Source beachtet werden (vgl. Übersicht S. 132).

Für die Sperrschicht-Feldeffekttransistoren ist auch noch die Abkürzung JFET üblich. Sie bedeutet junction-fieldeffekt-transistor.

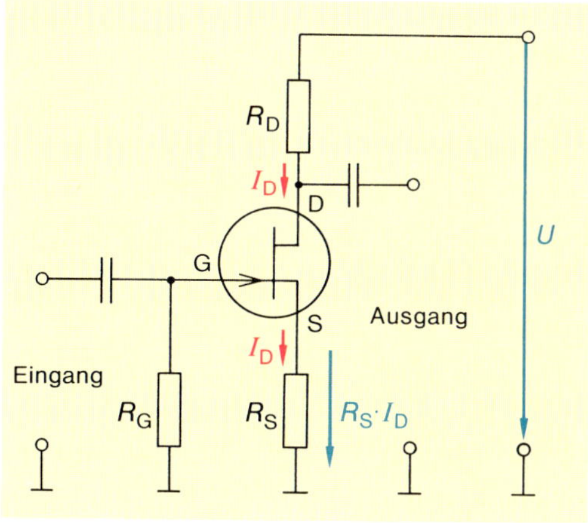

Abb. 2: Verstärkerschaltung mit Sperrschicht-Feldeffekttransistor

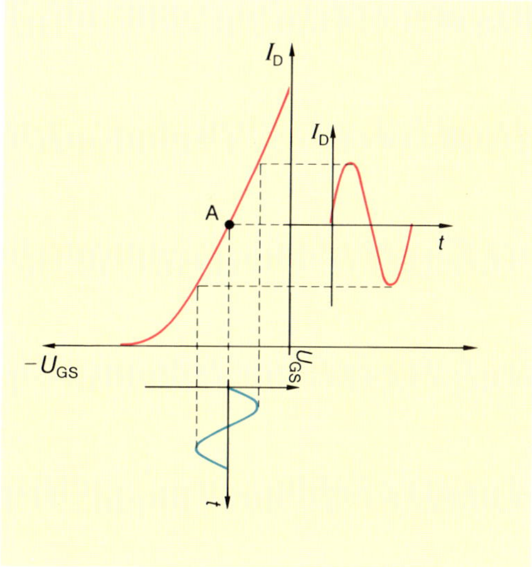

Abb. 3: Verstärkung beim Sperrschicht-Feldeffekttransistor

Aufgaben zu 2.5.1

1. Welche Veränderungen treten im Innern eines Sperrschicht-Feldeffekttransistors auf, wenn U_{GS} verändert wird? (U_{DS} = konstant)

2. Zeichnen Sie die beiden Kennlinienfelder eines PN-FET mit P-Kanal!

3. Erklären Sie den Begriff Steilheit bei einem Feldeffekttransistor!

4. Geben Sie die Polarität für Gate und Drain bei einem PN-FET mit P-Kanal an, der sich in einer Verstärkerstufe befindet, und bei dem die Source-Elektrode gemeinsamer Bezugspunkt ist.

5. Ein FET hat eine Steilheit von $12 \frac{\text{mA}}{\text{V}}$.

Die Spannung U_{GS} wird von 1,8 V auf 2,4 V erhöht. Um wieviel mA verändert sich der Drainstrom?

2.5.2 Isolierschicht-Feldeffekttransistor, IG-FET

Beim Isolierschicht-Feldeffekttransistor ist die Steuerelektrode ein dünnes Aluminiumplättchen (isoliertes Gate, insulated-gate-field-effekt-transistor), das durch eine Isolierschicht vom Kanal zwischen Drain und Source getrennt ist.

Da die Elektrode aus Metall besteht, gibt es auch die Abkürzung MIS-FET (metal-isolated-semiconductor-FET).

Die Isolierschicht kann aus Siliciumdioxid bestehen.

Abkürzung:

MOS-FET
(Metall-[Silicium-]-Oxid-Silicium).

Bessere elektrische Eigenschaften besitzen Siliciumnitrate als Isolierschichten, Si_3N_4.

Abkürzung:

MNS-FET.

Aus der Fülle der Transistortypen soll hier der MOS-FET ausführlicher behandelt werden, da er häufiger ist und alle anderen Typen ähnlich arbeiten.

Der grundsätzliche Aufbau eines MOS-FET ist in Abb. 1 zu sehen. Dieser Typ ist ein sogenannter **selbstsperrender Transistor (Anreicherungstyp).**

Der Begriff selbstsperrend verdeutlicht bereits einen Teil der Wirkung. Wenn eine Spannung zwischen Drain und Source angelegt wird, dann fließt bei offenem Gate kein Strom.

Die Drain-Source-Strecke des MOS-FET vom Anreicherungstyp (selbstsperrend) ist bei $U_{GS} = 0\,V$ gesperrt.

Legt man jedoch eine Steuerspannung an das Gate (Abb. 2), dann werden bei positiver Gate-Elektrode aus dem P-Substrat Ladungen (Elektronen) angezogen. Sie lagern sich gegenüber der Metallschicht an und sorgen dafür, daß zwischen Drain und Source eine Ladungsbrücke entsteht. Es kann ein Strom zwischen Drain und Source fließen.

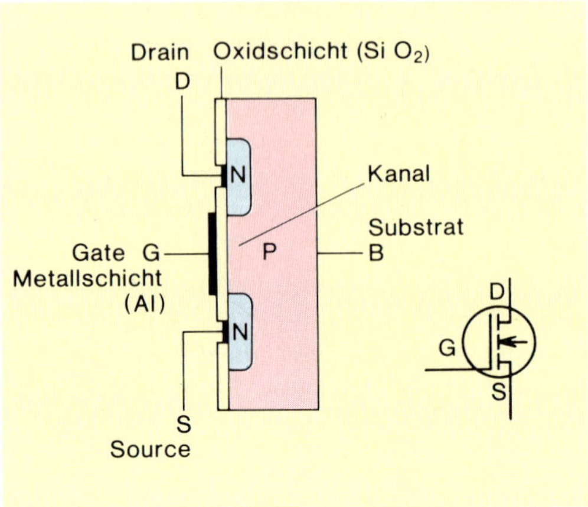

Abb. 1: Schnitt durch einen Isolierschicht-Feldeffekttransistor (MOS-FET) des N-Kanal-Anreicherungstyps (selbstsperrender Typ)

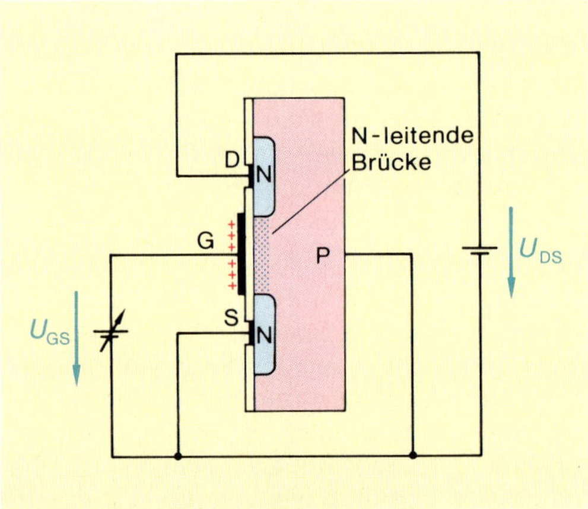

Abb. 2: Steuerung des Drainstromes beim MOS-FET des Anreicherungstyps (selbstsperrend)

Durch die Gate-Source-Spannung wird beim MOS-FET des Anreicherungstyps (selbstsperrend) eine leitende Brücke zwischen Source und Drain geschaffen.

Die Stromstärke zwischen Drain und Source kann durch die Gate-Spannung beeinflußt werden. Dieser Zusammenhang wird im Diagramm der Abb. 3 verdeutlicht. Die Kennlinien der MOS-FET ähneln den Kennlinien des Sperrschicht-Feldeffekttransistors. Da beim MOS-FET das Gate positiv gegenüber

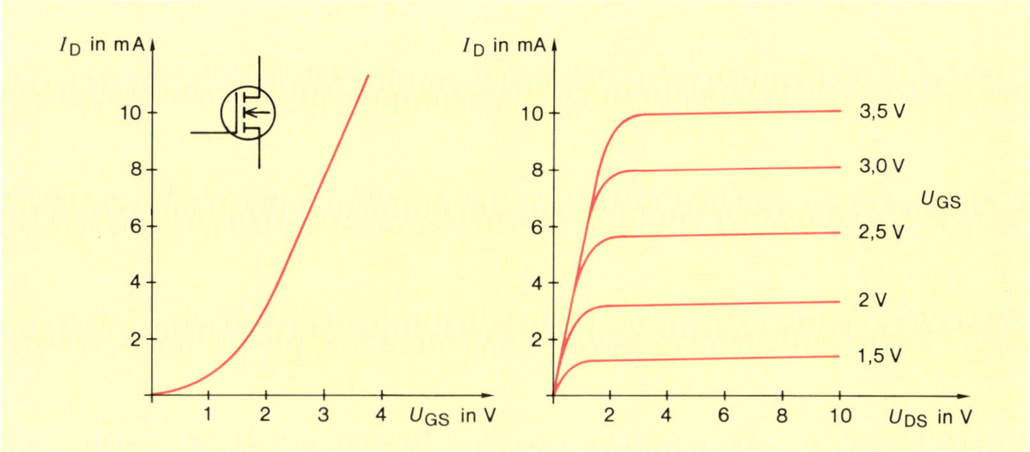

Abb. 3: Kennlinien eines MOS-FET des Anreicherungstyps (selbstsperrend) mit N-Kanal

des Source Elektrode sein muß, kann mit einem Vorwiderstand der Arbeitspunkt festgelegt werden.

Neben den selbstsperrenden MOS-FET's gibt es die **selbstleitenden MOS-FET's.** Abb. 4 zeigt einen Schnitt durch diesen Transistortyp. Zwischen Drain und Source befindet sich bereits eine N-leitende Brücke. Es fließt also bei angelegter Spannung zwischen Drain und Source und $U_{GS} = 0\,V$ ein Strom.

Die Drain-Source-Strecke des MOS-FET vom Verarmungstyp (selbstleitend) ist bei $U_{GS} = 0\,V$ bereits leitend.

Legt man jetzt eine Spannung zwischen Gate und Source an, dann wird bei positiver Gate-Elektrode die Leitfähigkeit im Kanal erhöht, da zusätzliche Ladungen aus dem Substrat angezogen werden. Bei negativer Polarität werden Ladungen herausgedrückt, und der Strom zwischen Drain und Source verringert sich.

Mit gängigen MOS-FET's können Steilheiten von $4\frac{mA}{V}\dots20\frac{mA}{V}$ erreicht werden.

Das Besondere dieses Transistortyps ist, daß er direkt mit einer Wechselspannung angesteuert werden kann. Eine Vorspannungserzeugung kann entfallen. Diese Eigenschaft wird auch durch die Kennlinie deutlich (Abb. 1; S. 130). Die Steuerkennlinie zeigt, daß bei $U_{GS} = 0\,V$ bereits ein Drainstrom fließt, der bei positiver Polarität ansteigt und bei negativer sinkt.

Die Eingangswiderstände von Isolierschicht-Feldeffekttransistoren sind noch größer als die von Sperrschicht-Feldeffekttransistoren. Sie liegen bei $10\,T\Omega\dots10^3\,T\Omega$. Die Eingangsströme sind dementsprechend gering und liegen zwischen $10^{-12}\,A$ und $10^{-15}\,A$. Mit Reibungselektrizität lassen sich höhere Stromstärken erzielen, so daß diese Transistoren geschützt werden müssen. Von

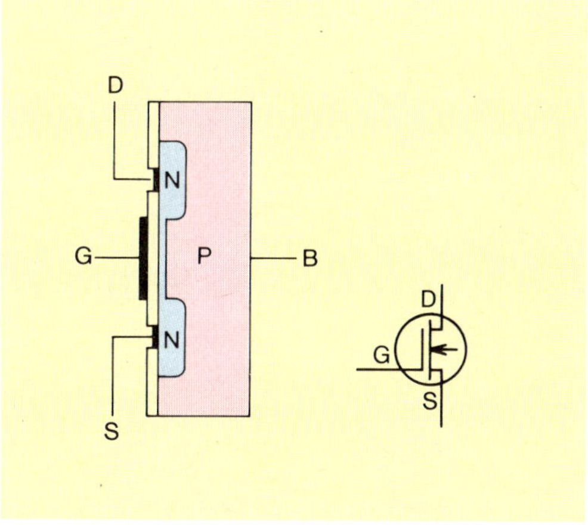

Abb. 4: Schnitt durch einen Isolierschicht-Feldeffekttransistor, MOS-FET, N-Kanal, Verarmungstyp (selbstleitend)

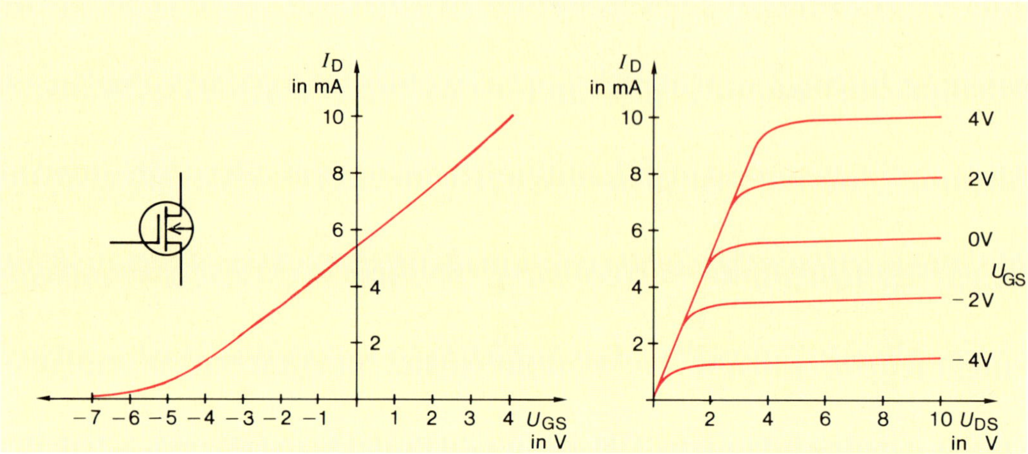

Abb. 1: Kennlinien eines MOS-FET des Verarmungstyps (selbstleitend) mit N-Kanal

Herstellern wird dieses Bauteil mit einem Kurzschlußring versehen, der alle Elektroden überbrückt. Erst nachdem das Bauteil in die Schaltung eingelötet ist, wird der Kurzschlußring entfernt.

Eine andere Schutzmöglichkeit sind Schutzdioden (Abb. 2). Sie sind bereits in das Bauteil integriert. Steigt die Spannung auf einen bestimmten Wert an, dann werden die Dioden leitend, und der Transistor ist geschützt. Diese Maßnahme verschlechtert allerdings die Kenndaten des Transistors.

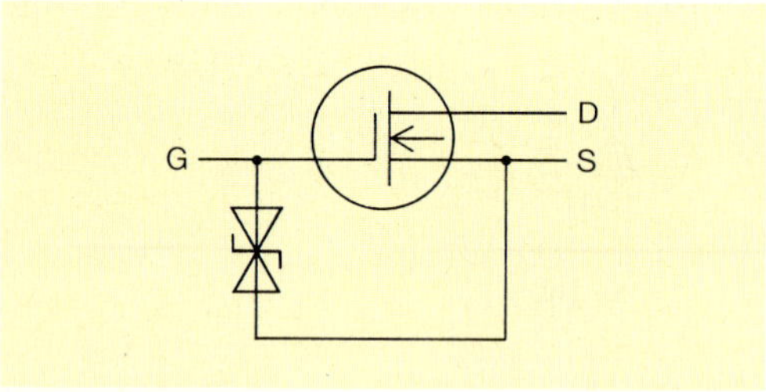

Abb. 2: Schutzbeschaltung durch Z-Dioden beim Feldeffekttransistor

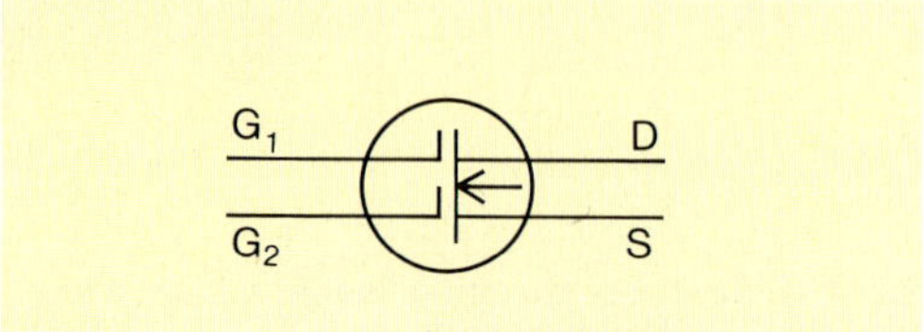

Abb. 3: Dual-Gate-Feldeffekttransistor mit N-Kanal

2.5.3 Dual-Gate-MOS-FET

Der Dual-Gate-MOS-FET besitzt zwei Gate-Elektroden. Üblich sind selbstleitende N-Kanal Typen. Das Schaltzeichen ist in Abb. 3 zu sehen. Die beiden Gate-Elektroden können den Drainstrom weitgehend unabhängig voneinander steuern. Damit besitzt man zwei Steuermöglichkeiten.

Dual-Gate-MOS-FET's werden vor allem im HF-Bereich eingesetzt, in Frequenzmischstufen und Modulatoren.

2.5.4 Leistungs-Feldeffekttransistoren

Feldeffekttransistoren gibt es nicht nur im Kleinsignal-, sondern auch im Leistungsbereich. Sie werden in MOS-Technologie hergestellt und verfügen über einen besonders kurzen Kanal. Bezeichnungen sind mitunter **VMOS,** wegen des v-förmigen Gates oder **SIPMOS** (**S**iemens-**P**ower-**MOS**).

In Abb. 4 und 5 sind die Nennlinien des BUZ 23 zu sehen. Es handelt sich um einen SIPMOS-Transistor, der im Prinzip aus einer Vielzahl parallelgeschalteter Einzeltransistoren auf einem Chip besteht. Seine maximale Verlustleistung beträgt 100 W.

Die Eingangs- und die Ausgangskennlinien zeigen das typische Verhalten von MOS-Feldeffekttransistoren. Transistoren dieses Typs lassen sich z. B. durch digitale Schaltungen, deren H-Pegel bei 5 V liegt, direkt ansteuern. Sie sind also ideale Bindeglieder zwischen der Mikro- und der Leistungselektronik. Die Gegenüberstellung in der Tabelle 2.2 zeigt deutlich die Vorteile gegenüber bipolaren Transistoren.

Die Abb. 3 zeigt ein Anwendungsbeispiel. Der Eingang des Feldeffekttransistors wird direkt durch den Ausgang des Mikrocomputers angesteuert.

Tab. 2.2: Gegenüberstellung bipolarer und unipolarer Leistungstransistoren

	bipolar	FET
Eingangs-widerstand	klein	groß
Steuerung	Strom, Leistung	Spannung, leistungslos
Einschaltzeit	50 ... 500 ns	10 ... 600 ns
Ausschaltzeit	500 ... 2000 ns	10 ... 600 ns
Grenzfrequenz	100 MHz	einige GHz
Bahn-Widerstand	0,3 Ω	0,003 Ω ... 2 Ω
Überlastbarkeit	schlecht	gut
thermische Stabilität	erforderlich	nicht erforderlich
Parallel-schaltung der Transistoren	besondere Maßnahmen erforderlich	keine Maßnahmen erforderlich, unbegrenzt

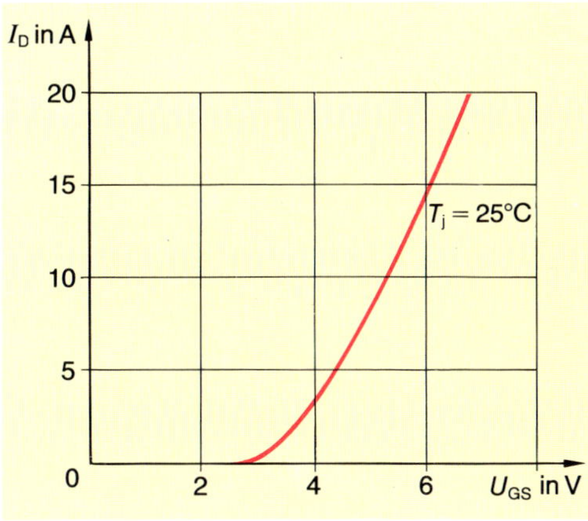

Abb. 4: Eingangskennlinie BUZ 23

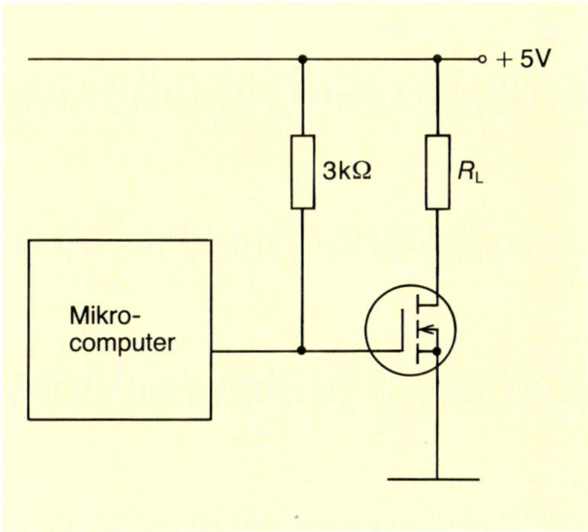

Abb. 5: Direkte Ansteuerung des Leistungs-FET von einem Mikrocomputer

Aufgaben zu 2.5.2 bis 2.5.4

1. Erklären Sie den Unterschied zwischen einem selbstsperrenden und einem selbstleitenden MOS-FET!

2. Welche Polarität muß das Gate gegenüber Source eines IG-FET mit P-Kanal (Anreicherungstyp) haben, wenn in der Verstärkerstufe die Source-Elektrode gemeinsamer Bezugspunkt für alle Spannungen ist?

3. Was bedeutet die Abkürzung MOS-FET?

4. Erklären Sie den Unterschied zwischen den Kennlinien eines selbstsperrenden und eines selbstleitenden IG-FET mit N-Kanal.

5. Ist der Dual-Gate-FET von Abb. 3 ein selbstleitender oder ein selbstsperrender Transistor?

6. Nennen Sie Vorteile, die der Leistungs-FET gegenüber bipolaren Transistoren besitzt.

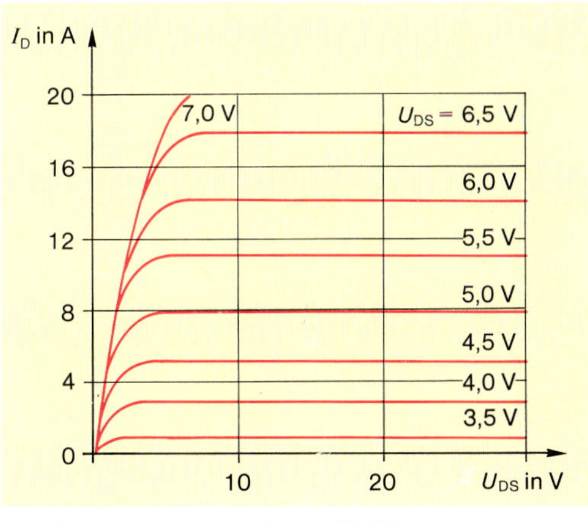

Abb. 6: Ausgangskennlinie BUZ 23

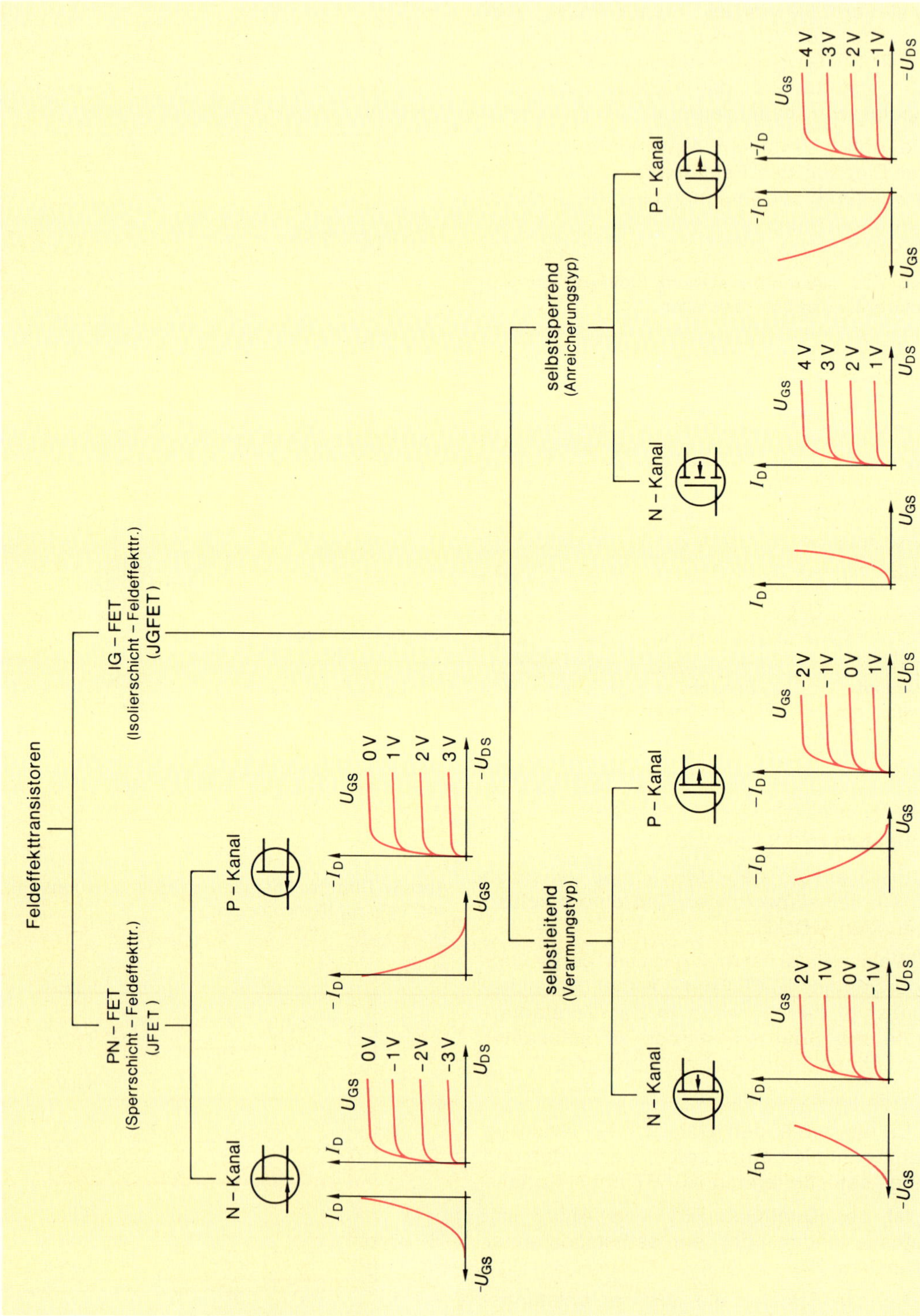

Abb. 1: Übersicht über Feldeffekttransistoren

2.6 Operationsverstärker

2.6.1 Unbeschalteter Operationsverstärker

In zunehmendem Maße werden in der Elektronik integrierte Schaltungen eingesetzt. Wichtig ist dann das Verhalten der Schaltung gegenüber äußeren Veränderungen.

Der Operationsverstärker ist eine integrierte Schaltung. Ursprünglich wurde er für mathematische Operationen eingesetzt. Aus dieser Zeit stammt auch sein Name. Heute wird er jedoch vielseitig verwendet. Sein Anwendungsbereich erstreckt sich von komplexen Rechenanlagen bis zur Unterhaltungselektronik.

Die Symbole und die Anschlüsse eines Operationsverstärkers sind in Abb. 3 zu sehen. Er besitzt zwei Eingänge und einen Ausgang. Außerdem wird er mit zwei gleich großen Spannungen betrieben. Die Anschlüsse für die Betriebsspannungen und die gemeinsame Masse werden in Schaltungen in der Regel weggelassen, da sie selbstverständlich dazugehören.

Wertebereiche von Operationsverstärkern:

Spannungsverstärkung:	$10^3 \ldots 10^8$
Eingangswiderstand:	$10^5\,\Omega \ldots 10^{15}\,\Omega$
Ausgangswiderstand:	$20\,\Omega \ldots 3\,k\Omega$
Frequenzbereich:	0 Hz . . . 1 MHz (Transitfrequenzgrenze, vgl. S. 135)

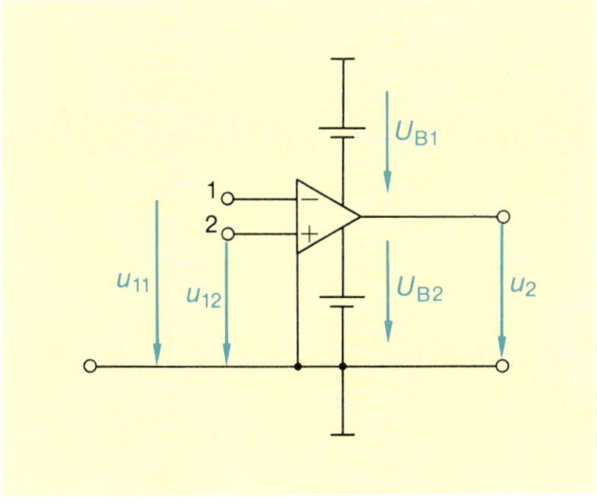

Abb. 2: Anschluß eines Operationsverstärkers

Abb.3: Operationsverstärker

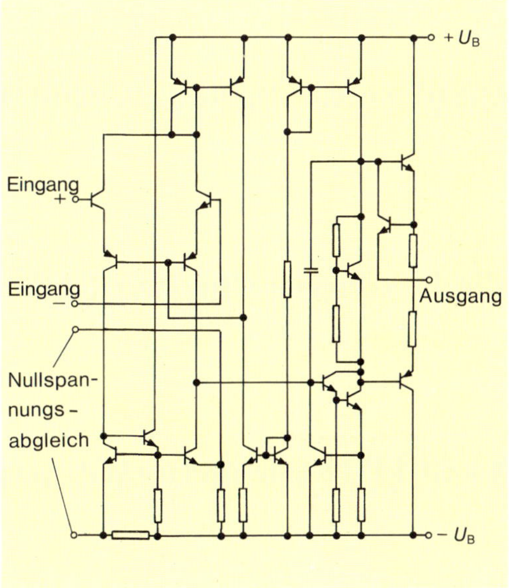

Abb. 4: Innere Schaltung eines Operationsverstärkers

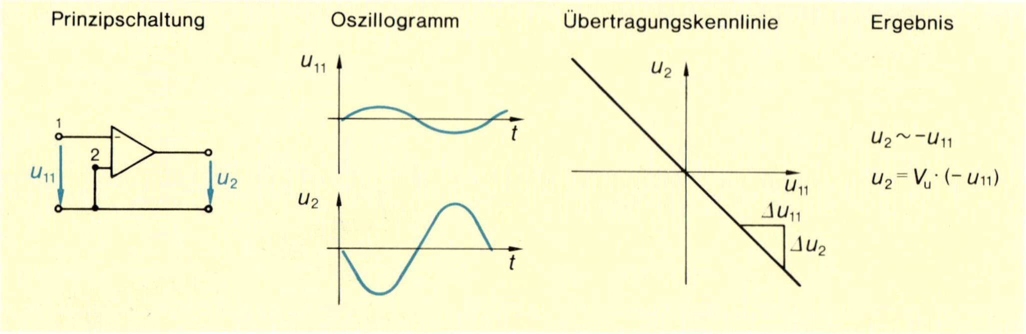

Abb. 1: Invertierender Operationsverstärker

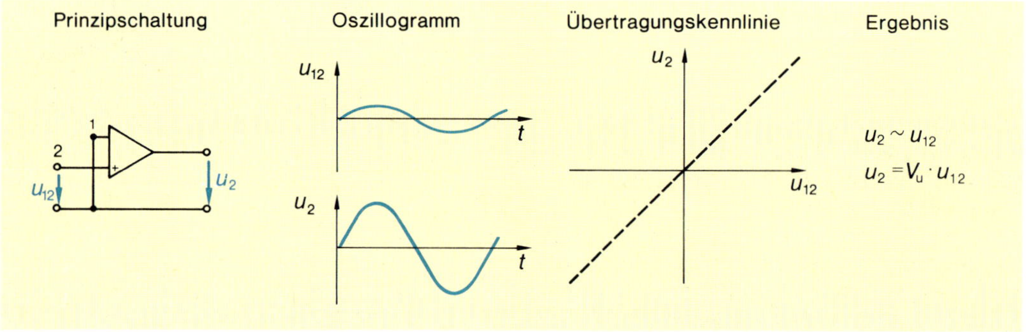

Abb. 2: Nicht-invertierender Operationsverstärker

Das Verhalten des Operationsverstärkers soll nachfolgend in Schritten untersucht werden.

Zunächst wird an Eingang 1 eine sehr kleine Wechselspannung (µV) gelegt und das Ausgangssignal oszillografiert. Das Ergebnis ist in Abb. 1 zu sehen. Das Eingangssignal wird verstärkt und um 180° in seiner Phase gedreht. Ausgangs- und Eingangssignal sind in weiten Bereichen proportional. Deshalb ist die Übertragungskennlinie eine Gerade.

Da das Eingangssignal neben der Verstärkung auch noch eine Phasendrehung von 180° erfährt, nennt man diesen Eingang den **invertierenden Eingang** und versieht ihn mit einem Minuszeichen.

Legt man an den mit einem Pluszeichen versehenen Eingang auch eine Spannung (Abb. 2), dann wird deutlich, daß das Signal verstärkt aber in seiner Phasenlage nicht verändert wird. Der Eingang wird **nicht-invertierender Eingang** genannt.

An beide Eingänge des Operationsverstärkers können gleichzeitig Spannungen anliegen. Legt man wie in Abb. 3 an beide dieselbe Spannung, dann ist die Ausgangsspannung Null. Der Operationsverstärker verstärkt die Differenz der Spannungen, und diese ist Null.

Sind die beiden Ausgangsspannungen unterschiedlich, dann ist die Differenz nicht Null und der Operationsverstärker verstärkt diese Differenz (vgl. Beispiel von Abb. 3).

Der Operationsverstärker ist eine integrierte Schaltung mit hoher Verstärkung. Die Differenz der Eingangsspannung wird verstärkt.

Beim realen Operationsverstärker ist die Ausgangsspannung auch dann nicht Null, wenn man die Eingänge miteinander verbindet und kurzschließt. Man kann deshalb einen realen Operationsverstärker als einen

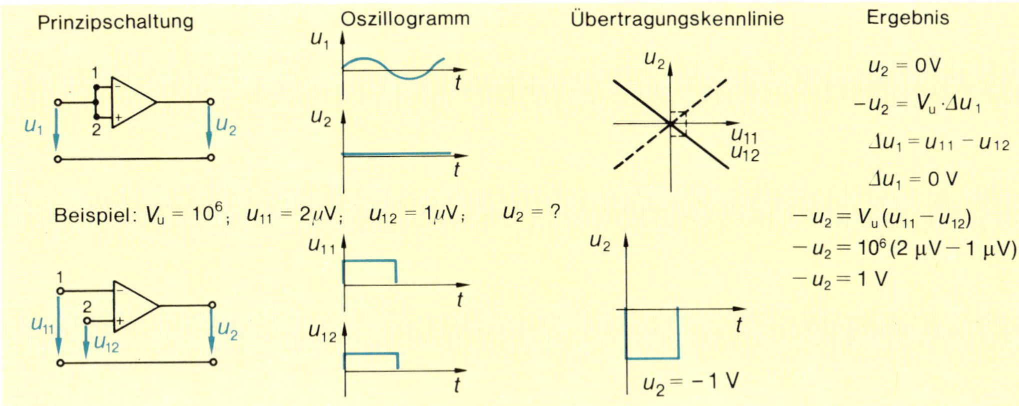

Abb. 3: Operationsverstärker als Differenzverstärker

idealen Verstärker mit einer Spannungsquelle U_0 im Eingangskreis auffassen. Diese Spannungen führen zu Fehlern, denn durch sie ist am Ausgang eine Gleichspannungskomponente vorhanden. Um diesen Fehler zu beseitigen, führt man einem Eingang meist durch externe Schaltelemente eine Spannung zu, die die Spannung U_0 aufhebt (Kompensation). Bei vielen Operationsverstärkern sind dafür zusätzliche Anschlüsse vorgesehen, die beschaltet werden müssen (Abb. 4, **Offsetkompensation).**

Beim Abgleich verändert man die Spannung durch ein Potentiometer so lange, bis bei kurzgeschlossenen Eingängen die Ausgangsspannung Null ist.

Da die Transistoren des Operationsverstärkers direkt gekoppelt sind, ist er ein Gleichspannungsverstärker.

Die Verstärkung in Abhängigkeit von der Frequenz zeigt das Diagramm der Abb. 5. Die Verstärkung ist nur im Anfangsbereich konstant. Sie fällt rasch ab. Als Grenze wird die **Transitfrequenz** angegeben.

Die Transitfrequenz ist die Frequenz, bei der das Verhältnis von Ausgangsspannung zu Eingangsspannung 1 ist.

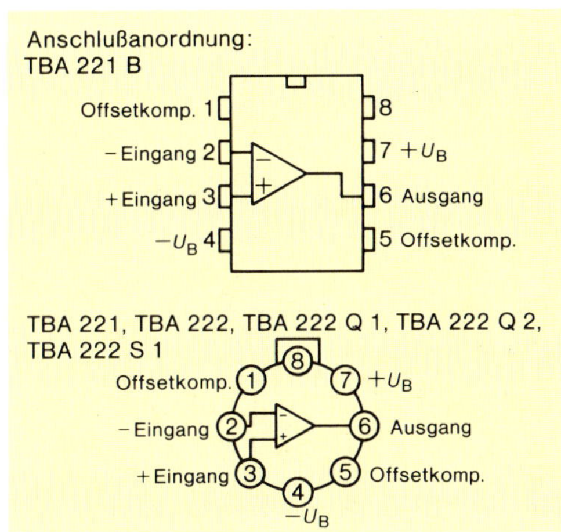

Abb. 4: Anschlüsse von Operationsverstärkern

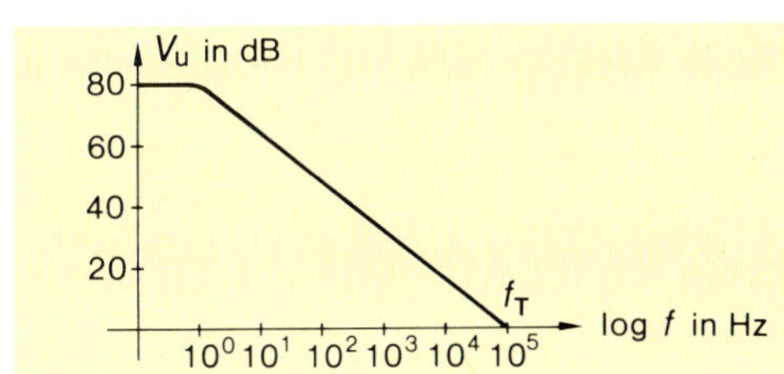

Abb. 5: Verstärkung in Abhängigkeit von der Frequenz beim Operationsverstärker

Aufgaben zu 2.6.1

1. Nennen Sie wichtige Eigenschaften von Operationsverstärkern!

2. Erklären Sie den Begriff Differenzverstärker!

3. Was bedeutet invertierender und nicht invertierender Eingang?

2.6.2 Invertierende Verstärkerschaltung

Die hohe Verstärkung des Operationsverstärkers bringt schaltungstechnische Probleme mit sich. Kleine Eingangsspannungen im µV-Bereich führen bereits zu hohen Ausgangsspannungen und Verzerrungen. Kleine Eingangsspannungen können bereits durch Einstreuungen entstehen. Operationsverstärker werden deshalb in der Regel mit Widerständen beschaltet. Die Verstärkung wird dabei den Bedürfnissen angepaßt und das Frequenzverhalten verbessert.

Abb. 1 zeigt eine Schaltung, bei der vom Ausgang zum invertierenden Eingang ein Widerstand geschaltet ist. Die Phasenlage zwischen Ein- und Ausgangssignal ist entgegengesetzt. Das Steuersignal U_{12} wird durch das Ausgangssignal verringert. Der Grad der Verringerung hängt von der Größe des Widerstandes ab. Man bezeichnet diese Beschaltung als **Gegenkopplung** (vgl. 3.1.5).

Damit eine Reduzierung des Steuersignals möglich wird, darf das Eingangssignal nicht direkt an den Eingang gelegt werden. Es muß über einen Widerstand zugeführt werden.

Baut man diese Schaltung mit den in Abb. 1 angegebenen Werten auf, dann ist feststellbar, daß bei einer Eingangsspannung von 1 V die Ausgangsspannung −10 V beträgt. Die gesamte Schaltung hat also eine 10-fache Verstärkung. Wie dieses Ergebnis zustande kommt, zeigt die folgende Herleitung.

Anwendbare Grundlagen:

Kirchhoffsche Regeln und Definition der Spannungsverstärkung

$$U_{12} = \frac{-U_2}{V_U} = \frac{10\ \text{V}}{10^6} = 10\ \mu\text{V}$$

$$I_{12} = \frac{U_{12}}{R_E} = \frac{10\ \mu\text{V}}{200\ \text{k}\Omega} = 50 \cdot 10^{-12}\ \text{A}$$

Aus diesen Ergebnissen läßt sich schlußfolgern, daß U_{12} und I_{12} gegenüber den anderen Spannungen und Strömen der Schaltung vernachlässigbar sind. Der Punkt 1 liegt deshalb für die weitere Betrachtung auf Massepotential (virtueller Massepunkt).

$$I_1 - I_{12} = I_2; \quad I_{12} \rightarrow 0 \Rightarrow I_1 = I_2$$

$$I_1 = \frac{U_1}{R_1}; \quad I_2 = -\frac{U_2}{R_2}$$

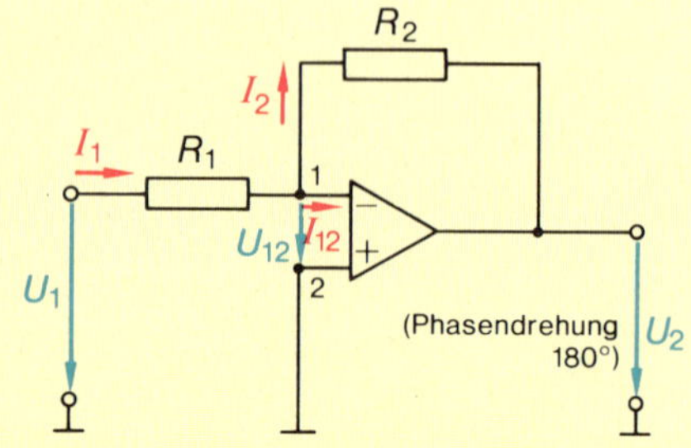

Angenommene Werte:

$R_1 = 10\ \text{k}\Omega$
$R_2 = 100\ \text{k}\Omega$
$V_u = 10^6$ (Verstärkung des unbeschalteten Operationsverstärkers
$R_E = 200\ \text{k}\Omega$ (Eingangswiderst. des Operationsverstärkers)
$U_2 = -10\ \text{V}$

Abb. 1: Invertierende Verstärkerschaltung mit Gegenkopplung

Ergebnis: $\boxed{\frac{U_2}{U_1} = -\frac{R_2}{R_1}}$

Das Minuszeichen bedeutet, daß es sich um eine Phasendrehung von 180° handelt.

Die Spannungsverstärkung eines gegengekoppelten Operationsverstärkers ist allein vom Verhältnis der Gegenkopplungswiderstände abhängig.

Durch die Gegenkopplung verändert sich die Bandbreite. Sie nimmt zu, so daß durch das Gegenkopplungsnetz Anpassungen an die jeweiligen Erfordernisse möglich sind (Abb. 2).

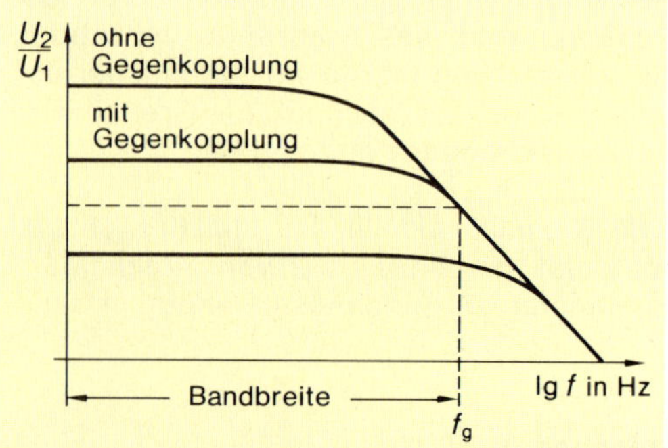

Abb. 2: Verstärkung und Bandbreite gegengekoppelter Operationsverstärker

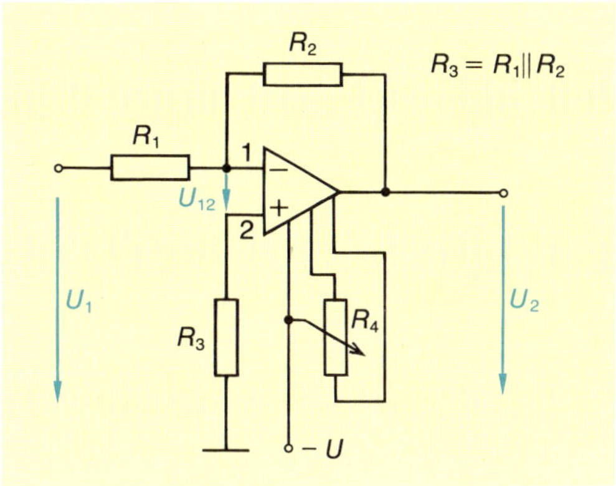

Abb. 3: Kompensation der Eingangsruheströme durch R_3 und Offset-Kompensation mit R_4

Die bisher behandelte invertierende Verstärkerschaltung besitzt noch einen Nachteil. Da auch bei einer Eingangsspannung von $U_1 = 0$ V Eingangsströme fließen (Basisströme von Transistoren), entsteht bei unsymmetrischer Beschaltung der Eingänge eine Differenzspannung U_{12}. Sie wirkt wie eine zusätzliche Offset-Spannung am Eingang. Diese kann jedoch kompensiert werden, indem man wie in Abb. 3 vom nicht-invertierenden Eingang einen Widerstand R_3 gegen Masse legt. Er muß so groß sein wie die Parallelschaltung aus R_1 und R_2. Beide Eingänge liegen dadurch auf gleichem Potential, und die gleichgroßen Eingangsströme haben keinen Einfluß mehr auf die Ausgangsspannung.

In Abb. 3 wird die Kompensationsmaßnahme durch R_4 ergänzt. Eine zusätzliche Spannung wird über ein Potentiometer dem Operationsverstärker zugeführt.

2.6.3 Nicht-invertierende Verstärkerschaltung

Die Eingangsspannung kann auch auf den nicht-invertierenden Eingang gegeben werden, wenn das Ausgangssignal gegenüber dem Eingangssignal keine Phasendrehung haben soll.

Das Ausgangssignal darf aber aufgrund seiner Phasenlage auf diesen Eingang nicht gegeben werden, da es zu einer Vergrößerung der Eingangsspannung kommen würde. Eine Aufschaukelung der Signale und Schwingvorgänge sind möglich. Das Ausgangssignal wird wie bei der invertierenden Schaltung zur Gegenkopplung auf den invertierenden Eingang gegeben (Abb. 4).

Für die Herleitung der Beziehungen werden die folgenden Grundformeln angesetzt:

$$\frac{U}{U_2} = \frac{R_1}{R_1 + R_2}; \quad V_U = \frac{U_2}{U_1 - U}$$

Die Differenzspannung wird verstärkt, V_U ist sehr groß.

Setzt man die erste Gleichung in die zweite ein und formt um, dann ergeben sich folgende Endformeln für die Verstärkung:

$$\boxed{\frac{U_2}{U_1} = \frac{R_1 + R_2}{R_1}} \quad \text{oder} \quad \boxed{\frac{U_2}{U_1} = 1 + \frac{R_2}{R_1}}$$

Es besteht zwischen U_1 und U_2 keine Phasenverschiebung.

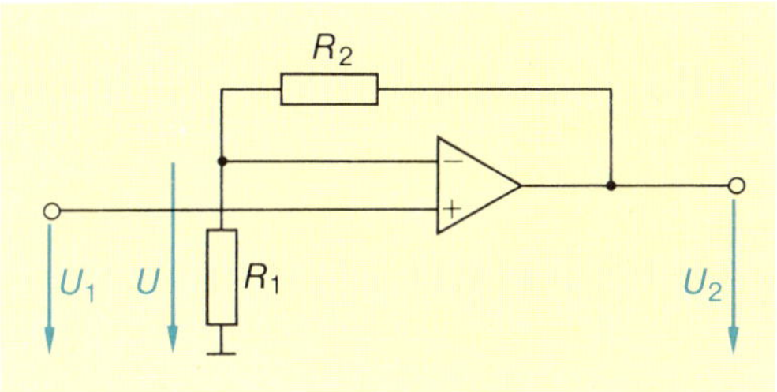

Abb. 4: Nicht invertierende Verstärkerschaltung mit Gegenkopplung

Aufgaben zu 2.6.2 und 2.6.3

1. Weshalb werden Operationsverstärker gegengekoppelt?
2. Wovon hängt die Spannungsverstärkung bei einem gegengekoppelten Operationsverstärker ab (invertierender Verstärker)?
3. Wie ändert sich die Bandbreite bei Operationsverstärkern mit Gegenkopplung?
4. Wie groß ist die Verstärkung einer gegengekoppelten Verstärkerschaltung, wenn $R_1 = 50\ \text{k}\Omega$ und $R_2 = 180\ \text{k}\Omega$ groß sind?
5. Was versteht man unter der Offset-Kompensation?
6. Welche Unterschiede bestehen zwischen der invertierenden und der nicht-invertierenden Verstärkerschaltung, wenn bei Gegenkopplung $R_1 = R_2$ gewählt wurde?

2.6.4 Addierer und Subtrahierer

Addierer

In der Meßtechnik, bei Analogrechnern und in der gesamten NF-Technik (z. B. bei mehreren Aufnahmequellen) ist es mitunter erforderlich, mehrere Spannungen zu addieren. Mit einem Operationsverstärker ergibt sich eine einfache Schaltung.

Mit drei Eingängen in Abb. 1 werden über drei Widerstände (R_{11}, R_{12} und R_{13}) Spannungen an den Eingang des Operationsverstärkers herangeführt. Jede Spannung verursacht einen Eingangsstrom (I_{11}, I_{12} und I_{13}). Da der in den Operationsverstärker hineinfließende Strom vernachlässigt werden kann (vgl. 2.6.2, virtueller Massepunkt), lassen sich die Ströme wie folgt zusammenfassen:

$$I_{11}+I_{12}+I_{13}=I_2; \quad I_2=-\frac{U_2}{R_2}; \quad I_{11}=\frac{U_{11}}{R_{11}} \quad \text{usw.}$$

Ersetzt man die Stromstärken durch die Spannungen und die Widerstände, dann ergibt sich:

$$-U_2=U_{11}\frac{R_2}{R_{11}}+U_{12}\frac{R_2}{R_{12}}+U_{13}\frac{R_2}{R_{13}}$$

Die Eingangsspannungen werden somit addiert. Durch die Wahl der Widerstände können die Spannungen mit einem bestimmten Faktor versehen werden. Durch den invertierenden Betrieb tritt eine Phasendrehung von 180° auf. Dieses drückt sich durch das negative Vorzeichen in der Gleichung aus.

Mit dem Operationsverstärker, der als Addierer geschaltet ist, lassen sich Spannungen addieren.

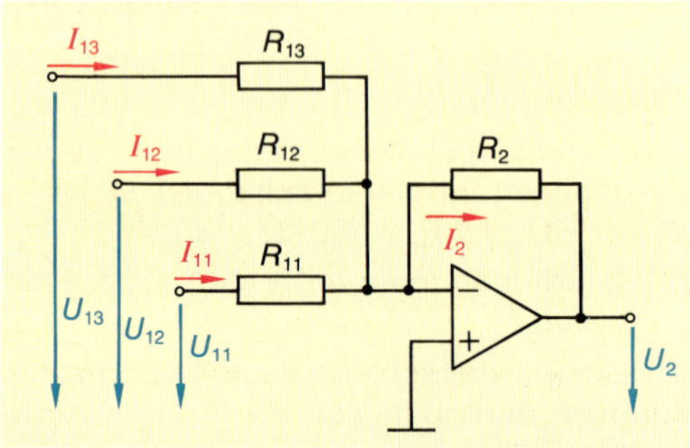

Abb. 1: Addierer für drei Eingangsspannungen

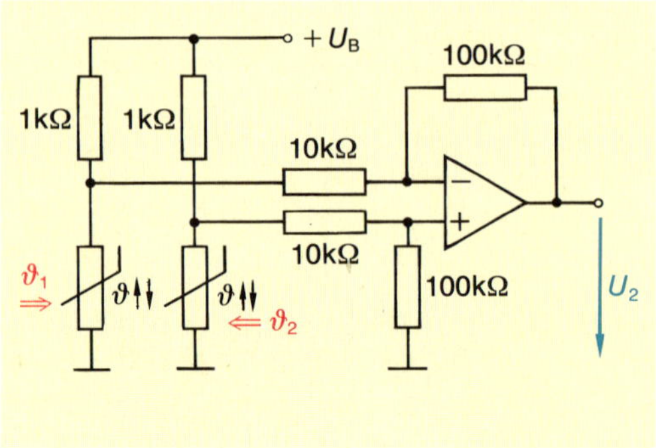

Abb. 2: Subtrahierer zur Temperaturunterschiedsmessung

Subtrahierer, Differenzverstärker

In der elektrischen Meßtechnik müssen nicht nur absolute Größen, sondern z. B. auch häufig Änderungen der Helligkeit, des Drucks, der Temperatur oder Wegänderungen erfaßt werden. Geeignet ist hierzu der Subtrahierer, der auch als Differenzverstärker bezeichnet wird.

Die Aufgabe des Subtrahierers besteht darin, eine Differenz zwischen zwei Eingangssignalen zu erzeugen und diese zu verstärken.

Der Operationsverstärker in Abb. 2 dient dazu, die Differenz von zwei Temperaturen (ϑ_1 und ϑ_2), die mit Hilfe der an zwei verschiedenen Orten befindlichen NTC-Widerstände festgestellt werden, als Spannung zu verstärken. Durch den im Eingangszweig liegenden Widerstand von 10 kΩ und dem Rückführungswiderstand von 100 kΩ ergibt sich eine Verstärkung der Schaltung von 10.

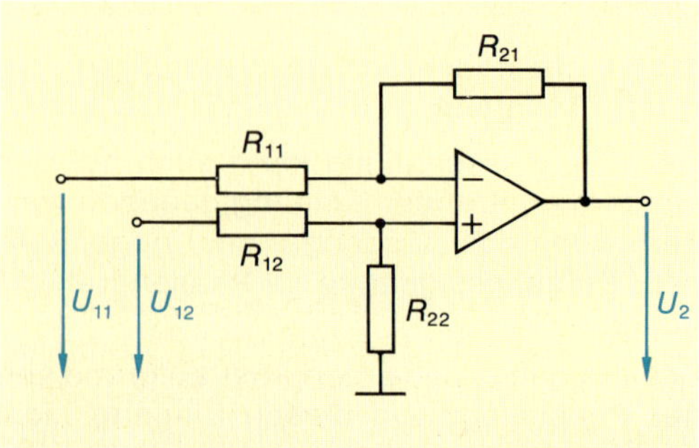

Abb. 3: Grundsätzlicher Aufbau eines Subtrahierers

In Abb. 3 ist die grundsätzliche Schaltung eines Subtrahierers zu sehen. Da die Ausgangsspannung eine Funktion der Differenz der beiden Eingangsspannungen ist, gilt die folgende Formel:

$$-U_2 = V_{U1}^* \cdot U_{11} - V_{U2}^* \cdot U_{12}$$

Für V_{U2}^* kann die Formel aus 2.6.2 für den invertierenden Verstärker eingesetzt werden:

$$V_{U1}^* = \frac{R_2}{R_1}$$

Die Eingangsspannung U_{12} liegt nicht direkt am Eingang, sondern wird über einen Spannungsteiler R_{12} und R_{22} zugeführt, so daß sich aus der Formel für den nicht-invertierenden Verstärker (vgl. 3.6.3) die folgende Verstärkung ergibt:

$$V_{U2}^* = \frac{R_{11} + R_{21}}{R_{11}} \cdot \frac{R_{22}}{R_{12} + R_{22}}$$

Wählt man aus Vereinfachungsgründen $R_{11} = R_{12} = R_1$ und $R_{21} = R_{22} = R_2$, dann erhält man für die Ausgangsspannung die nachfolgende einfache Beziehung:

$$-U_2 = (U_{11} - U_{12})\,\frac{R_2}{R_1}$$

2.6.5 Impulsformung mit Operationsverstärkern

Differenzierer

Ein Differenzierer liefert ein Ausgangssignal, das der zeitlichen Änderung der Eingangsspannung proportional ist.

Diese Definition sagt aus, daß z. B. bei einem geradlinigen Anstieg einer Eingangsspannung wie in Abb. 4, die Ausgangsspannung konstant bleibt.

Zur Erklärung dieses besonderen Verhaltens wollen wir zunächst den Zeitbereich von t_0 bis t_1 betrachten. Die Eingangsspannung vergrößert sich linear mit der Zeit t (U_1 ist proportional zur Zeit t, anders ausgedrückt: U_1 steigt im gleichen Verhältnis wie t).

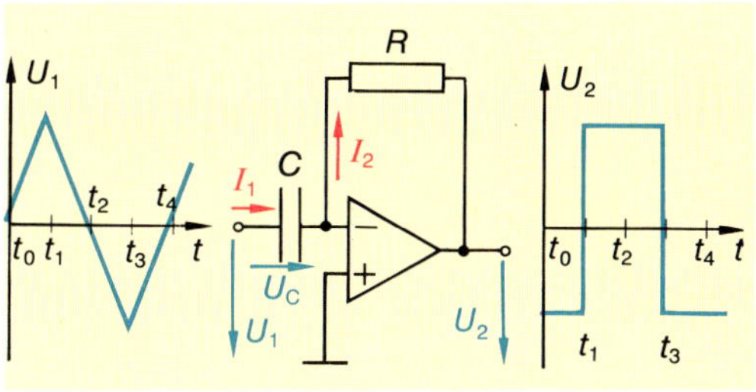

Abb. 4: Differenzierer

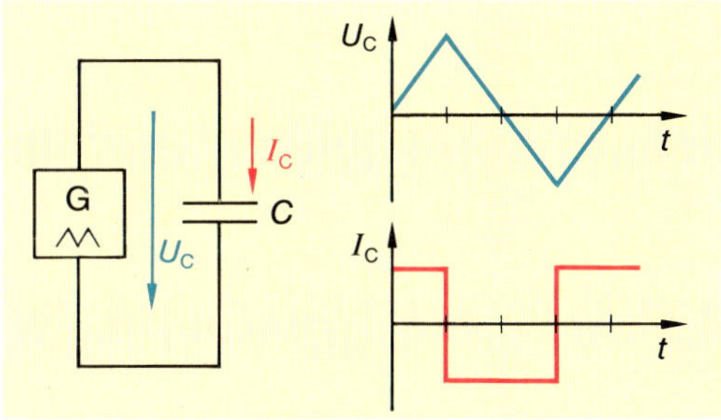

Abb. 5: Strom und Spannung beim Kondensator (Dreieckgenerator)

Durch die Rückführung des Ausgangssignals wird erreicht, daß die Eingangsspannung am Operationsverstärker vernachlässigbar klein bleibt, also mit 0 V angenommen werden kann. Der invertierende Anschluß kann als virtueller Massepunkt aufgefaßt werden, so daß die Spannung U_1 parallel zum Kondensator C liegt.

Zur weiteren Klärung der Arbeitsweise müssen wir auf das Verhalten des Kondensators zurückgreifen, wenn an ihm diese linear ansteigende Spannung liegt (Abb. 5).

Der Strom ist allein von $\Delta U/\Delta t$ und C abhängig. Da diese Größen konstant sind, ergibt sich auch eine konstante Stromstärke:

$$I_C = \frac{C \cdot \Delta U_C}{\Delta t}$$

Beim Operationsverstärker gilt weiter, daß $I_1 = I_2$ ist. Dieser konstante Strom fließt deshalb auch durch R_2, so daß die Spannung am Ausgang während des gesamten Anstiegs der Eingangsspannung konstant bleibt.

Betrachten wir jetzt den Spannungsverlauf von t_1 bis t_2 (Abb. 4). Die Steigung der Kurve am Eingang hat sich geändert. Sie ist negativ geworden. Dieses bedeutet aber, daß sich die Richtung des Stromes geändert hat. Die Spannung am Ausgang springt also von einem konstanten positiven Wert auf einen konstanten negativen Wert (Phasendrehung 180°).

Die Größe der Spannung ermittelt man aus

$-U_2 = I_2 \cdot R \quad \text{mit} \quad I_1 = I_2 = C \cdot \frac{\Delta U_1}{\Delta t}$

$$-U_2 = \frac{R \cdot C \cdot \Delta U_1}{\Delta t}$$

Integrierer

Ein Integrierer liefert am Ausgang eine sich zeitlich ändernde Spannung, wenn am Eingang eine konstante Spannung liegt.

Diese Definition sagt aus, daß sich der Integrierer umgekehrt verhält wie ein Differenzierer. Die Abb. 1 zeigt den grundsätzlichen Aufbau.

Die konstante Eingangsspannung ruft einen konstanten Eingangsstrom I_1 hervor. Da $I_1 = I_2$ gesetzt werden kann, fließt ein konstanter Ladestrom. Ein konstanter Ladestrom bedeutet aber eine konstant ansteigende Spannung, gemäß der Beziehung:

$$I_C = C \cdot \frac{\Delta U_C}{\Delta t}$$

Es gilt weiterhin:

$$\Delta U_C = -\Delta U_2; \quad I_C = I_2 = I_1; \quad I_1 = \frac{U_1}{R}$$

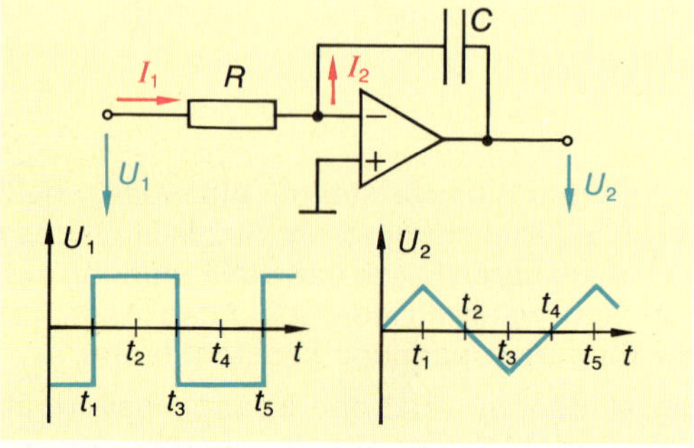

Abb. 1: Integrierer

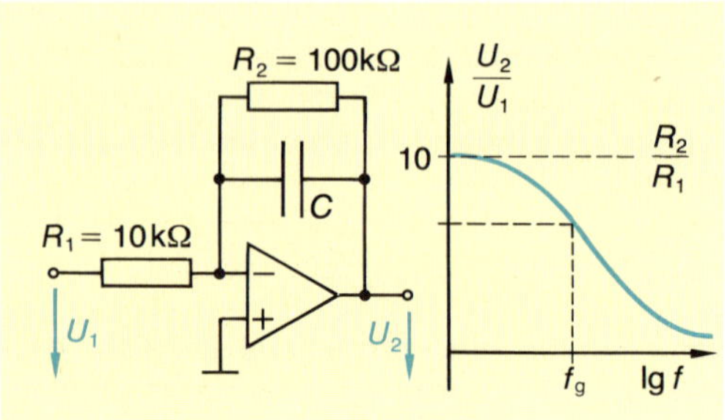

Abb. 2: Aktiver Tiefpaß 1. Ordnung

Führt man diese Gleichungen zusammen, dann ergibt sich:

$$\frac{-\Delta U_2}{\Delta t} = \frac{U_1}{R \cdot C}$$

Differenzierer und Integrierer lassen sich z.B. zur Signalumwandlung einsetzen. Durch wenige hinzuzuschaltende Bauteile kann das gewünschte Verhalten erzeugt werden. Aber auch in der Regelungstechnik werden diese Schaltungen eingesetzt. Der Differenzierer führt die Bezeichnung D-Regler und der Integrierer I-Regler.

2.6.6 Aktive Filter

Filter werden eingesetzt, um den Frequenzgang einer Schaltung zu beeinflussen. Geeignet sind z. B. die in 1.4.1 und 1.6.1 besprochenen *RC*- und *RL*-Filter. Nachteilig ist dabei, daß die Ausgangsspannung im Durchlaßbereich kleiner oder höchstens ungefähr gleich der Eingangsspannung ist. Verwendet man jedoch diese *RC*-Schaltungen in Verbindung mit einem Verstärker, dann ist im Durchlaßbereich die Ausgangsspannung vom jeweils eingestellten Verstärkungsfaktor abhängig. Da in der Regel Spulen, bedingt durch ihre Abmessungen und die stets vorhandenen Verluste, ungünstig sind, verwendet man fast ausschließlich im NF-Bereich eine *RC*-Beschaltung. Ein derartiges Filter wird als aktives Filter bezeichnet.

Ein aktives Filter besteht aus einem Operationsverstärker mit einem *RC*-Netzwerk.

Die Abb. 2 zeigt einen **aktiven Tiefpaß** mit seinem Frequenzverhalten. Bei tiefen Frequenzen ist der Blindwiderstand des Kondensators vernachlässigbar (groß gegenüber R_2), so daß die Ausgangsspannung entsprechend dem Verhältnis R_2/R_1 zehnmal so groß wie die Eingangsspannung ist. Mit zunehmender Frequenz verringert sich der Blindwiderstand des Kondensators. Die Gegenkopplung erhöht sich, und die Ausgangsspannung sinkt.

Die Formel für den in der Abb. 2 dargestellten Kurvenverlauf läßt sich mit Hilfe der in 2.6.2 hergeleiteten Beziehung aufstellen. Anstelle des Widerstandes R_2 muß in diesem Fall der Scheinwiderstand Z_2 eingesetzt werden.

$$\frac{U_2}{U_1} = \frac{Z_2}{R_1} = \frac{R_2}{R_1 \sqrt{1 + (2\pi f R_2 C)^2}}$$

Die Grenzfrequenz für Filterschaltungen liegt definitionsgemäß beim $1/\sqrt{2}$-fachen Wert der Spannung im Durchlaßbereich. Mit diesem Ansatz läßt sich die Formel für die Grenzfrequenz eines aktiven Filters wie folgt ermitteln:

$$\frac{R_2}{R_1 \cdot \sqrt{2}} = \frac{Z_2}{R_1} \qquad f_g = \frac{1}{2\pi \cdot R_2 \cdot C}$$

Das bisher behandelte Filter (Filter 1. Ordnung) besitzt noch einen relativ flachen Abfall im Bereich der Grenzfrequenz. Steilere Filter können mit komplexen *RC*-Beschaltungen realisiert werden (Filter höherer Ordnung). In Abb. 3 ist ein aktiver Tiefpaß zweiter Ordnung zu sehen. Neben dem *RC*-Netzwerk im Gegenkopplungszweig befindet sich noch ein Tiefpaß im Eingangsbereich. Die Realisierung **aktiver Hochpässe** ist ebenfalls relativ einfach. Da ein Hochpaß bei tiefen Frequenzen sperren soll, genügt es, in den Eingang zum Operationsverstärker einen Kondensator zu schalten (vgl. Abb. 4). Das Frequenzverhalten und die Grenzfrequenz lassen sich wie beim aktiven Tiefpaß herleiten.

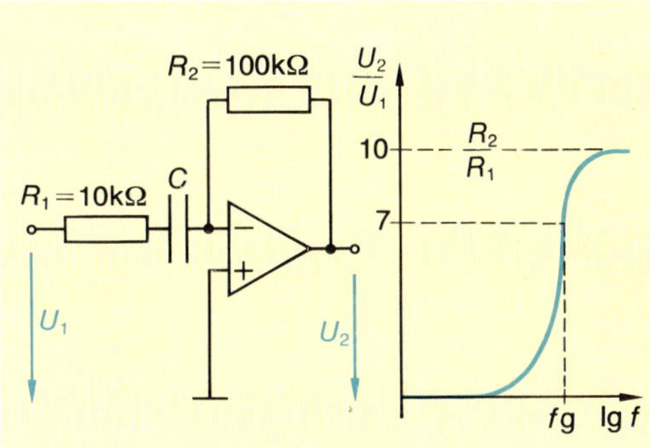

Abb. 4: Aktiver Hochpaß 1. Ordnung

$$\frac{U_2}{U_1} = \frac{R_2}{\sqrt{R_1^2 + \left(\frac{1}{2\pi f \cdot C}\right)^2}} \qquad f_g = \frac{1}{2\pi R_1 \cdot C}$$

Auch **aktive Bandpässe** können mit Operationsverstärkern und einer *RC*-Beschaltung hergestellt werden. Im einfachsten Fall baut man das *RC*-Netzwerk wie in Abb. 5 als Hoch- und Tiefpaß auf. Je nach Wahl der Grenzfrequenzen für den Hoch- und Tiefpaß erhält man Bandpässe mit unterschiedlicher Höhe und Steilheit.

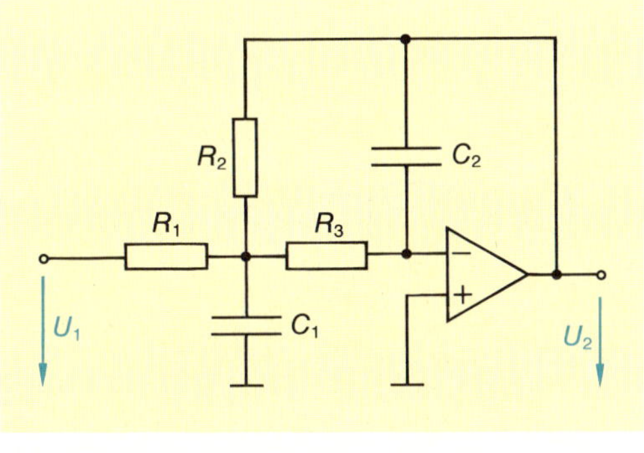

Abb. 3: Aktiver Tiefpaß 2. Ordnung

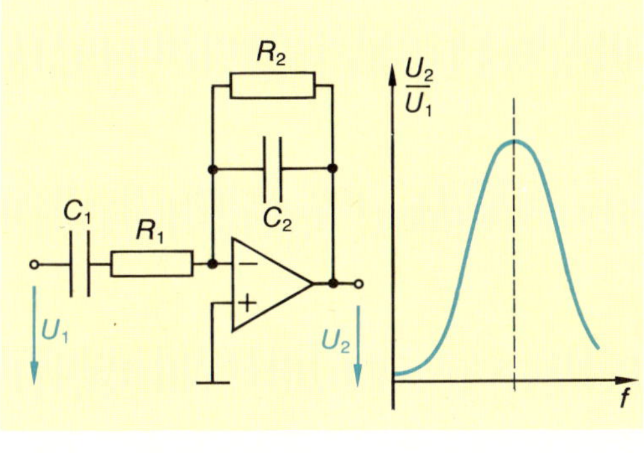

Abb. 5: Aktiver Bandpaß

Aufgaben zu 2.6.4 bis 2.6.6

1. Erklären Sie den Unterschied zwischen einem Addierer und einem Subtrahierer!

2. Welche Form besitzt das Ausgangssignal, wenn ein Differenzierer und ein Integrierer in Reihe geschaltet werden? (Am Eingang des Differenzierers soll eine dreieckförmige Spannung liegen.)

3. Beschreiben Sie das Frequenzverhalten eines aktiven Tiefpasses im Vergleich zu einem passiven Tiefpaß!

4. Erklären Sie die Arbeitsweise eines aktiven Bandpasses!

2.6.7 Komparatoren und Schmitt-Trigger

In vielen Bereichen der Elektrotechnik werden Schaltungen benötigt, die am Ausgang ein sprungartiges Verhalten zeigen, wenn ein bestimmtes Eingangssignal erreicht, unterschritten oder überschritten wird. Wir wollen zunächst den **Komparator** behandeln.

> Mit Komparatoren können Schaltvorgänge ausgelöst werden, wenn die kontinuierliche Eingangsspannung einen bestimmten Pegel über- oder unterschreitet.

Die Prinzipschaltung eines Komparators ist in Abb. 1 zu sehen. Es handelt sich dabei um einen Operationsverstärker ohne Gegenkopplung, wie er bereits in 2.6.1 behandelt worden ist. Wir wollen ihn jetzt unter einem anderen Anwendungsgesichtspunkt betrachten.

Aufgrund der hohen Verstärkung reagiert der Operationsverstärker bereits auf kleine Spannungsdifferenzen $U_{11} - U_{12}$ am Eingang. Da in der Schaltung von Abb. 1a die Eingangsspannung $U_{12} = 0\,V$ gewählt wurde (Eingang 2 liegt an Masse), ist die Ausgangsspannung U_2 alleine von U_{11} abhängig. Bei kleinen positiven Werten (bereits im mV-Bereich) ändert sich die Ausgangsspannung auf den maximal möglichen negativen Wert (Phasendrehung 180 °C) und bei kleinen negativen Werten auf den maximalen positiven Ausgangsspannungswert.

Der Komparator hat dabei die Spannung U_{12} mit der Spannung U_{11} verglichen. Wenn U_{11} positiv und größer als U_{12} geworden ist, antwortet die Schaltung mit einem negativen Maximalwert am Ausgang, wenn sie dagegen negativ und größer geworden ist, antwortet die Schaltung mit einem positiven Maximalwert am Ausgang.

> Mit einem Komparator lassen sich Spannungen vergleichen.

In Abb. 1b ist die Spannung U_{12} nicht 0 V gewählt worden. Es ist eine Referenzspannung vorgegeben worden. Da der positive Pol von U_{12} am nicht-invertierenden Eingang liegt, verschiebt sich die Kurve zu positiven Werten.

In Abb. 2 wird die Referenzspannung mit einem Spannungsteiler (R_1 und R_2) erzeugt.

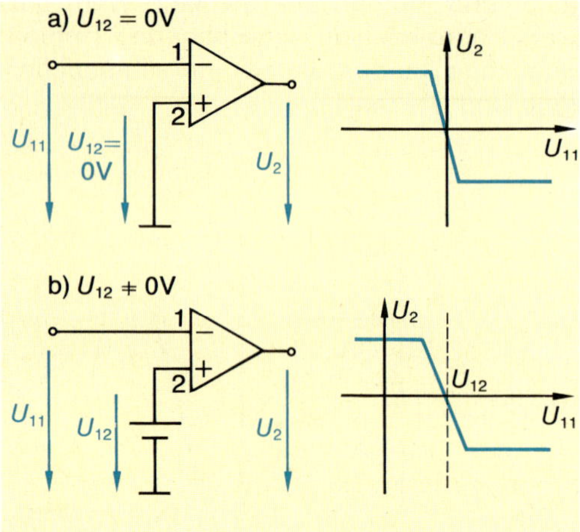

Abb. 1: Grundsätzliche Arbeitsweise eines Komparators

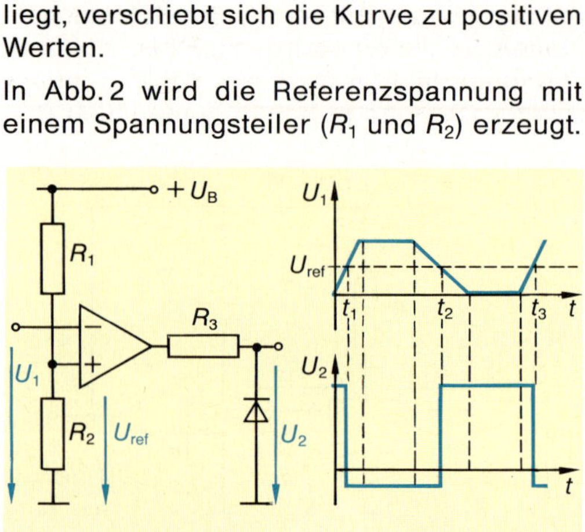

Abb. 2: Komparator mit Ein- und Ausgangsspannungsverläufen

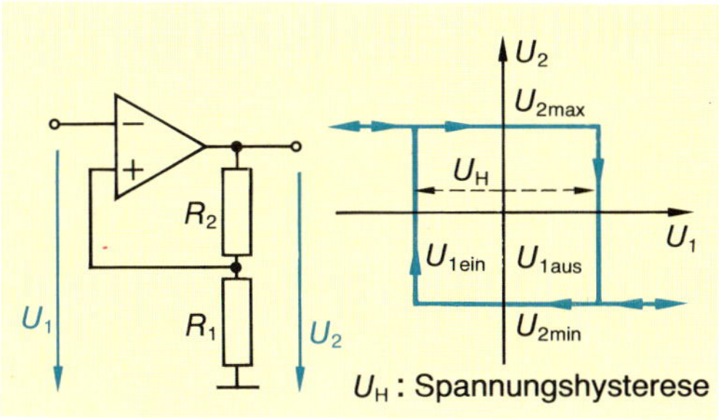

Abb. 3: Schmitt-Trigger

Am invertierenden Eingang liegt eine trapezförmige Spannung. Wenn die Eingangsspannung kleiner als U_{ref} bleibt ($t < t_1$), dann liegt am Ausgang die maximal positive Spannung (180° Phasendrehung). Von t_1 bis t_2 ist die Eingangsspannung größer als die Referenzspannung. Die Ausgangsspannung bleibt deshalb negativ. Sie wird nicht maximal, weil durch die am Ausgang liegende Diode eine Begrenzung stattfindet. Wenn die Eingangsspannung ab t_2 wieder kleiner als U_{ref} wird, springt die Ausgangsspannung wieder auf den positiven Maximalwert usw.

Der Umschaltpunkt des Komparators ist nur davon abhängig, ob die Eingangsspannung die Referenzspannung **ansteigend** oder **abfallend** erreicht. Er besitzt demnach keine Hysterese.

Für bestimmte Schaltungsaufgaben, z. B. bei der Unterdrückung von Störungen, ist es sinnvoll, Stufen mit Hysterese zu besitzen. Einen Komparator mit Hysterese zeigt Abb. 3. Der nicht-invertierende Eingang ist über einen Widerstand mit dem Ausgang verbunden. Es findet also eine Mitkopplung statt, so daß bei einer Eingangsspannung $U_1 < U_{ref}$ die Ausgangsspannung noch konstant positiv bleibt. Eine Änderung der Ausgangsspannung erfolgt erst, wenn der gewählte Schwellwert erreicht wurde. Diese Schaltungen nennt man **Schmitt-Trigger.**

Ein Schmitt-Trigger ist ein Schwellwertschalter mit Hysterese.

Aufgaben zu 2.6.7

1. Erklären Sie die grundsätzliche Arbeitsweise eines Komparators!

2. Was versteht man unter der Hysterese bei einem Schmitt-Trigger?

2.7 Thyristor und Triac

Thyristoren und Triacs werden in der Leistungselektronik hauptsächlich zum Umformen, Steuern und Regeln elektrischer Leistungen verwendet. Nachfolgende Darstellung zeigt eine Übersicht über Thyristoren.

Abb. 4: Thyristoren

Thyristoren

Thyristordiode (Vierschichtdiode)	**Zweirichtungsthyristordiode** (Diac)	**Thyristortriode** (Thyristor)	**Zweirichtungsthyristortriode** (Triac)

2.7.1 Thyristordiode und Diac

Abb. 1; S. 144 zeigt den Aufbau, das Schaltzeichen und die Kennlinie einer **Thyristordiode (Vierschichtdiode).** Legt man an diese eine Spannung in **Sperrichtung** an (Abb. 2a; S. 168, dann fließt ein geringer Sperrstrom (vgl. Abb. 1; S. 144).

Bei Anlegen einer Sperrspannung verhält sich die Vierschichtdiode wie eine Gleichrichterdiode.

Legt man dagegen eine geringe Spannung in **Vorwärtsrichtung** an die Vierschichtdiode (Abb. 2b; S. 144), dann fließt ebenfalls nur ein geringer Sperrstrom. Die Vierschichtdiode sperrt noch.

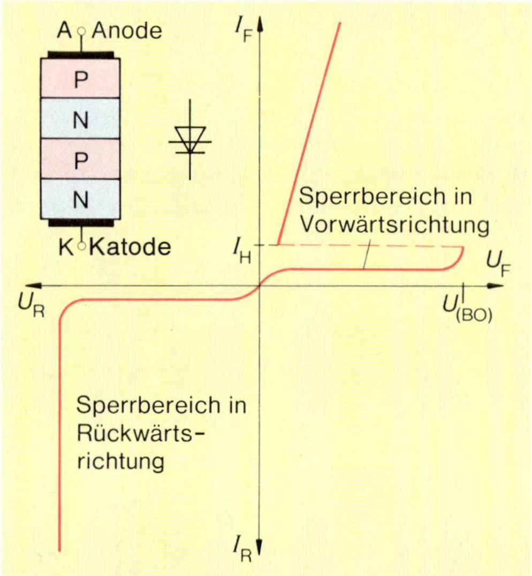

Abb. 1: Aufbau, Schaltzeichen und Kennlinie einer Vierschichtdiode (rückwärts sperrende Thyristordiode)

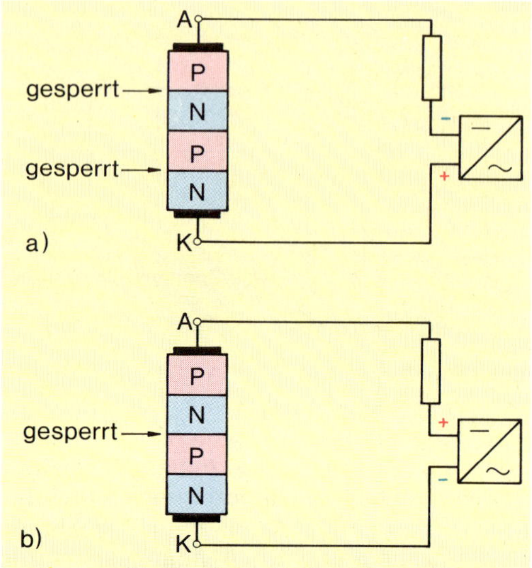

Abb. 2: Vierschichtdiode an äußerer Spannung
a) in Sperrichtung
b) in Durchlaßrichtung

Die Vierschichtdiode besitzt auch in Durchlaßrichtung (Vorwärtsrichtung) einen Sperrbereich.

Wird die in Vorwärtsrichtung angelegte Spannung erhöht, dann steigt der Durchlaßstrom bei Überschreiten eines bestimmten Wertes **(Kippspannung $U_{(BO)}$)** stark an. Die Diode schaltet durch.

Nach dem Durchschalten verhält sich die Vierschichtdiode wie eine Gleichrichterdiode.

Wird nach dem Durchschalten ein bestimmter Durchlaßstrom, der **Haltestrom** I_H unterschritten, dann sperrt die Vierschichtdiode wieder.

Die Vierschichtdiode (Thyristordiode) verhält sich wie ein spannungsabhängiger Schalter.

Die Funktion der Vierschichtdiode soll im folgenden kurz erläutert werden.

Wird an die Thyristordiode eine Spannung in Sperrichtung angelegt (vgl. Abb. 2a), dann sind die beiden äußeren PN-Übergänge gesperrt. Durch die Diode fließt nur ein Sperrstrom (vgl. Abb. 1). Legt man eine Spannung in Vorwärtsrichtung an (vgl. Abb. 2b), dann ist nur der mittlere PN-Übergang gesperrt. Solange die angelegte Spannung kleiner als die Kippspannung ist, fließt ebenfalls nur ein Sperrstrom. Bei Überschreiten von $U_{(BO)}$ verursacht der Lawineneffekt (vgl. 2.1.2) die Entstehung freier Ladungsträger im gesperrten PN-Übergang und die Vierschichtdiode leitet. Sinkt die in Vorwärtsrichtung angelegte Spannung unter den Wert von $U_{(BO)}$, dann kommt der Lawineneffekt zum Erliegen und die Vierschichtdiode sperrt wieder. Der Wert der Kippspannung hängt von der Dotierung des Halbleitermaterials ab.

Die Kippspannung handelsüblicher Vierschichtdioden bewegt sich im Bereich von $U_{(BO)} = 20\,V \ldots 200\,V$. Der Haltestrom liegt zwischen $I_H = 15\,mA \ldots 45\,mA$. Der zulässige Durchlaßstrom I_F beträgt bis zu 30 A.

Weil sich Vierschichtdioden im durchgeschalteten Zustand wie Gleichrichterdioden verhalten, müssen sie durch Reihenschaltung mit einem Widerstand vor zu hohen Durchlaßströmen geschützt werden.

Schaltet man zwei Vierschichtdioden antiparallel (vgl. Abb. 3), so erhält man eine

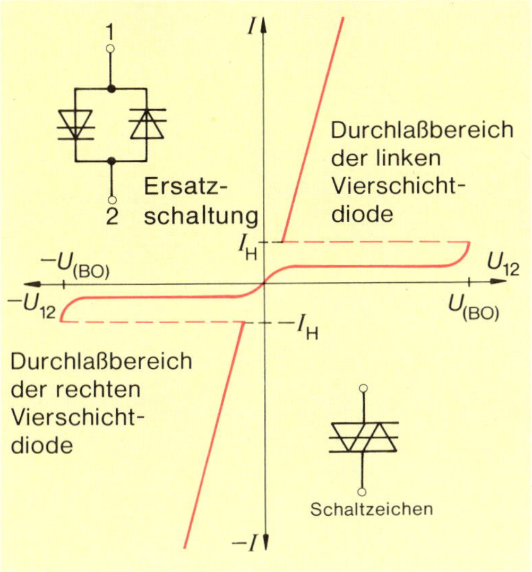

Abb. 3: Aufbau, Schaltzeichen und idealisierte Kennlinie des Diac

Zweirichtungsthyristordiode, auch **Diac**[1] genannt.

Der Diac schaltet nach Überschreiten der Kippspannung unabhängig von der Richtung der angelegten Spannung durch. Dies liegt daran, daß eine der beiden Vierschichtdioden des Diac bei beliebiger Polung der angelegten Spannung immer durchgeschaltet werden kann.

In der Praxis besteht ein Diac nicht aus zwei getrennten Vierschichtdioden. Sein Aufbau ergibt sich im Prinzip so, wie dies in Abb. 4 erläutert wird.

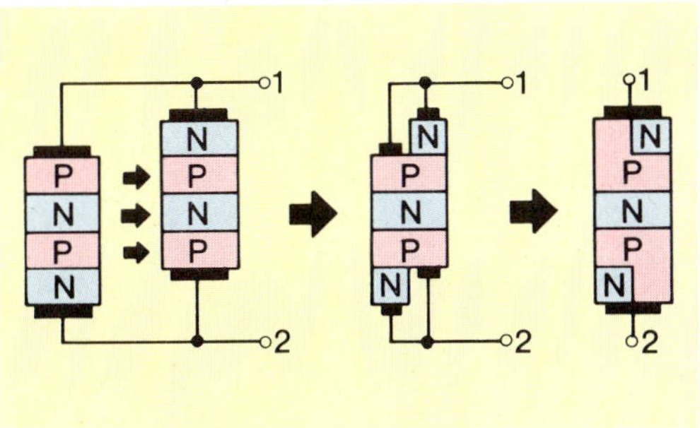

Abb. 4: Aufbau des Diac

[1] **di**ode **a**lternating **c**urrent switch (engl.): Dioden-Wechselstromschalter

Vierschichtdiode und Diac verwendet man in der Leistungselektronik hauptsächlich zum Steuern von Thyristortrioden.

Schaltet man eine Vierschichtdiode in einen Wechselstromkreis, dann ergeben sich die in Abb. 5 dargestellten Strom- und Spannungsverläufe. Es fließt nur dann ein Strom durch das Bauteil, wenn die angelegte Wechselspannung den Wert der Kippspannung überschreitet. Man sagt, die Phase wird angeschnitten. Außerdem findet eine Gleichrichtung statt.

Abb. 6 erläutert die Verhältnisse beim Diac im Wechselstromkreis.

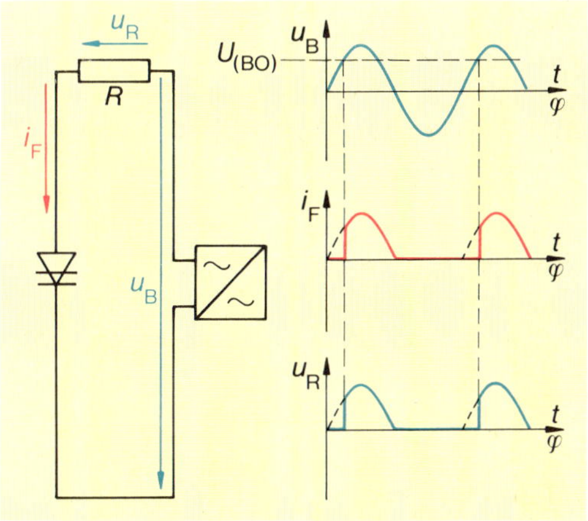

Abb. 5: Vierschichtdiode im Wechselstromkreis

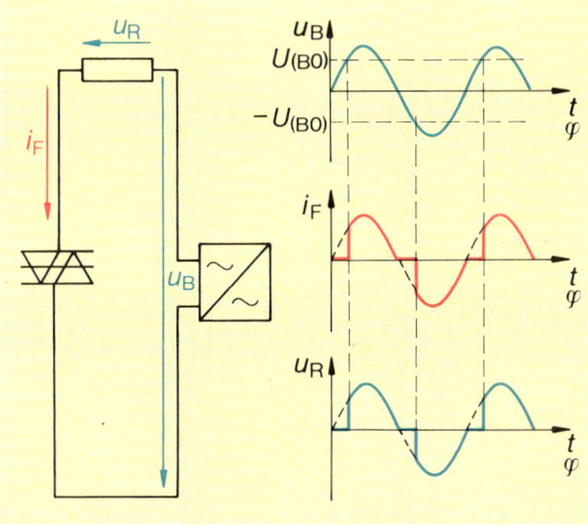

Abb. 6: Diac im Wechselstromkreis

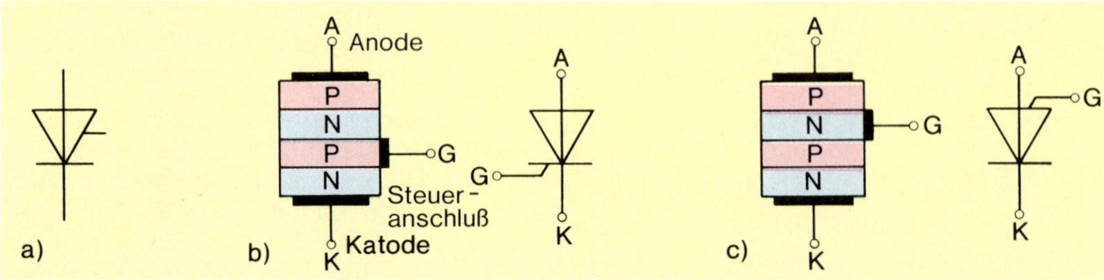

Abb. 1: Thyristoraufbau und Schaltzeichen: a) allgemeines Schaltzeichen, b) katodenseitig steuerbarer Thyristor, c) anodenseitig steuerbarer Thyristor

2.7.2 Thyristortriode

Thyristortrioden können als Weiterentwicklung der Vierschichtdiode angesehen werden. Sie werden auch als steuerbare Vierschichtdiode oder **Thyristor** bezeichnet. Der Thyristor unterscheidet sich von der Vierschichtdiode durch einen Steueranschluß. Abb. 1 zeigt den Aufbau und die Schaltzeichen.

Bei offenem Steueranschluß verhält sich ein Thyristor wie eine Vierschichtdiode.

Bei offenem Steueranschluß schaltet der Thyristor bei der **Nullkippspannung** $U_{(BO)0}$ (Abb. 2) durch.

Durch Anlegen einer **Steuerspannung** (Abb. 3) schaltet der Thyristor vor Erreichen der Nullkippspannung durch, er **zündet.** Die erforderliche Steuerspannung bzw. der Steuerstrom hängen von der an den Thyristor in Vorwärtsrichtung angelegten Spannung U_{AK} ab. Die Werte von Steuerspannung und zugehöriger Kippspannung können in vielen Fällen den Kennlinien (vgl. Abb. 2) entnommen werden.

Der Zündvorgang soll nun kurz erläutert werden. Liegt an dem Thyristor eine Spannung U_{AK} in Vorwärtsrichtung an, so ist der mittlere PN-Übergang gesperrt. Nach Anlegen einer Steuerspannung U_G wird diese Sperrschicht durch den **Steuerstrom** I_G mit

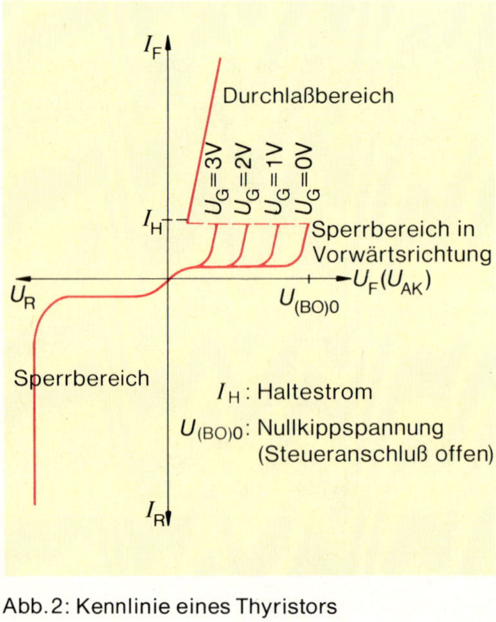

Abb. 2: Kennlinie eines Thyristors

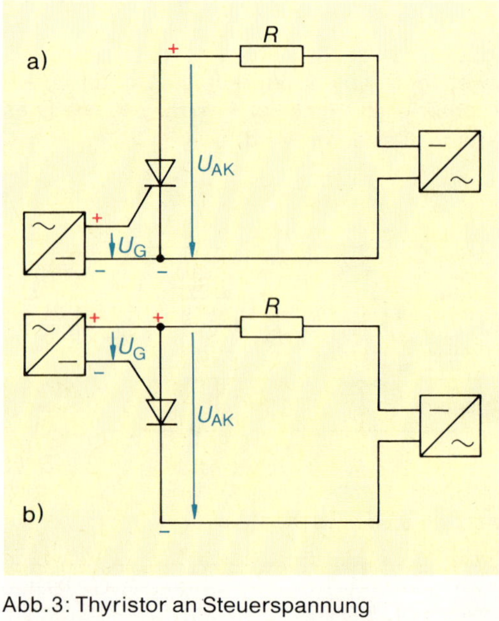

Abb. 3: Thyristor an Steuerspannung

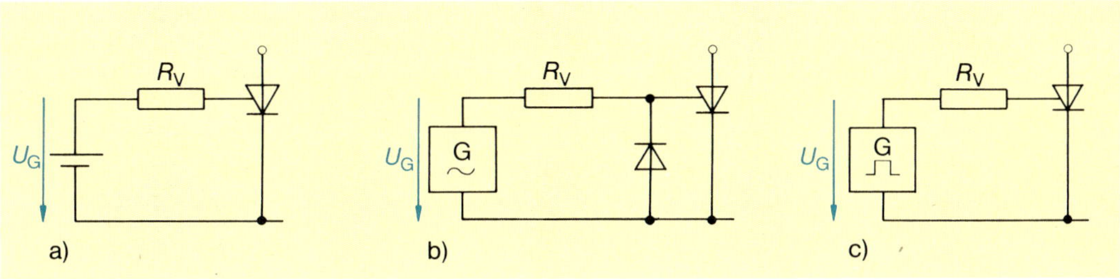

Abb. 4: Zündmethoden des Thyristors: a) Gleichstromzündung, b) Wechselstromzündung, c) Impulszündung

freien Ladungsträgern überschwemmt. Die Sperrschicht verliert ihre Sperrwirkung und der Thyristor zündet.

Thyristoren können durch Steuerspannung und -strom vor Erreichen der Nullkippspannung gezündet werden.

Der Thyristor sperrt wie die Vierschichtdiode erst wieder, wenn der Haltestrom I_H unterschritten wird. Dies kann dadurch geschehen, daß die in Vorwärtsrichtung angelegte Spannung sehr klein wird oder sich ihre Polarität ändert. Daher wird ein Thyristor im Wechselstromkreis nach jeder positiven Halbwelle gesperrt, er wird gelöscht.

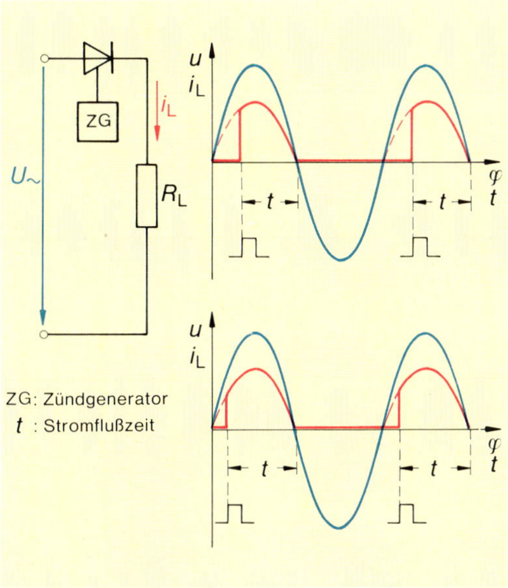

Abb. 5: Phasenanschnittsteuerung mit Thyristor

Ein Thyristor kann durch Gleich- und Wechselstrom sowie durch Impulse gezündet werden. Exakt arbeitet er jedoch nur bei Impulszündung. Abb. 4 gibt einen Überblick über die Zündmethoden.

Thyristoren werden vielfach in Wechselstromkreisen eingesetzt. Man verwendet sie dort oft zur **Phasenanschnittsteuerung** (Abb. 5).

Durch Zündung zum geeigneten Zeitpunkt können beliebige Stromflußzeiten durch den Verbraucher eingestellt werden. Auf diese Weise können der Strom durch einen Verbraucher und somit seine Leistung gesteuert werden.

Mit Hilfe der Phasenanschnittsteuerung kann die Leistung eines Verbrauchers gesteuert werden.

Beim Thyristor kann allerdings nur die positive Halbwelle der Wechselspannung zur Phasenanschnittsteuerung verwendet werden.

Thyristoren werden auch zum Wechselrichten von Gleichströmen und Umrichten von Wechselströmen benutzt. **Wechselrichter** wandeln Gleichströme in Wechselströme um. Durch geeignetes Zünden und Löschen der Thyristoren wird dafür gesorgt, daß der Strom einen Transformator oder direkt den Verbraucher in wechselnder Richtung durchfließt.

Zum exakten Löschen der Thyristoren sind manchmal besondere Schaltungsmaßnahmen in Wechselrichtern erforderlich.

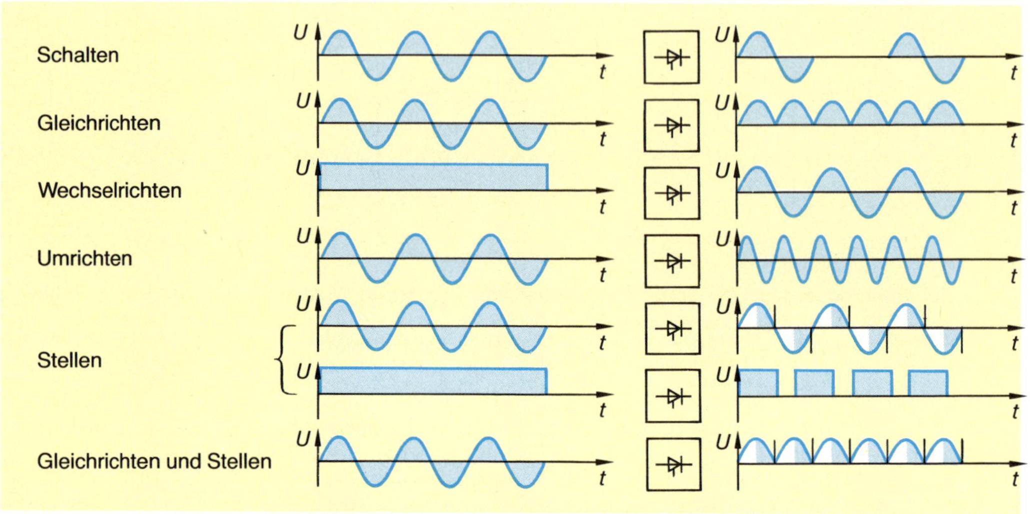

Abb. 1: Grundfunktionen von Bauelementen der Leistungselektronik

Die Abb. 1 zeigt in einer Übersicht die Grundfunktionen von Bauteilen der Leistungselektronik. Sie haben die mechanischen Umformer, Quecksilberdampf-Ventile und Transduktoren fast vollständig verdrängt, weil sie robuster sind, eine höhere Schaltgeschwindigkeit haben, ein kleineres Volumen besitzen, verschleißfrei sind und darüber hinaus einen hohen Wirkungsgrad besitzen.

Aus der Fülle an Anwendungsbeispielen soll etwas ausführlicher der Thyristor als **Gleichstromsteller** behandelt werden. Im Prinzip handelt es sich dabei lediglich um ein periodisches Ein- und Ausschalten einer Gleichspannungsquelle mit Hilfe eines Thyristors. Angewendet wird dieses Verfahren z. B. bei der Energiezuführung für Gleichstrommaschinen oder bei geschalteten Netzteilen.

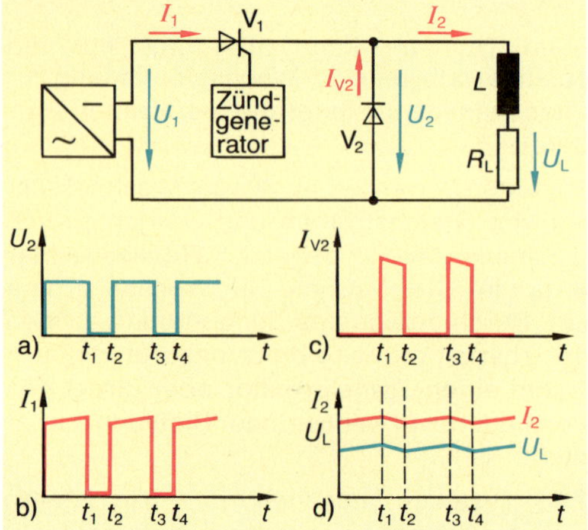

Abb. 2: Arbeitsweise eines Gleichstromstellers

Die grundsätzliche Arbeitsweise verdeutlicht die Abb. 2. Der Thyristor wird durch eine externe Steuerschaltung ein- bzw. ausgeschaltet, so daß sich die rechteckförmige Spannung U_2 ergibt (vgl. 2a). Wenn der Schalter (Thyristor) geschlossen ist ($t < t_1$), liegt diese Spannung an der Reihenschaltung aus der Induktivität und dem Lastwiderstand R_L. Es fließt ein Laststrom, der gleich dem Strom durch den Thyristor ist ($I_2 = I_1$, vgl. 2b, d). Aufgrund der Zeitkonstante von L und R_L besitzt die Kurve nur einen leichten Anstieg.

Zur Erklärung der Arbeitsweise im Abschaltbereich müssen wir auf das Verhalten einer stromdurchflossenen Spule im Gleichstromkreis zurückgreifen. Wenn in der Spule durch den Stromfluß das Magnetfeld aufgebaut ist, versucht die Spule bei Unterbrechung der Stromzuführung mit der entstehenden Induktionsspannung die Stromstärke in der Spule aufrecht zu erhalten. Sie gibt die vorher gespeicherte Energie wieder ab. Es fließt deshalb ein geringfügig abfallender Strom I_2 von t_1 bis t_2 durch den geschlossenen Stromkreis mit der Diode (Freilaufdiode), der Spule und dem Lastwiderstand (vgl. Abb. 2c, d).

Dieses Verfahren ist ein sehr günstiges Verfahren zur Steuerung bzw. Regelung von elektrischer Energie. Die an den Verbraucher gelangende Leistung ist nur von der Einschaltdauer abhängig. Wenn eine kürzere Einschaltdauer gewählt wird, ist der Mittelwert des Stromes I_2 und damit auch die Spannung am Lastwiderstand R_L geringer. Außerdem sind die Verluste sehr gering, da nur die vom Verbraucher benötigte Energie aus der Quelle geliefert wird. Verluste durch Vorwiderstände oder andere Halbleiterbauteile entfallen.

2.7.3 Triac

Schaltet man zwei Thyristoren antiparallel, so erhält man einen **Triac**[1] (Abb. 3). Er hat wie der Diac zwei Durchlaßbereiche, in denen er auch gezündet werden kann. Somit lassen sich mit Hilfe des Triac Phasenanschnittsteuerungen verwirklichen, bei denen beide Halbwellen einer angelegten Wechselspannung angeschnitten werden. Dadurch eignet sich der Triac ganz besonders zur Leistungssteuerung. Abb. 4 zeigt eine Schaltung mit Triac.

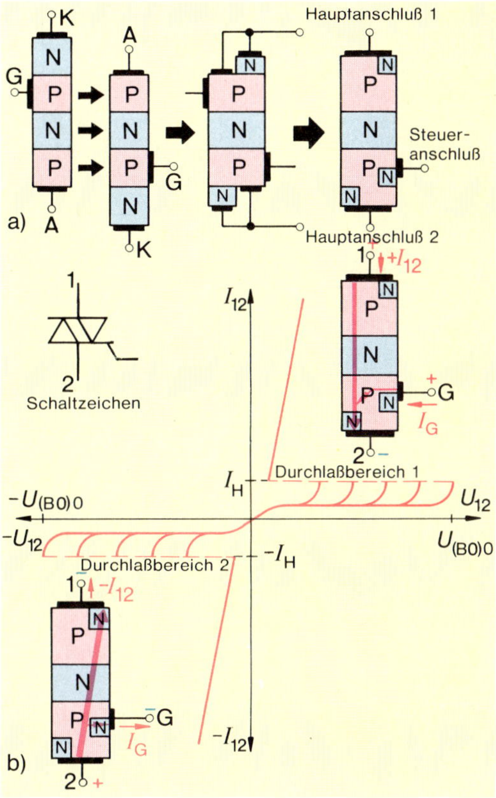

Abb. 3: Triac: a) Aufbau, b) Kennlinie und Stromfluß im Triac

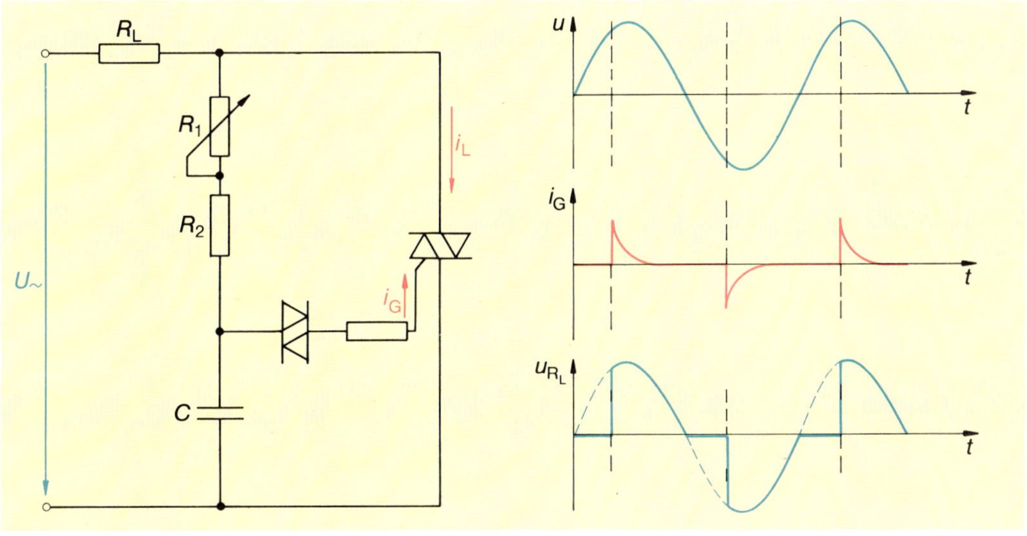

Abb. 4: Phasenanschnittsteuerung mit Triac

[1] **T**riode **a**lternating **c**urrent switch (engl.): Trioden-Wechselstromschalter

Die Zündimpulse werden mit Hilfe eines Diac erzeugt. Dadurch wird die Schaltung sehr einfach. Über die Widerstände R_1 und R_2 wird der Kondensator C aufgeladen. Erreicht die Kondensatorspannung die Kippspannung des Diac, so schaltet dieser durch und zündet den Triac. Der Zündzeitpunkt kann unter Zuhilfenahme von R_1 eingestellt werden.

Für die Phasenanschnittsteuerung sind integrierte Schaltungen entwickelt worden (z. B. TLB 3101). Diese Bausteine sind aufgrund ihrer hohen Wirtschaftlichkeit in Haushaltsgeräten, in Waschmaschinen und in Heimwerkergeräten anzutreffen.

Abb. 1 zeigt eine Minimalbeschaltung. Das Kernelement ist der sägezahnförmige Spannungsgenerator, der mit dem Nulldurchgang des Netzes synchronisiert ist. Die Synchronisierung erfolgt über den Anschluß 18 und den 2,2 MΩ Widerstand. Die Breite des Zündimpulses wird durch den Widerstand 180 kΩ am Anschluß 3 und den Kondensator von 22 nF am Anschluß 4 bestimmt.

Mit der Potentiometereinstellung 100 kΩ kann die gewünschte Leistung im Motor gewählt werden. Die eingestellte Spannung gelangt über den Anschluß 12 an einen Eingang des Komparators K_2. An den anderen Eingang gelangt die Ausgangsspannung des Sägezahngenerators. Aus beiden Signalen wird eine Steuerspannung entwickelt, die gemeinsam mit der Ausgangsspannung des ersten Komparators die Logikstufe und die Treiberstufe ansteuert. Der Steuerimpuls für das Gate des Triacs wird vom Anschluß 2 abgenommen.

Die Spannungsversorgung für das IC erfolgt über eine Diode (nur eine Hälfte der Wechselspannung) und über die Anschlüsse 1 und 15. Die weiteren Bausteine im IC sind bei diesem Beispiel nicht angeschlossen. Mit ihnen können Zündimpulsverlängerungen oder bestimmte Synchronisationen vorgenommen werden.

Aufgaben zu 2.7.1 bis 2.7.3

1. Worin besteht der Unterschied zwischen Vierschichtdioden und Thyristortrioden?

2. Beschreiben Sie den Zündvorgang bei einer Vierschichtdiode!

3. Erläutern Sie die Zündmethoden für Thyristortrioden!

4. Wann sperrt eine Thyristortriode?

5. Beschreiben Sie die Funktion einer Phasenanschnittsteuerung mit Triac!

6. Wozu werden Phasenanschnittsteuerungen verwendet?

7. Erklären Sie die Arbeitsweise eines Gleichstromstellers mit einem Thyristor!

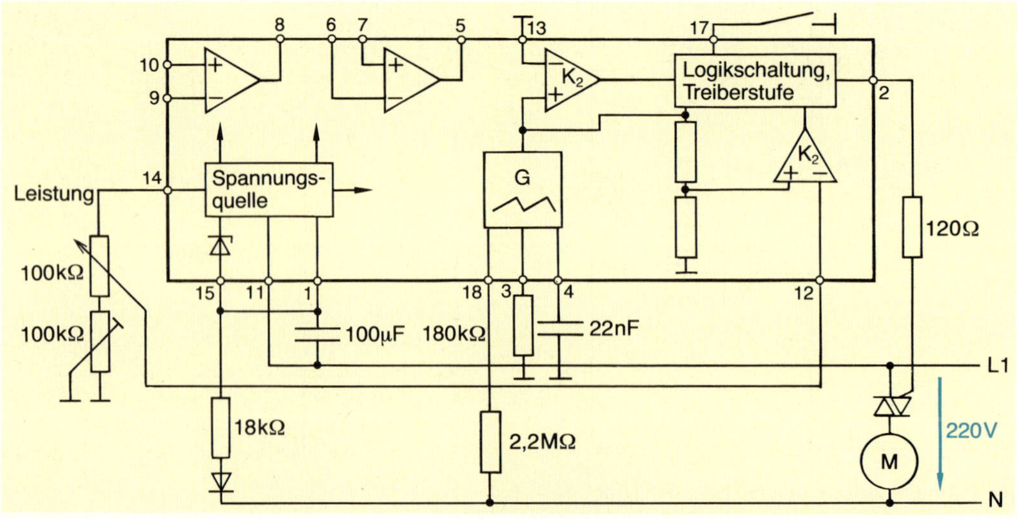

Abb. 1: Phasenanschnittsteuerung mit integrierter Schaltung

2.7.4 Abschaltbare und rückwärtsleitende Thyristoren

Thyristoren sind in der Regel einschaltgesteuerte Ventile. Das Abschalten erfolgt ungesteuert im Nulldurchgang der Wechselspannung. Nur durch einen großen schaltungstechnischen Aufwand kann durch einen kurzzeitigen Gegenstrom, der so groß wie der gesteuerte Strom ist, der Thyristor gelöscht werden. Es gibt jedoch inzwischen abschaltgesteuerte Bauteile für die Leistungselektronik, die **GTO-Thyristoren** (gate-turn-off). Sie können bis zu Spannungen von 1200 V und für Steuerströme bis 400 A eingesetzt werden.

Mit einem gegenüber herkömmlichen Thyristoren veränderten Aufbau gelingt es, durch einen dem Zündimpuls umgekehrten Löschimpuls den Strom im Halbleiterkristall so zu verdrängen, daß sich zwischen der Anode und der Katode nur noch drei Halbleiterschichten (ursprünglich 5) wirksam werden. Das Bauteil arbeitet nun wie ein bipolarer Transistor ohne „Basisstrom". Dieser fehlende „Strom" bewirkt, daß der Strom zwischen Katode und Anode unterbrochen wird.

In Bereichen der Leistungselektronik werden für Gleichstromsteller und Umrichter Bauteile benötigt, die nicht unbedingt über einen Sperrbereich verfügen müssen. Sie sind also im „Sperrbereich" leitend (vgl. Abb. 2), und man nennt sie deshalb auch **rückwärtsleitende Thyristoren** (RTL). Ihr Aufbau entspricht dem eines Thyristors mit einer antiparallel hinzugeschalteten Diode. Da der Thyristorteil kein Sperrverhalten zeigen muß, kann im Aufbau auf einen PN-Übergang verzichtet werden. Dadurch verringern sich die Verluste in Durchlaßrichtung. Rückwärtsleitende Thyristoren werden bis 2500 V und 1 kA eingesetzt.

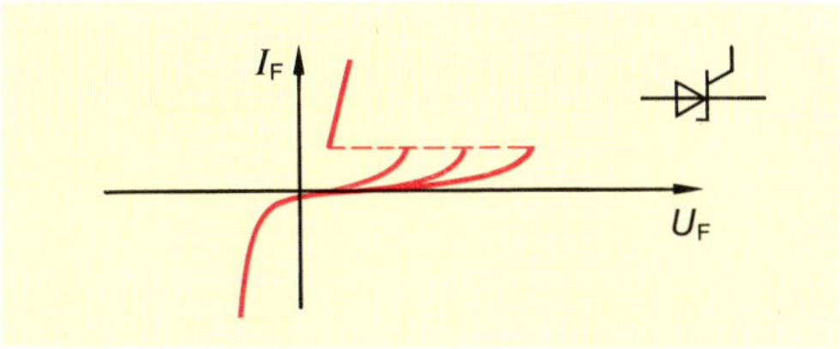

Abb. 2: Kennlinie eines rückwärtsleitenden Thyristors

2.8 Magnetfeldabhängige Bauteile

Neben den bisher beschriebenen Halbleiterbauelementen gibt es Bauelemente, deren Funktion von Magnetfeldern abhängt.

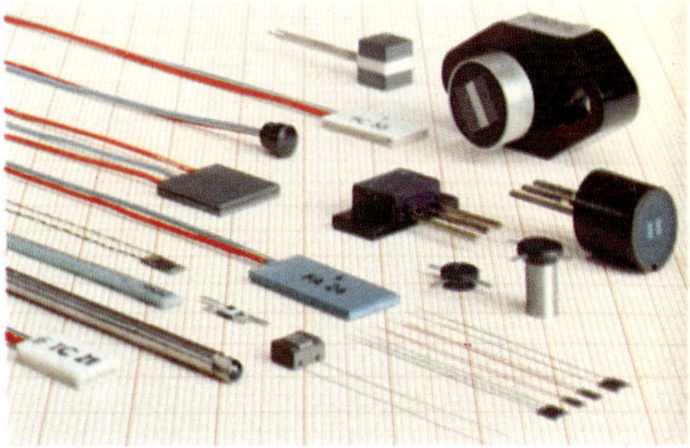

Abb. 3: Magnetfeldabhängige Bauelemente (Hallgeneratoren, Feldplatten)

2.8.1 Hallgeneratoren

Hallgeneratoren[1] sind Halbleiterbauelemente, in denen unter Einfluß eines Magnetfeldes eine Spannung erzeugt wird.

Über zwei gegenüberliegende Anschlüsse wird ein **Steuerstrom** I durch das Plättchen geschickt. In einem Magnetfeld entsteht zwischen den restlichen Anschlüssen die **Hallspannung** U_H.

Ihre Richtung ist von der Richtung des Steuerstromes und des Magnetfeldes abhängig. Die Höhe der Hallspannung errechnet sich nach folgender Formel:

$$U_H = R_H \cdot \frac{I \cdot B}{d}$$

R_H: Hallkonstante (Materialkonstante)
B: magnetische Flußdichte
d: Dicke des Halbleiterplättchens
Materialien: InAs, InAsP, InSb

Aufbau des Hallgenerators und Entstehung der Hallspannung erläutert Abb. 1 (S. 152). Durch das Magnetfeld werden die Elektronen zu einer Seite des Plättchens abgelenkt. Es entsteht ein Ladungsunterschied zwischen den Anschlüssen 3 und 4 und somit eine Spannung.

[1] Edwin Hall, amerikanischer Physiker, 1855–1938

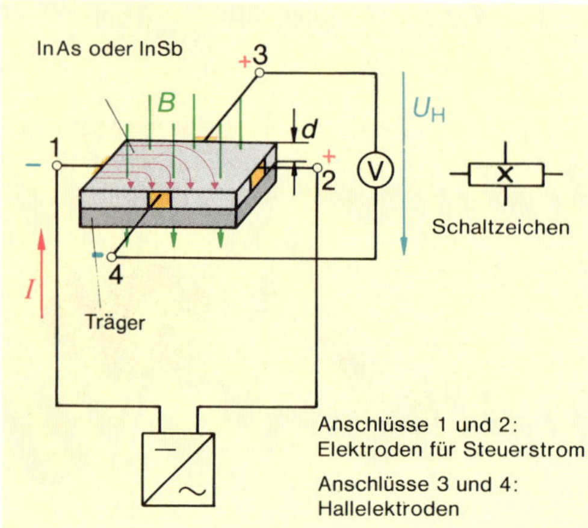

Abb. 1: Aufbau des Hallgenerators und Entstehung der Hallspannung (Elektronenstromrichtung)

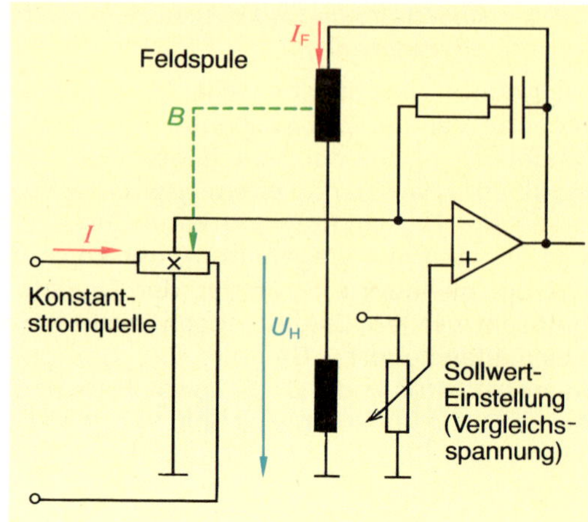

Abb. 3: Prinzipschaltung einer Feldregelung mit einem Hallgenerator

Die Abb. 2 zeigt die Abhängigkeit der Hallspannung U_H von der magnetischen Flußdichte B. Bei einem Belastungswiderstand von 7 Ω wird eine optimale Linearität erzielt.

Hallgeneratoren werden in vielfältiger Weise eingesetzt. Sie lassen sich z. B. für die Magnetfeldmessung, für die Aufnahme von Signalen, die durch Magnetfelder hervorgerufen werden, sowie für die Steuerung und Regelung einsetzen. In Abb. 3 ist ein Beispiel für die Regelung und Konstanthaltung von Magnetfeldern zu sehen. Der Hallgenerator befindet sich im Luftspalt des magnetischen Kreises. Seine Hallspannung, die von der Stromstärke der Konstantstromquelle und vom Magnetfeld der Feldspule abhängig ist, liegt am Eingang des Operationsverstärkers. Bei Abweichung des Magnetfeldes ändert sich die Hallspannung und damit der Ausgangsstrom des Operationsverstärkers. Der Ausgangsstrom fließt durch die Feldwicklungen, so daß ein Ausgleich stattfindet. Der Änderung des Magnetfeldes wurde auf diese Weise entgegen gewirkt.

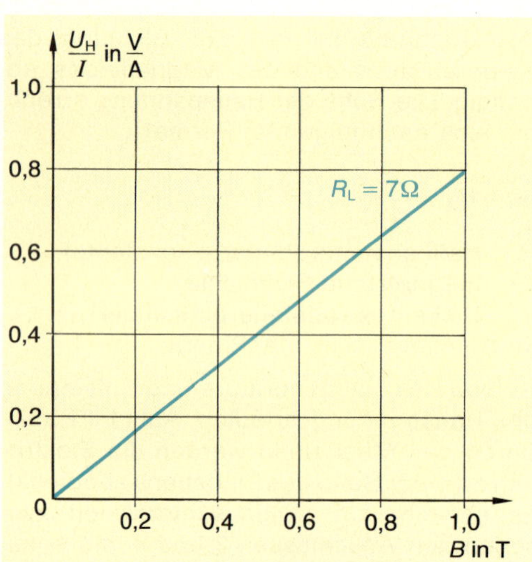

Abb. 2: Normierte Hallspannung (I: Strom der Konstantstromquelle) in Abhängigkeit von der magnetischen Flußdichte

2.8.2 Feldplatte

Die Feldplatte ist ein magnetisch steuerbarer Widerstand aus Halbleitermaterial (Nickelantimonid und Indiumantimonid). In einem Magnetfeld steigt der Widerstand des Materials bis auf den 20fachen Wert des

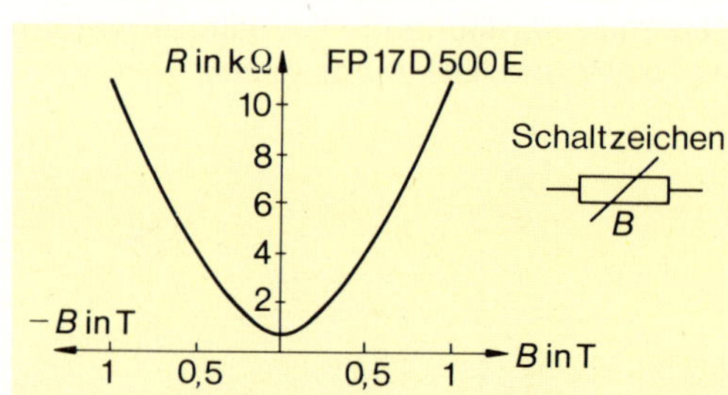

Abb. 4: Kennlinie und Schaltzeichen von Feldplatten

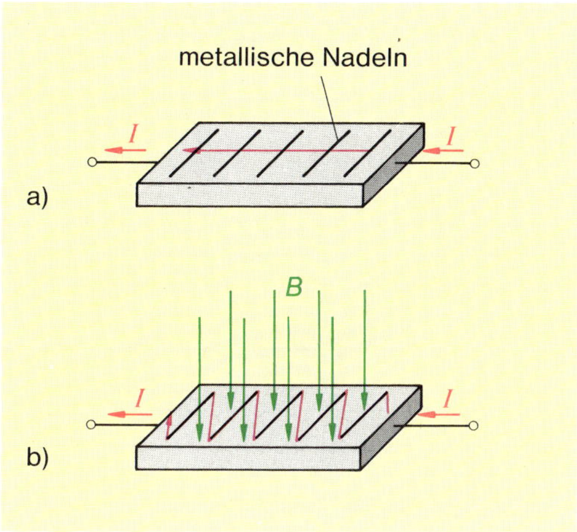

Abb. 5: Wirkungsweise einer Feldplatte
a) ohne Magnetfeld b) mit Magnetfeld

Widerstandes ohne magnetische Beeinflussung. Abb. 4 zeigt Kennlinie und Schaltzeichen einer Feldplatte. Abb. 5 erläutert die Wirkungsweise.

Unter Einfluß des Magnetfeldes verlängert sich der Weg der Elektronen und der Widerstand steigt.

Feldplatten kann man als kontaktlos oder stufenlos steuerbare Widerstände einsetzen. Sie werden entweder mit einem Dauermagneten oder einem Elektromagneten angesteuert. Der Schwerpunkt der Anwendung liegt in kontaktlosen und berührungslosen Schaltvorgängen wie z. B. als Drehzahlgeber, Positionsmelder und Funktionsgeber.

In Abb. 6 ist ein einfacher berührungsloser Schalter zu sehen. Wenn der Dauermagnet der Feldplatte genähert wird, steigt ihr Widerstand, und die Basisspannung des Transistors verändert sich. Die Lampe leuchtet.

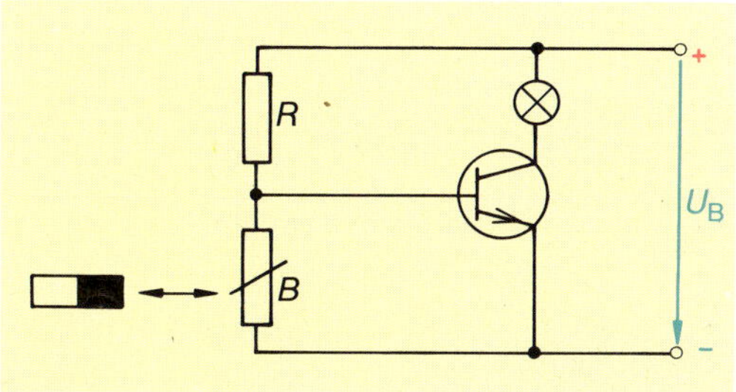

Abb. 6: Berührungsloser Schalter mit Feldplatte

2.8.3 Magnetdioden

Magnetdioden sind aus Germanium hergestellt. Zwischen den P- und N-Zonen befindet sich eine breite undotierte Zone mit geringer Leitfähigkeit (Eigenleitung). Am Rand dieser Zone befindet sich noch ein Bereich, der stark dotiert ist, so daß dort Elektronen und Löcher rekombinieren können (Rekombinationszone Abb. 7).

Magnetdioden werden in Durchlaßrichtung betrieben. Fließt ein Strom und befindet sich die Diode gleichzeitig im Magnetfeld, dann werden Ladungen abgelenkt und gelangen in die Rekombinationszone. Sie werden dort durch die Rekombination gebunden und fallen für den Ladungstransport aus. Der Widerstand steigt also mit zunehmender magnetischer Flußdichte (Abb. 8).

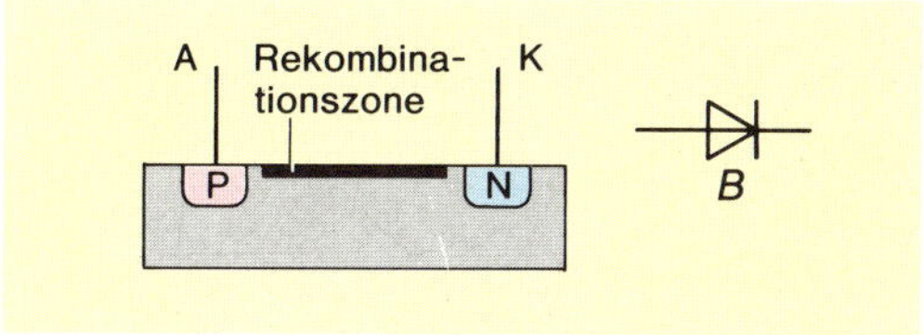

Abb. 7: Aufbau und Schaltzeichen der Magnetdiode

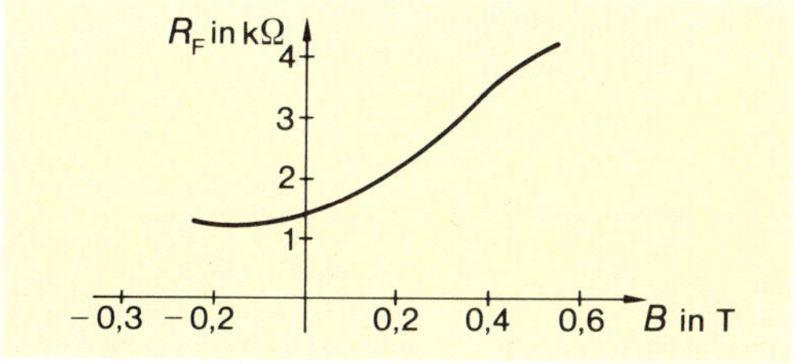

Abb. 8: Kennlinie einer Magnetdiode

Aufgaben zu 2.8

1. Die magnetische Flußdichte durch einen Hallgenerator wird erhöht. Wie verändert sich die Hallspannung, wenn ein Steuerstrom fließt?

2. Mit welchen magnetfeldabhängigen Bauteilen können Magnetfeldpole unterschieden werden?

3. Wie groß ist der Widerstand der Feldplatte der Abb. 4, wenn $B = 1$ T ist?

2.9 Optoelektronische Bauelemente

2.9.1 Elektromagnetisches Spektrum

Aufgrund ihrer Funktion als Wandler optischer Signale oder Energien in elektrische Signale oder Energien haben optoelektronische Bauelemente in viele Gebiete der Elektronik Eingang gefunden. Durch sie sind viele Problemlösungen erst möglich geworden. Optoelektronische Bauteile werden z. B. in Lichtschranken, zur Abtastung von Gegenständen, zur Messung von Längen, zur Kontrolle von Zündvorgängen, für die galvanische Trennung von Ein- und Ausgängen, zur Beleuchtungssteuerung, zur Informationsweitergabe oder als Anzeigeelemente eingesetzt.

Optoelektronische Bauteile verarbeiten bzw. erzeugen elektromagnetische Wellen. Das Spektrum elektromagnetischer Wellen mit seinen Frequenz- und Wellenbereichen ist in Abb. 1 zu sehen. Es reicht vom tonfrequenten Wechselstrom (in der Abb. nicht mitgezeichnet) bis hin zur kosmischen Strahlung. Nur der kleine Bereich von 380 nm bis 780 nm wird vom Auge als Licht wahrgenommen. Die verschiedenen Wellenlängen des Lichts empfindet das Auge als Farbe. Bei etwa 780 nm meldet unser Auge ein dunkles Rot und bei 380 nm ein dunkles

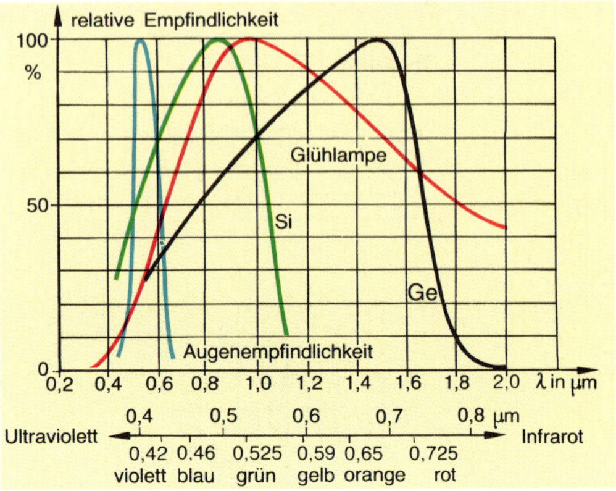

Abb. 2: Empfindlichkeitskurven

Blau/Violett. Treffen auf das Auge Wellen mit allen Wellenlängen, dann wird Weiß registriert. Die außerhalb des sichtbaren Spektrums liegenden Bereiche bezeichnet man als ultraviolette (UV) oder infrarote (IR) Strahlung.

Die fotoelektrische Empfindlichkeit der in der Optoelektronik verwendeten Grundstoffe ist unterschiedlich. Abb. 2 zeigt die Empfindlichkeit des menschlichen Auges sowie die Empfindlichkeit von Germanium und Silicium im Vergleich zur spektralen Emission der Glühlampe. Die unterschiedlichen Kurvenverläufe geben Hinweise auf mögliche Anwendungsbereiche.

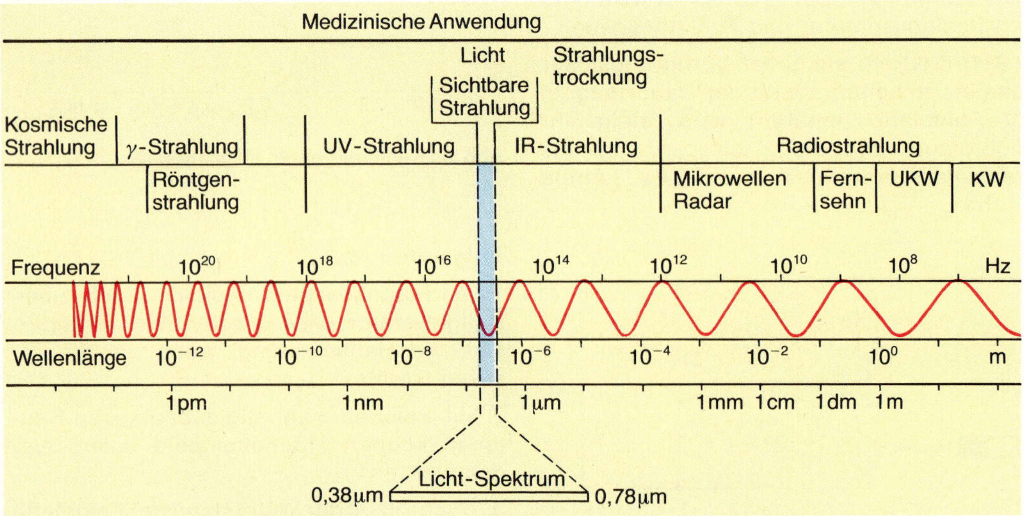

Abb. 1: Elektromagnetisches Spektrum

2.9.2 Lichtempfänger

Fotowiderstand, LDR[1]

Beleuchtetes Halbleitermaterial verringert seinen Widerstand, weil sich unter Einfluß der Lichtenergie Elektronen aus ihren Bindungen lösen. Dadurch erhöht sich die Eigenleitung des Materials (innerer Fotoeffekt; Abb. 4). Fotowiderstände werden zur lichtabhängigen Steuerung verwendet.

Abb. 3: Fotowiderstände

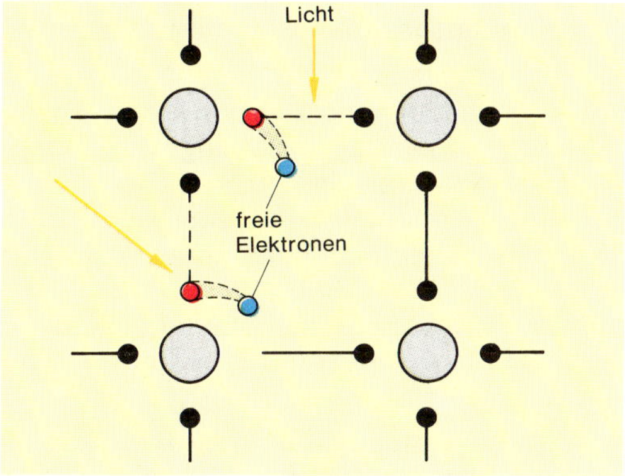

Abb. 4: Vergrößerung der Leitfähigkeit beim Fotowiderstand durch Lichteinfall

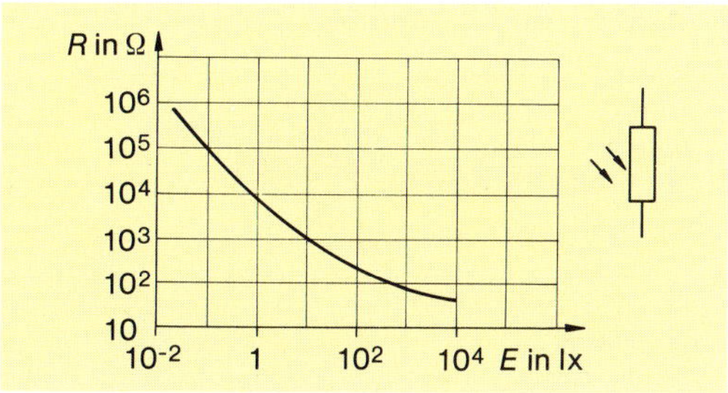

Abb. 5: Widerstand in Abhängigkeit von der Beleuchtungsstärke beim LDR

[1] Light-Dependent-Resistor

Abb. 5 zeigt eine Kennlinie und das Schaltzeichen.

Fotowiderstände werden dort eingesetzt, wo es um die Steuerung elektrischer Größen durch Licht geht, z. B. Dämmerungsschalter, Belichtungsmesser, Hell/Dunkelschaltung, Lichtschranken.

In Abb. 6 ist eine sogenannte Hellschaltung mit Fotowiderstand und Transistor zu sehen. Wenn der Fotowiderstand beleuchtet wird, dann wird sein Widerstand klein und damit die Spannung zwischen Basis und Emitter größer. Es fließt ein Strom durch die Basis und damit durch das Relais.

Wird der Fotowiderstand verdunkelt, dann verringert sich der Strom, und der Anker des Relais fällt ab.

Die Diode parallel zur Relaisspule verhindert die Entstehung hoher Induktionsspannungen. Für Induktionsspannungen ist die Diode in Durchlaßrichtung geschaltet.

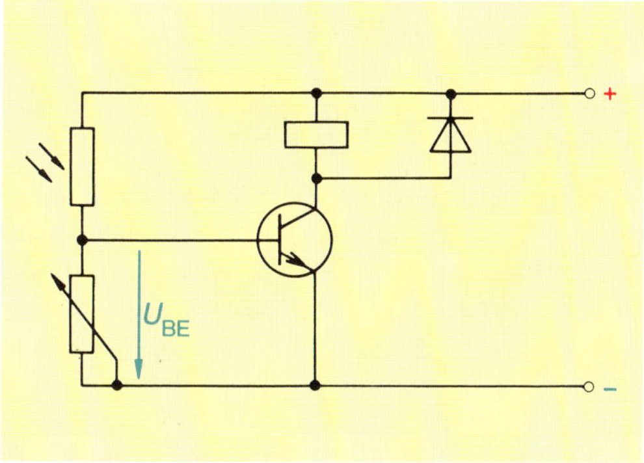

Abb. 6: Fotoelektronischer Schalter

Fotoelement

Fotoelemente setzen die optische Energie direkt in elektrische Energie um, ohne daß eine äußere Spannungsquelle benötigt wird.

Sie werden deshalb in Verbindung mit anderen elektronischen Bauteilen als Sensoren für Lichtsignale in der Steuerungs- und Regelungstechnik verwendet. Der äußere Aufbau entspricht dann dem jeweiligen Anwendungsbereich.

Die Abb. 1 auf S. 156 zeigt den grundsätzlichen Aufbau eines Fotoelements in Planartechnik.

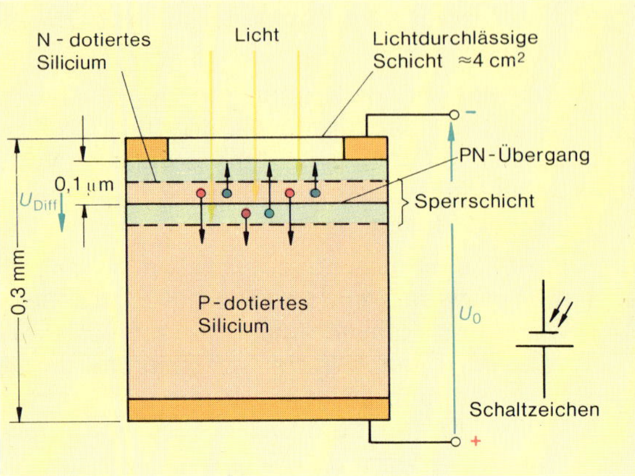

Abb. 1: Aufbau und Wirkungsweise eines Fotoelements

Abb. 3: Solarzelle

Das durch die sehr dünne N-dotierte Schicht einfallende Licht bewirkt das Aufreißen einzelner Bindungen. Dabei entstehen Löcher und frei bewegliche Elektronen. Löcher und Elektronen werden unter Einfluß der Diffusionsspannung in verschiedene Richtungen bewegt. Infolgedessen wird die N-Schicht negativ und die P-Schicht positiv aufgeladen, und es entsteht eine Spannung zwischen den Anschlüssen.

Die Eigenschaften eines Fotoelements werden im wesentlichen durch die Leerlaufspannung und die Kurzschlußstromstärke gekennzeichnet. Im Kurzschlußfall ist der Strom eine lineare Funktion der Beleuchtungsstärke und damit auch proportional zur bestrahlten Fläche. Die Leerlaufspannung steigt logarithmisch mit der Beleuchtungsstromstärke an. Sie ist unabhängig von der Elementgröße und beträgt bei einer Beleuchtungsstärke von 1000 lx etwa 0,5 V.

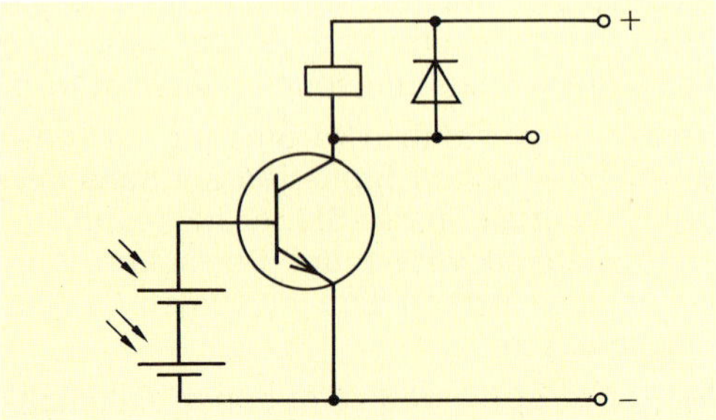

Abb. 2: Transistorsteuerung durch Fotoelemente

Solarzelle[1]

Solarzellen (Abb. 3) sind Fotoelemente, die die Lichtenergie mit einem möglichst großen Wirkungsgrad umwandeln (≈ 11%).

Wichtigste Vertreter sind Si-PN-Solarzellen. Bei der Bestimmung des Wirkungsgrades muß die spektrale Verteilung des Lichts berücksichtigt werden. Sie findet Eingang in der sogenannten **Solarkonstanten,** die für jeden Ort verschieden ist. Außerhalb der Erdatmosphäre beträgt sie etwa 135 mW/cm², auf Meereshöhe und bei senkrechter Sonneneinstrahlung ≈ 106 mW/cm².

In Abb. 4 sind der Kurzschlußstrom und die Leerlaufspannung einer Solarzelle zu sehen. Da sie im Prinzip wie Fotoelemente aufgebaut sind, ergeben sich ähnliche Kurvenverläufe.

Die Dioden in Abb. 5 haben eine Schutzfunktion, weil durch unterschiedliche Bestrah-

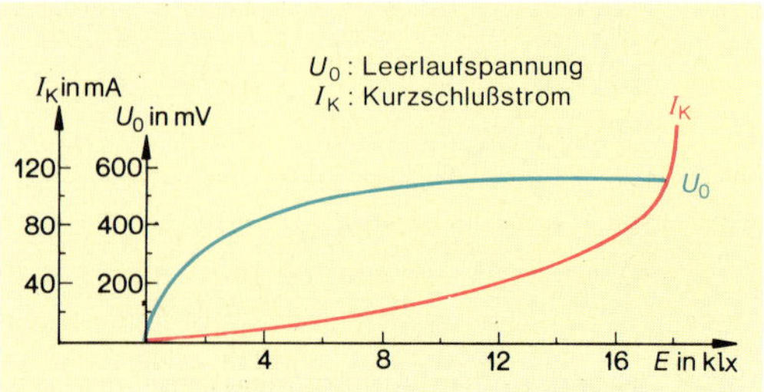

Abb. 4: Kennlinien einer Solarzelle

[1] sol (lat.): Sonne

lung auch unterschiedliche Spannungen auftreten können. Sie verhindern, daß Ausgleichsströme zwischen den Elementen fließen.

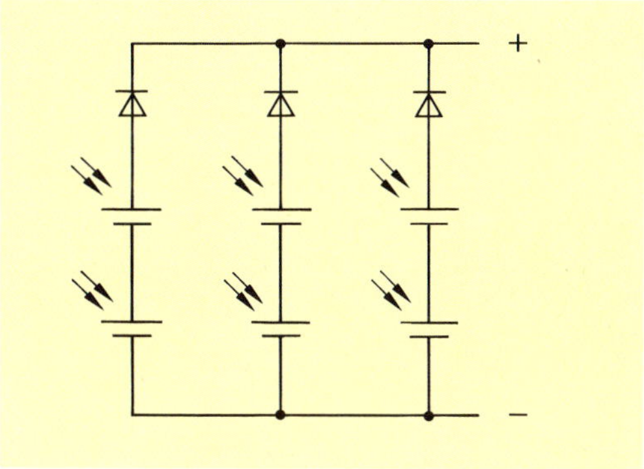

Abb. 5: Solarbatterie aus Solarzellen

Fotodiode

Fotoelemente haben einen PN-Übergang. Sie sind also wie eine Diode aufgebaut. Man kann sie deshalb auch als **Fotodiode** bezeichnen. Der Name Fotodiode wird jedoch erst dann benutzt, wenn man dieses Bauteil nicht als spannungsabgebendes Bauelement (Fotoelement), sondern als lichtabhängigen Widerstand betreibt. Dies geschieht, wenn die Diode gesperrt ist und der Lichteinfall den Sperrwiderstand verringert. Den Kennlinienverlauf einer Fotodiode in Sperrichtung zeigt die Abb. 6.

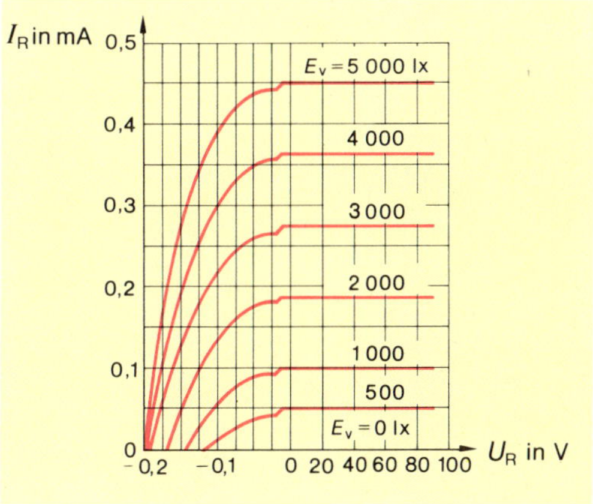

Abb. 6: Kennlinie einer Fotodiode und Schaltzeichen

Germanium- und Silicium-Fotodioden überdecken den Wellenbereich von etwa 300 nm bis 1800 nm (vgl. Abb. 2, S. 154). Die Si-Fotodiode ist bedeutsamer. Sie deckt den sichtbaren Bereich ab und hat ihr Empfindlichkeitsmaximum im Infrarotbereich. Dadurch eignet sie sich gut als Empfänger für die Strahlung von GaAs-Lumineszenzdioden, die für Fernsteuerungen und Lichtschranken eingesetzt werden.

Neben den PN-Fotodioden gibt es **PIN-Fotodioden.** Sie zeichnen sich durch eine geringe Sperrschichtkapazität, hohe Grenzfrequenz und kurze Schaltzeit aus. Außerdem ist die Leerlaufspannung bei kleinen Beleuchtungsstärken größer als bei vergleichbaren PN-Fotodioden (vgl. Abb. 7).

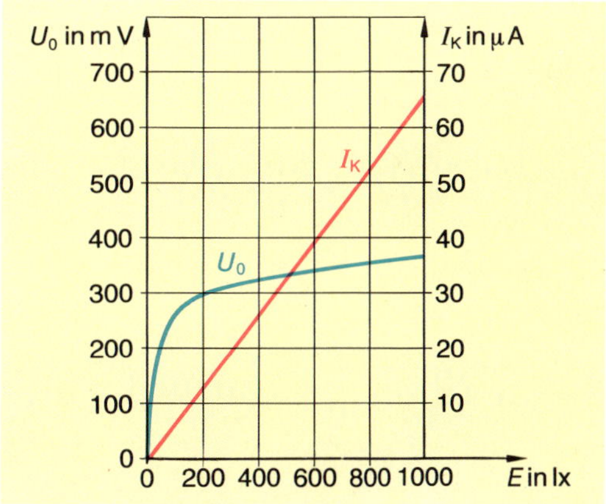

Abb. 7: Leerlaufspannung und Kurzschlußstrom einer PIN-Fotodiode in Abhängigkeit von der Beleuchtungsstärke

Die Leerlaufspannung steigt bis etwa 200 lx rasch an. Danach verläuft mit zunehmender Beleuchtungsstärke die Kurve relativ flach. Der Zusammenhang zwischen Leerlaufspannung und Beleuchtungsstärke ist also nicht proportional. Dem gegenüber gibt es zwischen der Kurzschlußstromstärke und der Beleuchtungsstärke einen proportionalen Zusammenhang. Bei 1000 lx wird ein Maximum von etwa 65 µA erreicht; eine Leerlaufspannung von etwa 360 mV.

Mit Fotodioden lassen sich ebenfalls lichtgesteuerte Schalter aufbauen. Die Abb. 1 auf S. 158 zeigt zwei Schaltungsmöglichkeiten. In beiden Fällen verringert sich der Widerstand der Fotodioden bei Beleuchtung, und die Spannung zwischen Basis und Emitter steuert den Transistor.

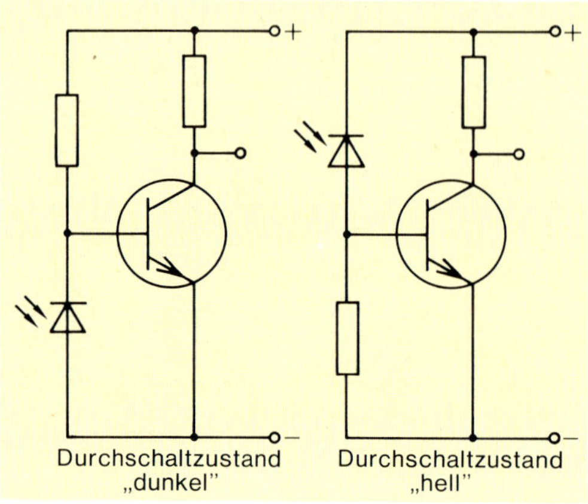

Abb. 1: Lichtabhängige Schalter mit Fotodioden

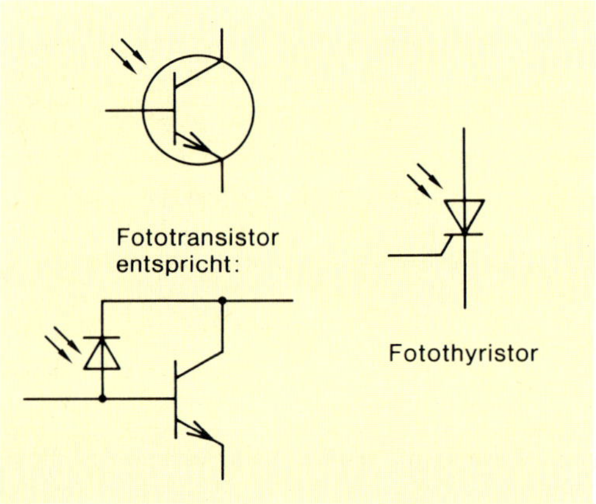

Abb. 2: Schaltzeichen für Fototransistor und Fotothyristor

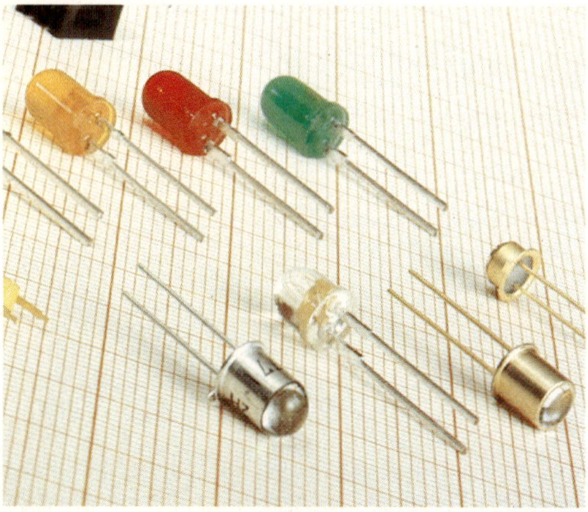

Abb. 3: Lumineszenzdioden

Fototransistor und Fotothyristor

Der Fototransistor besteht im Prinzip aus einer Fotodiode und einem nachgeschalteten Verstärkungstransistor (Abb. 2). Der Basisanschluß ist in vielen Fällen nicht herausgeführt.

Der Fototransistor läßt sich für die gleichen Anwendungsgebiete wie die Fotodiode einsetzen.

Beim Fotothyristor kann durch Lichteinfall die Anoden-Katoden-Strecke leitend werden. Es lassen sich so Schaltvorgänge realisieren, die von der Beleuchtungsstärke abhängig sind.

Aufgaben zu 2.9.1 und 2.9.2

1. Wie groß ist die Widerstandsänderung beim Fotowiderstand der Abb. 5 (S.155), dessen Beleuchtungsstärke sich von 1 lx auf 100 lx verändert?

2. Entwerfen Sie einen fotoelektronischen Schalter mit einem Fotowiderstand und einem Transistor, bei dem im verdunkelten Zustand das Relais anzieht.

3. Erklären Sie den Unterschied zwischen einer Solarzelle, einer Fotodiode und einem Fotoelement!

4. Ermitteln Sie aus Abb. 4 (S. 156) die Leerlaufspannung des Fotoelements bei 16 klx!

5. Erklären Sie die Spannungsentstehung beim Fotoelement unter Lichteinwirkung!

6. Aus welchen grundsätzlichen Bauteilen kann man sich einen Fototransistor aufgebaut vorstellen?

7. Läßt sich beim Fotothyristor durch Licht eine kontinuierliche Steuerung des Anoden-Katoden-Stromes erreichen?

2.9.3 Lichtsender

Lumineszenzdioden für den sichtbaren Spektralbereich (LED[1])

Lumineszenzdioden sind Halbleiterbauelemente, die bei Stromfluß in Durchlaßrichtung elektromagnetische Wellen aussenden.

[1] **l**ight **e**mitting **d**iode (engl.): lichtaussendende Diode

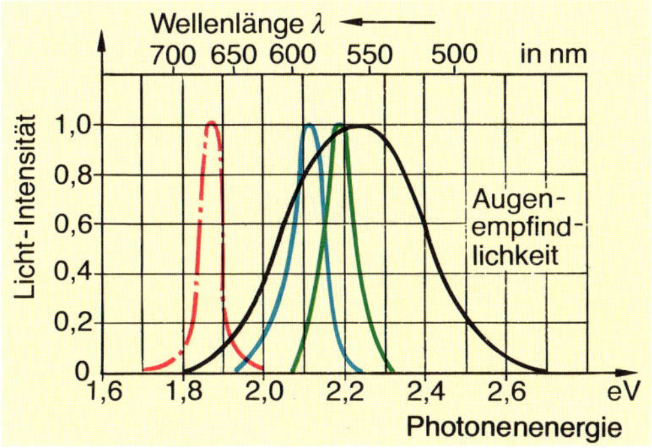

Abb. 4: Emissionsspektren von Lumineszenzdioden und Augenempfindlichkeitskurve

Im Gegensatz zum Licht einer Glühlampe ist das Spektrum nicht breit, sondern sehr schmalbandig (Abb. 4). Lumineszenzdioden bestehen aus Galliumarsenidphosphid-Mischkristallen (GaAsP). Durch Änderung des Phosphorgehalts läßt sich das Emissionsspektrum von Infrarot bis zum grünen Bereich verschieben. Es ist bereits gelungen, blauleuchtende Lumineszenzdioden aus Siliciumcarbid (SiC) herzustellen. Eine kostengünstige Massenproduktion ist jedoch noch nicht in Sicht.

LEDs werden als Anzeigeelemente, als Segmentanzeigen, in Meßgeräten, in Fernsprech-, Daten- und Signalanlagen verwendet sowie in vielen Geräten der Unterhaltungselektronik, Haushaltstechnik und Konsumtechnik eingesetzt. Ihre Vorteile liegen in der hohen Betriebssicherheit und der hohen mechanischen Stabilität sowie in den kleinen Abmessungen und in der leichten Modulierbarkeit.

In Abb. 4 ist das Emissionsspektrum einiger LEDs in Verbindung mit der spektralen Augenempfindlichkeit zu sehen. Durch Einfärben der Kunststoffumhüllung kann der Emissionsbereich eingeschränkt werden.

Die Strahlungsleistung einer LED ist nahezu proportional zum Durchlaßstrom, der einige mA betragen darf (Abb. 6).

Lumineszenzdioden werden in Durchlaßrichtung betrieben. Dabei gelangen Ladungsträger in die Zone des PN-Übergangs. Sie rekombinieren dabei z. T. und senden dabei Lichtenergie aus. Da die Kurve im Durchlaßbereich sehr steil verläuft (vgl.

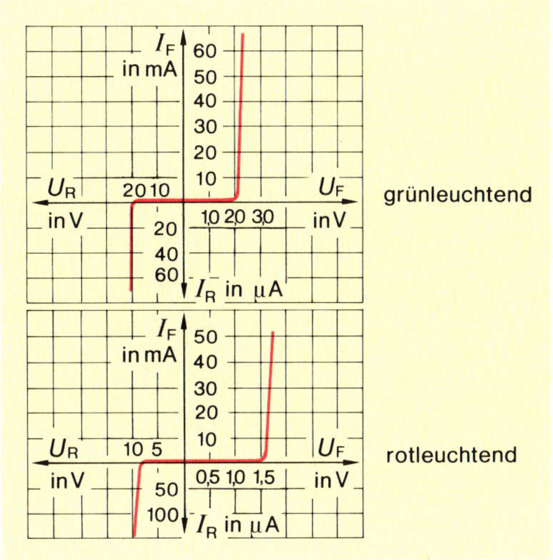

Abb. 5: Kennlinien vom Lumineszenzdioden

Abb. 5), müssen Leuchtdioden mit einem Vorwiderstand betrieben werden. Durch ihn wird die gewünschte Stromstärke für den Arbeitspunkt festgelegt.

Abb. 5 zeigt die Kennlinien von einer rot bzw. grün leuchtenden Lumineszenzdiode. Durch die Kennlinien wird deutlich, daß die Sperrspannungen gegenüber Gleichrichterdioden gering sind. Bei Anschluß an Wechselspannung muß deshalb z. B. die Schutzmaßnahme der Abb. 1 (S. 160) ergriffen werden. Bei negativen Halbwellen an L 1 wird die Gleichrichterdiode leitend, und die Lumineszenzdiode ist geschützt.

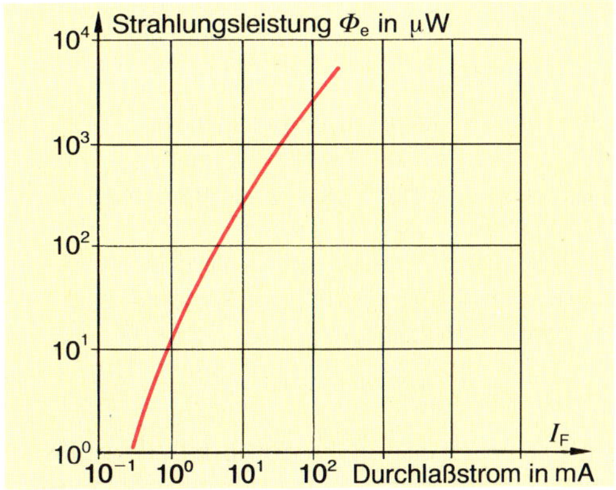

Abb. 6: Strahlungsleistung einer Leuchtdiode in Abhängigkeit vom Durchlaßstrom

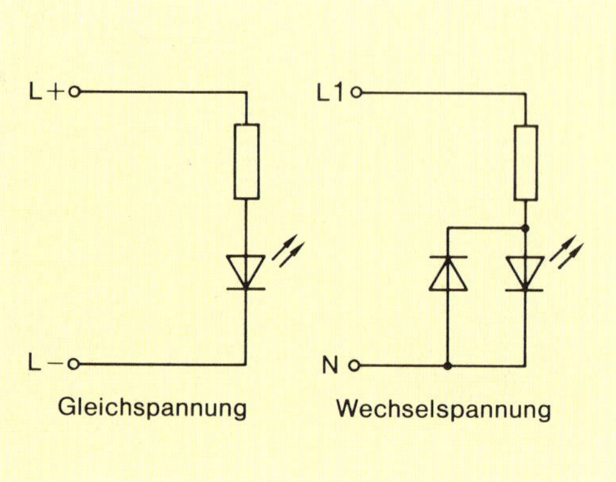

Abb. 1: Anschluß von Lumineszenzdioden

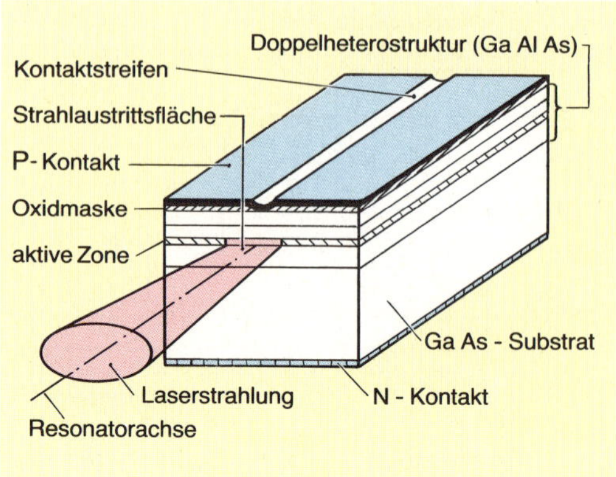

Abb. 2: Aufbau eines GaAlAs-Halbleiter-Lasers

Infrarot-Lumineszenzdioden (IRED)

Infrarot-Lumineszenzdioden bestehen aus Gallium-Arsenid (GaAs). Der Emissionsbereich liegt bei 900 nm. Mit ihnen lassen sich höhere Lichtleistungen erreichen als mit vergleichbaren Leuchtdioden des sichtbaren Spektralbereichs (vgl. Tab. 2.3). Sie werden für Lichtschranken, Fernsteuerungen, Entfernungsmessungen und vor allem für die optische Nachrichtenübertragung mit Lichtwellenleitern eingesetzt.

Durch entsprechende Dotierungen kann die Diode den gewünschten Erfordernissen angepaßt werden. Z.B. besitzen mit Silicium dotierte Dioden eine kurze Ansprechzeit. Mit Zink diffundierte Dioden eignen sich für den Einsatz in der Signalübertragung (bis 10 MHz) auf kurzen Entfernungen (einige 100 m).

Laser-Diode

Eine hohe Modulierbarkeit und höhere Strahlungsleistungen erzielt man mit Laser-Dioden. In Abb. 2 ist der grundsätzliche Aufbau einer GaAlAs-Laser-Diode zu sehen. Sie besteht aus sehr schmalen Streifen mit einer kleinen Strahlungsaustrittsfläche. Durch den Aluminiumgehalt kann das Emissionsmaximum von 820 nm bis 880 nm verändert werden.

Die Lichterzeugung in der Laser-Diode erfolgt durch eine sogenannte induzierte Emission. Eine durch Rekombination erzeugte Lichtwelle induziert im Innern weitere Rekombinationen. Die dabei entstehenden Wellenzüge besitzen alle die gleiche Energie (gleiche Farbe), Phasenlage, Polarisation und Ausbreitungsrichtung. Um eine induzierte Emission zu erreichen, muß die Laser-Diode über einen optischen Resonator (verspiegelte Flächen zur Reflexion) verfügen. Die Resonatorachse ist in Abb. 2 zu erkennen. Sie liegt im Zentrum der Strahlaustrittsfläche, deren Dicke lediglich 0,2 μm beträgt.

Halbleiter-Laser werden insbesondere als optische Sender für die Übertragung von Signalen mit Lichtwellenleitern verwendet.

Tab. 2.3: Übersicht über wichtige Eigenschaften von Lumineszenzdioden

Farbe	Material	Wellenlänge (mittl.) in nm	Durchlaßspannung bei 10 mA in V	Lichtleistung bei 10 mA in μW	Wirkungsgrad in %
Infrarot	GaAs	900	1,3 ... 1,5	100 ... 500	15
Rot	GaAsP	640	1,6 ... 1,8	1 ... 2	0,2
Gelb	GaAsP	590	2,0 ... 2,2	3 ... 8	0,2
Grün	GaAsP	570	2,2 ... 2,4	1,5 ... 8	0,2

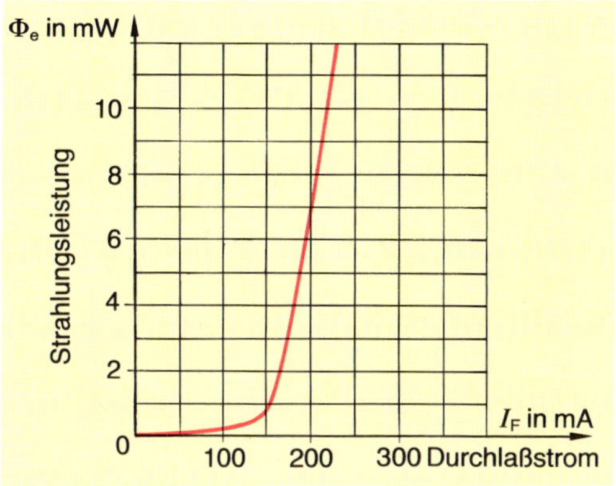

Abb. 3: Strahlungsleistung eines GaAlAs-Halbleiter-Lasers in Abhängigkeit von der Durchlaßstromstärke

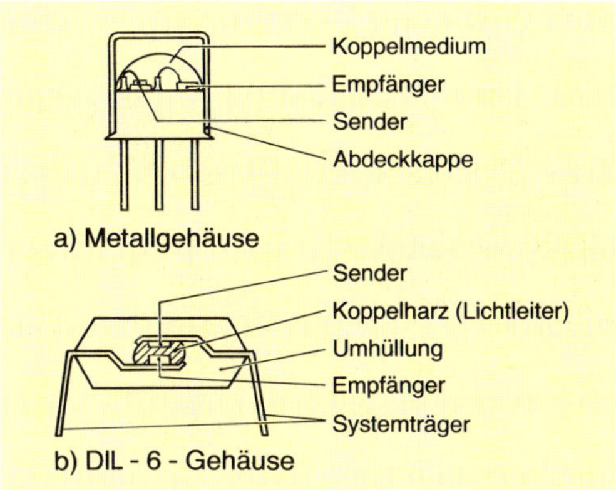

Abb. 5: Aufbau von Optokopplern

Die Abb. 3 zeigt die Strahlungsleistung der Laser-Diode in Abhängigkeit von der Durchlaßstromstärke. Bis zu einem Schwellwert verhält sie sich wie eine übliche IRED. Danach setzt die induzierte Emission ein, mit einem steilen und linearen Anstieg der Kennlinie.

2.9.4 Optokoppler

Optokoppler sind optoelektronische Koppelelemente zur Signalübertragung.

Die Ein- und Ausgänge sind galvanisch getrennt. Sie eignen sich also zur Trennung von zwei Schaltkreisen.

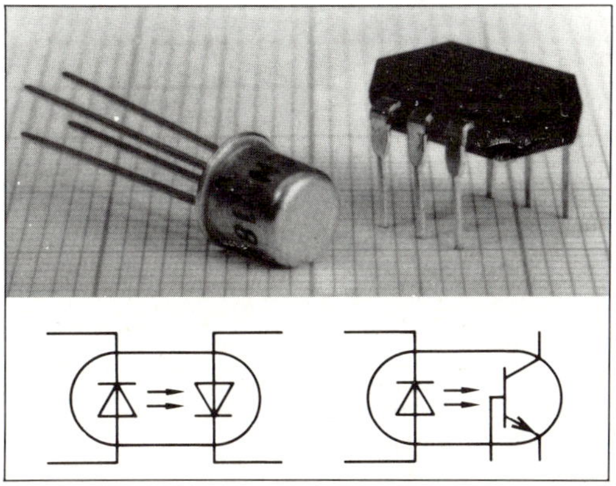

Abb. 4: Optoelektronische Koppler

In Abb. 5a gelangt die Infrarotstrahlung der Lumineszenzdiode nicht direkt, sondern durch Reflexion an der Innenfläche der Abdeckung zum Empfänger. Mit dieser Bauweise erreicht man Isolationsspannungen bis 500 V.

Bei einer anderen Bauweise (Abb. 5b) strahlt die Infrarot-Diode direkt über einen Lichtwellenleiter auf den Fototransistor. Ein guter Koppelfaktor ist dadurch erzielbar. Der Basiswiderstand des Transistors ist herausgeführt und kann beschaltet werden. Die Isolationsspannung beträgt einige kV. Der Gleichstromwiderstand zwischen Ein- und Ausgang beträgt mehr als $10^{11}\,\Omega$.

2.9.5 LED-Anzeigen (Displays)

LED's werden auch zu **Anzeigeeinheiten** (Abb. 1, S. 162) zusammengefaßt. Mit ihnen ist die Anzeige von Zahlen und Buchstaben möglich.

Sie zeichnen sich durch eine gute Ablesbarkeit (auch bei Dunkelheit), einfache Ansteuerbarkeit und hohe Betriebssicherheit aus. Als Farben können Rot, Gelb und Grün gewählt werden. Es gibt aber auch Mehrfarbendisplays, die z. B. mit einem rot- und grünleuchtenden Chip pro Segment ausgerüstet sind. Die antiparallel geschalteten Dioden ermöglichen durch Umpolen der Betriebsspannung den Farbwechsel. Ein Multiplexbetrieb erlaubt zusätzlich ein Mischen der Farben.

Abb. 1: LED-Anzeigeeinheiten

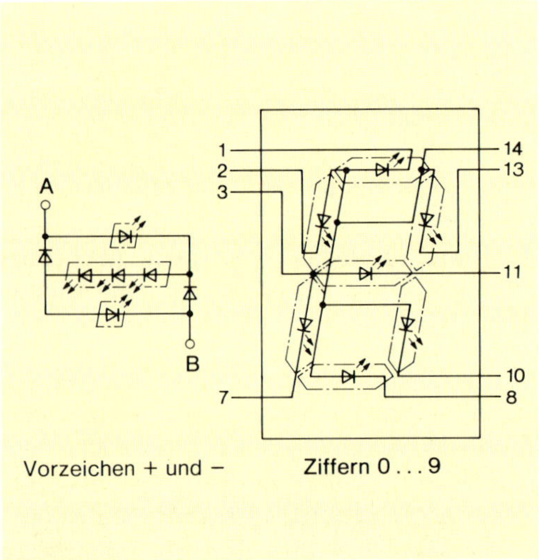

Abb. 2: Schaltungen von Anzeigeeinheiten

2.9.6 Flüssigkristall-Anzeigen (LCD[1])

Flüssigkristalle sind organische Verbindungen, deren Moleküle sich bei Anlegen einer Schwellspannung in eine bestimmte Richtung drehen. Diese Zonen werden trübe, d.h., sie werden lichtundurchlässig. Bei Anwendung bestimmter Lichtfilter lassen sich dunkle Symbole auf hellem Untergrund oder helle Symbole auf dunklem Untergrund erzeugen.

[1] **l**iquid **c**ristal **d**isplay (engl.)

Wenn das elektrische Feld abgeschaltet wird, stellt sich der ursprüngliche Zustand wieder ein, die Flüssigkeit ist lichtdurchlässig (Abb. 3).

Die Flüssigkeit befindet sich zwischen zwei Glasplatten, deren Innenseiten mit durchsichtigem Zinnoxid beschichtet sind. An sie wird die elektrische Spannung gelegt.

Der Abstand der Platten beträgt wenige Mikrometer. Für die Erzeugung von Trübungen werden sehr geringe Leistungen benötigt, so daß diese Anzeigeeinheiten gegenüber Anzeigeeinheiten mit Lumineszenzdioden erheblich wirtschaftlicher sind. LCD's lassen sich für einen Temperaturbereich von $-15\,°C$ bis $+80\,°C$ einsetzen.

Kenndaten einer 4-stelligen Feldeffekt-Flüssigkristall-Anzeigeeinheit:

Betriebsspannung:	8 V
Temperaturbereich:	$-15\,°C \ldots +60\,°C$
Stromstärke:	6 µA (Maximalwert)
Anstiegszeit:	150 ms
Abfallzeit:	350 ns
Lebensdauer:	50000 Stunden

Aufgaben zu 2.9.3 bis 2.9.6

1. Bei etwa welchen Spannungen werden Lumineszenzdioden leitend?
2. Weshalb müssen Lumineszenzdioden gegen zu hohe Sperrspannungen geschützt werden?
3. Entwerfen Sie eine Schaltung, mit der man durch zwei Lumineszenzdioden die Polarität einer Spannungsquelle anzeigen kann!

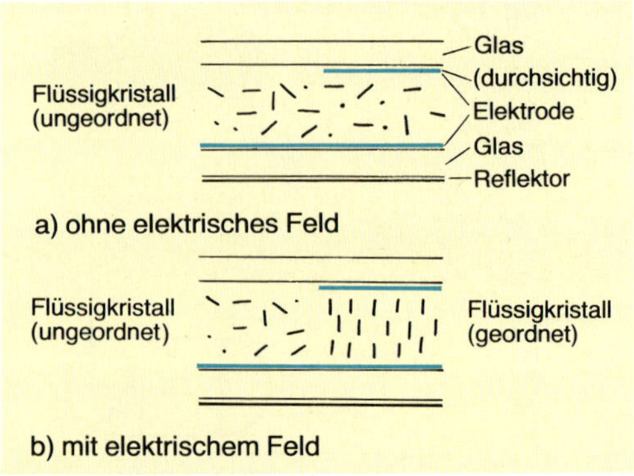

Abb. 3: Aufbau und Arbeitsweise eines Flüssigkristalls

4. Welche Unterschiede bestehen zwischen der Infrarot-Lumineszenzdiode und der Laser-Diode?

5. Wie arbeitet grundsätzlich ein Optokoppler?

6. Geben Sie an Hand von Abb. 2 an, wie die Spannung zwischen A und B gepolt sein muß, damit a) ein Minuszeichen und b) ein Pluszeichen angezeigt wird!

7. Geben Sie an Hand von Abb. 2 die Anschlußbedingungen an, bei der die Ziffer 3 aufleuchtet!

8. Erklären Sie, weshalb eine Flüssigkristall-Anzeigeeinheit im Dunkeln nicht aufleuchtet!

2.9.7 Optoelektronische Bauteile für die Lichtwellenleiter-Technik

Lichtwellenleiter-Übertragungssysteme bieten gegenüber herkömmlichen drahtgebundenen Systemen erhebliche Vorteile:

- große Übertragungskapazität
- kein Nebensprechen zwischen Leitungen,
- Isolation zwischen Sender und Empfänger,
- Unempfindlichkeit gegenüber elektrischen und magnetischen Störungen,
- geringes Gewicht, kleine Abmessungen,
- hohe Abhörsicherheit,
- Unbegrenzte Materialverfügbarkeit (SiO_2).

Nachteilig sind bisher noch die höheren Kosten und aufwendigere Kabelverbindungen.

In Abb. 4 ist das Prinzip einer LWL-Übertragungskette zu sehen. Wir wollen uns jetzt mit dem Lichtwellenleiter befassen.

Lichtwellenleiter (LWL) sind dünne durchsichtige Fasern aus Glas oder Kunststoff, in denen das Licht in Längsrichtung weitergeleitet wird.

Zur Erklärung des Verhaltens wollen wir von einem Lichtwellenleiter ausgehen, der aus einem Kern und einem Mantel besteht. Beide bestehen aus Quarzglas. Der Kern besitzt jedoch einen größeren Brechungsindex, d. h., daß das Licht in ihm stärker gebrochen wird. Trifft nun wie in Abb. 5 das Licht unter einem Winkel auf die Grenzfläche auf, der kleiner als ein bestimmter Grenzwinkel ist, dann wird das Licht total reflektiert. Die Lichtstrahlen werden also auf ihrem Weg im Leiter mehr oder weniger häufig reflektiert. Dadurch ergeben sich aber verschiedene Längen und Laufzeiten.

Lichtstrahlen mit verschiedenen Längen und Laufzeiten werden Moden genannt.

Durch die Laufzeitunterschiede werden schnelle Amplitudensprünge des Senders im Empfänger nach der Übertragungsstrekke stark verbreitert wiedergegeben. Man spricht von einer **Modendispersion.** Aus diesem Grunde werden derartige Lichtwellenleiter nur für kurze Übertragungsstecken eingesetzt. Sie werden als **Stufenindexfasern** bezeichnet (vgl. Abb. 1 a, S. 164).

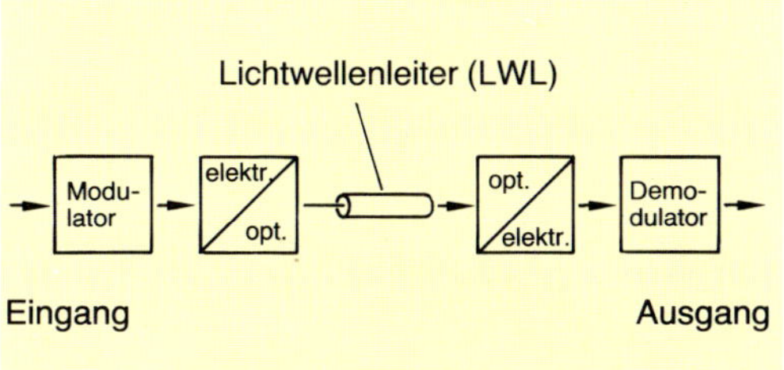

Abb. 4: Prinzip eines LWL-Übertragungssystems

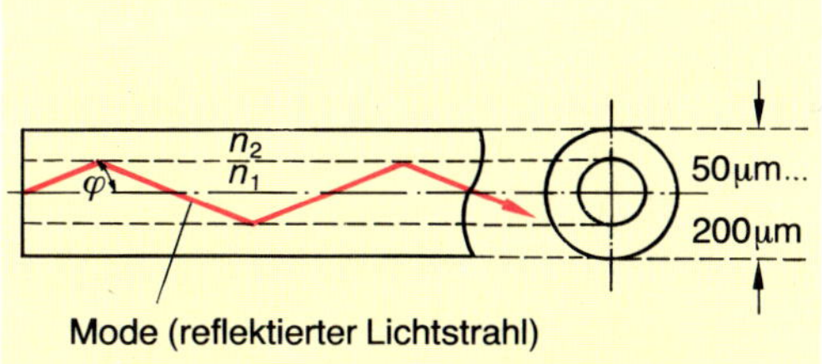

Abb. 5: Lichtleitung in einer Glasfaser

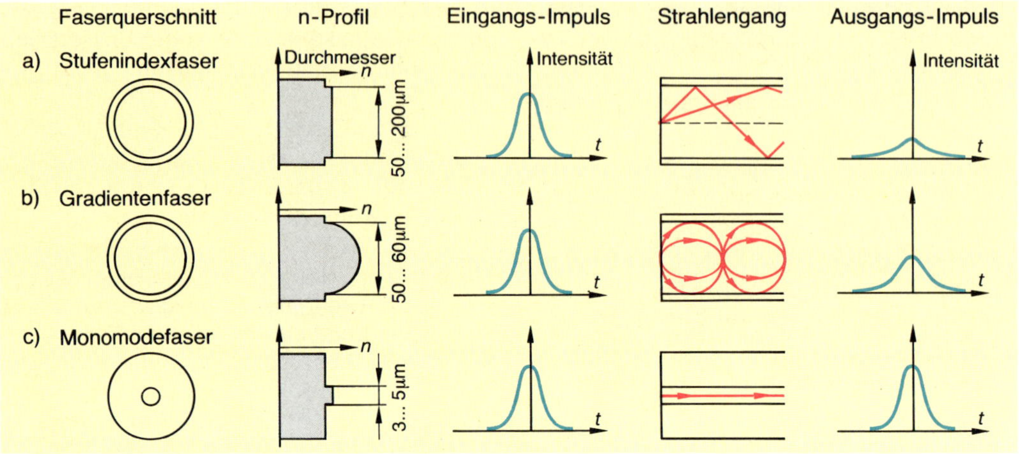

Abb. 1: Aufbau und Verhalten von Lichtwellenleitern

Eine Verbesserung der Übergangseigenschaften erzielt man mit der **Gradientenfaser** (vgl. Abb. 1b). Der Brechungsindex ändert sich nicht sprunghaft, sondern im Kernbereich stetig. Die Moden haben zwar verschiedene Längen, aber die Laufzeitunterschiede sind klein.

Das günstigste Verhalten zeigen **Monomode-Fasern** (vgl. Abb. 1c). Nur ein Mode wird in den Kern geführt. Aufgrund der geringen Abmessungen treten jedoch Probleme mit der Einkopplung auf.

Für die Dämpfung der Lichtsignale sind die Streuung und die Absorption verantwortlich. Die Verluste durch Streuung entstehen durch kleinste Verunreinigungen und Inhomogenitäten im Glas. Die Dämpfung ist außerdem von der Wellenlänge abhängig. Sie beträgt etwa 2 bis 4 dB/km bei 850 nm und 0,6 bis 1 dB/km bei 1300 nm.

Als Sender für Lichtwellenleiter eignen sich die in 3.9.3 beschriebenen Laser-Dioden. Als Empfänger sind im Prinzip Fototransistoren und Fotodioden geeignet (besonders PIN-Dioden).

Zur möglichst verlustlosen Übertragung der Lichtwellen sind präzise Verbindungen zwischen den Halbleiterbauelementen und den Lichtwellenleitern erforderlich. Die mechanischen Anforderungen sind recht hoch.

Bei längeren Übertragungsstrecken ist man gezwungen, Leiterstücke miteinander zu verbinden. Genaue Justierungen sind dabei erforderlich, damit die Enden im Lichtbogen oder mit einer Wasserstofflampe verschweißt werden können. Die zusätzliche Dämpfung beträgt für derartige Verbindungen 0,1 bis 0,4 dB.

Bei Steckerverbindungen wird eine hohe Fertigungstoleranz verlangt. Man unterscheidet Steckerstifte, in die die Glasfaser mechanisch fixiert, und Verbindungsstifte, die mit Klebemitteln arbeiten. Die Verluste liegen bei 0,4 bis 0,5 dB.

Die technische Entwicklung im Bereich der optischen Nachrichtenübertragung ist noch nicht abgeschlossen. Günstigere Dämpfungswerte weist Quarzglas bei größeren Wellenlängen auf. Man rechnet damit, daß erst alle 50 oder mehr Kilometer ein Verstärker in die Übertragungsstrecke eingeführt werden muß. Man will dabei Bitraten von 560 Bit/Sekunde erreichen, was einer Zahl von 7680 Gesprächen entspricht.

Aufgaben zu 2.9.7

1. Was sind Lichtwellenleiter?

2. Beschreiben Sie die Lichtausbreitung bei der Stufenindexfaser und bei der Gradientenfaser!

3. Welche technischen Probleme entstehen, wenn Lichtwellenleiter miteinander verbunden werden?

3 Verstärker

3.1 Prinzip und Grundbegriffe der Verstärkung

3.1.1 Analoge und digitale Signalverarbeitung

Zur Übertragung einer Nachricht benötigt man elektrische Wechselgrößen! Wenn die Nachricht in einer anderen Art vorliegt, dann muß sie durch entsprechende Wandler umgeformt werden. Bei der Übertragung treten zwei Arten von Signalen auf:

- Stetige (analoge) Signale, wie z. B. Wechselströme im Mikrofon. Während des zeitlichen Verlaufs kann der Strom beliebig viele Werte annehmen.
- Sprunghafte (digitale) Signale, wie z.B. Morsezeichen. Der Strom führt nur sprunghafte Wechsel aus (Abb. 2).

Soll die Arbeitsweise einer elektronischen Schaltung erklärt werden, so genügt es nicht, die Eigenschaften der einzelnen Bauteile zu beschreiben. Es müssen die Beziehungen zueinander untersucht werden. Weiter ist es notwendig zu wissen, wie sich die Eingangsgrößen durch die Schaltung verändern. Entsprechend der Form der zu verarbeitenden Signale ist die Informationsübertragung mit Hilfe von Schaltungen der **Analogtechnik** oder der **Digitaltechnik** vorzunehmen.

Das Wort „analog" läßt sich mit „entsprechend" übersetzen. Beim Steuern von Schaltungen mit analogen Signalen läßt sich jedem Momentanwert der steuernden Eingangsgröße ein bestimmter Wert der Ausgangsgröße zuordnen. Die Ausgangsgröße hat sich der Eingangsgröße entsprechend nachgebildet. Sie ist ihr ähnlich.

Analoge Schaltungen finden wir vor allem in der Fernsprech-, Radio- und Fernsehtechnik.

Auf dem Übertragungsweg liegt die Nachricht in Form von Wechselströmen und -spannungen vor. Ihre Amplituden, Phasen und Frequenzen können mit Information behaftet sein. Jeder Wechsel dieser Größen repräsentiert eine andere Nachricht.

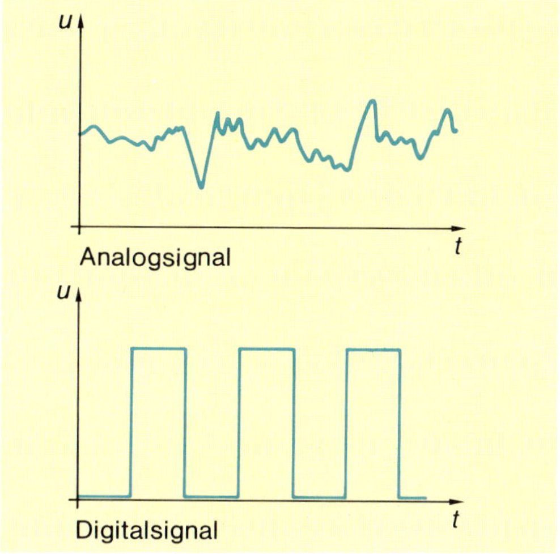

Abb. 2: Signalarten

In der Digitaltechnik werden Impulsfolgen verarbeitet. Die Information liegt als Signal-Folge und Kein-Signal-Folge vor. Für „digital" läßt sich „sprunghaft" setzen. Die Amplitude ist dabei in der Regel konstant. Digitale Signale sind demnach durch eine Anzahl abzählbarer Ja/Nein-Informationen gekennzeichnet.

Die digitale Nachrichtenübertragung und -verarbeitung ist bedeutsam. Die wesentlich geringere Störanfälligkeit von Impulsserien bewegt Konstrukteure immer mehr, analog vorliegende Größen in digitale umzuformen und zu verarbeiten.

Digitale Funktionseinheiten wie Multivibratoren, Logikelemente, Speicher- und Zählschaltungen rücken in den Vordergrund.

Die zu Analogschaltungen gehörenden Verstärker, Regelschaltungen und Oszillatoren verlieren vorerst aber nicht ihre Bedeutung.

Während bei der digitalen Technik nur der Inhalt einer Nachricht übertragen wird, muß bei der Analogtechnik auch die ursprüngliche Form erhalten bleiben. An das Übertragungsverhalten analoger Funktionseinheiten sind deshalb hohe Ansprüche zu stellen.

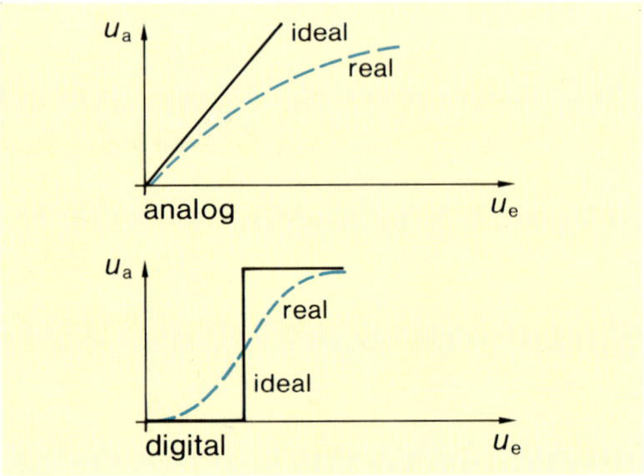

Abb. 1: Übertragungskennlinien

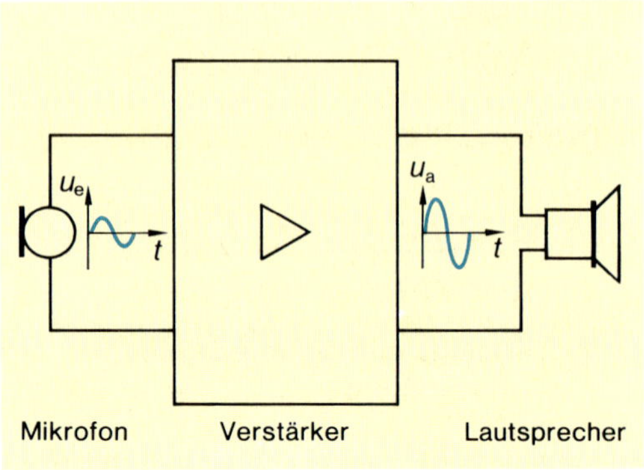

Abb. 2: Verstärker und elektroakustische Wandler

Abb. 1 zeigt den Verlauf der Ausgangsspannung u_a in Abhängigkeit von der Eingangsspannung u_e. Diese Darstellung nennt man **Übertragungskennlinie** einer Signalübertragungsstufe. Bei einem Analogsystem ist u_a in jedem Zeitaugenblick proportional zu u_e. Dagegen erscheint beim Digitalsystem ab einer bestimmten Größe der Eingangsspannung sofort die maximale Ausgangsgröße.

Die mögliche Verfälschung eines Analogsignals hängt von der Linearität der Kennlinie ab. Der Idealfall der uneingeschränkten Linearität in einem großen Bereich läßt sich in der Praxis nicht erreichen (Abb.1).

Grundforderung an alle Analogverstärker ist das möglichst lineare Übertragungsverhalten.

Die Güte von digitalen Stufen hängt von der Umschaltsteilheit der Kennlinie ab. Auch dieses Ideal läßt sich nur angenähert realisieren (Abb. 1).

Ein Verstärker im NF-Bereich hat die Aufgabe, das von einer Signalquelle gelieferte Eingangssignal soweit zu verstärken, bis damit ein ausgangsseitiger Signalwandler betrieben werden kann. So ist z.B. das elektrische Signal eines Mikrofons Resultat der Änderung des Schalldrucks an der Membrane. An den beiden Eingangsanschlüssen des Verstärkers liegt eine Nachricht in Form von elektrischen Signalen. Sie werden verstärkt und steuern den ausgangsseitigen Lautsprecher (Abb. 2).

Es gibt eine Vielzahl von Merkmalen, durch die ein Verstärker gekennzeichnet wird. Stellt man immer ein besonderes Merkmal in den Vordergrund, so ergeben sich daraus dann die verschiedensten Verstärkertypen.

Tab. 3.1: Verstärkertypen

Merkmal	Typen
Aktives Element	Röhrenverstärker, Transistorverstärker, Operationsverstärker
Verstärkung	Spannungsverstärker, Stromverstärker, Leistungsverstärker
Signalansteuerung	Kleinsignalverstärker Großsignalverstärker
Leistung	Vorverstärker, Endverstärker
Arbeitsfrequenz	Gleichspannungsverstärker, NF-Verstärker, HF-Verstärker, ZF-Verstärker, Breitband-Verstärker, Selektiv-Verstärker
Arbeitsweise	Eintaktverstärker, Differenzverstärker, Gegentaktverstärker
Betriebsart	A-Verstärker, B-Verstärker AB-Verstärker, C-Verstärker
Anwendung	Steuerverstärker, Regelverstärker, Meßverstärker, Schaltverstärker, Antennenverstärker

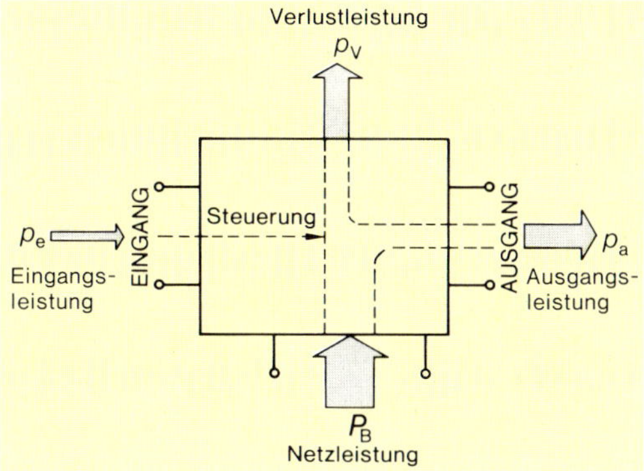

Abb. 3: Leistungsbilanz eines Verstärkers

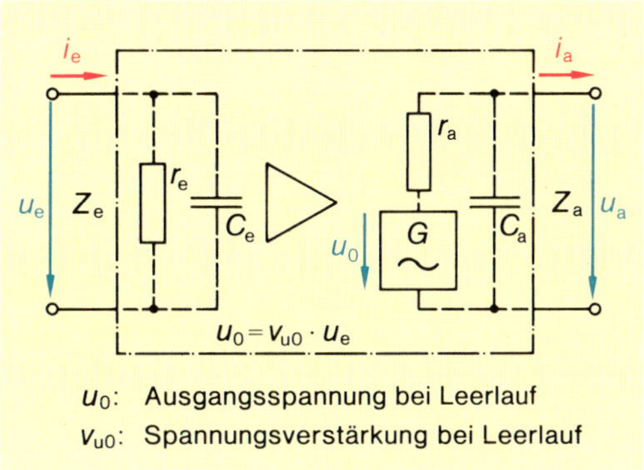

Abb. 4: Verstärkerersatzschaltbild

3.1.2 Verstärkungsvierpol und Leistungsbilanz

Allen Verstärkern ist gemeinsam, daß sie mindestens ein steuerbares Element mit Verstärkereigenschaft enthalten und aus einer zusätzlichen Energiequelle gespeist werden. Wenn nicht die inneren Schaltungsdetails untersucht werden sollen, lassen sich sämtliche Verstärker blockartig darstellen.

Abb. 3 verdeutlicht, daß das Eingangssignal die Netzenergie so steuert, daß diese als Abbild des Eingangssignals am Ausgang des Verstärkers erscheint. Bei jeder Umwandlung entsteht Wärme. Deshalb steht am Ausgang nicht die gesamte Netzleistung zur Verfügung.

Leistungsbilanz: $P_B = p_a + p_v$

Am Ausgang der Anordnung steht eine um den Verstärkungsfaktor v_p vergrößerte elektrische Leistung zur Verfügung

$p_a = v_p \cdot p_e$

Leistungsverstärkung $\boxed{v_p = \frac{p_a}{p_e}}$

Der Wirkungsgrad η des Verstärkers ergibt sich aus

$$\eta = \frac{p_a}{P_B}$$

In Abb. 4 sind wesentliche Teile des Verstärkers erkennbar. Das in der Mitte befindliche Dreieck zeigt mit seiner Spitze in die Signalflußrichtung und deutet die Verstärkung des Signals zwischen Eingang und Ausgang an.

Nach Abb. 4 ist ein Verstärker eine Schaltung mit je zwei Eingangs- und Ausgangsanschlüssen (Vierpol). Zwischen den Eingangsklemmen liegt der Eingangswiderstand r_e des Verstärkers, durch den der Eingangssignalstrom fließt. Wirkt im Eingangskreis zusätzlich noch ein kapazitives Element, sind Eingangsstrom und -spannung nicht in Phase. Im Eingang des Verstärkers wirkt deshalb im allgemeinen der

Eingangsscheinwiderstand $Z_e = \frac{u_e}{i_e}$
(Eingangsimpedanz)

Im Verstärker findet eine Energieumsetzung statt. Der Verstärker liefert Energie an einen äußeren Verbraucher. Es ist somit zulässig, den Verstärker als treibende Quelle mit einem inneren Widerstand darzustellen. Zwischen den Klemmen wirkt der ausgangsseitige Innenwiderstand r_a. Sind Ausgangsstrom und -spannung nicht in Phase, wirkt im Ausgangskreis allgemein der

Ausgangsscheinwiderstand $Z_a = \frac{u_a}{i_a}$
(Ausgangsimpedanz)

3.1.3 Steuern eines Verstärkers

Verstärker werden von Signalquellen gesteuert. Eine sich nur langsam ändernde Gleichspannung kann das ebenso bewirken wie ein hochfrequenter Wechselstrom. Ob Spannung oder Strom die prägende Steuergröße ist, hängt ganz vom Verhältnis des Innenwiderstands R_G der Signalquelle zum Eingangswiderstand r_e des Verstärkers ab. Für den Fall $R_G \ll r_e$ liefert die Signalquelle

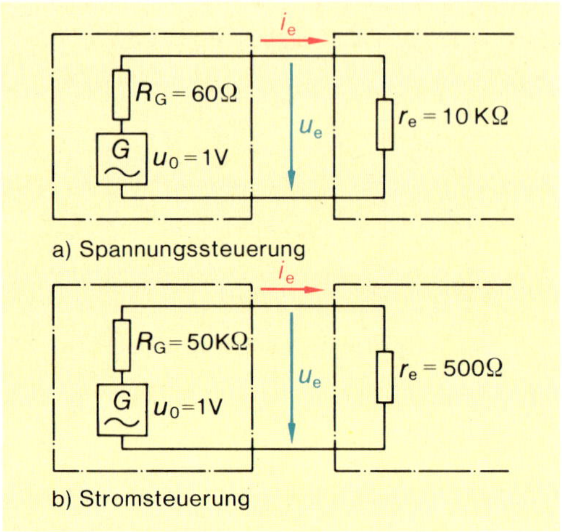

Abb. 1: Steuerungsarten

eine nahezu konstante Spannung. Der Spannungsabfall am inneren Widerstand der Signalquelle ist gering im Vergleich zur Spannung an r_e (Abb. 1a). Der Verstärker reagiert vornehmlich auf die Signalspannung. Man spricht deshalb von **Spannungssteuerung.**

Für den Fall $R_G \gg r_e$ wird die Signalstromstärke nahezu unabhängig von dem Eingangswiderstand r_e (Abb. 1b). Man spricht deshalb von einer **Stromsteuerung.**

In der Nachrichtentechnik verwendet man je nach Aufgabenstellung des Verstärkers die eine oder andere Steuerungsart. Da ein kleiner Verstärkereingangswiderstand eine erhebliche Belastung für die davor liegende Stufe darstellt, versucht man oft den Fall $R_G \ll r_e$ schaltungstechnisch zu verwirklichen.

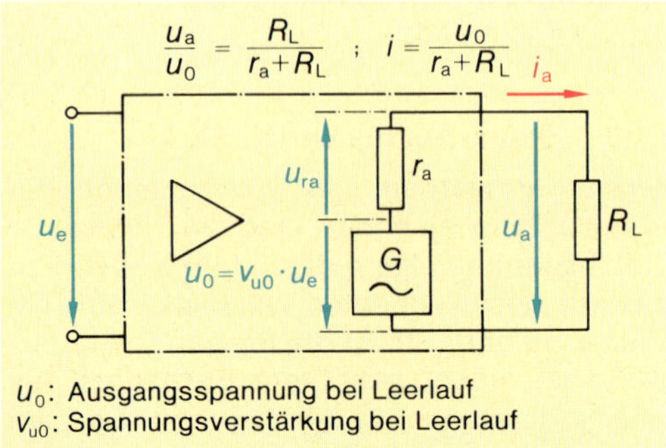

Abb. 2: Ausgangsseitige Spannungsteilung

Ausgangsseitig stellt der Lastwiderstand R_L die Belastung für den Verstärker dar. Die Leerlaufspannung u_o teilt sich gemäß der Spannungsteilerformel von Abb. 2 auf die Widerstände r_a und R_L auf.

3.1.4 Eigenschaften von Verstärkern

Verstärker sind heute bereits als integrierte Schaltung zu beziehen. Den Anwender interessiert dabei weniger die innere Schaltungskonzeption. Je nach Verwendungszweck muß ein Verstärker bestimmte Anforderungen erfüllen. Unterschiede ergeben sich bei den folgenden Eigenschaften:

- Eingangs- und Ausgangsscheinwiderstand (Impedanz)
- Verstärkung
- Eingangsempfindlichkeit
- Aussteuerbereich
- Frequenzgang
- Bandbreite
- Phasengang
- Klirrfaktor
- Intermodulationsverzerrung
- Impulsverhalten
- Rauschen

Neben dem allgemeinen Übertragungsverhalten interessieren zunächst die Eingangs- und Ausgangswiderstände.

In der Regel werden Kennwerte für eine bestimmte Frequenz angegeben, z.B. die Normfrequenz $f = 1\,\text{kHz}$. Bei Meßverstärkern, z.B. in einem Oszilloskop, werden darüber hinaus auch Wirk- und Blindanteil angegeben.

Typische Werte für die Signalwiderstände eines Standardverstärkers können sein:

$r_e = 1\,\text{M}\Omega$ bei $f = 1$ kHz und $r_a = 16\,\Omega$;
$C_e = 100$ pF

Hat der Signalstrom Normfrequenz und sind Eingangsspannung und -strom in Phase, dann sind die Anschlußwiderstände reine Wirkwiderstände.

Eingangswiderstand $$r_e = \frac{u_e}{i_e}$$

Ausgangswiderstand $$r_a = \frac{u_a}{i_a}$$

Die vom Verstärker geleistete Signalverstärkung wird durch die **Verstärkungsfaktoren** beschrieben.

Spannungsverstärkung $v_u = \frac{u_a}{u_e}$

Stromverstärkung $v_i = \frac{i_a}{i_e}$

Leistungsverstärkung $v_p = \frac{p_a}{p_e}$

Die Werte sind Zahlen ohne Einheiten, sie werden aber oft als logarithmisches Maß in dB (dezi-Bel) angegeben. Für die Verstärkung steht dann das Formelzeichen a.

Für einen Standardverstärker gilt z. B.:

$v_u = 100$
$a_u = 40$ dB bei
$v_i = 31{,}6$ $f = 1$ kHz
$a_i = 30$ dB

In Datenblättern wird die Leistungsverstärkung v_p in der Regel nicht angegeben. Es wird nur die Ausgangsleistung p_a aufgeführt, z. B. $p_a = 5\,\text{W}$ bei 1 kHz.

Dabei ist die Kenntnis wichtig, ob es sich um eine **Dauerleistung** oder eine **kurzfristige Spitzenleistung** handelt. Man unterscheidet deshalb einerseits die Signalleistung eines Verstärkers, die dieser über eine längere Zeit bei sinusförmiger Eingangsspannung mit konstanter Amplitude erbringt. Sie wird **Dauerton-, Sinus-** oder **RMS-Leistung** (Root Mean Squared) genannt. Daneben gibt es die Ausgangsleistung, die bei Steuerung des Verstärkers mit kurzen Signalimpulsen unterschiedlicher Amplitude **(Musikleistung)** entsteht. Die Sinusleistung ist geringer als die Musikleistung.

Oft wird bei Verstärkern neben der Ausgangsleistung nur seine **Eingangsempfindlichkeit** angegeben.

Als Eingangsempfindlichkeit bezeichnet man diejenige Steuerspannung, die über die Verstärkung eine Ausgangsspannung bewirkt, die so groß ist, daß am Ausgangswiderstand eine bestimmte Leistung entnommen werden kann. Als Normleistung wird $p_{a,N} = 50$ mW gesetzt.

Ein typischer Wert für die Eingangsempfindlichkeit ist 10 mV. Die Verstärkung läßt sich dann mit den gegebenen Daten wie folgt berechnen:

$p_a = 8\,\text{W}; \quad R_L = 8\,\Omega$

Ausgangsspannung $u_a = \sqrt{p_a \cdot R_L} = \sqrt{8\,\text{W} \cdot 8\,\Omega}$

$u_a = 8\,\text{V}$

Normausgangsspannung $u = \sqrt{0{,}05\,\text{W} \cdot 8\,\Omega}$

$u = 0{,}63\,\text{V}$

Bei einer Eingangsempfindlichkeit von 10 mV müssen so am Ausgang 0,63 V an 8 Ω vorhanden sein. Dies entspricht einer Leistung von 50 mW.

Die Verstärkung läßt sich errechnen aus

$$v_u = \frac{u_a}{u_e} = \frac{630\,\text{mV}}{10\,\text{mV}} = 63$$

Mit dem gefundenen Verstärkungsbetrag läßt sich die Eingangsspannung berechnen, bei der die Verstärkerstufe ihre größte Leistung abgibt und voll ausgesteuert ist.

$$u_e = \frac{u_a}{v_u} = \frac{8\,\text{V}}{63} = 0{,}127\,\text{V}$$

Jeder Verstärker besitzt nur einen begrenzten **Aussteuerbereich.** Die zur Vollaussteuerung notwendige Eingangsspannung darf nicht überschritten werden. Die Grenzen der Aussteuerbarkeit sind gezogen durch die Betriebsspannung und den linearen Teil der Übertragungskennlinie. Empfindliche Verstärker sind bereits mit Steuerspannungen von einigen Mikro-Volt im linearen Bereich ihrer Kennlinie voll ausgesteuert (Abb. 3). Eine Übersteuerung bewirkt eine Verzerrung der Kurvenform bis hin zur Abkappung der Amplituden.

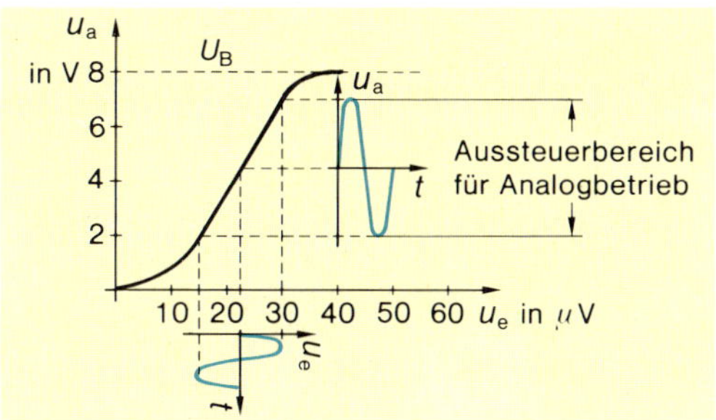

Abb. 3: Aussteuerbereich einer Übertragungskennlinie

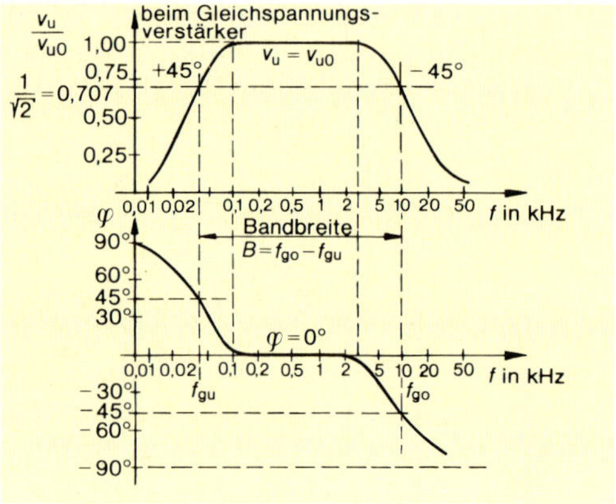

Abb. 1: Frequenz- und Phasengang eines Verstärkers

Jeder Verstärker hat einen spezifischen **Frequenzgang** oder auch **Amplitudengang.** Er läßt sich ermitteln, wenn man den Verstärker mit einer Steuerspannung u_e betreibt, dessen Amplitude bei kontinuierlicher Frequenzerhöhung konstant gehalten wird. Bedingt durch den inneren Aufbau des Verstärkers und durch seine äußere Beschaltung wird die Amplitude der Ausgangsspannung u_a besonders im Bereich niedriger und hoher Frequenz abgeschwächt. Die Verstärkung $v_u = \frac{u_a}{u_e}$ bleibt nicht konstant.

Im Bereich kleiner oder großer Signalfrequenz liegt sie unterhalb der Normverstärkung v_{uo} bei $f = 1$ kHz (Abb. 1).

Aus dem Diagramm von Abb. 1 ist zu ersehen, wo die Frequenzgrenzen des Übertragungsbereichs liegen. Die **Grenzfrequenzen** liegen definitionsgemäß dort, wo die Verstärkung auf $1/\sqrt{2}$ gegenüber der Verstärkung bei Normfrequenz abgesunken ist.

Die **Frequenzbandbreite** B ergibt sich aus der Differenz $\boxed{B = f_{go} - f_{gu}}$

Die untere Grenzfrequenz f_{gu} der Verstärkung wird bei Wechselspannungsverstärkern von den Koppelelementen bestimmt. Der Koppelkondensator bildet mit dem Eingangswiderstand r_e einen Hochpaß. Die obere Grenzfrequenz f_{go} wird vor allem durch Kapazitäten in Tiefpässen bestimmt.

In der Bandmitte soll der Verstärker eine Phasenverschiebung von 0° besitzen; ein invertierender Verstärker von 180°.

An den Grenzen des Übertragungsbereichs geht neben der Änderung der Verstärkung eine zusätzliche Verschiebung der Phase einher. Der Hochpaß bewirkt bei der Grenzfrequenz eine Phasenverschiebung von +45° zwischen u_a und u_e, der Tiefpaß eine von −45°. Die Frequenzabhängigkeit der **Phasenverschiebung** wird im unteren Diagramm von Abb. 1 wiedergegeben.

Bei breitbandigen Gleichspannungsverstärkern, die direkt (galvanisch) mit der Steuerquelle verbunden sind und keine kapazitiven Koppelglieder zwischen ihren Stufen haben, ist die untere Grenzfrequenz 0 Hz. Es entsteht keine Phasenverschiebung.

Die gedämpfte Übertragung der Amplituden an den Bereichsgrenzen wird auch als **lineare Verzerrung** bezeichnet.

Nichtlineare Verzerrungen ergeben sich durch die Krümmung der Übertragungskennlinie. Während durch die lineare Verzerrung nur die Amplitude gemindert und die Phasenlage verändert wird, beeinflussen nichtlineare Verzerrungen die Kurvenform der Wechselgrößen.

Die Übertragungskennlinie von Verstärkern mit aktiven Elementen wie Röhren oder Transistoren sind nur für kleine Abschnitte annähernd linear. Über den vollständigen Kennlinienverlauf ergibt sich eine Nichtlinearität, deren Abweichung vom Idealverlauf in Prozent angegeben wird. Der Linearitätsfehler F kann nach Abb. 2 ermittelt werden mit $F = \frac{\Delta u_a^* - \Delta u_a}{\Delta u_a^*}\, 100\%$

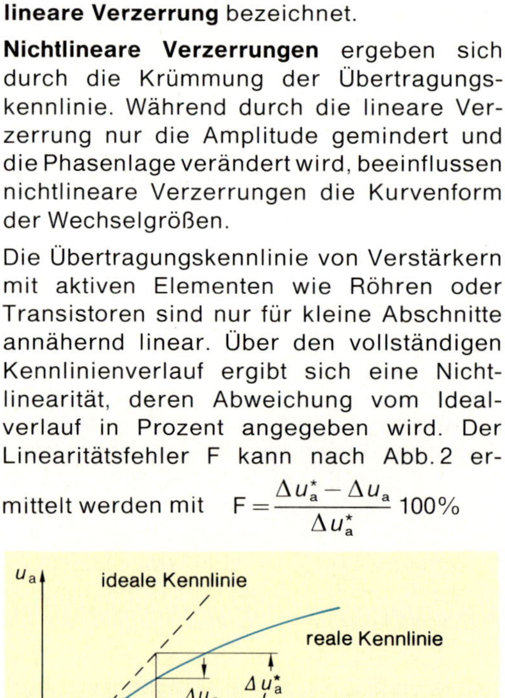

Abb. 2: Linearitätsfehler durch Übertragungskennlinie

Durch die Krümmung der Übertragungskennlinie erscheint am Ausgang des Verstärkers nicht nur der vervielfachte Wert u_a der Eingangsamplitude u_e mit der Frequenz f_1, sondern außer dieser **Grundschwingung** eine **Oberschwingung** mit kleinerer Amplitude u_{af2} und doppelter Frequenz f_2, und eine weitere zusätzliche Oberschwingung mit dreifacher Frequenz f_3 und der Amplitude u_{af3} usw.

Beim Durchlaufen eines Signals durch den Verstärker entstehen oberwellige Spannungen mit Frequenzen f_k, die ganzzahlige Vielfache der Frequenz f_1 der Grundspannung sind: $f_k = k \cdot f_1$ mit $k = 2, 3, 4, 5, \ldots, n$.

Mit $k = 1$ wird die **Grundschwingung** oder die **1. Harmonische** beschrieben. Für $k = 2$ hat die Frequenz den doppelten Wert von f_1 und wird als 1. Oberschwingung oder 2. Harmonische bezeichnet.

Mit einem schmalbandigen Meßverstärker läßt sich die Ausgangsspannung u_a eines zu prüfenden Verstärkers analysieren und danach auf einem Oszilloskop darstellen. Das Schirmbild von Abb. 3 zeigt einmal die mit Oberschwingungen behaftete Ausgangsspannung und darunter die Summenspannung aller Oberschwingungen.

Der Oberschwingungsanteil einer Spannung läßt sich zahlenmäßig durch den **Klirrfaktor** (Oberschwingungsgehalt) auswerten. Nach DIN 40110 ist der Klirrfaktor definiert als

$$k = \frac{\text{Effektivwert aller Oberschwingungen}}{\text{Effektivwert der Wechselgröße}}$$

Er wird in Prozent angegeben und kann für ein Signal nach geometrischer Addition seiner Strom- oder Spannungsverzerrungen errechnet werden.

$$k_u = \sqrt{\frac{U_{f2}^2 + U_{f3}^2 + U_{f4}^2 + \ldots U_{fn}^2}{U_{f1}^2 + U_{f2}^2 + U_{f3}^2 + \ldots U_{fn}^2}}$$

Da die Amplituden der Oberschwingungen mit ihrer Ordnungszahl stark sinken, beeinflussen vorwiegend die 1. und 2. Oberschwingung den Gesamtklirrfaktor.

Berücksichtigt man z. B. nur die 1. Oberschwingung und beträgt deren Effektivwert genau $\frac{1}{5}$ der Grundschwingung, so ergibt

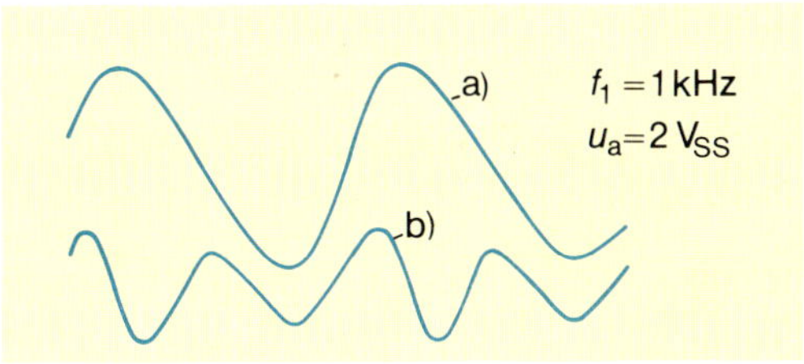

Abb. 3: Ausgangsspannung mit a) Oberschwingungen und b) Summenspannung aller Oberschwingungen

sich für den Klirrfaktor

$$k_u = \sqrt{\frac{U_2^2}{U_1^2 + U_2^2}} = \sqrt{\frac{\frac{1}{25}}{1 + \frac{1}{25}}} = \sqrt{\tfrac{1}{26}}; \quad k_u = 19{,}6\%$$

Für NF-Verstärker sollte der Klirrfaktor 5% nicht übersteigen. Bei HiFi-Verstärkern darf der Klirrfaktor im gesamten Übertragungsbereich nur 1% betragen (DIN 45500).

Zur Klirrfaktorangabe gehört immer die Angabe der Frequenz und der Ausgangsleistung. Mit steigender Leistung steigt der Klirrfaktor (Abb. 4), weil die Aussteuerung auch im gekrümmten Teil der Übertragungskennlinie erfolgt.

Musikverstärker werden mit einem Frequenzgemisch nichtsinusförmiger Spannungen gesteuert. Die **Intermodulation** gibt an, welche Mischfrequenzen mit welchen Amplituden im Ausgangsfrequenzspektrum zusätzlich entstehen.

Intermodulationsverzerrungen entstehen, wenn durch die Nichtlinearität der Kennlinie einer hohen Signalfrequenz eine niedrige Signalfrequenz aufmoduliert wird. Die Amplitude der höheren Schwingung ändert sich dann im Rhythmus der tiefen Frequenz. Die

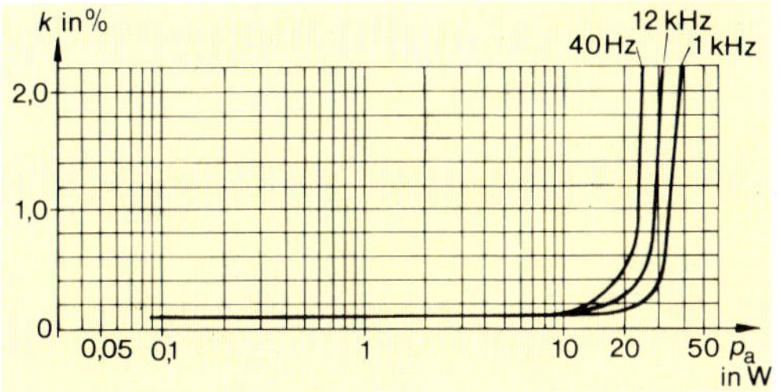

Abb. 4: Klirrfaktor in Abhängigkeit von Frequenz und Ausgangsleistung

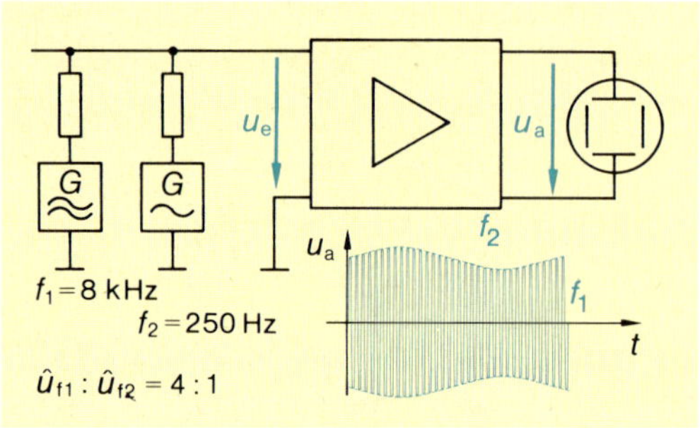

Abb. 1: Intermodulationsmessung

Größe dieser Schwankung drückt der Intermodulationsgrad in Prozent aus. Je größer die Intermodulationsverzerrung ist, desto unsauberer klingt eine Musikübertragung. Für HiFi-Verstärker ist die Messung der Intermodulation (Abb. 1) bedeutsam.

Impulsverhalten

Verstärker für Sprech- und Musikfrequenzen müssen die hierbei auftretenden kurzen Nadelimpulse originalgetreu übertragen können. Wie ein Verstärker auf diese reagiert, läßt sich mit Rechteckspannungen prüfen. Gleichzeitig läßt sich auf diese Weise schnell die Lage der Grenzfrequenzen ermitteln.

Je höher die untere Grenzfrequenz f_{gu} ist, desto stärker wird das Dach eines Rechteckimpulses mit der Frequenz $f < f_{gu}$ nach Durchlauf des Verstärkers verfälscht. Eine niedrige obere Grenzfrequenz f_{go} verändert die Charakteristik eines Impulses mit der Frequenz $f > f_{go}$ durch Verformung der Flanken (Abb. 2).

Die im Verstärker vorhandenen Elemente mit Hochpaßwirkung verändern das Dach eines Rechtecksignals. Von den vorhandenen Tiefpässen werden die Impulsflanken verschliffen.

Stimmt man die Frequenz eines idealen Prüfimpulses kontinuierlich durch und steuert damit einen zu prüfenden Verstärker, können die Ausgangsspannungsbilder von Abb. 2 oszilloskopiert werden.

Mit den Schirmbildern lassen sich Rückschlüsse ziehen auf das lineare Übertragungsverhalten eines Verstärkers. Außerdem lassen sich auftretende Resonanzerscheinungen deuten.

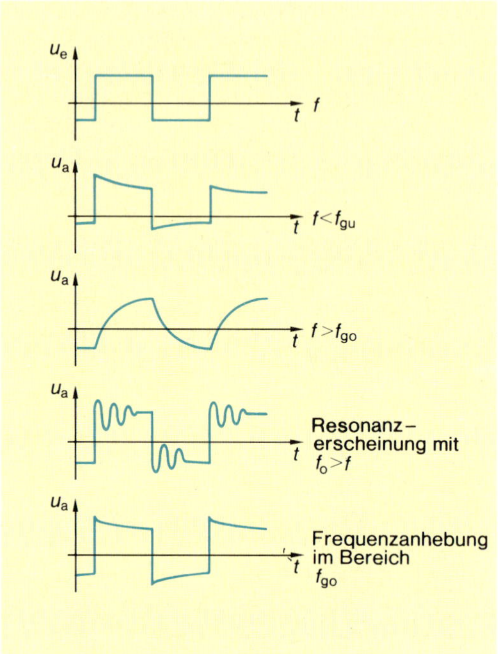

Abb. 2: Impulsverhalten eines Verstärkers

Der Nutzspannung sind stets unerwünschte Rauschspannungen überlagert. Bei Verstärkern, die von sehr kleinen Wechselgrößen gesteuert werden, muß der Abstand des Nutzsignals zum Rauschsignal groß sein. Entspricht die Amplitude des Nutzsignals ungefähr der Rauschspannungsamplitude, so geht die Nutzgröße im **Rauschen** unter.

Rauschen entsteht durch temperaturbedingte Bewegung von Elektronen. Bei Temperaturzunahme vergrößert sich die Bewegung der Elektronen. Ladungsträger in einem Widerstand stoßen häufiger aufeinander und auf Atomrümpfe. Die Bewegung wird unregelmäßiger. Resultat ist eine schwankende Ladungsträgerbewegung, die sich akustisch als Rauschen bemerkbar macht. Rauschspannungen werden von Wirkwiderständen genauso erzeugt wie von Halbleitern. Für verstärkende Vierpole läßt sich mit dem **Rauschabstand** der Abstand der maximalen Nutzspannung zur Rauschspannung angeben.

Rauschabstand $R = \frac{\hat{u}_{\text{Nutz}}}{\hat{u}_{\text{Rausch}}}$

Die Rauschspannung mißt man bei kurzgeschlossenem Eingang und voll aufgedrehtem Verstärkungseinsteller.

Bei guten Verstärkern soll der Abstand zwischen Rausch- und Nutzspannung 1 : 1000 (60 dB) betragen.

Neben den Rauschspannungen, die im gesamten Übertragungskanal auftreten können, stellen sich **Störspannungen** sehr niedriger Frequenz ein. Durch ungenügende Siebung der Netzspannung treten 50 Hz oder 100 Hz Spannungen auf, die sich im Ausgangsspektrum als unangenehmes **Brummen** äußern.

Weiter können Störspannungen auftreten durch **Fremdeinstreuungen** von anderen Geräten. Bezieht man jeweils nur die Brummspannung oder die Störspannung auf das Nutzsignal, lassen sich die Verhältnisse durch den **Brummabstand** Br bzw. **Störabstand** St angeben. Für Störabstand wird in Datenblättern auch **Fremdspannungsabstand** verwendet.

3.1.5 Rückgekoppelte Verstärker

Führt man einen Teil der Ausgangsspannung eines Verstärkers auf seinen Eingang zurück, dann spricht man von einer Rückkopplung. Ein rückgekoppelter Verstärker

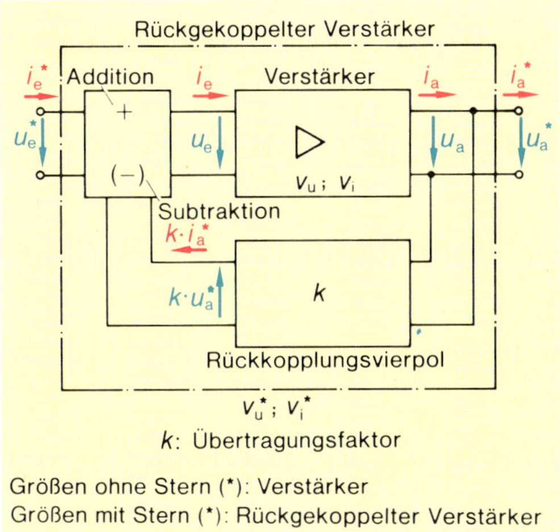

Abb. 3: Verstärker- und Rückkopplungsvierpol

kann als Zusammenschaltung eines **Verstärker-** und eines **Rückkopplungsvierpols** dargestellt werden. Der Rückkopplungsvierpol enthält im einfachsten Fall ein passives, frequenzunabhängiges Netzwerk mit dem Übertragungsfaktor k. Auf den Verstärkereingang wird der k-te Teil seiner Ausgangsgrößen zurückgeführt. Der rückgekoppelte Verstärker darf wieder als Verstärker betrachtet werden.

Anhand von Abb. 3 soll die allgemeine **Rückkopplungsgrundgleichung** entwickelt werden.

Betrachtet man die Spannungen, so ergibt sich mit der Verstärkung des nichtgegengekoppelten Verstärkers

$$v_u = \frac{u_a}{u_e}; \quad u_a = u_a^*; \quad v_u = \frac{u_a^*}{u_e}$$

und mit der zur Eingangsspannung hinzuzuaddierenden Rückkopplungsspannung

$$u_e = u_e^* + k \cdot u_a^*; \quad u_k = k \cdot u_a^*$$

die Spannungsverstärkung v_u^* des gesamten Verstärkers:

$$v_u^* = \frac{u_a^*}{u_e^*} = \frac{u_a^*}{u_e - k u_a^*}$$

$$v_u^* = \frac{v_u}{1 - k v_u}$$

Als **Gegenkopplungsgrad** bezeichnet man den Ausdruck **$1 - kv$.**

Wir wollen jetzt untersuchen, welchen Einfluß der Gegenkopplungsgrad auf das Verhalten des Verstärkers hat.

Werden alle Variablen als reine Wirkgrößen betrachtet, können die folgenden Überlegungen angestellt werden: Ist der Gegenkopplungsgrad größer als eins, liegt eine **Gegenkopplung** vor.

$$\left.\begin{array}{l} 1 - kv > 1 \\ k < 0 \end{array}\right\} v^* < v, \text{ daher Gegenkopplung}$$

Die rückgeführten Größen verkleinern die wirksamen Steuergrößen und bewirken insgesamt eine **Verstärkungsminderung.** Eine Gegenkopplung stellt sich immer dann ein, wenn der **Übertragungsfaktor negativ** ist. Damit ergibt sich die **Gegenkopplungsgleichung:**

$$v_u^* = \frac{v_u}{1 + k \cdot v_u}$$

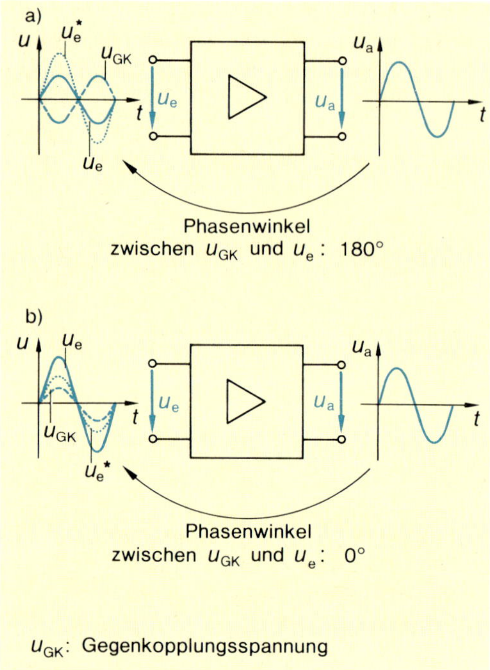

Abb. 1: Phasenlage bei
a) Gegenkopplung und b) Mitkopplung

Ist der Beitrag des Gegenkopplungsgrades kleiner als eins, liegt eine **Mitkopplung** vor:

$$\left.\begin{array}{l}|1-kv|<1\\ k>0\end{array}\right\} v^* > v\text{, daher Mitkopplung}$$

Die wirksame Steuergröße vergrößert sich. Das Rückkopplungssignal addiert sich zum Eingangssignal. Der **Faktor** k muß **positiv** sein.

Positiver oder negativer Rückkopplungsfaktor bedeutet in der Praxis, daß im Steuerkreis die rückgekoppelte Größe **phasengleich** oder **phasengedreht** zur Eingangsgröße auftritt (Abb. 1). Bei phasengedrehter Rückkopplung subtrahiert sich die zurückgeführte Größe von der Steuergröße.

Während die Mitkopplungsbedingung Grundlage für alle Schwingschaltungen ist, scheint die Gegenkopplung aufgrund ihrer Verstärkungsminderung nicht besonders attraktiv zu sein. Die Gegenkopplung wird aber trotzdem häufig eingesetzt, vor allem zur Stabilisierung von Arbeitspunkten und zur Verringerung von Verzerrungen.

3.1.6 Transistorgrundschaltungen

Im einfachsten Fall besteht ein Verstärker aus einem aktiven Bauelement, heute in der Regel ein bipolarer oder unipolarer Transistor. Für spezielle Anwendungen, z.B. Leistungsverstärker für HF in Senderendstufen, kommt auch noch die Elektronenröhre zum Einsatz.

Ein Verstärker hat je zwei Eingangs- und Ausgangsanschlüsse. Transistoren haben aber nur drei Elektrodenanschlüsse. Wird ein Transistor zu einem Verstärkervierpol, dann muß eine der Elektroden Emitter, Basis oder Kollektor eine Verbindung zum Eingang und Ausgang haben. Es ergeben sich drei Möglichkeiten von Grundschaltungen mit Transistoren (Abb. 2).

Jede dieser Schaltungen leitet ihren Namen von der Elektrode ab, die für Eingang und Ausgang gemeinsamer Bezugspunkt ist.

Für die weiteren Betrachtungen ist es wichtig, die Eigenschaften des Transistors zu kennen (vgl. 2.4). Kleine Spannungsänderungen zwischen Basis und Emitter bewirken

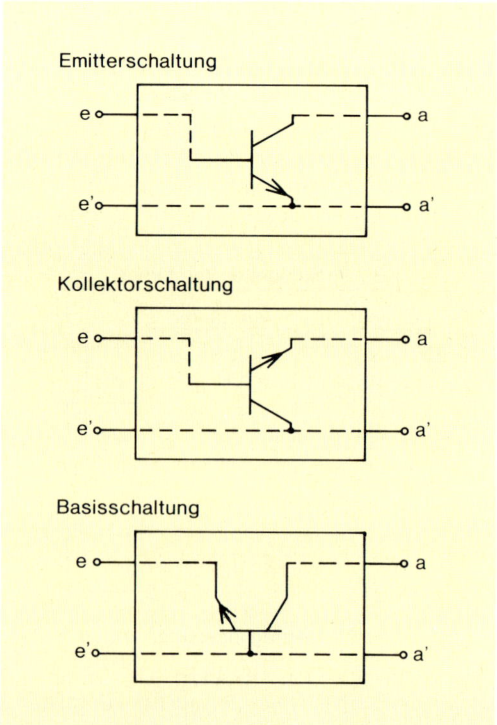

Abb. 2: Prinzip der Transistorgrundschaltungen

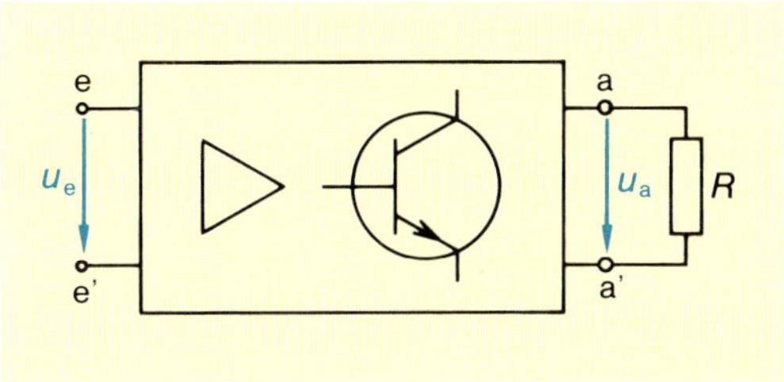

Abb. 3: Transistorvierpol mit Arbeitswiderstand

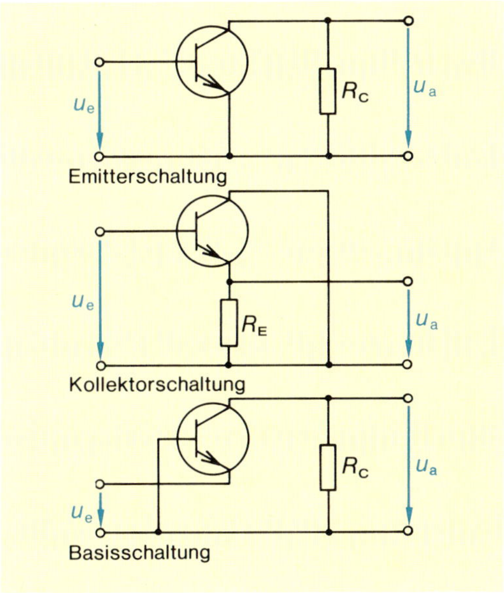

Abb. 4: Drei Transistorgrundschaltungen

große Stromänderungen im Ausgangskreis. Fließt der Strom durch einen äußeren Arbeitswiderstand, dann stellt sich daran eine Spannung ein, die sich im Rhythmus der Eingangsspannung ändert. Die drei Grundschaltungen von Abb. 2 müssen danach alle durch einen Arbeitswiderstand ergänzt werden (Abb. 3 und 4). Für Wechselspannungen liegt er zum Transistorausgang parallel. Der Innenwiderstand der Versorgungsquelle kann dabei als Wechselstromkurzschluß angenommen werden.

Die drei Grundschaltungen besitzen unterschiedliche Eigenschaften.

Allen drei Schaltungen ist jedoch die Steuerung der in Durchlaßrichtung betriebenen Basis-Emitter-Diode gemeinsam.

Aufgaben zu 3.1

1. Erklären Sie den Unterschied zwischen einem analogen und einem digitalen Signal!

2. Skizzieren Sie ein Diagramm mit einer idealen und einer realen Übertragungskennlinie eines analogen Verstärkers!

3. Verdeutlichen Sie durch eine Zeichnung, wie in einem Verstärker eine große Leistung durch eine kleine gesteuert wird!

4. Begründen Sie, warum bei einem Verstärker mit $R_G \ll r_e$ Spannungssteuerung vorliegt!

5. Welche Formänderungen treten nacheinander im Ausgangssignal auf, wenn die Eingangsspannung eines Verstärkers den linearen Aussteuerbereich überschreitet?

6. Die Leistungsverstärkung eines Verstärkers ist mit 10000 angegeben. Die Stromverstärkung beträgt 200. Wie groß ist die Spannungsverstärkung?

7. Leiten Sie die allgemeine Rückkopplungsgleichung unter Berücksichtigung der Ströme ab!

3.2 Emitterschaltung

Die am häufigsten anzutreffende Transistorschaltung ist die Emitterschaltung. Sie kann Spannungen Ströme und Leistungen vervielfachen. Abb. 5 zeigt eine Emitterschaltung in industriemäßiger Ausführung. Die Analyse einer solchen komplexen Schaltung ist nicht

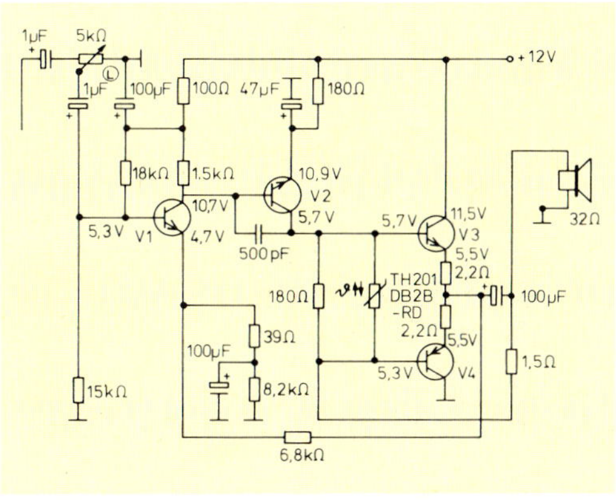

Abb. 5: Emitterschaltung in einem Netzwerk

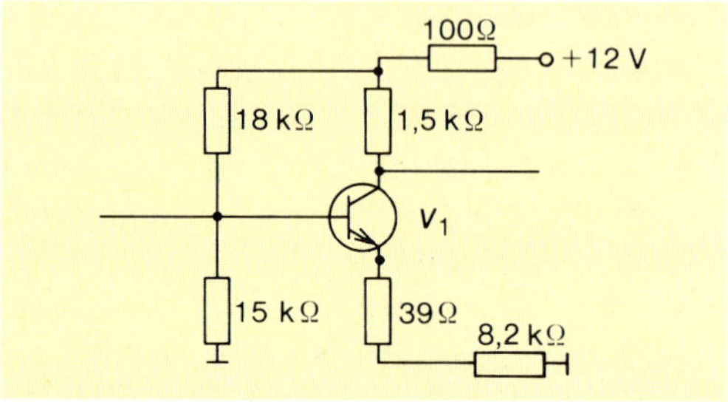

Abb. 1: Emitterschaltung vereinfacht

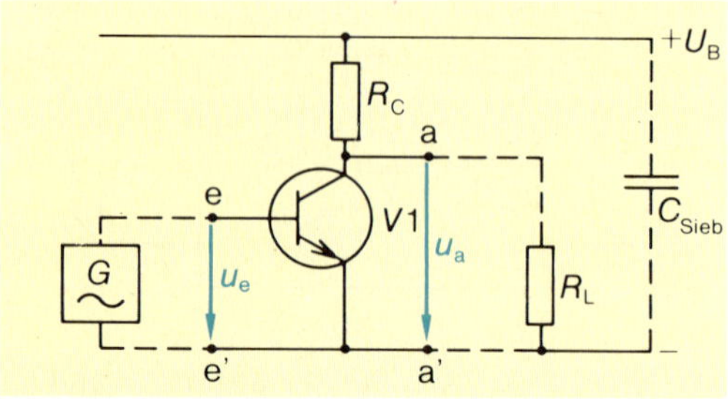

Abb. 2: Prinzip der Emitterschaltung

einfach. Wir wollen dieses tun, indem wir die Komplexität der Schaltung stufenweise verringern, bis das Grundprinzip erkennbar wird. Die erste Reduktionsstufe (Abb. 1) zeigt nur noch die Bauteile, durch die Gleichströme fließen. Kondensatoren sperren Gleichströme. Für eine rein wechselstrommäßige Betrachtung können sie als Kurzschluß betrachtet werden. Die vorausgehende und die nachfolgende Stufe ist jeweils durch den Block „Signalquelle" und „Lastwiderstand" dargestellt.

Die zweite Reduktionsstufe (Abb. 2) vereinfacht die Verstärkerschaltung bis auf das aktive Element und seinen Arbeitswiderstand. Übrig bleibt das Prinzip einer Emitterschaltung in reduzierter Darstellung. Die Pole der Betriebsspannung erscheinen oben und unten im Schaltbild. Die Eingangsspannung u_e liegt zwischen Basis und Emitter. Die Ausgangsspannung u_a zwischen Kollektor und Emitter.

Der Arbeitswiderstand R_C liegt zwischen Kollektoranschluß und Pluspol der Betriebsspannung. Der Emitter ist Bezugselektrode. Die Bezugsebene ist verbunden mit dem Minuspol der Spannungsquelle.

Der Innenwiderstand des Energieversorgers kann im Vergleich zum Widerstand der Schaltung als klein angesehen werden. Für den Wechselstrom wirkt deshalb die Energieversorgung mit dem Siebkondensator wie ein Kurzschluß. Der Arbeitswiderstand R_C liegt somit signalmäßig parallel zum Transistor. Die Folgestufe, die hier durch den Lastwiderstand R_L angedeutet wird, liegt parallel zum Verstärkerausgang und damit auch parallel zum Transistor.

Versuch 3–1: Aufnahme der Übertragungskennlinie einer Emitterschaltung

Meßschaltung

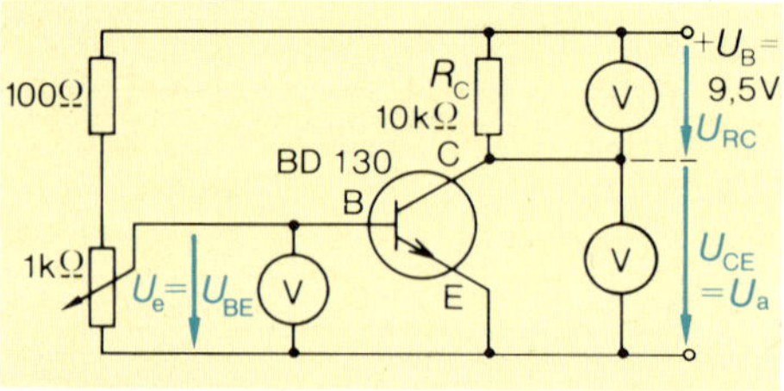

Durchführung

Die Eingangsspannung $U_e = U_{BE}$ wird von 0 Volt in Stufen vergrößert. Nach jeder Änderung von U_e werden die Werte $U_{CE} = U_a$ und U_{RC} gemessen.

Meßergebnis

U_e in V	0	0,1	0,2	0,24	0,26	0,3	0,32	0,34	0,36	0,38	0,4	0,44	0,46
U_a in V	9,5	9,25	9,2	9,0	8,75	5,75	4,2	3,0	2,2	1,6	1,0	0,39	0,2
U_{RC} in V	0	0,25	0,3	0,5	0,75	3,75	5,3	6,5	7,3	7,9	8,5	9,11	9,3

3.2.1 Übertragungsverhalten

Um die Eigenschaften der Emitterschaltung herauszufinden, wird zuerst das Übertragungsverhalten in Versuch 3–1 untersucht.

In das Diagramm von Abb. 3 wurden die Meßwerte für U_e und U_a eingetragen. Das Meßdiagramm gibt die Übertragungskennlinie einer Emitterschaltung wieder. Bei der Eingangsspannung $U_e = 0\,V$ ist der Transistor gesperrt. Der Sperrstrom durch die Kollektor-Emitter-Strecke ist so klein, daß am Arbeitswiderstand mit diesem Meßaufbau kein Spannungsabfall meßbar ist. Zwischen Kollektor und dem Emitter liegt die gesamte Betriebsspannung. Erst ab einer bestimmten Eingangsspannung fließt ein nennenswerter Kollektorstrom – denn die Steuerstrecke im Eingang hat Diodencharakter. Der Kollektorstrom nimmt dann schnell zu, ebenso die Spannung über dem Widerstand R_C. Die Kollektor-Emitter-Spannung (Ausgangsspannung U_a) wird entsprechend kleiner. Wenn die Eingangsspannung weiter erhöht wird, dann ist die Ausgangsspannung letztlich nur noch die Kollektor-Emitter-Sättigungsspannung $U_{CE\,sat}$. Sie bleibt auf kleinem Niveau konstant.

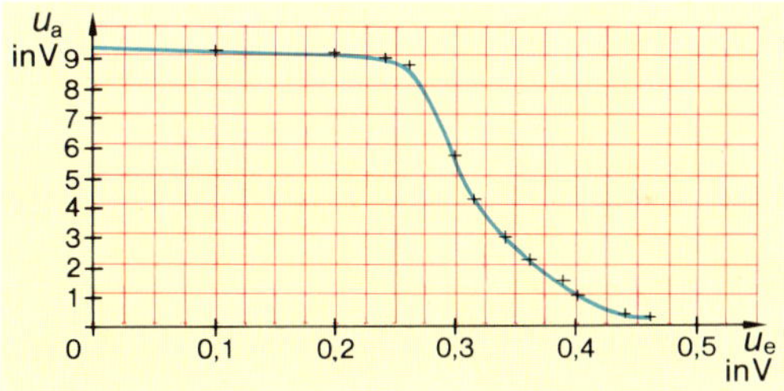

Abb. 3: Übertragungskennlinie einer Emitterschaltung

Die Übertragungskennlinie vermittelt zwei wichtige Erkenntnisse:

Bei der Emitterschaltung bewegen sich Eingangs- und Ausgangsspannung gegenläufig. Es ist eine Phasenverschiebung von 180° für die Signalspannung vorhanden.

Zur Übertragung von analogen Wechselgrößen ist nur der lineare Bereich der Übertragungskennlinie nutzbar.

3.2.2 Arbeitspunkteinstellung

Soll die Emitterschaltung als Analogverstärker zum Einsatz kommen, müssen zwei Bedingungen erfüllt sein.

- Die Amplituden der Steuerwechselgrößen müssen so klein bleiben, daß die Aussteuerung im linearen Bereich stattfindet.
- Mit Hilfe einer Gleichspannung am Eingang muß eine feste Ausgangsgleichspannung eingestellt sein, die im linearen Teil der Übertragungskennlinie liegt.

Der Praktiker spricht in diesem Zusammenhang von Arbeitspunkteinstellung. Die Wahl des Arbeitspunktes prägt das Verhalten einer Schaltung ganz entscheidend.

Legt man den Arbeitspunkt in die Extrembereiche einer Übertragungskennlinie, kann aus einer Analogschaltung schnell eine digitale werden, die nur die Zustände leitend und nichtleitend zuläßt.

Falsche Wahl des Arbeitspunktes kann zu starken Verzerrungen führen.

Wird bei Analogverstärkern der Arbeitspunkt im linearen Bereich der Eingangskennlinie festgelegt, spricht man vom **A-Betrieb.** Es findet dabei eine Aussteuerung der Kennlinie um den Arbeitspunkt statt (Abb. 4).

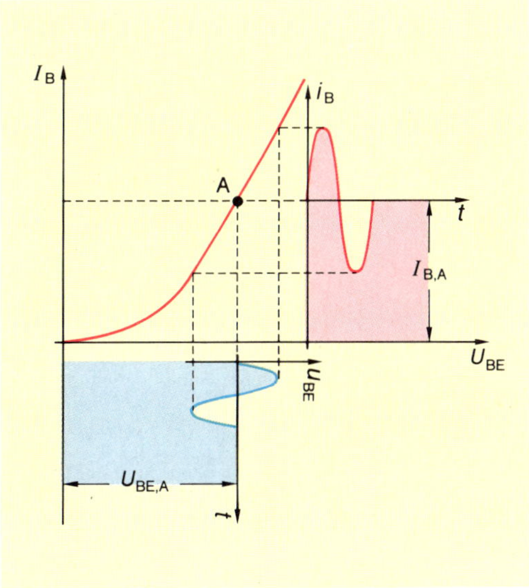

Abb. 4: Arbeitspunkteinstellung, A-Betrieb

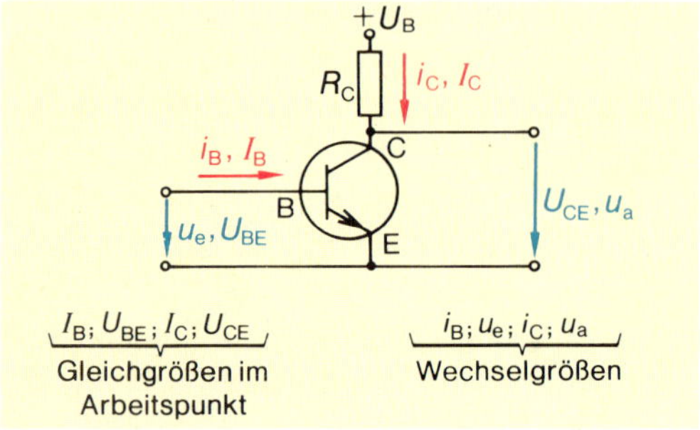

Abb. 1: Emitterschaltung mit Gleich- und Wechselgrößen

Damit beide Halbwellen eines Signals im Ausgangskreis erscheinen, müssen Eingangsspannung und -strom soweit angehoben werden, bis alle möglichen Augenblickswerte des Signals im linearen Bereich der Eingangskennlinie liegen.

Die erforderliche Gleichspannung verschiebt als Vorspannung die Nullinie der Wechselspannung. Es ergeben sich die Gleichgrößen der Abb. 1. Zusätzlich sind die Wechselgrößen vorhanden.

Mit der Vorspannung U_{BE} wird der Arbeitspunkt eingestellt.

Es gibt zwei schaltungstechnische Möglichkeiten zur Einstellung des Arbeitspunktes, nämlich Basisspannungsteiler und Basisvorwiderstand.

3.2.2.1 Basisspannungsteiler

Durch einen Spannungsteiler aus R_{B1} und R_{B2} erhält man zwischen Basis und Emitter eine feste Vorspannung (Abb. 2).

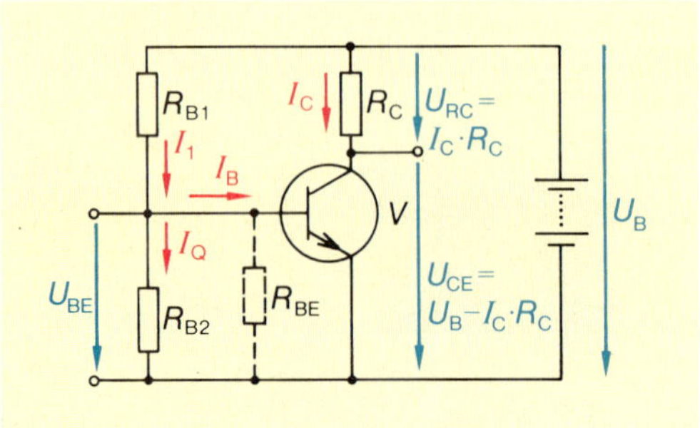

Abb. 2: Emitterschaltung mit Basisspannungsteiler

Bei einem NPN-Transistor bleibt die Basis stets positiv gegenüber dem Emitter. Bei einem PNP-Transistor ist die Basis immer negativ gegenüber dem Emitter.

Der Spannungsteiler wird vom Transistoreingangswiderstand R_{BE} belastet. Bei der Berechnung eines Basisspannungsteilers ist darauf zu achten, daß die Ströme im Spannungsteiler groß gegenüber dem Basisstrom sind. Je größer die Teilerströme, desto weniger hat eine Basisstromschwankung eine Veränderung der Teilerspannung zur Folge.

Der Strom durch R_{B1} teilt sich im Knoten auf in den Basisstrom I_B und den Querstrom I_Q.

$I_1 = I_B + I_Q$

Für den **Spannungsteiler** gelten folgende Berechnungsgleichungen:

$$R_{B1} = \frac{U_B - U_{BE}}{I_B + I_Q} \qquad R_{B2} = \frac{U_{BE}}{I_Q}$$

In der Praxis wählt man zur Sicherheit den Querstrom

$I_Q = m \cdot I_B; \quad m = 5 \ldots 10$

Vorteile:

Ist der Teilerwiderstand R_{B2} klein gegen den Eingangswiderstand R_{BE} des Transistors, dann steht eine relativ konstante Vorspannung U_{BE} bereit.

Nachteile:

- Ein zu großer Querstrom I_Q belastet die Betriebsspannungsquelle.
- Der Wechselstrom-Eingangswiderstand r_e des Verstärkers wird durch R_{B2} verringert. Es ergibt sich eine stärkere Belastung der Signalquelle.
- Bedingt durch Herstellungstoleranzen streuen die Kennlinien von Transistoren. Kohleschichtwiderstände haben Toleranzen von $\geq 10\%$. Verläuft die Eingangskennlinie eines Transistors sehr steil, dann hat eine kleine Änderung der Kennlinie oder des Teilerverhältnisses eine erhebliche Verschiebung des Arbeitspunktes zur Folge. Abhilfe schafft ein einstellbarer Teilerwiderstand.

3.2.2.2 Basisvorwiderstand

Bei der Arbeitspunkteinstellung mit einem Vorwiderstand wird ein konstanter Basisstrom erzeugt. Dabei bilden der Basiswider-

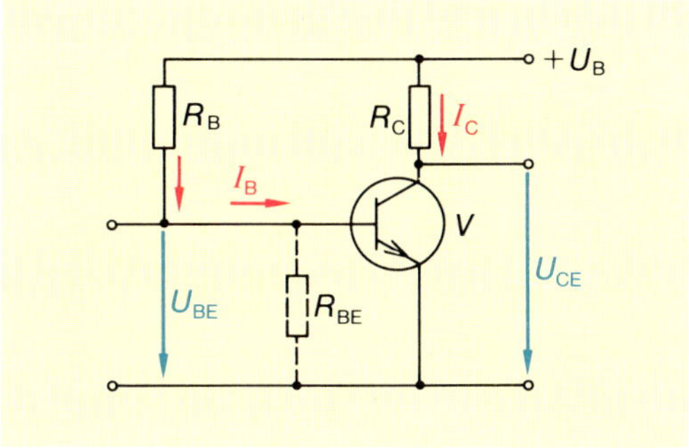

Abb. 3: Emitterschaltung mit Basisvorwiderstand

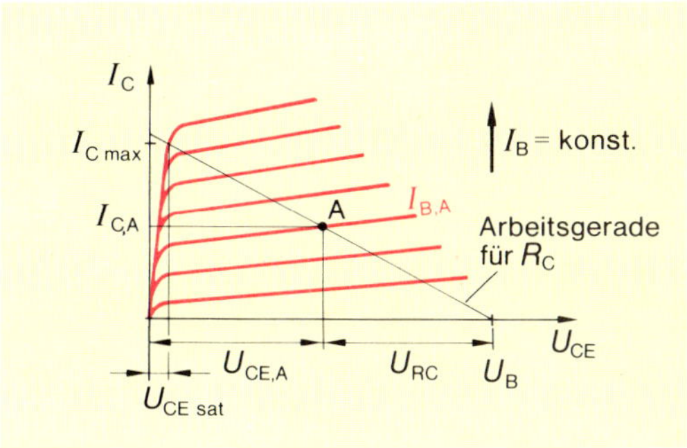

Abb. 4: Spannungsaufteilung im Ausgangskennlinienfeld

stand und der Widerstand der Basis-Emitter-Strecke eine Reihenschaltung.

Der Basisvorwiderstand muß die Betriebsspannung soweit reduzieren, bis zwischen Basis und Emitter genau die erforderliche Vorspannung U_{BE} entsteht.

$$R_B = \frac{U_B - U_{BE}}{I_B}$$

Vorteile:

- Bei großer Betriebsspannung wird dem Transistor durch den notwendig großen Widerstand R_B ein konstanter Ruhestrom geliefert, der sich vom Temperaturgang des Transistors nicht beeinflussen läßt.
- Ein hochohmiger Vorwiderstand belastet außerdem die Signalquelle nur wenig.

Nachteile:

- Toleranzen des Gleichstromverstärkungsfaktors B können nur durch einen einstellbaren Widerstand R_B ausgeglichen werden.
- Der Transistorsperrstrom I_{CBO} muß über den Transistcr abfließen und bewirkt eine innere Temperaturerhöhung des Halbleiters.

3.2.2.3 Symmetrischer Aussteuerbereich

Das Vorhandensein eines Arbeitswiderstandes ist Voraussetzung dafür, daß im Ausgangskreis eine Ausgangsspannung auftreten kann. Im Ausgangskennlinienfeld läßt sich eine Arbeitsgerade eintragen.

Liegt eingangsseitig der Ruhestrom $I_{B,A}$ fest, dann stellt sich gemäß der Stromverstärkung B der entsprechende Ruhestrom $I_{C,A}$ ein. Der Arbeitspunkt liegt auf der Arbeitsgeraden. Es stellt sich über dem Kollektorwiderstand die Spannung U_{RC} und über der Kollektor-Emitter-Strecke die Spannung $U_{CE,A}$ ein (Abb. 4).

Folgende Spannungsbeziehungen sind aufstellbar:

$$U_B = U_{RC} + U_{CE,A}$$
$$U_{RC} = I_{C,A} \cdot R_C$$
$$U_B = I_{C,A} \cdot R_C + U_{CE,A}$$

Der **Kollektorwiderstand** berechnet sich aus

$$R_C = \frac{U_B - U_{CE,A}}{I_{C,A}}$$

Der ausgangsseitige Arbeitspunkt für U_{CE} kann nur zwischen $U_{CE\,sat}$ (Übersteuerung) und U_B (Sperrung) liegen.

Ist z.B. $U_B = 9\,V$ und $U_{CE\,sat} = 0{,}4\,V$, dann kann der Arbeitspunkt, wie in Abb. 5, mit $U_{CE} = 6{,}5\,V$ gewählt werden. Dies ergibt einen unsymmetrischen Aussteuerbereich. Die größte unverzerrt übertragene Signalamplitude könnte den Wert 2,5 V haben.

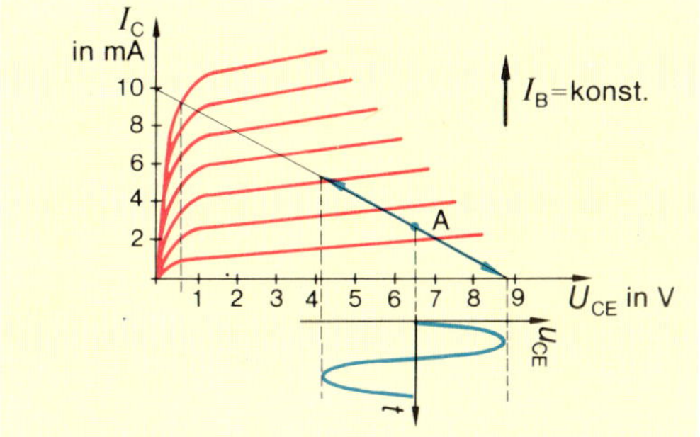

Abb. 5: Unsymmetrischer Aussteuerbereich

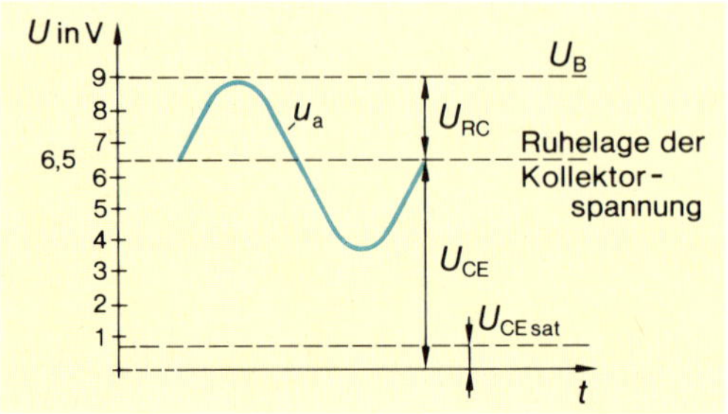

Abb. 1: Liniendiagramm der Ausgangsspannung bei unsymmetrischem Aussteuerbereich.

Abb. 1 zeigt die Lage des Arbeitspunktes und den Verlauf einer sinusförmigen Spannung für **unsymmetrische Aussteuerung,** in einem Spannungs-Zeit-Diagramm.

Bei voller Ausnutzung des vorhandenen Aussteuerbereichs muß der Arbeitspunkt in der Mitte des verbleibenden Bereichs liegen.

Der maximal vorhandene Aussteuerbereich ist gegeben durch $U_B - U_{CE\,sat}$.

Im Arbeitspunkt steht über dem Kollektorwiderstand bei **symmetrischer Aussteuerung**

$$\frac{U_B - U_{CE\,sat}}{2}$$

Der Kollektorwiderstand berechnet sich aus

$$R_C = \frac{U_B - U_{CE\,sat}}{2 I_{C,A}}$$

In dem Diagramm von Abb. 2 sind die sich einstellenden ausgangsseitigen Spannungsverläufe für einen symmetrischen Aussteuerbereich dargestellt.

Bei der Wahl des Arbeitspunktes sind weitere Punkte zu beachten. Es dürfen eine Reihe von Grenzdaten des Transistors nicht

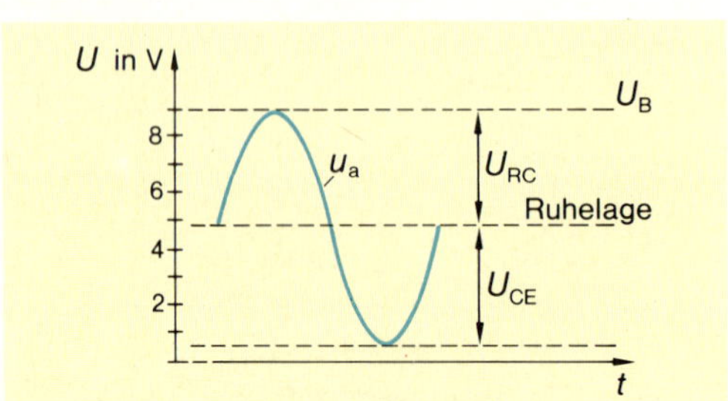

Abb. 2: Liniendiagramm der Ausgangsspannung bei symmetrischem Aussteuerbereich.

überschritten werden. Mit der Wahl des Arbeitspunktes muß stets sichergestellt sein, daß Grenzwerte für Spannung, Strom und Temperatur eines Transistors nicht überschritten werden (Abb. 3).

Anhand von Datenblättern lassen sich die Höchstwerte für Kollektorstrom $I_{C\,max}$, Kollektor-Emitterspannung $U_{CE\,max}$, Verlustleistung P_{tot} und Sperrschichttemperatur $\vartheta_{j\,max}$ bestimmen.

Ein gängiger Si-Transistor hat z.B. bei $P_{tot} = 50$ mW seine maximale Verlustleistung. Seine Sperrschichttemperatur darf 150 °C nicht überschreiten.

Ein anderer wichtiger Punkt könnte sein, die Rauschleistung eines Transistors klein zu halten. Dazu ist ein bestimmter Kollektorstrom notwendig.

Soll der **Wirkungsgrad** eines Verstärkers **groß** sein, rückt der Arbeitspunkt in die Nähe der Leistungshyperbel (Abb. 3).

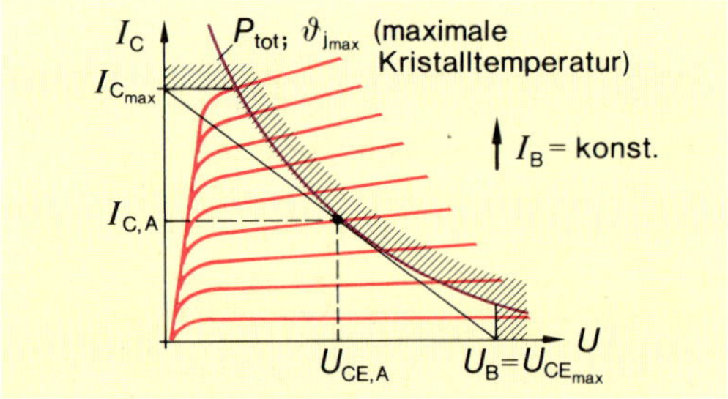

Abb. 3: Lage des Arbeitspunkts für maximale Leistung

3.2.3 Wechselstromersatzschaltung

Das typische Schaltbild eines NF-Kleinsignal-Verstärkers in Emitterschaltung zeigt Abb. 4. Die angegebenen zeitlichen Verläufe der Wechselspannungen geben Aufschluß über das Verhalten der Schaltung.

Schließt man an den Eingang gemäß der Darstellung eine Signalquelle an, dann soll der Verstärker auf dessen Spannungs- und Stromänderungen reagieren. Das verstärkte Signal wird dem Lastwiderstand R_L zugeführt. R_L steht hier symbolisch für die komplette Folgestufe.

Signalquelle und Belastungswiderstand sind über $C_{K,e}$ und $C_{K,a}$ gleichspannungsfrei an-

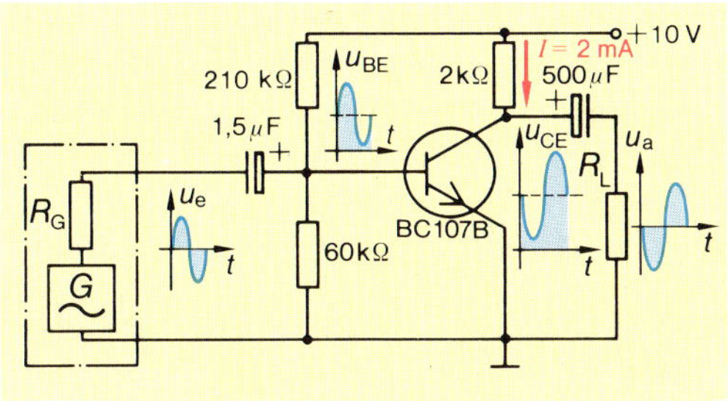

Abb. 4: Kleinsignalverstärker in Emitterschaltung für NF

gekoppelt. Die Kondensatoren lassen Wechselströme passieren, sperren Gleichströme.

Zur Verdeutlichung der Eigenschaften der Emitterschaltung wird das Schaltbild in eine **Ersatzschaltung** umgezeichnet. Dabei wird angenommen, daß die Kondensatoren und die Gleichspannungsquelle für Wechselströme als Kurzschluß wirken. Die Widerstände liegen damit einseitig an der Bezugselektrode (Abb. 5).

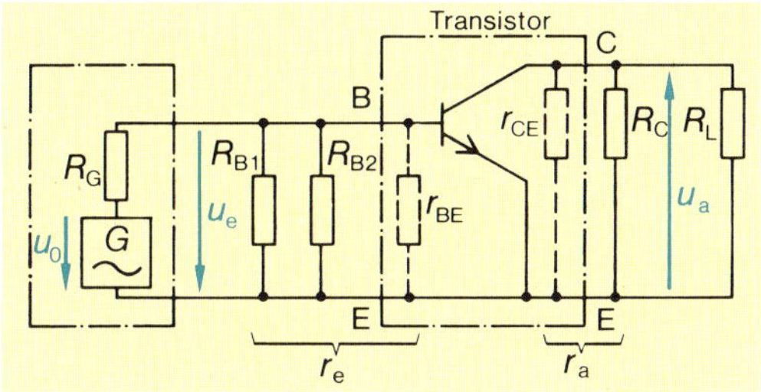

Abb. 5: Wechselstrom-Ersatzschaltbild der Emitterschaltung

3.2.4 Eingangs- und Ausgangswiderstand

In der Darstellung von Abb. 5 ist der Transistor in ein einfaches **Wechselstromersatzschaltbild** übergeführt. Dabei sind die Wechselstromwiderstände der Basis-Emitter-Diode und der Kollektor-Emitter-Strecke durch die nach außen gelegten Widerstände r_{BE} und r_{CE} dargestellt.

Als Eingangswiderstand der Emitterschaltung wird die Parallelschaltung aus R_{B1}, R_{B2} und r_{BE} wirksam. Faßt man die Parallelschaltung des Basisspannungsteilers in dem Ausdruck $R_B = \frac{R_{B1} \cdot R_{B2}}{R_{B1} + R_{B2}}$ zusammen,

dann ergibt sich mit dem dynamischen Eingangswiderstand des Transistors der **Wechselstrom-Eingangswiderstand** der Emitterschaltung.

$$r_e = \frac{r_{BE} \cdot R_B}{r_{BE} + R_B}$$

Je nach Größe des Basisgleichstromes liegt der Eingangswiderstand eines Transistors im Bereich 20 Ω ... 5 kΩ. Der Eingangswiderstand der Schaltung wird damit vornehmlich durch r_{BE} bestimmt. Mit $r_{BE} < R_{B1}$, R_{B2} gilt $r_e \approx r_{BE}$

Mit der Parallelschaltung von r_{CE} und R_C ergibt sich der **Wechselstrom-Ausgangswiderstand** der Emitterschaltung.

$$r_a = \frac{r_{CE} \cdot R_C}{r_{CE} + R_C}$$

In der Regel ist R_C kleiner als r_{CE}. Es gilt dann näherungsweise: $r_a \approx R_C$

3.2.5 Verstärkungsgrößen

Ändert sich die Eingangsspannung um ΔU_{BE}, dann ergibt sich eine Stromänderung ΔI_B und damit die Kollektorstromänderung

$\Delta I_C = \beta \cdot \Delta I_B$

Sind Wechselspannungen Ursache für das Schwanken von Spannung und Strom, dann läßt sich schreiben $u_{BE} = i_B \cdot r_{BE}$; $i_C = \beta \cdot i_B$

Mit $r_{CE} \gg R_C$ gilt:
$u_{CE} = i_C \cdot R_C$; $u_{CE} = \beta \cdot i_B \cdot R_C$

Die Spannungsverstärkung berechnet sich nach der Beziehung

$v_u = -\frac{u_a}{u_e}$; $v_u = -\frac{u_{CE}}{u_{BE}}$

Das Minuszeichen deutet die Phasenverschiebung zwischen Eingangs- und Ausgangsspannung der Emitterschaltung an.

Für die **Wechselspannungsverstärkung der unbelasteten Emitterschaltung** gilt folglich

$$v_u = -\beta \frac{R_C}{r_{BE}}$$

Die Wechselspannungsverstärkung der unbelasteten Emitterschaltung ist um so größer, je größer β und R_C sind und je kleiner r_{BE} ist.

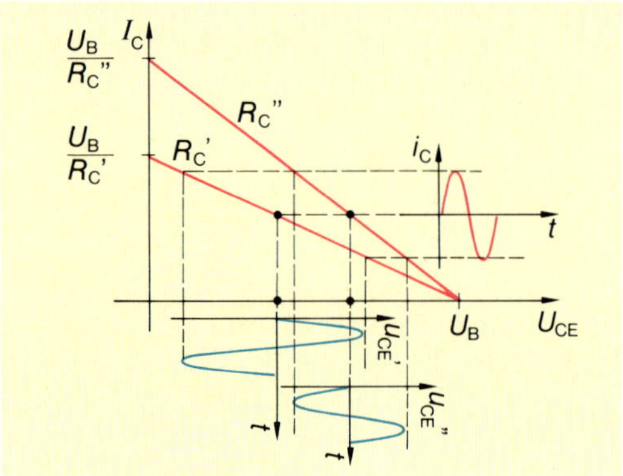

Abb. 1: Abhängigkeit der Verstärkung v_u vom Arbeitswiderstand R_C

Stromverstärkung und r_{BE} hängen vom Transistor ab und lassen sich durch geeignete Wahl des Kollektor- bzw. Basisstroms nur gering verändern. Deshalb läßt sich die Verstärkung eines Emitterverstärkers vor allem durch die Größe des äußeren Arbeitswiderstandes beeinflussen. Die Abhängigkeit der Verstärkung vom Arbeitswiderstand läßt sich im Ausgangskennlinienfeld erkennen. Wird der Arbeitswiderstand kleiner, verläuft die Arbeitsgerade steiler. Die Amplitude der Ausgangswechselspannung nimmt bei gleich großem Wechselstrom ab (Abb. 1).

Mit oft anzutreffenden Werten für $r_{BE} = 2\ \text{k}\Omega$, $\beta = 200$ und $R_C = 10\ \text{k}\Omega$ ergibt sich im Leerlauf für v_u der Wert 1000.

Verstärkungen zwischen 300 und 1000 sind je nach Transistortyp und Schaltungsauslegung erreichbar. Die Berechnungsformel für die Stromverstärkung des unbelasteten Emitterverstärkers soll zunächst nur in guter Näherung angegeben werden.

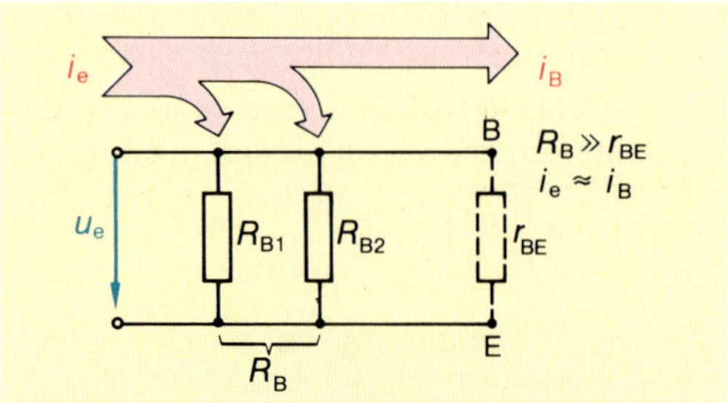

Abb. 2: Stromverteilung im Eingangskreis des Verstärkers

Der Eingangsstrom i_e verteilt sich nach Abb. 2 auf die Parallelschaltung von R_{B1}, R_{B2} und r_{BE}. Sind die Spannungsteilerwiderstände groß gegen r_{BE}, kann die Näherung $i_e \approx i_B$ gelten.

Der Eingangsstrom i_B erscheint verstärkt im Ausgangskreis des Transistors. Der Transistor läßt sich wie in Abb. 3 als Stromquelle darstellen, dessen Strom $i_C = \beta \cdot i_B$ sich auf die Widerstände r_{CE} und R_C verteilt und am Ausgang die Spannung u_a entstehen läßt.

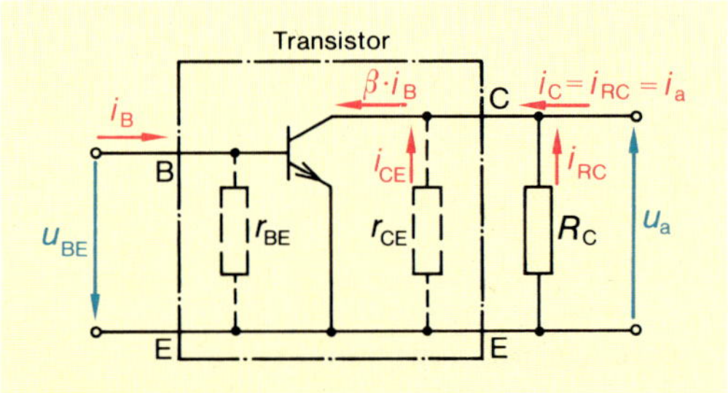

Abb. 3: Ausgangsseitige Stromverteilung bei Leerlauf

Wird wieder $r_{CE} > R_C$ angenommen, gilt für die **Stromverstärkung** der Emitterschaltung ohne R_L

$$v_i = \frac{i_a}{i_e} \approx \frac{i_C}{i_B} \qquad \boxed{v_i \approx \beta}$$

Die Stromverstärkung der Emitterschaltung wird jedoch immer etwas kleiner sein als die Verstärkung des Transistors. Hat bei einem Transistor β den Wert 200, so kann sich für die Stromverstärkung v_i der kompletten Schaltung je nach Größe der Widerstände R_{B1}, R_{B2} und R_C ein Wert zwischen 150...200 ergeben.

Legt man für die Berechnung der **Leistungsverstärkung** den Momentanwert der Leistung am Eingang mit $p_e = u_e \cdot i_e$ zugrunde, und gibt der Verstärker die Nutzleistung $p_a = u_a \cdot i_a$ ab, so erhält man für die Leistungsverstärkung der Emitterschaltung

$$v_p = \frac{p_a}{p_e}; \quad v_p = \frac{u_a \cdot i_a}{u_e \cdot i_e}$$
$$v_p = v_u \cdot v_i$$

Mit $v_i = 150$ und $v_u = 1000$ kann die Leistungsverstärkung einer Emitterschaltung im Leerlauf mit $v_p = 150\,000$ sehr groß werden.

3.2.6 Einfluß des Lastwiderstandes

In dem vorangestellten Abschnitt wird der Emitterverstärker zum besseren Verständnis des Verhaltens ohne Belastung betrachtet. Wird der Verstärker durch eine Folgestufe belastet, verändern sich seine Eigenschaften.

Der als Last angenommene Widerstand R_L liegt parallel zum Transistorarbeitswiderstand

$r'_a = r_{CE} \| R_C \| R_L$

(Parallelschaltung aus r_{CE}, R_C und R_L)

Mit $r_{CE} \gg R_C$, R_L ergibt sich jetzt für den **Wechselstrom-Ausgangswiderstand des belasteten Verstärkers**

$$r'_a = \frac{R_C \cdot R_L}{R_C + R_L}$$

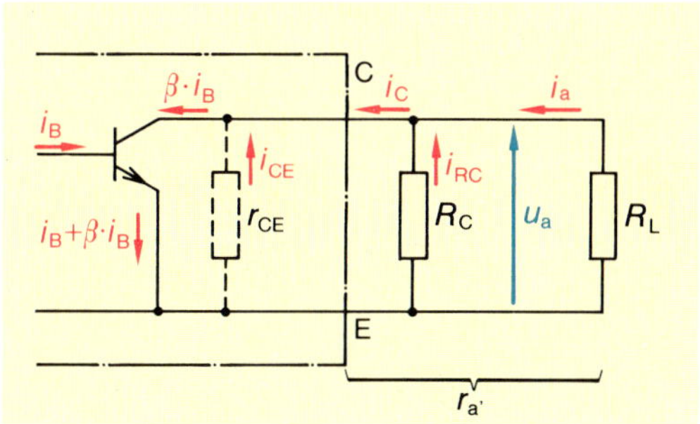

Abb. 4: Stromverteilung im Lastkreis

Bei Belastung erniedrigt sich der Ausgangswiderstand r_a auf den Wert von r'_a.

Wird die Verstärkerstufe durch den Lastwiderstand nennenswert belastet, muß die Formel für die Spannungsverstärkung mit R_L erweitert werden (vgl. S. 181):

$$v'_u = -\beta \frac{R_C \cdot R_L}{r_{BE}(R_C + R_L)}$$

Der belastete Verstärker hat danach mit

$$v'_u = -\beta \frac{r'_a}{r_{BE}}$$

eine kleinere Spannungsverstärkung.

Der Wechselstrom im Ausgangskreis verteilt sich jetzt auf die Parallelschaltung $r_{CE} \| R_C \| R_L$. Nach Abb. 4 gilt dann mit $i_e \approx i_B$ und der Gesetzmäßigkeit, daß sich die Ströme in einer Parallelschaltung umgekehrt verhalten wie die Widerstände

$$\frac{i_a}{\beta \cdot i_B} = \frac{r_{CE} \| R_C \| R_L}{R_L}$$

Für die Stromverstärkung des belasteten Verstärkers gilt

$$v'_i = \frac{i_a}{i_e}; \quad v'_i \approx \beta \frac{r_{CE} \| R_C \| R_L}{R_L}$$

Mit der vereinfachten Formel für r'_a soll gelten

$$v'_i = \beta \cdot \frac{R_C}{R_C + R_L}$$

Mit $\beta = 200$, $R_C = 10\ \text{k}\Omega$ und $R_L = 5\ \text{k}\Omega$ hätte v'_i einen Wert von 133.

Je größer das Verhältnis R_C zu R_L wird – je mehr Signalstrom also durch den Lastwiderstand fließt –, desto größer ist die Stromverstärkung

Bei Belastung eines Verstärkers verkleinert sich seine Verstärkung.

Der Lastwiderstand verringert den Wechselstromwiderstand im Ausgangskreis.

Durch den parallelen Lastwiderstand wird die Arbeitsgerade im Ausgangskennlinienfeld des Transistors steiler (vgl. Abb. 1). Die Abb. 1 macht auch deutlich, daß eine direkte Ankopplung von R_L eine Arbeitspunktverschiebung zur Folge hat. Zur Vermeidung dieses Effekts muß die Last gleichspannungsfrei angekoppelt werden.

Bei Kopplung durch einen Kondensator verändert sich der Ruhestrom $I_{C,A}$ nicht (Abb. 5).

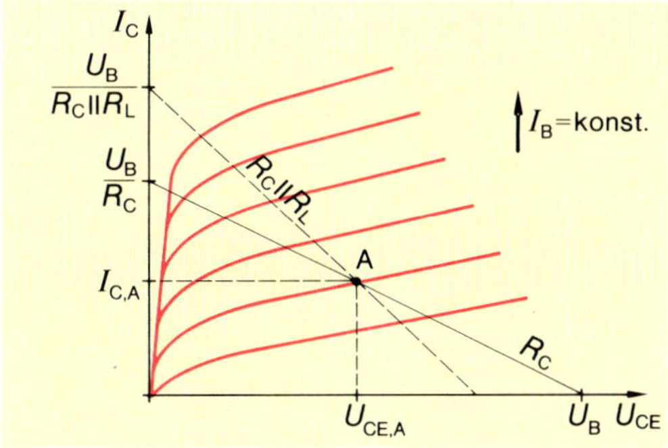

Abb. 5: Verschiebung der Arbeitsgeraden bei kapazitiver Ankopplung von R_L

$U_{CE,A}$ behält seinen Wert und der Arbeitspunkt verändert sich nicht.

Nach kapazitiver Ankopplung eines Lastwiderstandes wird bei einem Verstärker

- die Verstärkung verkleinert,
- der Aussteuerbereich eingeengt,
- die Symmetrie aufgehoben; aber
- der Arbeitspunkt bleibt unverändert.

Soll die Symmetrie nicht verloren gehen, muß der Arbeitswiderstand R_C größer als der für den Leerlauffall ermittelte Wert sein.

Die Verstärkungsminderung kann auf diese Weise kompensiert werden.

Aufgaben zu 3.2.1 bis 3.2.6

1. Welcher Zusammenhang besteht zwischen der Spannungsverstärkung eines Transistors und seinem Arbeitswiderstand?

2. Warum liegt bei einer kompletten Verstärkerschaltung der tatsächliche Verstärkungsfaktor v_i der Schaltung unterhalb des Wertes von β?

3. Verdeutlichen Sie anhand der Arbeitsgeraden im I_C-U_{CE}-Diagramm den Einfluß des Lastwiderstandes auf die Spannungsverstärkung. Versuchen Sie das gleiche an der Übertragungskennlinie zu zeigen.

4. Welche Aufgabe haben die kapazitiven Koppelelemente eines Verstärkers?

3.2.7 Grenzfrequenzen der Verstärkung

Eingangs- und ausgangsseitiger Arbeitspunkt bleiben unverändert, wenn die Gleichspannungen durch Koppelkondensatoren abgeblockt werden. Für den Eingangskreis ergibt sich die Ersatzschaltung nach Abb. 1.

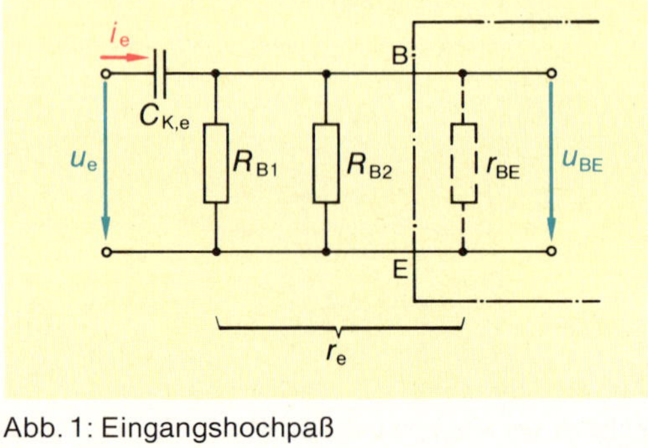

Abb. 1: Eingangshochpaß

Der Kondensator $C_{K,e}$ bildet mit den parallelen Widerständen R_{B1}, R_{B2} und r_{BE} einen Hochpaß. Bei der unteren **Grenzfrequenz f_{gu}** sind Blindwiderstand $X_{CK,e}$ und Eingangswiderstand r_e gleich; es gilt dann:

$$X_{CK,e} = r_e \qquad \boxed{f_{gu} = \frac{1}{2\pi\, C_{K,e} \cdot r_e}}$$

Im Ausgangskreis bilden $C_{K,a}$ und der Lastwiderstand R_L einen Hochpaß. Über dem Kondensator liegt der Arbeitswiderstand R_C signalmäßig parallel zu R_L und muß bei der Berechnung der Grenzfrequenz mit berücksichtigt werden (Abb. 2).

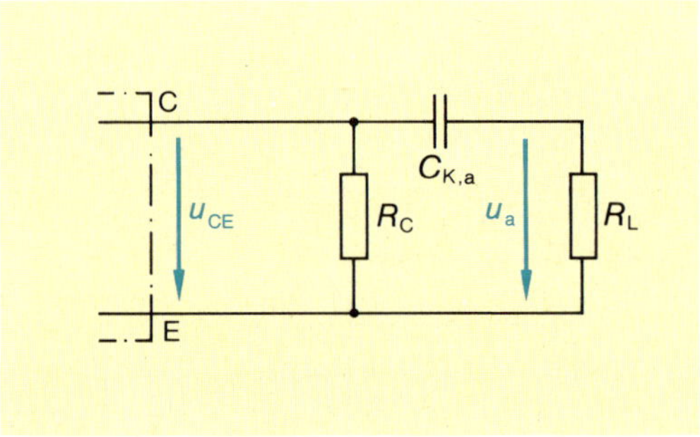

Abb. 2: Ausgangshochpaß

Soll der Koppelkondensator für die gewünschte untere Grenzfrequenz f_{gu} des Verstärkers berechnet werden, ist folgende Gleichung aufzustellen:

$$X_{CK,a} = R_L + R_C \qquad C_{K,a} = \frac{1}{2\pi\, f_{gu}\,(R_L + R_C)}$$

Mit z. B. $R_L = 10\,\text{k}\Omega$; $R_C = 10\,\text{k}\Omega$ und $f_{gu} = 33\,\text{Hz}$ muß der Koppelkondensator eine Kapazität von $0{,}24\,\mu\text{F}$ haben.

Die **höchste** zu übertragende **Signalfrequenz** wird bestimmt durch

- die Frequenzabhängigkeit von β,
- die **Sperrschichtkapazitäten** des Transistors,
- die **Schaltkapazitäten** des Aufbaus.

Zur Frequenzabhängigkeit der Wechselstromverstärkung geben Hersteller ein Diagramm an mit β_0 als Verstärkung bei $f = 1\,\text{kHz}$. Auf der logarithmisch geteilten Frequenzachse lassen sich die Frequenzen f_β und f_T ermitteln (Abb. 3).

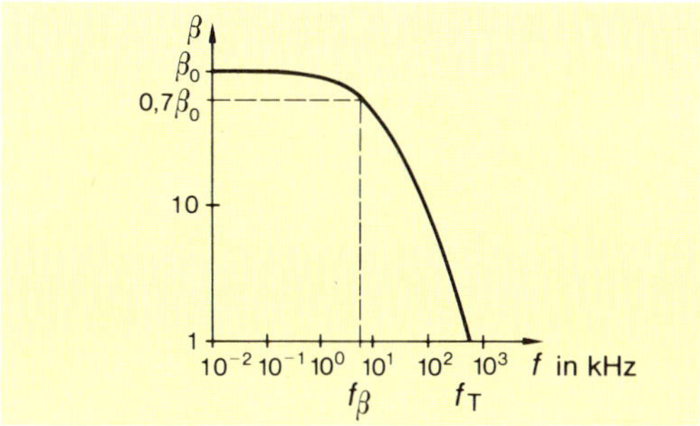

Abb. 3: Frequenzabhängigkeit von β

Bei der Frequenz f_β hat die Stromverstärkung nur noch 70,7% des Maximalwertes, bei der **Transitfrequenz** f_T den Wert 1.

Die Abnahme der Stromverstärkung mit der Frequenz läßt sich durch die Trägheit der Ladungsträger und die zunehmende Wirksamkeit der Sperrschichtkapazitäten erklären.

Bei vorhandenem Diagramm läßt sich f_β direkt bestimmen. Geben Datenblätter nur Hinweise zur Transitfrequenz, so hat die Frequenz f_β folgende Näherung:

$$f_\beta \approx \frac{f_T}{\beta_0}$$

Einem Datenbuch lassen sich für zwei verschiedene Transistoren die folgenden Werte entnehmen:

BD 291 NF-Leistungs-Endstufen-Tr.	BD 329 NF-Endstufen-Transistor
$f_T = 3$ MHz bei $I_C = 0{,}3$ A	$f_T = 130$ MHz bei $I_C = 0{,}05$ A
$\beta_0 \geq 30$	$\beta_0 = 50$

Die oberen Grenzfrequenzen der Transistoren und die Verstärkungsfaktoren lassen sich zu diesen Werten berechnen.

$f_\beta = 100$ kHz	$f_\beta = 2{,}6$ MHz
$\beta_{0,7} = 21$	$\beta_{0,7} = 35$

Die Grenzfrequenz f_{go} eines Verstärkers kann durch die Wahl eines geeigneten Transistors mitbestimmt werden.

Aus der Tabelle wird weiterhin ersichtlich, daß die Transitfrequenz vom Kollektorgleichstrom abhängt. Zwischen I_B und I_C

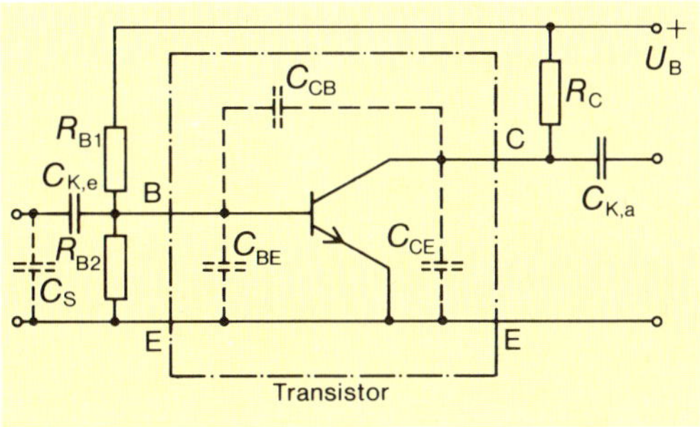

Abb. 4: Schalt- und Transistorkapazitäten

besteht kein exakt linearer Zusammenhang. Die Darstellung des Verlaufs der Wechselstromverstärkung in Abhängigkeit des Kollektorstromes zeigt für β bei einem bestimmten Strom ein Maximum. Die Transitfrequenz hat ebenso bei diesem Strom ihr Maximum. Demzufolge kann durch die Wahl des Arbeitspunktes die f_β-Grenzfrequenz beeinflußt werden.

Soll ein in Emitterschaltung betriebener Transistor im HF-Bereich arbeiten, wird die höchste zu übertragende Signalfrequenz auch noch von den Sperrschichtkapazitäten des Halbleiters und den Schaltkapazitäten C_S des Aufbaus bestimmt (Abb. 4).

Besonders schädliche Auswirkung kann von der Kapazität C_{CB} zwischen Kollektor und dem inneren Basispunkt ausgehen, die das Signal in den Eingangskreis zurückkoppelt. Je nach Phasenlage der Rückkopplung ergibt sich eine Gegen- oder Mitkopplung.

Einsetzende Mitkopplung führt zur Schwingneigung und muß durch zusätzliche Schaltungen neutralisiert werden.

Für die Sperrschichtkapazitäten gelten etwa die folgenden Werte: $C_{BE} = 50$ pF ... 5 nF, C_{CB} und $C_{CE} \approx 10$ pF.

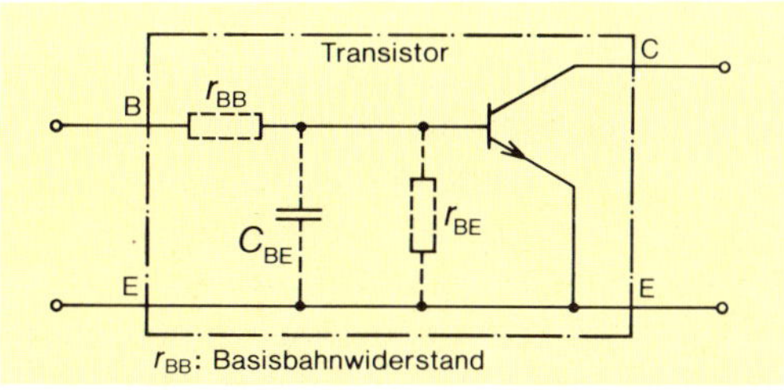

Abb. 5: Eingangstiefpaß

Nach Abb. 5; S. 185 bildet die innere Eingangskapazität mit dem Widerstand des Basisanschlusses r_{BB} (auch Basisbahnwiderstand genannt) einen Tiefpaß. Bei Vernachlässigung der kleinen Kapazitäten C_{CB} und C_{CE} und der als gering anzunehmenden Schaltkapazitäten läßt sich die **obere Grenzfrequenz** wie folgt berechnen:

$$f_{go} = \frac{1}{2\pi\, r_{BB} \cdot C_{BE}}$$

Danach würde die obere Grenzfrequenz einer typischen Emitterschaltung mit einem Transistor, für den die Daten $C_{BE} = 5$ nF und $r_{BB} = 100\ \Omega$ gegeben sind, eine obere Grenzfrequenz von $f_{go} = 318$ kHz haben.

Die obere Grenzfrequenz einer Emitterschaltung wird von den Daten des Transistors bestimmt.

3.2.8 Eigenschaften im Überblick

Über das Signalverhalten einer Emitter-Verstärkerstufe gelten zusammengefaßt die folgenden grundsätzlichen Aussagen:

Eingangswiderstand	$r_e = 20\ \Omega \ldots 5\ k\Omega$
Ausgangswiderstand	$r_a = 5\ k\Omega \ldots 20\ k\Omega$
Spannungsverstärkung	$v_u = 300 \ldots 1000$
Stromverstärkung	$v_i = 50 \ldots 300$
Leistungsverstärkung	$v_p = 15 \cdot 10^3 \ldots 3 \cdot 10^5$
Phasenverschiebung zwischen u_a und u_e	$\varphi = 180°$
Grenzfrequenz untere / obere	$f_{gu} \approx 20$ Hz (RC-Kopplg.) / $f_{go} < f_\beta$
Anwendung	z. B.: Strom- und Spannungsverstärker (NF)

Aufgaben zu 3.2.7 und 3.2.8

1. Zeichnen Sie die Ersatzschaltung des Eingangskreises eines Verstärkers in Emitterschaltung mit Koppelkondensator!

2. Leiten Sie anhand der Ersatzschaltung von Aufgabe 1 die Berechnungsformel für den Kondensator $C_{K,e}$ ab!

3. Durch welche Größen wird die obere Grenzfrequenz der Verstärkung einer Emitterschaltung festgelegt?

3.3 Stabilisierung des Arbeitspunktes

3.3.1 Temperaturverhalten eines Transistors

Eine Emitterschaltung in A-Betrieb hat einen instabilen Arbeitspunkt. Ursache der Instabilität ist die Temperaturabhängigkeit der Transistorströme.

Wird bei einem Verstärker der Arbeitspunkt im linearen Bereich der Ausgangskennlinien eingestellt, so erwärmt sich der Transistor entsprechend seiner Verlustleistung.

Die Auswirkung der Temperaturerhöhung auf den Arbeitspunkt läßt sich anhand der Eingangs- und Steuerkennlinien des Transistors zeigen (Abb. 1).

Sowohl durch Selbsterwärmung aufgrund der eigenen Wärmeerzeugung, als auch durch Schwankung der Umgebungstemperatur, tritt eine Verschiebung des Arbeitspunktes auf.

Die Temperaturerhöhung führt beim Transistor zu einer Verringerung des Widerstands R_{BE} der Basis-Emitter-Strecke.

Nach der Darstellung in Abb. 1 steigt der Basisstrom über seinen Ruhewert $I_{B,A}$. Da mit der Temperaturerhöhung die Stromverstärkung ebenfalls zunimmt, steigt $I_{C,A}$ nicht nur auf den Wert I_C', sondern auf I_C''.

Ein Temperaturanstieg von 100 °C kann eine Verdopplung von B zur Folge haben.

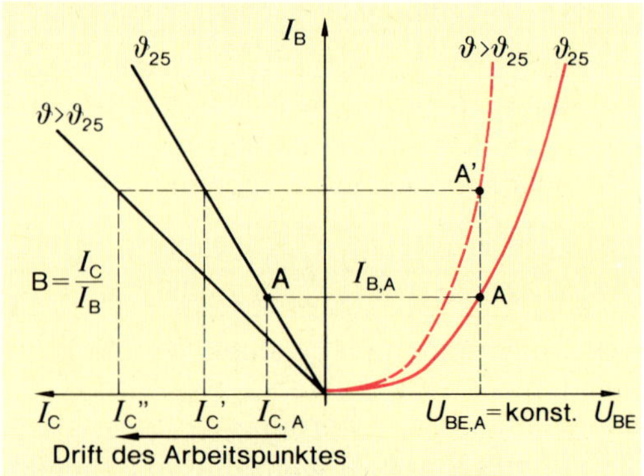

Abb. 1: Kennlinien- und Arbeitspunktverschiebung bei Temperaturanstieg

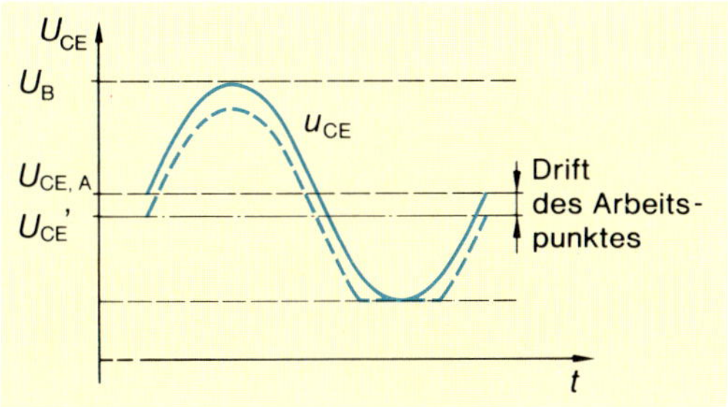

Abb. 2: Abkappung der Kollektorspannung

Durch den Stromanstieg erhöht sich die Spannung über dem Kollektorwiderstand; die Spannung U_{CE} zwischen Kollektor und Emitter wird kleiner. Bei weit ausgesteuertem Verstärker ergibt sich daraus eine einseitige Abkappung der Ausgangswechselspannung (Abb. 2).

Der Kollektor-Ruhestrom I_C läßt sich konstant halten, wenn der Basis-Ruhestrom stabilisiert wird. Dazu bietet sich die Schaltung mit Arbeitspunkteinstellung durch den Basis-Vorwiderstand R_B an. Da in der Regel $R_B > R_{BE}$ ist, wird der Basisstrom vom Vorwiderstand bestimmt.

Es ist aber noch eine andere Instabilität des Arbeitspunktes vorhanden. Hervorgerufen wird sie durch den Kollektor-Basis-Reststrom I_{CBO}. Der Transistor-Reststrom muß über die niederohmige Basis-Emitter-Strecke abfließen (Abb. 3). Der Sperrstrom I_{CBO} ist stark temperaturabhängig und kann somit eine Verschiebung des Arbeitspunktes bewirken.

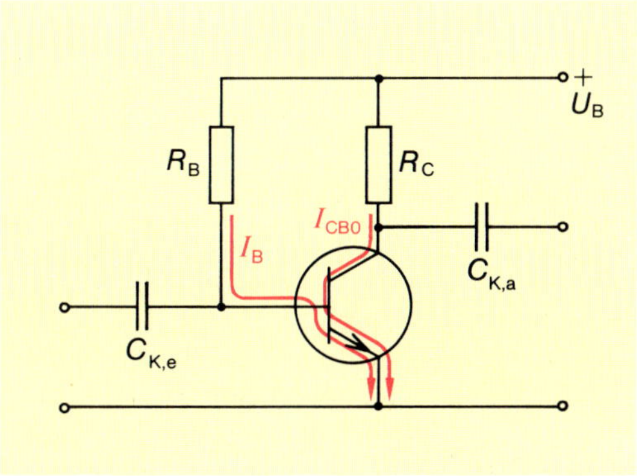

Abb. 3: Weg des Kollektor-Basis-Sperrstromes

Besonders bei Germanium-Transistoren hat der Sperrstrom einen wesentlichen Einfluß, da er bis 1000mal größer sein kann, als bei Silicium.

Zur Stabilisierung des Arbeitspunktes muß der Änderung der Ruheströme ständig entgegengewirkt werden.

Grundvoraussetzung ist ein niederohmig ausgelegter Basis-Spannungsteiler, der für eine stabile Vorspannung sorgt. Der Strom im Teiler aus R_{B1} und R_{B2} ist dann groß gegenüber dem Basisruhestrom. Dessen temperaturbedingte Änderung beeinflußt die Spannungsteilung folglich so wenig, daß U_{RB2} als konstant angenommen werden kann.

Mit $(R_{B1} \| R_{B2}) \ll R_{BE}$ ist U_{RB2} stabil.
Für I_C gilt dann: $I_C = B \cdot I_B$

$$I_C = B \cdot \frac{U_{BE}}{R_{BE}}$$

Bei Temperaturschwankung gilt mit U_{BE} = konstant:

$$\Delta I_C = \Delta B \cdot \frac{U_{BE}}{\Delta R_{BE}}$$

Nach vorstehender Gleichung bewirkt ein fallender R_{BE} und steigendes B eine Vergrößerung des Ruhestromes I_C.

Da R_{BE} und B direkt von der Temperatur beeinflußt werden, läßt sich eine steigende Tendenz von I_C nur durch Verkleinerung von U_{BE} umkehren.

Soll der Arbeitspunkt stabilisiert werden, müssen sich die Basisvorspannung U_{BE} und der temperaturabhängige Kollektorstrom I_C gegensinnig verhalten.

3.3.2 Stabilisierung durch Gleichstromgegenkopplung

Schaltungstechnisch läßt sich die Arbeitspunktstabilisierung durch eine Gleichstromgegenkopplung erreichen. Die Schaltung in Abb. 1; S. 188 ermöglicht dieses. In den Emitterpfad wird ein Widerstand R_E eingefügt. Der Emitter bleibt für Ein- und Ausgang weiterhin Bezugselektrode. Man spricht von **Stromgegenkopplung,** weil der Strom I_C Ausgangsgröße bei der Stabilisierung ist.

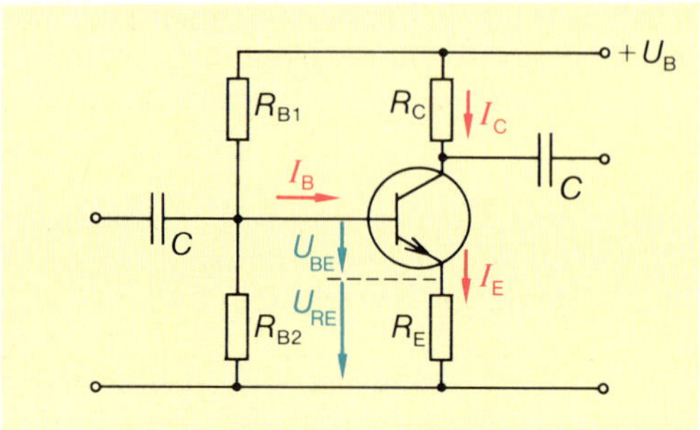

Abb. 1: Emitterschaltung mit Emitterwiderstand R_E

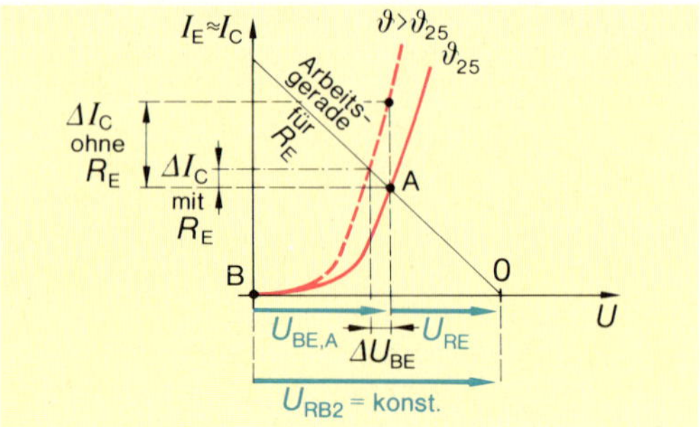

Abb. 3: Stabilisierungswirkung von R_E

Nimmt man U_{RB2} als relativ konstant an, dann entsteht folgender Wirkungsablauf:

Bei Temperaturanstieg vergrößert sich der Kollektorstrom. Zwangsläufig verändert sich der Emitterstrom mit gleicher Tendenz. Dadurch erhöht sich die Spannung über R_E. Bei stabiler Spannung U_{RB2} kann die Vorspannung U_{BE} nur kleiner werden, $U_{RB2} = U_{BE} + U_{RE}$. Sinkt die Temperatur, dann ergeben sich entgegengesetzte Abläufe. Letztlich ist U_{BE} immer gleich der Differenz $U_{RB2} - U_{RE}$ (Abb. 2).

– – – bleibt ≈ konstant – – –

$$\vartheta\uparrow \Rightarrow I_C\uparrow \Rightarrow I_E\uparrow \Rightarrow U_{RE}\uparrow \Rightarrow U_{BE}\downarrow \Rightarrow I_C\downarrow$$

Ursache-Wirkungskette bei Temperaturschwankung

Die Gleichstromgegenkopplung stabilisiert den Arbeitspunkt gegen thermischen Einfluß durch gegenläufige Änderung der Vorspannung U_{BE}.

Die Wirkung der Gleichstromgegenkopplung auf die temperaturbedingte Schwankung des Stromes I_C läßt sich grafisch verdeutlichen (Abb. 3). Die Temperaturwerte schwanken dabei ständig um den Mittelwert ϑ_{25}.

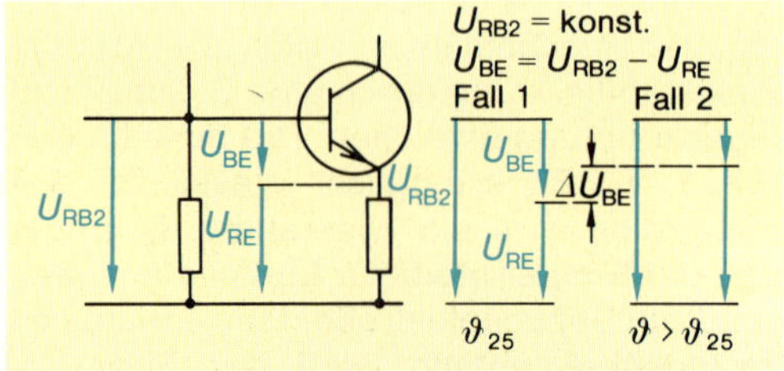

Abb. 2: Temperaturabhängige Basisvorspannung

Innerhalb der Schwankungsweite ergeben sich eine Vielzahl von Kennlinien. Aus dieser Schar ist neben der für Zimmertemperatur noch diejenige für die jeweils größte Temperatur wiedergegeben.

Mit vorhandenem Emitterwiderstand wird die Differenz ΔI_C stark reduziert. Es stellt sich ein genügend stabiler Arbeitspunkt ein.

Die Darstellung läßt weiter erkennen, daß den Veränderungsbewegungen von I_C um so mehr Einhalt geboten wird, je größer man die Spannung U_{RE} wählt. Bei geschickter Wahl, bedingt durch die Größe von R_E, liegt der Schnittpunkt der Widerstandsgerade mit dem Ruhestrom I_C im Bereich kleiner Abweichung der Kennlinie.

Die Güte der Stabilität wird durch die Größe des Emitterwiderstandes R_E bestimmt.

In der Praxis wählt man R_E so groß, daß über ihn etwa 20% der Speisespannung abfällt: $U_{RE} = \frac{1}{5} U_B \ldots \frac{1}{4} U_B$.

Der Emitterwiderstand darf jedoch nicht zu groß gewählt werden. Einerseits bedeutet ein Emitterwiderstand eine zusätzliche Verlustleistung. Andererseits ist er auch wechselstrommäßig wirksam. Die Emitterspannung bewegt sich deshalb im Takt des Signals. Da die Kollektor- und Emitterspannungen sich gegenphasig bewegen, kann bei maximalem Stromfluß durch den Transistor das Kollektorpotential nicht bis auf den Ruhewert der Emitterspannung absinken. Der Aussteuerbereich wird um die Emittergleichspannung und um die Emitterwechselspannungsamplitude geringer (Abb. 4).

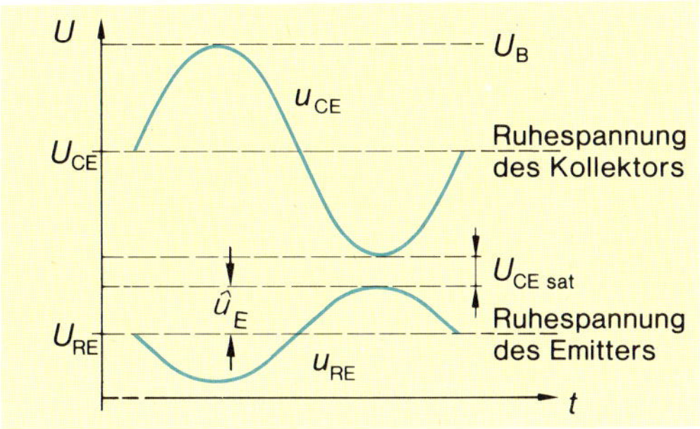

Abb. 4: Liniendiagramm für U_{CE} und U_{RE}

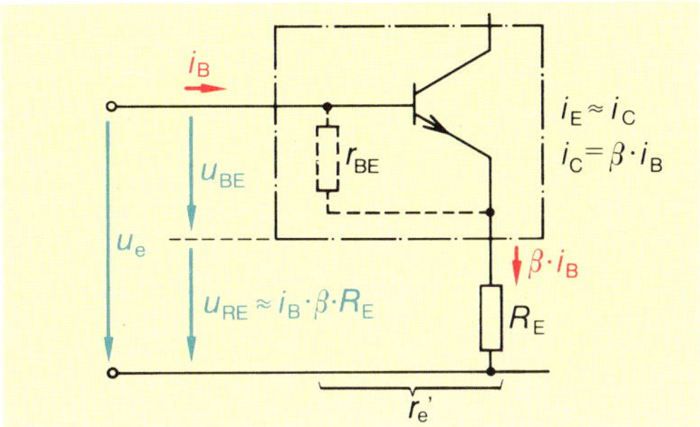

Abb. 5: Wirkung von R_E auf r'_e

Für das Ausgangssignal bleibt maximal

$U_B - U_{RE} - \hat{u}_E - U_{CE\,sat}$ übrig.

Bei einem symmetrischen Arbeitspunkt ist über dem Kollektorwiderstand die Spannung

$$U_{RC} = \frac{U_B - U_{RE} - \hat{u}_E - U_{CE\,sat}}{2}$$ vorhanden.

Der Kollektorwiderstand berechnet sich bei dieser Bedingung aus

$$R_C = \frac{U_{RC}}{2 I_{C,\,A}}$$

Für den Emitterwiderstand gilt mit $I_E \approx I_C$

$$R_E = \frac{U_{RE}}{I_{C,A}}$$

Der auch wechselstrommäßig wirksame Widerstand R_E hat einen positiven Einfluß auf den Wechselstromeingangswiderstand des Verstärkers. Ohne diese Maßnahme würde er von der Parallelschaltung aus R_{B1}, R_{B2} und r_{BE} bestimmt. Läßt man zunächst – wie in Abb. 5 – die Widerstände des Basis-Spannungsteilers unberücksichtigt, ergibt sich ein Eingangswiderstand von

$$r'_e = \frac{u_e}{i_B} = \frac{u_{BE} + u_{RE}}{i_B}$$

Mit $\quad r'_e = \frac{u_{BE}}{i_B} + \frac{u_{RE}}{i_B}; \quad u_{RE} \approx i_B \cdot \beta \cdot R_E$

ergibt sich $\quad r'_e = r_{BE} + \beta \cdot R_E$

Für das Signal liegen r_{BE} und $\beta \cdot R_E$ in Reihe. R_E übt seinen Einfluß βfach aus.

Die für die Emitterschaltung ohne R_E gefundene Beziehung für r_e kann nun wie folgt ergänzt werden $\quad r_e = R_{B1} \| R_{B2} \| r'_e$

(Parallelschaltung aus R_{B1}, R_{B2} und r'_e)

$$\boxed{r_e = R_{B1} \| R_{B2} \| (r_{BE} + \beta \cdot R_E)}$$

Durch die Wirkung des Emitterwiderstandes vergrößert sich der Eingangswiderstand der Schaltung

3.3.3 Verstärkungsverlust durch Gegenkopplung

Ein Widerstand im Emitterkreis eines Transistors hat neben der erwünschten Gleichstromgegenkopplung auch eine nachteilige Wechselstromgegenkopplungswirkung. Der beschriebene Wirkungsmechanismus zur Arbeitspunktstabilisierung kann nicht unterscheiden zwischen Änderungen von I_C aufgrund von Temperatureinfluß und Änderungen hervorgerufen durch Signalströme. Die Gegenkopplung wirkt jeglicher Veränderung entgegen.

Die Stabilisierung des Arbeitspunktes durch den Emitterwiderstand führt zur Verstärkungsminderung.

Für die Emitterschaltung ohne Gegenkopplung konnte die direkte Proportionalität von Verstärkung v_u und Kollektorwiderstand R_C herausgearbeitet werden. Verstärkungsfaktor v_u und Emitterwiderstand R_E verhalten sich umgekehrt zueinander.

$$v_u \sim R_C; \quad v_u \sim \frac{1}{R_E}$$

Mit größerem Widerstand R_E wird die Wechselspannungsgegenkopplung intensiver; die Verstärkung wird zunehmend abgeschwächt. Mit der nebenstehenden Näherung läßt sich die Spannungsverstärkung praxisgerecht berechnen:

$$\boxed{v_u \approx \frac{R_C}{R_E}}$$

Neben der Verstärkungsminderung sind auch zwei Vorteile zu nennen:

Die Spannungsverstärkung bei Wechselstromgegenkopplung hängt vornehmlich vom Verhältnis des Kollektorwiderstandes zum Emitterwiderstand ab.

In Schaltungen finden sich oft mit $R_C = 12\ k\Omega$ und $R_E = 3{,}3\ k\Omega$ typische Werte. Mit $v \approx 4$ liegt die Wechselspannungsverstärkung dann weit unterhalb des vergleichbaren Wertes ohne Gegenkopplung.

Der Verstärkungsfaktor hängt bei Wechselstromgegenkopplung nicht von den Eigenschaften des Transistors ab.

Dies ist sinnvoll, denn beim Tausch eines defekten Transistors gegen eine Vergleichstype behält v_u seinen ursprünglichen Wert. Ebenso werden Rückwirkungen von Exemplarstreuungen auf die Verstärkung z. B. bei der Serienfertigung vermieden. Bei Belastung gilt für einen Emitterverstärker mit R_E und Wechselstromgegenkopplung:

$$v_u \approx \frac{R_C \| R_L}{R_E}$$

3.3.4 Aufgabe des Emitterkondensators

Der Verstärkungsverlust läßt sich durch einen Kondensator parallel zum Emitterwiderstand aufheben (Abb. 1a).

Bei langsamen Änderungen der Emitterspannung – hervorgerufen durch Temperaturdrift – soll R_E mit seiner Gleichstromgegenkopplung wirksam sein. Bei schnellen Änderungen (Wechselspannungen) sollte der Wert von X_{CE} gegen Null gehen. Signalmäßig ist der Kondensator ein Nebenschluß. R_E ist kurzgeschlossen und unwirksam. R_E und C_E haben Hochpaßcharakter.

Zu tiefen Frequenzen hin wird der Kurzschluß aufgehoben, bis letztlich R_E voll wirksam wird. Die Verstärkung verkleinert sich auf den bei Gegenkopplung durch R_E gültigen Wert. Der Eingangswiderstand $r_{BE} + \beta \cdot R_E$ kommt jetzt voll zur Geltung.

In der Ersatzschaltung nach Abb. 1b fließt der Wechselstrom i_B durch den Eingangs-

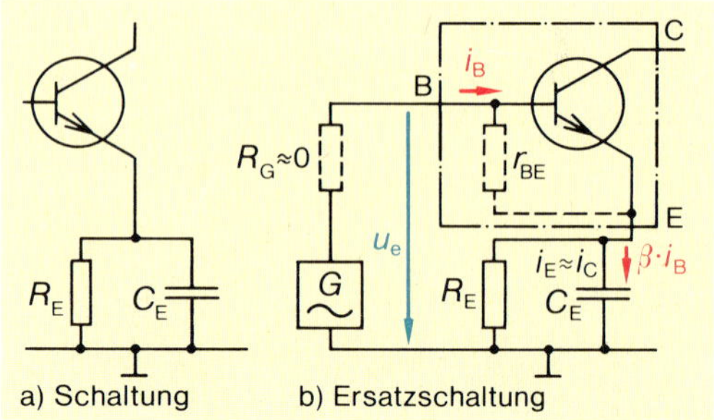

Abb. 1: Kapazitiv überbrückter Emitterwiderstand

widerstand r_{BE}. Im Ausgangskreis fließt der βmal so große Emitterstrom durch den Kondensator C_E. Der Einfluß des Kondensators auf den Basisstrom ist folglich βmal so klein, wie auf den Emitterstrom.

Bei der Grenzfrequenz f_{gu} ist der Basisstrom i_B auf $1/\sqrt{2}$ gegenüber höheren Frequenzen abgefallen. Der Blindwiderstand X'_{CE} ist gleich groß wie $r_{BE} \| \beta \cdot R_E$ und es gilt für eine vorgegebene untere Frequenz f_{gu}

$$X'_{CE} = \frac{1}{2\pi f_{gu} \cdot \frac{C_E}{\beta}} = r_{BE} \| \beta \cdot R_E$$

$$C_E = \frac{r_{BE} + \beta \cdot R_E}{2\pi \cdot f_{gu} \cdot r_{BE} \cdot R_E}$$

Da β und r_{BE} transistorabhängige Größen sind, hängt die Kapazität des Emitterkondensators vor allem von der gewünschten unteren Grenzfrequenz ab.

Mit $\beta = 200$, $r_{BE} = 2\ k\Omega$ und $f_{gu} = 33$ Hz ergibt sich ein Wert von 500 µF.

Das Beispiel soll verdeutlichen, daß niedrige untere Grenzfrequenzen, wie bei Verstärkern entsprechend DIN 45500 üblich, große Kapazitäten notwendig machen.

Für die Emitterschaltung mit Gleichstromgegenkopplung und unterdrückter Wechselstromgegenkopplung nach Abb. 1 gelten für die Wechselstromgrößen r_e, r_a, v_u und v_i die gleichen Formeln wie für die Emitterschaltung ohne Emitterwiderstand.

Die Basisspannungsteilerwiderstände berechnen sich wie folgt:

$$R_{B1} = \frac{U_B - (U_{BE} + U_{RE})}{I_Q + I_B}; \quad R_{B2} = \frac{U_{BE} + U_{RE}}{I_Q}$$

Soll der Arbeitspunkt den Aussteuerbereich symmetrisch aufteilen gilt:

$$R_C = \frac{U_B - (U_{RE} + U_{CE\,sat})}{2 I_{C,A}}$$

Wechselstrommäßig verhält sich die vorliegende Verstärkerschaltung wie die Schaltung ohne R_E, nur ist der Aussteuerbereich um U_{RE} kleiner. Die Einengung des Aussteuerbereichs läßt sich sowohl im Spannungs-Zeit-Diagramm (Abb. 2), als auch im I_C-U_{CE}-Diagramm (Abb. 3) zeigen.

Im letzteren wird die **Gleichstromarbeitsgerade** von R_C und R_E bestimmt. Wechselstrommäßig wirkt nur R_C. Die **Wechselstromarbeitsgerade** verläuft steiler; die Spannungsverstärkung muß also abnehmen.

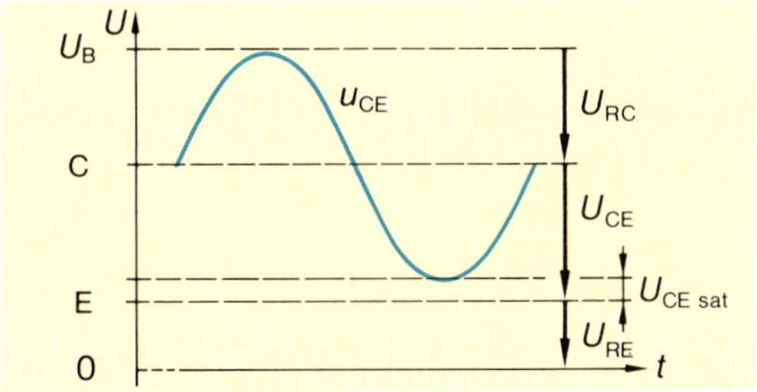

Abb. 2: Kollektorwechselspannung in Abhängigkeit von der Zeit

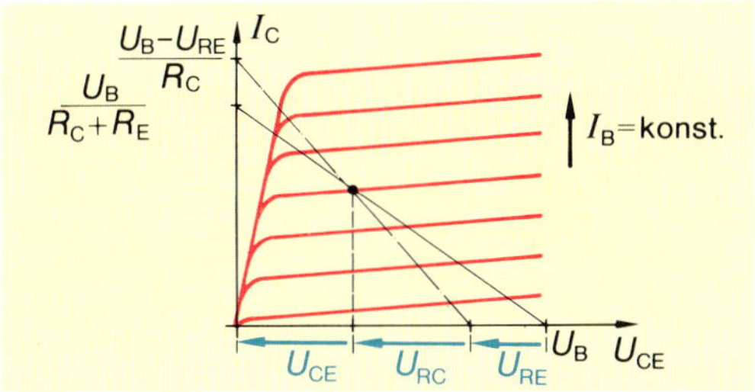

Abb. 3: Gleich- und Wechselstromarbeitsgerade

3.3.5 Stabilisierung durch Spannungsgegenkopplung

Eine weitere Möglichkeit der Arbeitspunktstabilisierung arbeitet nach dem Prinzip der Spannungsgegenkopplung. Ausgangsgröße ist die Kollektorgleichspannung (Abb. 4).

Bei der Spannungsgegenkopplung wird als Ausgangsgröße die gegenphasige Kollektorspannung verwendet.

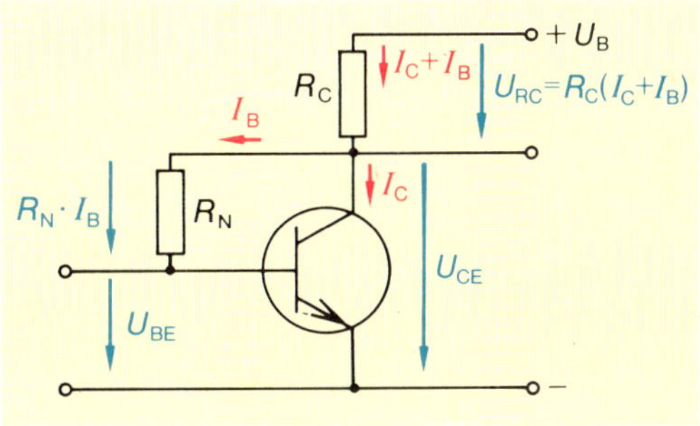

Abb. 4: Gegenkopplung durch Nebenwiderstand

Im Falle eines Temperaturanstiegs läßt sich der folgende Wirkungsablauf beschreiben.

Mit steigender Temperatur nimmt der Kollektorstrom zu, der Spannungsabfall am Arbeitswiderstand R_C wird entsprechend größer. Die Kollektorgleichspannung wird zwangsweise kleiner. Als direkte Folge wird die Basisvorspannung kleiner. Der Transistor wird zunehmend gesperrt.

$$\vartheta\uparrow \Rightarrow I_C\uparrow \Rightarrow U_{RC}\uparrow \Rightarrow U_{CE}\downarrow \Rightarrow U_{BE}\downarrow \Rightarrow I_B\downarrow \Rightarrow I_C\downarrow$$

↑ – – – bleibt ≈ konstant – – – ↓

Wird diese Emitterschaltung als Eingangsverstärker benutzt, besteht die Gefahr, daß durch eine Signalquelle mit sehr kleinem inneren Widerstand R_G die Gegenkopplung unwirksam wird. Die rückgekoppelte Spannung wird durch die Signalquelle kurzgeschlossen. Dem Kurzschluß kann durch einen Serienwiderstand R_{ser} begegnet werden (Abb. 5).

Die Güte der Arbeitspunktstabilität hängt von dem Rückkopplungswiderstand ab. Gute Arbeitspunktstabilität stellt sich bei kleinem Widerstand R_N ein.

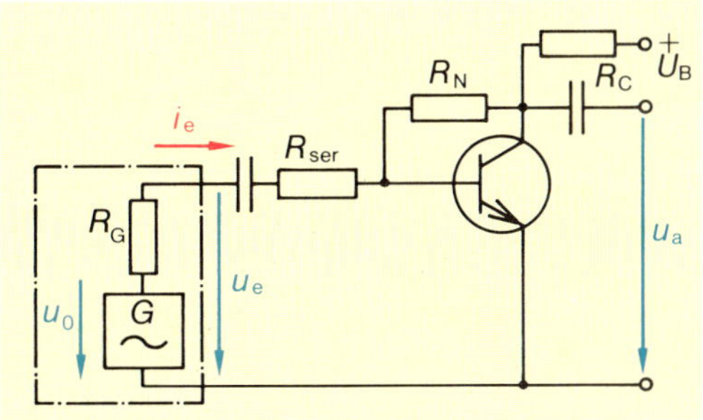

Abb. 5: Gegenkopplungsschaltung mit Serienwiderstand R_{ser}

Solange der Serienwiderstand R_{ser} groß gegen den Wechselstromeingangswiderstand r_{BE} des Transistors bleibt, gilt für den Wechselstromeingangswiderstand der Verstärkerschaltung

$$r_e \approx R_{ser}$$

Die Belastung des Wechselstromausgangswiderstandes durch R_N bleibt gering, solange R_N größer als R_C bleibt. Die Wechselspannungsverstärkung wird, ähnlich wie bei der Stromgegenkopplungsschaltung, vom Verhältnis des Rückkopplungswiderstandes zum Serienwiderstand bestimmt.

$$v_u^* \approx \frac{R_N}{R_{ser}} \qquad v_u^* = \frac{u_a}{u_e}$$

Je größer der Rückkopplungswiderstand und je kleiner der Serienwiderstand ist, desto größer wird die Wechselspannungsverstärkung.

Eine hinsichtlich der Betriebssicherheit verbesserte Schaltung zeigt Abb. 1. Die Arbeitspunkteinstellung erfolgt mit einem Spannungsteiler, dessen Gesamtspannung auf dem Niveau von U_{CE} festgehalten ist. Als Vorteil gilt, daß der schädliche Reststrom I_{CBO} über den unteren Teilerwiderstand abfließen kann. R_Q muß dazu klein gegenüber r_{BE} sein!

Für die Dimensionierung der Bauteile gilt für maximale Aussteuerbarkeit:

$$R_C = \frac{U_B - U_{CE\,sat}}{2I_{C,A}}$$

$$R_N = \frac{\frac{1}{2}(U_B - U_{CE\,sat}) - U_{BE,A}}{I_B + I_Q}$$

$$R_Q = \frac{U_{BE,A}}{I_Q}$$

Zusammenfassend läßt sich wieder feststellen, daß die Wechselspannungsverstärkung als Folge der Gegenkopplung kleiner wird.

Es ergeben sich aber wesentliche Vorteile:

- Der Arbeitspunkt wird stabilisiert.
- Die Wechselspannungsverstärkung wird praktisch unabhängig von Eigenschaften des Transistors.

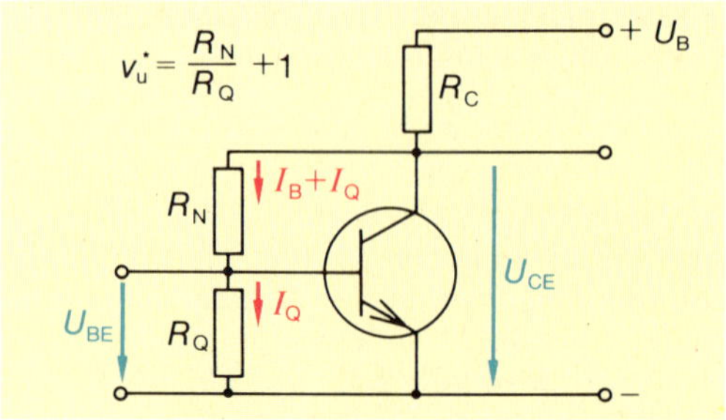

Abb. 1: Gegenkopplungsschaltung mit Basisspannungsteiler

- Die Wechselspannungsverstärkung hängt nur vom Verhältnis R_N/R_{ser} ab.

Wird der Nebenwiderstand aufgeteilt und von der Teilermitte das rückgekoppelte Signal über einen Kondensator abgeleitet, ist die Signalgegenkopplung teilweise aufgehoben (Abb. 2).

Die Ausgangswechselspannung gelangt nicht mehr in den Steuerkreis. Die Gegenkopplung bewirkt vornehmlich die Festigung des Arbeitspunktes. Die Verstärkung der Stufe nimmt für Signale mittlerer Frequenz wieder zu. Je größer die Kapazität des Kondensators gewählt wird, desto früher wird die Signalgegenkopplung aufgehoben.

Als nachteilig muß gelten, daß C_N die Verstärkung im Hochfrequenzbetrieb erheblich abschwächen kann.

3.3.6 Thermische Stabilisierung

Die vorgestellten Schaltungsvarianten zur Arbeitspunktstabilisierung sind geeignet für Kleinsignalverstärker. In Leistungsverstär-

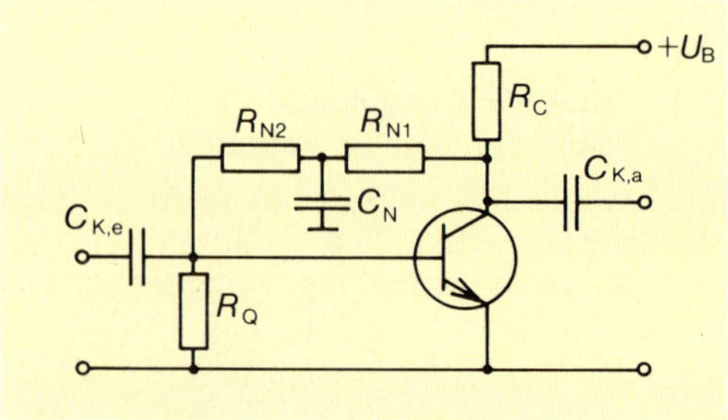

Abb. 2: Aufhebung der Wechselstromgegenkopplung durch C_N

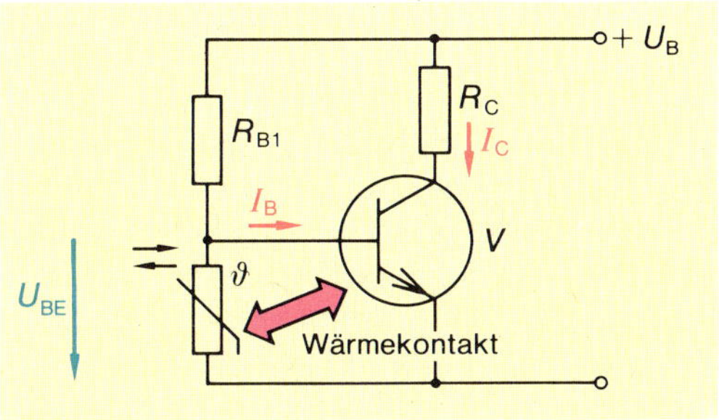

Abb. 3: Arbeitspunktstabilisierung durch Heißleiter

kern mit hohen Strömen würde an einem Emitterwiderstand ein zu großer Leistungsverlust entstehen.

Die Arbeitspunktstabilität läßt sich durch einen Heißleiter erreichen, der in direkter thermischer Verbindung mit dem aktiven Element stehen muß (Abb. 3).

Die Stabilisierung erfüllt ihre Aufgabe um so mehr, je besser der Wärmekontakt mit dem Transistor ist.

Für die Stabilisierung ergibt sich folgende Wirkungskette:

$$\vartheta\uparrow \Rightarrow I_C\uparrow \Rightarrow \vartheta_{NTC}\uparrow \Rightarrow R_{NTC}\downarrow \Rightarrow U_{BE}\downarrow \Rightarrow I_B\downarrow \Rightarrow I_C\downarrow$$

↑ ---- bleibt ≈ konstant ---- ↓

Bei Temperaturabfall würde sich der Heißleiter mit seinem negativen Temperaturkoeffizient umgekehrt verhalten.

Kennlinien von NTC-Widerständen haben einen anderen Verlauf (vgl. 2.3.1) als die Eingangskennlinien von Transistoren. Zur Anpassung sind folgende Kombinationen möglich (Abb. 4).

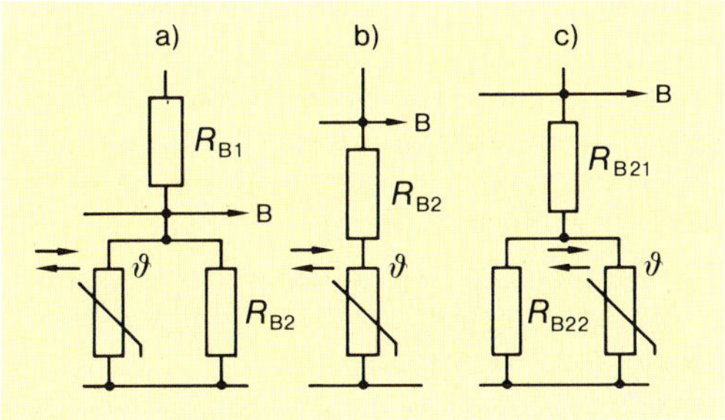

Abb. 4: Basisteilerkombinationen mit NTC-Widerstand

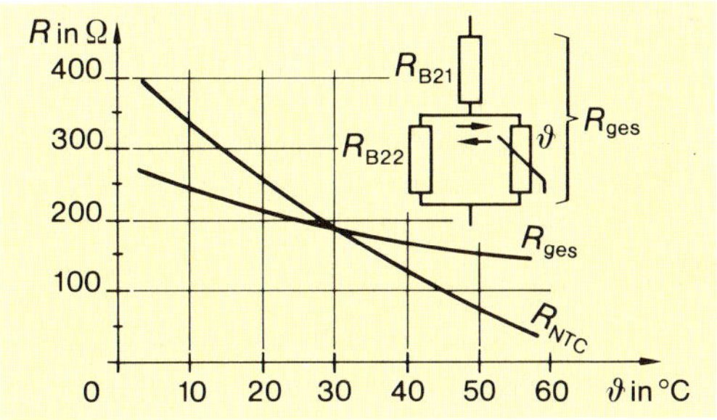

Abb. 5: Abgeflachte Gesamtkennlinie einer Widerstandskombination mit NTC

Für das Beispiel c) aus Abb. 4 ergibt sich die gewünschte Kennlinie R_{ges} (Abb. 5).

Vorteile der thermischen Arbeitspunktstabilisierung:

- Es tritt keine Verstärkungsminderung auf.
- Es entsteht keine weitere Verlustleistung.
- Schaltung ist einsetzbar bei Betrieb mit kleinen Betriebsspannungen.

Nachteile:

- Der Wärmekontakt mit dem aktiven Element muß intensiv sein, damit es zur ausreichenden Reaktion beim NTC-Widerstand kommt.
- Der Aufwand wird größer; NTC-Widerstände sind teuer.

3.3.7 Stabilisierung durch Dioden

Die Diode als Halbleiterbauteil hat grundsätzlich das gleiche negative Temperaturverhalten wie ein Transistor. Mit steigender Temperatur verringert sich ihr Widerstand. Ein Temperaturanstieg bei der Schaltung in Abb. 6 führt zu einer Erhöhung des Rest-

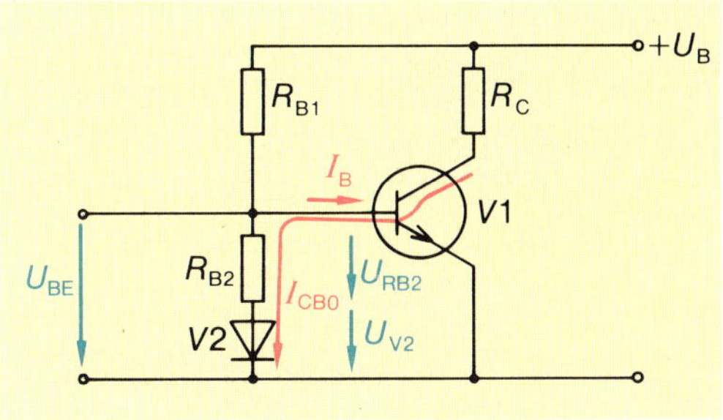

Abb. 6: Arbeitspunktstabilisierung durch Diode

stromes I_{CBO} im Transistor. Er fließt über den Teilerwiderstand R_{B2} und die Diode ab. Dadurch erhöht sich die Spannung über R_{B2}. Im gleichen Zuge nimmt aber der Innenwiderstand der Diode ab. Die Basisvorspannung U_{BE} verringert sich.

$$\vartheta\uparrow \Rightarrow I_{CBO}\uparrow \Rightarrow U_{BE}\uparrow \Rightarrow R_{V2}\downarrow \Rightarrow U_{V2}\downarrow \Rightarrow U_{BE}\downarrow$$

$$\uparrow\_\_\text{bleibt} \approx \text{konstant}\_\_\downarrow$$

Die Wirksamkeit der Diode als Stabilisierungselement läßt sich steigern, wenn zusätzlich ihr Temperaturverhalten ausgenutzt wird. Dazu ist es erforderlich, daß sie in engen Kontakt mit dem Transistor gebracht wird. Dies läßt sich in der Praxis durch Aufkleben auf dem Kühlblech des Transistors erreichen.

Als **Nachteil** dieser Stabilisierungsart muß die Begrenzerwirkung von Dioden genannt werden. Die Diode muß immer in Reihe mit einem Widerstand geschaltet sein.

Als **Vorteil** gilt, daß die Diodenkennliniencharakteristik ähnlich der eines Transistors ist. Eine Kennlinienkorrektur wie bei NTC-Widerständen entfällt.

Die Diode hält auch bei schwankender Betriebsspannung die Basisvorspannung konstant. Soll bei batteriebetriebenen Geräten die Schaltung gegen Betriebsspannungsschwankungen geschützt werden, verwendet man anstelle der Diode eine Z-Diode.

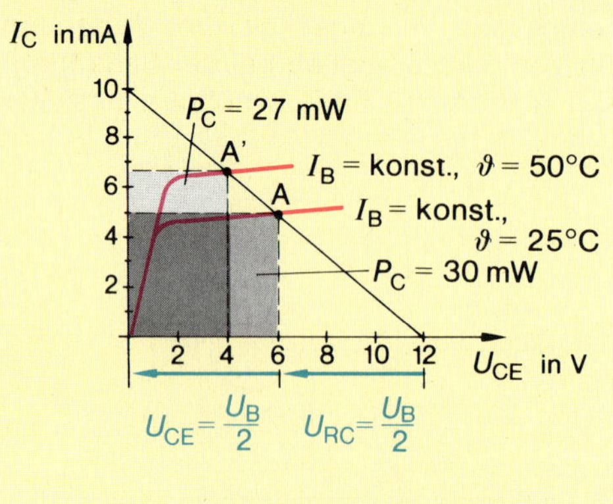

Abb. 1: Größte Kollektorverlustleistung bei halber Betriebsspannung

3.3.8 Prinzip der halben Speisespannung

Ausgangsseitige Arbeitspunktsymmetrie bringt auch Vorteile für das thermische Verhalten eines Transistors und damit des Arbeitspunktes selber. Liegt über dem Arbeitswiderstand und dem Halbleiterelement die gleiche Teilspannung, so nimmt bei Erwärmung des Transistors seine Kollektor-Emitter-Spannung ab. Die Verlustleistung des Transistors nimmt dann trotz Anstieg des Kollektorstromes ab. Das Zahlenwertbeispiel aus Abb. 1 belegt die Behauptung.

Aufgaben zu 3.3

1. Nennen Sie Gründe, die zur Instabilität des Arbeitspunktes führen können!
2. Welche Steuergröße wird grundsätzlich benutzt, um den Arbeitspunkt eines Transistors zu stabilisieren?
3. Nennen Sie die verschiedenen schaltungstechnischen Möglichkeiten der Arbeitspunktstabilisierung!
4. Erklären Sie den Wirkungsablauf der Arbeitspunktfestigung durch Emitterwiderstand mittels einer Wirkungskette!
5. Welche Voraussetzung muß erfüllt sein, damit die Arbeitspunktstabilisierung durch die Wirkung von R_E zustande kommt?
6. Welche Wirkung hat ein Widerstand im Emitterkreis eines Transistors auf den Eingangswiderstand und die Spannungsverstärkung des Verstärkers?
7. Durch welche schaltungstechnische Maßnahme läßt sich die Signalgegenkopplung durch R_E aufheben?
8. Warum nennt man die Stabilisierung mit Nebenwiderstand Spannungsgegenkopplung?
9. Verdeutlichen Sie durch eine Wirkungskette, wie bei Temperaturverringerung ein NTC-Widerstand im Basisspannungsteiler den Transistor beeinflußt!
10. Zeichnen Sie eine Schaltung mit Arbeitspunktstabilisierung durch Z-Diode im Basiskreis eines Transistors!
11. Welchen Vorteil bringt eine ausgangsseitige Arbeitspunktsymmetrie für die Stabilität des Arbeitspunktes?

3.4 Kollektorschaltung

3.4.1 Aufbau und Wirkungsweise

Bei der Kollektorschaltung ist der Kollektor Bezugspunkt für Eingangs- und Ausgangskreis (Abb. 2). Wechselstrommäßig liegt der Kollektor über dem sehr niedrigen Innenwiderstand einer Batterie oder der großen Kapazität der Kondensatoren eines Netzteiles auf Bezugsebene.

Liegt zwischen Basisanschluß und Bezugsebene eine Steuerspannung, dann fließt erst dann ein nennenswerter Emitterstrom, wenn die Eingangsspannung größer als die Schwellenspannung geworden ist. Der sich einstellende Strom ruft einen Spannungsabfall am Emitterwiderstand hervor. Je größer die Eingangsspannung wird, desto größer wird auch die Ausgangsspannung und umgekehrt.

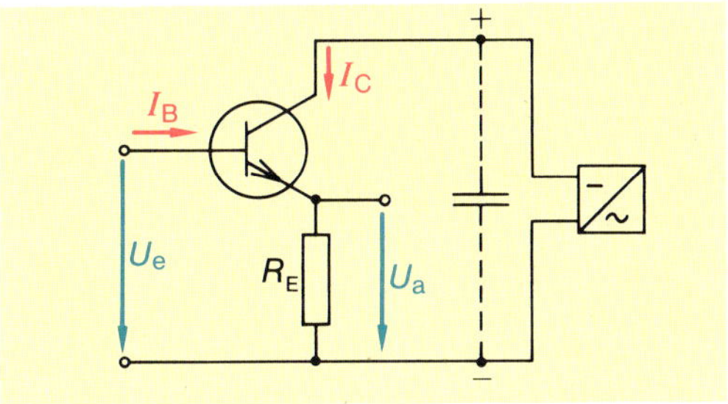

Abb. 2: Kollektorschaltung

3.4.2 Übertragungskennlinie

Zur Untermauerung dieser Verhältnisse wird die Übertragungskennlinie der Kollektorschaltung aufgenommen (Versuch 3–2).

Vergleicht man in Abb. 3 verschiedene Wertepaare U_a / U_e aus Versuch 3–2, dann erkennt man, daß V_u stets kleiner als 1 ist.

Die Ausgangsspannung einer Kollektorschaltung ist kleiner als die Eingangsspannung.

Die Eingangsspannung verteilt sich auf den Eingangswiderstand des Transistors und den dazu in Reihe liegenden Arbeitswiderstand R_E. Die Ausgangsspannung ist demnach immer um die Schwellenspannung des verwendeten Transistors kleiner als die Eingangsspannung.

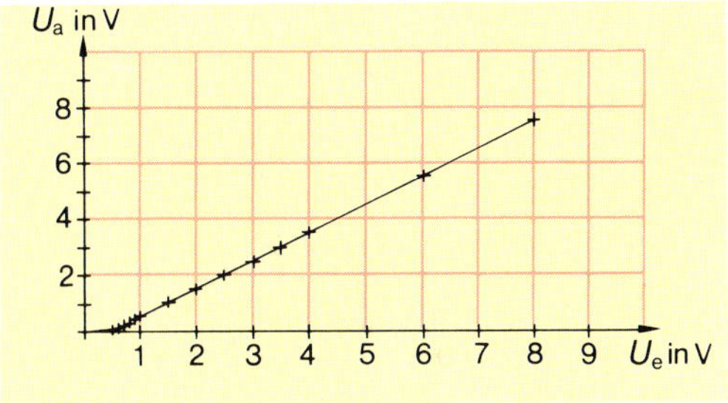

Abb. 3: Übertragungskennlinie

Versuch 3–2: Aufnahme der Übertragungskennlinie einer Kollektorschaltung

Meßschaltung:

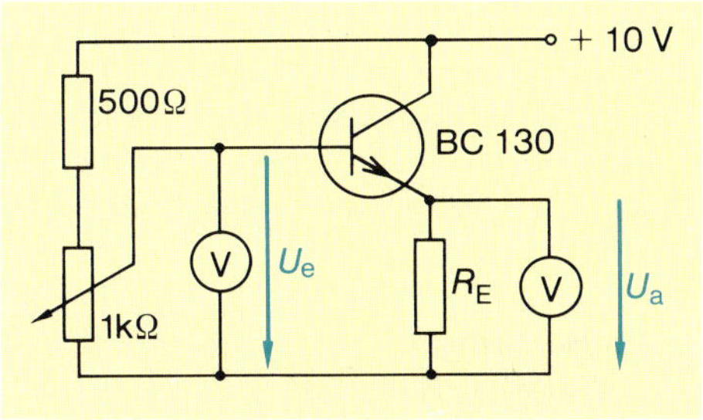

Durchführung:

Die Spannung U_e zwischen Basis und Bezugspunkt wird von 0 V in Stufen erhöht. Die Ausgangsspannung U_a wird gemessen.

Ergebnis:

U_e in V	0,5	0,6	0,7	0,8	0,9	1	1,5	2	2,5	3	3,5	4	6	8
U_a in V	0,16	0,25	0,33	0,42	0,5	0,59	1,1	1,58	2,03	2,52	3,05	3,55	5,5	7,5

Bei einer Erhöhung von U_e folgt U_a in gleicher Weise nach. Die Kollektorschaltung nennt man deshalb auch **Emitterfolger.** Die Richtung von Eingangs- und Ausgangsspannungsänderungen ist identisch.

Bei der Kollektorschaltung herrscht Phasengleichheit zwischen Eingangs- und Ausgangsspannung.

3.4.3 Arbeitspunkteinstellung

Die Arbeitspunkteinstellung erfolgt bei der Kollektorschaltung durch einen Basisspannungsteiler (Abb. 1). Die Stabilisierung des Arbeitspunktes erfolgt durch R_E

Für den Emitterwiderstand gilt dann die folgende Dimensionierungsregel.

$$R_E = \frac{U_B - U_{CE}}{I_{C,A}} \quad (I_E \approx I_C)$$

Und bei symmetrischem Arbeitspunkt:

$$R_E = \frac{U_B}{2 I_{C,A}} \quad (I_E \approx I_C)$$

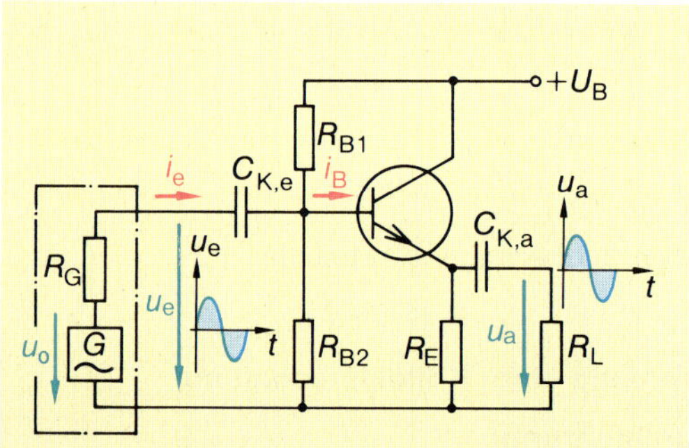

Abb. 1: Arbeitspunkteinstellung durch Basisspannungsteiler

Diese Betriebspunktwahl wird vor allem angewendet, wenn die Kollektorschaltung in Leistungsendstufen zum Einsatz kommt (vgl. 3.10). Die Berechnungsformeln für R_{B1} und R_{B2} sind identisch mit denen der Emitterschaltung.

3.4.4 Eingangs- und Ausgangswiderstand

Anhand der Ersatzschaltung nach Abb. 2 sollen die wichtigsten Verstärkereigenschaften entwickelt werden.

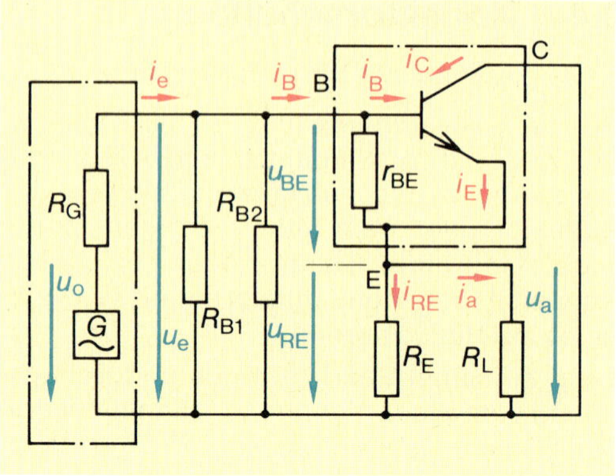

Abb. 2: Ersatzschaltung

Der **Wechselstromeingangswiderstand** des Transistors in Kollektorschaltung ergibt sich wie folgt:

$$r'_e = \frac{u_{BE} + u_{RE}}{i_B} = \frac{u_{BE}}{i_B} + \frac{i_E \cdot u_{RE}}{i_E \cdot i_B}; \quad i_C \approx i_E$$

$$\boxed{r'_e = r_{BE} + \beta \cdot R_E} \qquad r'_e = \frac{u_{BE}}{i_B} + \frac{i_C \cdot u_{RE}}{i_B \cdot i_E}$$

Der Eingangswiderstand kann sehr große Werte annehmen. Ein einfaches Zahlenbeispiel belegt das.

$r_{BE} = 5\ \text{k}\Omega;\quad \beta = 200;\quad R_E = 1\ \text{k}\Omega$
$r'_e \ = 5\ \text{k}\Omega + 200 \cdot 1\ \text{k}\Omega$
$r'_e \ = 205\ \text{k}\Omega$

Der Wechselstromeingangswiderstand bei der Kollektorschaltung wird durch $\beta \cdot R_E$ bestimmt.

Der Eingangswiderstand der gesamten Verstärkerschaltung errechnet sich aus der Parallelschaltung von r'_e, R_{B1} und R_{B2}. Die Widerstände des Basisspannungsteilers liegen parallel zum Transistoreingang und verringern so den Eingangswiderstand des Transistors.

Zur Berechnung des **Wechselstromausgangswiderstandes** ist der über die Signalquelle parallel zu R_E liegende Basis-Emitter-Widerstand zu berücksichtigen. Weil durch ihn nur der um den Faktor β kleinere Eingangsstrom fließt, gilt im Ausgangskreis

$$\boxed{r_a \approx \frac{r_{BE}}{\beta} \| R_E \| R_L}$$

R_G, R_{B1} und R_{B2} vernachlässigt.

Mit den oben benutzten Werten für r_{BE} und β ergibt sich für r_a mit $R_E \| R_L = 1\ \text{k}\Omega$ ein sehr kleiner Wert:

$$r_a = \frac{5\ \text{k}\Omega}{200} \| 1\ \text{k}\Omega = 24\ \Omega$$

Die Kollektorschaltung hat einen großen Eingangswiderstand und einen kleinen Ausgangswiderstand.

Wegen des hohen Eingangswiderstandes eignet sich die Kollektorschaltung gut als Eingangsstufe zur Anpassung an hochohmige Quellen. Dank des kleinen Ausgangswiderstandes dient der Emitterfolger sehr oft der Widerstandsanpassung (Impedanzwandler). Die Kollektorschaltung läßt sich darum gut als Ausgangsstufe in transformatorlosen Leistungsendverstärkern einsetzen, weil die Lautsprecher kleine Anschlußwiderstände besitzen. Der niedrige Ausgangswiderstand eines Transistors in Kollektorschaltung läßt sich auch in elektronischen Netzteilen vorteilig nutzen.

3.4.5 Verstärkungsgrößen

Die **Wechselspannungsverstärkung** wird beschrieben durch:

$$v_u = \frac{u_a}{u_e} = \frac{u_{RE}}{u_e}; \qquad v_u = \frac{u_{RE}}{u_{BE} + u_{RE}}$$

Der Wert des Bruches bleibt immer kleiner als 1.

Er liegt aber nicht viel unterhalb von 1. In der Regel ergeben sich Verstärkungsfaktoren von 0,90 . . . 0,98.

$$\boxed{v_u < 1}$$

Die **Stromverstärkung** eines Emitterfolgers liegt in der Größenordnung der Emitterschaltung. Im Eingangskreis fließt der kleine Basisstrom I_B. Im Ausgangskreis der relativ große Emitterstrom I_E. Der Gleichstromverstärkungsfaktor C drückt den großen Unterschied zwischen den Strömen aus.

$$\boxed{C = \frac{I_E}{I_B}}$$

Der Faktor hat unter Berücksichtigung von $I_E \approx I_C$ etwa den gleichen Wert wie in der Emitterschaltung: $C \approx B$.

Für den **Wechselstromverstärkungsfaktor** γ eines Transistors in Kollektorschaltung gilt:

$$\gamma = \frac{i_E}{i_B} = \frac{i_C + i_B}{i_B} = \frac{i_C}{i_B} + \frac{i_B}{i_B}$$

$$\boxed{\gamma = \beta + 1}$$

Da sich der Eingangsstrom i_e auch auf den Basisspannungsteiler verteilt, gilt für die **Wechselstromverstärkung der gesamten Schaltung.**

$$v_i = \frac{i_a}{i_e}; \qquad v_i < \gamma$$

Der Verstärkungsfaktor ist damit vergleichbar dem der Emitterschaltung.
Die **Leistungsverstärkung** liegt durch $v_u \approx 1$ bei v_i.

$$v_p = v_u \cdot v_i \qquad \boxed{v_p \approx v_i}$$

3.4.6 Eigenschaften im Überlick

Zu den Eigenschaften der Kollektorschaltung soll festgehalten werden:

- Ein Verstärker in Kollektorschaltung ist vor allem ein Stromverstärker.
- Der Emitterwiderstand sorgt ständig für eine Gleichstromgegenkopplung. Möglichen Veränderungen des Arbeitspunktes und daraus resultierenden Signalverzerrungen ist vorgebeugt.
- Der Verstärker kann von großen Signalamplituden angesteuert werden. Da R_E Grundbestandteil der Schaltung ist, wird ständig eine Gegenkopplung wirksam. Die Gefahr der Übersteuerung des Verstärkers wird gemindert.

Eingangswiderstand		$r_e = 10\,\text{k}\Omega \ldots 200\,\text{k}\Omega$
Ausgangswiderstand		$r_a = 4\,\Omega \ldots 100\,\Omega$
Spannungsverstärkung		$v_u = 0{,}90 \ldots 0{,}98$
Stromverstärkung		$v_i = 30 \ldots 500$
Leistungsverstärkung		$v_p \approx 0{,}9\,v_i \ldots 0{,}98\,v_i$
Phasenverschiebung zwischen u_a und u_e		$\varphi = 0°$
Grenzfrequenz	untere	$f_{gu} \approx 20$ Hz (RC-Kopplg.
	obere	$f_{go} < f_\beta$
Anwendung		Impedanzwandler Stromverstärker

3.4.7 Bootstrap-Schaltung

Bei dem in Abb. 1 dargestellten Emitterfolger in „bootstrap"-Schaltung verringert der Basisspannungsteiler nicht den Wechselstromeingangswiderstand der Schaltung.

Die Mitte des Basisspannungsteilers liegt über dem Widerstand R_3 an der Basis und liefert die erforderliche Gleichspannung.

Der Rückführungskondensator C_R sorgt dafür, daß sich beide Seiten von R_3 auf gleichem Wechselspannungspotential befinden. Der Fußpunkt von R_3 verweilt stets auf dem gleichen Wechselspannungsniveau wie der Eingang des Verstärkers. Der Fußpunkt ist am Eingangsspannungsniveau angebunden (bootstrapping).

Wie man dem Ersatzschaltbild von Abb. 2 entnehmen kann, liegt der Basisspannungsteiler nicht zwischen Basis und Bezugsebene und wird darum von der Signalquelle nicht „wahrgenommen".

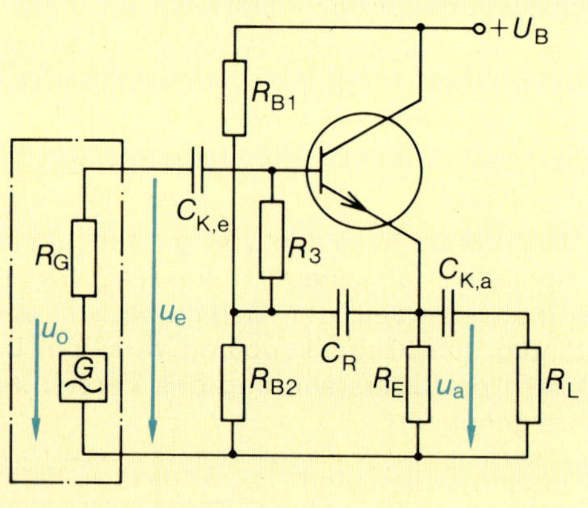

Abb. 1: „Bootstrap"-Schaltung

Die Erhöhung des Wechselstromeingangswiderstandes läßt sich bei der Kollektor- und Emitterschaltung vornehmen. Anwendung findet die Maßnahme vor allem in Eingangsstufen und Leistungsendstufen.

Der Widerstand R_3 liegt parallel zum Basis-Emitter-Wechselstromwiderstand des Transistors. Bei der Schaltungsauslegung sollte daher R_3 groß sein gegen r_{BE}, damit eine große Stromverstärkung erhalten bleibt.

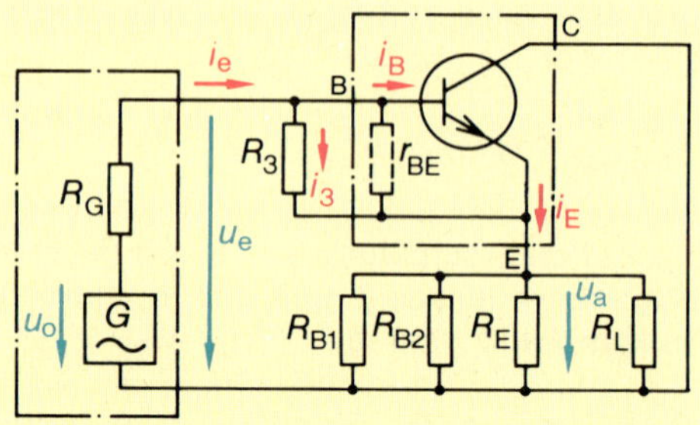

$$u_e = i_e\,(R_3 \parallel r_{BE}) + u_a\,; \quad u_a = v_u \cdot u_e$$

$$u_e = i_e\,(R_3 \parallel r_{BE}) + v_u \cdot u_e\,; \quad u_e = \frac{i_e (R_3 \parallel r_{BE})}{1 - v_u}$$

$$r_e = \frac{u_e}{i_e} = \frac{R_3 \parallel r_{BE}}{1 - v_u}$$

Abb. 2: Wechselstrom-Ersatzschaltbild zur Berechnung des Eingangswiderstandes

Mit $R_3 = 1\ \text{M}\Omega$, $r_{BE} = 5\ \text{k}\Omega$ und $v_u = 0{,}95$ ergibt sich mit der in Abb. 2 angegebenen Berechnungsformel:

$$r_e = \frac{5}{1 - 0{,}95}\ \text{k}\Omega; \quad r_e = \frac{5}{0{,}05}\ \text{k}\Omega \quad r_e = 100\ \text{k}\Omega$$

Je nach Wahl der Widerstände lassen sich für den Eingangswiderstand Werte bis 1 MΩ erzielen.

Aufgaben zu 3.4

1. Welche Steuerwirkung hat die positive Signalamplitude, die auf die Basis einer PNP-Verstärkerstufe in Kollektorschaltung gegeben wird?

2. Weshalb ist die Stromverstärkung der Kollektorschaltung etwas größer als die der Emitterschaltung?

3. Wie groß kann die Spannungsverstärkung eines Emitterfolgers maximal werden?

4. Welche Eigenschaften der Kollektorschaltung bieten oft Anlaß, die Schaltung als Anpassungsstufe einzusetzen?

5. Durch welche schaltungstechnische Maßnahme läßt sich der durch den Basisspannungsteiler erniedrigte Eingangswiderstand einer Kollektorschaltung wieder erhöhen?

3.5 Basisschaltung

3.5.1 Aufbau, Kennlinien, Eigenschaften

Die Abb. 3 zeigt eine Hochfrequenzverstärkerschaltung, bei der die Basis des Transistors der gemeinsame Anschluß für Eingangs- und Ausgangssignal ist. Das Eingangssignal wird zwischen Emitter und Basis eingespeist. Der Lastwiderstand liegt zwischen dem Kollektor und der Basis.

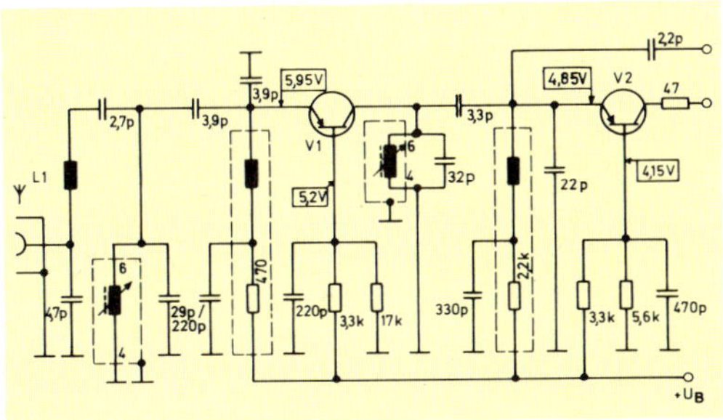

Abb. 3: Basisschaltung

Wie die Basisschaltung auf Spannungsänderungen im Steuerkreis reagiert, wird in Versuch 3–3 ermittelt.

Abb. 4 zeigt als Ergebnis den Zusammenhang zwischen der Eingangsspannung U_{EB} und dem Eingangsstrom I_E. Die Steuerkennlinie zeigt, daß erst ab einer bestimmten Eingangsspannung ein Emitterstrom fließt.

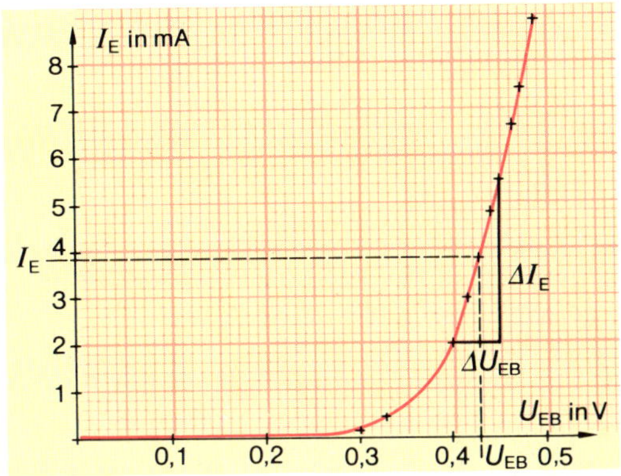

Abb. 4: Eingangskennlinie

Der Emitterstrom steigt an, wenn die Spannung U_{EB} größer wird. Der Verlauf der Kennlinie entspricht dem Verhalten eines PN-Übergangs.

Prinzipiell wird der Transistor auch in der Basisschaltung als steuerbarer Widerstand eingesetzt. Die Emitter-Basis-Diode muß in Durchlaßrichtung vorgespannt sein, damit ein Strom fließt.

Anhand der Steuerkennlinie läßt sich der **Eingangswiderstand** der Schaltung bestimmen. Der **Gleichstromwiderstand** ist

$$R_{EB} = \frac{U_{EB}}{I_E}$$

Versuch 3–3: Aufnahme der Eingangskennlinie einer Basisschaltung mit BD 130

Meßschaltung:

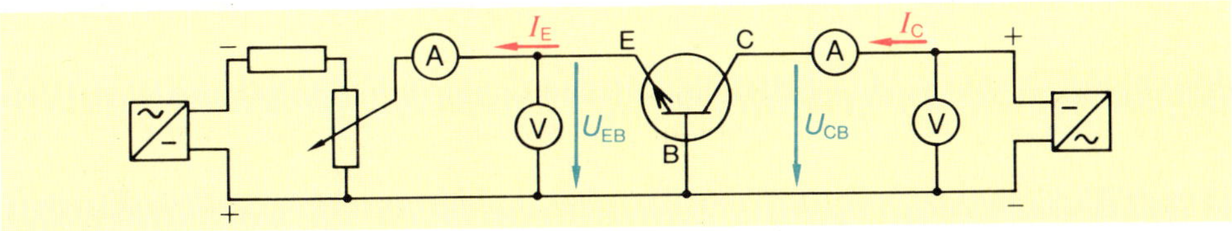

Durchführung:

Die Spannung U_{EB} wird von 0 V stufenweise erhöht. Der Strom I_E wird gemessen. Die Spannung U_{CB} wird konstant gehalten.

Ergebnis:

U_{EB} in V	0,3	0,35	0,37	0,4	0,42	0,43	0,44	0,45	0,46	0,47	0,48
I_E in mA	0,13	0,54	1,2	2,0	3,0	3,9	4,9	5,65	6,7	7,6	9,0

Der **Wechselstromeingangswiderstand** läßt sich aus der Beziehung

$$r_{EB} = \frac{\Delta U_{EB}}{\Delta I_E}$$

finden.

Die Kennliniendarstellung macht deutlich, daß sich mit relativ kleinen Spannungsänderungen im Steuerkreis eine große Stromschwankung erzielen läßt. Der Eingangswiderstand muß klein sein. Mit $\Delta U_{EB} = 0{,}06\,V$ und $\Delta I_E = 2\,mA$ ergibt sich für die Meßschaltung ein Widerstand $r_{EB} = 30\,\Omega$.

Der Eingangswiderstand einer Basisschaltung ist erheblich kleiner als bei einer Emitterschaltung.

Den Zusammenhang zwischen Emitterstrom und Kollektorstrom sollen die Meßergebnisse aus Versuch 3–4 verdeutlichen.

Versuch 3–4: Zusammenhang zwischen Eingangs- und Ausgangsstrom

Meßschaltung: wie bei Versuch 3–3

Durchführung:

Der Strom I_E wird in Stufen vergrößert und der Ausgangsstrom I_C gemessen.

Ergebnis:

I_E in mA	1	2	3	4	5
I_C in mA	0,95	1,95	2,93	3,90	4,90

Der Kollektorstrom als Ausgangsstrom der Basisschaltung ist immer kleiner als der Eingangsstrom im Emitterkreis.

Danach ergibt sich die **Stromverstärkung** A einer Basisschaltung aus dem Quotienten

$$A = \frac{I_C}{I_E} = \frac{I_C}{I_B + I_C} \qquad \boxed{A < 1}$$

3.5.2 Arbeitspunkteinstellung

Soll die Basisschaltung als Klasse-A-Verstärker arbeiten, muß mit einer Vorspannung U_{EB} der Arbeitspunkt im linearen Bereich der Eingangskennlinie eingestellt sein.

Zweigt man, wie in der Schaltung von Abb. 1, die Emitter-Basis-Vorspannung von einem Spannungsteiler ab, ist die Basis beim NPN-Transistor positiver als der Emitter. Zur Wiederherstellung des Prinzips der Basisschaltung schließt ein Kondensator die Basis wechselstrommäßig kurz. Die Spule in Abb. 1 verhindert einen Kurzschluß der Wechselspannung im Eingang. Wird die Spule durch einen Widerstand R_E ersetzt, bewirkt dieser eine Stabilisierung des Arbeitspunktes.

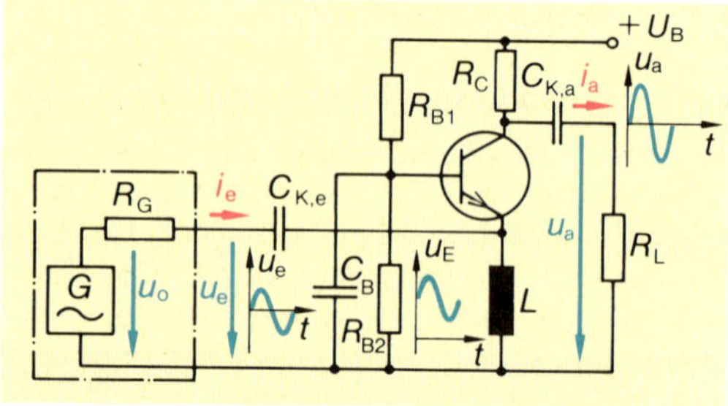

Abb. 1: Verstärker in Basisschaltung

R_{B1}, R_{B2}, R_C und R_E berechnen sich wie bei der Emitterschaltung. Bei einer bestimmten Vorspannung stellt sich dann im Ausgangskreis U_{CB} für den Arbeitspunkt ein.

3.5.3 Phasenverhalten

Überlagert sich den Gleichgrößen im Eingang eine Wechselgröße, dann schwanken die Ausgangsgrößen in diesem Rhythmus. Steigt die Signalamplitude in positive Richtung an, wird die Emitter-Basis-Vorspannung geringer. Als Folge nehmen Emitter- und Kollektorstrom ab. Der Spannungsabfall am Arbeitswiderstand wird kleiner. Die Ausgangsspannung U_{CB} kann zur positiven Richtung ansteigen.

Beim Abfall der Signalspannungsamplitude in negativer Richtung wird der Emitter negativer zur Basis. Die Ströme werden größer. Der Spannungsabfall am Kollektorwiderstand nimmt zu. Die Spannung U_{CB} sinkt.

Eingangssignal- und Ausgangssignalamplitude bewegen sich zu jeder Zeit in die gleiche Richtung.

$$u_e\uparrow \Rightarrow U_{EB}\downarrow \Rightarrow I_E\downarrow \Rightarrow I_C\downarrow \Rightarrow U_{RC}\downarrow \Rightarrow U_{CB}\uparrow \Rightarrow u_a\uparrow$$

Bei der Basisschaltung tritt keine Phasenverschiebung zwischen Eingangs- und Ausgangsspannung auf.

3.5.4 Eingangs- und Ausgangswiderstand

Mit der Ersatzschaltung nach Abb. 2 lassen sich die weiteren Eigenschaften und die wichtigsten Gleichungen finden.

Anhand der Eingangskennlinie konnte schon auf den sehr niedrigen Eingangswiderstand hingewiesen werden (vgl. 3.5.1).

Im Vergleich mit der Emitterschaltung läßt sich für die Basisschaltung finden, daß in ihrem Eingangskreis ein um β größerer Strom fließt. Folglich muß der **Eingangswiderstand** eines Transistors in Basisschaltung βmal so klein sein wie in Emitterschaltung.

$$r_{EB,\,B} = \frac{r_{BE,\,E}}{\beta}$$

$r_{EB,\,B}$: Eingangswiderstand in Basisschaltung
$r_{BE,\,E}$: Eingangswiderstand in Emitterschaltung

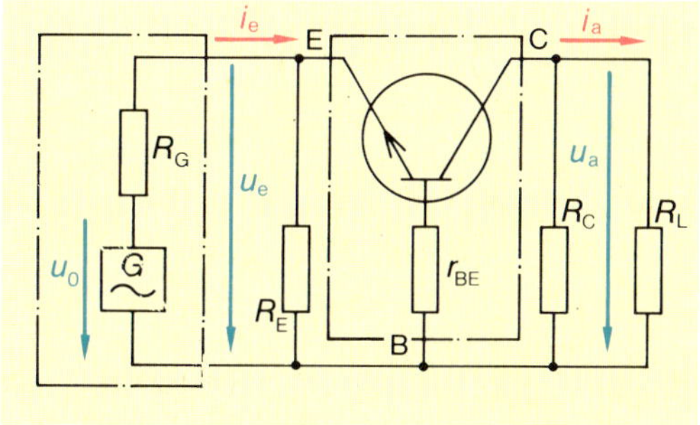

Abb. 2: Wechselstrom-Ersatzschaltbild

Der **Wechselstrom-Eingangswiderstand** mit Werten von $100\,\Omega \ldots 500\,\Omega$ macht die Anpassung an vorgeschaltete Quellen oder Stufen mit hohem Innenwiderstand problematisch. Allerdings ist die Basisschaltung bei Verwendung als Eingangsstufe in einem Antennenverstärker sinnvoll, da Leitungen und Antenne kleine Widerstände haben (z.B. $60\,\Omega$). Man kann in diesem Falle von Leistungsanpassung sprechen.

Bei Belastung hat der **Wechselstrom-Ausgangswiderstand** der gesamten Schaltung den Wert

$$r_a = \frac{R_C \cdot R_L}{R_C + R_L}$$

Da der Ausgangswiderstand r_{CB} eines Transistors in Basisschaltung sehr groß ist ($r_{CB} > r_{CE}$), kann er in der Berechnungsformel für r_a vernachlässigt werden.

3.5.5 Verstärkung

Die **Wechselspannungsverstärkung** der Basisschaltung läßt sich mit den folgenden Gleichungen finden:

$$v_u = \frac{u_a}{u_e} = \frac{\Delta U_{CB}}{\Delta U_{EB}}$$

Der Quotient liegt nur geringfügig unterhalb des Wertes für eine Emitterschaltung. Die Spannungsverstärkung ohne Belastungswiderstand läßt sich demzufolge hinreichend genau aus

$$v_u = \beta \frac{R_C}{r_{BE}}$$

bestimmen. Wird die Stufe mit dem Widerstand R_L belastet, muß für R_C die Parallelschaltung aus R_C und R_L gesetzt werden.

Für die **Wechselstromverstärkung** des Transistors in Basisschaltung gilt

$$\alpha = \frac{i_C}{i_E} = \frac{i_C}{i_C + i_B} = \frac{\beta \cdot i_B}{i_B(1+\beta)}$$

$$\alpha = \frac{\beta}{1+\beta} \qquad \alpha < 1$$

Der Wert für α ist immer etwas kleiner als 1, weil der Basisstrom nur im Eingangskreis fließt. Es ergeben sich in der Praxis für komplette Verstärkerschaltungen Werte von 0,8 . . . 0,9.

$$v_i = \frac{i_a}{i_e} \qquad v_i \approx \alpha$$

Der durch den Emitterwiderstand fließende Wechselstrom wird dabei als klein angenommen.

Da die Stromverstärkung kleiner 1 ist, gilt für die **Leistungsverstärkung.**

$$v_p = v_u \cdot v_i \qquad v_p \approx v_u$$

Mit der Basisschaltung kann man deshalb im Vergleich mit der Emitterschaltung keine vergleichbaren Verstärkungen erzielen!

3.5.6 HF-Verhalten

Die Basisschaltung wird besonders zur Verstärkung hochfrequenter Signale eingesetzt. Die in der Emitterschaltung verstärkungsmindernd auftretende Rückwirkungskapazität C_{CB} wird hier durch den Basiskondensator C_B auf Bezugsebene gelegt und unschädlich gemacht. Basisschaltungen findet man deshalb bevorzugt in Tunern und ZF-Verstärkern.

Bei Verarbeitung sehr hoher Frequenzen kann die Kollektor-Emitter-Kapazität C_{CE} einen Teil der Ausgangsspannung in den Eingangskreis zurückführen. Bei ungünstiger Phasenlage der Rückkopplungsspannung kann sich eine Mitkopplung einstellen. Die entstehende Schwingneigung muß gedämpft werden.

Die größte übertragbare Signalfrequenz hängt vor allem von den HF-Eigenschaften des verwendeten Transistors ab. Mit steigender Frequenz machen sich bei jedem Transistor die innneren Sperrschichtkapazitäten und die Trägheit der zu transportierenden Ladungen immer stärker bemerkbar.

Vergleichend läßt sich sagen, daß die obere Grenzfrequenz f_α eines Transistors in Basisschaltung um den Faktor β größer ist als in Emitterschaltung.

$$f_\alpha = \beta \cdot f_\beta$$

Abb. 1 verdeutlicht den Unterschied vergleichend, indem sie den Verstärkungsverlauf über der Frequenz für die zwei Grundschaltungsarten aufzeigt.

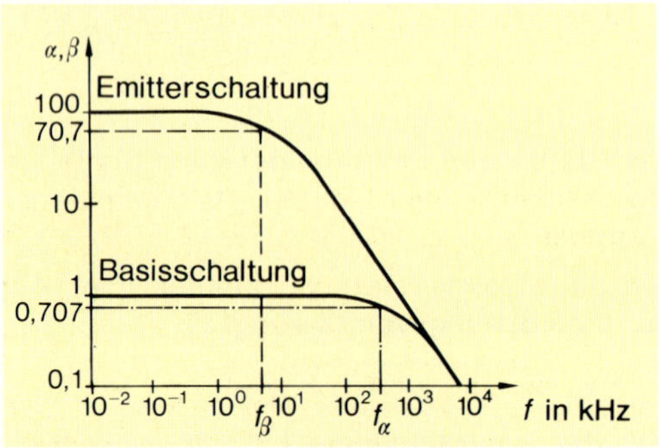

Abb. 1: Stromverstärkungsfaktoren α und β in Abhängigkeit von der Frequenz

3.5.7 Eigenschaften im Überblick

Zusammenfassend sind zur Basisschaltung die folgenden Eigenschaften zu nennen:

Eingangswiderstand	$r_e = 10\,\Omega \dots 100\,\Omega$
Ausgangswiderstand	$r_a = 500\,\Omega \dots 1\,\text{M}\Omega$
Spannungsverstärkung	$v_u = 100 \dots 500$
Stromverstärkung	$v_i < 1$
Leistungsverstärkung	$v_p \approx v_u$
Phasenverschiebung zwischen u_a und u_e	$\varphi = 0°$
Grenzfrequenz untere / obere	$f_{gu} \approx 20$ Hz (*RC*-Kopplg.) / $f_{go} \approx \beta \cdot f_\beta$
Anwendung	HF-Verstärker HF-Oszillator

Aufgaben zu 3.5

1. Wie groß kann die Stromverstärkung *A* einer Basisschaltung maximal werden?
2. Warum erfordert die Basisschaltung verglichen mit den anderen Schaltungen den größten Steuerstrom?
3. Zeichnen Sie die Schaltung einer Basisschaltung mit Arbeitspunkteinstellung und Arbeitspunktstabilisierung!
4. Wie wirkt sich die Erhöhung des Kollektorwiderstandes R_C auf die Spannungsverstärkung der Basisschaltung aus?
5. Warum ist der Ausgangswiderstand der Basisschaltung (Kollektor-Basis-Widerstand) größer als der Ausgangswiderstand eines Transistors in Emitterschaltung?
6. Nennen Sie Gründe, warum der Einsatz der Basisschaltung in der NF-Verstärkertechnik wenig sinnvoll ist!
7. Die Basisschaltung wird vorwiegend in der HF-Technik als ZF- oder HF-Verstärker angewendet. Nennen Sie den Grund dafür!

3.6 Verstärker mit Feldeffekttransistoren

Verstärkerschaltungen mit Bipolar- und Feldeffekttransistoren besitzen viele Gemeinsamkeiten. Wesentliche Teile der Schaltungstechnik lassen sich übertragen.

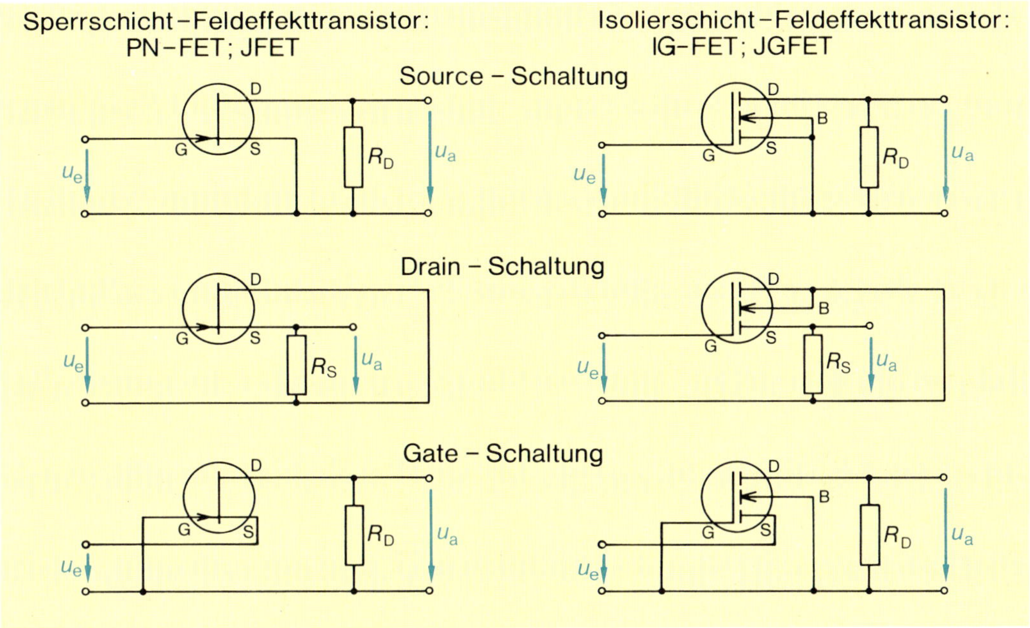

Abb. 2: Grundschaltungen mit Feldeffekttransistoren

Feldeffekttransistoren können zur Gleich- und Wechselspannungsverstärkung benutzt werden.

Der Sperrschicht-Feldeffekttransistor (PN-FET oder JFET) hat drei Anschlüsse. Der Isolierschicht-Feldeffekttransistor (IG-FET oder JGFET) hat zwar einschließlich Substrat (Bulk) vier Anschlüsse, im allgemeinen werden aber nur drei Anschlüsse genutzt.

Für die beiden Feldeffekttransistoren gibt es je drei Grundschaltungen. Sie sind nach den Transistorelektroden benannt, die für den Ein- und Ausgangskreis den Bezugspunkt bilden (Abb. 2).

3.6.1 Source-Schaltung

Abb. 3 zeigt das Schaltungsprinzip einer Source-Schaltung mit JFET. Mit Hilfe eines Arbeitswiderstandes im Drainkreis läßt sich ein Spannungsverstärker aufbauen, vergleichbar mit einer Emitterschaltung.

Eigenschaften

Bei einem N-Kanal-Sperrschicht-FET würde eine in negativer Richtung ansteigende Eingangsspannung u_e eine Verkleinerung des Drainstromes i_D bewirken. Der Spannungsabfall am Arbeitswiderstand R_D nimmt dann ab, die Ausgangsspannung u_a in gleicher Größe zu.

Bei dem gleichen FET-Typ mit P-Kanal würde die positive Signalhalbwelle im Eingang die negative Halbwelle der Ausgangsspannung ergeben.

Bei der Source-Schaltung wird die Wechselspannung zwischen Eingang und Ausgang in der Phase um 180° verschoben.

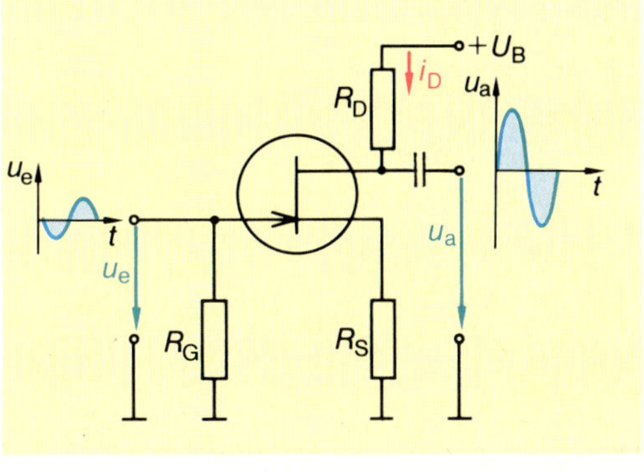

Abb. 3: Source-Schaltung mit N-Kanal JFET

Im Gegensatz zum bipolaren Transistor wird beim FET der PN-Übergang vom Gate zum Kanal in Sperrichtung betrieben. Der aufgenommene Strom liegt im Nano- und Pico-Amperebereich.

Der **Eingangswiderstand** der Source-Schaltung ist daher mit Werten größer als 10 GΩ entsprechend groß.

Der Ausgangswiderstand berechnet sich aus der Parallelschaltung des Widerstand zwischen Drain und Source r_{DS} und dem Arbeitswiderstand R_D.

Wechselstrom-ausgangswiderstand $$r_a = \frac{r_{DS} \cdot R_D}{r_{DS} + R_D}$$

Die Spannungsverstärkung hängt ab von der Steilheit S der Steuerkennlinie. Die Steilheit wird bestimmt mit der Wahl des Arbeitspunktes und damit von der Größe der Eingangsgleichspannung U_{GS}. Rückt der Punkt in den steileren Bereich der Kennlinie, vergrößert sich die Steilheit.

Für die Steilheit gilt $S = \frac{\Delta I_D}{\Delta U_{GS}}$

Die Spannungsverstärkung ergibt sich aus

$$v_u = -\frac{\Delta U_{DS}}{\Delta U_{GS}}$$

Wird S in diese Formel eingebaut, dann läßt sich mit

$$\Delta U_{DS} = \Delta I_D \cdot r_a \quad \text{und} \quad \Delta U_{GS} = \frac{\Delta I_D}{S}$$

die **Wechselspannungsverstärkung** berechnen:

$$v_u = -S \cdot r_a$$

Das Minuszeichen deutet die Phasenverschiebung an.

Da der Kanalwiderstand in der Regel sehr groß ist ($r_{DS} = 60\ k\Omega \ldots 250\ k\Omega$), kann in guter Näherung gelten:

$$v_u = -S \cdot R_D$$

Hat z.B. R_D den Wert 5 kΩ und gilt für $S = 20$ mA/V, so ergibt sich für die Spannungsverstärkung v_u ein Wert von 100.

Bedingt durch den sehr kleinen Sperrstrom im Eingangskreis – der FET läßt sich leistungslos steuern – erhält man für v_i und v_p sehr große Werte.

Die Sourceschaltung verstärkt Spannungen, Ströme und Leistungen.

Da bei allen Feldeffekttransistoren der Eingangsstrom vernachlässigbar klein ist, braucht man nur für die erforderliche Gate-Source-Vorspannung zu sorgen. Bedingt durch die Vielfalt von Feldeffekttransistoren ist dabei auf eine Reihe von Kriterien zu achten.

- Typ des FET: Sperrschicht oder Isolierschicht mit P- oder N-Kanal
- Klein- oder Großsignalbetrieb
- Arbeitspunktstabilisierung

Wie man anhand der Steuerkennlinie aus Abb. 1 erkennt, muß das Gate bei einem JFET mit N-Kanal negativ gegenüber Source vorgespannt sein. Auch der N-Kanal IG-FET – selbstleitend – wird vorwiegend im Bereich $-U_{GS}$ eingestellt. Bei P-Typen drehen sich die Vorzeichen um. Beim selbstsperrenden FET liegt die Gate-Source-Vorspannung immer zwischen Drain- und Sourceniveau.

Für die Wechselspannungsverstärker sollte der Arbeitspunkt möglichst im steilen und linearen Bereich der Steuerkennlinie liegen. Die Verstärkung ist dann groß bei kleiner Signalverzerrung. Bei großer Ausgangsspannung (Großsignalbetrieb) muß der ausgangsseitige Arbeitspunkt bei $U_{DS} = \frac{1}{2} U_B$ liegen.

Besonders beim Einsatz in Verstärkern mit hohem Ruhestrom muß der Arbeitspunkt gegen Erwärmung stabilisiert werden. Das Temperaturverhalten des Drainstromes weicht von der Änderung des Kollektor-

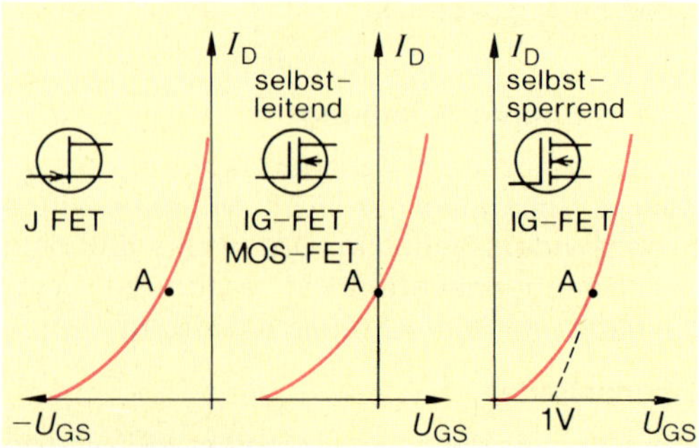

Abb. 1: Arbeitspunkte bei Feldeffekttransistoren mit N-Kanal

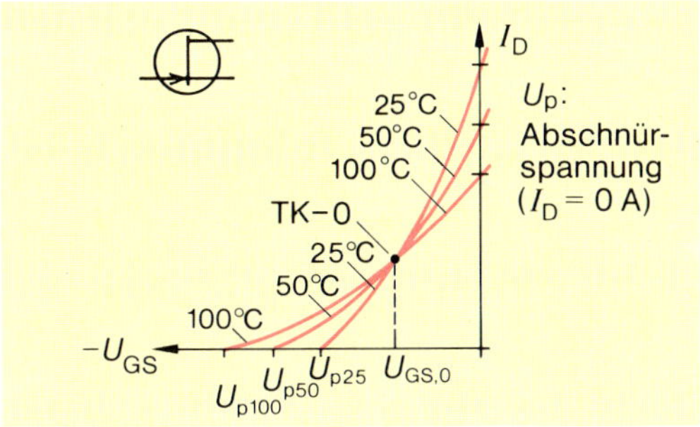

Abb. 2: Temperatureinfluß auf die Steuerkennlinie

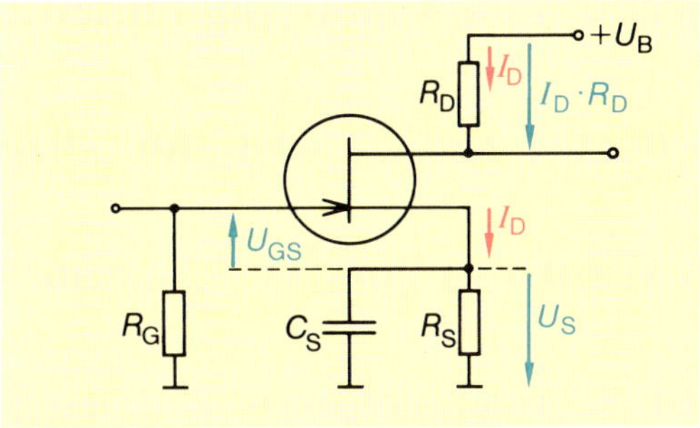

Abb. 3: Automatische Arbeitspunkteinstellung beim JFET

stromes beim bipolaren Transistor ab. Abb. 2 zeigt Steuerkennlinien eines Feldeffekttransistors bei verschiedenen Temperaturen.

Der Drainstrom I_D nimmt bei Temperaturanstieg ab. Alle Kennlinien verlaufen durch einen gemeinsamen Punkt, dem TK-0-Punkt. In diesem Punkt ist der Temperaturkoeffizient Null.

Zwei Ursachen führen zu diesem Kennlinienverlauf:

- Der Strom im Kanal wird durch die freien, beweglichen und durch Dotierung entstandenen Ladungen hervorgerufen. Bei größeren Drainströmen nimmt die Beweglichkeit der Ladungsträger mit steigender Temperatur ab. Oberhalb des TK-0-Punktes verringert sich die Steilheit der Kennlinie.
- Der Anstieg des Drainstromes unterhalb von TK-0 hat seine Ursache in der Verdünnung der Zone zwischen Gate und Kanal bei steigender Temperatur. Dieser Vorgang wirkt sich gerade entgegengesetzt dem vorher beschriebenen Verhalten aus. Im TK-0-Punkt heben die beschriebenen Veränderungen des Drainstromes gerade auf.

Für eine gute Arbeitspunktstabilität sollte die Gate-Vorspannung auf $U_{GS} = U_{GS,0}$ eingestellt sein. Für die Praxis hat man den Erfahrungswert $U_{GS,0} = U_p + 0{,}64\,\text{V}$ gefunden.

U_p: Abschnürspannung
($I_D = 0$ A, Sperrschichten berühren sich)

In Abb. 3 ist eine schaltungstechnische Möglichkeit der Arbeitspunkteinstellung bei einer Source-Schaltung mit Sperrschicht-FET zu sehen.

Der Drainstrom I_D bewirkt am Source-Widerstand R_S den Spannungsabfall $U_S = I_D \cdot R_S$.

Die Source-Elektrode liegt um den Wert von U_S oberhalb des Bezugspotentials. Wird das Gate über den Widerstand R_G auf Bezugspotential gelegt, ist es negativ gegenüber der Source-Elektrode: $U_S = -U_{GS}$

Zu beachten ist dabei, daß im Eingangskreis kein nennenswerter Strom fließt. In der Praxis hat darum der Widerstand Werte von 1 MΩ . . . 2 MΩ.

Der Arbeitspunkt wird gleichzeitig durch den Source-Widerstand stabilisiert. Die stabilisierende Wirkung von R_S durch Gleichstromgegenkopplung ist vom Bipolartransistor her bekannt (vgl. 3.3).

Temperaturänderungen und Exemplarstreuungen beeinflussen nicht den Arbeitspunkt.

Der Kondensator C_S schließt die Source wechselstrommäßig gegen Bezugsebene kurz.

Soll die Schaltung als linearer Analogverstärker arbeiten, muß der ausgangsseitige Arbeitspunkt im Sättigungsbereich der Ausgangskennlinien liegen. Im Arbeitspunkt muß die Drain-Source-Spannung wesentlich größer sein als die Kniespannung U_K. Neben dem Vorteil der stabilisierenden Wirkung von R_S gilt als Nachteil, daß der Aussteuerbereich der Schaltung nicht nur durch die Kniespannung U_K, sondern zusätzlich durch die Spannung U_S eingeengt wird (vgl. Abb. 1, S. 206).

Bei Großsignalbetrieb ist die Betriebsspannung entsprechend größer zu wählen.

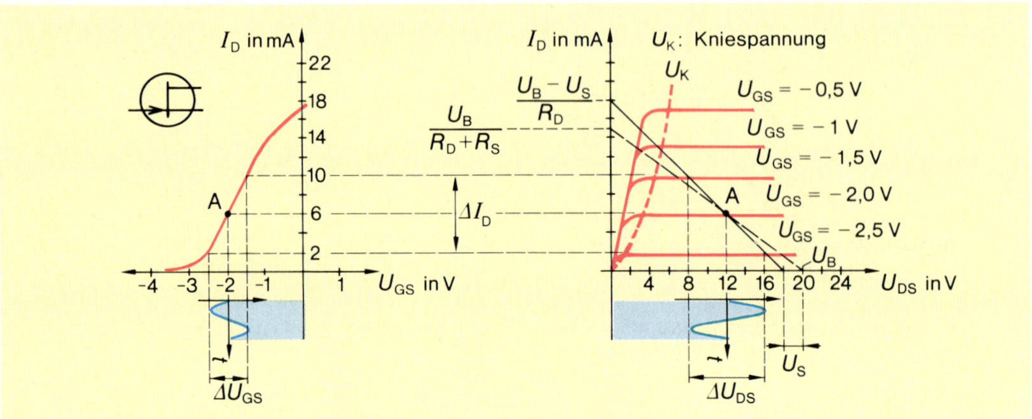

Abb. 1: Steuer- und Ausgangskennlinie(n) mit Arbeitspunkt

Liegt die Betriebsspannung fest und ist ein Drainstrom gewählt, der unterhalb des höchstzulässigen Wertes $I_{D\,max}$ liegt, läßt sich ins Ausgangskennlinienfeld eine Arbeitsgerade zeichnen mit den Endpunkten

$$U_{DS} = U_B - U_S \quad \text{und} \quad I_D = \frac{U_B - U_S}{R_D}$$

Diese Wechselstromarbeitsgerade verläuft steiler als die gestrichelt gezeichnete Gleichstromarbeitsgerade. Gleichstrommäßig sind R_D und R_S wirksam. Wechselstrommäßig nur R_D. Der Aussteuerbereich verkleinert sich um U_S.

Liegt der Arbeitspunkt A in der Mitte des im Sättigungsbereich befindlichen Teils der Arbeitsgeraden, dann berechnet sich der zugehörige Arbeitswiderstand aus

$$R_D = \frac{U_B - U_K - U_S}{2 I_D}$$

Mit den Werten aus Abb. 1 ergibt sich $R_D = 1\ \text{k}\Omega$.

Wird die Steuerkennlinie um den Arbeitspunkt von einer Wechselspannung ausgesteuert, entsteht eine Drainstromänderung. Diese bewirkt eine Spannungsänderung im Ausgangskreis. Aus der Zweiquadrantendarstellung läßt sich direkt die Spannungsverstärkung entnehmen.

$$\frac{\Delta U_{DS}}{\Delta U_{GS}} = \frac{8\ \text{V}}{1\ \text{V}} = 8$$

Diese Verstärkung ist gleich dem Produkt $S \cdot r_a$. Der Ausgangswiderstand r_{DS} ist im Sättigungsbereich des Transistors sehr groß. Die Verstärkung darf deshalb mit der Näherung $S \cdot R_D$ bestimmt werden.

Für das Beispiel von Abb. 1 ergibt sich dann mit der Steilheit $S = 8$ mA/V im Arbeitspunkt die gleiche Verstärkung wie aus dem Spannungsquotienten.

$$v_u = \frac{8\ \text{mA} \cdot 1\ \text{k}\Omega}{\text{V}}; \quad v_u = 8$$

Die Arbeitspunkteinstellung des selbstsperrenden MOS-FET's kann nur durch einen Gate-Spannungsteiler oder durch einen Gate-Vorwiderstand erfolgen.

Bei diesem Typ fließt erst ein Drainstrom, wenn die Gate-Source-Spannung größer als 1 Volt ist (vgl. Abb. 1, S. 204).

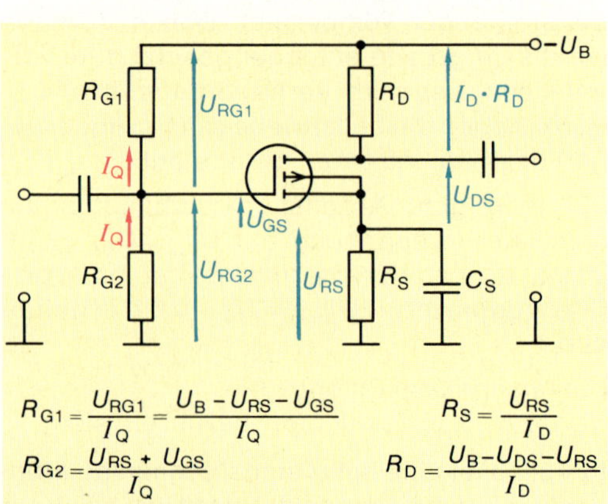

Abb. 2: Arbeitspunkteinstellung beim MOS-FET mit P-Kanal in Source-Schaltung

Die Abb. 2 zeigt einen MOS-FET mit P-Kanal in Sourceschaltung mit Gatespannungsteiler. Der Teiler aus R_{G1} und R_{G2} darf als unbelasteter Spannungsteiler betrachtet werden, da der Gatestrom extrem klein ist.

Mit der in der Schaltung eingezeichneten Gleichspannungsaufteilung lassen sich die angegebenen Berechnungsgleichungen für die Bauteile aufstellen.

3.6.2 Drain-Schaltung

Mit den Bildern von Abb. 3 sind Schaltungen für eine Drainschaltung wiedergegeben. Die Arbeitspunkteinstellung läßt sich beim JFET durch einen Spannungsteiler oder automatisch durch einen Ableitwiderstand und Kondensator vornehmen. Bei Verwendung eines MOS-FET kommt man mit einem Gate-Vorwiderstand aus.

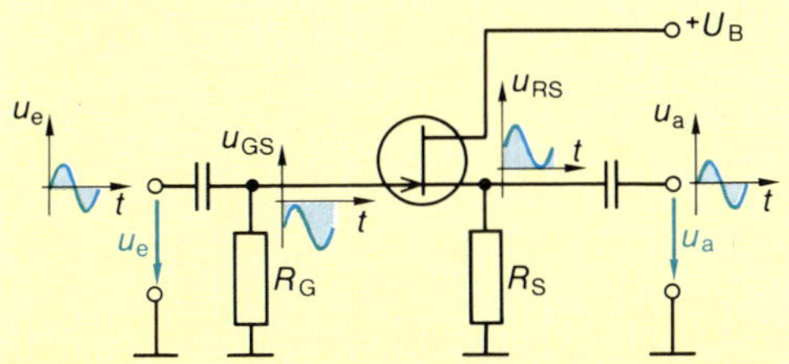

Drainschaltung mit automatischer Vorspannungserzeugung

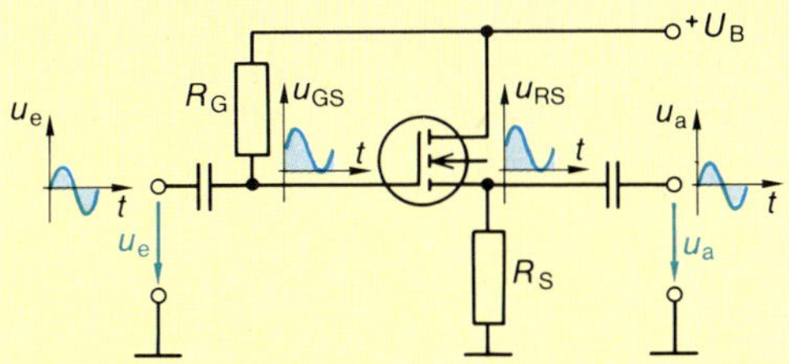

Drainschaltung mit N – Kanal – MOS - FET

Abb. 3: Drain-Schaltungen

Für die Drainschaltung können die gleichen Eigenschaften aufgezählt werden, wie für die Kollektorschaltung.

Der Anstieg bei einer positiven Halbwelle der Eingangsspannung läßt den Drainstrom steigen. Dadurch steigt auch die Wechselspannung über dem Arbeitswiderstand R_S.

Eingangsspannung und Ausgangsspannung sind bei der Drain-Schaltung phasengleich.

Die Ausgangsspannung ist stets etwas kleiner als die Eingangsspannung. Deshalb wird auch der Name Source-Folger verwendet.

Die **Wechselspannungsverstärkung** bleibt immer kleiner als eins.

$v_u < 1$

Stromverstärkung und Leistungsverstärkung sind aufgrund des sehr kleinen Gatestromes sehr groß. Mit einer extrem kleinen Leistung wird eine große Ausgangsleistung gesteuert.

Die Drainschaltung eignet sich wegen des hohen Eingangswiderstandes und des niedrigen Ausgangswiderstandes wie die Kollektorschaltung als Impedanzwandler.

Feldeffekttransistoren haben aufbaubedingt eine kleinere Eingangskapazität als Bipolartransistoren. Da die Eingangskapazität einer Drain-Schaltung noch kleiner ist als die einer Source-Schaltung, benutzt man den Source-Folger gerne als Eingangsstufe in breitbandigen Verstärkern.

3.6.3 Gate-Schaltung

Die Gate-Schaltung ist hinsichtlich Aufbau und Eigenschaften vergleichbar mit der Basisschaltung. Eine Gate-Schaltung wie in Abb. 4 kommt nur in Spezialfällen zum Einsatz.

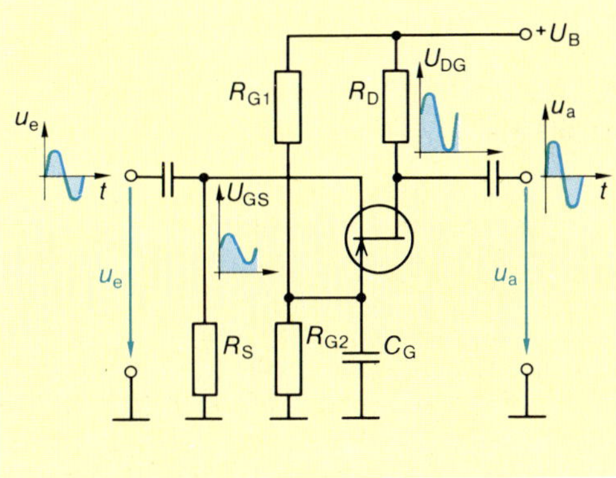

Abb. 4: Gate-Schaltung

3.6.4 Vorzüge von Verstärkern mit Feldeffekttransistoren

Zu den herausragenden Eigenschaften von Verstärkern mit Feldeffekttransistoren gehören

- der hohe Eingangswiderstand und
- das geringe Rauschen.

Besonders für Audio-Verstärker, also im Frequenzbereich kleiner 100 kHz, eignen sich Sperrschicht-FET mit ihren um den Faktor 10...1000 kleineren Rauschspannungen besser als Isolierschicht-Feldeffekttransistoren.

Als Nachteil muß die geringere Spannungsaussteuerung gelten. Die Vorteile des FET kommen besonders in Eingangsstufen zum Tragen.

In der Praxis ist man bestrebt, den Eingangswiderstand eines FET-Verstärkers in Source- oder Drain-Schaltung groß zu halten. Aber auch hier wird durch Spannungsteiler der Eingangswiderstand herabgesetzt, da sie signalmäßig parallel zum Transistoreingang liegen.

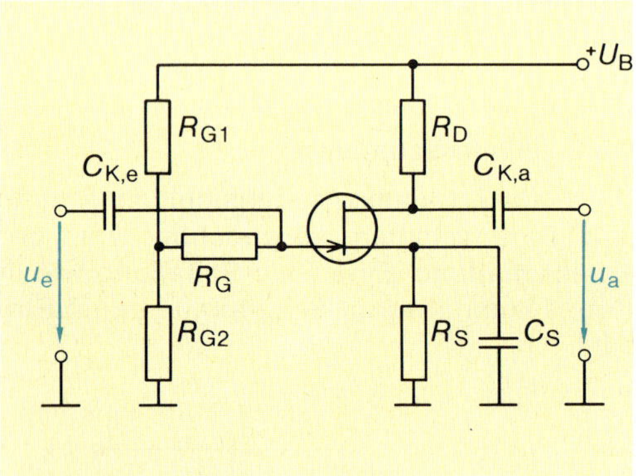

Abb. 1: Source-Schaltung mit hohem Eingangswiderstand

Häufig legt man wie in Abb. 1 einen hohen Widerstand zwischen das Gate und den Knotenpunkt im Spannungsteiler. Das Signal wird über den Koppelkondensator C_K direkt zum Gate geführt. Aus der Ersatzschaltung nach Abb. 2 wird deutlich, daß der Widerstand in der Gate-Zuleitung den Wechselstromeingangswiderstand der Schaltung vergrößert. Da der Gatestrom eines FET sehr

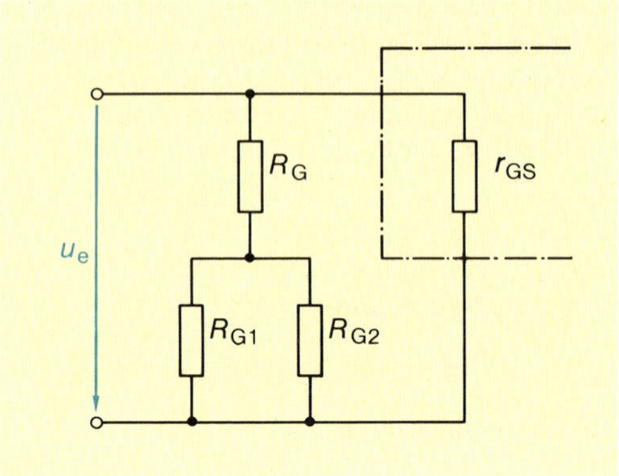

Abb. 2: Ersatzschaltung des Eingangskreises von Abb. 1

klein ist, kann der Widerstand R_G größer als 1 MΩ sein, ohne daß an ihm eine erhebliche Spannung abfällt. R_G wählt man zwischen 1 MΩ ... 5 MΩ. Der Wechselstromeingangswiderstand läßt sich auf diese Weise bis um den Faktor 5 erhöhen.

Ein größerer Eingangswiderstand läßt sich erzielen, wenn durch eine Bootstrap-Schaltung der Eingangswiderstand dynamisch vergrößert wird. Dazu legt man den Fußpunkt des Gate-Widerstandes über den aufgeteilten Source-Widerstand auf das Wechselspannungspotential des Gates (bootstrapping, Abb. 3). Source- und Gate-Anschluß liegen dann auf gleichem Wechselspannungspotential. Durch R_G fließt kein Wechselstrom. Es lassen sich auf diese Weise Eingangswiderstände von einigen MΩ erzielen (vgl. 3.4.7).

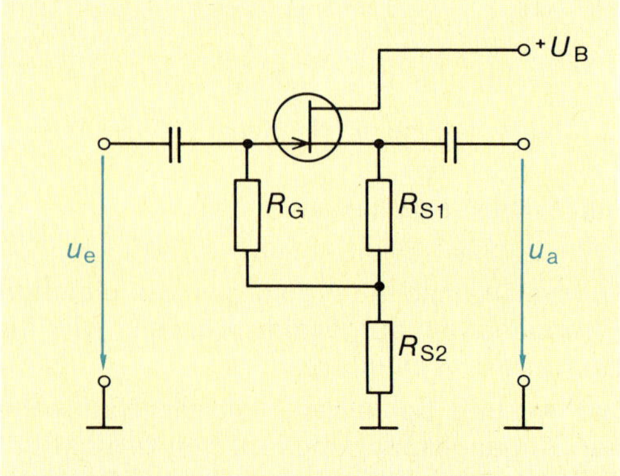

Abb. 3: Source-Folger mit Bootstrapping

Aufgaben zu 3.6

1. Zeichnen Sie für den N-Kanal MOS-FET – selbstleitend – die drei Grundschaltungen mit Arbeitspunkteinstellung!

2. Verdeutlichen Sie durch eine Ursache-Wirkungs-Kette, wie die Ausgangsspannung eines Verstärkers in Source-Schaltung mit P-Kanal JFET auf die negative Amplitude der Eingangsspannung reagiert!

3. Erklären Sie die Erzeugung der automatischen Gate-Vorspannung bei einem Sperrschicht-FET in Source-Schaltung!

4. Zu welchen Änderungen kommt es in einer Sourceschaltung mit P-Kanal JFET, wenn der Sourcewiderstand R_S überbrückt wird?

5. Erklären Sie anhand eines selbstentworfenen Diagramms mit U_{GS} und I_D, daß die Spannungsverstärkung eines Feldeffekttransistors von der Steilheit S abhängig ist!

6. Welches Temperaturverhalten zeigen unipolare Transistoren im Vergleich mit den bipolaren Transistoren?

7. Ein JFET in Sourceschaltung hat im Arbeitspunkt eine Steilheit von 20 mA/V. Wie groß ist die Spannungsverstärkung bei einem Drainwiderstand von 10 kΩ? Welchen Einfluß hat ein Lastwiderstand von 10 kΩ auf die Spannungsverstärkung?

8. Zeichnen Sie das Schaltbild einer Source-Schaltung mit N-Kanal JFET sowie mit Gate-Spannungsteiler und Bootstrapping!

3.7 Mehrstufige Verstärker

3.7.1 Gesamtverstärkung, Anpassung und Steuerung

Soll ein Transistorverstärker zur Verstärkung sehr kleiner Spannungen eingesetzt werden – z. B. die Ausgangsspannung eines dynamischen Tonabnehmersystems – dann reicht die Verstärkung einer Stufe nicht aus.

Sind wie in Abb. 4 mehrere Stufen hintereinander geschaltet, wird die von einer Stufe erzeugte Ausgangsspannung auf die jeweils nächste übertragen.

Das Blockschaltbild eines solchen Verstärkers führt zu einer Kettenschaltung, bei der sich die Gesamtverstärkung v_{ug} aus dem Produkt der Einzelverstärkungen ergibt.

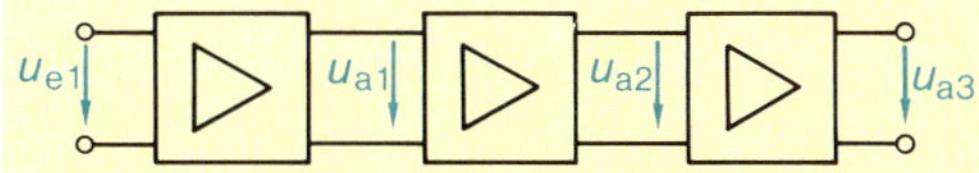

$$v_{u1} = \frac{u_{a1}}{u_{e1}}\ ;\ v_{u2} = \frac{u_{a2}}{u_{a1}}\ ;\ v_{u3} = \frac{u_{a3}}{u_{a2}}$$

$$\frac{u_{a3}}{u_{e1}} = \frac{u_{a1}}{u_{e1}} \cdot \frac{u_{a2}}{u_{a1}} \cdot \frac{u_{a3}}{u_{a2}}$$

$$v_{ug} = v_{u1} \cdot v_{u2} \cdot v_{u3}$$

(Gesamtverstärkung)

Abb. 4: Verstärkung von drei Verstärkerstufen

Anpassung

Wieviel Spannung von einem Verstärker auf die nächste Stufe übertragen wird, hängt ganz von der jeweiligen Kopplungsart ab. Eine Möglichkeit der Kopplung wird am Beispiel eines zweistufigen Verstärkers erklärt (Abb. 5a). Zur besseren Verdeutlichung der Zusammenhänge ist in Abb. 5b das Ersatzschaltbild wiedergegeben. Darin liegen die

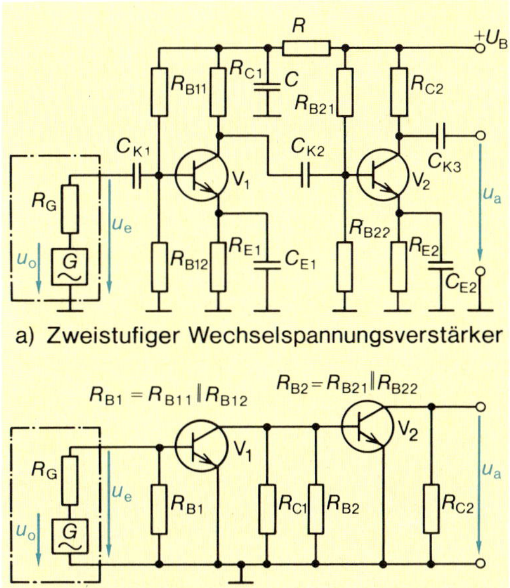

a) Zweistufiger Wechselspannungsverstärker

b) Ersatzschaltung des Verstärkers für Wechselstrom

Abb. 5: Zweistufiger Vorverstärker mit *RC*-Kopplung

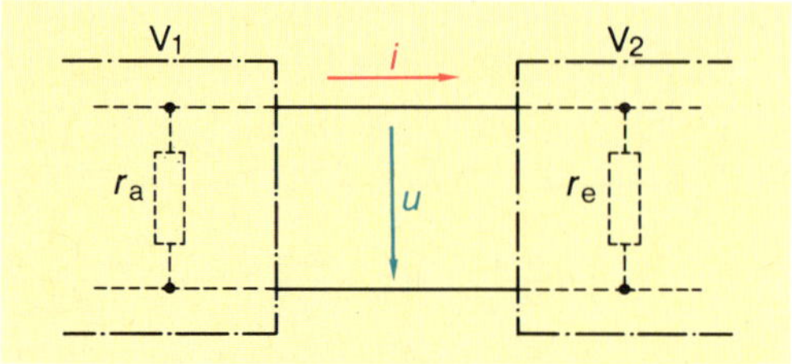

Abb. 1: Verstärkerausgang und nachfolgender Eingang

Widerstände R_{C1} und R_{B2} parallel. Die Kondensatoren werden zunächst als Wechselstromkurzschluß betrachtet. Abb. 1 zeigt das entsprechende Blockschaltbild, in dem alle ausgangs- und eingangsseitigen Widerstände in den Größen r_a und r_e zusammengefaßt sind. Stufe 1 leitet das Signal weiter an Stufe 2. Dabei sind drei Grenzfälle der Verstärkung möglich:

- maximale Spannungsverstärkung $r_a \ll r_e$
- maximale Stromverstärkung $r_a \gg r_e$
- maximale Leistungsverstärkung $r_a = r_e$

Der erste Fall wird oft in Vorverstärkern angewendet. In anderen Verstärkern soll häufig die größtmögliche Leistung im Eingangswiderstand umgesetzt werden.

Größtmögliche Leistungsumsetzung erzielt man durch Anpassung des Ausgangswiderstandes an den folgenden Eingangswiderstand.

Diese Bedingung läßt sich auch aus dem Diagramm von Abb. 2 entnehmen (vgl. auch 1.8.3). Das Anpassungsdiagramm verdeutlicht, daß eine geringe Fehlanpassung keine großen Folgen hat. Im Bereich $r_a \approx r_e$ verläuft die Kennlinie flach. Es zeigt sich auch,

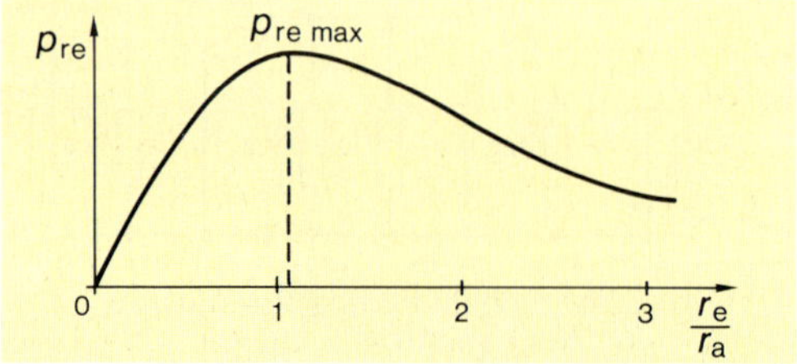

Abb. 2: Leistungsdiagramm für unterschiedliche Anpassung

daß eine Überanpassung $r_a < r_e$ weniger ungünstig für die Leistungsübertragung ist.

Linearisierung durch Fehlanpassung

Durch den exponentiellen Verlauf der Eingangskennlinien von Transistoren und durch die nichtlineare Stromsteuerkennlinie entstehen Ausgangswechselspannungen mit Verzerrungen.

In analogen Systemen müssen aus Gründen der unverfälschten Signalübertragung Verzerrungen vermieden werden. Eine Möglichkeit ist bewußte Fehlanpassung zwischen Signalquelle und Verstärker oder die Zusammenschaltung von Verstärkern.

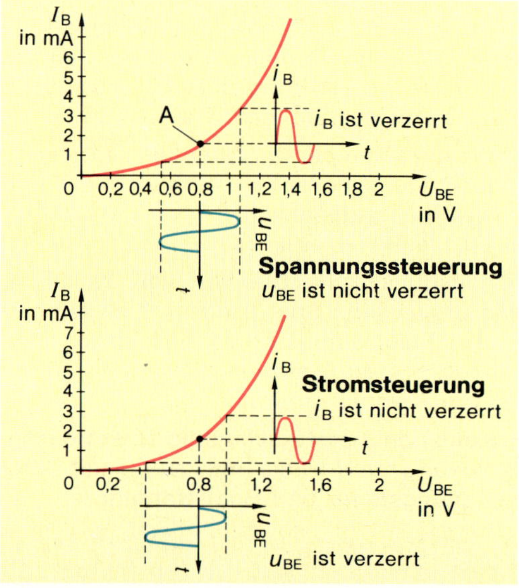

Abb. 3: Verzerrungen durch Spannungs- oder Stromsteuerung

Bei **Spannungssteuerung** liegt Überanpassung vor (R_G, $r_a \ll r_e$). Zu welchen Verfälschungen das führen kann, wird in Abb. 3 anhand der Eingangskennlinie für einen Transistor in Emitterschaltung gezeigt. Die unverzerrte Eingangsspannung u_{BE} verursacht durch die Kennlinie einen verzerrten Basisstrom, der einen verzerrten Kollektorstrom zur Folge hat (lineare I_B-I_C-Kennlinie vorausgesetzt).

Bei der **Stromsteuerung** (R_G, $r_a \gg r_e$) liefert die Quelle einen unverzerrten Steuerstrom. Die Eingangsspannung u_{BE} wird durch die Krümmung der Eingangskennlinie verzerrt.

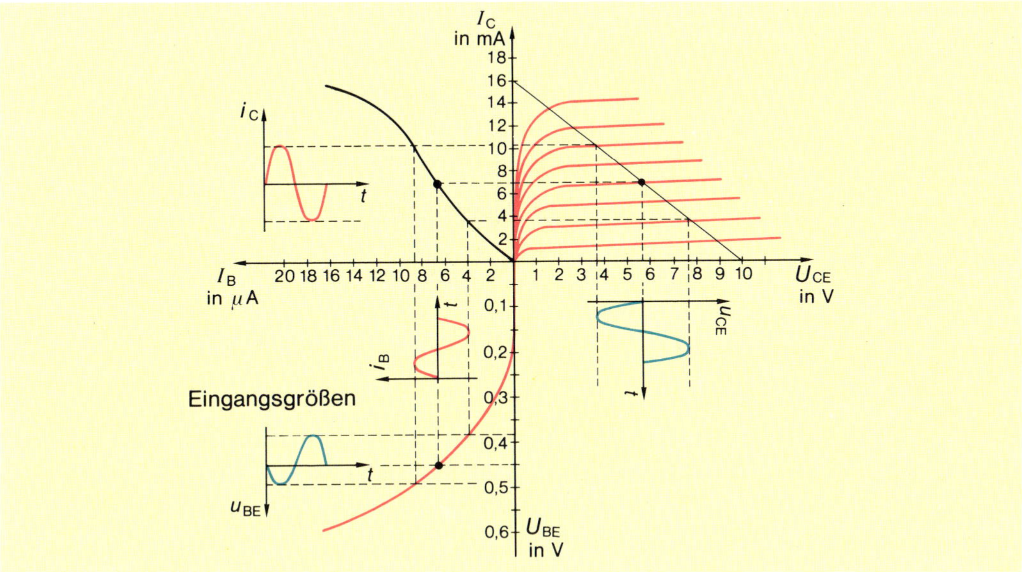

Abb. 4: Strom-Spannungs-Steuerung

Der Ausgangsstrom i_C und die Ausgangsspannung u_{CE} bleiben unverzerrt, wenn die Stromsteuerkennlinie linear ist.

Bei Spannungsverstärkern ist die Stromsteuerung günstiger. Die reine Stromsteuerung ist aber nur bei linearer I_C-I_B-Kennlinie angebracht. Da diese Bedingung in der Praxis nicht erfüllt ist, verwendet man die **gemischte Strom-Spannungs-Steuerung,** bei der Krümmungen der Eingangskennlinie und der Stromsteuerkennlinie aufgehoben werden (Abb. 4).

Durch Strom-Spannungs-Steuerung läßt sich eine Linearisierung der Ausgangsgrößen erreichen.

Entkopplung

Bei mehrstufigen Verstärkern kann es vorkommen, daß über die gemeinsame Betriebsspannungsleitung eine Rückkopplung entsteht. Die einzelnen Verstärkerstufen sind deshalb häufig entkoppelt.

Die Entkopplung bewirken *RC*-Tiefpässe in der gemeinsamen Betriebsleitung.

Wechselspannungen mit hohen Frequenzen werden kurzgeschlossen. Die Schwingneigung der Verstärker wird dadurch gemindert. Jede einzelne Stufe ist für sich ein geschlossener Wechselstromkreis (Abb. 5).

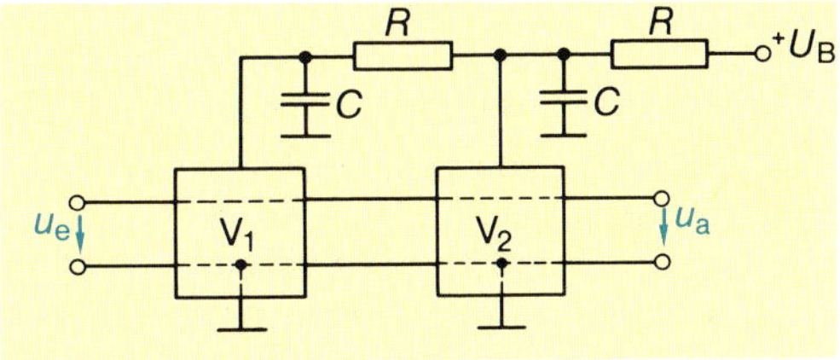

Abb. 5: Wechselstrommäßige Entkopplung

3.7.2 Kopplung

Kondensatorkopplung

In Abb. 5a, S. 209 sind die beiden Verstärkerstufen kapazitiv durch einen Kondensator C_K gekoppelt. Die Kopplung wird durch einen Kopplungsvierpol durchgeführt. Diese Kopplungsart bezeichnet man als *RC*-**Kopplung.**

Der Vierpol in Abb. 1, S. 212 besteht aus den Widerständen und dem Koppelkondensator C_K sowie der Kapazität C_S als Summe aller Transistor- und Schaltkapazitäten.

Die Übertragungseigenschaften von Schaltungen mit *RC*-Kopplung werden durch die Kondensatoren und Widerstände bestimmt.

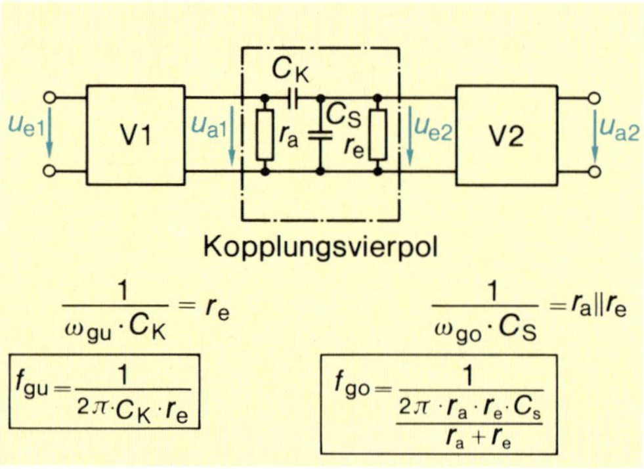

Abb. 1: *RC*-Kopplungsvierpol

Im Bereich tiefer Frequenzen wird der Koppelkondensator C_K wirksam. Er bildet mit r_e einen Hochpaß, dessen Grenzfrequenz die untere Frequenzgrenze des Verstärkers festlegt. Bei hohen Frequenzen nimmt der Blindwiderstand der Kondensatoren stark ab. Der Einfluß von C_K verringert sich bis auf vernachlässigte Werte. Der Widerstand von C_S wird jetzt wirksam. Es bildet sich ein Tiefpaß mit C_S und $r_a \| r_e$, der die obere Frequenzgrenze bestimmt.

Für die Grenzfrequenzen gelten dann die in Abb. 1 angegebenen Formeln.

Die untere Grenzfrequenz läßt sich rechnerisch ermitteln, wenn der Eingangswiderstand des Verstärkers bekannt ist. Die obere Frequenzgrenze wird besonders von der hier durch C_S ausgedrückten Eingangskapazität des aktiven Verstärkerelements bestimmt. Entnimmt man z. B. einem Datenblatt für einen BC 138 die Kapazität $C_{BE} = 500$ pF und setzt für alle anderen schädlichen Kondensatoren nochmals 500 pF an, so liegt die obere Grenzfrequenz mit $r_a = 10$ kΩ und $r_e = 5$ kΩ im Kilohertzbereich.

$$f_{go} = \frac{1}{2\pi \frac{10 \cdot 5}{10+5} \cdot 10^3 \frac{V}{A} \cdot 1 \cdot 10^{-9} \frac{As}{V}}; \qquad f_{go} = 48 \text{ kHz}$$

Diese Rechnung kann nur Überschlagsgenauigkeit besitzen, da besonders die reinen Schaltkapazitäten nicht genau erfaßbar sind. Eine Messung in der Schaltung würde genauere Werte liefern.

Betrachtet man den Übertragungsweg der Schaltung v. S. 209, Abb. 5, so wird einsichtig, daß jedes der drei Koppelglieder einen Einfluß ausübt. Haben alle drei Kopplungsvierpole und beide Verstärkerstufen – bedingt durch C_{E1} und C_{E2} – die gleichen Grenzfrequenzen, so senkt jeder Vierpol bei dieser Frequenz die jeweilige Ausgangsspannung auf $1/\sqrt{2}$. Am Ende ist dann für eine Spannung mit der Grenzfrequenz die Verstärkung gesunken auf

$$\frac{1}{\sqrt{2}} \cdot \frac{1}{\sqrt{2}} \cdot \frac{1}{\sqrt{2}} \cdot \frac{1}{\sqrt{2}} \cdot \frac{1}{\sqrt{2}} = 0{,}1766 .$$

Die Kondensatorkopplung ist die häufigste Kopplungsart und bietet folgende Besonderheiten:

Vorteile

- einfache Schaltung,
- Stufen werden gleichspannungsfrei getrennt,
- eingestellte Arbeitspunkte verschieben sich deshalb nicht.

Nachteile:

- überträgt nur Wechselgrößen,
- für niedrige Frequenzen sind bei sehr kleinen Eingangs- und Ausgangswiderständen große Kapazitäten erforderlich.

Übertragerkopplung

Schaltet man zwischen zwei Verstärkerstufen einen Übertrager, dann werden durch die Trennung der Wicklungen die Stufen gleichspannungsfrei getrennt. Nur Wechselgrößen werden durch das Magnetfeld übertragen (Abb. 2).

Die Übertragerkopplung besitzt vor allem Bedeutung für die Anpassung von Widerständen an den Verstärker. Sollen z. B. zwei Emitterstufen miteinander verbunden werden, ist die Bedingung der Leistungsanpassung nur schwer zu verwirklichen.

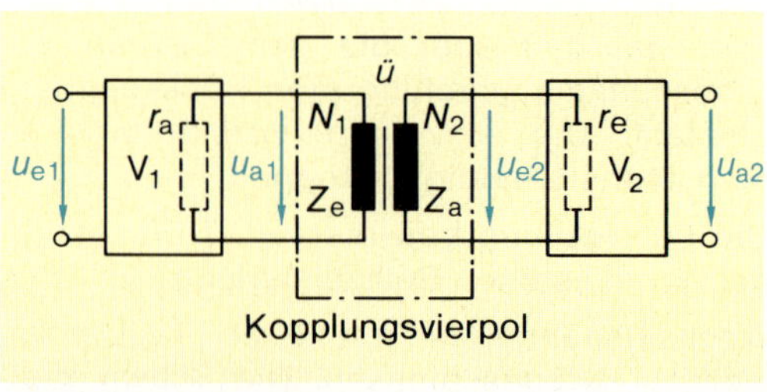

Abb. 2: Übertragerkopplung

Ein Übertrager transformiert Widerstände im Quadrat des Übersetzungsverhältnisses. Durch geeignete Wahl der Windungszahlen von Primär- und Sekundärspule läßt sich bei hohem Wirkungsgrad eine ideale Anpassung von z.B. einem höheren Verstärkerausgangswiderstand zum niedrigeren Eingangswiderstand der Folgestufe erreichen.

$$ü = \frac{N_1}{N_2} = \sqrt{\frac{Z_e}{Z_a}}$$

Beispiel: $r_a = 10\ \text{k}\Omega$, $N_1 = 1000$, $N_2 = 500$

$$Z_a = Z_e \cdot \left(\frac{N_2}{N_1}\right)^2; \quad Z_e = r_a$$

$$Z_a = 10\ \text{k}\Omega \left(\frac{500}{1000}\right)^2 = 2{,}5\ \text{k}\Omega$$

Wird in dem Beispiel für $N_1 : N_2$ das Verhältnis 1000 : 500 gewählt, so beträgt der Ausgangswiderstand Z_a des Vierpols nur noch den vierten Teil des Eingangswiderstandes Z_e.

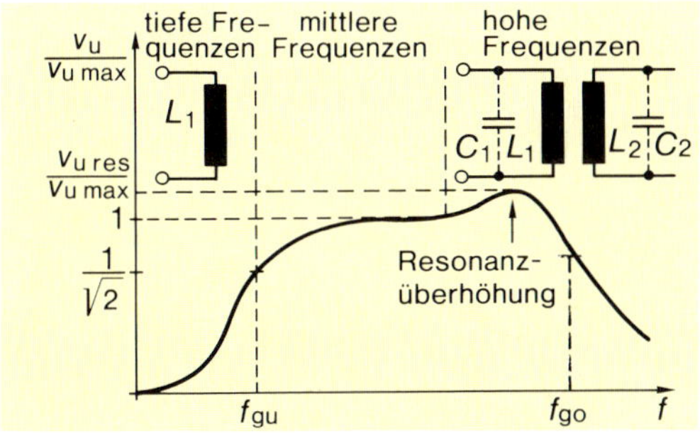

Abb. 3: Frequenzgang eines Übertragers

Ein Übertrager überträgt ein Frequenzband nicht verzerrungsfrei. Gleichspannungen werden nicht übertragen. Für sehr niedrige Frequenzen bildet L_1 bereits einen Kurzschluß. Im mittleren Bereich verläuft die Übertragung nahezu linear. Bei höheren Frequenzen kann es sogar durch die Wicklungskapazitäten zu kleinen Resonanzüberhöhungen kommen (Abb. 3).

Vorteile

- optimale Anpassung von Stufen sind möglich,
- die Stufen sind gleichstrommäßig getrennt.

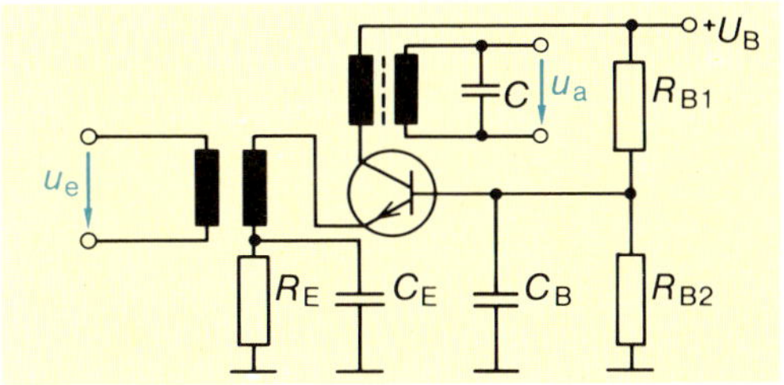

Abb. 4: Verstärker mit Übertragerkopplung

Nachteile

- Übertrager für sehr niedrige Frequenzen müssen große Induktivitäten besitzen,
- große Spulen bedingen erhebliche Baugrößen,
- Übertrager sind teuer,
- ein linearer Amplitudengang über ein großes Frequenzspektrum ist nur mit kleinen Streuinduktivitäten und kleinen Wicklungskapazitäten erreichbar.

Vor allem seit integrierte Schaltkreise die Transistor-Schaltungstechnik bestimmen, hat der Übertrager an Bedeutung verloren. Man setzt ihn nur noch bei besonderen Aufgabenstellungen ein, z.B. in Hochfrequenzschaltungen (Abb. 4).

In der dargestellten Schaltung ist die Primärwicklung des ausgangsseitigen Übertragers der Arbeitswiderstand der Basisstufe. Das bringt den Vorteil, daß gleichstrommäßig im Kollektorkreis nur der geringe Kupferwiderstand der Wicklung auftritt.

Bandfilterkopplung

Besonders in schmalbandigen HF-Verstärkern wird die Sonderform der Übertragerkopplung, die Bandfilterkopplung, benutzt.

Das Netzwerk im Kopplungsvierpol (Abb. 5) überträgt nur ein ganz bestimmtes Frequenzband. Der Vorteil dieser Kopplungsart

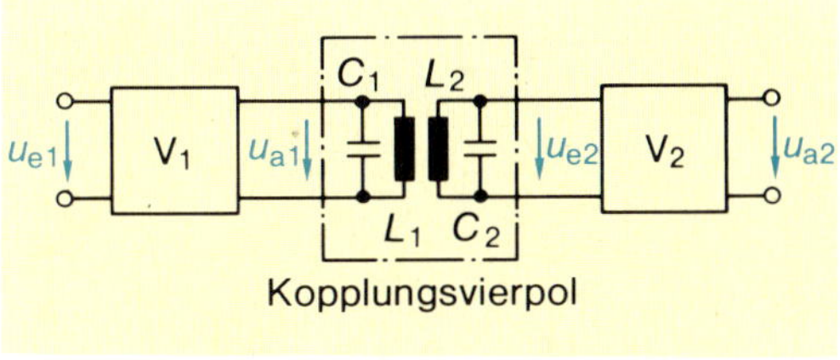

Abb. 5: Bandfilterkopplung

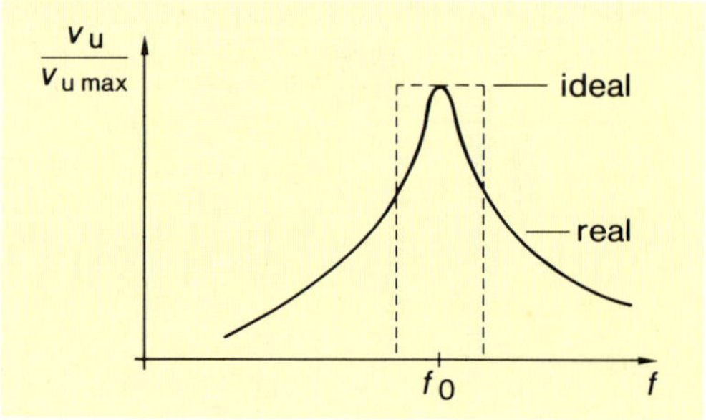

Abb. 1: Frequenzgang eines bandfiltergekoppelten Verstärkers

liegt darin, daß man durch unterschiedlichsten Aufbau das gewünschte Übertragungsverhalten erzielen kann. Bei dem dargestellten zweikreisigen *LC*-Bandfilter kann die Form der Übertragungskurve durch die Intensität der Kreiskopplung bestimmt werden. Bei fester Kopplung ergibt sich eine Durchlaßkurve mit steilen Flanken (Abb. 1, vgl. auch 1.7.5). Heute setzt man in solchen Schmalband- oder Selektiv-Vierpolen verstärkt mechanische Filter ein, um die Nachteile von Spulen zu umgehen.

Akustische und optische Kopplung

Technologische Fortschritte lassen neuere Kopplungsarten in den Vordergrund rücken. Als Beispiel für eine akustische Kopplung sei hier auf die Möglichkeit hingewiesen, mittels Ultraschallsender einen Empfänger zu steuern. Fernsehgeräte oder Garagentore können so z.B. aus der Distanz bedient werden.

Neueste Entwicklungen erlauben die Informationsübertragung durch Licht. So kann senderseitig durch eine Lumineszensdiode moduliertes Licht emittiert werden, das empfängerseitig einen Fototransistor oder eine Fotodiode steuert (Abb. 2).

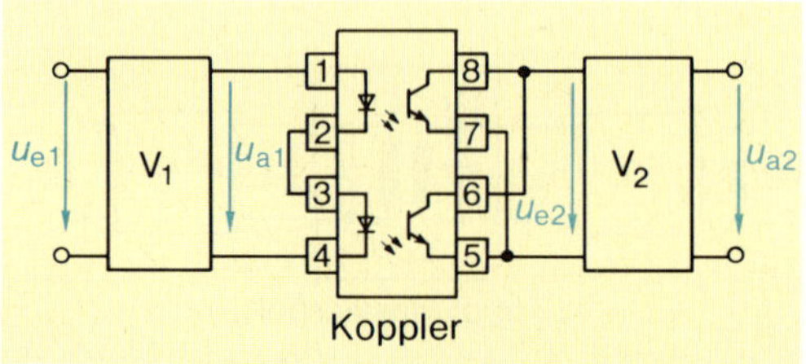

Abb. 2: Zweikanal-Optokoppler

Der Wirkungsgrad der optischen Koppler ist schlecht. Er ist z.B. bei Infrarotdioden 2%.

Optische Kopplungsvierpole bieten die Möglichkeit, Informationen leitungsfrei zu übertragen.

Mit Optokopplern lassen sich Signale völlig potentialfrei übertragen.

Direkte und dynamische Kopplung

Sollen Gleichspannungen oder Spannungsschwankungen sehr niedriger Frequenz übertragen werden, muß auf die direkte Kopplung zurückgegriffen werden (Abb. 3). Nachteilig wirkt sich dabei die Beeinflussung der Gleichspannungen im Arbeitspunkt aus.

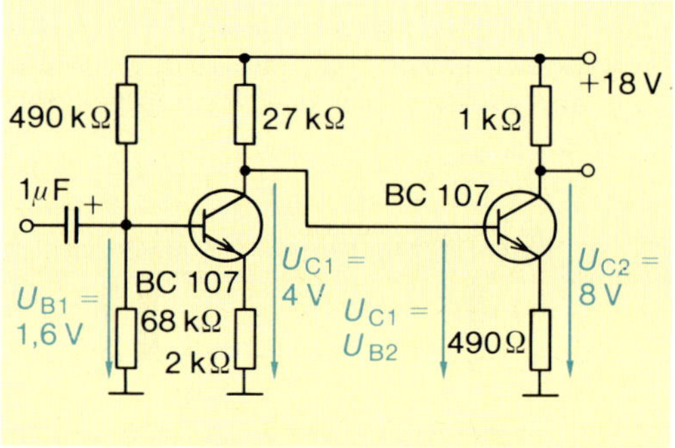

Abb. 3: Direkte Kopplung

Vorteile

- Gleichspannungsübertragung ist möglich (0 Hz).
- Im Kopplungsvierpol sind keine frequenzabhängigen Elemente vorhanden.

Nachteile

- Die Arbeitspunkte der Einzelstufen können nicht frei gewählt werden und beeinflussen sich gegenseitig.
- Die Aussteuerbarkeit der Folgestufe nimmt durch die Aufstockung der Ruhespannungen ab (Abb. 3).
- Arbeitspunktveränderungen durch Temperaturwanderungen werden von der folgenden Stufe verstärkt.
- Bei fehlender Eingangsspannung ($U_e = 0$ V) ist die Ausgangsspannung nicht Null ($U_a = U_{C2}$).

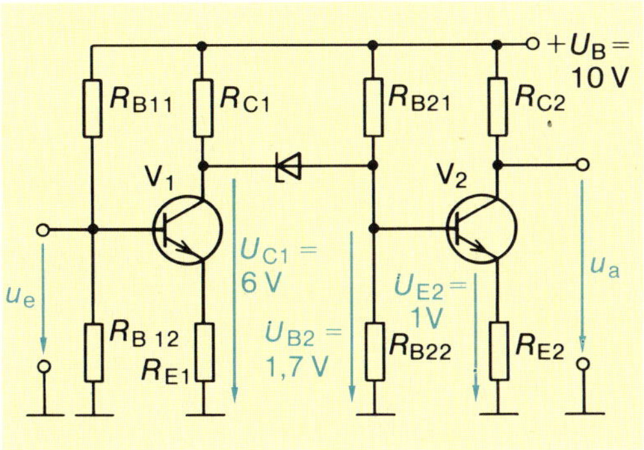

Abb. 4: Kopplung mit Z-Diode

Die aufgezählten Nachteile lassen sich zum Teil beseitigen.

Soll der Ausgang der ersten Stufe nicht auf dem gleichen Gleichspannungspotential wie der Eingang der zweiten Stufe liegen, legt man in den Längszweig des Koppelgliedes einen Widerstand. Dadurch verringert sich allerdings die Verstärkung.

Bei der Diodenkopplung lassen sich die Arbeitspunkte der Stufen unabhängig voneinander einstellen. Die verwendeten Dioden müssen eine Schwellenspannung in Höhe der Gleichspannungsdifferenz zwischen Kollektorspannung U_{C1} und Basisspannung U_{B2} besitzen (Abb. 4). Notfalls sind zwei oder drei Dioden in Serie zu schalten. Wechselstrommäßig sind die Transistoren V1 und V2 wegen des kleinen differentiellen Widerstandes der Dioden direkt gekoppelt.

Aufgaben zu 3.7

1. Begründen Sie, weshalb in einem mehrstufigen Verstärker die Gesamtverstärkung das Produkt der Einzelverstärkungen ist!

2. Skizzieren Sie in einem v_u-f-Diagramm die typische Übertragungskennlinie eines *RC*-Verstärkers!

3. Durch welche Maßnahme kann man bei einem *RC*-Verstärker die untere Grenzfrequenz erniedrigen?

4. Welche Kopplungselemente sind bei einem Breitbandverstärker einsetzbar und welche bei einem Selektivverstärker?

5. Welche Nachteile hat die Übertragerkopplung?

6. Zeichnen Sie das Schaltbild eines dreistufigen direkt gekoppelten Verstärkers mit Transistoren in Emitterschaltung mit $U_B = 12$ V und $U_{C1} = 6$ V. Verdeutlichen Sie anhand von Spannungspfeilen die Aufstockung der Arbeitspunkte.

7. Welchen Vorteil bringt die Kopplung mit Fotohalbleitern?

3.8 Kaskade- und Brückenverstärker

3.8.1 Darlington-Schaltung

In Abb. 5 wird der Schaltungsausschnitt eines Leistungsverstärkers gezeigt. In der Endstufe befindet sich eine integrierte Schaltung (gestricheltes Kästchen), bei der die Transistoren auf besondere Art zusammengeschaltet sind. Die Kollektoren sind miteinander verbunden und der Emitter des ersten Transistors liegt direkt an der Basis des zweiten Transistors.

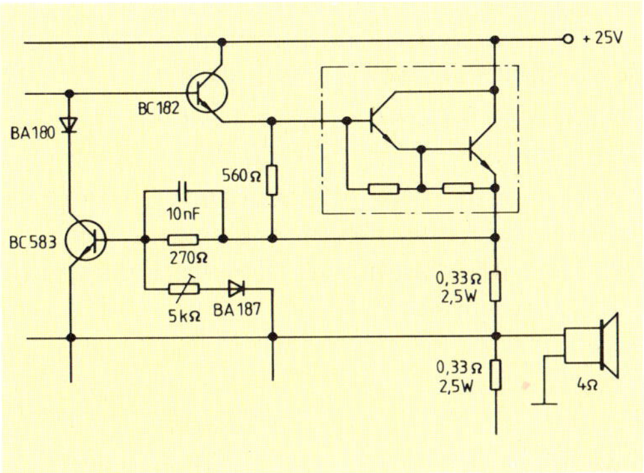

Abb. 5: Endstufe mit integrierter Darlington-Schaltung

Nach außen wirkt diese Anordnung wie ein einzelner Transistor mit den drei Anschlüssen E, B und C. Sie wird als Darlington-Transistor bezeichnet (Abb. 1; S. 216). Mit diesem Transistor kann man Emitter-, Kollektor- oder Basisschaltungen aufbauen.

Als Vorteil gilt, daß die Stromverstärkung gleich dem Produkt der Einzelstromverstärkungen ist und sehr groß werden kann; $\beta' > 10^3$.

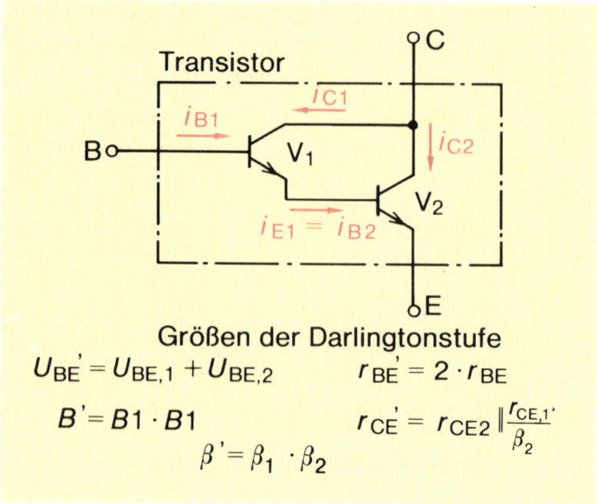

Abb. 1: Darlington-Transistor

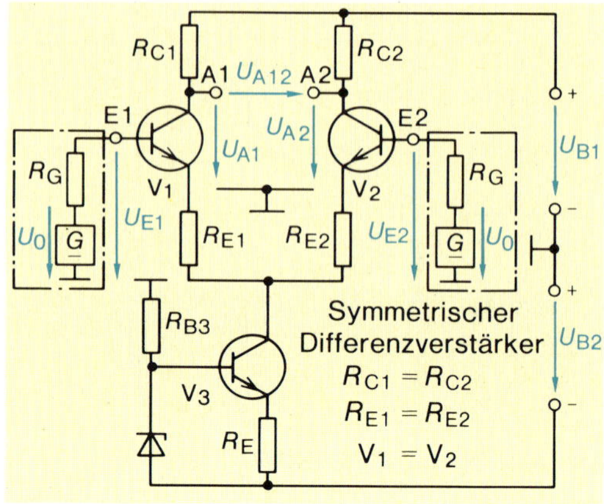

Abb. 3: Differenzverstärker mit Konstantstromquelle

Abb. 2 zeigt eine Komplementär-Darlington-Schaltung. Der Emitter von V1 ist am Kollektor von V2 angeschlossen. Der Transistortyp, den die Schaltung darstellt, wird durch den Treibertransistor V1 (Abb. 1) bestimmt.

Mit einer Komplementär-Darlington-Schaltung läßt sich z.B. ein Emitterfolger mit NPN-Transistor aufbauen, der sich durch eine kleine Schwellenspannung, eine sehr große Stromverstärkung und einen großen Eingangs- sowie einen sehr kleinen Ausgangswiderstand auszeichnet.

Dank dieser Vorzüge werden Darlington-Schaltungen bevorzugt in Leistungsendstufen oder in Endstufen von Operationsverstärkern verwendet.

3.8.2 Differenzverstärker

Operationsverstärker und auch hochwertige Leistungsendstufen sind als Gleichspannungsverstärker ausgelegt. Um Probleme der direkten Kopplung zu beseitigen, sind besondere Schaltungskonzeptionen erforderlich.

Die Schaltung nach Abb. 3 ist eine Differenzverstärkerschaltung. Analysiert man sie und faßt dabei die wesentlichen Teilfunktionen zusammen, erkennt man eine Schaltung mit zwei emittergekoppelten Transistoren, zwei Emitterwiderstände zur Arbeitspunktstabilisierung und eine einstufige Transistorschaltung im Emitterweg von V1 und V2. Der Differenzverstärker hat eine hohe Span-

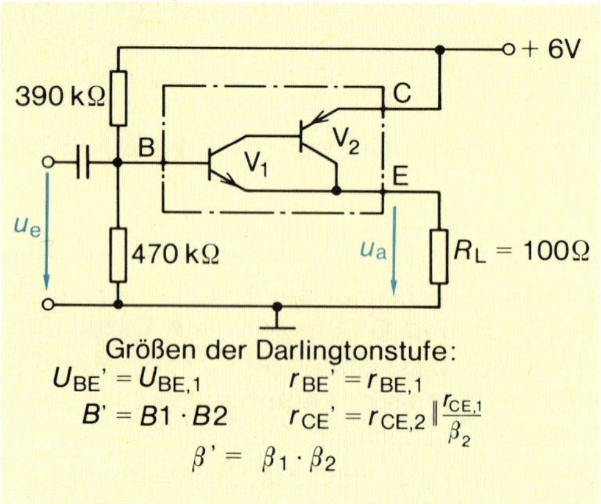

Abb. 2: Komplementär-Darlington-Schaltung als Emitterfolger

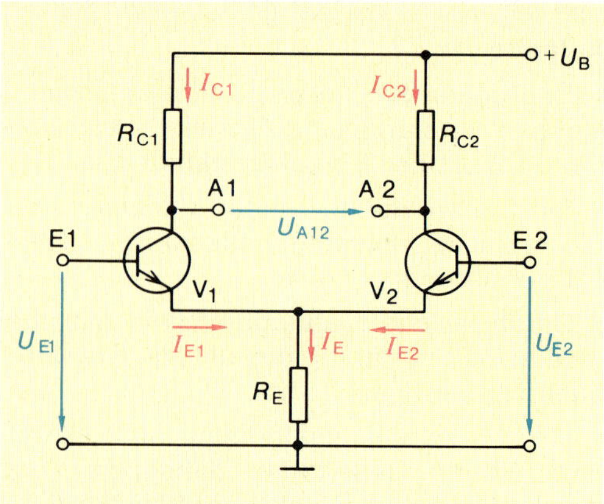

Abb. 4: Prinzip des Differenzverstärkers

nungsverstärkung, wenn er aus zwei völlig identischen, thermisch gleich reagierenden Zweigen besteht. Als weitere Voraussetzung gilt, daß die Schaltung mit V3 bei jeder Bedingung für einen konstanten Emitterstrom sorgt. V3 stellt eine Konstantstromquelle dar und läßt sich im vereinfachten Ersatzschaltbild (Abb. 4) als ein für beide Stufen wirkender Emitterwiderstand darstellen.

Haben die Transistoren V1 und V2 sowie die Kollektorwiderstände R_{C1} und R_{C2} gleiche Daten, dann liegt eine abgeglichene Brücke vor (Abb. 5).

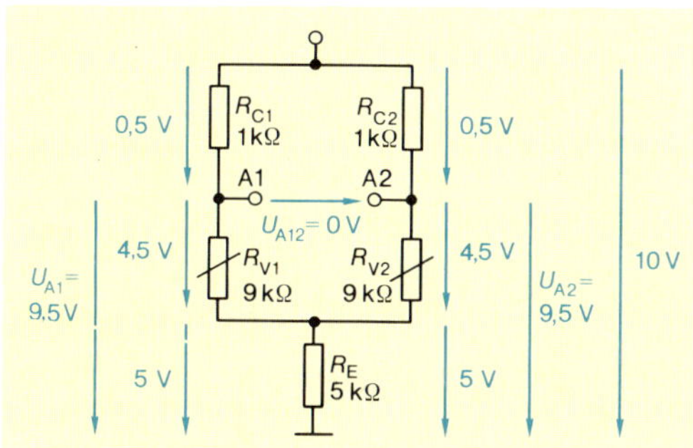

Abb. 5: Ersatzschaltung des Differenzverstärkers

Die mittleren Anschlüsse A1 und A2 liegen auf gleichem Potential. Zwischen Ihnen ist keine Spannung meßbar.

Verändern sich durch Temperatureinfluß die Zweigströme, dann verändert sich die Spannung U_{A12} nicht, da sich die Arbeitspunktverschiebung bei beiden Transistoren gleich stark auswirkt.

Der Idealfall der gleichen Bauteile läßt sich in der Praxis nicht erreichen. Er stellt sich aber angenähert ein, da sich nur die Driftdifferenz zwischen den Kollektorströmen auf den Ausgang auswirkt. Die Gegenkopplungswiderstände R_{E1} und R_{E2} verkleinern zusätzlich den Temperatureinfluß.

Hat die Basisspannung der beiden Transistoren in den Brückenzweigen den gleichen Wert, dann fällt über den Kollektorwiderständen die gleiche Spannung ab. Eine Spannung zwischen A1 und A2 ist nicht vorhanden. Der Strom $I_E = I_{E1} + I_{E2}$ mit $I_{E1} = I_{E2}$ darf bei Verwendung einer Konstantstromquelle als konstant angenommen werden.

Liegen unterschiedlich große Spannungen an den Eingängen E1 und E2, verändert sich die Stromaufteilung im Emitter- sowie im Kollektorzweig. So sinkt z.B. der Strom durch V2, wenn er in V1 um den gleichen Wert steigt; $I_{C1} \neq I_{C2}$. Für beide Emitterschaltungen ist die Ausgangsspannung U_A um den Verstärkungsfaktor V_U größer als die Eingangsspannung.

Es gilt

$$U_{A1} = -V_U \cdot U_{E1}$$

$$U_{A2} = -V_U \cdot U_{E2}$$

Am Ausgang ist wirksam

$$U_{A12} = U_{A1} - U_{A2} = -V_U \cdot U_{E1} - (-V_U \cdot U_{E2})$$

$$U_{A12} = -V_U (U_{E1} - U_{E2})$$

$$\boxed{U_{A12} = -V_U \cdot U_D}$$

Die Eingangsspannungsdifferenz U_D erscheint um V_U verstärkt am Ausgang der Schaltung. Deshalb bezeichnet man ihn als Differenzausgang und die Schaltung als Differenzverstärker.

Bei Differenzansteuerung im Eingang arbeitet der Differenzverstärker als Gegentaktverstärker.

Stellt man das Übertragungsverhalten eines Differenzverstärkers dar, ergibt sich die Darstellung nach Abb. 6. Darin kommt vor allem das phasendrehende (invertierende) Verhalten zum Ausdruck.

Die Differenzverstärkung bleibt aber nur bei konstantem Emitterstrom I_E von langsamen Temperaturschwankungen unbeeinflußt. Das

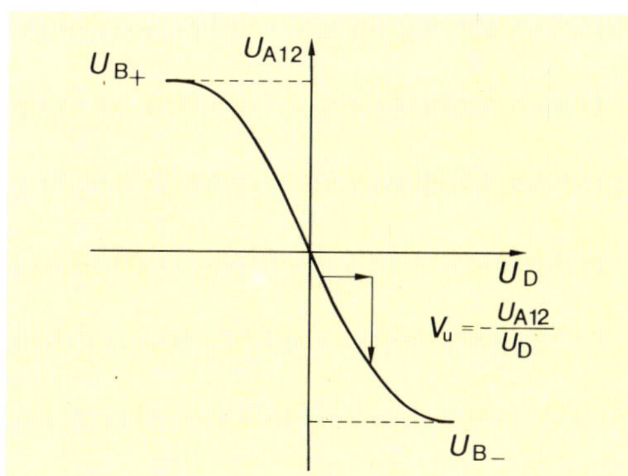

Abb. 6: Übertragungskennlinie

ist von großer Bedeutung, denn nur unterschiedliche Eingangsspannungen und nicht Temperaturschwankungen der Arbeitspunkte sollen eine Ausgangsspannungsänderung bewirken. Sind die Brückenzweige mit V1 und V2 nicht exakt gleich, ergeben sich bei gleicher Ansteuerung unterschiedliche Ströme. Die Differenzspannung U_{A12} in der Mitte der Brücke ist nicht mehr Null.

Bei konstantem Strom I_E kann sich der Strom $I_{E1} \approx I_{C1}$ nur ändern, wenn sich $I_{E2} \approx I_{C2}$ ändert. Die Stromzunahme des einen Transistors kann gerade so groß werden, wie die Abnahme des anderen.

Werden die Eingänge E1 und E2 von der gleichen Spannung angesteuert, spricht man von **Gleichtaktsteuerung.** Dabei soll sich die Stromverteilung in den Kollektorleitungen nicht ändern und die Ausgangsspannung U_{A12} Null bleiben.

Bei guter Stabilisierung des Emitterstromes wird die Gleichtaktverstärkung beinahe Null.

Differenzverstärker lassen sich auch einsetzen, wenn anstelle einer Spannungsdifferenz nur eine Eingangsspannung verstärkt werden soll. Zu diesem Zweck wird jeweils nur ein Transistor angesteuert, die Basis des anderen auf Bezugspotential gelegt.

Wird nur eine Signalquelle zwischen beide Eingänge gelegt, ergibt sich eine **symmetrische** oder **potentialfreie Steuerung.**

Das Ausgangssignal läßt sich zwischen den beiden Kollektoren oder jeweils zwischen einem Kollektor und der Bezugsebene abnehmen. Im zweiten Fall liegt ein **unsymmetrischer Ausgang** vor und E1 ist dann gegenüber A1 der phasendrehende und gegenüber A2 der phasengleiche Eingang. Diese Verhältnisse bezeichnet man auch als **invertierend** und **nichtinvertierend.** Danach ist E2 der invertierende Eingang in bezug auf A2 und der nichtinvertierende für A1.

Wird der Differenzverstärker zwischen zwei symmetrischen Betriebsspannungen betrieben, vergrößert sich der Aussteuerbereich. Außerdem kann bei günstiger Wahl der Emitterruhespannung der eingangsseitige Arbeitspunkt auf Null-Potential liegen. Es können so Eingangsspannungen kleiner als die Schwellenspannung der Transistoren verstärkt werden.

Der Differenzverstärker ist ein Gleichspannungsverstärker mit hohem Eingangswiderstand, der sich bei guter Arbeitspunktstabilität als universeller Verstärker verwenden läßt.

Differenzverstärker befinden sich im Eingang von Operationsverstärkern.

Aufgaben zu 3.8

1. Zeichnen Sie das Schaltbild eines Darlington-Transistors, der als Spannungsverstärker in Emitterschaltung betrieben wird.
2. Wie muß ein Differenzverstärker aufgebaut sein, damit die Gleichtaktverstärkung sehr klein bleibt?

3.9 Gegenkopplung

Linearisierung durch Gegenkopplung

Die Gegenkopplung wird, wie in 3.3.2 beschrieben, zur Stabilisierung des Arbeitspunktes eingesetzt. Warum und wie man die Gegenkopplung zur Beeinflussung der verschiedenen Signaleigenschaften eines Verstärkers vorteilhaft nutzt, läßt sich einführend mit Hilfe von Abb. 1 veranschaulichen. In Abschnitt 3.7.1 wurde gezeigt, daß durch die nichtlinearen Eingangs- und Steuerkennlinien Verzerrungen entstehen. In Abb. 1 wird Spannungssteuerung vorausgesetzt. Bei fehlender Gegenkopplung wäre der Ausgangsstrom verzerrt.

Durch den Emitterwiderstand R_E wird eine dem verzerrten Ausgangsstrom entsprechende Spannung u_{Gk} in den Eingangskreis zurückgekoppelt. Die verzerrte Gegenkopplungsspannung ist der Eingangsspannung u_e^* entgegengerichtet. Sie subtrahiert sich so von ihr, daß die resultierende Steuerspannung u_e vorverzerrt wird. u_e ist nicht mehr rein sinusförmig. Ihre negative Halbschwingung ist größer als die positive. Bei richtiger Dimensionierung des Gegenkopplungsgrades läßt sich u_e gerade so vorverzerren, daß der Ausgangswechselstrom und damit die Ausgangswechselspannung weit-

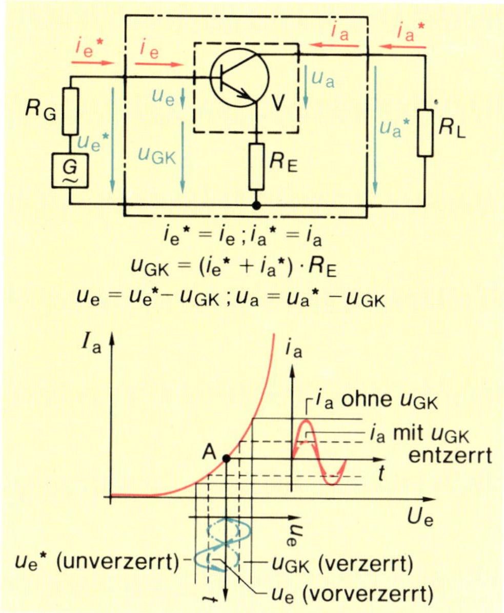

Abb. 1: Entzerrung bei Strom-Spannungs-Gegenkopplung

gehend mit der Form des ursprünglichen Steuersignals übereinstimmen.

Die durch Kennlinienkrümmung entstandenen nichtlinearen Verzerrungen eines Verstärkers lassen sich durch Gegenkopplung verringern.

Durch die Gegenkopplung mit R_E nimmt die Spannungsverstärkung ab. Die Eingangsspannung u_e^* verringert sich um u_{GK}. Die verbleibende Steuerspannung u_e bewirkt eine kleinere Ausgangsspannung u_a^*. Die Stromverstärkung bleibt bei dieser Gegenkopplungsart unverändert.

Die Gegenkopplung verändert auch den Eingangs- und Ausgangswiderstand für Wechselstrom. Im Eingangskreis wirkt statt r_{BE} die Reihenschaltung $r_{BE} + \beta \cdot R_E$. Im Ausgangskreis addiert sich zu r_{CE} der Emitterwiderstand R_E.

Durch Stromgegenkopplung vergrößert sich der Wechselstromeingangs- und Ausgangswiderstand.

Die Widerstände erhöhen sich mit zunehmendem Gegenkopplungsgrad $1 - kv$.

Man spricht immer dann von einer Stromgegenkopplung, wenn die im Eingangskreis wirkende Gegenkopplungsgröße dem Ausgangsstrom proportional ist.

Spannungsgegenkopplung liegt vor, wenn die im Eingangskreis gegensteuernde Größe der Ausgangsspannung proportional ist.

Abb. 2 zeigt das Ersatzschaltbild eines spannungsgegengekoppelten Verstärkers. Die Schaltung hat andere Eigenschaften als die Schaltung mit Emitterwiderstand.

Eine steigende Ausgangsspannung bewirkt einen größeren Gegenkopplungsstrom i_{GK} durch den Rückführungswiderstand zum Eingangskreis. Der Strom wirkt dem Eingangsstrom i_e^* entgegen und verringert den Steuerstrom i_e. Mit den Gleichungen aus Abb. 2 sind die Bedingungen für die Verstärkung abzuleiten.

Bei einer Emitterschaltung mit Spannungsgegenkopplung verringert sich die Stromverstärkung v_i^* in Abhängigkeit des Gegenkopplungsgrades.

Die Spannungsverstärkung v_u^* bleibt unverändert.

Die Wirkung der Gegenkopplung auf den Eingangs- und Ausgangswiderstand läßt sich erklären, wenn man das Schaltbild zu einem aktiven und einem passiven Vierpol umzeichnet. Im Längsweg liegt R_P (vgl. Abb. 1b, S. 220) parallel zum Verstärkervierpol. Der Eingangswiderstand liegt damit auch parallel zum Ausgangswiderstand des Verstärkervierpols und verkleinert ihn. Gleiches gilt für den Eingangskreis.

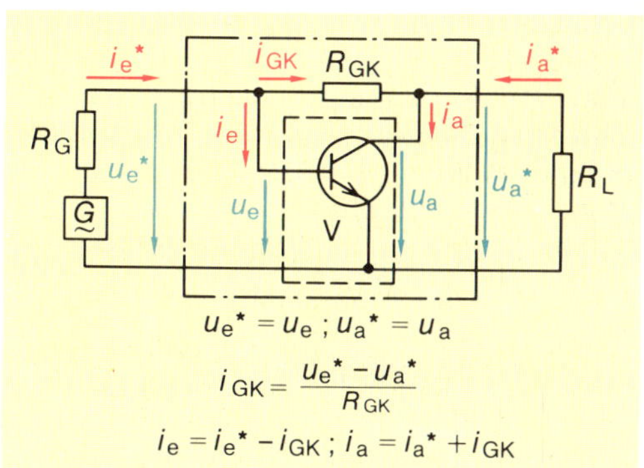

Abb. 2: Spannungs-Strom-Gegenkopplung

Durch die Wirkung der Gegenkopplung lassen sich die wesentlichen Eigenschaften v_u, v_i, r_e und r_a eines Verstärkers beeinflussen.

Grundschaltungen der Gegenkopplung

Mit der strom- und spannungsgegengekoppelten Schaltung wurde auf zwei grundlegende Arten der Gegenkopplung hingewiesen.

Bei der **Stromgegenkopplung** ist die rückgeführte Größe dem Ausgangsstrom proportional. Der Rückkopplungsvierpol liegt in Reihe zum Ausgang des aktiven Vierpols.

Bei der **Spannungsgegenkopplung** ist die rückgekoppelte Größe der Ausgangsspannung proportional. Der Rückkopplungsvierpol liegt parallel zum Ausgang des aktiven Vierpols.

Der Rückkopplungsvierpol kann einen oder mehrere aktive Vierpole überbrücken. Es muß nur dafür gesorgt sein, daß die rückgeführte Größe um 180° phasenverschoben zur Eingangsgröße auftritt.

Die rückgeführte Größe kann im Eingang eingespeist werden

- parallel als Gegenkopplungsstrom,
- in Serie als Gegenkopplungsspannung.

Wird nur jeweils eine Eingangsgröße von einer Ausgangsgröße beeinflußt, ergeben sich vier Grundschaltungen der Gegenkopplung.

Die Art der Zusammenschaltung wird jeweils durch zwei Worte gekennzeichnet. Das erste bezieht sich auf die Art der Auskopplung und das zweite auf die der Einkopplung (Abb. 1).

Jede der vier Grundschaltungen hat verschiedene Auswirkungen auf die Verstärkereigenschaften. Die Veränderung der Eigenschaften in Abhängigkeit vom Gegenkopplungsgrad wird in Abb. 2 verdeutlicht.

Hinsichtlich der Widerstände gilt allgemein:

Serielle Ein- oder Auskopplung vergrößert \ den { Eingangs- und Ausgangswiderstand

Parallele Ein- oder Auskopplung verkleinert / den { Eingangs- und Ausgangswiderstand

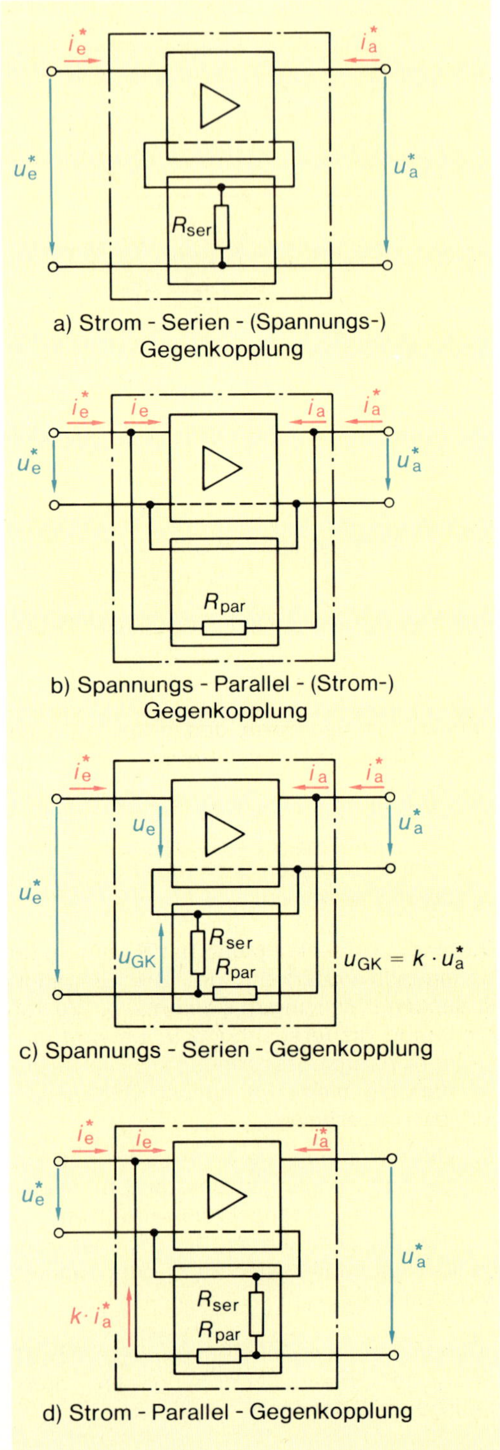

Abb. 1: Grundschaltungen der Gegenkopplung

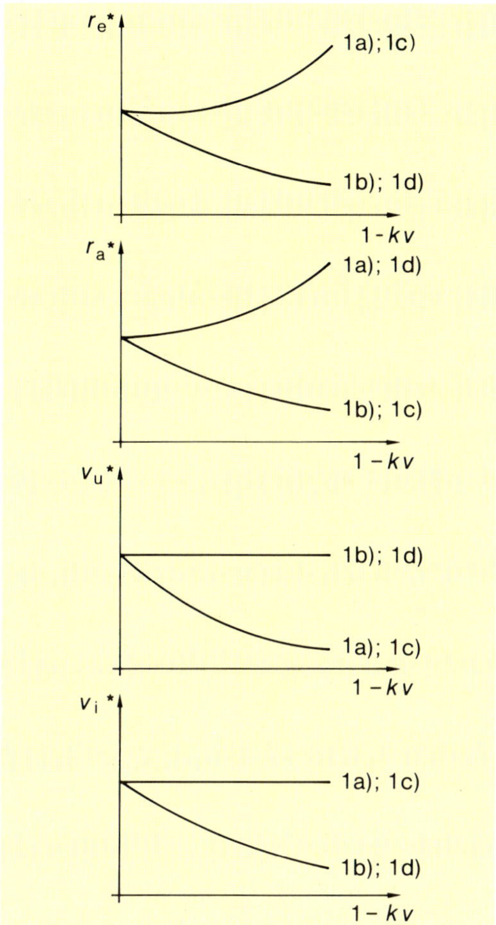

Abb. 2: Veränderung der Eigenschaften gegengekoppelter Verstärker in Abhängigkeit des Gegenkopplungsgrades

Für die Verstärkung gilt:

Serien-Gegenkopplung ⟶ Spannungsverstärkung
beeinflußt die
Parallel-Gegenkopplung ⟶ Stromverstärkung

Die Schaltungen zu Abb. 1a und 1b wurden ausführlich behandelt. Die Schaltungen 1c und 1d haben bei einstufigen Verstärkern mit Einzeltransistor keine große Bedeutung.

Bei integrierten Verstärkern und bei mehrstufigen Verstärkern mit Einzelhalbleitern wird über die gesamte Schaltung gegengekoppelt.

Bei mehrstufigen Verstärkern mit *RC*-Kopplung kann besonders im Bereich der Grenzfrequenzen aus der Gegenkopplung leicht eine Mitkopplung werden, weil die Gegenkopplungsgröße nicht gegenphasig im Eingangskreis auftritt.

Günstiger ist es, wenn die Stufen direkt verbunden werden und mit einer Gegenkopplung über mehrere Stufen für Stabilität und Linearisierung gesorgt wird. In Abb. 3 sind häufig angewendete Gegenkopplungsschaltungen für einen zweistufigen Verstärker dargestellt.

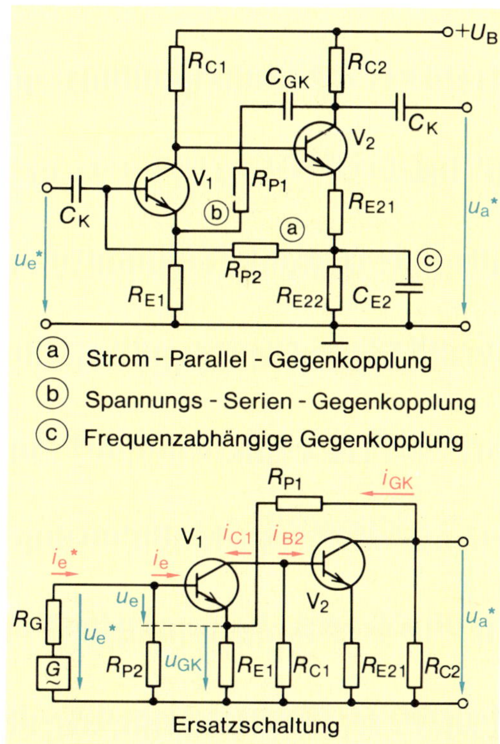

Abb. 3: Gegengekoppelter Gleichspannungsverstärker

Für die Gegenkopplung ⓐ von Abb. 3 arbeitet der Transistor V1 in Emitterschaltung mit Phasenverschiebung von 180° und V2 in Kollektorschaltung ohne Phasenverschiebung. Wechselspannungen gelangen invertiert zum Eingang zurück.

Für die Variante ⓑ arbeitet V1 als Basisschaltung und V2 als Emitterschaltung.

Beide Grundschaltungen zeichnen sich durch hohe Spannungsverstärkung aus. Bei großem Gegenkopplungsgrad ergibt sich eine gute Linearisierung bei mittlerer Spannungsverstärkung.

Die Widerstände R_{E1} und $R_{E2} = R_{E21} + R_{E22}$ sorgen für eine Strom-Spannungs-Gegenkopplung.

Der Widerstand R_{E1} ist immer dann notwendig, wenn die Gegenkopplungsspannung von V2 seriell als Spannung im Eingangskreis von V1 eingeführt werden soll.

Die oft angewandte Variante ⓒ zeigt einen geteilten Emitterwiderstand R_{E2}, dessen unterer Teil R_{E22} für Wechselstrom kapazitiv kurzgeschlossen ist. Die Wechselstromgegenkopplung durch R_{E2} bezüglich V2 wird vermindert. Mit R_{E2} und R_{P2} wird der Arbeitspunkt von V1 eingestellt.

Da die hohen Frequenzanteile im Rückkopplungsweg durch die Wirkung des Emitterkondensators nicht mehr vorhanden sind, bewirkt C_{E2} eine Höhenanhebung.

Wird bei der Gegenkopplungsversion ⓑ ein Kondensator C_{Gk} in Serie mit dem Widerstand geschaltet, stellt sich eine Höhenabsenkung ein.

Werden in den Gegenkopplungszweigen Blindwiderstände eingefügt, ergibt sich eine frequenzabhängige Gegenkopplung.

Hochwertige HiFi-Verstärker entstehen durch aufwendige Gegenkopplungsschaltungen. Die Gesamtschaltung wird dadurch sehr komplex und schwer analysierbar. Den Verlust an Verstärkung bei Gegenkopplung begegnet man durch mehr Grundverstärkung mittels einer größeren Zahl von Verstärkerstufen.

Zur Wirksamkeit der Gegenkopplung läßt sich folgendes festgehalten:

Liegt eine Serieneinspeisung der Gegenkopplungsgröße im Eingangskreis vor und bleibt die Generatorspannung konstant ($R_G \ll r_e$), dann ist die Spannung die Gegenkopplungsgröße.

Liegt eine Paralleleinspeisung im Eingangskreis vor und bleibt der Generatorstrom konstant ($R_G \gg r_e$), dann ist der Strom die Gegenkopplungsgröße.

Zusammengefaßt lassen sich folgende Eigenschaften der Gegenkopplung festhalten:

Phasenbedingung

Phasenverschiebung zwischen Ausgangs- und Eingangsgrößen: 180°.

Statische Wirkung

1. Stabilisierung des Arbeitspunktes.

Dynamische Wirkung

2. Reduzierung der Verstärkung.
3. Stabilisierung der Verstärkung.
4. Verringerung der nichtlinearen Verzerrungen.
5. Vergrößerung der Frequenzbandbreite bei gleichmäßigerem Frequenzgang (Verringerung der linearen Verzerrungen).
6. Beeinflussung des Frequenzganges bei *RC*-Gegenkopplung.
7. Vergrößerung bzw. Herabsetzung der Eingangs- und Ausgangswiderstände eines Verstärkers.
8. Unterdrückung von Netzeinstreuungen (Brumm-) oder Störspannungen.

Die Eigenschaften aus 1 bis 3 und 8 stabilisieren den Arbeitspunkt und die Verstärkung gegen Temperaturänderung, Exemplarstreuungen, Alterung, Betriebsspannungsänderungen und andere Störeinflüsse.

Die Wirksamkeit soll mit der Gegenkopplungsgleichung an einem Beispiel verdeutlicht werden. Ein Transistorverstärker hat z.B. eine Stromverstärkung $v_i = 300$. Durch Temperaturänderung wird eine prozentuale Verstärkungsschwankung $\Delta v_i = \pm 10\%$ angenommen.

Bei Gegenkopplung mit $k = 0{,}03$ ergibt sich mit

$$v_i^* = \frac{v_i}{1 + k \cdot v_i}$$

eine Gegenkopplungsverstärkung von $v_i^* = 30$.

Die Minderung der Verstärkung um den Gegenkopplungsgrad $1 + k \cdot v_i = 10$ geht einher mit einer gleich großen Verringerung der prozentualen Schwankung, die bei Gegenkopplung nur noch $\Delta v_i^* = \pm 1\%$ beträgt.

Bei großer Verstärkung des aktiven Bauteils hängt die Gesamtverstärkung der Schaltung nur noch von der Gegenkopplungskonstanten ab. Mit $k \gg \frac{1}{v}$ gilt

$$v^* = \frac{1}{\frac{1}{v} + k} \qquad \boxed{v^* = \frac{1}{k}}$$

Die Eigenschaft aus Punkt 4 liefert eine sehr geradlinige Übertragungskennlinie, die allerdings an den Enden schärfer abknickt. Die Kennlinie darf nicht im Knickbereich ausgesteuert werden, da sonst die Verzerrungen stark anwachsen. Bei Großsignalbetrieb ist darauf zu achten.

Die Eigenschaft aus Punkt 5 kann zu einem sehr linearen Frequenzgang führen (Abb. 1).

Eigenschaft 5 und 7 stehen in enger Beziehung. Bei einer kapazitiven Kopplung bildet der Kondensator mit dem Eingangswiderstand der folgenden Stufe einen Hochpaß. Durch Erhöhung des Eingangswiderstandes durch Seriengegenkopplung läßt sich die untere Grenzfrequenz eines Verstärkers zusätzlich erniedrigen.

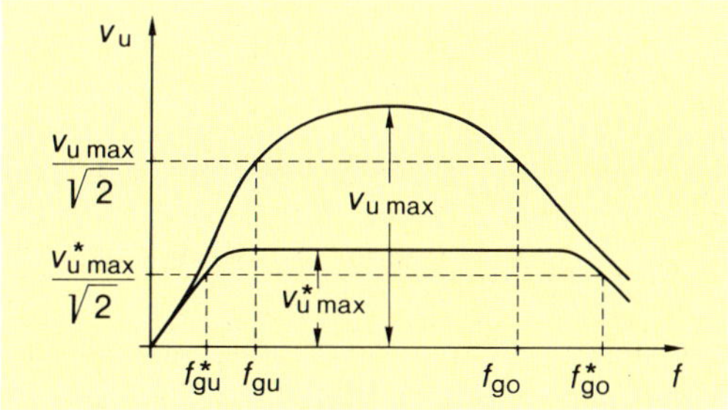

Abb. 1: Linearisierung des Frequenzganges und Vergrößerung der Bandbreite durch Gegenkopplung

Aus Abb. 1 läßt sich auch entnehmen, daß jede Vergrößerung der Bandbreite mit einem Verlust an Verstärkung bezahlt werden muß. Damit läßt sich eine wichtige Regel der NF-Technik formulieren.

Bei jedem Verstärkervierpol stehen Verstärkung und Bandbreite der Übertragung im umgekehrten Verhältnis zueinander.

Eine Vergrößerung der Bandbreite läßt sich nur bei Verkleinerung der Verstärkung erzielen und umgekehrt.

Bildet man das Produkt aus der Bandbreite und der Verstärkung, so erhält man immer einen bestimmten gleichbleibenden Wert.

Verstärkungs-Bandbreite-Produkt:

$v \cdot B = \text{konstant}$

Aufgaben zu 3.9

1. Verdeutlichen Sie anhand einer ausgesteuerten Eingangskennlinie wie sich bei Spannungs- und Stromsteuerung Wechselgrößen im Eingangskreis eines Transistors vorverzerren lassen!

2. Zeichnen Sie die Schaltung eines gegengekoppelten Verstärkers, bei dem die Rückkopplungsgröße dem Ausgangsstrom folgt und als Spannung im Eingangskreis wirkt!

3. Begründen Sie, warum sich bei einer Schaltung mit Spannungs-Parallel-Gegenkopplung der Ausgangswiderstand bei festerer Gegenkopplung verkleinert?

4. Welche Wechselgrößen eines Verstärkers lassen sich durch Gegenkopplung gezielt verändern?

5. Eine Verstärkerschaltung hat selber keine Phasenverschiebung zwischen seiner Eingangs- und Ausgangsspannung. Welche schaltungstechnischen Möglichkeiten bieten sich an, trotzdem eine Gegenkopplung vorzunehmen?

6. Zeichnen Sie das Schaltbild eines zweistufigen direktgekoppelten Verstärkers mit frequenzanhängiger Spannungs-Serien-Gegenkopplung!

7. Nennen Sie die Vorteile gegengekoppelter Verstärker!

8. Im Leerlauf hat ein Verstärker mit einem BC 108C eine Stromverstärkung von 600.

Wie groß ist die Verstärkung bei Gegenkopplung mit $k = 0{,}04$?

9. Was versteht man unter dem Gegenkopplungsgrad? Wie groß muß dieser sein, damit eine Gegenkopplung erzielt wird?

10. Skizzieren Sie in einem Diagramm den Frequenzgang eines gegengekoppelten und eines nichtgegengekoppelten Verstärkers!

3.10 Leistungsverstärker

3.10.1 Aufgaben, Anforderungen und Arten

Ein Leistungsverstärker soll eine möglichst große Signalleistung an einen Verbraucher abgeben.

In der Nachrichtentechnik gehört zu den vielfältigen Aufgaben eines solchen Verstärkers u.a., die Steuerleistung bereitzustellen für

- den Betrieb eines Lautsprechers,
- den Betrieb eines Kopfhörers,
- den Betrieb einer Sendeantenne,
- die Erzeugung der Ablenkimpulse bei einem Farbfernsehgerät,
- den Antrieb eines drehzahlgeregelten Plattenspielermotors,
- den Betrieb einer Infrarot-Sende-Diode.

Leistungsverstärker werden demnach in einem Frequenzbereich bis zu einigen MHz bei unterschiedlichen Leistungsanforderungen eingesetzt.

Elektroakustische Verstärker müssen in einem Frequenzband bis 100 kHz eine Leistung von z. B. 0,05 W . . . 100 W bereitstellen. Dabei kommt es auf verzerrungsfreie Übertragung bei gutem Wirkungsgrad an.

Durch Hintereinanderschaltung mehrerer Verstärker läßt sich eine höhere Leistung erreichen. Hohe Leistungen erfordern hohe Spannungen und Ströme. Die Kennlinien der letzten Stufe sind deshalb voll auszusteuern. Diese **Großsignalverstärkung** in der **Endstufe** kann bei einer nicht ganz linearen Kennlinie zu Verzerrungen führen.

Bei Ruheströmen größer als 0,5 A stellt sich bereits eine erhebliche Verlustleistung ein. Besonders bei **Audio-Verstärkern** mit Nutzleistungen $p > 10$ W rückt neben Verzerrungsfreiheit und Leistung der Wirkungsgrad in den Vordergrund.

Schmalbandige Sender-Endverstärker sollen aus wirtschaftlichen Gründen bei hoher Leistung einen guten Wirkungsgrad haben.

Bei einem Leistungsverstärker stehen **Leistung, Verzerrungsfreiheit** und **hoher Wirkungsgrad** im Vordergrund.

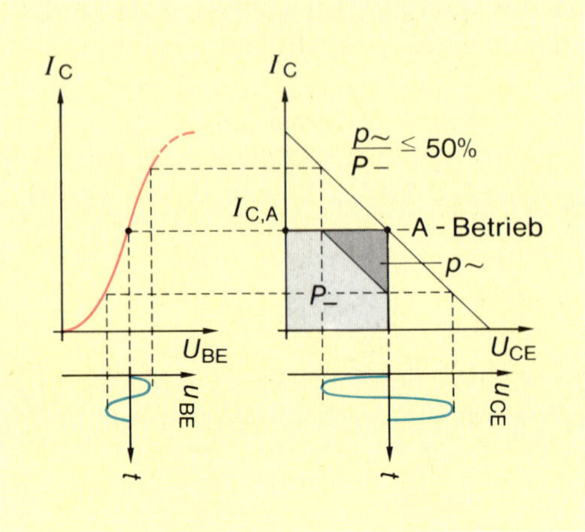

Abb. 1: A-Betrieb

Breitband-NF-Leistungsverstärker sollten über einen großen Frequenzbereich eine lineare Verstärkung besitzen. Der Wechselstromeingangswiderstand sollte groß sein.

Durch alphabetische Bezeichnungen beschreibt man die Arbeitsbedingungen eines Verstärkers. Nach der Lage des Arbeitspunktes unterscheidet man die **Betriebsarten A, AB, B und C.**

Gleichzeitig sind damit Hinweise gegeben, wie eine Schwingung des Signals behandelt wird. Beim **A-Betrieb** liegt der Arbeitspunkt in der Mitte der Kennlinien. Beide Halbschwingungen des Signals steuern aus. Eine größere Aussteuerung als in Abb. 1 führt wegen der Krümmung der Kennlinien zu Verzerrungen.

Bei ständig fließendem Ruhestrom ist der Wirkungsgrad gering ($\eta \leq 50\%$).

Kennzeichnend für A-Betrieb sind

- kleiner linearer Aussteuerbereich,
- hoher Ruhestrom,
- kleiner Wirkungsgrad
- geringer Klirrfaktor bei Kleinsignalverstärkung.

Liegt der Arbeitspunkt im unteren Knick der Eingangskennlinie, **B-Betrieb,** stellt sich ein sehr kleiner Ausgangsruhestrom ein. Die Kollektor-Emitter-Spannung ist etwa gleich der Betriebsspannung. Bei Aussteuerung läßt sich nur eine Signalhalbschwingung übertragen (Abb. 2).

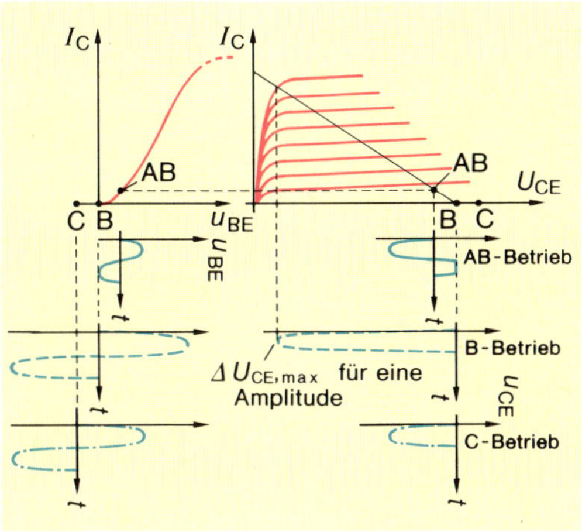

Abb. 2: AB-, B- und C-Betrieb

Beim **AB-Betrieb** wird der Arbeitspunkt etwas höher in A-Richtung verschoben.

Beim **C-Betrieb** liegt der Arbeitspunkt im Sperrbereich des Verstärkers. Es fließt nur dann ein Strom, wenn die Eingangswechselspannung über den Kennlinienfußpunkt hinausgeht.

C-Betrieb wird nur bei Sender-Verstärkern angewendet.

Durch den fehlenden Ruhestrom im Arbeitspunkt und der sehr geringen Umsetzung von Verlustleistung ist der B-Betrieb für Leistungsstufen bedeutsam. Trotz Unterdrükkung einer Signalhalbwelle läßt sich gerade diese Betriebsart für Leistungsverstärker mit großer Ausgangsleistung sehr effektiv anwenden.

Dazu bedarf es eines anderen Schaltungskonzeptes. Man schaltet zwei Transistoren gleichstrommäßig in Reihe, steuert jeden immer nur mit der positiven bzw. negativen Halbwelle an und setzt beide Schwingungen im Ausgangskreis wieder zusammen. Das abwechselnde Steuern der beiden Transistoren nennt man **Gegentakt-Verstärkung.**

Kennzeichnend für B-Betrieb ist demnach

- kleiner Ruhestrom, kleine Verlustleistung,
- großer Wirkungsgrad, ($\eta \leq 78\%$),
- Verzerrungen größer als bei A-Betrieb,
- nur Gegentaktsteuerung sinnvoll,
- bei Gegentakt-B-Verstärkung Verdopplung des Aussteuerbereichs.

3.10.2 Gegentaktverstärker

Bei dem in Abb. 3 gezeigten Leistungsverstärker handelt es sich um eine Schaltung mit Einzelbauteilen und Signalleistung von 50 W an einem Lautsprecherwiderstand von 4 Ω.

Zur Analyse der Schaltung kann man so vorgehen, daß man zunächst die Hauptfunktionsgruppen blockmäßig zusammenfaßt.

Verfolgt man zu diesem Zweck den Lauf des Signals, so erkennt man in V1 und V2 einen Differenzverstärker. V3 bildet eine Konstantstromquelle (vgl. 3.8.2). Der Einzeltransistor V4 wird in Emitterschaltung betrieben. Sein Kollektorwiderstand ist viergeteilt (R_8, R_9, R_{10}, R_{11}).

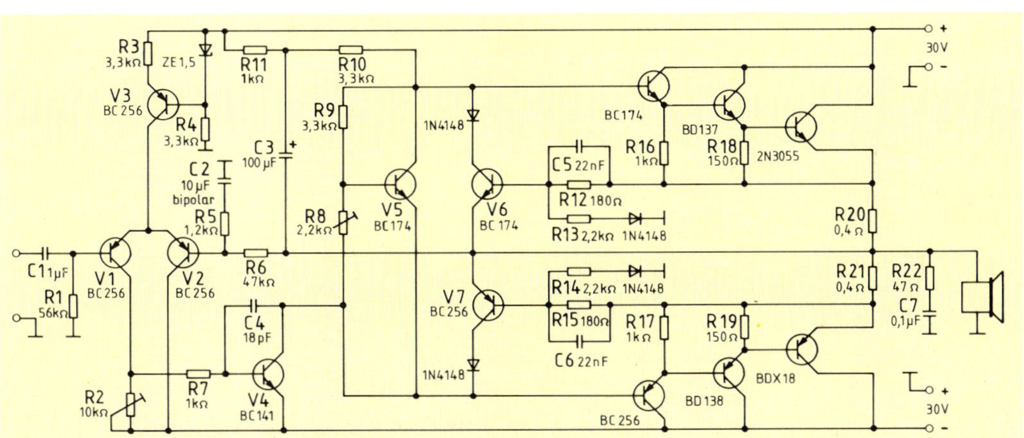

Abb. 3: Leistungsverstärker für NF

Die gesamte Schaltung wird von zwei gleich großen, gegensinnig geschalteten Betriebsquellen versorgt. Die Endstufe ist symmetrisch aufgebaut. Die Transistoren der oberen Hälfte sind NPN-, die der unteren PNP-Transistoren. Die Endstufentransistoren bilden jeweils einen Dreifach-Darlington, mit entsprechend großer Stromverstärkung. Wird die Darlington-Schaltung blockhaft und andere Teile vereinfacht dargestellt, ergibt sich das Ersatzschaltbild nach Abb. 1.

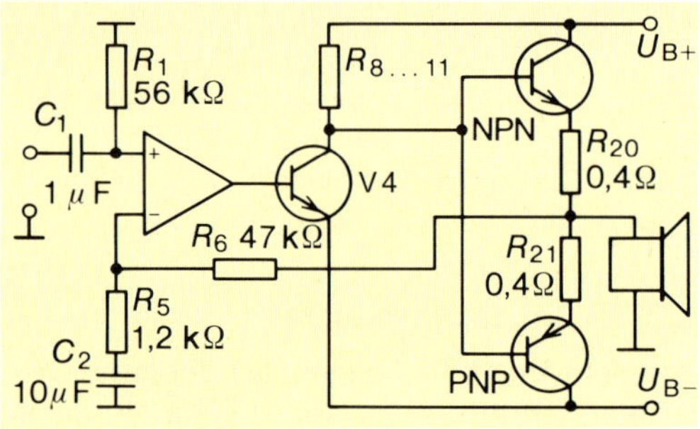

Abb. 1: Prinzip der Endstufe

Haben die beiden Endstufentransistoren gleiche Daten, dann fällt über ihnen die gleiche Betriebsspannung ab; die Emitterwiderstände liegen dann auf Null-Potential und über dem Lautsprecher an Masse. Ein Eingang des Differenzverstärkers liegt auf diesem gleichen Potential. Der Arbeitspunkt des über alle Stufen direkt gekoppelten Verstärkers wird durch eine Gleichstromgegenkopplung vom Ausgang über R_6 stabilisiert. Mit dem Einstellwiderstand R_2 kann das Potential zwischen den Emitterwiderständen der Endstufe auf Null eingestellt werden. Wird der Null-Zustand durch thermischen Einfluß verschoben, liefert der Differenzverstärker am Kollektor von V1 eine gegenphasige Korrekturspannung, mit der über V4 das alte Ruhepotential wieder hergestellt wird.

Wechselstrommäßig wird die Gegenkopplung durch die Wirkung von R_5 und C_2 auf den gewünschten Wert begrenzt.

Der gesamte Verstärker ist somit durch eine wirksame Gleichstromgegenkopplung stabilisiert.

Der Differenzverstärker erfüllt die an eine **Vorstufe** gestellten Forderungen nach hoher Spannungsverstärkung bei großem Eingangswiderstand und guter Nullpunktstabilität am besten.

V4 verstärkt das Signal weiter und liefert den Endtransistoren den nötigen Steuerstrom. V4 betreibt die Endstufe, darum die Bezeichnung **Treiber-Stufe.**

V5 dient, wie später noch zu erklären sein wird (S. 228), zur Arbeitspunktstabilisierung der Endstufentransistoren und kann genauso wie V6 und V7, die wie eine elektronische Kurzschlußstromsicherung wirken, bei der grundsätzlichen Betrachtung zunächst außer acht gelassen werden.

Die zweite Vereinfachungsstufe (Abb. 2) zeigt von den drei Stufen des Leistungsverstärkers nur noch die **Endstufe** mit den beiden Endstufentransistoren, in der sich zwei Emitterfolger in Gegentakt-B-Schaltung befinden. Beide Transistoren arbeiten auf den galvanisch gekoppelten Lautsprecher. Die gepaarten NPN- und PNP-Transistoren werden jeweils nur von einer Signalhalbwelle ausgesteuert. Signalmäßig ergänzen sie sich. Das Signal wird im Emitterkreis wieder zusammengesetzt. Diese Schaltungsart nennt man **Komplementär-Gegentakt-B-Schaltung.**

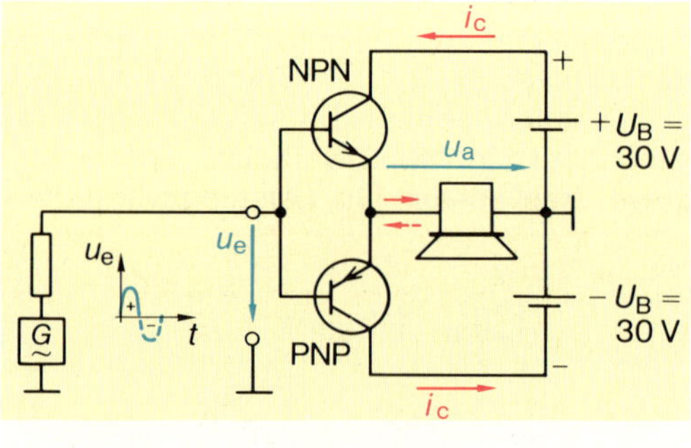

Abb. 2: Prinzip der Komplementär-Gegentakt-B-Endstufe

Ohne Steuerspannung sind beide Endstufen-Transistoren gesperrt. Bei der positiven Halbwelle von u_e wird der NPN-Transistor leitend. Von dem Plus-Anschluß der oberen Versorgungsquelle fließt ein Strom durch den Transistor und den Lastwiderstand (Lautsprecher). Bei der negativen Halbwelle leitet der PNP-Transistor, während der NPN-Transistor sperrt. Es fließt gegenüber vorher

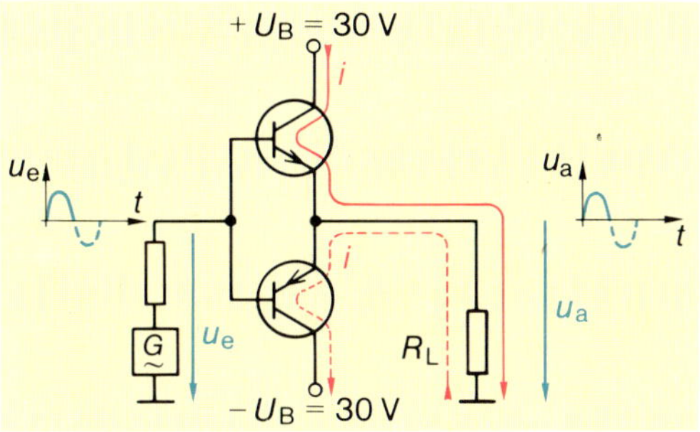

Abb. 3: Komplementäres Endstufenpaar mit zwei Betriebsquellen

ein entgegengesetzter Strom durch den Widerstand (Abb. 3).

Ähnlich verhält es sich, wenn die Endstufe nur aus einer Betriebsquelle versorgt wird. Um einen gleichstrommäßigen Kurzschluß zu vermeiden, muß der Lastwiderstand mittels eines Kondensators mit der Endstufe verbunden sein (Abb. 4). R_L kann einseitig am Plus- oder Minuspol der Versorgungsspannung liegen.

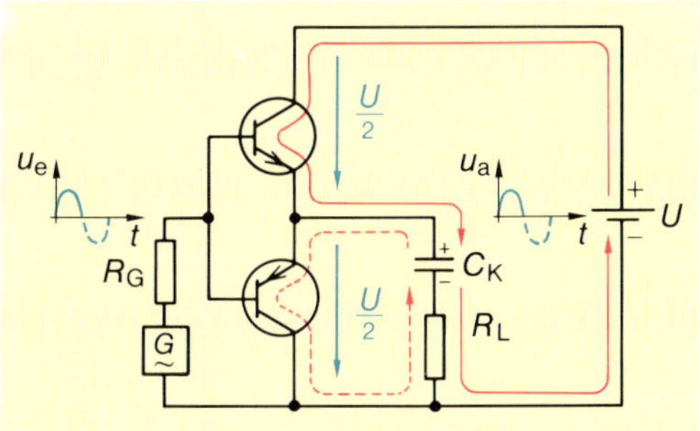

Abb. 4: Komplementäres Endstufenpaar mit einer Betriebsquelle

Ist R_L am Minuspol angeschlossen, dann wird C_K bei leitendem NPN-Transistor beinahe bis auf die Betriebsspannung aufgeladen. Während der Sperrphase des NPN-Transistors wirkt der Kondensator als Spannungsquelle für den PNP-Transistor und treibt durch diesen einen Strom. Der Entladestrom fließt in umgekehrter Richtung durch den Lastwiderstand.

Der Kondensator wird im Takt des Signals auf- und entladen. Im Lastwiderstand fügt sich das vollständige Signal bei großer Leistungsumsetzung zusammen.

Der Kondensator und der Lastwiderstand bilden einen Hochpaß. Soll dessen untere Grenzfrequenz sehr niedrig sein, muß die Kapazität des Kondensators sehr groß sein.

Beispiel: $f_{gu} = 20\ \text{Hz}$; $R_L = 4\ \Omega$

$$C_K = \frac{1}{2\pi \cdot 20\,\frac{1}{\text{s}} \cdot 4\,\frac{\text{V}}{\text{A}}}; \quad C_K = 2000\ \mu\text{F}$$

Komplementäre Gegentakt-AB-Schaltung

Transistoren benötigen eine Basisvorspannung, um leitend zu werden. Bei Siliciumhalbleitern beträgt die zu überwindende Spannung $\approx 0{,}6$ V. Ohne Vorspannung ergeben sich Stromverzerrungen (Abb. 5), die durch den Kennlinienknick entstehen. Damit auch Steuerspannungen $u_e < 0{,}6$ V wirksam werden können, versorgt man die Endtransistoren mit einer Vorspannung und einem kleinen Ruhestrom. Der Arbeitspunkt ist dann etwas in Richtung A verschoben. Es ergibt sich eine begradigte Kennlinie (Abb. 6). Beim **Gegentakt-AB-Betrieb** können die Verzerrungen sehr klein gehalten werden.

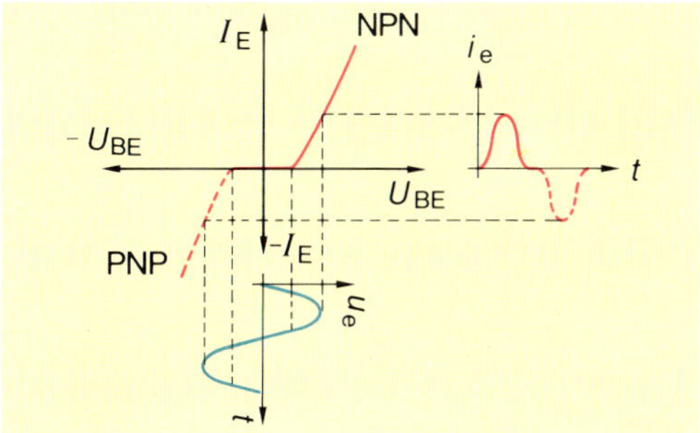

Abb. 5: Stromverzerrungen bei B-Betrieb

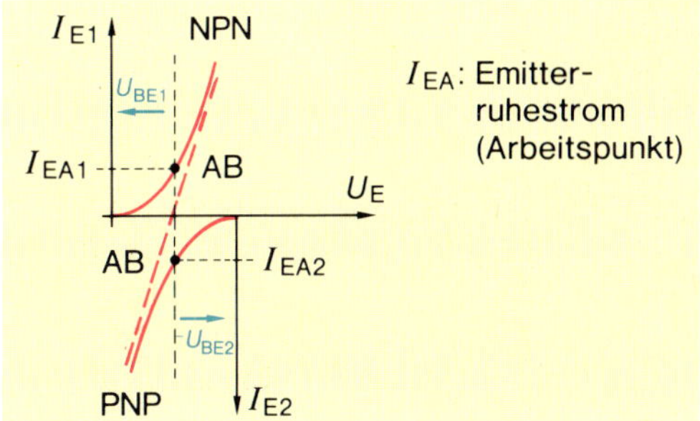

Abb. 6: Dynamische Steuerkennlinie bei AB-Betrieb

Arbeitspunkteinstellung

Zur Basisvorspannungserzeugung benutzt man einen Spannungsteiler. Bei den verwendeten komplementären Transistoren müssen zwei gegensinnige Spannungen erzeugt werden. In Abb. 1 wird die Vorspannung durch einen Widerstandsteiler erzeugt. Die Emitter der Endtransistoren liegen beim Betrieb mit zwei gleich großen Betriebsspannungen auf Null, beim Betrieb mit einer Betriebsquelle bei halber Betriebsspannung, also immer in der Mitte des Aussteuerbereichs. Auch wenn die beiden Widerstände R_2 und R_3 durch einen Widerstand ersetzt werden, entstehen gegenpolige Vorspannungen.

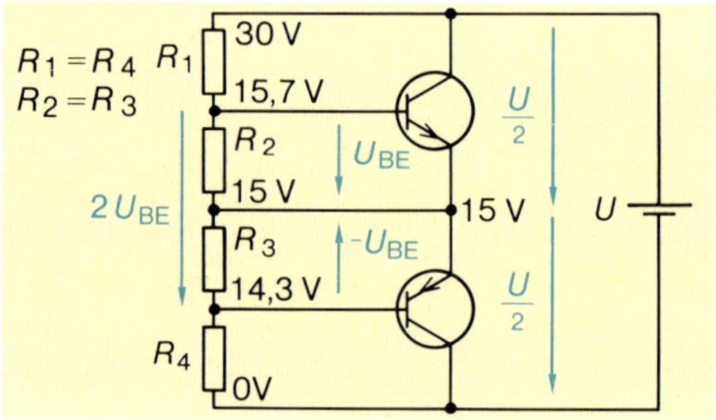

Abb. 1: Basisvorspannungserzeugung

Zur Stabilisierung der Ruheströme werden die bekannten Methoden angewendet (Abb. 2):

- Durch einen NTC zur Arbeitspunktstabilisierung und einen Einstellwiderstand zum Feinabgleich des Arbeitspunktes.
- Durch Dioden, die im leitenden Zustand eine Vorspannung in Höhe ihrer Schleusenspannung liefern. Ihr Temperaturverhalten ist gleich dem der Transistoren. Es gilt: Anzahl der Transistoren gleich Anzahl der Dioden bei Verwendung gleicher Halbleiterwerkstoffe (Abb. 3).
- Durch einen Transistor als temperaturabhängigen Widerstand. Mit ihm lassen sich gleichzeitig die Gegentakthälften symmetrieren (vgl. Einführungsschaltung S. 225).
- Durch Emitterwiderstände zur Gleichstromgegenkopplung. Sie sind in Endstufen nicht größer als 1 Ω, um die Nutzleistung und damit den Wirkungsgrad nicht zu sehr zu verringern.

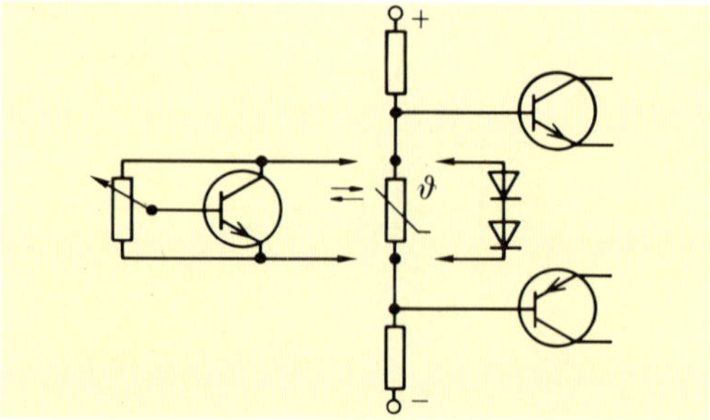

Abb. 2: Stabilisierung durch NTC, Dioden oder Transistor

Man verzichtet nicht auf die Emitterwiderstände, da sie eine Sicherungsfunktion übernehmen können. Will im Kurzschlußfall ein hoher Emitterstrom durch die Endtransistoren fließen, dann „sterben" die Emitterwiderstände bei entsprechend knapp ausgelegter Belastungsfähigkeit vorher und schützen so die Transistoren.

Zur Konstanthaltung der Vorspannungen der Endstufentransistoren sollte unabhängig von der Aussteuerung der Spannungsteilerstrom stabil sein. Bei aufwendigen Schaltungskonzeptionen erfüllt man diese Forderung, indem die Teilerwiderstände durch Konstantstromquellen ersetzt werden.

Die Endstufe, als Emitterfolger geschaltet, besitzt selbst keine Spannungsverstärkung. Die Vorstufe muß sich durch eine sehr hohe Spannungsverstärkung auszeichnen. Reicht die Verstärkung nicht aus, muß der Endstufe ein zweiter Spannungsverstärker als Treiberstufe vorgeschaltet werden. Dazu ersetzt man einen äußeren Teilerwiderstand durch einen Transistor in Emitterschaltung mit A-Betrieb (Abb. 3).

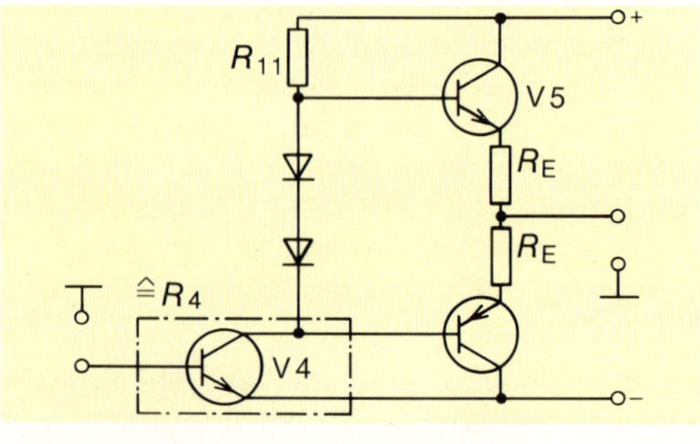

Abb. 3: Endstufe mit Treibertransistor

Durch die Wirkung des verbleibenden äußeren Teilerwiderstandes wird der Ansteuerbereich unsymmetrisch.

Wird der Treibertransistor durch eine negative Halbschwingung gesperrt, steigt sein Kollektorpotential stark an (Abb. 4). Die Basisspannung des NPN-Transistors steigt bis fast auf das Niveau der positiven Betriebsspannung. Durch den NPN-Transistor V5 fließt deshalb über R_{11} ein Strom, der an R_{11} Spannungsabfall hervorruft (Abb. 4).

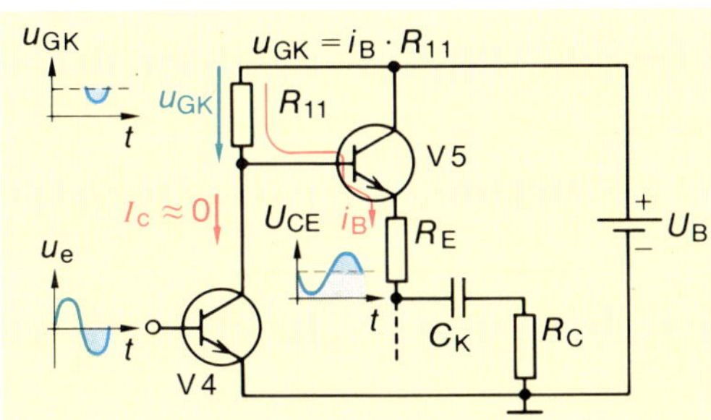

Abb. 4: Verkleinerung des Aussteuerbereichs von V4 durch Gegenkopplung

Diese Spannung wirkt wie eine Gegenkopplung und verkleinert den Aussteuerbereich von V4. Der NPN-Endstufentransistor V5 wird wieder etwas zugesteuert. Dieses ist ein Nachteil, weil nicht die volle Wechselspannungsamplitude übertragen wird. Abhilfe schafft das dynamische Erhöhen des Widerstandes durch Bootstrapping. Dazu teilt man den Widerstand R_{11} auf und legt vom Teilerpunkt einen Kondensator zum Ausgang (Abb. 5).

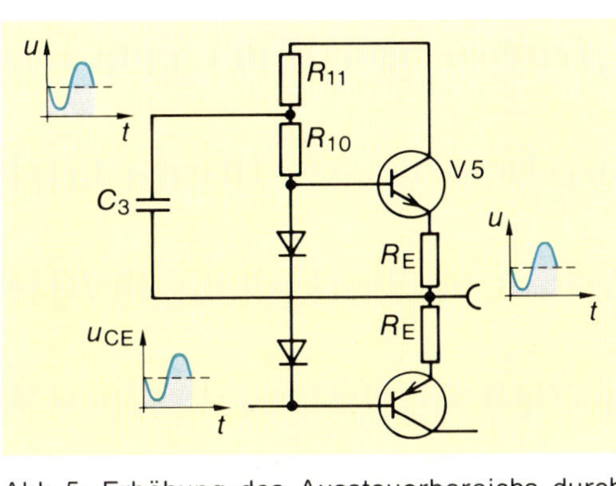

Abb. 5: Erhöhung des Aussteuerbereichs durch Wechselspannungs-Mitkopplung

Steigt jetzt das Kollektorpotential von V4, dann fließt Strom durch den NPN-Transistor V5 und die Ausgangsspannung steigt entsprechend. Der Kondensator C_3 überträgt diese Spannungsänderung. Die Spannung am Teilerpunkt steigt um den gleichen Wert an. R_{10} liegt mit beiden Anschlüssen auf fast gleichem Spannungspotential. Durch den NPN-Endstufentransistor V5 fließt über R_{10} und R_{11} kein weiterer Strom mehr. Ein großer Aussteuerbereich ist wieder gegeben.

Zusätzlich zur Erklärung der Schaltung von S. 225 sei noch hinzugefügt, daß der Kondensator C_4 zur Vermeidung von Schwingneigung bei höheren Frequenzen dient.

Die elektronischen Sicherungen sprechen an, wenn bei anwachsendem Strom die von den Emitterwiderständen abgeleiteten Basisvorspannungen die Transistoren V6 und V7 leitend werden lassen und die Basisspannungen der Endstufentransistoren auf Null herunterziehen.

Die Zeitkonstanten der Kombinationen C_5, R_{12} und C_6, R_{15} sind so klein gewählt, daß kurzzeitige Spannungsspitzen des Signals C_5 und C_6 aufladen und somit nicht für ein Durchsteuern der Transistoren V6 und V7 sorgen können.

Abschließend soll noch die Aufgabe des sogenannten Zobel-Gliedes parallel zum Lautsprecher erklärt werden (Abb. 3, S. 225). R_{22} und C_7 sorgen zunächst für den Kurzschluß sehr hoher Schwingungen, die den Verstärker instabil werden lassen könnten. Die Kombination sorgt weiter für einen linearen, konstanten Impedanzverlauf des Abschlußwiderstandes (Abb. 6). Der Scheinwiderstand der Lautsprecherspule will mit

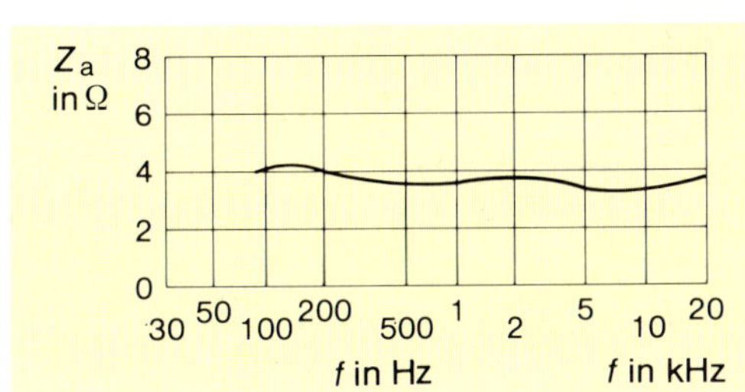

Abb. 6: Impedanzverlauf am Ausgang

steigender Frequenz zunehmen. R_{22}, C_7 sorgen für eine Kompensation. Die Impedanzen des Verstärkerausgangs und des Lautsprechers zusammen sollten sich wie in Abb. 6 (S. 229) bei verschiedenen Frequenzen an den Wert 4 Ω halten. Wird z. B. die Lautsprecherimpedanz zu hoch, sinkt die Leistung.

Quasi-Komplementär-Endstufe

Soll ein Verstärker hoher Leistung mit zwei gleichen Endstufentransistoren aufgebaut werden, bietet sich die Quasi-Komplementär-Endstufe an. In der Schaltung nach Abb. 1 betreiben zwei komplementäre Transistoren je einen Leistungstransistor.

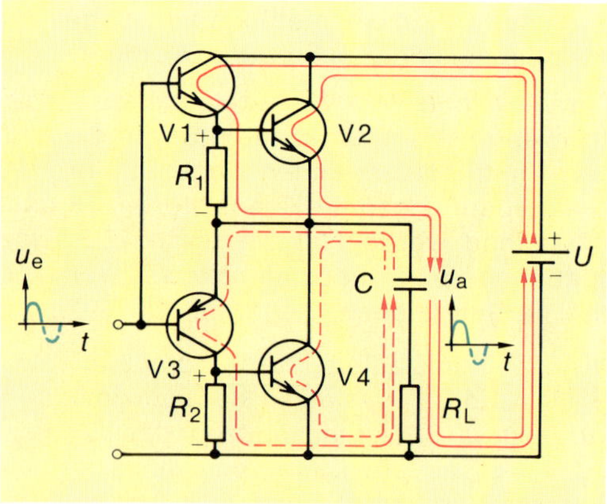

Abb. 1: Prinzip der Quasi-Komplementär-Endstufe

Die positive Halbschwingung der Eingangsspannung sorgt für einen Stromfluß durch V1. Die dann ansteigende Spannung über R_1 bewirkt, daß V2 leitend wird. Bei der negativen Halbschwingung wird V3 leitend und sorgt für einen Stromfluß durch V4. Die Transistoren V2 und V4 treiben einen großen Strom mit entsprechender Phasenlage durch den Lautsprecher.

Es bereitet heute kein Problem mehr, Leistungsendstufen in vollständig integrierter Bauweise herzustellen. Reicht die Verstärkung des Bausteins noch nicht aus, läßt sich auf einfache Weise durch eine nachgeschaltete Transistorendstufe eine höhere Leistung erzielen.

Die Abb. 2 zeigt einen Stereo-NF-Verstärker mit 2 × 15 W. Die integrierte Schaltung enthält zwei komplette Verstärker. Zum Betrieb ist eine minimale Außenbeschaltung und eine Spannung zwischen 8 V und 26 V notwendig.

Als Vorstufen werden zwei stark gegengekoppelte Differenzverstärker verwendet. Bei Überschreiten einer unzulässig hohen Chiptemperatur schaltet die integrierte elektronische Sicherung die Endstufen ab.

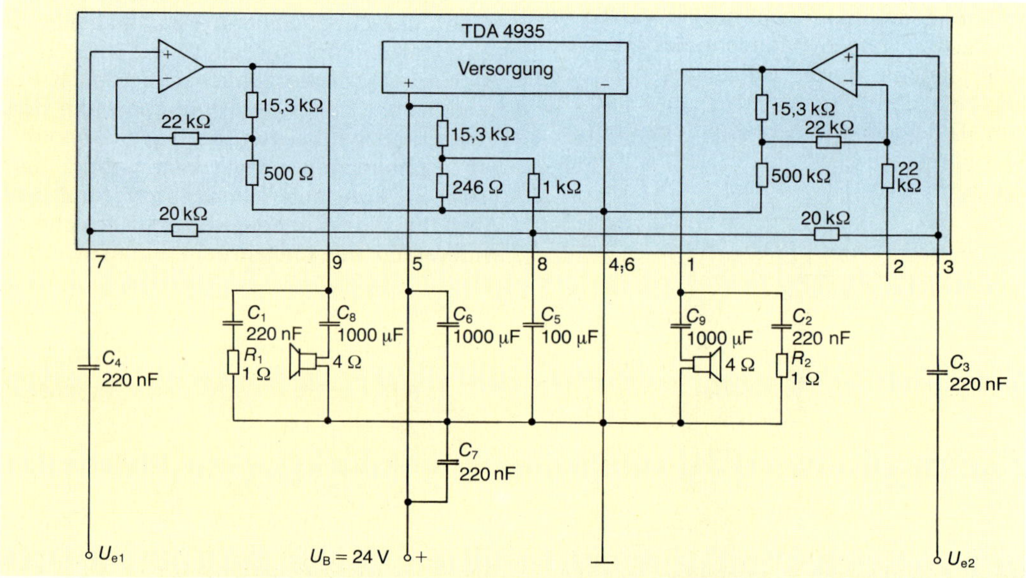

Abb. 2: Stereo-Verstärker für NF-Signale der B-Klasse

Der Eingangswiderstand (Anschlüsse 3 und 7) beträgt 20 kΩ, der Übertragungsbereich 40 Hz bis 60 kHz und die Spannungsverstärkung bei Stereo 30 dB.

Anschlußbelegung TDA 4935:

Anschluß	Funktion
1	Ausgang rechter Kanal
2	Invertierender Eingang rechter Kanal
3	Nichtinvertierender Eingang rechter Kanal
4	Masse
5	$+U_B$ (Betriebsspannung)
6	Masse
7	Nichtinvertierender Eingang linker Kanal
8	Netzbrummunterdrückung beider Kanäle
9	Ausgang linker Kanal

Zur Kennzeichnung integrierter NF-Verstärker werden von Herstellern Kennlinien veröffentlicht. In Abb. 3 und 4 sind zwei ausgewählte zu sehen. In Abb. 3 ist die Verlustleistung in Abhängigkeit von der Ausgangsleistung dargestellt. Bei etwa 7 W wird ein Maximum erreicht. Der Klirrfaktor in Abhängigkeit von der Ausgangsleistung zeigt eine starke Zunahme ab 12 W (Abb. 4).

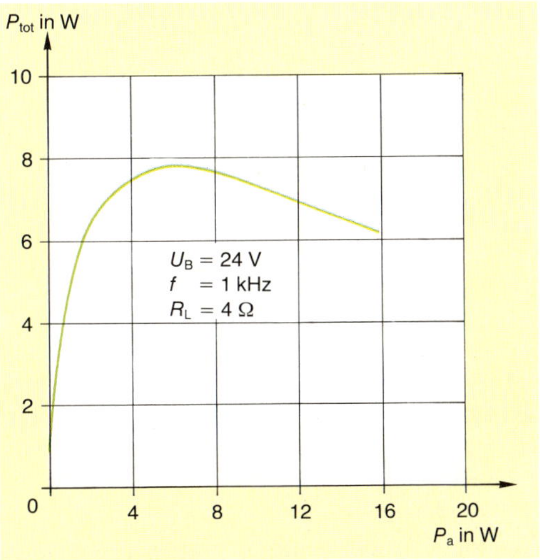

Abb. 3: Verlustleistung als Funktion der Ausgangsleistung (TDA 4935)

Aufgaben zu 3.10

1. Verdeutlichen Sie anhand der Eingangskennlinie eines bipolaren Transistors die vier Betriebsarten eines Verstärkers! Welchen Einfluß hat die Arbeitspunktwahl auf die Übertragung einer Schwingung?

2. Erklären Sie das Prinzip der Gegentakt-Verstärkung!

3. In welche drei Stufen läßt sich ein Leistungsverstärker unterteilen?

4. Zeichnen Sie das Prinzipschaltbild einer Komplementär-Gegentakt-Endstufe!

5. In welcher Transistorgrundschaltung befinden sich die beiden Endstufentransistoren der Komplementär-Endstufe?

6. Begründen Sie die Notwendigkeit zur Wahl des Arbeitspunktes AB bei einer Komplementär-Endstufe!

7. Welche Möglichkeiten der Basisvorspannungserzeugung werden bei Endstufentransistoren verwendet?

8. Zeigen Sie anhand einer Schaltzeichnung, wie sich schaltungstechnisch der Aussteuerbereich einer Endstufe vergrößern läßt!

9. Wodurch unterscheidet sich die Quasi-Komplementär-Endstufe von der Komplementär-Endstufe?

10. Wie groß sind k und P_{tot} beim TDA 4935 bei 14 W?

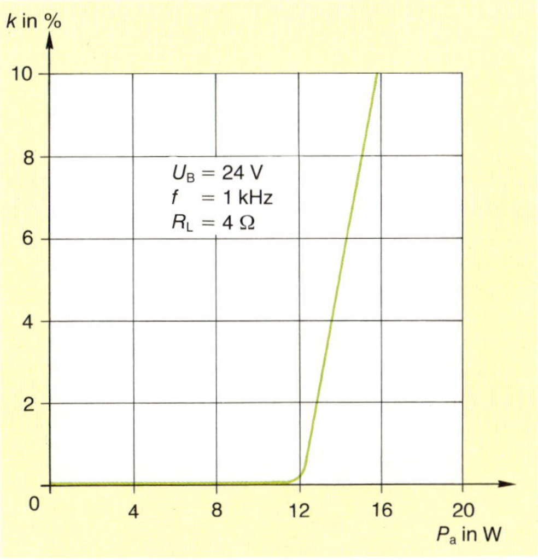

Abb. 4: Klirrfaktor in Abhängigkeit von der Ausgangsleistung (TDA 4935)

3.11 Einstellglieder im Verstärker

In NF-Verstärkern werden Lautstärke- und Klangeinsteller benötigt, um die Amplitude oder die Frequenz eines Signals in gewissen Grenzen verändern zu können.

Die **Lautstärkeeinstellung** eines NF-Verstärkers für Musik- oder Sprachwiedergabe wird entsprechend dem Blockschaltbild von Abb. 1 durch ein Potentiometer zwischen der Eingangsstufe (Entzerrer) und dem Vor-/Treiber-/Leistungsverstärker vorgenommen. Mit dem Einstellglied im Eingang kann die erste Hauptvorverstärkerstufe vor Übersteuerung geschützt werden.

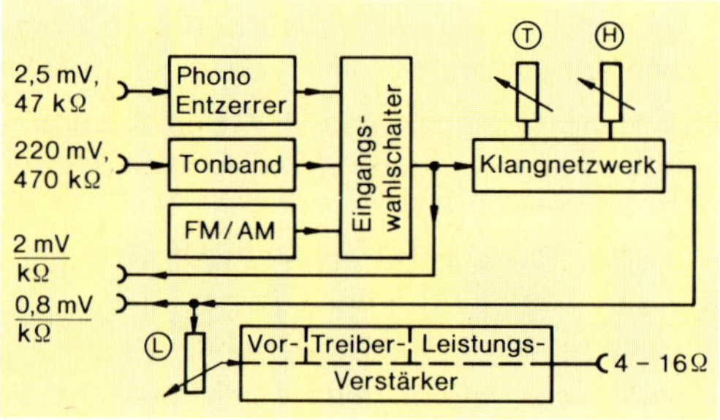

Abb. 1: Blockschaltbild eines NF-Verstärkers mit Einstellern

Solange die Amplitude des Signals linear verändert werden soll, genügt ein lineares Potentiometer (Abb. 2).

Soll die Einstellung die nichtlineare Empfindlichkeit des menschlichen Ohres ausgleichen, muß ein Einsteller verwendet werden, dessen Widerstandswert mit dem Drehwinkel erst langsam und dann übermäßig zunimmt (positiv logarithmisch). Auf diese Weise wird die relative Unempfindlichkeit des menschlichen Ohres gegen Lautstärkeänderungen bei großer Lautstärke ausgeglichen.

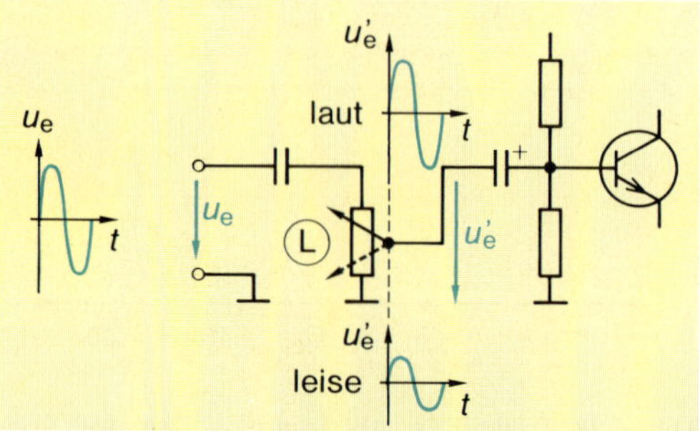

Abb. 2: Lineare Lautstärkeeinstellung

Außerdem nimmt das Ohr besonders bei kleiner Lautstärke akustische Signale tiefer Frequenz weniger laut wahr als Signale mittlerer Frequenz. Um das auszugleichen, benutzt man eine gehörrichtige (physiologische) Lautstärkeeinstellung nach Abb. 3.

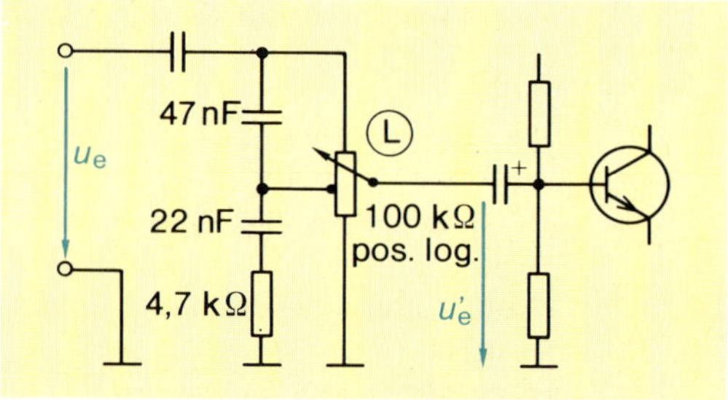

Abb. 3: Gehörrichtige Lautstärkeeinstellung

Der Einstellwiderstand ist mit einem Abgriff versehen, der an einen Hochpaß angeschlossen ist. Liegt der Schleifer bei kleiner Lautstärkeeinstellung unterhalb des Abgriffs, werden die Spannungen tiefer Frequenzen bevorzugt zur nächsten Stufe übertragen und die mittleren stärker geschwächt.

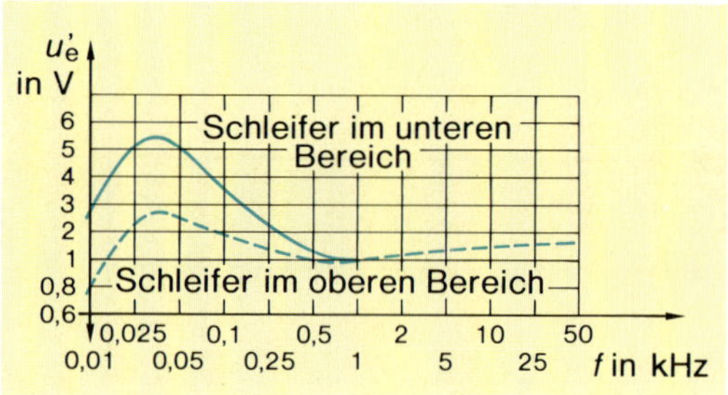

Abb. 4: Frequenzgang in Abhängigkeit von der Einstellung des Lautstärkeeinstellers in Abb. 3

Die Frequenzgangkurven für zwei verschiedene Lautstärkeeinstellungen in Abb. 4 zeigen, daß eine Tiefenanhebung bei klein eingestelltem Widerstandswert des Potentiometers auftritt.

Soll der Frequenzgang eines Verstärkers umfassend verändert werden, wird ein zusätzliches Klangeinstellnetzwerk mit Hoch-

und Tiefpaß benötigt (Abb. 5). Je nach Größe des eingestellten Widerstandswertes der beiden getrennten Einsteller für Höhen und Tiefen werden die Spannungen der höheren und (oder) tieferen Frequenzen eines Frequenzgemisches bevorzugt oder gedämpft weitergeleitet.

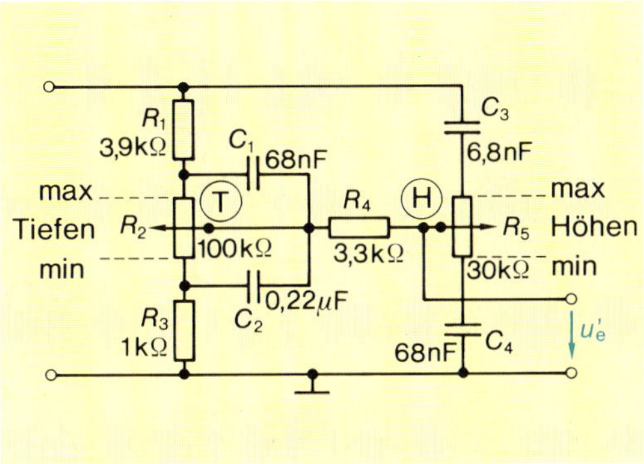

Abb. 5: Klangeinstellnetzwerk

Stehen die Schleifer in Mittelstellung, ergibt sich ein über die Frequenz konstanter Dämpfungsverlauf. Stehen die Schleifer der Einsteller am oberen Widerstandsende, ergibt sich eine Anhebung der Spannungen mit tiefen und hohen Frequenzen.

Mit den Teilschaltungen von Abb. 6 lassen sich die einzelnen Kurven für Anhebung und Absenkung in Abb. 7 verdeutlichen. Liegt z. B. der Schleifer des Tiefeneinstellers am unteren Ende, erhält man einen Hochpaß wie in Abb. 6b, der die Spannungen mit tiefen Frequenzen dämpft.

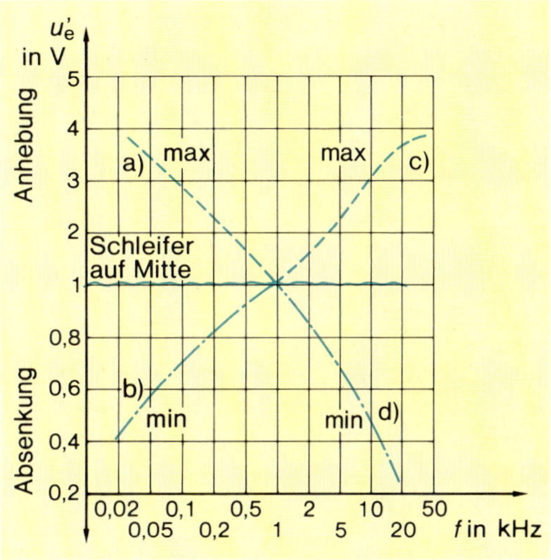

Abb. 7: Frequenzkurven (Schaltungen aus Abb. 5 und 6) für Anhebung und Absenkung der Tiefen und Höhen

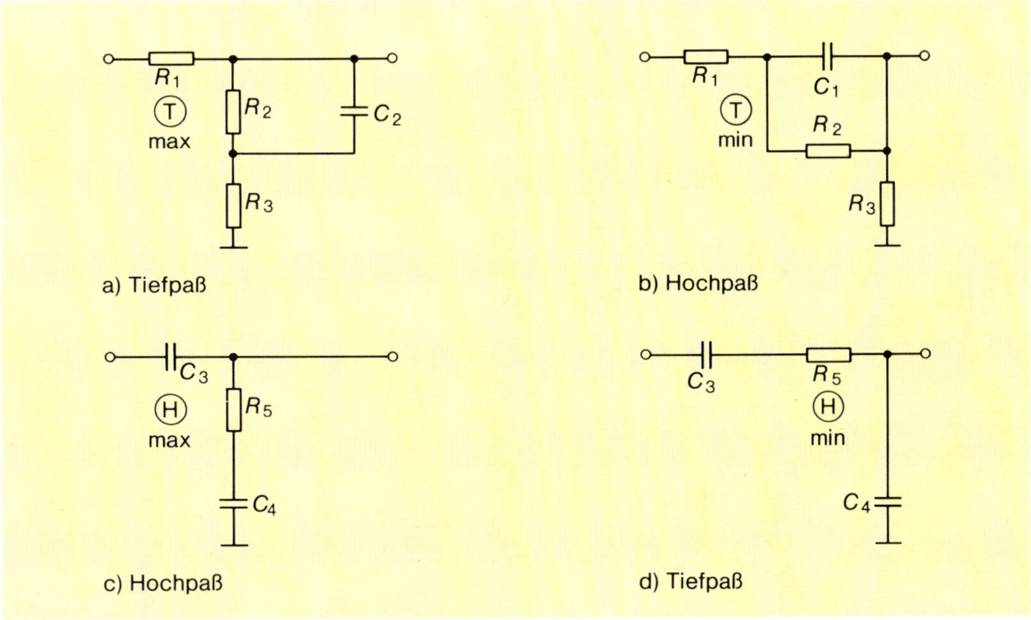

Abb. 6: Teilschaltungen für entsprechende Schleiferstellung der Potentiometer von Abb. 5

Bei den bisher beschriebenen Schaltungen wurden die Einstellpotentiometer direkt in den Signalweg der Wechselspannung gelegt. Sie müssen möglichst in der Nähe der zu beeinflussenden Größe untergebracht werden, um Einstreuungen zu vermeiden.

Diese Nachteile lassen sich bei elektronischen Einstellern vermeiden. Natürlich erfolgt die Einstellung der Lautstärke bzw. des Klanges auch weiterhin über Potentiometer, allerdings werden Gleichspannungen verändert, die dann die Verstärkung bzw. die Durchlaßcharakteristik von Verstärkern beeinflussen.

In Abb. 1 ist eine komplette Schaltung zu sehen. Die Betriebsspannung wird Anschluß 7 zugeführt, danach stabilisiert und über den Anschluß 2 wieder herausgeführt. Mit den Potentiometern L, H und T können diese Spannungen jetzt verändert werden. Sie gelangen danach über die Anschlüsse 5, 8 und 14 wieder zurück in die Schaltung. Zur Veränderung des Frequenzganges sind einige *RC*-Glieder extern hinzugeschaltet worden. Mit dem Schalter an Anschluß 4 kann zwischen dem linearen und dem gehörrichtigen (physiologischen) Frequenzgang umgeschaltet werden. Das sich für die verschiedenen Einstellungen ergebende Frequenzverhalten ist in Abb. 2 zu sehen.

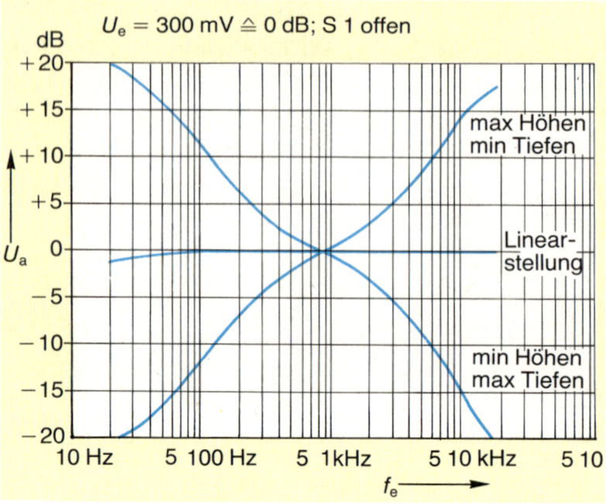

Abb. 2: Tiefen- und Höheneinstellung beim integrierten Einsteller TDA 4290-2

Aufgaben zu 3.11

1. Erklären Sie den Unterschied zwischen einer linearen und einer gehörrichtigen (physiologischen) Lautstärkeneinstellung!
2. Beschreiben Sie die Funktion der in Abb. 6 auf S. 233 dargestellten Filterschaltungen!
3. Welche Unterschiede bestehen zwischen einem herkömmlichen und einem integrierten und elektronischen Einsteller?
4. Interpretieren Sie die Kurven von Abb. 2!

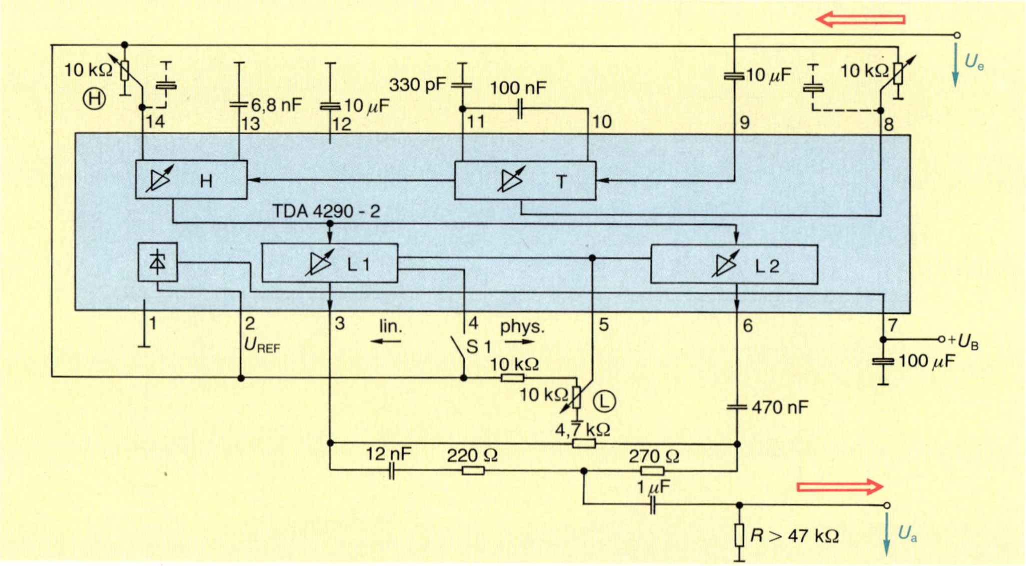

Abb. 1: Integrierter Einsteller für Lautstärke und Klang

4 Digitaltechnik und digitale Informationsverarbeitung

4.1 Grundbegriffe

In der Digitaltechnik werden Schaltungen verwendet, in denen Signale mit nur zwei (binären) Zuständen auftreten. Diesen Zuständen (Logik-Zuständen) werden die **Logik-Werte 0** und **1** zugeordnet. Binäre (zweiwertige) Zustände können in der Technik in verschiedenster Form auftreten. In Tabelle 4–1 sind einige Beispiele aufgeführt.

Tab. 4–1: Beispiele für binäre Zustände

Technische Größen					Logik-Wert
Elektrische Spannungen		Wasserstände		Frequenz	
+5 V	−15 V	5 m	9 m	50 Hz	**1**
0 V	0 V	2 m	20 m	0 Hz	**0**

Sie verdeutlicht, daß der Zahlenwert bzw. die Polarität der elektrischen Spannung nicht ausschlaggebend für die Zuordnung der Logik-Werte ist. Es wurde lediglich der Logik-Wert 1 der ersten Zeile zugeordnet.

Da in der Digitaltechnik die Logik-Werte in der Regel in Form von Spannungen auftreten, die verschiedene Polaritäten besitzen können, hat man zur eindeutigen Festlegung die Begriffe **H**[1]**-** und **L-Pegel**[2] mit folgender Definition eingeführt:

Als H-Pegel wird der Pegel bezeichnet, der näher an $+\infty$ liegt. Als L-Pegel wird der Pegel bezeichnet, der näher an $-\infty$ liegt.

Überträgt man diese Festlegung auf die Tabelle 4–1, dann erhält die Spannung von +5 V den Pegel H und 0 V den Pegel L. Der Wert −15 V dagegen besitzt den Pegel L (er liegt näher an $-\infty$) und 0 V den Pegel H (er liegt näher an $+\infty$).

Das Beispiel hat verdeutlicht, daß es zwei unterschiedliche Arten der Zuordnung von

Logik-Wert	Pegel der positiven Logik	Spannungs-beispiel
0	L	0 V
1	H	+5 V

Abb. 3: Zusammenhang zwischen Logik-Werten und Pegeln bei der positiven Logik

Logik-Werten gibt. Man kann sie als positive und negative Zuordnung oder als positive und negative Logik bezeichnen. Da in der Praxis überwiegend die **positive Logik** verwendet wird, ist in Abb. 3 der Zusammenhang zwischen Logik-Werten, Pegeln und Spannungen hergestellt worden.

Mit den beiden Logik-Werten 0 und 1 können die verschiedenartigsten Informationen dargestellt (codiert) werden. Jede Stelle der Information, die den Informationsgehalt 1 oder 0 besitzen kann, wird als ein **Bit**[3] bezeichnet.

Zur Darstellung komplexer Sachverhalte benötigt man mehr als eine Stelle. Eine Vielzahl von Bit werden dazu aneinander gereiht. Da oft 8 Bit eine Einheit innerhalb der Informationsverarbeitung darstellen, kennzeichnet man sie mit einem neuen Namen. Sie werden als **Byte** bezeichnet (Abb. 4).

Mit Bit bezeichnet man eine binäre Stelle, die den Informationsgehalt 0 oder 1 besitzen kann. 8 Bit bilden ein Byte.

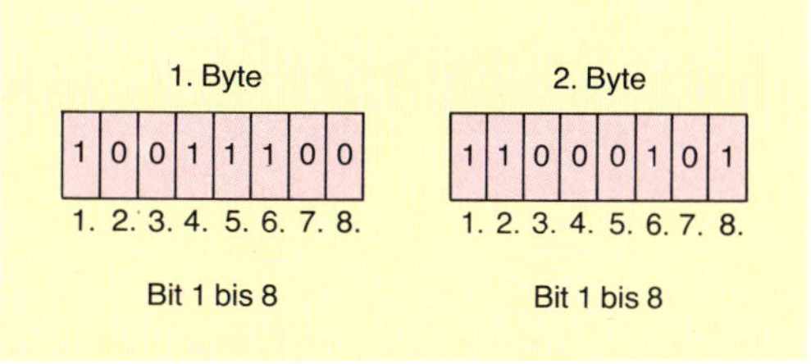

Abb. 4: Zusammenhang zwischen Bit und Byte

[1] H von high (engl.): hoch
[2] L von low (engl.): tief
[3] binary digit (engl.): binäre Ziffer

4.2 Elektronische Schalter

4.2.1 Grundsätzliche Merkmale

Kontaktbewegte Schalter bieten neben dem Vorteil der praktisch idealen Stromkreistrennung die Nachteile, daß sie z. B. gegen Staub, Erschütterung und feuchte Luft empfindlich sind. Kontaktabbrand und Kontaktprellung können die Zuverlässigkeit im Betrieb gefährden.

Die beschriebenen Nachteile sind durch elektronische Schalter z. T. vermeidbar. Mit ihnen können schnellere Schaltzeiten realisiert sowie Geräte mit kleineren Abmessungen und einer geringeren Störanfälligkeit gebaut werden.

Als klassische Aufgabe eines Schalters kann man die Steuerung des Energieflusses in einer Schaltung bezeichnen (Abb. 1a). Durch eine geringe Steuerleistung soll die Energie der Quelle möglichst verlustlos in ein Gerät oder in eine Anlage (Widerstand *R*) gelangen. In der digitalen Signalverarbeitung geht es aber nicht primär um die Übertragung von Energie, sondern um eine möglichst genaue Übertragung einer Information von einer Schaltung zur anderen (Abb. 1b). Verfälschungen sind zu vermeiden.

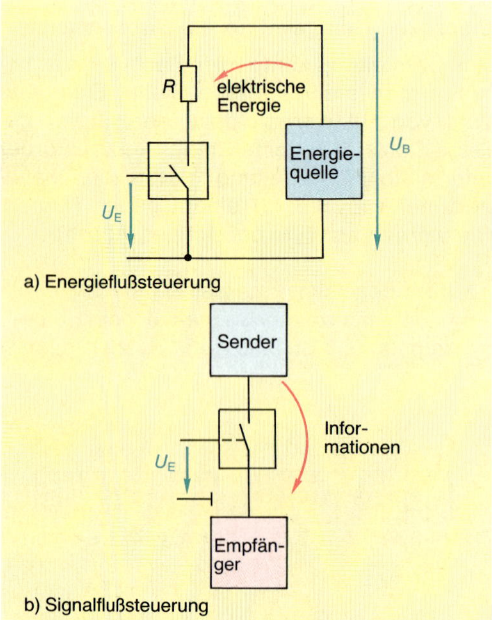

Abb. 1: Aufgaben elektronischer Schalter

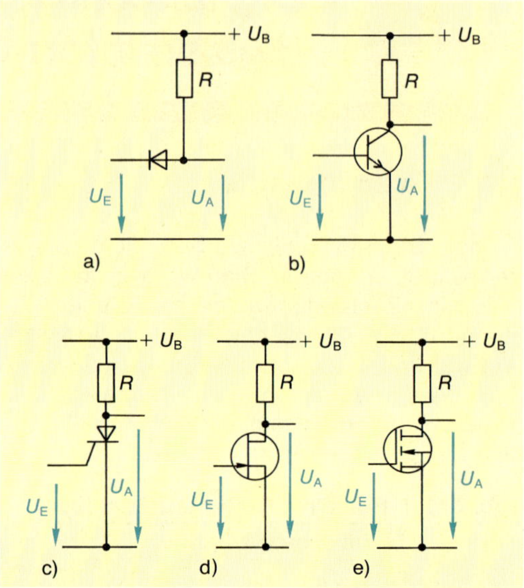

Abb. 2: Elektronischer Schalter mit diskreten Bauelementen (Beispiele)

Für elektronische Schalter lassen sich grundsätzlich die in Abb. 2 dargestellten Bauteile verwenden. Je nach Aufgabenbereich wird man entsprechende Schaltungen durch diskrete Bauteile realisieren oder auf integrierte Schaltungen zurückgreifen (Abb. 3).

Auch elektronische Schalter arbeiten nicht verzögerungsfrei. Es vergeht immer eine gewisse Zeit, bis der Schalter von dem einen Schaltzustand in den anderen gelangt. In Abb. 4 ist das Übertragungsverhalten eines Schaltverstärkers zu sehen. Als Einschaltzeit t_{on} wird die Zeit bezeichnet, die vom Zeitpunkt t_1 (Eingangssignal U_E liegt an) vergeht, bis die Ausgangsspannung U_A 90% des Höchstwertes erreicht hat. Die Einschaltzeit setzt sich also aus der Verzögerungs- und der Anstiegszeit zusammen.

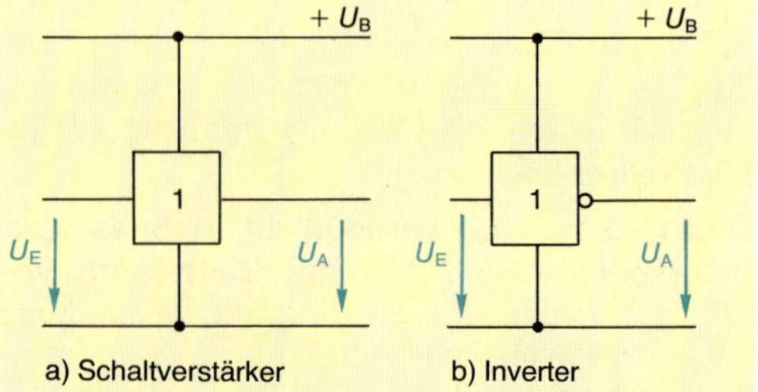

Abb. 3: Elektronischer Schalter mit ICs

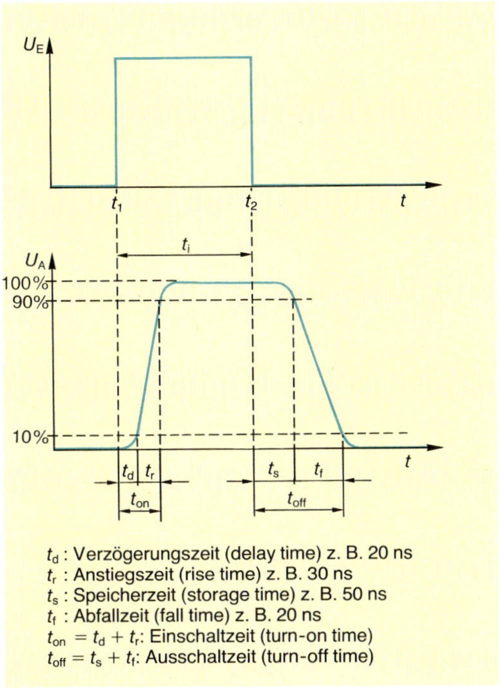

Abb. 4: Übertragungsverhalten eines Schaltverstärkers

Wenn zum Zeitpunkt t_2 das Eingangssignal absinkt, bleibt der Schalter noch eine kurze Zeit eingeschaltet. Man spricht hierbei von einer Speicherzeit t_s. Sie geht definitionsgemäß bis 90% des Maximalwertes. Die Zeit von 90% bis 10% bezeichnet man als Abfallzeit t_f. Beide Zeiten zusammen ergeben dann die Ausschaltzeit t_{off}.

Die Zeitwerte machen deutlich, daß trotz der geringen Zeiten (Nanosekunden) elektronische Schalter nicht mit beliebig hohen Frequenzen geschaltet werden können.

4.2.2 Bipolare Transistoren als Schalter

Da neben integrierten Schaltungen einzelne Transistoren auch weiterhin als elektronische Schalter eingesetzt werden, wollen wir uns nachfolgend mit dem Schaltverhalten eines bipolaren Transistors befassen.

Die grundsätzliche Schaltung befindet sich in Abb. 5. Das Eingangsspannungssignal U_E gelangt an die Steuerelektrode (Basis). Das Ausgangssignal U_A wird am Kollektor abgenommen. Die Übertragungskennlinie in

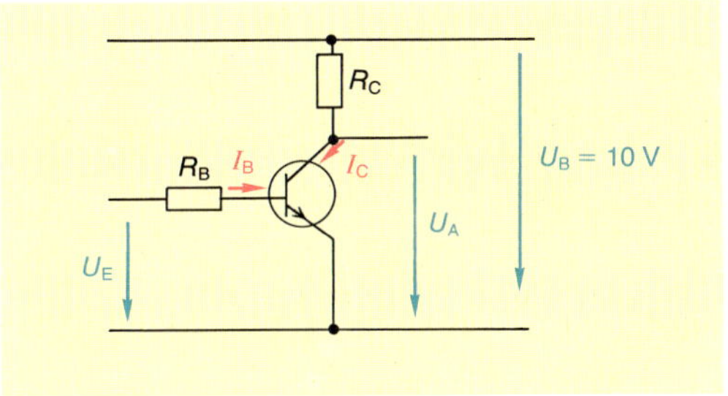

Abb. 5: Transistor als Schalter

Abb. 6 zeigt, daß der Transistor bei einer Eingangsspannung unterhalb der Schwellspannung gesperrt bleibt ($\approx 0{,}7$ V).

Erhöht sich die Eingangsspannung über die Schwellenspannung, schaltet der Transistor. Es fließt Strom.

Die Kennlinie in Abb. 6 deutet an, daß der Transistor kein idealer Schalter ist. Bei Erhöhung der Eingangsspannung beginnt der Transistor langsam zu leiten, die Ausgangsspannung beginnt zu sinken. Nach weiterer Erhöhung durchfährt der Transistor seinen Analogbereich und ist dann voll durchgesteuert. Die Ausgangsspannung U_A verbleibt auf der Restspannung U_{CEsat}.

Für einen Transistor im Schaltbetrieb ist der Analogbereich ein verbotener Bereich, der schnell durchfahren werden muß.

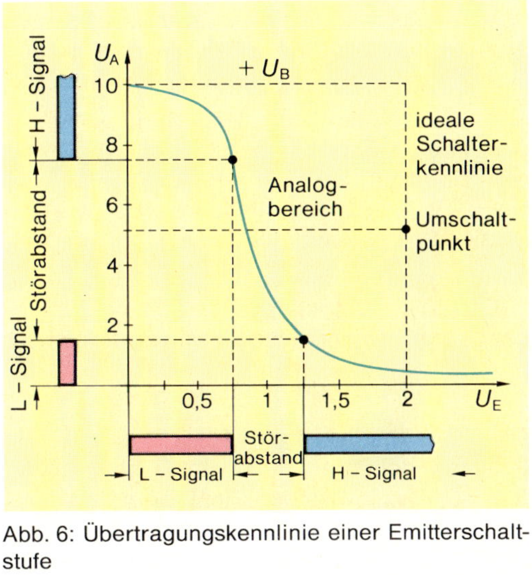

Abb. 6: Übertragungskennlinie einer Emitterschaltstufe

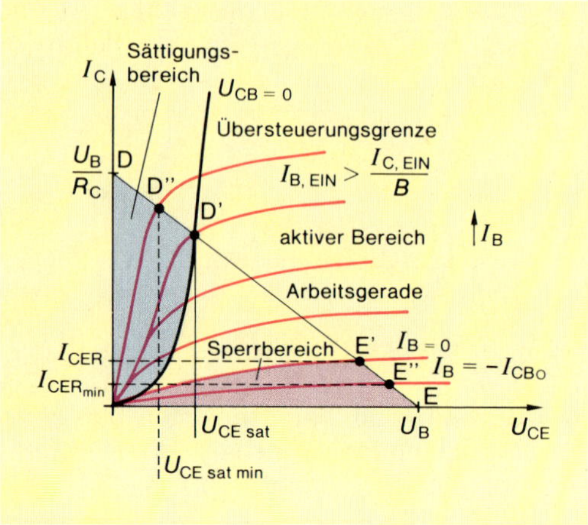

Abb. 1: Arbeitspunkte eines Transistorschalters

Die Übertragungskennlinie eines Transistors ist temperatur- und belastungsabhängig. Für einen sicheren Schaltbetrieb dürfen die Spannungsbereiche für U_E und U_A, in denen der Transistor sperrt oder leitet, nur in den in Abb. 6 (S. 237) mit H oder L bezeichneten Bereichen liegen. Weder der H-Bereich noch der L-Bereich dürfen bis zum Umschaltpunkt reichen. Je weiter die beiden Bereiche voneinander entfernt sind, desto größer ist der **Störabstand** und die Betriebssicherheit der Schaltung. In der Praxis legt man schaltungstechnisch die Grenzen der Bereiche dorthin, wo die Kennlinie in den Analogbereich übergeht.

Abb. 1 macht deutlich, daß der Arbeitspunkt des Transistors im Schalterbetrieb sprungartig seinen Zustand zwischen den beiden Grenzlagen Sättigung und Sperrung ändert.

Beim Abschalten läuft der Arbeitspunkt auf der Arbeitsgeraden durch den Aktiv- in den Sperrbereich. Ein ideales Öffnen mit $U_{CE} = 0\,V$ ist ebenso nicht möglich wie ein ideales Sperren mit $I_C = 0\,A$.

Im Ausgangskennlinienfeld von Abb. 1 sind die idealen Betriebspunkte D und E eingezeichnet. Der Transistor muß danach für seinen Arbeitswiderstand den Strom $\frac{U_B}{R_C}$ ein- und ausschalten. Real werden die Grenzen gebildet durch die Restspannung $U_{CE} = U_{CE\,sat\,min}$ und den Reststrom $I_C = I_{CER}$. Es werden demzufolge die Punkte D′ und E′ erreicht.

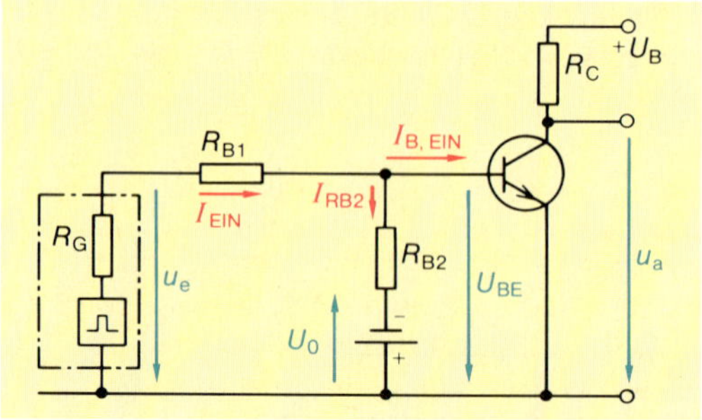

Abb. 2: Transistor mit Hilfsspannung zum sicheren Sperren

Zur Vergrößerung des Störabstandes zwischen EIN und AUS lassen sich die Restgrößen verkleinern.

Die Restspannung läßt sich durch Übersteuerung des Transistors auf einen Wert kleiner als $U_{CE\,sat}$ verringern. Dazu wird ein Basisstrom $I_{B,EIN}$ gewählt, der größer ist als der Basisstrom I_B für den Arbeitspunkt D′ ($U_{CB} = 0\,V$).

Der Reststrom I_{CER} läßt sich noch herabsetzen, wenn der Kollektor-Basis-Reststrom I_{CBO} über die Basis nach außen abgeleitet wird. Voraussetzung dafür ist ein kleiner Widerstand parallel zur Basis-Emitter-Strecke oder der Betrieb der Emitterdiode in Sperrichtung. Für einen NPN-Transistor wird dazu, wie in Abb. 2, eine negative Vorspannung notwendig.

Die negative Vorspannung hält den Transistor sicher im Sperrbereich. Erst das H-Niveau des Eingangsimpulses von u_e schaltet den Transistor. Der Vorwiderstand R_{B1} begrenzt den Basisstrom $I_{B,EIN}$ so weit, daß

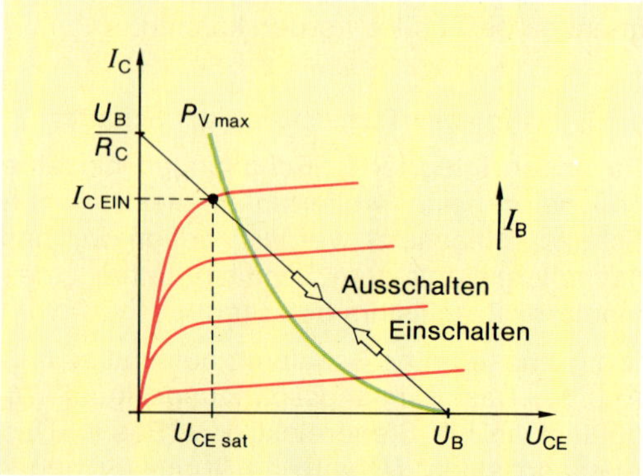

Abb. 3: Arbeitspunktwanderung im Schalterbetrieb

sich nur eine leichte Übersteuerung ergibt. Im Ausgangskennlinienfeld von Abb. 1 stellen sich die Arbeitspunkte D″ und E″ auf der Arbeitsgerade ein.

Im Gegensatz zum Analogbetrieb darf beim Transistor im Schalterbetrieb mit der Arbeitsgeraden die Verlustleistungshyperbel geschnitten werden (Abb. 3). Solange die beiden Schaltzustände unterhalb der P_{vmax}-Linie liegen, darf der Arbeitspunkt diese Zone erhöhter Wärmeumsetzung durchlaufen. Der Übergang von D″ zu E″ muß schnell erfolgen. Die Erholungszeit in den Betriebspunkten muß ausreichen, um die entstandene Wärme abzugeben.

Die Ausschaltzeit t_{off} läßt sich klein halten, wenn der Transistor vorher nicht zu sehr übersteuert wird. Bei großer Übersteuerung werden sehr viele Ladungsträger in die Basiszone gebracht. Es dauert entsprechend lange, sie abzutransportieren. Als Speicherzeit t_s wird die Zeit bezeichnet, während der der Kollektorstrom bei rückflutenden Basisladungen nur wenig kleiner wird.

Die Schaltzeiten lassen sich durch einen Beschleunigungskondensator parallel zum Basisvorwiderstand verkürzen (Abb. 4). Der Kondensator C_B stellt für den positiven Spannungssprung im Eingang einen Kurzschluß dar. Im Einschaltmoment fließt ein großer Basisstrom, der den Transistor weit in den Sättigungsbereich steuert. Nach Aufladung von C_B begrenzt R_B den Basisstrom so weit, daß sich nur eine leichte Übersteuerung einstellt. Beim Ausschalten kann dann die Ladung der Basiszone schneller abfließen.

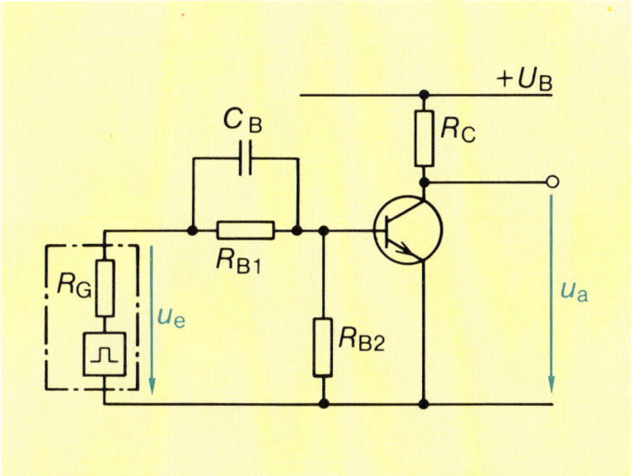

Abb. 4: Transistor als Schalter mit Beschleunigungskondensator

Die als Schalter arbeitenden Transistoren werden in der Regel am Ausgang durch die Eingangswiderstände der nachfolgenden Schaltungen belastet. Sie werden in Abb. 5 durch den Widerstand R_L verdeutlicht.

Aufgrund des binären Verhaltens werden zwei Fälle unterschieden:

$t_0 \ldots t_1$:	Eingang 0	$t_1 \ldots t_2$:	Eingang 1
	Ausgang 1		Ausgang 0

Im ersten Fall ist der Transistor gesperrt. Der Kollektorstrom I_C fließt als Laststrom I_L durch R_L. Da der Sperrstrom des Transistors vernachlässigt werden kann, ergibt sich folgende Formel für die Berechnung der Ausgangsspannung:

$$U_A = \frac{U_B \cdot R_L}{R_C + R_L}$$

Die Spannung U_A ist also kleiner als die Leerlaufspannung U_B. Damit ein Mindestpegel $U_{A\min}$ nicht unterschritten wird, muß auch für R_L ein Grenzwert $R_{L\min}$ eingehalten werden. Er berechnet sich wie folgt:

$$R_{L\min} = \frac{U_{A\min} \cdot R_C}{U_B - U_{A\min}}$$

Für den zweiten Fall (t_1 bis t_2) ist der Transistor leitend. Die Ausgangsspannung U_A sinkt auf $\approx 0{,}1\,\text{V}$. Da der Belastungswiderstand $R_{L\min}$ sehr viel größer als der Durchlaßwiderstand des Transistors ist, fließt der Kollektorstrom durch den Transistor, und der Belastungsstrom I_L ist vernachlässigbar.

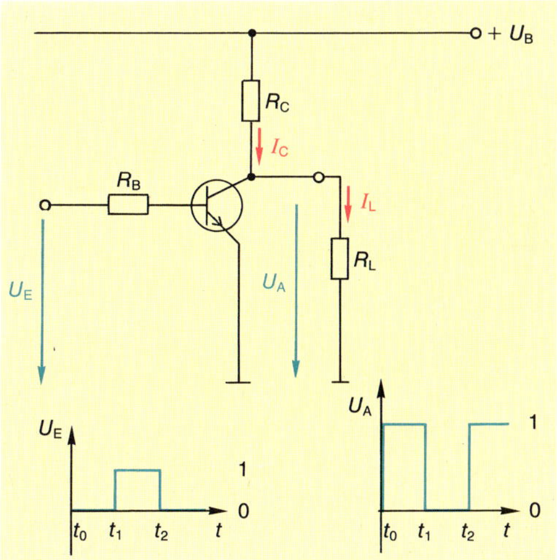

Abb. 5: Belasteter Transistorschalter

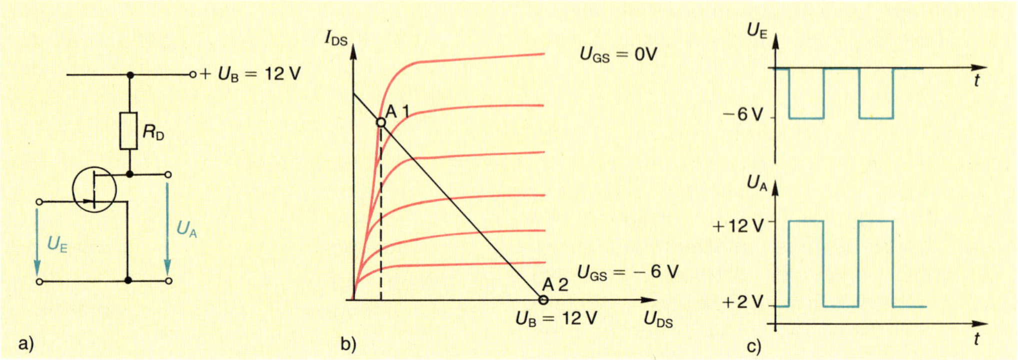

Abb. 1: Sperrschicht-FET als elektronischer Schalter

4.2.3 Feldeffekttransistoren als Schalter

Feldeffekttransistoren lassen sich im Prinzip wie bipolare Transistoren als elektronische Schalter einsetzen. Vorteilhaft ist dabei die leistungslose Ansteuerung. In Abb. 1a ist die grundsätzliche Schaltung mit einem Sperrschicht-FET und N-Kanal zu sehen. Aus dem Kennlinienfeld (Abb. 1b) kann entnommen werden, daß bei $U_{GS} = 0$ V der Transistor sich im 0-Zustand befindet, allerdings mit einer im Vergleich zu bipolaren Transistoren noch hohen Spannung von 2 V (Arbeitspunkt A_1). Bei $U_{GS} = -6$ V (Arbeitspunkt A_2) ist der Transistor gesperrt. Es herrscht am Ausgang der 1-Zustand.

Der Spannungsverlauf von Abb. 1c macht dabei deutlich, daß zwischen Eingangs- und Ausgangssignal eine andere Polarität herrscht.

Auch bei selbstleitenden MOS-FETs muß die Eingangsspannung eine andere Polarität als die Betriebsspannung besitzen. Nur selbstsperrende MOS-FETs arbeiten mit gleichgepolten Eingangs- und Ausgangsspannungen. In Abb. 2a und 2b sind dazu die grundsätzlichen Schaltungen mit N- und P-Kanal-Transistoren zu sehen.

Aufgrund möglicher statischer Aufladungen ergeben sich Schwierigkeiten beim Aufbau diskreter Schaltungen mit Feldeffekttransistoren. Deshalb beschränkt sich ihr Einsatz im wesentlichen auf integrierte Schaltungen.

Eine große Bedeutung für integrierte Schaltungen besitzen Schalter, die in CMOS-Technik aufgebaut sind (Complementäre MOS-FETs). Ein Transistor mit N-Kanal und einer mit einem P-Kanal sind gemäß Abb. 2c in Reihe geschaltet. Bei $U_E = 0$ V ist V 2 gesperrt, und V 1 ist leitend. Am Ausgang liegt eine Spannung $U_A = U_B$ (1-Zustand), und es fließt kein Strom. Bei $U_E = U_B$ dagegen ist V 2 leitend, und V 1 ist gesperrt. Die Ausgangsspannung U_A beträgt 0 V (0-Zustand), und es fließt ebenfalls kein Strom. Der Transistor arbeitet also als nahezu verlustloser Schalter.

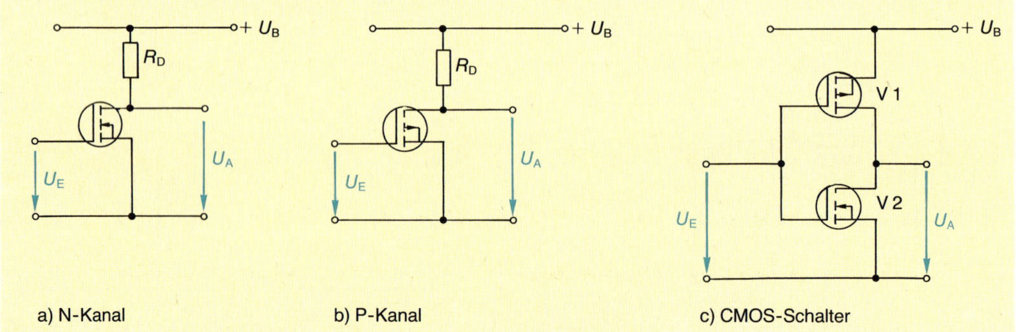

Abb. 2: Selbstsperrende MOS-FETs als elektronische Schalter

4.2.4 Leistungselemente und Inverter

Die bisher besprochenen Schaltungen haben verdeutlicht, daß es beim Einsatz eines einzelnen Transistors als Schalter zu einer Signalumkehrung kommt. Das Eingangssignal tritt am Ausgang invertiert auf. Schaltungen dieser Art bezeichnet man als **Inverter** und kennzeichnet das Verhalten durch einen kleinen Kreis am Ausgang der Schaltung (Abb. 3a). Natürlich befinden sich in einer integrierten Schaltung mehr als nur ein Transistor. Inverter, die für größere Ausgangsleistungen ausgelegt sind, bezeichnet mat als Leistungselemente, Treiber oder Schaltverstärker und kennzeichnet dieses besondere Merkmal durch das Verstärkersymbol im Schaltzeichen (Abb. 3b).

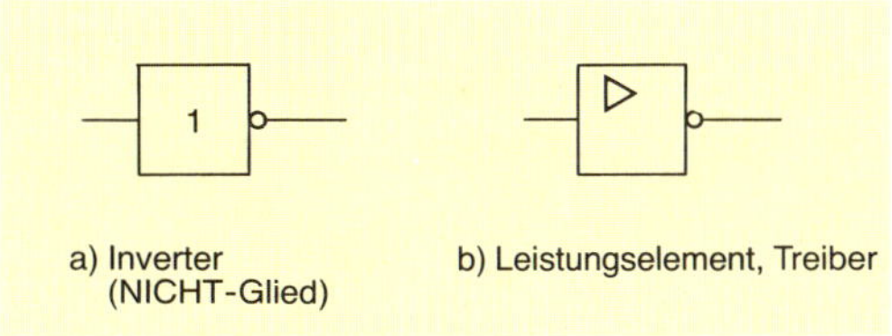

Abb. 3: Inverter und Leistungselement

Lastfaktoren

Zum Steuern von digitalen Bausteinen werden Spannungen und Ströme benötigt. Damit die Ausgangsspannung im 1-Zustand nicht auf einen zu geringen Wert sinkt, dürfen nur eine bestimmte Anzahl von Eingängen an den Ausgang angeschlossen werden (Abb. 4).

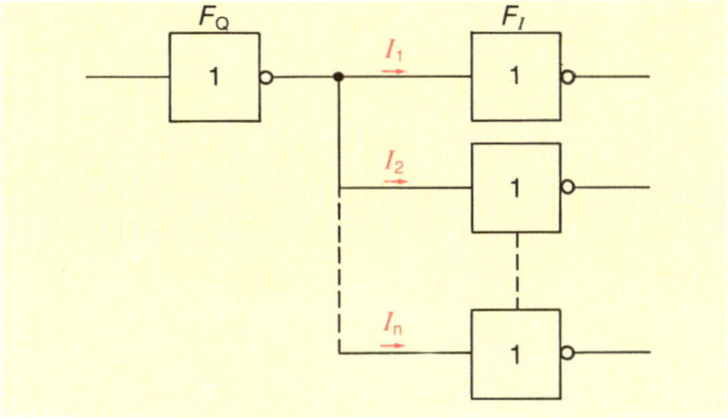

Abb. 4: Ausgangsbelastung eines Inverters

> Zur Kennzeichnung der Belastbarkeit wird der Eingangslastfaktor (F_I, Fan-in) und der Ausgangslastfaktor (F_Q, Fan-out) verwendet.

Diese Lastfaktoren hängen vom jeweiligen Bausteintyp und der Schaltkreisfamilie ab (vgl. 4.4). Bei ICs mit bipolaren Transistoren (74…-Serie) liegen die Ströme pro Gattereingang für das L-Niveau (0,4 V) bei maximal 1,6 mA und für das H-Niveau (2,4 V) bei maximal 40 µA. Diese Werte sind gleichbedeutend mit dem Eingangslastfaktor 1. Bei $F_I = 4$ für eine Schaltung dieser Familie bedeutet dieses z. B., daß 4mal so große Eingangsströme für ein einwandfreies Funktionieren benötigt werden.

Der **Ausgangslastfaktor** F_Q (fan-out) gibt an, wie oft ein Ausgang den Eingangsstrom eines Eingangs mit $F_I = 1$ abgeben kann. Dabei wird in der Regel zwischen dem L-und H-Ausgangslastfaktor unterschieden. Übliche Werte sind $F_Q = 10$ für Standardschaltungen und $F_Q = 30$ für Leistungselemente.

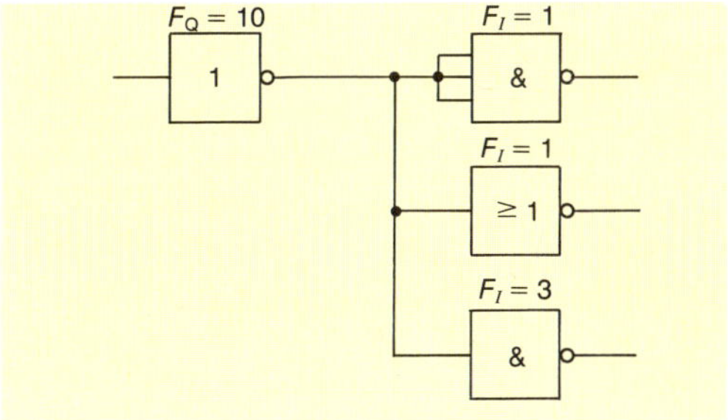

Abb. 5: Eingangs- und Ausgangslastfaktoren

In Abb. 5 sind z. B. am Ausgang eines Inverters mit $F_Q = 10$ drei integrierte Schaltungen angeschlossen. Da beim ersten Baustein (UND-Glied) die drei Eingänge parallel geschaltet sind, ergibt sich eine Gesamtbelastung von $F_I = 3$ für diesen Baustein. Alle zusammen erzeugen eine Eingangsbelastung von $F_I = 7$. Der Ausgangslastfaktor von $F_Q = 10$ wird somit nicht überschritten. Es könnten noch drei weitere Eingänge mit $F_I = 1$ angeschlossen werden.

Inverter und Leistungselemente mit „offenem" Kollektor

Bedingt durch den inneren Aufbau konnten die bisher besprochenen Schaltungen nur eine bestimmte Stromstärke liefern, wenn ein bestimmter Pegel am Ausgang eingehalten werden sollte. Die Endstufe eines Inver-

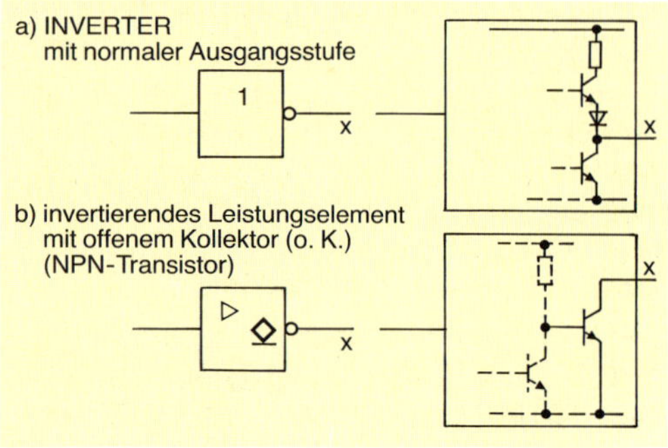

Abb. 1: Ausgangsstufen in TTL-Technik

ters ist in Abb. 1a zu sehen. Für den unteren Transistor stellt der gesamte obere Teil der Schaltung (Widerstand, Transistor, Diode) den Kollektorwiderstand dar.

Es gibt aber auch Bausteine mit „offenem“ Kollektor (Abb. 1b). Durch einen extern hinzugeschalteten Widerstand (Pull-up-Widerstand) läßt sich das Leistungsverhalten der Ausgangsstufe der nachfolgenden Stufe besser anpassen. In Abb. 2 sind dazu einige Beispiele aufgeführt.

Gekennzeichnet werden derartige Bausteine durch einen Rhombus am Ausgang und in diesem Fall zusätzlich durch einen Strich, weil es sich um einen NPN-Transistor im Ausgangskreis handelt.

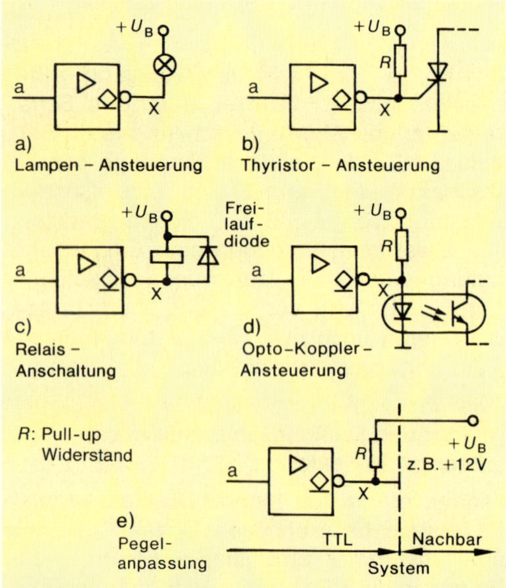

Abb. 2: Leistungselemente mit „offenem“ Kollektor

Schaltungen mit „offenem“ Kollektor sind besonders für eine Pegelanpassung zwischen unterschiedlichen Schaltkreisfamilien geeignet, die mit unterschiedlichen Betriebsspannungen arbeiten (Abb. 2e).

Schaltungen mit „offenem“ Kollektor können zur Leistungs- und Pegelanpassung verwendet werden.

Tri-state-Ausgänge

Für den Austausch von Daten zwischen den einzelnen Schaltungen eines komplexen Systems werden gemeinsame Leitungen verwendet, die man als Bus bezeichnet. Damit der Datenfluß z.B. in Abb. 3 nur an den Empfänger 1 gelangt, ist es erforderlich, den Eingang des Empfängers 2 gewissermaßen abzuschalten. D.h. aber auch, daß der Empfänger 2 auf keinen Fall am Eingang auf L- oder H-Potential liegen darf, weil dadurch der Datenfluß auf der für beide Schaltungen gemeinsamen Leitung verhindert werden würde. Der Eingang des Empfängers 2 muß also in einen dritten Zustand (tri-state) geschaltet werden können, den man als hochohmig oder als „unterbrochen“ bezeichnen kann.

Tri-state-Ausgänge können in den 1- und 0-Zustand sowie in einen hochohmigen Zustand geschaltet werden.

Damit die Ausgänge in diesen Zustand geschaltet werden können, verfügen diese Bausteine über einen zusätzlichen Steuereingang, der die Endstufentransistoren sperrt.

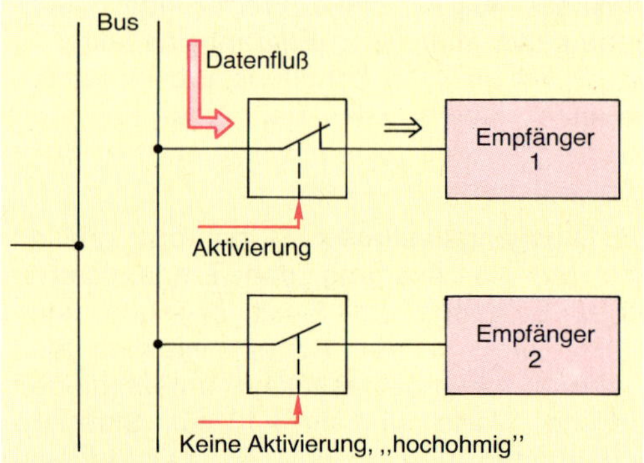

Abb. 3: Datenfluß in elektronischen Schaltungen

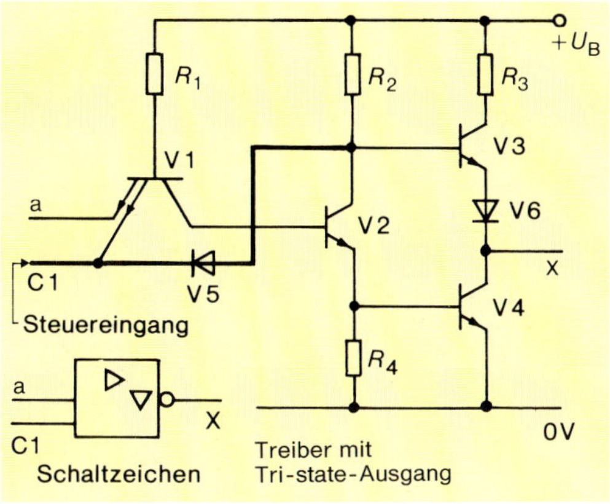

Abb. 4: Tri-state-Ausgang

Abb. 4 zeigt einen entsprechenden Inverter. Das Tri-state-Verhalten wird durch ein Dreieck am Ausgang gekennzeichnet. Bei L-Pegel am Steueranschluß sperrt V1 den Transistor V2. Damit ist auch V4 geperrt (hochohmig). Gleichzeitig wird über die Diode V5 auch V3 gesperrt. Der Ausgang ist hochohmig nach $+U_B$ und 0 V. Liegt der H-Pegel am Steuereingang, arbeitet der Baustein in der bekannten Weise.

Besonders wichtig sind diese Schaltungen z. B. als Treiber für Busleitungen. Bis zu 200 Schaltungen können ausgangsseitig ohne zusätzlichen Kollektorwiderstand zusammengeschaltet werden.

Aufgaben zu 4.1 und 4.2

1. Erklären Sie Unterschiede zwischen den Logik-Werten und den Logik-Pegeln!

2. Was versteht man unter einem Bit und einem Byte?

3. Beschreiben Sie das Schaltverhalten eines bipolaren Transistors im Vergleich zu einem idealen Schalter!

4. Worin unterscheidet sich das Schaltverhalten eines bipolaren Transistors vom Schaltverhalten eines Feldeffekttransistors?

5. Erklären Sie die Begriffe Ausgangs- und Eingangslastfaktor!

6. Wozu eignen sich Inverter mit „offenem" Kollektor?

7. Welche Eigenschaften haben Bausteine mit Tri-state-Ausgang?

4.3 Logische Grundschaltungen

Im nächsten Abschnitt wollen wir uns mit **logischen Schaltungen** befassen. Bei ihnen werden die Eingangssignale nach einer bestimmten logischen Funktion miteinander verknüpft und dann zum Ausgang übertragen.

Die Schaltungen können wir unterteilen in **Verknüpfungsglieder** und in **Zeit-** und **Speicherglieder.**

Spielt während der Verknüpfung die Zeit keine Rolle, handelt es sich um **kombinatorische Verknüpfungsglieder,** auch **Gatter** genannt. Dazu zählen u. a. die UND-Schaltung und die ODER-Schaltung.

Spielt während der Verknüpfung die Zeit eine Rolle, liegen Zeitglieder vor. Dies sind Kippschaltungen wie Mono- oder Flip-Flop.

In komplexen Schaltungen der Digitaltechnik ist es mitunter erforderlich, daß in allen Bausteinen der Schaltung gleichzeitig z. B. logische Verknüpfungen vorgenommen werden oder Signale weitergegegeben werden. Die Schaltungen arbeiten dabei taktgesteuert, d. h., ein Generator steuert mit seinen Signalen gleichzeitig alle Bausteine. Nur während des Taktes werden die Ausgangsgrößen durch die Eingangsgrößen beeinflußbar. Schaltungen dieser Art werden als **Schaltwerke** bezeichnet (z. B. Zähler, Schieberegister). Wenn dagegen die Ausgangsgröße allein und eindeutig nur von den Eingangsgrößen bestimmt wird, spricht man von **Schaltnetzen** (z. B Codierer, Addierer).

UND-Schaltung

Zur Einführung betrachten wir die Bedienung eines Plattenspielers. Aus Sicherheitsgründen darf der Tonarm mit der empfindlichen Abtastnadel nur abgesenkt werden, wenn eine Schallplatte auf dem Teller liegt. Der Arm kann also nur abgesenkt werden, wenn der Absenkschalter A und der Sicherheitskontakt B gleichzeitig geschlossen sind. Letzterer wird z. B. durch eine Infrarotdiode gesteuert, die den Teller abtastet. Schalter A und B müssen also gleichzeitig den Zustand „1" haben, damit der Tonarm absinkt.

Eine derartige Verknüpfung binärer Signale bezeichnet man als **UND-Verknüpfung.**

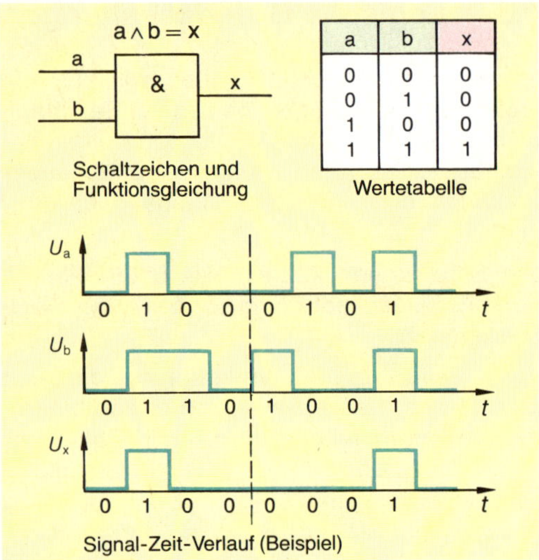

a	b	x
0	0	0
0	1	0
1	0	0
1	1	1

Abb. 1: UND-Verknüpfung

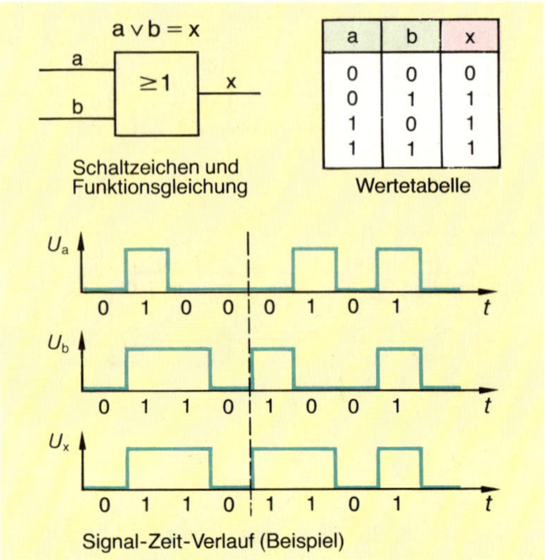

a	b	x
0	0	0
0	1	1
1	0	1
1	1	1

Abb. 2: ODER-Verknüpfung

Bei einem UND-Glied müssen alle Eingänge gleichzeitig mit einem „1"-Signal angesteuert werden, damit am Ausgang ein „1"-Signal entsteht.

Die Abb. 1 zeigt das Schaltzeichen mit der Funktionsgleichung sowie die Wertetabelle und ein Beispiel für den Signal-Zeit-Verlauf. Aus der Darstellung wird deutlich, daß nur dann am Ausgang ein 1-Signal liegt, wenn am Eingang a und am Eingang b die 1-Signale liegen. Im Signal-Zeit-Verlauf werden zwei 8-Bit-Wörter verknüpft.

ODER-Glied

Bei bestimmten Heizungsanlagen für Wohnhäuser wird die Vorlauftemperatur des Wassers erhöht, wenn der Außenfühler **oder** der Raumthermostat **oder** beide ansprechen. Diese Verknüpfung bezeichnet man als ODER-Verknüpfung.

Abb. 2 beschreibt die Funktion eines ODER-Gliedes.

Bei einem ODER-Glied entsteht am Ausgang „1"-Signal, wenn ein oder mehrere oder alle Eingänge „1"-Signal zeigen.

NICHT-Glied

In einem Kraftfahrzeug leuchtet die Ladekontrolleuchte **nicht,** wenn die Batterie durch die Lichtmaschine geladen wird. Die Ladekontrolleuchte leuchtet, wenn die Batterie **nicht** von der Lichtmaschine geladen wird. Diese Art der Verknüpfung nennt man NICHT-Verknüpfung. Das binäre Verknüpfungsglied, das eine NICHT-Verknüpfung vornimmt, heißt NICHT-Glied (Abb. 3).

NICHT-Glieder zeigen am Ausgang ein Signal, das dem Eingangssignal entgegengesetzt ist.

Der in 4.2.4 besprochene Inverter ist in seinem logischen Verhalten einem NICHT-Glied gleichzusetzen.

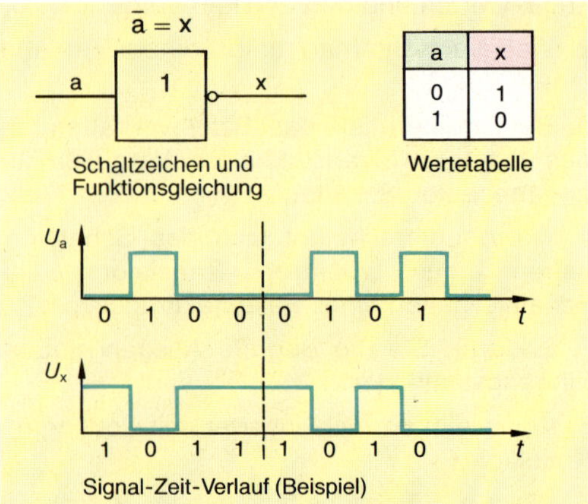

a	x
0	1
1	0

Abb. 3: NICHT-Verknüpfung (Negation)

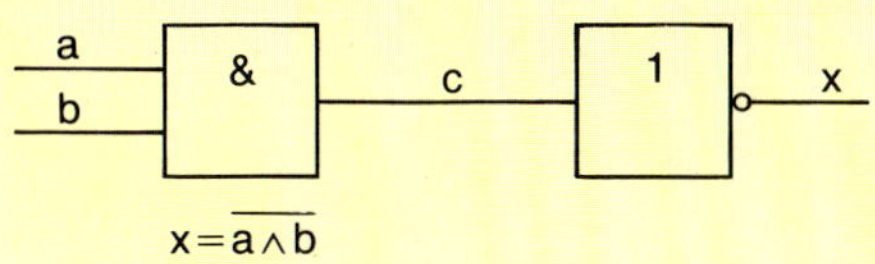

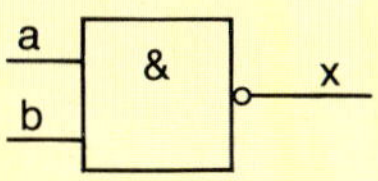

a	b	c	x
0	0	0	1
0	1	0	1
1	0	0	1
1	1	1	0

Abb. 4: NAND-Verknüpfung

Zusammengesetzte Glieder

In integrierten Schaltungen sind mitunter einige der bisher besprochenen Grundschaltungen zusammengefaßt worden. Schaltet man z. B. wie in Abb. 4 ein UND-Glied und ein NICHT-Glied in Reihe, dann ergibt sich gemäß der Logik ein NICHT-UND oder **NAND-Glied** (NOT-AND).

Beim NAND-Glied liegt nur dann ein 1-Signal am Ausgang, wenn nicht an allen Eingängen 1-Signale liegen.

Bei der Zusammenschaltung eines ODER-Gliedes mit einem NICHT-Glied entsteht das in Abb. 5 dargestellte **NOR-Glied.**

Beim NOR-Glied entsteht am Ausgang nur dann ein 1-Signal, wenn an allen Eingängen keine 1-Signale liegen.

In der Digitaltechnik werden auch Verknüpfungsglieder benötigt, bei denen am Ausgang nur dann das 1-Signal liegt, wenn an

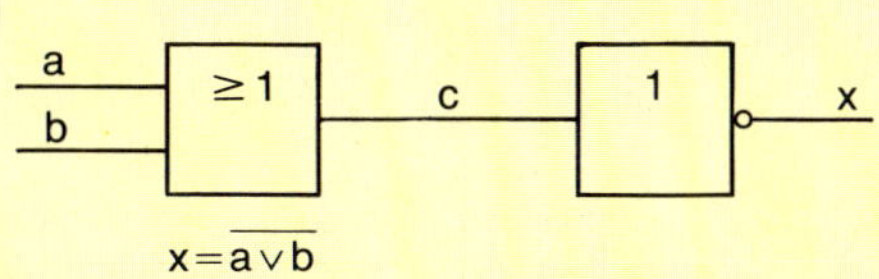

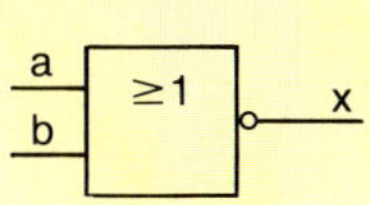

a	b	c	x
0	0	0	1
0	1	1	0
1	0	1	0
1	1	1	0

Abb. 5: NOR-Verknüpfung

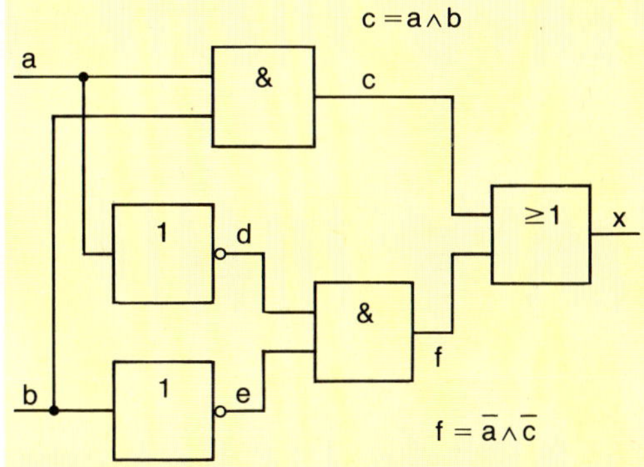

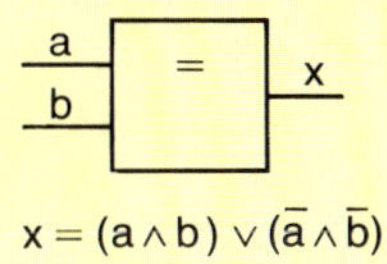

a	b	c	f	x
0	0	0	1	1
0	1	0	0	0
1	0	0	0	0
1	1	1	0	1

Abb. 6: ÄQUIVALENZ-Verknüpfung

beiden Eingängen gleiche Signale liegen (entweder 0 oder 1). Diese Schaltungen nennt man **ÄQUIVALENZ-Glied** (Gleichwertigkeit). In Abb. 6 ist der Aufbau aus Einzel-Bausteinen, die Entwicklung der Wertetabelle und das Schaltzeichen zu sehen.

Am Ausgang des ÄQUIVALENZ-Gliedes liegt nur dann ein 1-Signal, wenn die Eingänge gleiche Zustände aufweisen (0 oder 1).

Für Rechenschaltungen werden Bausteine benötigt, die am Ausgang nur dann ein 1-Signal besitzen dürfen, wenn an einem der Eingänge das 1-Signal liegt ($0 + 1 = 1$; $1 + 0 = 1$). Liegen jedoch an beiden Eingängen 1-Signale, dann muß gemäß der Rechenoperation $1 + 1 = 10$ (Übertrag ist 1) das Ausgangssignal 0 werden. Schaltungen dieser Art werden ANTIVALENZ-(Verschiedenbarkeit) bzw. **EXKLUSIV-ODER-Glieder** genannt. Die Abb. 1 auf S. 246 zeigt die Realisierung aus Einzelbausteinen, das Schaltzeichen sowie die Wertetabelle.

Am Ausgang des EXKLUSIV-ODER-Gliedes liegt nur dann das 1-Signal, wenn beide Eingänge ungleiche Zustände aufweisen.

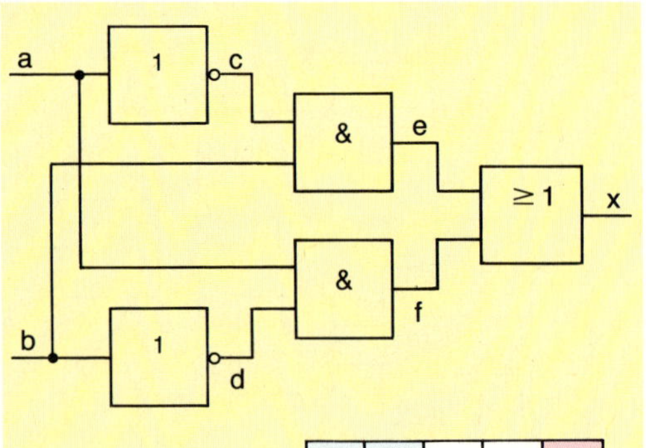

a	b	e	f	x
0	0	0	0	0
0	1	1	0	1
1	0	0	1	1
1	1	0	0	0

Abb. 1: EXKLUSIV-ODER-Verknüpfung

Werden für die Lösung von Aufgaben Schaltungen mit mehr als zwei Eingängen benötigt, kann man entsprechende Bausteine der Hersteller verwenden oder Zusammenschaltungen vornehmen (Abb. 2).

Verknüpfungsglieder mit „offenem" Kollektor

Es gibt eine Reihe von Verknüpfungsgliedern, die mit einem „offenen" Kollektor ausgestattet sind. Damit ist die Möglichkeit gegeben, mehrere Verknüpfungsglieder an den Ausgängen direkt zusammenzuschalten. Ohne zusätzliche Verknüpfungsglieder einsetzen zu müssen, entsteht dadurch eine neue Schaltfunktion, die als „wired and" (verdrahtetes UND) oder als Phantom-Verknüpfung bezeichnet wird.

Als Beispiel sind dazu in Abb. 3a die Ausgänge von zwei NAND-Gattern verbunden und über einen Pull-up-Widerstand an die

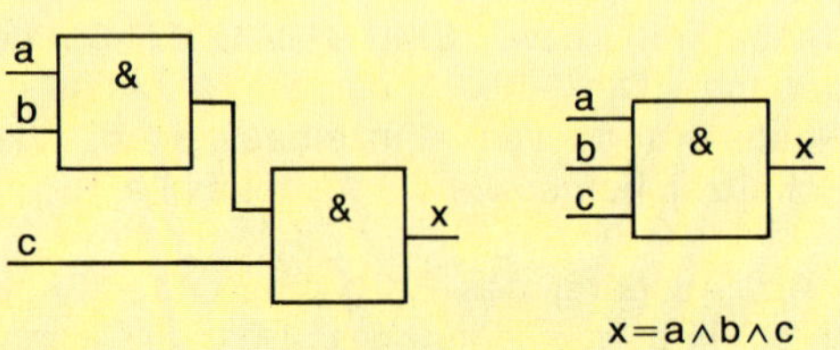

Abb. 2: Verknüpfungen mit drei Eingängen

Betriebsspannung gelegt worden. Aus der Wertetabelle in Abb. 3c kann das logische Verhalten dieser neuen Schaltung entnommen werden.

Die Ausgänge x_1 und x_2 sind für sich allein betrachtet mit ihrem Logikverhalten aufgeführt. Wenn an beiden Ausgängen jeweils 1- oder 0-Signale liegen, wird sich auch dann nichts ändern, wenn beide Ausgänge zusammengeschaltet werden. Liegt ein Ausgang jedoch auf 0-Potential, dann „zieht" dieser Ausgang das 1-Signal des anderen Ausgangs ebenfalls auf 0, so daß als Gesamtverhalten ein 0-Signal entsteht (unterlegte Teile der Tabelle 3c). Vergleicht man jetzt die Spalte x_3 mit den Eingangsvariablen der Spalten a bis d, dann wird deutlich, daß eine UND-mäßige Verknüpfung zustande gekommen ist (Abb. 3b).

Durch eine Verbindung von zwei Ausgängen mit „offenem" Kollektor erhält man eine UND-Verknüpfung.

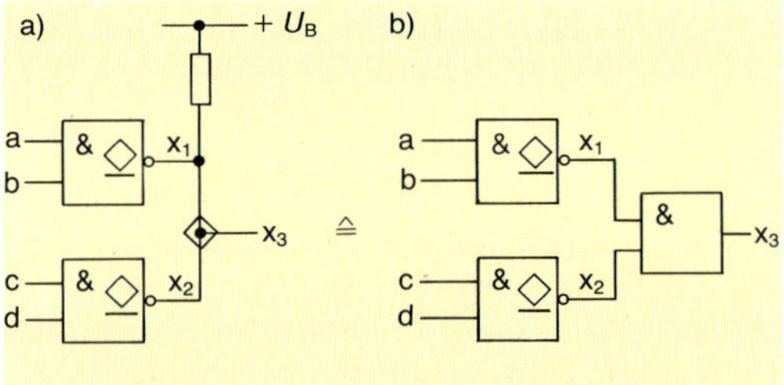

a	b	$x_1 = \overline{a \wedge b}$	c	d	$x_2 = \overline{c \wedge d}$	$x_3 = x_1 \wedge x_2$
0	0	1	0	0	1	1
0	0	1	0	1	1	1
0	0	1	1	0	1	1
0	0	1	1	1	0	0
0	1	1	0	0	1	1
0	1	1	0	1	1	1
0	1	1	1	0	1	1
0	1	1	1	1	0	0
1	0	1	0	0	1	1
1	0	1	0	1	1	1
1	0	1	1	0	1	1
1	0	1	1	1	0	0
1	1	0	0	0	1	0
1	1	0	0	1	1	0
1	1	0	1	0	1	0
1	1	0	1	1	0	0

c)

Abb. 3: Wired-And

4.4 Logik-Familien

Der Durchbruch der digitalen Informationsverarbeitung gelang mit der Entwicklung integrierter Schaltkreise. In ihnen sind aktive und passive Bauelemente in mikroskopisch kleiner Form auf einem einzigen Halbleiterkristall zu einer kompletten Schaltung zusammengefaßt (Abb. 4).

Abb. 4: Beispiel einer integrierten Schaltung

Die dadurch gewonnenen Vorteile sind:

- Reduzierung von Gerätevolumen, -gewicht, -kosten und Verlustleistung,
- geringe Störanfälligkeit,
- vereinfachte Schaltungsentwicklung.

Die einzelnen Entwicklungsstufen bei der Integration von Bauelementen zeigt Tab. 4.1. Die ständige Erhöhung der Integrationsdichte hat dazu geführt, daß man heute bereits mehr als 100000 Funktionen auf einem 25 mm² großen Chip unterbringen kann.

Digitalbausteine müssen, wenn sie zusammengeschaltet werden, hinsichtlich der Betriebsspannung und der Logikpegel übereinstimmen. Diese Forderungen werden innerhalb einer „Logikfamilie" erfüllt. Im Laufe der technischen Entwicklung sind mehrere Logik-Familien entstanden.

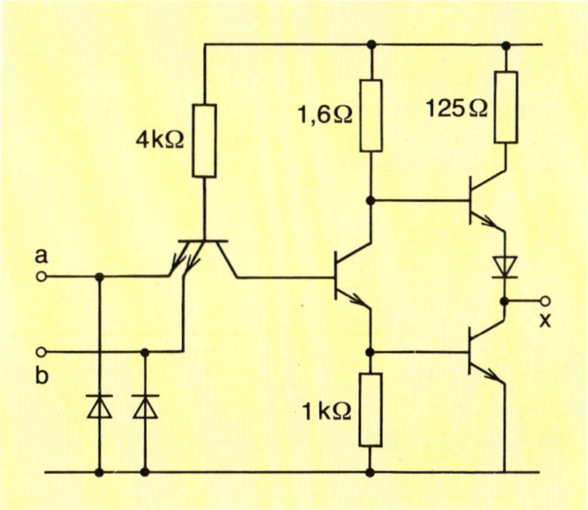

Abb. 5: NAND-Verknüpfung in TTL-Technik

TTL-Familie (Transistor-Transistor-Logik)

Digitale Schaltungen dieser Gruppe arbeiten mit bipolaren Halbleiterbausteinen. Die logische Verknüpfung erfolgt durch einen Multi-Emitter-Transistor. Beim NAND-Gatter von Abb. 5 wird die Inverter-Funktion durch

Tab. 4.1: Entwicklungsstufen bei der Halbleiterintegration

Entwicklungsstufen bei der Integrationsdichte		Zahl der integrierten Funktionen pro Chip	Beispiele aus der Digitaltechnik
1965 **SSI**	(**S**mall **S**cale **I**ntegration Kleinintegration	bis ca. 100	Grundbausteine der Digitaltechnik (UND-, ODER-, NAND-Glieder usw.)
1968 **MSI**	(**M**iddle **S**cale **I**ntegration) Mittelintegration	100 . . . 1000	Register, Zähler, Multiplexer usw.
1972 **LSI**	(**L**arge **S**cale **I**ntegration) Großintegration	1000 . . . 10000	Mikroprozessor (ca. 5000 Funktionen) Festwert- u. Schreibe-Lese-Speicher
1976 **VLSI**	(**V**ery **L**arge **S**cale **I**ntegration) Höchstintegration	10000 . . . 100000	Mikroprozessor einschließlich Ein-Ausgabe-Schaltungen
ab 1980 **V²LSI**	(**V**ery **V**ery **L**arge **S**cale **I**ntegration) Super Höchstintegration	größer 100000	mehrere Mikroprozessoren einschließlich Speicher und Ein-Ausgabeschaltungen auf einem Chip

den Zwischenverstärker mit einer nachfolgenden Gegentakt-Endstufe realisiert. Die Dioden am Eingang verhindern, daß eventuell auftretende negative Signale den Transistor gefährden.

Das in Abb. 5 (S. 247) dargestellte Gatter benötigt im Betrieb etwa 10 mW. Diese Zahl ist, für sich betrachtet, sehr klein. Trotzdem werden insgesamt, bedingt durch die Vielzahl von Gattern, in komplexen Schaltungen große Leistungen umgesetzt. Dabei treten Probleme mit der Wärmeabgabe auf.

Eine Verringerung der Leistung kann man erreichen, wenn man die Widerstände z.B. beim NAND-Gatter von Abb. 5 (S. 247) vergrößert. Man nennt diese Schaltungen dann Low-Power-TTL-Glieder. Sie nehmen etwa $\frac{1}{10}$ der Leistung von Standard-TTL-Gliedern auf.

Die Bausteine der TTL-Familie werden z.T. unterschiedlich bezeichnet. Beispiele: Texas Instruments SN 74. . ; Motorola MC 74. . ; Siemens FL. . .

Schottky-TTL-Familie

Eine geringere Leistung und kürzere Schaltzeiten erzielt man mit Schottky-Bausteinen. Durch hinzugeschaltete Dioden von der Basis zum Kollektor verhindert man, daß die Transistoren weit in den Übersteuerungsbereich geschaltet werden. Die Dioden verfügen außerdem über kurze Schaltzeiten. Die Schleusenspannungen liegen bei 0,35 V.

Beispiele für Bausteinbezeichnungen: Texas Instruments SN 74 LS. . ; Valvo 74 LS. .

N-MOS- und P-MOS-Familie

Die MOS-Technik ist zur wichtigsten Basis für die Großintegration von Digitalschaltungen geworden. Während man in der TTL-Technik noch Widerstände, Dioden und Transistoren realisieren mußte, ist es in der MOS-Technik möglich, alle Funktionen nur mit Feldeffekttransistoren aufzubauen. Auch Widerstände können durch Transistoren erzeugt werden. Die logische Schaltung besteht dann aus Serien- und/oder Parallelschaltungen von Transistoren.

In der N-MOS- bzw. P-MOS-Familie werden Feldeffekttransistoren mit isoliertem Gate verwendet. Der technologische Aufbau ist einfach, die Leistung ist gering und die Packungsdichte auf einem Chip groß. In Abb. 1 ist ein NAND-Gatter in P-MOS-Technologie zu sehen. Es fließt nur dann in den in Reihe geschalteten Kanälen ein Strom, wenn beide Gates auf H-Potential liegen.

C-MOS-Familie (Complementary-MOS-Logik)

Bei dieser Familie werden selbstsperrende P- und N-MOS-Transistoren mit isoliertem Gate in einer Komplementärschaltung verwendet. Diese Familie besitzt sehr günstige Eigenschaften. Da sie mit einer positiven Logik arbeitet, ist der Übergang zu TTL-Schaltungen problemlos möglich.

Die Eingänge von MOS und C-MOS-Schaltungen sind in der Regel gegen statische Aufladungen durch Diodenstrecken geschützt (vgl. 2.5.2). Trotzdem sind beim Ar-

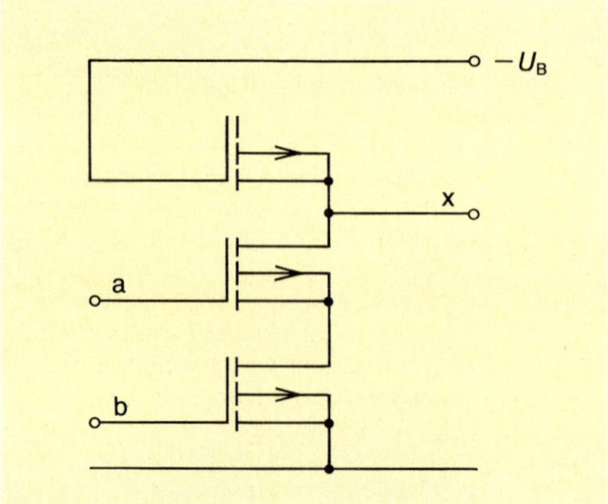

Abb. 1: NAND-Gatter in P-MOS-Technik

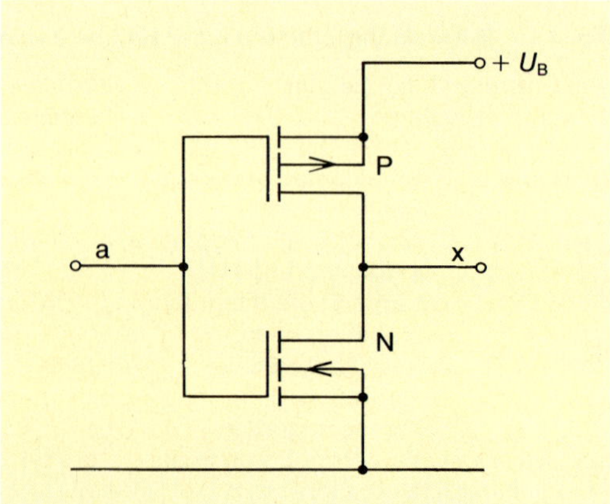

Abb. 2: NICHT-Glied in C-MOS-Technik

beiten mit diesen Schaltungen die üblichen Vorsichtsmaßnahmen zu treffen. Es muß z.B. bei der Fehlersuche bzw. bei Reparaturen verhindert werden, daß durch statische Aufladungen diese Schaltungen zerstört werden. Erreicht wird dieses durch gut leitende Reparaturtische mit entsprechenden Erdungen sowie durch eine „Erdung" des Technikers über eine gutleitende Manschette am Handgelenk (Abb. 3).

Die in Tabelle 4.2 aufgeführten Laufzeiten (Abb. 4) sind ein wichtiges Unterscheidungsmerkmal von Digitalbausteinen. Die Laufzeit hängt ab von der Versorgungsspannung, der Temperatur und der Eingangs- sowie Ausgangsbelastung. Je nach Richtung unterscheidet man zwei Laufzeiten t_p:

t_{pHL}: Übergang von H nach L

t_{pLH}: Übergang von L nach H

Die mittlere Laufzeit ergibt sich dann so:

$$t_p = \frac{t_{pHL} + t_{pLH}}{2}$$

Endpunkte für die jeweiligen Grenzen sind die Halbwerte der einzelnen Spannungssprünge (Abb. 4).

Aufgaben zu 4.3 und 4.4

1. Nennen Sie Beispiele für UND-, ODER- und NICHT-Verknüpfungen!
2. Welcher Unterschied besteht zwischen einem ÄQUIVALENZ-Glied und einem EXKLUSIV-ODER-Glied?
3. Was versteht man unter zusammengesetzten Logik-Bausteinen?
4. Welche Schaltungsvorteile besitzen Verknüpfungsglieder mit „offenem" Kollektor?
5. Nennen Sie Unterschiede zwischen der TTL- und der C-MOS-Familie!
6. Erklären Sie den Begriff „Signallaufzeit" bei Digitalbausteinen!

Abb. 3: Fehlersuche in MOS-Schaltungen

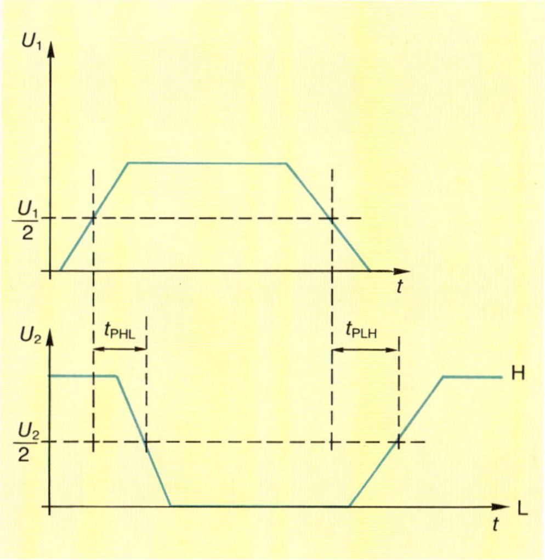

Abb. 4: Signallaufzeit

Tab. 4.2: Gegenüberstellung verschiedener Logik-Familien (Beispiele)

Familie	Betriebsspannung in V	Störspannung in V (max)	Laufzeit/ Gatter in ns	Verlustleistung/ Gatter in mW	Ausgangsbelastbarkeit in mW
TTL-Standard	5	1	10	20	12
TTL-Schottky	5	1	2,5	15	12
N-MOS	3...15	2,5	100	< 1	5
C-MOS	3...15	4,5	50	0,01	5

4.5 Schaltalgebra

In der Regel sind Schaltnetze, die aus vielen der gezeigten einfachen Grundbausteine aufgebaut sind, recht umfangreich und unübersichtlich. Es wird deshalb ein Hilfsmittel notwendig, das es ermöglicht, komplexe Schaltnetze zu verstehen.

Dieses Hilfsmittel findet man in der Schaltalgebra, die

- als Kurzschrift zur Beschreibung schaltungsmäßiger Verkopplungen digitaler Vorgänge und
- als Rechenverfahren zum Finden von Schaltungen kleinsten Aufwandes (Minimierung) eingesetzt wird.

Die Schaltalgebra benutzt die Gesetze und Methoden der Booleschen Algebra, die 1847 von dem englischen Mathematiker George Boole begründet wurde.

4.5.1 Grundregeln

Die drei Grundverknüpfungen, von denen die Schaltalgebra üblicherweise ausgeht, sind die bereits bekannte

KONJUNKTION (UND-Verknüpfung)
DISJUNKTION (ODER-Verknüpfung)
NEGATION (NICHT-Verknüpfung)

Abb. 1 zeigt die Spezialfälle, die eintreten, wenn man eine Eingangsvariable mit sich selbst oder mit einer Konstanten (0 oder 1) verknüpft.

Allgemein gilt für die Verknüpfung von mehr als zwei Eingangsvariablen für die

KONJUNKTION: $x = a \wedge b \wedge c \wedge d \wedge \ \ldots$ und
DISJUNKTION: $x = a \vee b \vee c \vee d \vee \ \ldots$

Für die NEGATION gelten folgende Regeln:

- Die doppelte Negation einer Variablen ergibt die ursprüngliche Variable (Abb. 2).
- Die Negation beider Seiten einer Gleichung verändert nicht deren Bedeutung (Abb. 3).

In den nachfolgenden Tabellen sind die Grundregeln der Schaltalgebra zusammengefaßt. Anwendung finden diese Regeln bei der Vereinfachung (Minimierung) von Schaltnetzen.

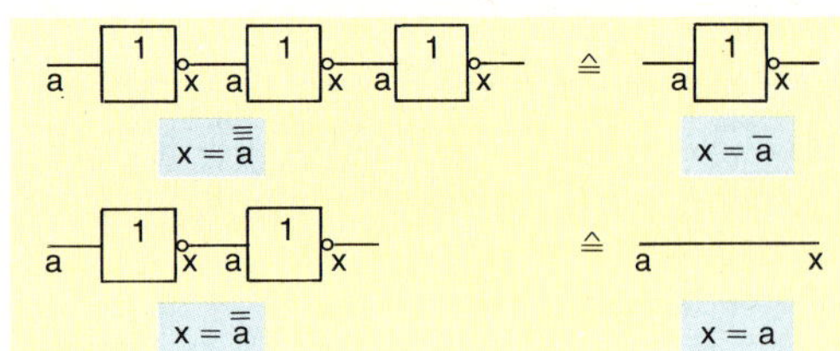

Abb. 2: Anwendung der Mehrfach-Negation

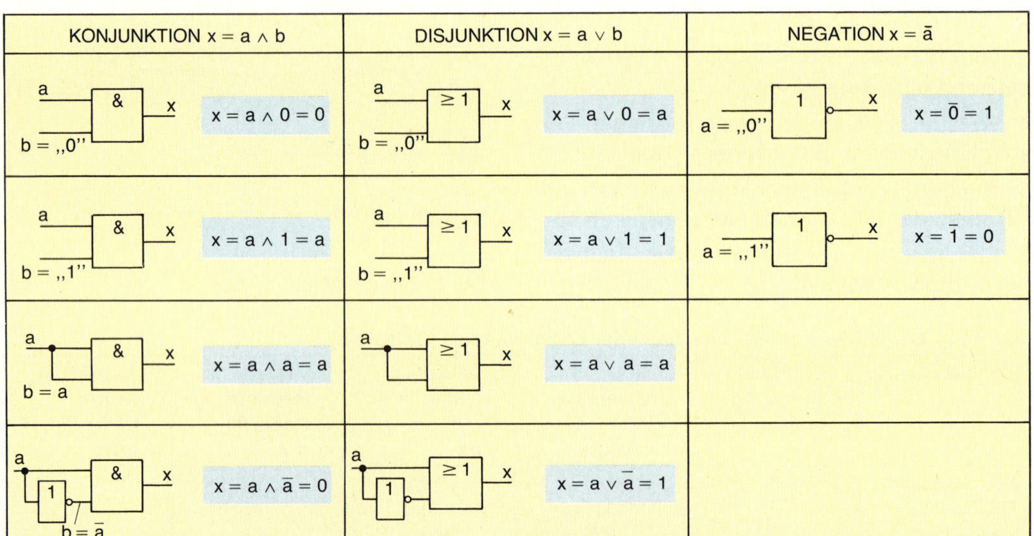

Abb. 1: „Spezialfälle" für KONJUNKTION, DISJUNKTION und NEGATION

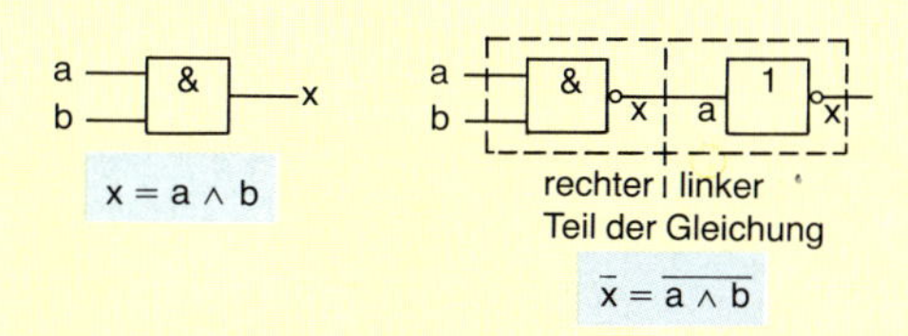

Eingang		Ausgang
a	b	$x = a \wedge b$
0	0	0
0	1	0
1	0	0
1	1	1

Eingang		Ausgang	
a	b	$x = \overline{a \wedge b}$	$\bar{x}$
0	0	1	0
0	1	1	0
1	0	1	0
1	1	0	1

Abb. 3: Negation beider Gleichungsseiten

Vertauschungsregel (Abb. 4)

Die Eingänge binärer Verknüpfungsglieder dürfen gegeneinander getauscht werden.

Verbindungsregel (Abb. 5)

Verknüpfungsglieder mit mehr als zwei Eingängen lassen sich durch solche mit zwei Eingängen ersetzen, wenn man sie entsprechend verbindet.

Verteilungsregel (Abb. 6)

Ausklammern einer mehrfach erscheinenden Variablen bzw. Ausmultiplizieren von Klammerausdrücken (ähnlich der Klammerregel in der normalen Algebra).

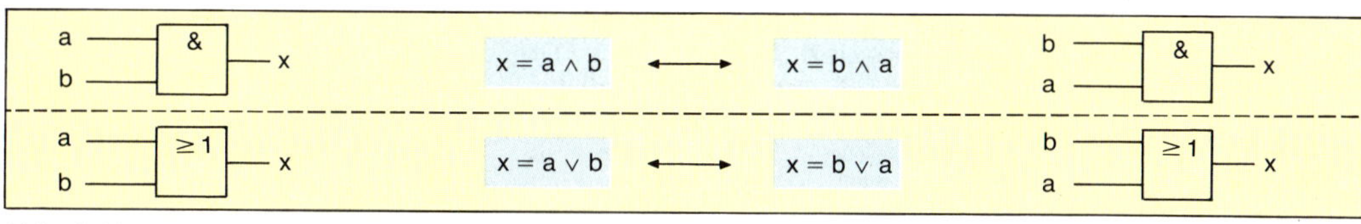

Abb. 4: Vertauschungsregel (Kommutatives Gesetz)

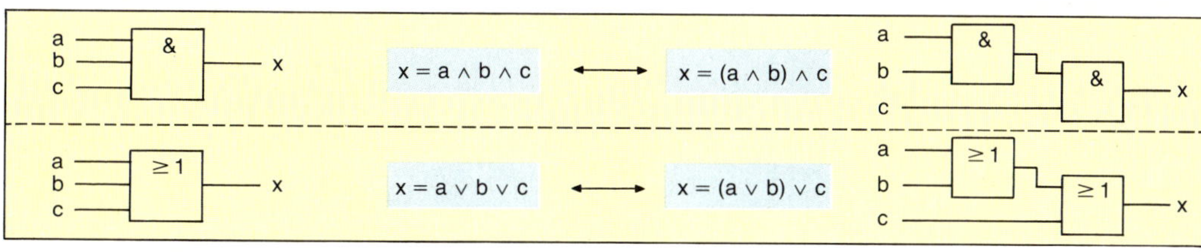

Abb. 5: Verbindungsregel (Assoziatives Gesetz)

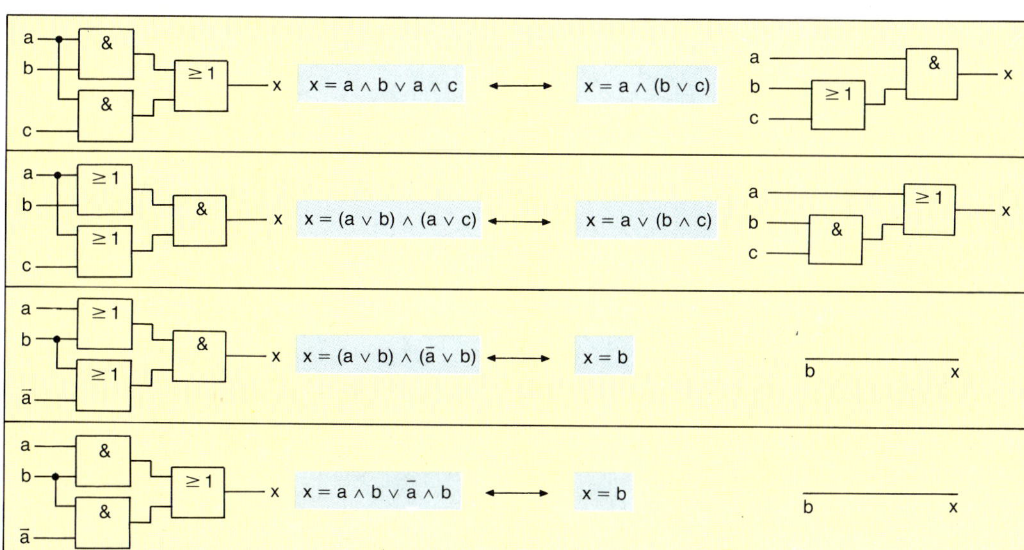

Abb. 6: Verteilungsregel (Distributives Gesetz)

De Morgansches Gesetz (Abb. 1)

Dieses Gesetz bietet die Möglichkeit, Verknüpfungsglieder eines Typs durch Verknüpfungsglieder eines anderen Typs zu ersetzen. Die Umwandlung ist dabei wie folgt vorzunehmen:

1. Umkehren aller Verknüpfungsoperatoren (aus $\wedge$ wird $\vee$ und umgekehrt).
2. Invertieren jeder einzelnen Variablen.
3. Invertieren des gesamten Ausdrucks.

Anwendung findet dieses Gesetz hauptsächlich beim Entwurf von Schaltnetzen, die nur aus einem Typ von Verknüpfungsgliedern aufgebaut sein sollen.

Abb. 3 zeigt verschiedene Grundverknüpfungen, die – nach entsprechender Umwandlung – durch die NAND-Verknüpfung ersetzt werden.

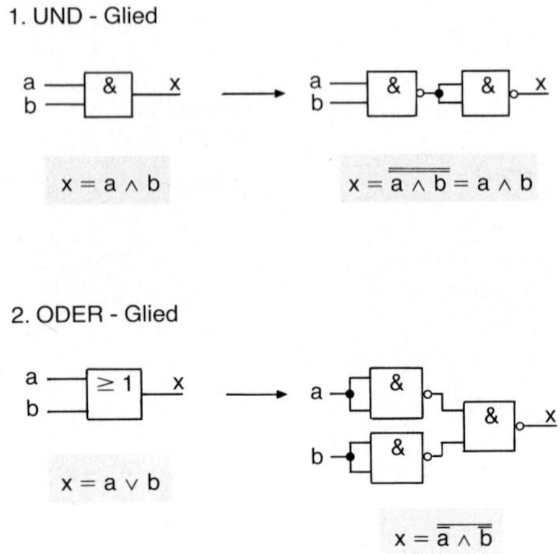

Abb. 3: Grundverknüpfung ersetzt durch NAND-Verknüpfung

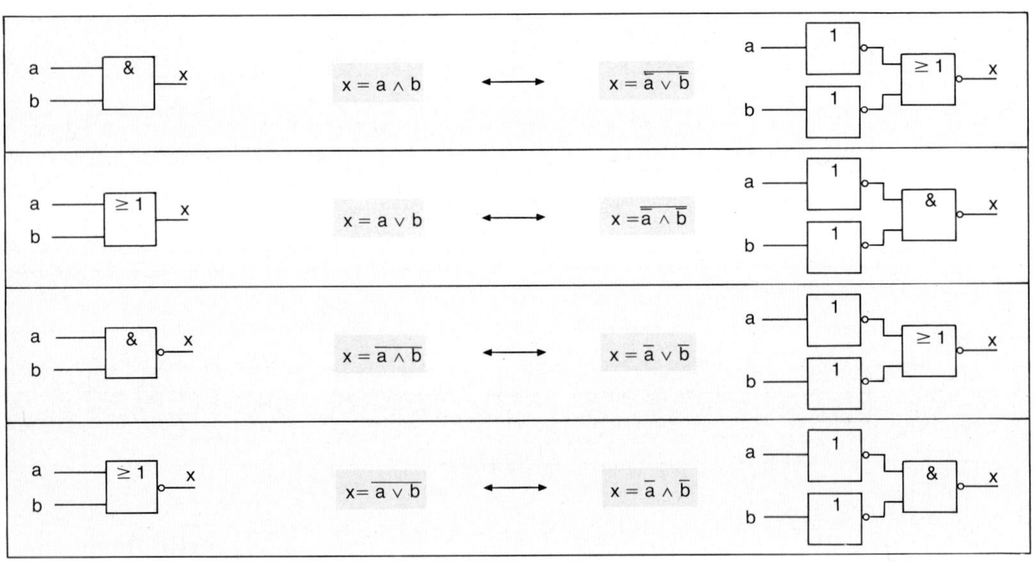

Abb. 1: De Morgansches Gesetz

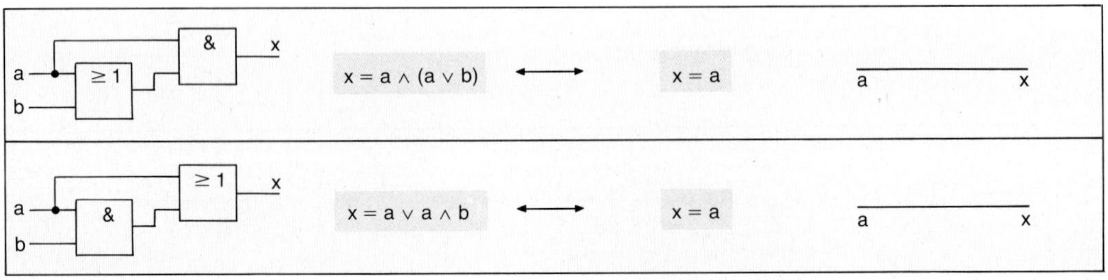

Abb. 2: Sonderfälle

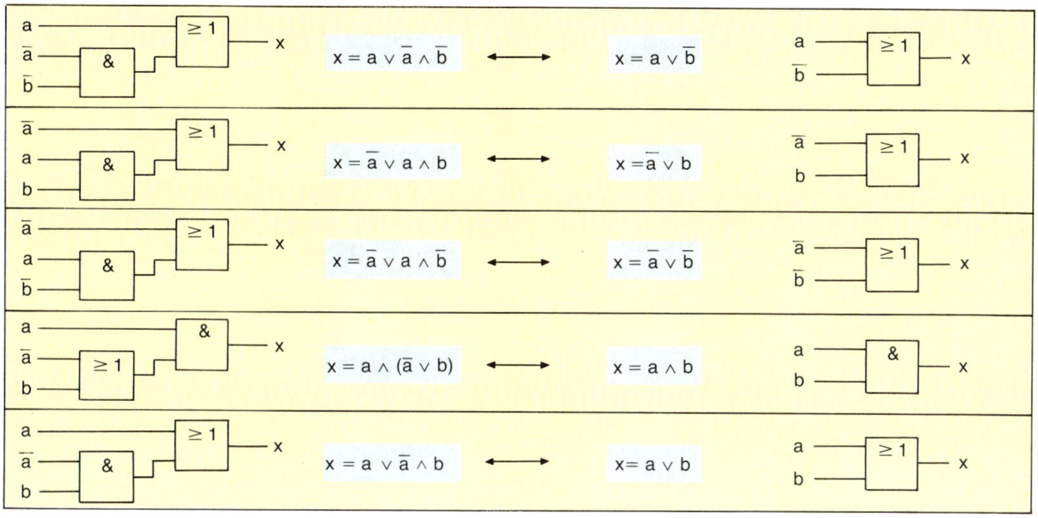

Abb. 4: Sonderfälle

In Abb. 2 und 4 sind einige Sonderfälle veranschaulicht worden. Sie machen deutlich, daß einige Verknüpfungsschaltungen vereinfacht werden können. In Abb. 2 wird darüber hinaus gezeigt, daß die Digitalbausteine überflüssig sind. Die Abb. 4 dagegen zeigt, daß das geforderte logische Verhalten manchmal nur mit einem Baustein realisiert werden kann.

Aufgaben zu 4.5.1

1. Von welchen Grundverknüpfungen geht die Schaltalgebra üblicherweise aus?
2. Welche Ergebnisse bekommt man bei der Verknüpfung einer Variablen mit sich selbst oder einer Konstanten bei der Konjunktion, Disjunktion und Negation?
3. Wie lautet das Ergebnis bei der doppelten Negation einer Variablen?
4. Was besagt die Vertauschungsregel?
5. Erläutern Sie die Verbindungsregel!
6. Was beinhaltet die Verteilungsregel?
7. Wandeln Sie die Grundverknüpfungen UND, ODER, NAND und NOR nach dem De Morganschen Gesetz um!
8. Ersetzen Sie die Grundverknüpfungen UND, ODER und NOR durch NAND-Verknüpfungen!

4.5.2 Analyse von Schaltnetzen

Um die Funktion eines Schaltnetzes erkennen zu können, stellt man eine sogenannte Funktionsgleichung auf. Hierdurch wird die Abhängigkeit zwischen Ein- und Ausgangsvariablen unter Verwendung der schaltalgebraischen Schreibweise dargestellt. Das Aufstellen einer Funktionsgleichung für ein beliebig vorgegebenes Schaltnetz wird an einem einfachen Beispiel erläutert (Abb. 5).

Beispiel 1

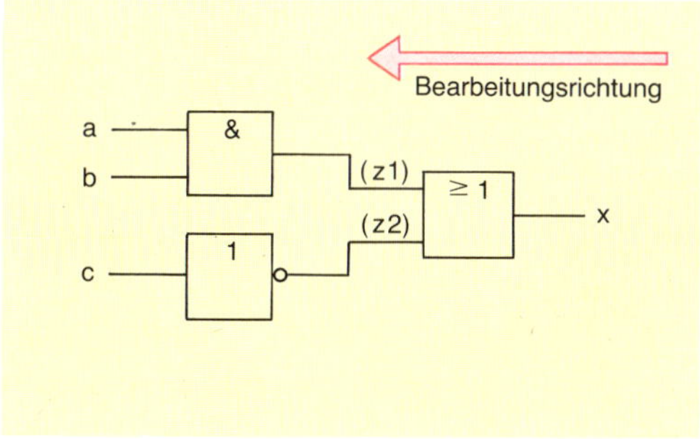

Abb. 5: Beispiel 1

Das Schaltnetz hat die drei Eingänge a, b und c und den Ausgang x. Beim Aufstellen der Funktionsgleichung geht man zweckmäßigerweise vom Ausgang zu den Eingängen des Schaltnetzes. Damit man die Übersicht nicht verliert, führt man für alle nicht gekennzeichneten Eingänge innerhalb des Schaltnetzes zusätzliche Bezeichnungen ein. In unserem Fall werden die Eingänge des ODER-Gatters mit z1 und z2 bezeichnet. Damit lautet die Gleichung für den Ausgang:

I) $x = z1 \vee z2$

Damit nun die Abhängigkeit des Ausgangs von den Eingängen dargestellt werden kann, müssen die Variablen z1 und z2 durch die Eingangsvariablen a, b und c ersetzt werden:

II) $z1 = a \wedge b$ III) $z2 = \bar{c}$

Gleichung II und III in Gleichung I eingesetzt ergibt:

IV) $x = (a \wedge b) \vee \bar{c}$

Mit der Gleichung IV kann man sehr leicht die Wertetabelle für das Schaltwerk aufstellen.

Zunächst schreibt man alle Kombinationen für die drei Eingangsvariablen auf. Von den Variablen kann jede nur die Werte 0 und 1 annehmen. Bei zwei Variablen gibt es dementsprechend vier Kombinationen. Bei drei Variablen gibt es acht Kombinationen. Die Zahl der möglichen Kombinationen für eine beliebige Anzahl von Variablen kann durch die Angabe einer Potenz zur Basis 2 ermittelt werden:

- zwei Variable: $2^2 = 4$ Kombinationen
- drei Variable: $2^3 = 8$ Kombinationen
- vier Variable: $2^4 = 16$ Kombinationen

. . .

. . .

- zehn Variable: $2^{10} = 1024$ Kombinationen

Wie man sieht, wird durch jede weitere Variable, die hinzukommt, die Zahl der vorherigen Kombinationen verdoppelt.

Für die drei Eingangsvariablen aus dem Beispiel ergeben sich acht Eingangskombinationen für das Schaltnetz (Abb. 1).

Den Wert der Variablen x bekommt man, indem man die Gleichung IV) $x = (a \wedge b) \vee \bar{c}$ die Werte der Eingangsvariablen jeder Zeile der Funktionstabelle einsetzt:

1. Zeile: $a = 0, b = 0, c = 0 \Rightarrow x = (0 \wedge 0) \vee \bar{0} = 1$
2. Zeile: $a = 1, b = 0, c = 0 \Rightarrow x = (1 \wedge 0) \vee \bar{0} = 1$

usw.

a	b	c	x
0	0	0	1
1	0	0	1
0	1	0	1
1	1	0	1
0	0	1	0
1	0	1	0
0	1	1	0
1	1	1	1

Abb. 1: Wertetabelle zu Beispiel 1

Wie man sieht, ergibt der Ausdruck $(a \wedge b)$ immer dann 0, wenn entweder a oder b den Wert 0 haben (UND-verknüpft).

Die Variable c wird lediglich invertiert. Da die beiden Ausdrücke mit einem ODER verknüpft sind, wird der Ausgang x immer dann 1 sein, wenn mindestens einer der beiden Ausdrücke 1 ist.

Beispiel 2

Das im Beispiel 1 gezeigte Schaltnetz hat nur einen Ausgang. Will man Schaltnetze mit mehreren Ausgängen beschreiben, muß für jeden Ausgang eine eigene Funktionsgleichung aufgestellt werden.

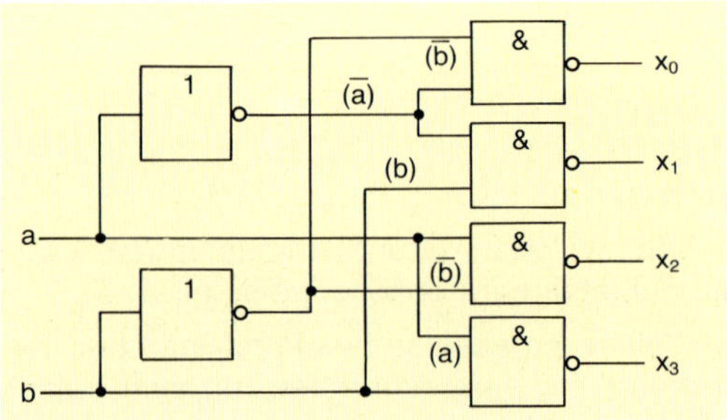

Abb. 2: Beispiel 2 (1-aus-4-Decoder)

1. Schritt

Bezeichnen aller nicht benannten Ein- bzw. Ausgänge (Symbole in Klammern eingefaßt, Abb. 2).

2. Schritt

Aufstellen der Funktionsgleichung je Ausgang:

$x_0 = \overline{\bar{a} \wedge \bar{b}}$ $x_2 = \overline{a \wedge \bar{b}}$

$x_1 = \overline{\bar{a} \wedge b}$ $x_3 = \overline{a \wedge b}$

3. Schritt

Aufstellen der Wertetabelle (Abb. 3)

a	b	x_0	x_1	x_2	x_3
0	0	0	1	1	1
0	1	1	0	1	1
1	0	1	1	0	1
1	1	1	1	1	0

Abb. 3: Wertetabelle zu Beispiel 2

4. Schritt

Einsetzen der Werte der Eingangsvariablen jeder Zeile der Wertetabelle in alle vier Ausgangsgleichungen (Abb. 4).

$a = 0, b = 0$

$x_0 = \overline{\overline{0} \wedge \overline{0}} = 0$

$x_1 = \overline{\overline{0} \wedge 0} = 1$

$x_2 = \overline{0 \wedge \overline{0}} = 1$

usw. $x_3 = \overline{0 \wedge 0} = 1$

Abb. 4: Ermittlung der Ausgangswerte

Die Betrachtung der Wertetabelle zeigt, daß bei einer bestimmten Eingangskombination nur jeweils ein Ausgang 0 ist, während die anderen Ausgänge 1 sind. Diese Schaltungsanordnung wird deshalb als 1-aus-4-Decoder bezeichnet. In Kapitel 4.15 werden dieser und andere Decoder behandelt.

4.5.3 Synthese von Schaltnetzen

Zum Entwerfen von Schaltnetzen aus beliebig vorgegebenen Schaltfunktionen bzw. Wertetabellen verwendet man die Methoden der Schaltnetzsynthese. Das Entwerfen und damit gleichzeitig verbunden das **Minimieren** (Vereinfachen) des Schaltnetzes kann man auf den zwei folgenden Wegen erreichen:

- algebraisch, mit den Regeln der Schaltalgebra (vgl. 4.5.1),
- grafisch, durch Anwendung der **KV-Tafeln** (**K**arnaugh-**V**eitsch).

Das algebraische Verfahren wird an folgendem Beispiel erläutert. Zu der in Abb. 5 dargestellten Wertetabelle soll das entsprechende Schaltnetz entworfen werden.

Zunächst wird die Funktionsgleichung für den Ausgang x aufgestellt. Es gibt dafür zwei Möglichkeiten, von denen für den weiteren Gang aber **nur jeweils eine** benötigt wird.

Disjunktive Normalform

Hierzu betrachten wir nur die Zeilen der Wertetabelle, deren Ergebnis 1 ist. Die Eingangsvariablen dieser Zeilen werden **UND**-verknüpft. Die so gewonnenen Ausdrücke werden anschließend über **ODER** verknüpft (Abb. 5). Damit ist die Funktionsgleichung für den Ausgang x in **disjunktiver Normalform** aufgestellt.

Eingang			Ausgang	Verknüpfungen für	
a	b	c	x	**Disjunktive Normalform**	**Konjunktive Normalform**
0	0	0	0	–	$a \vee b \vee c$
1	0	0	0	–	$\overline{a} \vee b \vee c$
0	1	0	1	$\overline{a} \wedge b \wedge \overline{c}$	–
1	1	0	1	$a \wedge b \wedge \overline{c}$	–
0	0	1	1	$\overline{a} \wedge \overline{b} \wedge c$	–
1	0	1	0	–	$\overline{a} \vee b \vee \overline{c}$
0	1	1	1	$\overline{a} \wedge b \wedge c$	–
1	1	1	1	$a \wedge b \wedge c$	–

Funktionsgleichung in

Disjunktiver Normalform: $x = (\overline{a} \wedge b \wedge \overline{c}) \vee (a \wedge b \wedge \overline{c}) \vee (\overline{a} \wedge \overline{b} \wedge c) \vee (\overline{a} \wedge b \wedge c) \vee (a \wedge b \wedge c)$

Konjunktiver Normalform: $x = (a \vee b \vee c) \wedge (\overline{a} \vee b \vee c) \wedge (\overline{a} \vee b \vee \overline{c})$

Abb. 5: Wertetabelle, disjunktive und konjunktive Normalform

Bei der disjunktiven Normalform werden die Variablen einer Zeile, deren Ergebnis 1 ist, UND-verknüpft (konjunktiv).

Konjunktive Normalform

Zum Aufstellen der Funktionsgleichung betrachten wir jetzt die Zeilen, deren Ergebnis 0 ist. Die Eingangsvariablen der entsprechenden Zeilen werden **ODER**-verknüpft. Alle so gewonnenen Ausdrücke werden **UND**-verknüpft und stellen damit die **konjunktive Normalform** der Funktionsgleichung dar (Abb. 5, S. 255).

Bei der konjunktiven Normalform werden die Variablen einer Zeile, deren Ergebnis 0 ist, ODER-verknüpft (disjunktiv).

Vereinfachung in algebraischer Form

Setzt man die in Abb. 5 (S. 255) dargestellten Gleichungen in Schaltnetze um, erkennt man, daß der Aufwand sehr hoch ist, da Schaltungsteile mehrfach vorhanden sind. Deshalb müssen die Funktionsgleichungen noch minimiert werden. Relativ leicht läßt sich die Minimierung mit der disjunktiven Normalform durchführen. Durch geschicktes Umformen, Ausklammern oder Zusammenfassen bringt man die Ausdrücke möglichst auf die Form **a ∨ ā.** Da das Ergebnis immer gleich 1 ist, reduzieren sich die zusammengefaßten Ausdrücke um diese ausgeklammerte Variable (Abb. 1).

Vereinfachung durch KV-Tafeln

Eine weitere, wesentlich leichtere und schnellere Möglichkeit zur Vereinfachung von Funktionsgleichungen bietet die Anwendung der KV-Tafeln.

Hier werden die Ergebnisse der Wertetabelle in eine Tafel eingetragen. Die Tafel enthält für jede Eingangsvariablen-Kombination ein eigenes Ergebnisfeld. Die Anordnung der Felder untereinander sieht so aus, daß sich zwischen je zwei benachbarten Feldern lediglich eine Eingangsvariable ändert (Abb. 2).

Zur Ermittlung der Funktionsgleichung werden die Ergebnisse der Wertetabelle in die zugehörigen Felder der KV-Tafel übertragen (Abb. 3).

Das Aufstellen der Funktionsgleichung in disjunktiver Normalform geschieht folgendermaßen:

Ausgangsgleichung ist die disjunktive Normalform aus Abb. 5, S. 255

$$x = (\bar{a} \wedge b \wedge \bar{c}) \vee \underbrace{(a \wedge b \wedge \bar{c})}_{1.} \vee \underbrace{(\bar{a} \wedge \bar{b} \wedge c)}_{2.} \vee \underbrace{(\bar{a} \wedge b \wedge c)}_{2.} \vee \underbrace{(a \wedge b \wedge c)}_{1.}$$

1. Schritt: $(a \wedge b)$ aus den mit 1. gekennzeichneten Ausdrücken ausklammern

$$x = (\bar{a} \wedge b \wedge \bar{c}) \vee [(a \wedge b) \wedge \underbrace{(\bar{c} \vee c)}_{=1}] \vee (\bar{a} \wedge \bar{b} \wedge c) \vee (\bar{a} \wedge b \wedge c)$$

2. Schritt: $(\bar{a} \wedge c)$ aus den mit 2. gekennzeichneten Ausdrücken ausklammern

$$x = (\bar{a} \wedge b \wedge \bar{c}) \vee (a \wedge b) \vee [(\bar{a} \wedge c) \wedge \underbrace{(\bar{b} \vee b)}_{=1}]$$

3. Schritt: Zur Minimierung des Ausdrucks $(\bar{a} \wedge b \wedge \bar{c})$ wird ein bereits vorhandener Ausdruck erneut verwendet.

$$x = \underline{(\bar{a} \wedge b \wedge \bar{c})}_{3.} \vee (a \wedge b) \vee (\bar{a} \wedge c) \vee \underline{(\bar{a} \wedge b \wedge c)}_{3.} \longleftarrow \text{hinzugefügt}$$

Ausklammern von $(\bar{a} \wedge b)$ aus den mit 3. gekennzeichneten Ausdrücken

$$x = [(\bar{a} \wedge b) \wedge \underbrace{(\bar{c} \vee c)}_{=1}] \vee (a \wedge b) \vee (\bar{a} \wedge c) = \underline{(\bar{a} \wedge b)}_{4.} \vee \underline{(a \wedge b)}_{4.} \vee (\bar{a} \wedge c)$$

4. Schritt: b aus den mit 4. gekennzeichneten Ausdrücken ausklammern

$$x = b \wedge \underbrace{(\bar{a} \vee a)}_{=1} \vee (\bar{a} \wedge c) = b \vee (\bar{a} \wedge c)$$

minimierte Form der Ausgangsgleichung

Abb. 1: Algebraische Form der Minimierung am Beispiel aus Abb. 5, S. 255

Eingangsvariable

b \ a	0	1
0	$\bar{a} \wedge \bar{b}$	$a \wedge \bar{b}$
1	$\bar{a} \wedge b$	$a \wedge b$

Ergebnisfelder

a	0	1	1	0
c \ b	0	0	1	1
0	$\bar{a} \wedge \bar{b} \wedge \bar{c}$	$a \wedge \bar{b} \wedge \bar{c}$	$a \wedge b \wedge \bar{c}$	$\bar{a} \wedge b \wedge \bar{c}$
1	$\bar{a} \wedge \bar{b} \wedge c$	$a \wedge \bar{b} \wedge c$	$a \wedge b \wedge c$	$\bar{a} \wedge b \wedge c$

	a	0	1	1	0
c	d \ b	0	0	1	1
0	0	$\bar{a} \wedge \bar{b} \wedge \bar{c} \wedge \bar{d}$	$a \wedge \bar{b} \wedge \bar{c} \wedge \bar{d}$	$a \wedge b \wedge \bar{c} \wedge \bar{d}$	$\bar{a} \wedge b \wedge \bar{c} \wedge \bar{d}$
1	0	$\bar{a} \wedge \bar{b} \wedge c \wedge \bar{d}$	$a \wedge \bar{b} \wedge c \wedge \bar{d}$	$a \wedge b \wedge c \wedge \bar{d}$	$\bar{a} \wedge b \wedge c \wedge \bar{d}$
1	1	$\bar{a} \wedge \bar{b} \wedge c \wedge d$	$a \wedge \bar{b} \wedge c \wedge d$	$a \wedge b \wedge c \wedge d$	$\bar{a} \wedge b \wedge c \wedge d$
0	1	$\bar{a} \wedge \bar{b} \wedge \bar{c} \wedge d$	$a \wedge \bar{b} \wedge \bar{c} \wedge d$	$a \wedge b \wedge \bar{c} \wedge d$	$\bar{a} \wedge b \wedge \bar{c} \wedge d$

Die Felder enthalten die jeweilige UND-Verknüpfung der Eingangsvariablen, die auch als Vollkonjunktionen bezeichnet werden.

Abb. 2: KV-TAFELN für zwei, drei und vier Eingangsvariable

1. Die Felder, die eine 1 enthalten, zu möglichst großen Blöcken zusammenfassen!

Es dürfen nur Blöcke gebildet werden, die zwei, vier, acht oder sechzehn Felder umfassen. Damit entfallen dann beim

2er Block 1 Eingangsvariable,
4er Block 2 Eingangsvariable,
8er Block 3 Eingangsvariable,
16er Block 4 Eingangsvariable.

2. Für jeden gefundenen Block werden die Eingangsvariablen UND-verknüpft unter Beachtung folgender Gesetzmäßigkeit:

Die Eingangsvariablen, die sich innerhalb eines Blockes ändern, werden bei der Aufstellung der UND-Verknüpfung nicht berücksichtigt.

3. Verknüpfen der so **bereits minimierten** einzelnen Ausdrücke über ODER zur gesamten Funktionsgleichung!

Die bereits auf algebraischem Weg minimierte Schaltfunktion ist in Abb. 3 mittels einer KV-Tafel für drei Eingangsvariable minimiert.

a	b	c	x
0	0	0	0
1	0	0	0
0	1	0	1
1	1	0	1
0	0	1	1
1	0	1	0
0	1	1	1
1	1	1	1

Wertetabelle

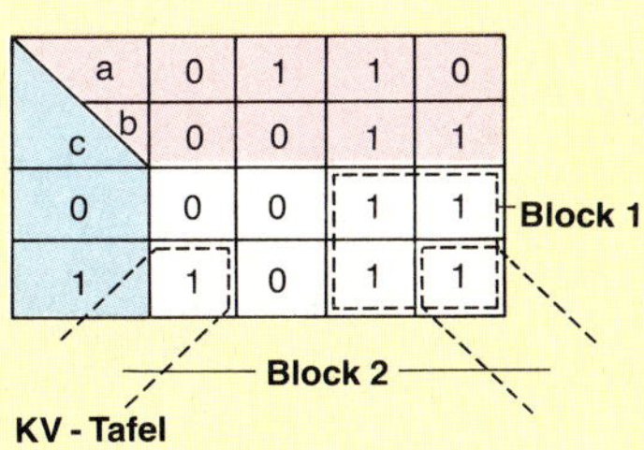

Block 1 enthält 4 Ergebnisfelder. Es ändern sich die Variablen a und c, die damit entfallen.

Block 2 enthält 2 Ergebnisfelder. Hier ändert sich die Variable b, die deshalb entfällt.

Die Vollkonjunktionen (Eingangsvariablen mit UND-verknüpft) lauten für **Block 1:** b und **Block 2:** $\bar{a} \wedge c$

Die **ODER**-Verknüpfung der Vollkonjunktionen liefert die **minimierte** disjunktive Normalform der Funktionsgleichung

$$x = b \vee (\bar{a} \wedge c)$$

Abb. 3: Minimierung mit KV-TAFEL

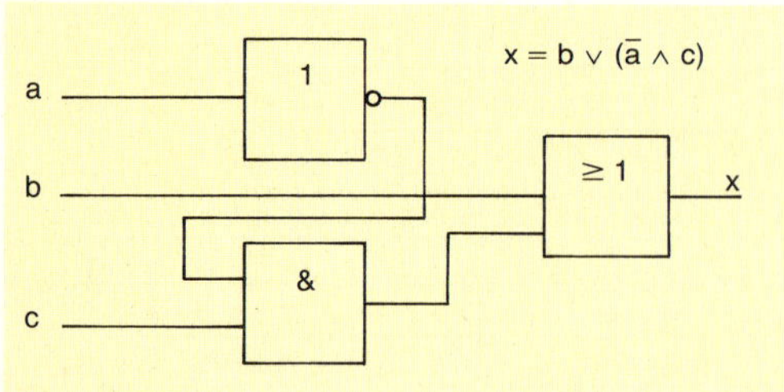

Abb. 1: Minimierungsergebnis über die disjunktive Normalform

Die schaltungstechnische Realisation der Minimierungsbeispiele (algebraisch und mit KV-Tafel) ist in Abb. 1 zu sehen.

Der oben beschriebene Lösungsweg zum Auffinden der disjunktiven Normalform läßt sich ebenso zum Auffinden der konjunktiven Normalform verwenden, mit dem Unterschied, daß nur die 0-Felder verwendet werden. Die Eingangsvariablen der entsprechenden Felder werden über ODER verknüpft und die minimierten Ausdrücke über UND verknüpft.

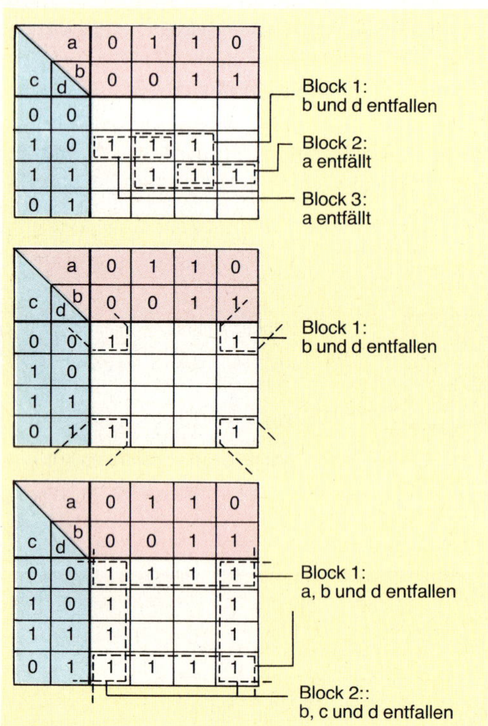

Abb. 2: Beispiele für Blockbildungen

In Abb. 2 sind mögliche Blockbildungen bei der KV-Tafel mit vier Eingangsvariablen dargestellt. Wie man sieht, dürfen Felder, die eine 1 bzw. 0 enthalten, mehreren Blöcken gleichzeitig zugeordnet werden.

Vielfach werden in den Wertetabellen nicht für alle Kombinationen der Eingangsvariablen eindeutige Ausgangssignale vorgeschrieben, weil die entsprechende Eingangskombination z.B. technisch nicht vorkommt. Diese Zeilen bzw. Felder, die als „don't care"-Felder bezeichnet werden, können zur Minimierung der Schaltung mit herangezogen werden (Abb. 3).

a	b	c	x
0	0	0	0
1	0	0	1
0	1	0	0
1	1	0	0
0	0	1	1
1	0	1	*
0	1	1	*
1	1	1	*

„don't care"-Felder

Wertetabelle

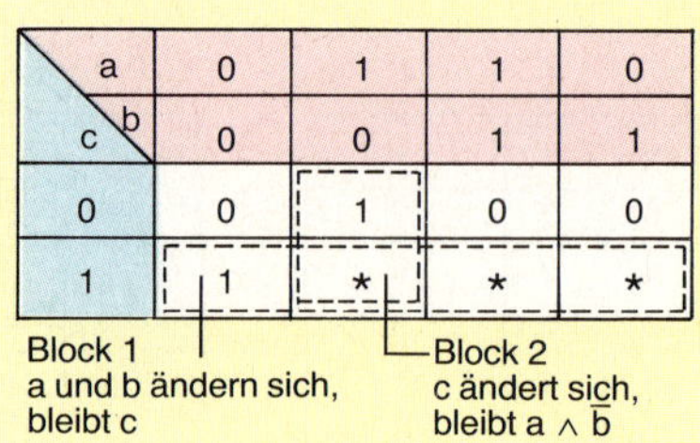

Die mit * gekennzeichneten Felder werden zur Minimierung mit 1 besetzt.
Die disjunktive Normalform für die Funktionsgleichung lautet:

$$x = c \vee a \wedge \bar{b}$$

Abb. 3: „DON'T CARE"-Felder

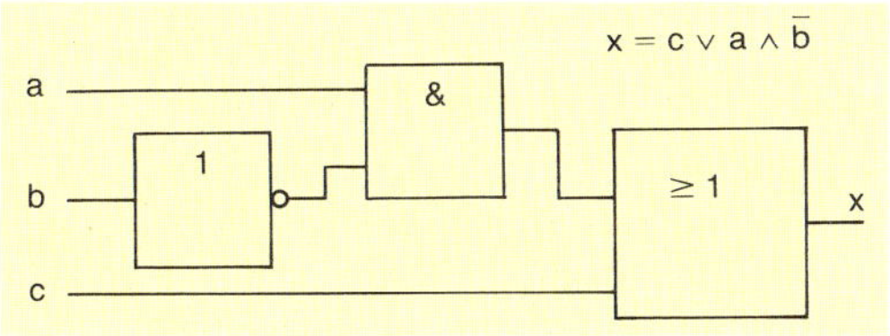

Abb. 4: Minimierungsergebnis über die konjunktive Normalform

Die schaltungstechnische Realisation der Minimierung über die konjunktive Normalform ist in Abb. 4 dargestellt.

Aufgaben zu 4.5.2 und 4.5.3

1. Wie lautet die Funktionsgleichung für das in Abb. 5 dargestellte Schaltnetz? Stellen Sie die Wertetabelle auf!

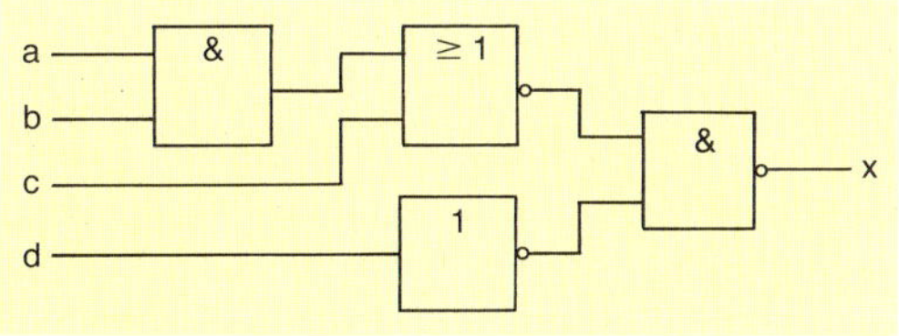

Abb. 5

2. Ermitteln Sie die Gleichung für den Ausgang x aus der Wertetabelle von Abb. 6:
a) in disjunktiver Normalform,
b) in konjunktiver Normalform!
c) Minimieren Sie die Funktionsgleichung algebraisch und mit der KV-Tafel!

EINGANG				AUSGANG
a	b	c	d	x
0	0	0	0	0
1	0	0	0	1
0	1	0	0	0
1	1	0	0	0
0	0	1	0	1
1	0	1	0	1
0	1	1	0	1
1	1	1	0	0
0	0	0	1	0
1	0	0	1	0
0	1	0	1	0
1	1	0	1	0
0	0	1	1	1
1	0	1	1	1
0	1	1	1	1
1	1	1	1	1

Abb. 6

4.6 Codes und Codierer

4.6.1 Codes

Codes (Schlüssel) werden verwendet, um Zeichen eines Zeichenvorrats in diejenigen eines anderen Zeichenvorrats umzuwandeln. Hierzu verwendet man Schaltnetze, die aus Verknüpfungsbausteinen aufgebaut sind und als Codierer bezeichnet werden.

Beim Codieren wird eine Nachricht von einer Form in eine andere umgewandelt. Die Umwandlungsvorschrift bezeichnet man als Code.

Um in digitalen Systemen Zahlen verarbeiten zu können, müssen diese in Worte, die aus **Binärzeichen** bestehen, codiert werden. Diese Codes werden dann als **Binärcodes** bezeichnet. Im Prinzip ist dabei die Zuordnung der einzelnen Zahlen zu den Worten des Binärcodes beliebig (Abb. 7).

Beim **Dual-Code** und beim **8-4-2-1-Code** (der Name entspricht der Wertigkeit der einzelnen Binärstellen) haben die einzelnen Bit die Wertigkeiten $2^0 = 1$; $2^1 = 2$, $2^2 = 4$ und $2^3 = 8$. Das Bit mit der kleinsten Wertigkeit steht rechts. **Beispiel:** Der Dualzahl 01010 entspricht die Dezimalzahl
$0 \cdot 2^4 + 1 \cdot 2^3 + 0 \cdot 2^2 + 1 \cdot 2^1 + 0 \cdot 2^0 = 10$.

Dezimalzahl	Dual-Code	8-4-2-1 Code	AIKEN-Code
0	00000	0000	0000
1	00001	0001	0001
2	00010	0010	0010
3	00011	0011	0011
4	00100	0100	0100
5	00101	0101	1011
6	00110	0110	1100
7	00111	0111	1101
8	01000	1000	1110
9	01001	1001	1111
10	01010	BCD-Codes (Binär-codierte-Dezimalzahl)	
11	01011		
12	01100		
13	01101		
14	01110	Pseudotetraden	
15	01111		
16	10000		
⋮	⋮		

Abb. 7: BCD-Codes

Darstellung der Zahl	365		
im **8-4-2-1-** Code	0 0 1 1	0 1 1 0	0 1 0 1
im **AIKEN**-Code	0 0 1 1	1 1 0 0	1 0 1 1

Abb. 1: Darstellung einer Dezimal-Zahl

Während der 8-4-2-1-Code und der AIKEN-Code lediglich auf die Codierung der Zahlen 0...9 abgestimmt sind, können mit dem DUAL-Code auch darüber hinausgehende Zahlen direkt umgewandelt werden. Allerdings ist die Arbeitsweise mit diesem Code bei großen Zahlen unwirtschaftlich und deshalb auch nicht gebräuchlich. Will man mit den anderen Codes Zahlen darstellen, die größer als 9 sind, so schreibt man für jede Dezimalstelle, die ja nur aus den Ziffern 0...9 bestehen können, die entsprechenden 4er Kombinationen (auch als Tetraden bezeichnet) des jeweiligen Codes stellenrichtig nebeneinander (Abb. 1).

Man bezeichnet den 8-4-2-1-Code und den AIKEN-Code als **BCD-Code** (binary code decimal). Da mit solchen vierstelligen Dualzahlen 16 Ziffern gebildet werden können, für den BCD-Code jedoch nur 10 Ziffern benötigt werden, bleiben sechs Kombinationen übrig, die keiner Dezimalzahl zugeordnet werden können. Sie werden als **Pseudotetraden** bezeichnet (Abb. 7, S. 259).

Beim BCD-Code wird jede Dezimalzahl durch eine vierstellige Dualzahl (Tetrade) dargestellt.

Bei Codes unterscheidet man **bewertete** und **unbewertete Codes.** Der 8-4-2-1-Code und der AIKEN-Code sind bewertete Codes. Bei ihnen haben die einzelnen Ziffern einen festen Stellenwert, und bei der Addition ergibt die Summe die entsprechende Dezimalzahl. Sie werden deshalb auch als **additive Codes** bezeichnet.

Angewendet wird der 8-4-2-1-Code meistens bei Zählern. Da bei der Addition von Ziffern noch nicht bei 10, sondern erst bei 16 ein Übertrag entsteht, muß eine entsprechende Korrektur vorgenommen werden.

Beispiel:	7	0111	
	+5	+0101	
	12	1100	(Pseudotetrade)
Korrektur	+6	+0110	
		10010	
	0001	0010	(zwei Tetraden)
	1	2	(Dezimalzahl)

Beim AIKEN-Code werden die 5 ersten und die 5 letzten Tetraden des Dualcodes verwendet. Vorteilhaft ist bei diesem Code die Bildung des Neunerkomplements (vgl. 4.7.2, B-Komplement). Er wird beim Rechnen und beim Zählen verwendet.

Betrachtet man die in Abb. 7 (S. 259) dargestellten Codes, dann stellt man fest, daß beim Übergang von einem Codewort zum anderen zum Teil mehrere Informationsstellen gleichzeitig geändert werden. Speziell in Maschinensteuerungen benötigt man sogenannte **einschrittige Codes,** die beim Übergang von einem Codewort zum anderen nur jeweils eine einzige Binärstelle ändern (Abb. 2).

Bei einem einschrittigen Code ändert beim Übergang von einem Codewort zum nächsten immer nur eine Binärstelle ihren Wert.

Dezimalzahl	Gray Code	Dezimalzahl	Gray Code
0	0 0 0 0	10	1 1 1 1
1	0 0 0 1	11	1 1 1 0
2	0 0 1 1	12	1 0 1 0
3	0 0 1 0	13	1 0 1 1
4	0 1 1 0	14	1 0 0 1
5	0 1 1 1	15	1 0 0 0
6	0 1 0 1	0	0 0 0 0
7	0 1 0 0		
8	1 1 0 0		
9	1 1 0 1		

Abb. 2: Einschrittiger Gray-Code

Der **Gray-Code** wird besonders dort angewendet, wo analoge Größen in digitale Signale umgewandelt werden sollen (z.B. Länge, Winkel). Beim tetradischen Gray-Code von Abb. 2 werden alle 16 Codewörter verwendet. Dadurch erreicht man bei der Unterteilung von analogen Größen eine feinere Auflösung und damit eine genauere Anzeige. Der Code stellt gewissermaßen eine Erweiterung dar, da er über die 10

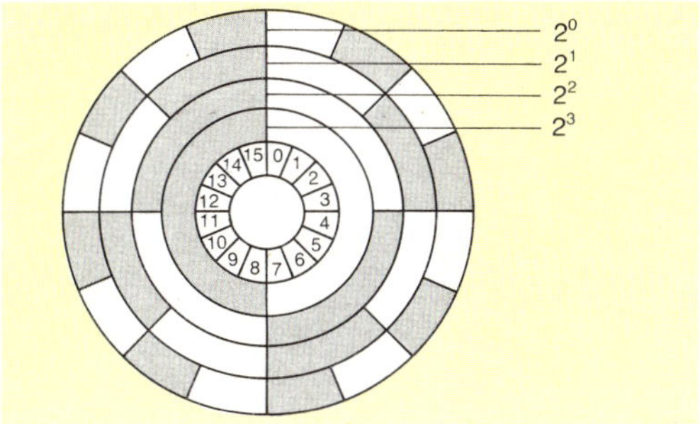

Abb. 3: Codescheibe eines Winkelcodierers

Möglichkeiten des Dezimalsystems hinausgeht. Der erweiterte Gray-Code wird z. B. bei Winkelcodierern verwendet. Dazu wird der Code auf eine Scheibe übertragen (Abb. 3) und der Code über eine optische Abtastung gelesen.

Um den Codes eine gewisse Sicherheit gegen Verfälschung zu geben, muß man der eigentlichen Information noch Prüfinformationen in Form zusätzlicher Binärzeichen hinzufügen. Am bekanntesten dabei ist die Prüfung auf **gerade** oder **ungerade Parität.** Hierzu erhalten die Codewörter eine zusätzliche Stelle, die dann mit einer 1 besetzt ist, wenn die Zahl der 1-Stellen im Codewort gerade ist. Wird nun eine Informationsstelle verfälscht, gibt die Prüfinformation den Hinweis auf den Fehler (Abb. 4).

Eine andere Möglichkeit der Sicherung bietet der **HAMMING-Code,** bei dem **mindestens drei** Informationsstellen beim Übergang von einem zum anderen Codewort ihren Zustand von 0 nach 1 oder umkehrt ändern (Abb. 4). Damit werden zwei Fehler sicher erkannt.

Dezimalzahl	Gray-Code	Hamming-Code
0	1 0 0 0 0	0 0 0 0 0 0 0
1	0 0 0 0 1	0 0 0 0 1 1 1
2	1 0 0 1 1	0 0 1 1 0 0 1
3	0 0 0 1 0	0 0 1 1 1 1 0
4	1 0 1 1 0	0 1 0 1 0 1 0
5	0 0 1 1 1	0 1 0 1 1 0 1
6	1 0 1 0 1	0 1 1 0 0 1 1
7	0 0 1 0 0	0 1 1 0 1 0 0
8	1 1 1 0 0	1 0 0 1 0 1 1
9	0 1 1 0 1	1 0 0 1 1 0 0

Prüfinformation gleich 1, wenn Anzahl der 1 Stellen gerade, sonst gleich 0

Abb. 4: Codesicherung gegen Verfälschung

Man bezeichnet diese Art von Codes auch als Codes mit **Redundanz,** d. h. der Code enthält **zusätzliche,** aber nicht zur Codierung benutzte **Informationsmöglichkeiten.**

Abb. 5 zeigt Ausschnitte aus einigen gebräuchlichen **alphanumerischen Codes.** Diese Codes enthalten Informationen für **Ziffern** und **Buchstaben.** Welcher Code wann zur Anwendung kommt, ist abhängig vom jeweiligen Einsatzfall.

Im ASCII-Code wird die eigentliche Information durch 7 Bit gebildet. Zur Fehlererkennung wird jedoch ein 8. Bit (Prüfbit) ergänzt. Durch Hinzufügen von je einer 1 wird stets für eine ganzzahlige Anzahl von Bit gesorgt.

Information	Baudot-Code	ASCII-Code	Hexadezimal-Code
0	1 01101	0 011 0000	0011 0000 ≙ 30
1	1 11101	1 011 0001	0011 0001 ≙ 31
2	1 11001	1 011 0010	0011 0010 ≙ 32
3	1 10000	0 011 0011	0011 0011 ≙ 33
⋮			
A	0 11000	0 100 0001	0100 0001 ≙ 41
B	0 10011	0 100 0010	0100 0010 ≙ 42
C	0 01110	1 100 0011	0100 0011 ≙ 43
D	0 10010	0 100 0100	0100 0100 ≙ 44
E	0 10000	1 100 0101	0100 0101 ≙ 45
F	0 10110	1 100 0110	0100 0110 ≙ 46
Wagenrücklauf	1 00010	1 000 1101	0000 1101 – 0D
Zeilensprung	1 01000	0 000 1010	0000 1010 – 0A
Zwischenraum	0 00100	1 010 0000	0010 0000 – 20
Rückw.- Schritt	1 00101	0 101 1111	0101 1111 – 5F
Horiz.- Tabul.	–	0 000 1001	0000 1001 – 09
Löschen	1 11111	1 111 1111	0111 1111 – 7F
Nichts (Füller)	1 00000	0 000 0000	0000 0000 – 00
Wecker	1 10100	1 000 0111	0000 0111 – 07
?	1 10011	0 011 1111	0011 1111 – 3F
⋮			

Baudot-Code entspricht mit seinen 5 letzten Bit dem internationalen Telegrafenalphabet Nr. 2. Das zusätzliche Bit am Anfang unterscheidet zwischen Ziffern, Buchstaben u. Zeichen.

ASCII-Code = **A**merican **S**tandard **C**ode for **I**nformation **I**nterchange = Amerikanischer Standard-Code für den Informationsaustausch.

Hexadezimal-Code verwendet alle möglichen Bitkombinationen und stellt Zeichen mit 2 × 4 Bit dar. Bit-Kombinationen über 1001 werden in der Kurzschreibweise als Buchstaben A ... F geschrieben.

Abb. 5: Alphanumerische Codes

Wenn das Prüfbit entfällt und dafür eine 0 eingefügt wird, entsteht der Hexadezimal-Code (Abb. 5). Da die Darstellung der einzelnen Codewörter in Form von Hexadezimalzahlen kürzer ist, verwendet man oft diese Darstellungsweise.

4.6.2 Codierer

Will man eine Information (Zahlen, Buchstaben usw.), die in einem bestimmten Code dargestellt sind, in einem anderen Code darstellen, so benötigt man dafür eine entsprechende Schaltung. Man nennt sie Codierer oder Codeumsetzer.

Die Abb. 1 zeigt eine mögliche Schaltung zur Umsetzung der Dezimalzahlen 0...9 in den 8-4-2-1-Code.

Alle Eingangsleitungen sind über einen Schalter (in Abb. 1 nur für die Dezimalzahl 9 dargestellt) mit 0 V (0-Signal) verbunden. Die Ausgänge der vier NOR-Gatter führen deshalb das 1-Signal. Wird ein Schalter geöffnet, so wechselt das Eingangssignal an den entsprechenden Gattern. Der oder die Ausgänge der NOR-Gatter führen dann das 0-Signal.

In DIN 40900 sind die Blockschaltbilder für Codeumsetzer festgelegt. Abb. 2 zeigt das allgemeine Schaltzeichen. Will man einen bestimmten Umsetzer darstellen, dann ersetzt man die Buchstaben X und Y durch entsprechende Abkürzungen für die Codes. In Abb. 2 ist der in Abb. 1 dargestellte Dezimal-BCD-Codierer zu sehen.

Einen weiteren Codierer zeigt die Abb. 3. Es handelt sich hierbei um eine Schaltung, die Eingangsinformationen im Binärcode in einen Code umsetzt, der zur Ansteuerung von 7-Segment-Anzeigen verwendet wird. Die Bezeichnung BIN/7-SEG bedeutet: Umsetzung eines Binärcodes in einen 7-Segment-Anzeige-Code. Das Dreieck hinter dieser Anzeige bedeutet, daß eine zusätzliche Verstärkung der Signale stattfindet.

Die Zahlen außerhalb des Symbols kennzeichnen die Anschlüsse der integrierten Schaltung (SN 74L47). Die Eingangsinformation liegt an den Anschlüssen A, B, C und D. Die Ziffern 1, 2, 4 und 8 innerhalb des Symbols geben die Wertigkeit dieser Eingänge an.

An die Ausgänge der Schaltung (Anschlüsse 9 bis 15) werden die einzelnen Elemente a bis g einer 7-Segment-Anzeige (Abb. 4) angeschlossen. Diese Ausgänge bestehen aus NPN-Transistoren mit offenen Kollektoren.

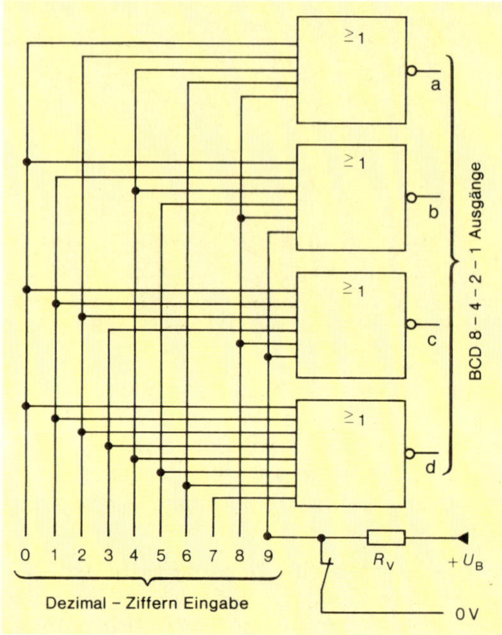

Abb. 1: Dezimal-BCD-Codierer

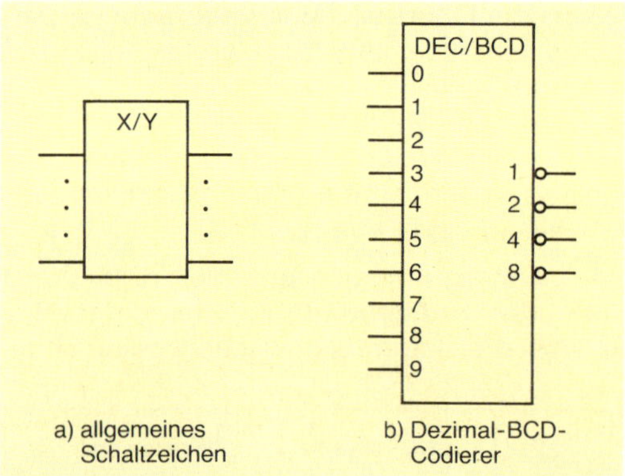

a) allgemeines Schaltzeichen

b) Dezimal-BCD-Codierer

Abb. 2: Codierer

Die Ausgänge befinden sich im 0-Zustand, wenn die Bedingungen G21 bzw. V20 erfüllt sind. Sie sind dann erfüllt, wenn der Eingang LT (Lampentest) mit einem 0-Signal belegt wird. Mit ihm kann die Funktion der sieben Segmente überprüft werden.

Liegt an den Eingängen A bis D das 0-Signal an, dann hängt es von der Beschaltung der Eingänge $\overline{\text{BI/RBQ}}$ und $\overline{\text{RBI}}$ ab, ob die Null angezeigt wird oder nicht. Die Null wird angezeigt, wenn $\overline{\text{BI/RBQ}}$ und $\overline{\text{RBI}}$ mit einem 1-Signal beschaltet sind. Sind dagegen diese

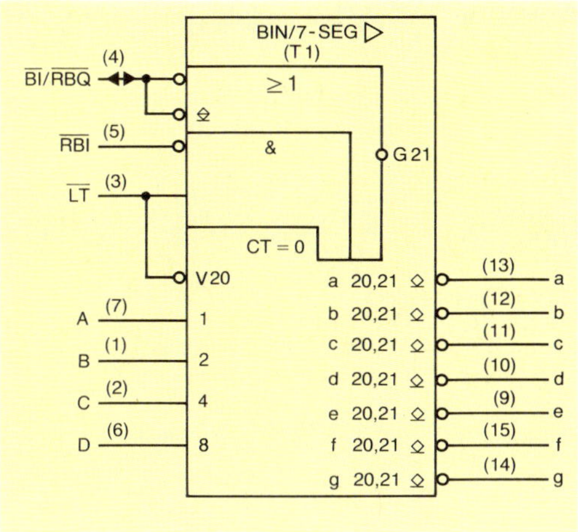

Abb. 3: BCD-7-Segment-Codierer

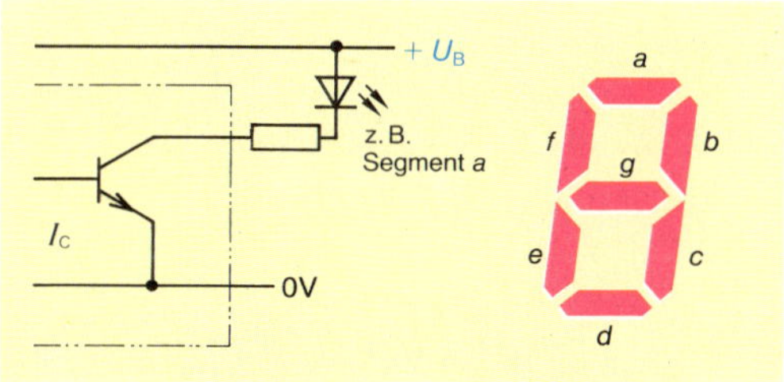

Abb. 4: Beschaltung eines Ausgangs (links) und Kennzeichnung der 7 Segmente (rechts)

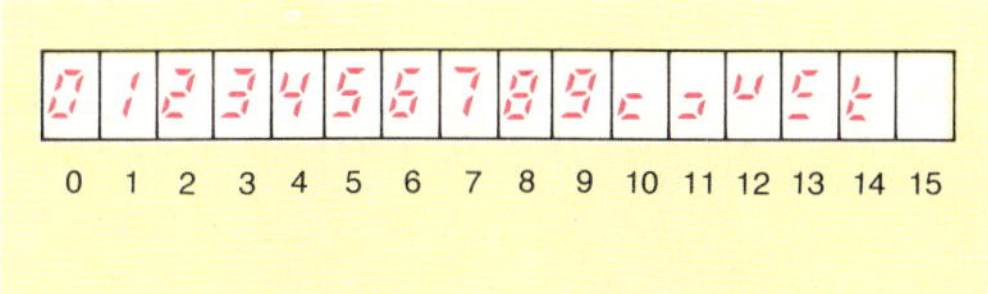

Abb. 5: Anzeige bei entsprechender Eingangsinformation

Eingänge mit einem 0-Signal belegt, wird die Null nicht angezeigt. Sie wird unterdrückt. Von dieser Möglichkeit macht man Gebrauch, wenn bei einer mehrstelligen Anzeige die führenden Nullen unterdrückt werden sollen. Bei einer solchen mehrstelligen Anzeige wird dann der Anschluß $\overline{BI}/\overline{RBQ}$ als Ausgang verwendet, der mit dem Eingang $\overline{RBI}$ des nächsten Codierers verbunden wird. Dieser Ausgang führt im Normalfall das 1-Signal (◇ bedeutet: passiver Pull-up-Ausgang, der Ausgang ist über einen Widerstand mit der Versorgungsspannung verbunden).

Die Kennzeichnung (T1) gilt als Hinweis auf eine Tabelle, die Auskunft über die Art der Anzeige gibt, wenn an den Anzeigen A bis D die entsprechenden Informationen anliegen.

Aufgaben zu 4.6

1. Was versteht man unter einem Code?
2. Wandeln Sie die Dezimalzahlen 1 bis 20 in den entsprechenden Dual-Code um!
3. Wie lautet der 8-4-2-1-Code für die Dezimalzahlen 0 bis 9?
4. Stellen Sie die Dezimalzahl 5436 im 8-4-2-1-Code dar!
5. Wie nennt man Codes, die beim Übergang von einem Codewort zum anderen nur eine Informationsstelle ändern? Nennen Sie ein Beispiel!
6. Welche Verfahren zur Sicherung gegen Verfälschungen bei Codeworten sind Ihnen bekannt?
7. Wie bezeichnet man die Codes zur Darstellung von Ziffern und Buchstaben?
8. Entwerfen Sie ein Schaltnetz zur Umwandlung der Dezimalzahlen 0 bis 9 in den entsprechenden Dual-Code!
9. Stellen Sie den Zusammenhang zwischen dem 8-4-2-1-Code und dem 1-aus-10-Code in Form einer Tabelle dar!
10. Wie lautet der Zusammenhang zwischen dem 8-4-2-1-Code und dem Sieben-Segment-Code?
11. Ermitteln Sie die Funktionsgleichungen für die Segmente a bis f einer Sieben-Segment-Anzeige, wenn die Ansteuerung mit dem 8-4-2-1-Code erfolgt! Verwenden Sie hierzu die entsprechenden KV-Tafeln!
12. Erklären Sie die Arbeitsweise des in Abb. 6 dargestellten Code-Umsetzers!

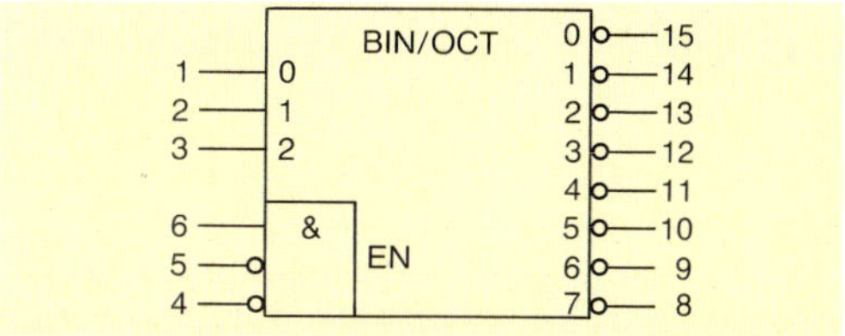

Abb. 6

4.7 Arithmetische Schaltnetze

Unter arithmetischen Schaltnetzen versteht man solche, mit denen Rechenoperationen, wie z. B. Addieren, Subtrahieren usw., durchgeführt werden können. Die Durchführung dieser Rechenoperationen im Dezimalzahlensystem, mit dem wir jeden Tag umgehen, ist allgemein geläufig. Es stellt sich die Frage, wie diese Aufgaben mit den Mitteln der Digitaltechnik gelöst werden.

4.7.1 Zahlensysteme

Grundsätzlich ist jede Zahl eine Summe aus Produkten. Jedes Produkt besteht aus einem Zeichen und einer Potenz, wobei die Basis der Potenz das verwendete Zahlensystem und der Exponent den Stellenwert der Potenz angibt. Für das Dezimalsystem ist in Abb. 1 ein Beispiel angegeben.

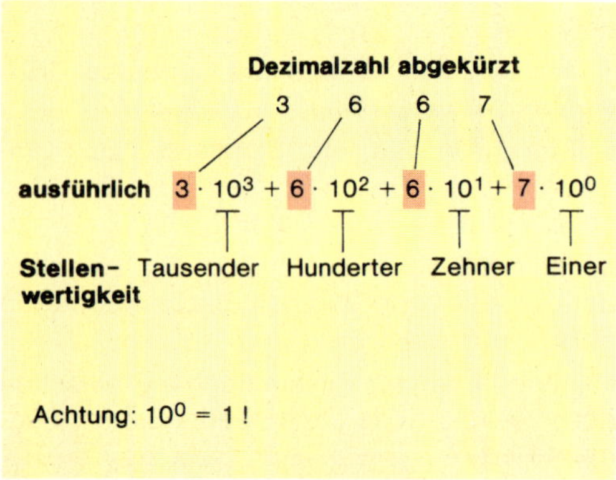

Abb. 1: Dezimalzahl-Darstellung

Mit welcher Basis ein Zahlensystem arbeitet, erkennt man aus der Anzahl der verwendeten Grundzeichen in diesem Zahlensystem.

Im Dezimalsystem gibt es die Grundzeichen 0...9, also insgesamt zehn Grundzeichen (Basis: 10). Ein Zahlensystem mit den Grundzeichen 0...7 hat demnach die Basis 8 (Oktal-System).

In der Digitaltechnik gibt es die beiden Grundzeichen 0 und 1. Dieses Zahlensystem hat als Basis die Zahl 2 und wird als Dual-System bezeichnet.

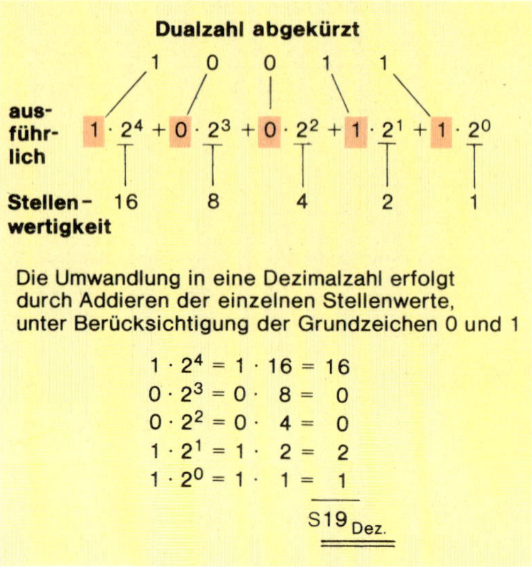

Abb. 2: Dualzahl-Darstellung und Umwandlung

Abb. 2 zeigt die ausführliche Schreibweise einer Dualzahl sowie deren Umwandlung in eine Dezimalzahl.

Die Umwandlung einer Dezimalzahl in eine Dualzahl erreicht man durch fortlaufendes Dividieren der Dezimalzahl durch 2 und Aufschreiben des jeweiligen Teilungsrestes (Abb. 3).

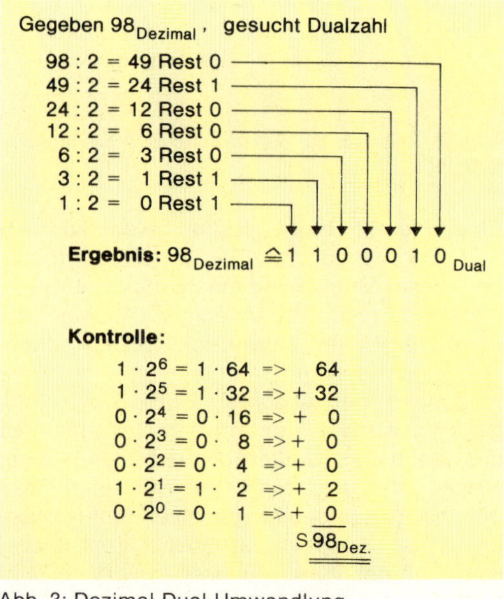

Abb. 3: Dezimal-Dual-Umwandlung

Bei der Umwandlung muß, unabhängig vom Zahlensystem, so lange dividiert werden, bis der Quotient gleich Null ist. Die Teilungsreste werden dann immer von oben nach unten, rechts beginnend, aufgeschrieben.

In Abb. 4 sind die gebräuchlichen Potenzen zur Basis 2 mit den entsprechenden Umrechnungen in Dual- und Dezimalzahlen dargestellt.

Dualzahl	Potenzen zur Basis 2	Dezimalzahl
1	2^0	1
10	2^1	2
100	2^2	4
1000	2^3	8
10000	2^4	16
100000	2^5	32
1000000	2^6	64
10000000	2^7	128
100000000	2^8	256
1000000000	2^9	512
10000000000	2^{10}	1024

Abb. 4: Potenzen zur Basis 2

Ein weiteres, besonders in der Rechnertechnik verwendetes Zahlensystem, ist das **Hexadezimalsystem,** dessen Basis die Zahl **16** ist. Die zugelassenen Grundzeichen sind die Ziffern 0...9 und die Buchstaben A, B, C, D, E und F (Abb. 5).

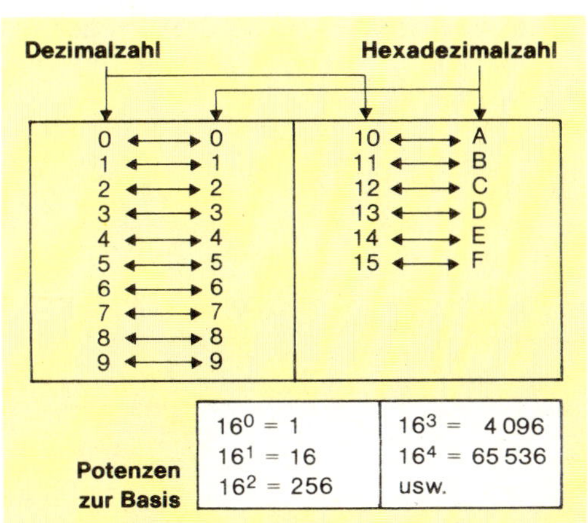

Abb. 5: Hexadezimal-Zahlen

4.7.2 Rechnen mit Dualzahlen

Bei der Addition bzw. Subtraktion werden die Dualzahlen stellenrichtig untereinander geschrieben und Stelle für Stelle addiert bzw. subtrahiert. Begonnen wird mit der Stelle, die die niedrigste Potenz (also ganz rechts) aufweist. Für die Addition bzw. Subtraktion zweier Stellen gelten die Regeln der Abb. 6.

Addition

A + B = S	Ü
0 + 0 = 0	–
1 + 0 – 1	–
0 + 1 = 1	–
1 + 1 = 0	1

Subtraktion

A – B = S	Ü
0 – 0 = 0	–
1 – 0 – 1	–
1 – 1 = 0	–
0 – 1 = 1	1

Übertrag zur nächst höheren Dualstelle

Abb. 6: Addition und Subtraktion von Dualstellen

In Abb. 7 sind Beispiele für die Addition bzw. Subtraktion von Dualzahlen wiedergegeben.

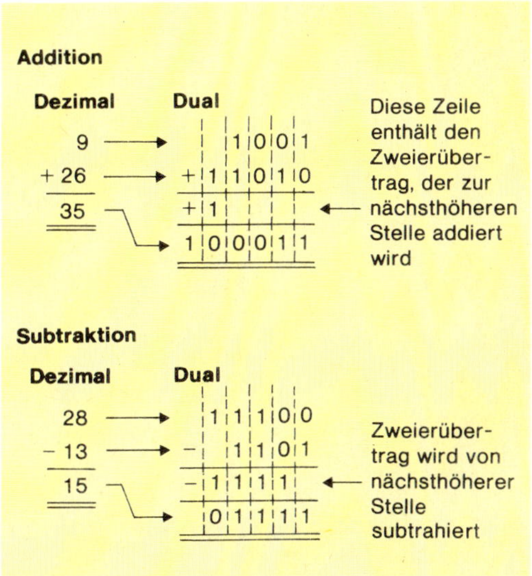

Abb. 7: Beispiele für Addition und Subtraktion

In der Praxis wird die Subtraktion meistens auf eine Addition zurückgeführt. Hierzu werden alle Stellen des Subtrahenden negiert, und zu der niederwertigsten Stelle wird eine 1 addiert. Das so gewonnene B-Komplement des Subtrahenden wird zum Minuenden addiert. Die Differenz zwischen den Zahlen erhält man nach Entfernen der Stelle mit der höchsten Potenz (Abb. 1).

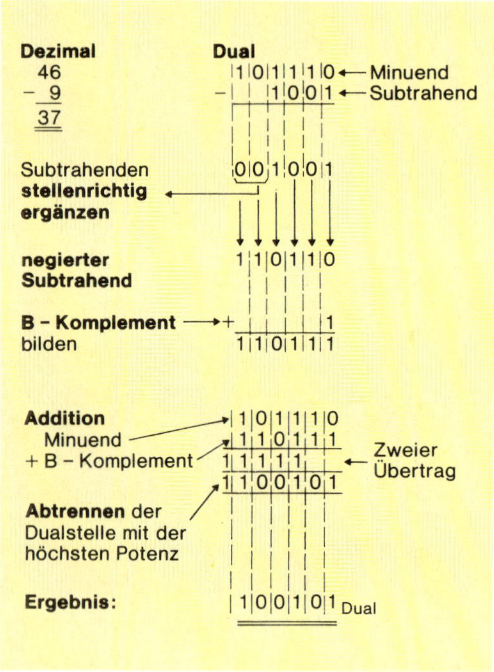

Abb. 1: Subtraktion mit B-Komplement

Die Regeln für die Multiplikation und Division von Dualstellen zeigt Abb. 2.

Multiplikation

A · B	= P
0 · 0	= 0
1 · 0	= 0
0 · 1	= 0
1 · 1	= 1

Division

A : B	= Q	
0 : 0	=	← unbestimmt
1 : 0	=	← verboten
0 : 1	= 0	
1 : 1	= 1	

Abb. 2: Multiplikation und Division von Dualstellen

Bei der Multiplikation wird jede Stelle der 1. Zahl mit jeder Stelle der 2. Zahl multipliziert. Entsprechend ihrem Stellengewicht werden die Teilprodukte dann addiert (entspricht einer fortlaufenden Addition des Multiplikanden, Abb. 3).

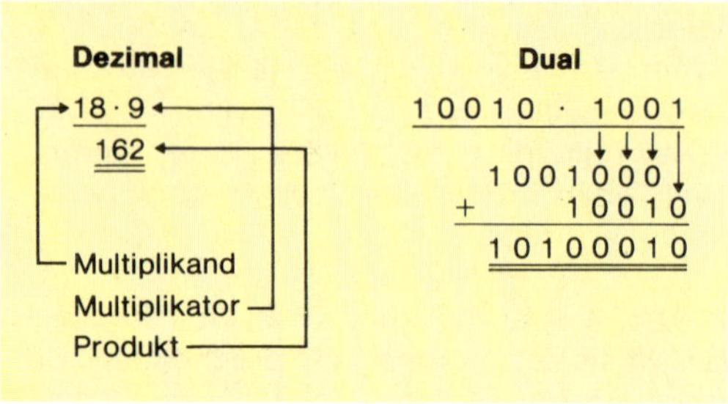

Abb. 3: Multiplikation von Dualzahlen

Bei der Division erfolgt die Ermittlung des Quotienten durch wiederholtes Subtrahieren des Divisors vom Dividenden (Abb. 4).

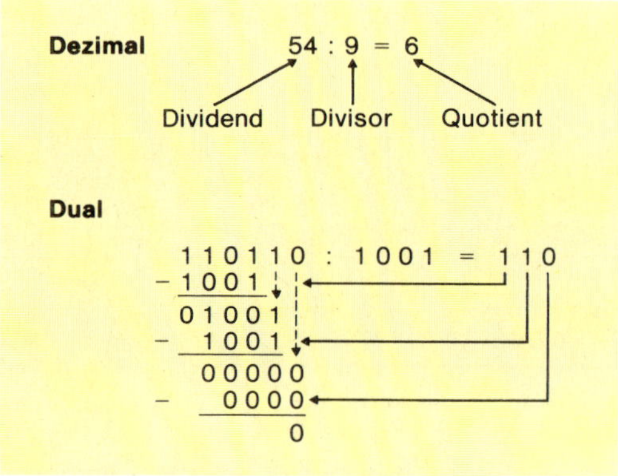

Abb. 4: Division von Dualzahlen

Damit der 1. Teilquotient gleich 1 wird, muß vom Dividenden eine entsprechende Anzahl von Stellen berücksichtigt werden. Ist bei gleicher Stellenzahl der Divisor größer als der Dividend, muß dessen Stellenzahl um eine erweitert werden (Abb. 5).

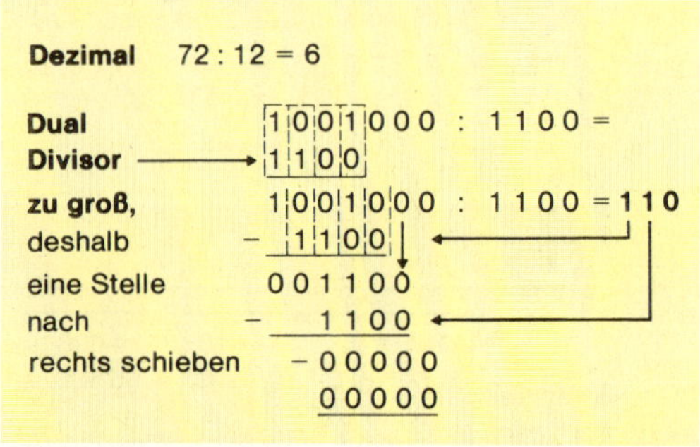

Abb. 5: Division von Dualzahlen mit Stellenverschiebung

4.7.3 Halb- und Volladdierer

Wie in 4.7.2 dargestellt, ergibt die Addition zweier Summanden einmal die Summe S und zum anderen den Übertrag Ü. Betrachtet man die beiden Summanden A und B als Eingangsvariable und die Ergebnisse S und Ü als Ausgangsvariable eines Schaltnetzes, kann man sowohl für S als auch für Ü eine Funktionsgleichung aufstellen (Abb. 1).

Addition

A + B	S	Ü
0 + 0	0	–
1 + 0	1	–
0 + 1	1	–
1 + 1	0	1

Funktionsgleichungen:

$S = (A \wedge \bar{B}) \vee (\bar{A} \wedge B)$ Gleichung I

$Ü = A \wedge B$ Gleichung II

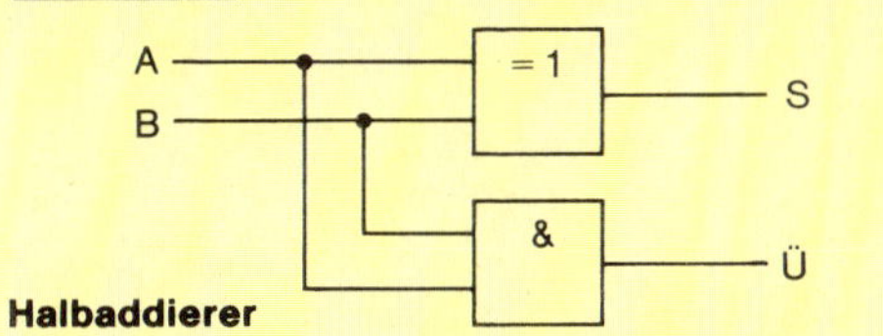

Abb. 6: Halbaddierer

Wie man aus den Gleichungen I und II in Abb. 6 entnehmen kann, läßt sich der **Halbaddierer** mit den bekannten Verknüpfungsbausteinen EXKLUSIV-ODER und UND aufbauen (Abb. 6). Ebenso kann er nur aus NAND-Gattern (Abb. 7) aufgebaut werden.

In Schaltungen der Digitaltechnik kommt es häufig vor, daß von einem oder mehreren Eingängen ein oder mehrere Ausgänge gesteuert werden. Aus Vereinfachungsgründen werden diese Schaltungen deshalb mit einem einzigen Schaltzeichen dargestellt

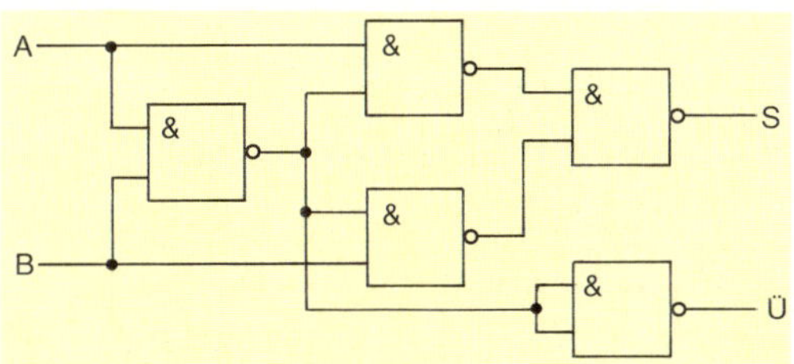

Abb. 7: Halbaddierer aus NAND-Gattern

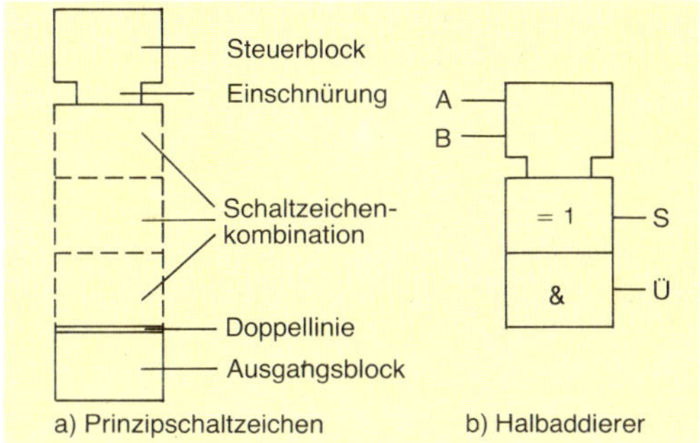

Abb. 8: Halbaddierer mit Blockschaltzeichen

(Abb. 8a). Es besteht aus einem Steuerblock (Einschnürung), der darunter befindlichen Schaltzeichenkombination und eventuell dem Ausgangsblock. Wendet man diese Darstellungsart auf den Halbaddierer an, ergibt sich das Schaltzeichen von Abb. 8b.

Nachteilig am Halbaddierer ist, daß er nur bei der Addition der niederwertigsten Stelle verwendet werden kann. Er ist nicht in der Lage, einen bereits vorliegenden Übertrag einer anderen Stelle mit zu übernehmen.

Abb. 9 zeigt ein Schaltnetz, das diesen Nachteil vermeidet. Dieser Volladdierer ist aus zwei Halbaddierern zusammengesetzt.

Volladdierer

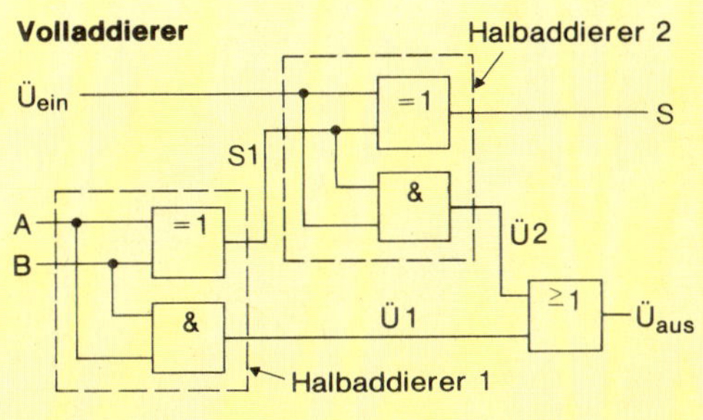

Wertetabelle

Eingänge			Ausgänge	
A	B	$Ü_{ein}$	S	$Ü_{aus}$
0	0	0	0	0
1	0	0	1	0
0	1	0	1	0
1	1	0	0	1
0	0	1	1	0
1	0	1	0	1
0	1	1	0	1
1	1	1	1	1

Abb. 9: Volladdierer

Der Halbaddierer 1 (S. 267) addiert zunächst die beiden Summanden A und B zur Zwischensumme S1. Halbaddierer 2 addiert diese Zwischensumme mit einem eventuell vorliegenden Eingangs-Übertrag zur Endsumme S. Die bei beiden Halbaddierern auftretenden Überträge werden über das ODER-Gatter zum Gesamtübertrag Ü zusammengefaßt. Auch Volladdierer lassen sich wie in Abb. 1 vereinfacht darstellen.

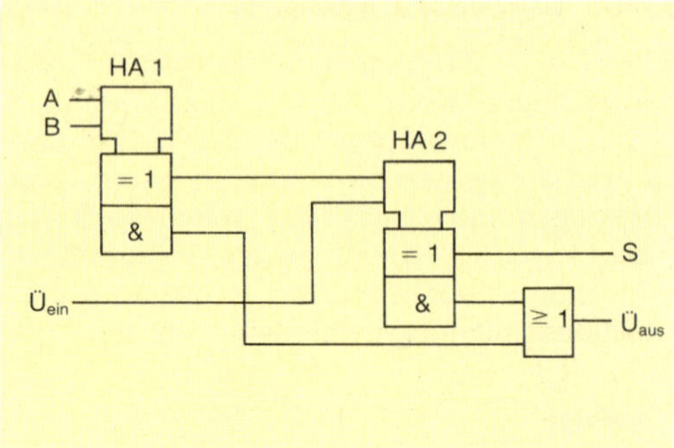

Abb. 1: Volladdierer

Aus der Wertetabelle von Abb. 9 (S. 267) kann man entnehmen, daß beim Volladdierer der Summenausgang sich immer dann im 1-Zustand befindet, wenn sich eine ungerade Anzahl von Eingängen (1 oder 3) im 1-Zustand befindet. Als Schaltzeichen kann deshalb auch das Symbol für das **UNGERADE-Glied** verwendet werden (Abb. 2a).

> Der Ausgang eines UNGERADE-Gliedes (IMPARITÄTS-Glied) befindet sich dann im 1-Zustand, wenn sich eine ungerade Anzahl von Eingängen (1, 3, 5 . . .) im 1-Zustand befindet.

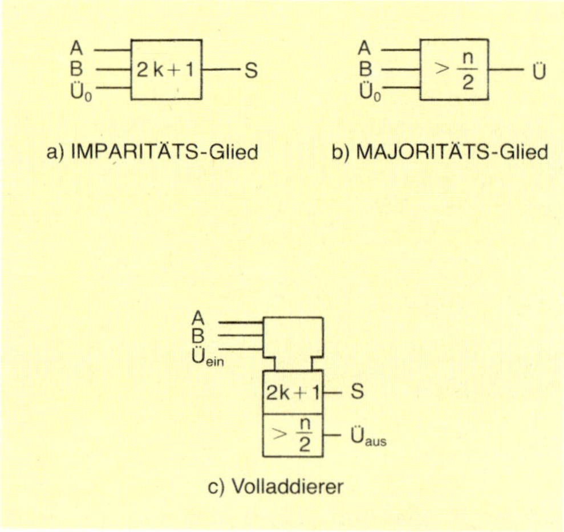

Abb. 2: IMPARITÄTS- und MAJORITÄTS-Glied

Ebenso kann aus der Wertetabelle (Abb. 9, S. 267) für den Übertragsausgang entnommen werden, daß dieser sich immer dann im 1-Zustand befindet, wenn sich die Mehrzahl der Eingänge (2 oder 3) im 1-Zustand befindet. Es kann deshalb hierfür das Schalt-

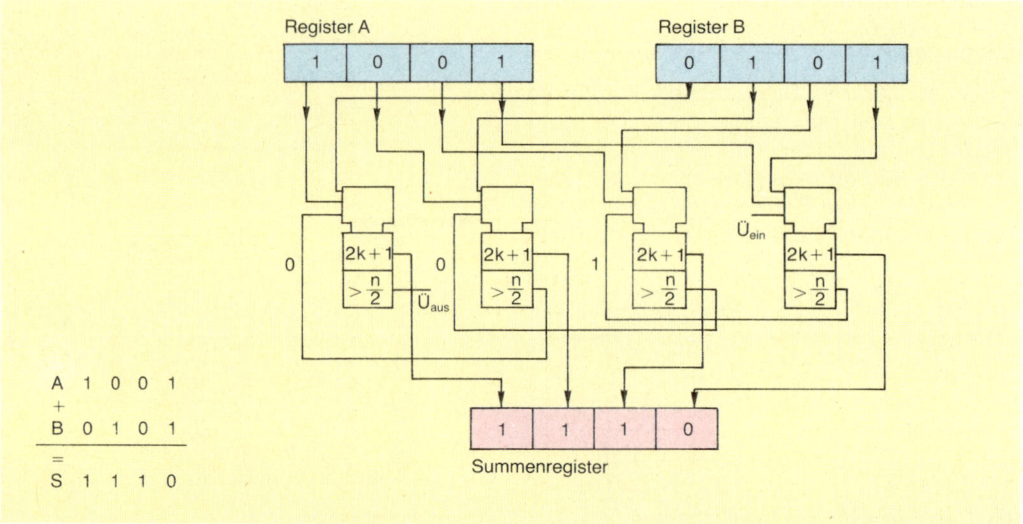

Abb. 3: Paralleladdierung einer vierstelligen Dualzahl

zeichen für das **MAJORITÄTS-Glied** verwendet werden (Abb. 2b).

Der Ausgang eines MAJORITÄTS-Gliedes befindet sich immer dann im 1-Zustand, wenn sich die Mehrzahl der Eingänge im 1-Zustand befindet.

Faßt man diese Einzelelemente als Steuer- und Ausgangsblock zusammen, dann ergibt sich das Schaltzeichen gemäß Abb. 2c.

Ein Volladdierer besitzt drei Eingänge. Er bildet die Summe und den Übertrag und berücksichtigt dabei den Übertrag aus der vorangegangenen Stufe.

In der Digital- und Rechnertechnik ist es erforderlich, z. B. vierstellige Dualzahlen zu addieren. Ein Schaltungsbeispiel für eine Paralleladdierung ist in Abb. 3 zu sehen. Die beiden Zahlen sind in Speichern (Register A und B, vgl. 4.13) abgelegt und gelangen von dort gleichzeitig an die vier Volladdierer. Diese bilden die Summe unter der Berücksichtigung des Übertrags und legen das Ergebnis im Summenregister ab. Hier handelt es sich um eine **bitparallele Verarbeitung.**

Durch diese parallele Bearbeitung jeder einzelnen Stelle ergibt sich eine hohe Rechengeschwindigkeit und ein geringer Steuerungsaufwand. Nachteilig ist der große Schaltungsaufwand, denn für jede Stelle wird ein Volladdierer benötigt.

Beim Serienaddierwerk dagegen wird bei der Addition schrittweise vorgegangen. Zunächst wird die letzte Stelle bearbeitet. In Abb. 4 sind dieses die beiden Dualzahlen 1. Die Summe 0 wird wird jetzt im Summenregister abgelegt und der Übertrag 1 zur weiteren Bearbeitung gespeichert. Beim nächsten Schritt wird dieser Übertrag mit den zweiten Zahlen der zweiten Stellen addiert usw. Es handelt sich hierbei also um eine **bitserielle Verarbeitung.**

Der Vorteil beim Serienaddierwerk ist, daß unabhängig von der Stellenzahl nur ein Volladdierer benötigt wird. Nachteilig ist, daß zusätzliche Speicher vorhanden sein müssen. Außerdem ist die Rechengeschwindigkeit erheblich geringer als beim Paralleladdierwerk.

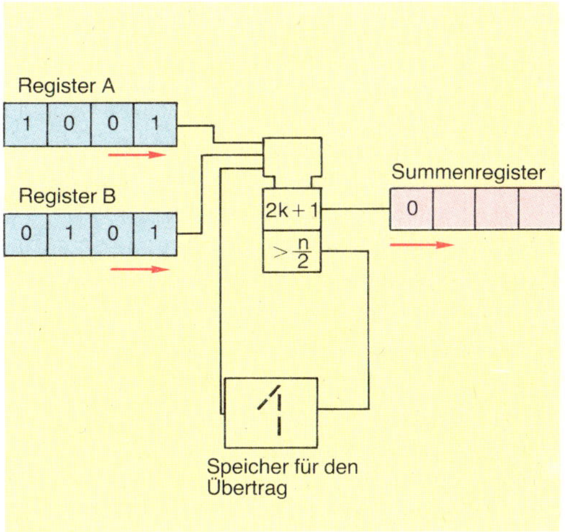

Abb. 4: Grundsätzliche Arbeitsweise einer Serienaddierung

Aufgaben zu 4.7

1. Erklären Sie den Unterschied zwischen dem Dezimal-, dem Hexadezimal- und dem Dualzahlensystem!

2. Wandeln Sie die Dualzahl 11001101 in eine Dezimalzahl um!

3. Beschreiben Sie, nach welchen Rechenregeln die Addition, Subtraktion, Multiplikation und Division von Dualzahlen erfolgt!

4. Was versteht man unter der B-Komplement-Bildung?

5. Entwerfen Sie das Schaltbild eines Halbaddierers aus NOR-Gattern!

6. Welcher Unterschied besteht zwischen einem Halb- und einem Volladdierer?

7. Zeichnen Sie das Schaltbild eines Volladdierers mit NAND-Gattern!

8. Erklären Sie an einem Beispiel das Prinzip der Paralleladdierung!

9. Erklären Sie an einem Beispiel das Prinzip der seriellen Addition!

4.8 Bistabile Kippstufen

4.8.1 Grundsätzliche Arbeitsweise

In elektronischen Schaltungen ist es häufig erforderlich, eine in digitaler Form vorliegende Information zu speichern. Für jedes Bit wird eine Speicherzelle benötigt, die entweder die Information 0 oder 1 enthält. Schaltungen mit diesen Eigenschaften werden als bistabile[1] Kippstufen, Speicher oder als Flipflop bezeichnet.

Eine bistabile Kippstufe ist eine Schaltung, die die Information 1 Bit (0 oder 1) speichern kann.

Bistabile Kippstufen werden als integrierte Schaltungen angeboten. Sie könnnen mit bipolaren Transistoren oder Feldeffekttransistoren realisiert werden. Zur Erklärung der grundsätzlichen Arbeitsweise wollen wir kurz auf eine einfache Schaltung mit zwei bipolaren Transistoren eingehen.

Kennzeichnende Merkmale der Schaltung von Abb. 1 sind:

- Die Kollektoren sind über Widerstände mit der jeweils anderen Basis verbunden (direkte Signalrückkopplung),
- die Schaltung verfügt über zwei Ein- und zwei Ausgänge, wobei die Eingänge an der Basis, die Ausgänge am Kollektor liegen.

Wenn man diese Schaltung an die Versorgungsspannung legt, wird einer der zwei Transistoren (in diesem Fall V2 angenommen) leitend und der andere dementsprechend (V1) gesperrt sein. Ändern läßt sich dieser Zustand, wenn man an die Basis von V1 einen positiven Spannungsimpuls (t_1) legt (Abb. 2). Der Transistor V1 wird durchgesteuert und V2 gesperrt, weil an dem Basisspannungsteiler R_2, R_4 praktisch keine Spannung anliegt ($U_{CE1} \approx 0\,V$). Dieser Zustand bleibt so lange erhalten, bis ein negativer Impuls u_1 den Transistor V1 sperrt (t_2). Nunmehr liegt der Spannungsteiler R_2, R_4 an U_{CE1} (U_{CE1} ca. U_B), und U_{BE2} wird positiv. Dadurch wird V2 durchgeschaltet. U_{CE2} sinkt zum Zeitpunkt t_2 auf nahezu Null. Dadurch wird U_{BE1} ebenfalls praktisch zu Null. V1 wird infolgedessen so lange gesperrt, bis er durch einen positiven Impuls u_1 wieder durchgeschaltet wird.

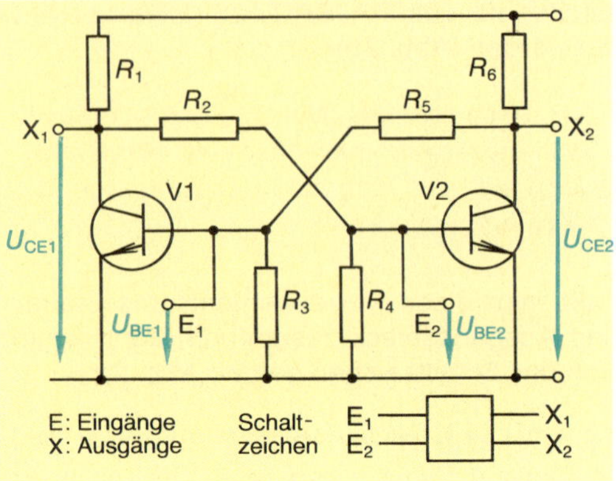

Abb. 1: Bistabile Kippstufe mit je zwei Ein- und Ausgängen

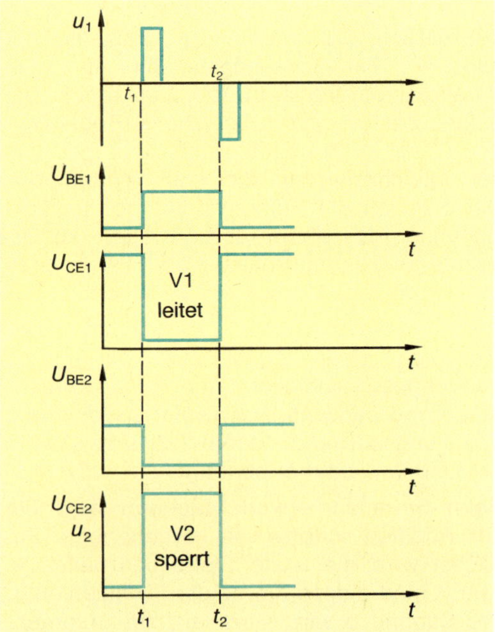

Abb. 2: Wirkungsweise der bistabilen Kippstufe

Die bistabile Kippstufe liefert ein rechteckförmiges Ausgangssignal.

Sie hat zwei stabile Betriebszustände. Zum Umschalten ist ein entsprechendes Eingangssignal erforderlich.

[1] bi (lat): zwei; stabil (lat.): beständig

RS-Kippglied

Die beschriebene Schaltung entspricht in ihrem Verhalten dem RS-Kippglied (RS-Flipflop). Das allgemeine Schaltzeichen, die Wertetabelle und ein Beispiel für einen Spannungs-Zeit-Verlauf sind in Abb. 3 zu sehen. Der Kreis am Ausgang bedeutet, daß dieses Ausgangssignal im Vergleich zum anderen negiert ist.

Die Arbeitsweise läßt sich wie folgt beschreiben:

S-Eingang (Setz-Eingang):

Wenn an diesem Eingang das 1-Signal liegt, dann wird dieses Signal gespeichert, d.h. am Ausgang x_1 liegt ebenfall das 1-Signal.

R-Eingang (Rücksetz-Eingang):

Wenn an diesem Eingang das 1-Signal liegt, dann wird ein 0-Signal gespeichert. Am Ausgang x_1 liegt das 0-Signal.

Beide Eingänge mit dem 0-Signal belegt:

Der Ausgangszustand ändert sich nicht. Der ursprüngliche Zustand bleibt erhalten.

Beide Eingänge mit dem 1-Signal belegt:

Dieser Zustand ist unzulässig. Durch äußere Beschaltung muß er verhindert werden (verbotene Eingangskombination).

Schaltzeichen

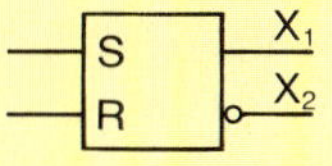

Wertetabelle

S	R	X_1	X_2
0	0	*	*
0	1	0	1
1	0	1	0
1	1	**	**

*: ursprünglicher Zustand bleibt (0 oder 1)

**: nicht definiert, nicht erlaubt, unbestimmt

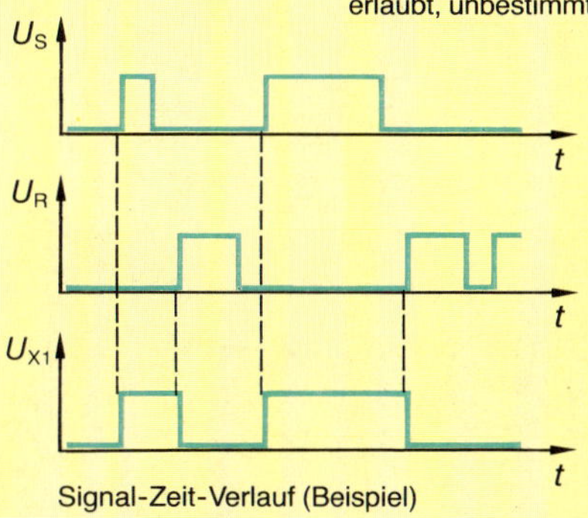

Signal-Zeit-Verlauf (Beispiel)

Abb. 3: RS-Kippglied

4.8.2 RS-Flipflops aus NOR- und NAND-Gattern

Bistabile Kippstufen lassen sich auch auf einfache Weise mit NOR- und NAND-Gattern aufbauen (Abb. 4). Die Ausgänge der Gatter sind mit den jeweils anderen Eingängen verbunden.

Betrachten wir als erstes die Signalkombination: a = 1 und b = 0. Durch a = 1 liegt am Ausgang x_2 ein 0-Signal. Da das Signal außerdem auf einen Eingang von D2 zurückgeführt wird, liegt am Ausgang x_1 ein 1-Signal. Das Flipflop ist gesetzt worden. Dieser Signalzustand bleibt auch dann noch gespeichert, wenn am Eingang a das Signal wieder auf 0 gehen sollte.

Betrachten wir nun die Signalkombination: a = 0 und b = 1. Ein 1-Signal am Eingang b führt zu einem 0-Signal am x_1-Ausgang. An dem Eingang von D1 liegt dann das 0-Signal, wodurch der Ausgang x_2 das 1-Signal annimmt. Durch die Rückkopplung des 1-Signals von x_2 auf den Eingang von D2 bleibt der 0-Zustand an x_1 erhalten. Das Flipflop ist zurückgesetzt worden. Dieser Zustand bleibt auch dann noch erhalten, wenn am Eingang b das Signal auf 0 geht.

Legt man an die beiden Eingänge 1-Signale, dann nehmen beide Ausgänge den 0-Zustand an. Nimmt man die Eingangssignale wieder weg, dann kippt das Flipflop allerdings in einen unbestimmten Ausgangszustand. Dieses sollte vermieden werden.

Faßt man diese einzelnen Überlegungen zusammen, dann macht die Wertetabelle in Abb. 4 deutlich, daß sich diese Schaltung aus NOR-Gattern wie ein RS-Flipflop verhält.

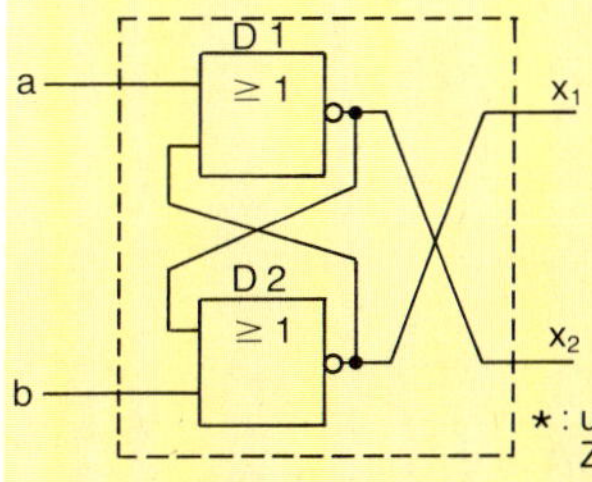

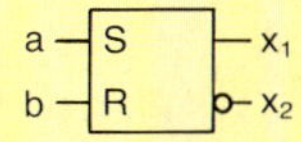

a	b	x_1
0	0	*
0	1	0
1	0	1
1	1	**

*: ursprünglicher Zustand bleibt (0 oder 1)

**: nicht erlaubt, unbestimmt

Abb. 4: RS-Flipflop aus NOR-Gattern

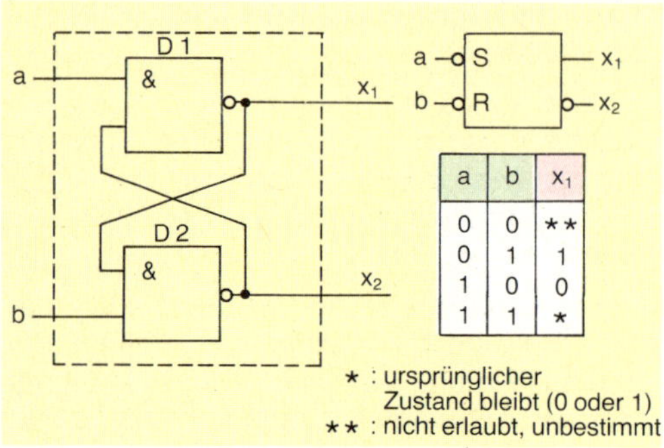

a	b	x_1
0	0	**
0	1	1
1	0	0
1	1	*

Abb. 1: $\overline{RS}$-Flipflop aus NAND-Gattern

Ebenso kann man mit NAND-Gattern verfahren. Das Ergebnis zeigt Abb. 1. Das Verhalten ist jedoch gegenüber dem RS-Flipflop negiert. Ausgedrückt wird dieses durch einen Querstrich ($\overline{RS}$-Flipflop). Durch ein 0-Signal am Eingang a (Setzeingang) wird das Flipflop gesetzt und durch ein 1-Signal am Eingang b zurückgesetzt (Rücksetzeingang). Gekennzeichnet wird dieses durch Kreise am Eingang des Flipflops (Abb. 1).

Mit zwei kreuzgekoppelten NOR- oder NAND-Gattern lassen sich RS- bzw. $\overline{RS}$-Flipflops aufbauen.

Bei mechanischen Schaltern liegen die Kontakte häufig sehr eng nebeneinander, so daß bei Betätigung diese hin- und herfedern. Ein mehrmaliges Prellen führt aber zu mehreren Impulsen, die z.B. von nachfolgenden Zählstufen registriert werden könnten. Deshalb ist es in der Digitaltechnik erforderlich, mechanische Schalter zu entprellen. Geeignet ist dazu z.B. die Schaltung von Abb. 2 mit einem RS-Flipflop. Wird der Schalter zum Zeitpunkt t_1 betätigt, dann wird von Flipflop nur die erste Kontaktgabe gespeichert.

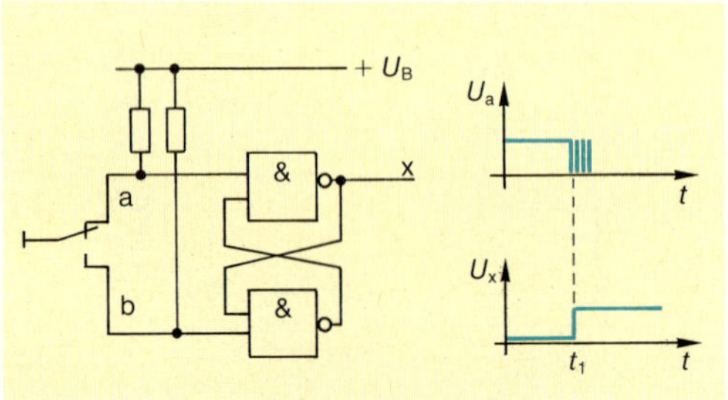

Abb. 2: Prellfreier Schalter mit $\overline{RS}$-Flipflop

4.8.3 Taktzustandsgesteuerte Flipflops

Bei dem bisher beschriebenen RS-Flipflop wurde die Eingangsinformation sofort an den Ausgang weitergegeben. Die Laufzeit im Gatter soll bei dieser Betrachtung unberücksichtigt bleiben. In der Digitaltechnik ist es jedoch häufig wünschenswert, daß erst zu einem bestimmten Zeitpunkt oder in einem bestimmten Zeitbereich die Eingangsinformationen an einen Ausgang gelangen und somit gespeichert werden können. Störimpulse außerhalb dieser Zeit können dabei keinen Einfluß ausüben.

Durch einen Taktimpuls kann dieser Übernahmezeitpunkt bzw. Zeitbereich für die Eingangsinformation festgelegt werden. Damit er auf das Flipflop einwirken kann, müssen die Eingänge entsprechend der Abb. 3a erweitert werden. Der Taktimpuls liegt am Eingang c. Die Speicherung eines 1-Signals am Eingang a (Setzeingang) kann somit erst dann erfolgen, wenn am Anschluß c der Takt (1-Signal) anliegt.

Der Takteingang c hat eine steuernde Wirkung. Die Eingänge a und b sind gesteuerte Eingänge. Zur Kennzeichnung dieser Abhängigkeit erhalten die Eingänge gleiche Zahlen, wobei sie bei den gesteuerten Eingängen vorangestellt werden (Abb. 3c).

Neben dieser Steuerabhängigkeit verfügen komplexe Flipflops mitunter im Eingangsbereich über UND- und ODER-Verknüpfungen. Diese **Abhängigkeitsnotation** wird durch folgende Buchstaben gekennzeichnet:

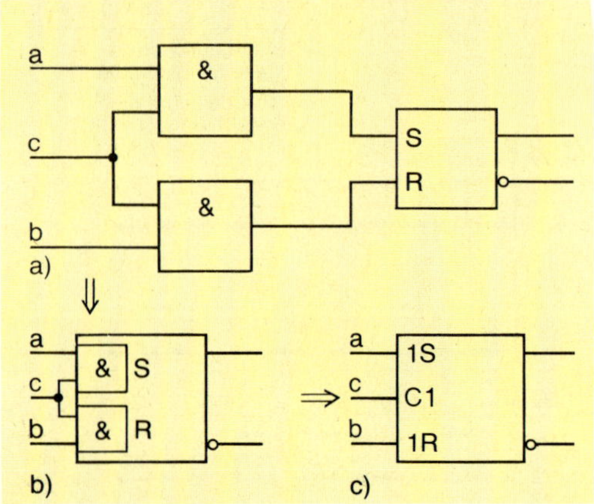

Abb. 3: Abhängigkeitsdarstellung beim RS-Kippglied

a)

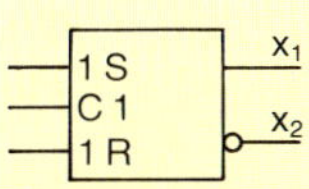

b)

C	S	R	x_1
0	0	0	*
0	0	1	*
0	1	0	*
0	1	1	*
1	0	0	*
1	0	1	0
1	1	0	1
1	1	1	**

⟹ c)

t_n		t_{n+1}
S	R	x_1
0	0	*
0	1	0
1	0	1
1	1	**

* :ursprünglicher Zustand bleibt (1 oder 0)
** : unbestimmter Zustand nach Wegnahme der Eingangssignale
t_n : Zeitpunkt vor dem Takt
t_{n+1}: Zeitpunkt nach dem Takt

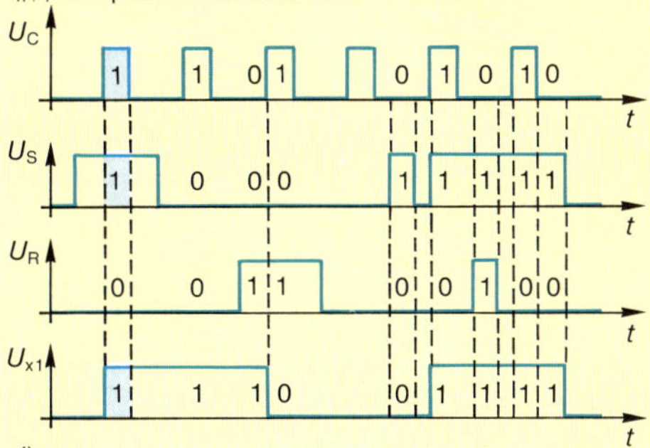

d)

Abb. 4: Taktzustandsgesteuertes RS-Flipflop

G: UND-Abhängigkeit
V: ODER-Abhängigkeit
C: Steuerabhängigkeit.

Taktgesteuerte Flipflops sind nur während des anliegenden Taktimpulses in der Lage, die Eingangsinformationen zu speichern.

In Abb. 4 wird der Einfluß des Taktes im Zusammenhang mit Eingangssignalen auf die Ausgangssignale verdeutlicht. Die Wertetabelle in Abb. 4b zeigt, daß die Eingangsinformationen nur dann zum Ausgang gelangen, wenn sich der Takteingang C im 1-Zustand befindet. Der obere Teil und die linke Spalte der Tabelle kann somit für die weitere Betrachtung entfallen. Es ergibt sich die vereinfachte Wertetabelle von Abb. 4c. Die Taktabhängigkeit der Signale kennzeichnet man durch t_n (Zeitpunkt vor dem Takt) und t_{n+1} (Zeitpunkt nach dem Takt).

Die Signalverläufe in Abb. 4d verdeutlichen die Arbeitsweise dieses taktzustandsgesteuerten Flipflops (auch als Auffang-Flipflop oder einzustandsgesteuertes Flipflop bezeichnet) auf eine andere Weise. Nicht eingezeichnet wurde der unbestimmte Zustand, der bei S = 1 und R = 1 auftritt.

a)

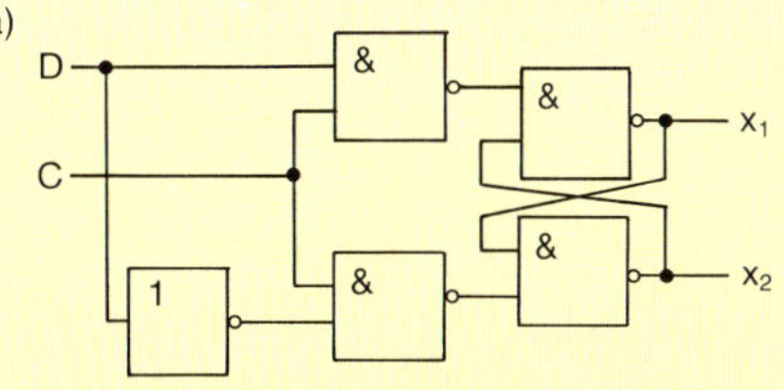

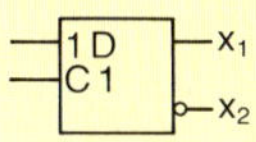

b)

c)

t_n		t_{n+1}
C	D	x_1
0	0	*
0	1	*
1	0	0
1	1	1

* : ursprünglicher Zustand bleibt

d)

t_n	t_{n+1}
D	x_1
0	0
1	1

Abb. 5: D-Flipflop

Schaltungstechnisch kann dieser unbestimmte Ausgangszustand vermieden werden, indem man die beiden Informationseingänge über einen Inverter verbindet (Abb. 5a). Dadurch wird erreicht, daß das Signal am R-Eingang immer ungleich dem Signal am S-Eingang ist. Bezeichnet wird dieses Flipflop als **D-Flipflop** (delay: engl., Verzögerung). Es besitzt neben dem Takteingang nur noch einen weiteren Eingang. Das Flipflop arbeitet deshalb verzögert, weil die am D-Eingang liegende Information um die Zeit bis zum Eintreffen des Taktimpulses verzögert vom Flipflop übernommen wird.

Das Schaltzeichen ist in Abb. 5b zu sehen. Da nur die beiden letzten Zeilen der vollständigen Wertetabelle von Abb. 5c bedeutsam sind, ergibt sich die vereinfachte Wertetabelle von Abb. 5d.

Aufgaben zu 4.8.1 bis 4.8.3

1. Beschreiben Sie die grundsätzliche Arbeitsweise einer bistabilen Kippstufe!

2. Stellen Sie die vollständige Wertetabelle eines RS-Flipflops auf und interpretieren Sie daran das Verhalten!

3. Was für ein Unterschied besteht zwischen einem RS- und einem $\overline{RS}$-Flipflop?

4. Beschreiben Sie die Arbeitsweise eines taktzustandsgesteuerten RS-Flipflops und die eines D-Flipflops!

4.8.4 Einflankengesteuerte Flipflops

Nachteilig bei dem in 4.8.3 beschriebenen getakteten RS-Flipflop ist, daß Änderungen an den Eingängen (Vorbereitungseingängen) noch wirksam bleiben, solange der Taktimpuls anliegt. Auch Störungen in diesem Zeitbereich machen sich negativ bemerkbar. Flipflops dieser Art werden deshalb auch als statische oder taktzustandsgesteuerte Flipflops bezeichnet.

Dieser Nachteil ist bei den nachfolgend beschriebenen Flipflops nicht vorhanden. Sie übernehmen die Information im Zeitaugenblick der Taktflanke (Änderung). Sie werden deshalb auch als **dynamische Flipflops** bezeichnet. Der dynamische Takteingang wird durch ein Dreieck im Symbol gekennzeichnet (Abb. 1). Dabei wird zwischen der ansteigenden und abfallenden Flanke unterschieden.

Bei der Flankensteuerung kann das Flipflop nur während der ansteigenden bzw. abfallenden Flanke (sehr enger Zeitbereich) gesetzt oder rückgesetzt werden.

Aus Taktimpulsen können auf verschiedene Weise Steuerflanken erzeugt werden. Grundsätzlich könnte man das RC-Glied von Abb. 2a verwenden. Die noch störende negative Flanke wird durch die Diode unterdrückt. Da Kondensatoren schlecht in integrierten Schaltungen untergebracht werden können, nutzt man die Signallaufzeit von Gattern zur Erzeugung von Impulsen aus. Die Spannungen U_{e1} und U_{e2} am UND-Gatter von Abb. 2b unterscheiden sich aufgrund der ungeraden Anzahl der NICHT-Gatter in der Phasenlage. Durch die Laufzeit des Signals in den drei Gattern ergibt sich in einem schmalen Bereich eine Überlappung und am Ausgang des UND-Gatters entsteht ein entsprechender Nadelimpuls.

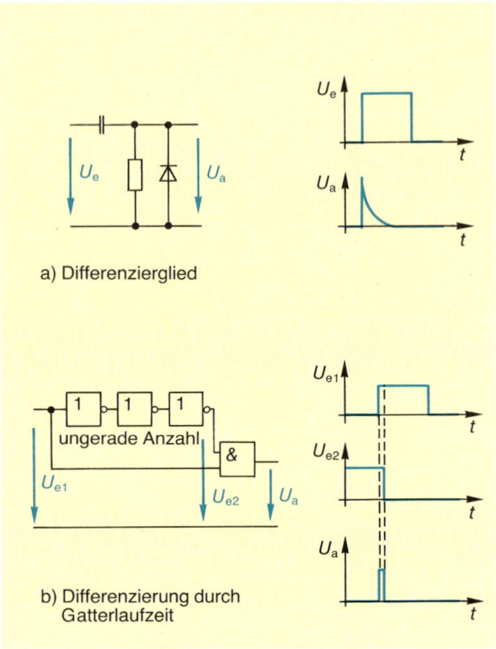

Abb. 2: Differenzierungsmöglichkeiten

Ein weiterer Nachteil des RS-Flipflops war, daß an den beiden Eingängen nicht gleichzeitig 1-Signale liegen dürfen. Vermeiden läßt sich dieses, wenn man von den Ausgängen die Signale auf den jeweils anderen Eingang zurückführt (Abb. 3) und diese mit den Eingangssignalen über ein UND-Gatter

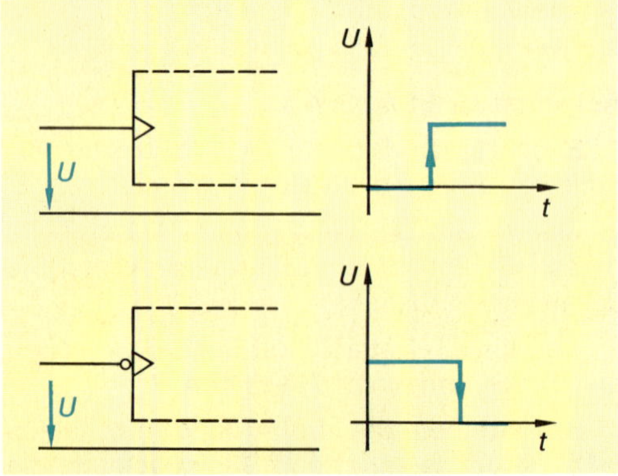

Abb. 1: Dynamische Eingänge

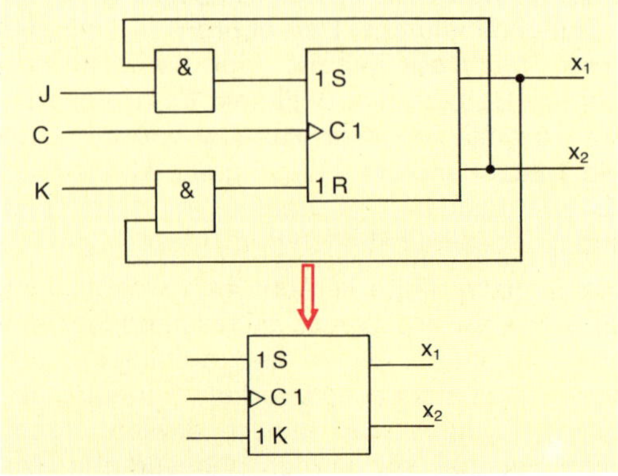

Abb. 3: Einflankengesteuertes JK-Flipflop

verknüpft. Dadurch kann niemals der Zustand S = R eintreten. Man erhält auf diese Weise ein einflankengesteuertes **JK-Flipflop.** Die Bezeichnung JK ist willkürlich gewählt.

Wie beim RS-Flipflop bedeutet ein 1-Signal am J-Eingang, daß das Flipflop gesetzt wird (Abb. 4). Zurückgesetzt wird es durch ein 1-Signal am K-Eingang. Der Takt bestimmt dabei die Schaltzeitpunkte. Wenn die Kombination J = 1 und eine positiv ansteigende Flanke vorliegt (t_1), wird das Flipflop gesetzt. Zurückgesetzt wird es bei K = 1 und ebenfalls positiv ansteigender Flanke (t_2).

Der Unterschied gegenüber dem RS-Flipflop besteht darin, daß das gleichzeitige Auftreten von J = 1 und K = 1 zulässig ist. Wenn diese Eingangssignale vorhanden sind, kommt es bei jeder positiven Flanke des Taktimpulses zu einem Wechsel der Logikzustände am Ausgang. In der Wertetabelle wird dieses durch $\overline{X}_{1n}$ gekennzeichnet (Negationszeichen über X). Dagegen tritt keine Änderung am Ausgang (X_{1n}) auf, wenn die Signalkombination J = K = 0 vorliegt.

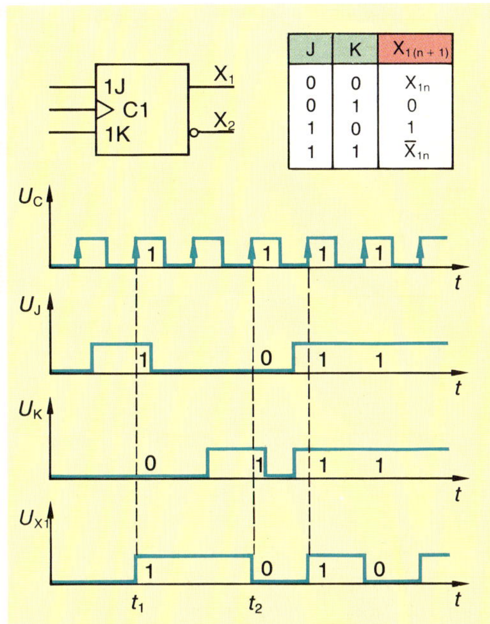

J	K	$X_{1(n+1)}$
0	0	X_{1n}
0	1	0
1	0	1
1	1	$\overline{X}_{1n}$

Abb. 4: JK-Flipflop mit Einflankensteuerung

4.8.5 Zweiflankengesteuerte Flipflops

In der Digitaltechnik müssen häufig Informationen von einem Speicher zum nächsten weitergegeben werden. Das erste Flipflop in solch einer Kette muß dann z. B. die neue Information aufnehmen, aber gleichzeitig auch die alten, bisher gespeicherte Information weitergeben. Diese Gleichzeitigkeit läßt sich nicht realisieren. Das Problem kann nur gelöst werden, wenn die gesamte Stufe in einen Vor- und in einen Hauptspeicher unterteilt wird. Der Vorspeicher wird auch als Master (Herr) und der Hauptspeicher mit Slave (Sklave) bezeichnet. Das Flipflop nennt man deshalb auch **Master-Slave-Flipflop.**

Aus Abb. 5 ist die Arbeitsweise zu entnehmen. Durch die positive Flanke am Steuereingang (t_1) wird die Eingangsinformation aufgenommen und in dem Zwischenspeicher abgelegt. Erst wenn die folgende negative Flanke des Taktsignals anliegt (t_2), wird das zwischengespeicherte Signal weitergegeben und erscheint am Ausgang. Der Vorspeicher dominiert in dieser Schaltung; er wirkt also

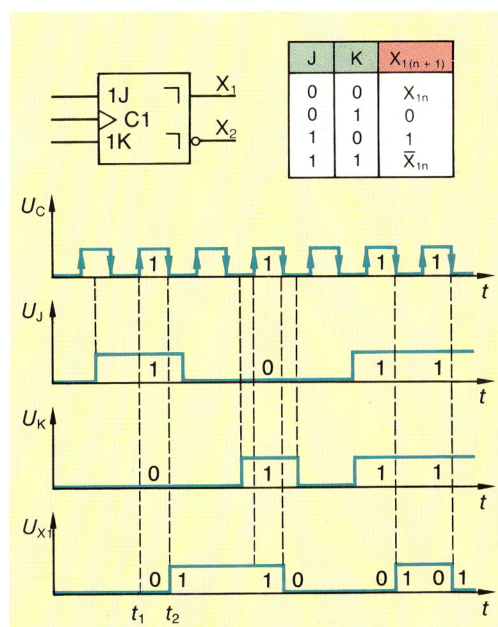

J	K	$X_{1(n+1)}$
0	0	X_{1n}
0	1	0
1	0	1
1	1	$\overline{X}_{1n}$

Abb. 5: JK-Flipflop mit Zweiflankensteuerung, JK-Master-Slave-Flipflop

wie ein „Herr“ über den Hauptspeicher. Der wiederum übernimmt die Information wie ein „Sklave“.

Beim JK-Master-Slave-Flipflop erscheinen die Signale mit einer Verzögerung, die von der Dauer der Taktsignale abhängt. Dieses wird durch ein Zusatzzeichen im Flipflop (vgl. Abb. 5, S. 275) gekennzeichnet. Es weist auf den „retardierten" (verzögerten) Ausgang hin. Die Wertetabelle dieses zweiflankengesteuerten Flipflops ist gleich der eines JK-Flipflops mit Einflankensteuerung.

Das JK-Master-Slave-Flipflop arbeitet mit einem Vor- und einem Hauptspeicher. Das Signal wird verzögert.

Das JK-Master-Slave-Flipflop läßt sich durch eine Schaltungsänderung in ein **T-Flipflop** umwandeln (Abb. 1). Da sich die Eingänge J und K im 1-Zustand befinden, ändert sich nach jedem Taktimpuls das Ausgangssignal. Die Abb. 1d zeigt dazu den Signalverlauf. Man erkennt, daß die Periodendauer der Ausgangssignale doppelt so groß ist wie die der Eingangssignale. Das T-Flipflop arbeitet somit wie ein binärer Teiler (vgl. 4.11).

Aufgaben zu 4.8.4 und 4.8.5

1. Was versteht man unter einem taktflankengesteuerten Flipflop?
2. Beschreiben Sie die Differenziermöglichkeiten von Impulsen durch die Gatterlaufzeit!
3. Erklären Sie die Arbeitsweise eines JK-Flipflops mit Einflankensteuerung!
4. Erklären Sie die Arbeitsweise eines JK-Flipflops mit Zweiflankensteuerung!
5. Was versteht man unter einem JK-Master-Slave-Flipflop?
6. Was bedeutet das Retardierungszeichen bei einem Flipflop?

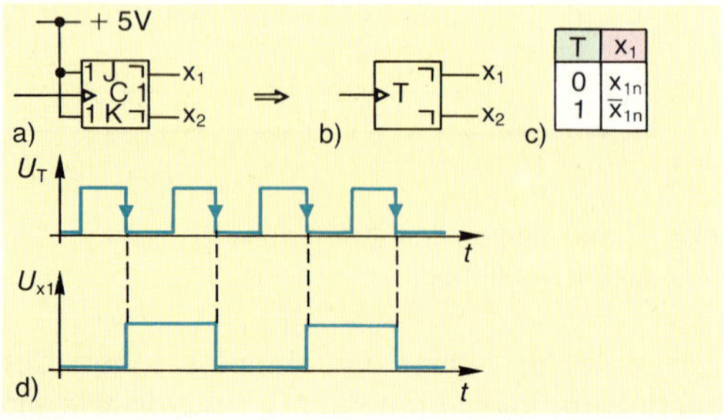

Abb. 1: T-Flipflop

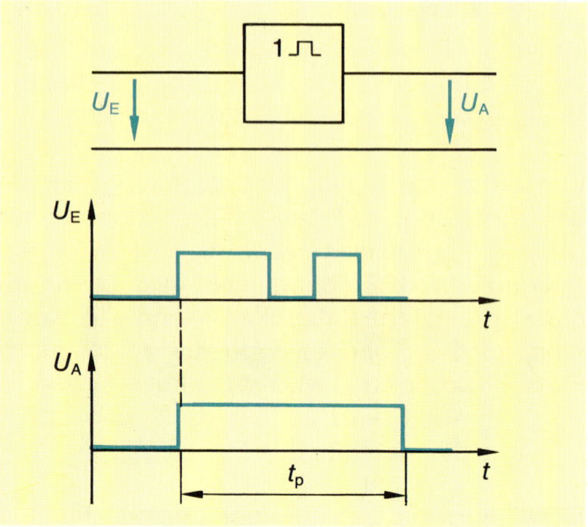

Abb. 2: Grundsätzliche Arbeitsweise der monostabilen Kippstufe

4.9 Monostabile Kippstufen

In der Steuerungstechnik werden häufig Schaltungen benötigt, die einen bestimmten Zustand eine gewisse Zeit lang aufrechterhalten. So soll z. B. bei einem Fahrstuhl die Tür etwa 4 Sekunden lang geöffnet bleiben, oder das Treppenhauslicht soll nach dem Einschalten noch eine Minute lang leuchten usw. Schaltaufgaben dieser Art lassen sich mit monostabilen Kippstufen (Monoflops) lösen.

Monostabile Kippstufen (Abb. 2) werden durch ein Eingangssignal U_E (Setzsignal, Triggersignal) in die „Arbeitsstellung" gebracht (z. B. 1-Zustand). Nach Ablauf einer bestimmten Zeit (t_p) kippt das Monoflop ohne ein neues Eingangssignal in die stabile Grundstellung zurück.

In Abb. 2 ist das allgemeine Schaltzeichen und das Signal-Zeit-Verhalten zu sehen. Wenn während der Arbeitsstellung weitere Signale eintreffen, ist dies ohne Wirkung auf den Signalverlauf am Ausgang.

Die Verweilzeit (t_p) kann im Schaltzeichen angegeben werden. Schaltungstechnisch wird sie durch einen extern zuschaltbaren Kondensator und Widerstand erreicht.

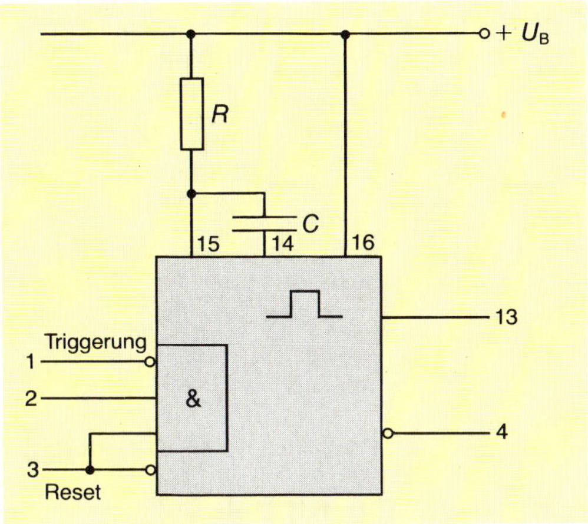

Abb. 3: Monostabile Kippstufe mit 74LS123

In Abb. 3 ist das Schaltzeichen der monostabilen Kippstufe 74LS123 zu sehen. Mit den Eingängen 1, 2 und 3 kann die Stufe gestartet bzw. zurückgesetzt werden. Zwischen den Anschlüssen 14 und 15 wird ein Kondensator C geschaltet, der mit dem Widerstand R die Verweilzeit bestimmt. Die Auswahl von R und C kann mit Hilfe der von Herstellern herausgegebenen Diagramme (vgl. Abb. 4) erfolgen.

Monostabile Kippstufen können auch mit einfachen Gattern, wie in Abb. 5 zu sehen, aufgebaut werden. Das zeitbestimmende Glied besteht aus dem Kondensator und dem Widerstand. Wenn das Eingangssignal

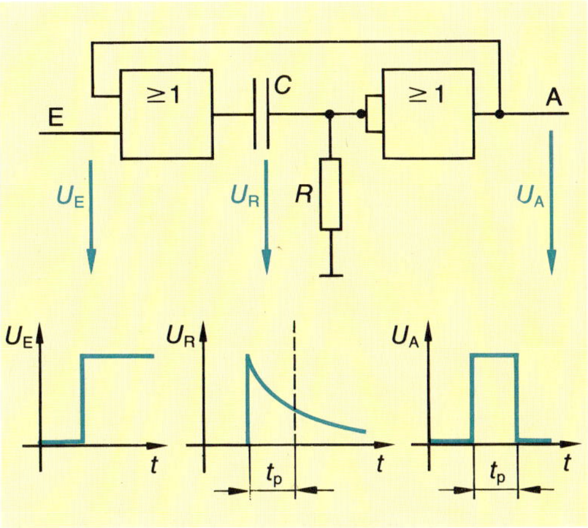

Abb. 5: Monostabile Kippstufe aus ODER-Gattern

gemäß der Abb. 5 anliegt, fließt ein Strom durch die RC-Kombination. Die Spannung am Widerstand, die gleichzeitig das Eingangssignal des zweiten ODER-Gliedes ist, fällt von einem Maximalwert aus allmählich ab. Das zweite ODER-Glied arbeitet in diesem Fall wie ein Schwellwertschalter. Erst wenn der untere Schwellwert erreicht wird, springt das Ausgangssignal von 1 auf 0.

Aus der Vielzahl von Möglichkeiten sollen als Anwendungen die **Ein-** und die **Ausschaltverzögerungen** besprochen werden.

Wenn in Abb. 6 am Eingang das 1-Signal auftritt, spricht das Monoflop an, und es liegt am Eingang des UND-Gatters das 0-Signal.

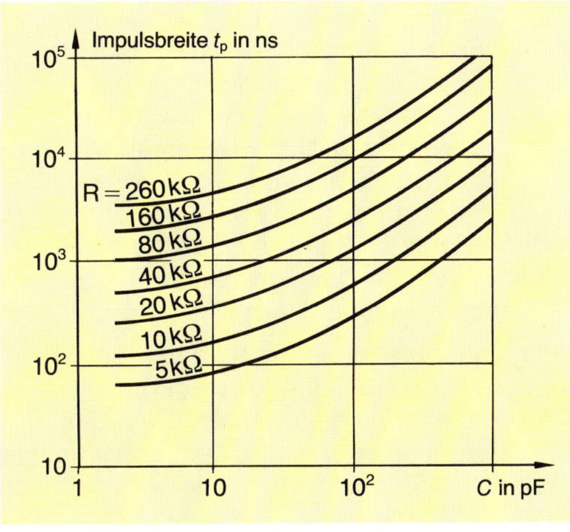

Abb. 4: Diagramm zur Wahl von R und C bei monostabilen Kippstufen

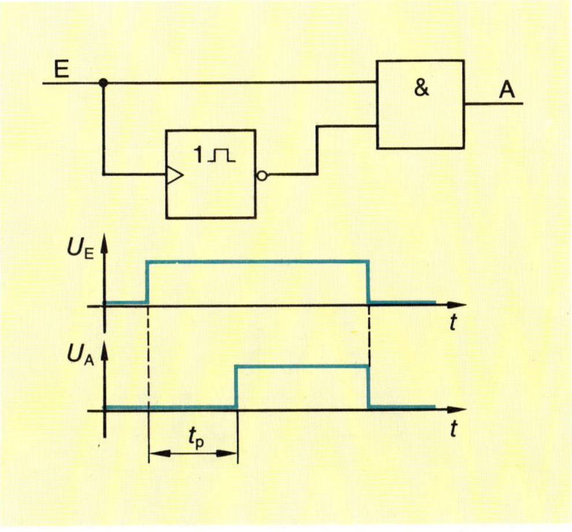

Abb. 6: Prinzip der Einschaltverzögerung

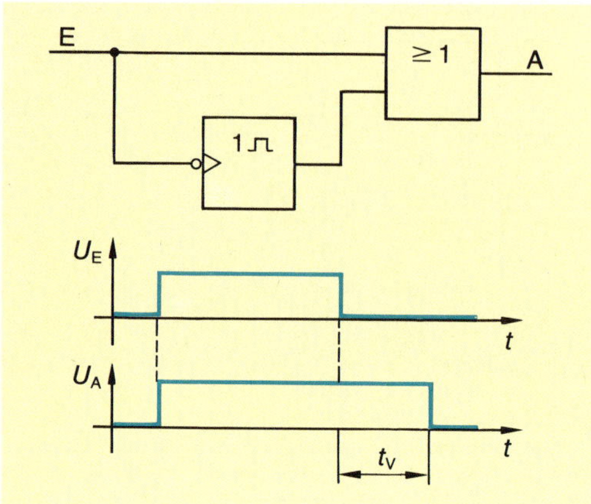

Abb. 1: Prinzip der Ausschaltverzögerung

Am Ausgang der Schaltung (A) liegt somit auch ein 0-Signal. Nach Ablauf der Verweilzeit (t_p) schaltet das Monoflop um. An beiden Eingängen des UND-Gliedes liegen jetzt 1-Signale. Sie bewirken, daß am Ausgang der Schaltung ebenfalls ein 1-Signal liegt.

Eine Ausschaltverzögerung kann mit einem ODER-Gatter von Abb. 1 erreicht werden. Wenn das Eingangssignal von 1 nach 0 springt, wird das Monoflop gesetzt. Dadurch liegt am zweiten Eingang des ODER-Gliedes noch während der Verweilzeit das 1-Signal. Am Ausgang A ist auch dann noch ein Signal vorhanden, wenn U_E bereits 0 geworden ist.

Die Verzögerungszeit kann in Blockschaltbildern angegeben werden. Abb. 2 zeigt dazu ein Beispiel.

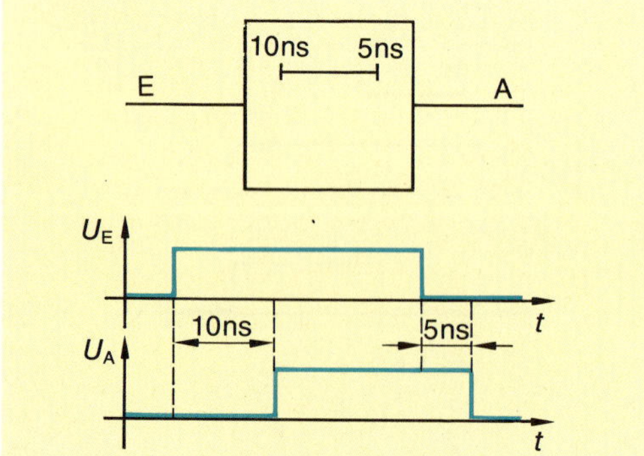

Abb. 2: Kennzeichnung der Verzögerung

Aufgaben zu 4.9

1. Erläutern Sie die grundsätzliche Arbeitsweise eines Monoflops!

2. Welche Impulsbreite ergibt sich, wenn bei einem Monoflop $R = 10\,k\Omega$ und $C = 100\,pF$ gewählt werden (Abb. 4, S. 277)?

3. Wie verhält sich die Gesamtschaltung, wenn die Schaltungen aus Abb. 6 (S. 277) und 1 in Reihe geschaltet werden?

4.10 Astabile Kippstufen

Bei astabilen[1] Kippstufen gibt es überhaupt keinen stabilen Zustand. Ohne Steuersignal kippt das Ausgangssignal ständig von einem binären Zustand in den anderen. Es handelt sich hierbei also um einen Generator, der ständig rechteckige Signale abgibt (Multivibrator[2]).

Zur genaueren Erklärung der Arbeitsweise von astabilen Kippstufen greifen wir auf eine einfache Schaltung mit zwei bipolaren Transistoren zurück. In Abb. 3b ist zu sehen, daß die astabile Kippstufe ein Verstärker ist, bei dem die Ausgangsspannung auf den Eingang zurückgekoppelt wird. Zur Erläuterung der Funktion dient Abb. 4. Wenn V1 zum Zeitpunkt t_1 durchgeschaltet wird, dann sinkt U_{CE1} fast bis auf Null. Dadurch ergibt sich über C_1 an der Basis von V2 sprungartig ein negativer Impuls, der den Transistor sperrt. Infolgedessen steigt U_{CE2} an. Nun lädt sich C_1 über R_2 so lange auf, bis U_{BE2} bei t_2 den Transistor V2 durchschalten kann. Dadurch sinkt U_{CE2} fast auf Null, und über C_2 ergibt sich an der Basis von V1 ein negativer Impuls, der V1 sperrt. Nun wird C_2 über R_3 geladen, bis V1 zum Zeitpunkt t_3 durchgeschaltet wird. Der geschilderte Vorgang beginnt nun von neuem.

Abb. 4 läßt erkennen, daß die vorderen Flanken der Ausgangsimpulse gerundet sind. Dies können wir dadurch erklären, daß sich die Kondensatoren nach dem Sperren der Transistoren über die Kollektorwiederstände

[1] astabil (gr.-lat): nicht beständig
[2] Multivibrator (lat): Vielschwinger

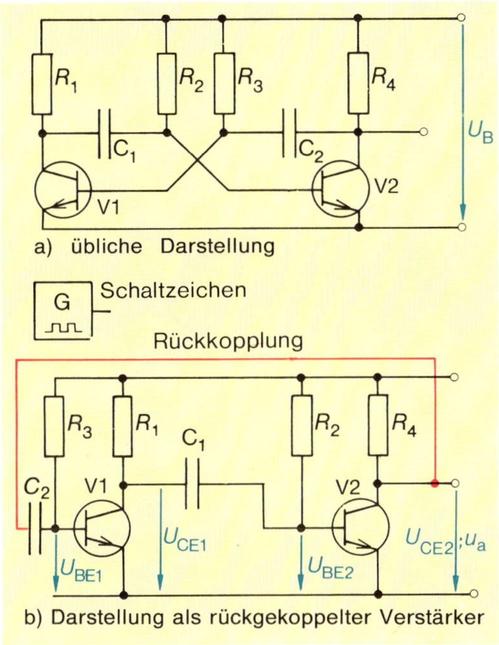

Abb. 3: Multivibrator

umladen müssen. Der Ladestrom durch die Kondensatoren ruft an den Kollektorwiderständen einen Spannungsabfall hervor, der die Kollektorspannung U_{CE} nicht sprunghaft anwachsen läßt. Die Rechteckform der Ausgangsspannung verbessert sich merklich, wenn die Zeitkonstante der Umladestrecke mit dem Kondensator und dem Kollektorwiderstand klein ist. Aus diesem Grund wird in Schaltungen R_1, $R_4 \ll R_2$, R_3 gewählt.

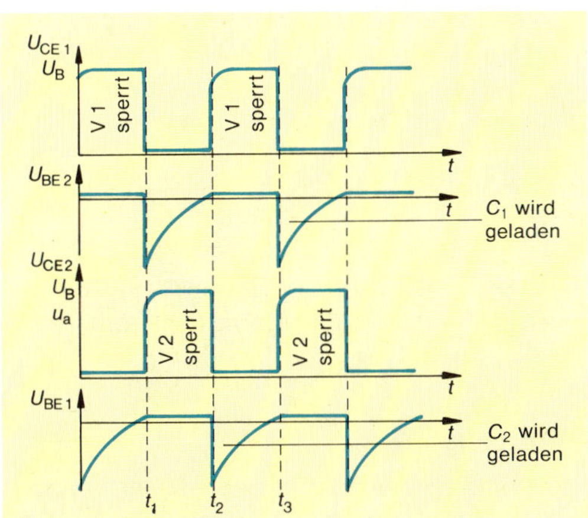

Abb. 4: Spannungen am Multivibrator

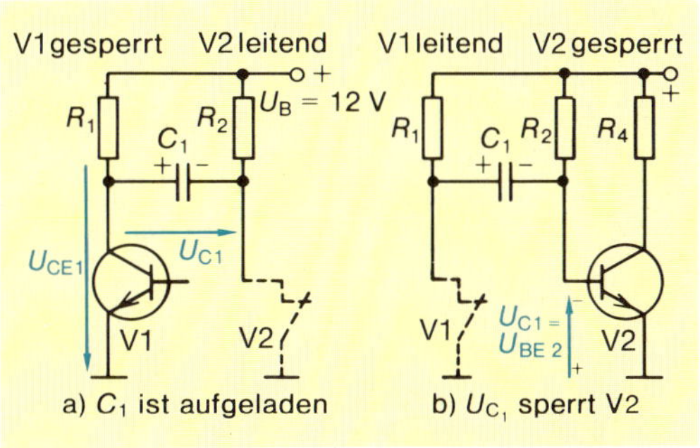

Abb. 5: Entstehung der Sperrspannung für V2

Die astabile Kippstufe liefert ein periodisches, rechteckförmiges Ausgangssignal. Sie verfügt über keinen stabilen Betriebszustand.

Ein Multivibrator ist somit ein Kippschwinger mit zwei elektronisch gesteuerten Schaltern, die sich gegenseitig verzögert ein- und ausschalten. Dabei mag auf den ersten Blick das Zustandekommen der negativen Sperrimpulse für die Transistoren nicht einleuchten. Darum wollen wir einen Umschaltmoment genauer betrachten.

In der vereinfachten Darstellung von Abb. 5a wird angenommen, daß V1 gesperrt und V2 leitend ist. Die Kollektorspannung U_{CE1} von V1 ist etwa gleich groß wie die Betriebsspannung U_B. Der Transistor V2 (z.B. BC107) ist zu dieser Zeit bei einer Vorspannung $U_{BE2} = 0{,}7\,V$ leitend. Der Kondensator C_1 hat sich über R_1 und V2 mit der in Abb. 5a angegebenen Polarität aufgeladen.

$$U_{C1} = U_{CE1} - U_{BE2} = 12\,V - 0{,}7\,V = 11{,}3\,V$$

Die Spannung an C_2 hat dafür gesorgt, daß V1 gesperrt wurde. U_{BE1} ist negativ. Der Kondensator C_2 wird jedoch über den an $+U_B$ liegenden Widerstand R_3 umgeladen.

Er lädt sich so weit auf, bis die Vorspannung $U_{BE1} = 0{,}7\,V$ beträgt, V1 beginnt zu leiten, und seine Kollektorspannung sinkt bis auf U_{CEsat}. Der Kollektor-Emitterwiderstand R_{CE1} wird sehr niederohmig und kann darum in Abb. 5b als Kurzschluß dargestellt werden. Die Spannung am Kondensator C_1 bleibt zunächst erhalten und liegt als negative Sperrspannung zwischen Basis und Emitter

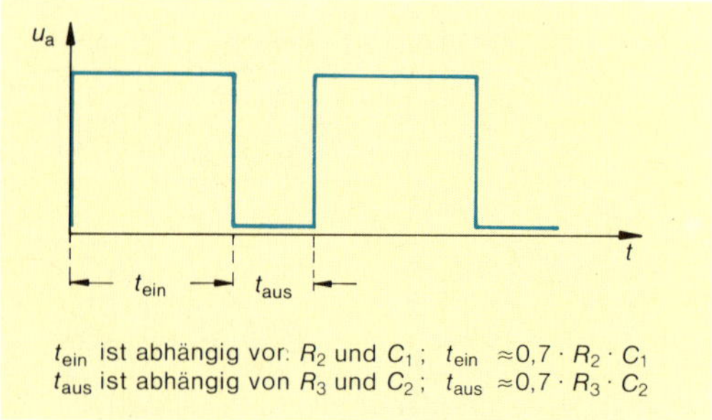

Abb. 1: Bestimmung von t_{ein} und t_{aus}

von V2. Unmittelbar nach dem Kippen ist V2 also sprungartig gesperrt und V1 leitend.

Bisher wurde vorausgesetzt, daß $C_1 = C_2$ und $R_2 = R_3$ ist. Damit ergibt sich der Ausgangsspannungsverlauf nach Abb. 4 (S. 279). Durch Veränderung der genannten Widerstände und Kondensatoren lassen sich andere Verläufe (Abb. 1) erzielen.

Es gibt integrierte Schaltungen, die durch wenig hinzuschaltbare Bauteile als Rechteckgeneratoren arbeiten. Es sind Kondensatoren und Widerstände bzw. Schwingquarze. Sie sind Multivibratoren mit einer großen Stabilität. Die Abb. 2 zeigt eine grundsätzliche Schaltung. Es handelt sich um einen spannungsgesteuerten Oszillator (VCO, Voltage Controlled Oszillator). Durch einen Spannungsteiler kann über Eingang 14 die Frequenz grob gewählt und mit dem Potentiometer fein eingestellt werden. Die Kapazität C_x zwischen den Anschlüssen 12 und 13 ist für die Frequenz bestimmend. Sie kann mit folgender Näherungsformel berechnet werden:

$$f_0 = 10^{-4} \cdot \frac{\text{F} \cdot \text{Hz}}{C_x} \quad (C_x \text{ in Farad einsetzen})$$

Mit der integrierten Schaltung von Abb. 2 kann eine Frequenz von 0,12 Hz bis 30 MHz erzielt werden.

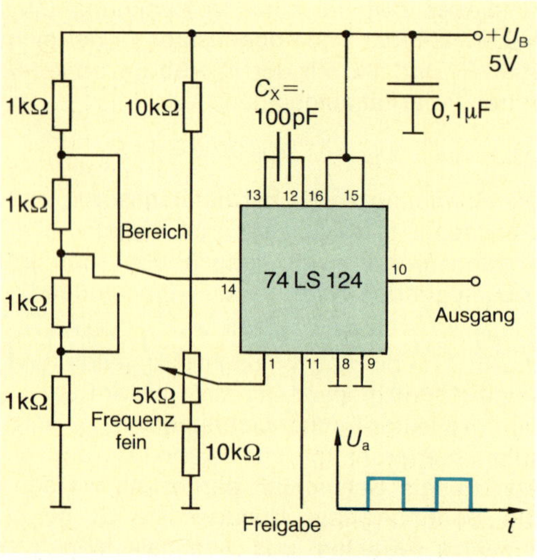

Abb. 2: Multivibrator mit integrierter Schaltung

Aufgaben zu 4.10

1. Skizzieren Sie den Verlauf der Ausgangsspannung eines Multivibrators!
2. Durch welche grundsätzliche Maßnahme kann eine zweistufige Transistorschaltung in einen Multivibrator umgewandelt werden?
3. Erklären Sie das Zustandekommen von negativen Sperrimpulsen an der Basis von Transistoren in Multivibratorschaltungen!

4.11 Teilerschaltungen

In 4.8.4 wurde das T-Flipflop behandelt. Es arbeitet wie ein binärer Teiler und kann deshalb als Frequenzteiler verwendet werden.

Ein einfacher Teiler mit JK-Master-Slave-Flipflops ist in Abb. 3a zu sehen. An den JK-Eingängen liegen 1-Signale (Betriebsspannung) und an dem ersten C1-Eingang die zu teilende Frequenz (Takt) f_0. Da das Ausgangssignal des ersten Flipflops das Eingangssignal des zweiten Flipflops ist usw., treten an den Ausgängen Signale mit $f_0/2$, $f_0/4$ und $f_0/8$ auf (Abb. 3b).

Freqenzteiler dienen in der Regel zum Erzeugen einer bestimmten Frequenz aus einer höheren Eingangsfrequenz. Man unterscheidet dabei zwischen Teilern mit geradzahligem und ungeradzahligem Teilungsverhältnis.

Geradzahlige Teiler

Bei dem bisher beschriebenen Teiler handelt es sich um einen geradzahligen Teiler. Die Eingangsfrequenz wurde fortlaufend durch

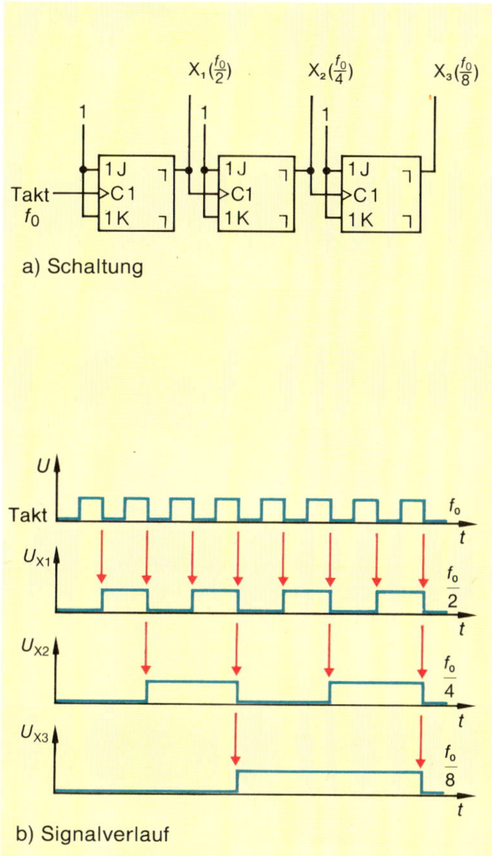

Abb. 3: Teilerschaltung

zwei geteilt, d.h. auf zwei Eingangsimpulse erschien am Ausgang nur ein Ausgangsimpuls. Schaltet man N dieser Flipflops hintereinander, wird die Eingangsfrequenz in dem Verhältnis $1/2^N$ herabgesetzt.

Will man ein bestimmtes geradzahliges Teilungsverhältnis realisieren, zerlegt man den Teilungsfaktor in Faktoren von 2 und schaltet dann die der Anzahl der Faktoren entsprechende Zahl von Flipflops hintereinander.

Teilerschaltungen gibt es auch in integrierter Form. In Abb. 4a befindet sich ein als Teiler verwendbarer Baustein mit vier Flipflops. Durch 1-Signale an R01 und R02 können alle Flipflops zurückgesetzt werden. In Abb. 4c ist der entsprechende Signalverlauf für eine 6/1 Teilung an den Ausgängen zu sehen.

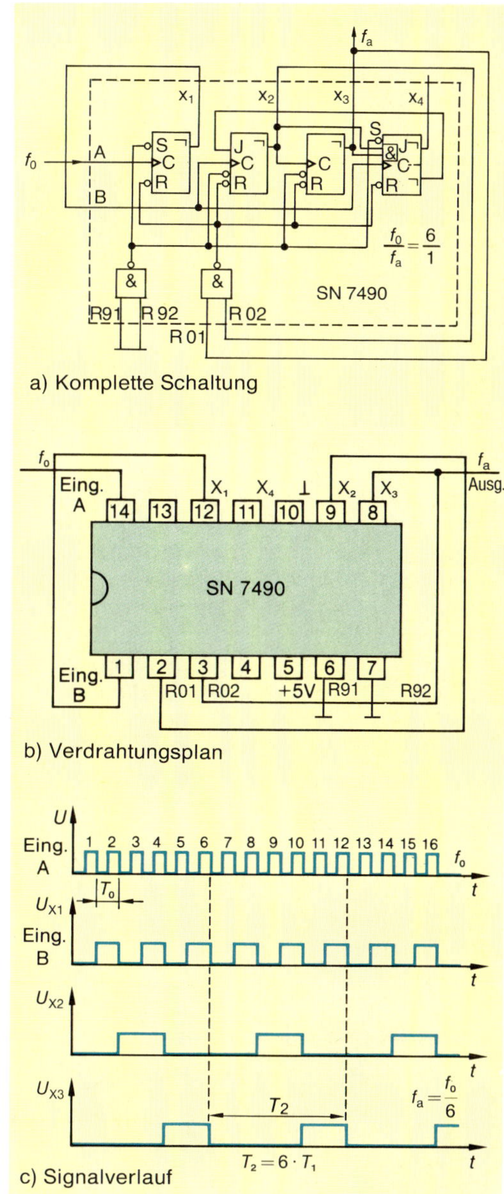

Abb. 4: Teilerschaltung 6/1 mit SN 7490

Ungeradzahlige Teiler

Bei ungeradzahligen Teilern läßt sich der Teilungsfaktor nicht in Faktoren von 2 zerlegen. Da der Entwurf von Teilern für ungeradzahlige Teilungsverhältnisse mit reinen Flipflop-Schaltungen sehr aufwendig ist, wählt man ein anderes Verfahren.

Im Prinzip stellt der Frequenzteiler die einfachste Form eines Zählers dar, da er eine bestimmte Anzahl von Impulsen addiert. Durch zusätzliche Verknüpfungsglieder dekodiert man einen bestimmten Zählerstand, der dem Teilungsfaktor entspricht. Jeweils nach Erreichen des Zählerstandes wird der Zähler wieder in den Nullzustand zurückgesetzt und beginnt erneut zu zählen.

Diese Teiler werden folgendermaßen entworfen:

Man ermittelt zunächst die Zahl n der benötigten Flipflops, die sich aus dem Teilungsfaktor N (Zahl bis zu der gezählt werden soll) ergibt: $\mathbf{N \leq 2^n}$ (s. Beisp. Abb. 1).

Die so ermittelte Zahl von Flipflops schaltet man hintereinander. Diejenigen **X-Ausgänge,** die **vor** Erreichen der gewünschten Zahl, also mit **N-1,** 1-Signal führen, werden mit den Eingängen eines NAND-Gliedes verbunden. Zusätzlich wird der Takt an einen Eingang des NAND-Gliedes gelegt. Der **Ausgang** des NAND-Gliedes wird mit dem **Stelleneingang** der Flipflops verbunden, bei denen die X-Ausgänge zum Zeitpunkt **N-1 0-Signal** führen. Diese Ausgänge ermittelt man dadurch, daß man die entsprechende Dezimalzahl in dualer Form aufschreibt. Dabei entspricht die niederwertigste Stelle 2^0 dem Flipflop, an das das Taktsignal angelegt wird. Abb. 1 zeigt die Schaltung eines Frequenzteilers mit dem Teilungsverhältnis 1:14.

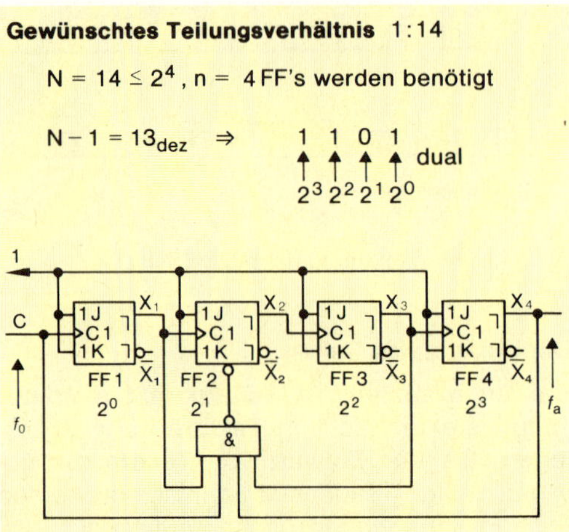

Abb. 1: Frequenzteiler 1:14

4.12 Zähler

Zähler sind wichtige Baugruppen bzw. Bausteine der Digitaltechnik. Mit gezählten Impulsfolgen lassen sich z. B. Zeiten, Frequenzen oder Spannungen messen.

Die Aufgabe von Zählschaltungen ist das fortlaufende Addieren und Speichern von Impulsen.

Aufgebaut sind Zählschaltungen aus mehreren hintereinandergeschalteten Flipflops. Bedingt durch die unterschiedliche Ansteuerung der einzelnen Flipflops unterscheidet man **Asynchron-** und **Synchronzähler.**

Eine weitere Voraussetzung für das Zählen ist, daß den einzelnen Flipflop-Stufen Wertigkeiten, d.h. Zahlen, zugeordnet werden. Weiterhin ist definiert, daß ein 1-Signal am Ausgang einer Flipflop-Stufe bedeutet, daß diese Zahl gelesen wird, während beim 0-Signal die Stelle unberücksichtigt bleibt.

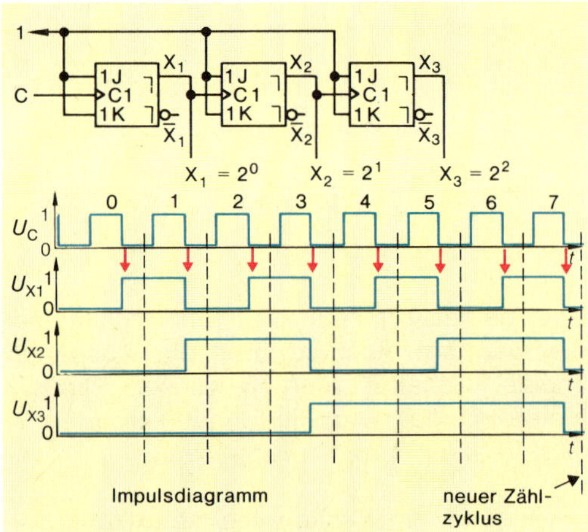

Takt	X_1	X_2	X_3	Dezimal
C	2^0	2^1	2^2	
0	0	0	0	0
1	1	0	0	1
2	0	1	0	2
3	1	1	0	3
4	0	0	1	4
5	1	0	1	5
6	0	1	1	6
7	1	1	1	7
8	0	0	0	0

Zustandstabelle

Abb. 2: Dualzähler (asynchron)

Asynchronzähler

Abb. 2 zeigt einen aus 3 Flipflops aufgebauten asynchronen Dualzähler. Beim Asynchronzähler wird nur die erste Flipflop-Stufe direkt vom Takt angesteuert, während die nachfolgenden Stufen über die Ausgänge der Flipflops angesteuert werden.

Beim Asyncronzähler wirkt der Takt nur auf das erste Flipflop ein.

Bildet man nach jedem Takt die Quersumme der Ausgänge, ergeben sich die in Abb. 2 dargestellten Dezimalzahlen. Obwohl 8 Takte durch den Zähler gelaufen sind, ist die höchste Dezimalzahl die 7. Die 0 ist also mitzuzählen.

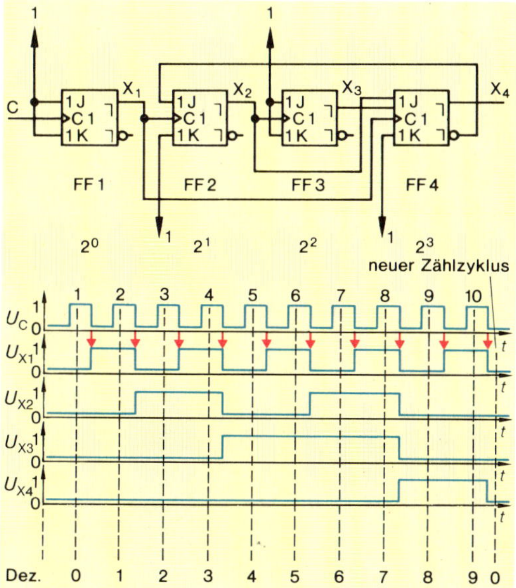

Abb. 3: 8-4-2-1-Zähler (asynchron)

Der Zähler läßt sich beliebig erweitern. Mit zehn Flipflops kann man dann immerhin schon bis 1023 zählen. Abb. 3 zeigt einen asynchronen BCD-Zähler. Er ist aus 4 Flipflops aufgebaut und kann von 0...9 dezimal zählen. BCD-Zähler bieten den Vorteil, daß eine Dezimalanzeige des Zählerstandes sehr viel einfacher ist als beim Dualzähler. Bei diesen Zählern sorgt eine Verknüpfung der JK-Eingänge mit bestimmten Flipflop-Ausgängen dafür, daß nach Erreichen des Zählerstandes 9 der Zähler wieder den Zustand 0 annimmt.

Synchronzähler

Bei Synchronzählern werden die Zählimpulse gleichzeitig auf alle Takteingänge gegeben. Damit nun nicht alle Flipflops gleichzeitig kippen, werden die JK-Eingänge zur Ansteuerung verwendet.

Abb. 4 zeigt einen synchronen Dualzähler, der dieselbe Zustandstabelle wie der asynchrone Dualzähler besitzt. Da Flipflop 1 seinen Zustand bei jedem Taktimpuls ändern soll, wird es als normales T-Flipflop geschaltet. Flipflop 2 darf seinen Zustand nur dann ändern, wenn x_1 vor dem Takt 1-Signal hatte. Deshalb werden der J- und K-Eingang von Flipflop 2 mit x_1 verbunden. Flipflop 3 darf nur dann kippen, wenn x_1 und x_2 vor dem Takt beide 1-Signal hatten. Deshalb wird je ein JK-Paar von Flipflop 2 mit x_1 und x_2 verbunden.

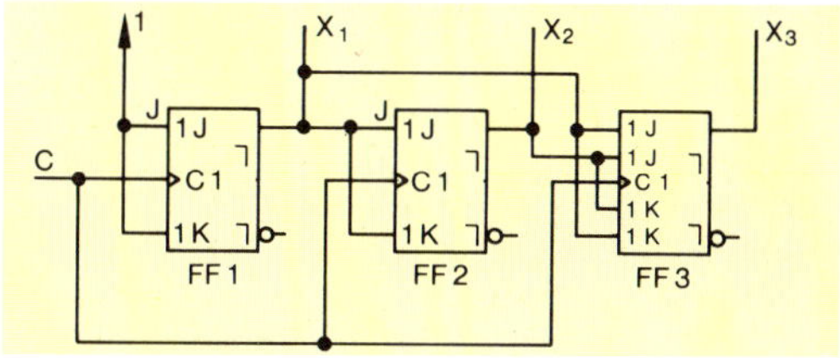

Abb. 4: Dualzähler (synchron)

Vorwärts-Rückwärts-Zähler

Bei diesen Zählern kann über unterschiedliche Steuereingänge festgelegt werden, ob der Zähler vorwärts (auf wärts) oder rückwärts (abwärts) zählen soll.

Vielfach werden diese Zähler auch nur mit einem Takteingang und einem zusätzlichen Steuereingang angeboten. Je nachdem, welches Signal der Steuereingang führt, ändern die Zähler die Zählrichtung.

Vorwahlzähler

Vorwahlzähler verfügen über parallele Dateneingänge, an die die Zahl (entsprechend codiert) angelegt wird, bis zu der der Zähler zählen soll. Ist der voreingestellte Zählwert erreicht, erscheint an einem Vergleichsausgang des Zählers ein Signal.

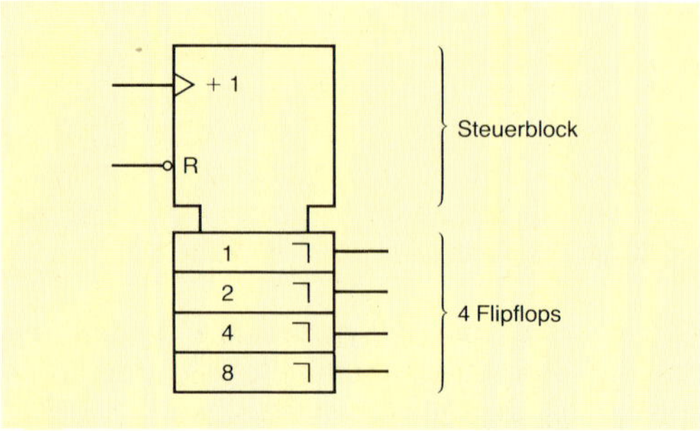

Abb. 1: Blockschaltbild eines Zählers

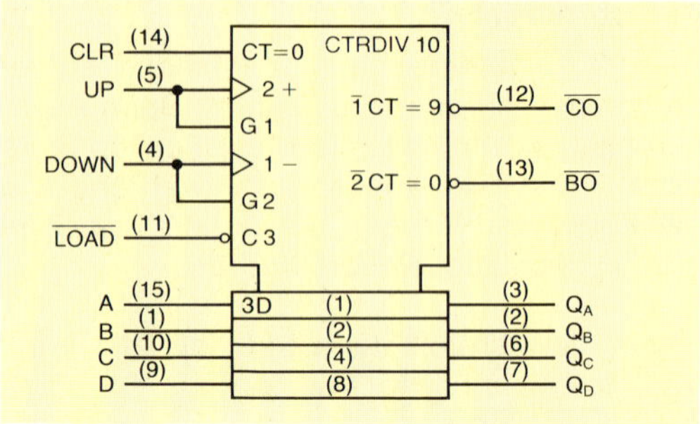

Abb. 2: 4-Bit-Vorwärts-Rückwärtszähler (SN 74192)

Vorwahlzähler sind auch als Vorwärts-Rückwärts-Zähler erhältlich.

In Abb. 1 ist das Blockschaltbild eines Zählers zu sehen. Die Kennzeichnung +1 im Steuerblock bedeutet, daß der Zählerstand bei jedem Taktimpuls (in diesem Fall bei der positiven Flanke des Taktsignals) um 1 erhöht wird. Es handelt sich also um einen Vorwärtszähler. Die Kennzeichnung des zweiten Eingangs im Steuerblock mit R besagt, daß der Zähler mit einem Signal an diesem Eingang (in diesem Fall 0-Signal) zurückgesetzt werden kann.

Unter dem Steuerblock befinden sich die gesteuerten Flipflops mit den Wertigkeiten $2^0 \mathrel{\hat{=}} 1$, $2^1 \mathrel{\hat{=}} 2$, $2^2 \mathrel{\hat{=}} 4$ und $2^3 \mathrel{\hat{=}} 8$. Da es sich um Master-Slave-Flipflops handelt, befindet sich noch an ihrem Ausgang das Retardierungszeichen.

Hersteller von ICs sind stets bemüht, Bausteine zu entwickeln, die möglichst vielseitig eingesetzt werden können, damit die Stückzahlen groß und dadurch die Kosten gering bleiben. Als Beispiel für eine solche Schaltung soll der Vorwärts-Rückwärts-Zähler SN 74192 (Abb. 2) dienen.

Die Bezeichnungen im oberen Teil (Steuerblock) dieser Darstellung haben folgende Bedeutung:

- CTR: CounTeR; Zähler.
- DIV10: DIVider, Teiler durch 10.
- G1 und G2: UND-Verbindung, die Ziffer dahinter gibt an, mit welchem Eingang diese UND-Verknüpfung besteht.
- 1−: UND-verknüpft mit G1, Minus-Zeichen bedeutet rückwärtszählend.
- 2+: UND-verknüpft mit G2, Plus-Zeichen bedeutet vorwärtszählend.
- C3: steuernder Eingang, die Ziffer hinter dem Buchstaben gibt an, welche Eingänge gesteuert werden. In diesem Fall werden die Eingänge 3D gesteuert.
- CT=0: Content Input=Inhalts-Eingang, ein 1-Signal an diesem Eingang setzt den Zählerstand auf 0.
- $\overline{1}$CT=9: Bei Zählerstand 9 und 0-Signal an G1 ändert sich das Signal an diesem Ausgang von 1 auf 0.
- $\overline{\text{CO}}$: Carry-Out; Übertrag bei Vorwärtszählung. Dieser Übertragsimpuls wird benötigt, wenn man mehrere Zähler in Reihe geschaltet hat.
- $\overline{2}$CT=0: Bei Zählerstand 0 und 0-Signal an G2 ändert sich das Signal an diesem Ausgang von 1 auf 0.
- $\overline{\text{BO}}$: Borrow-Out; Übertrag bei Rückwärtszählung.

Die Bezeichnungen außerhalb des Steuerblocks bedeuten:

- CLR: CLeaR, rücksetzen des Zählers auf 0, in diesem Fall mit 1-Signal.
- UP: Eingang für Vorwärtszählung. Die aufsteigende Flanke des Taktsignals wird an diesem Eingang wirksam, wenn der DOWN-Eingang auf 1-Signal liegt.
- DOWN: Eingang für Rückwärtszählung. Die aufsteigende Flanke des Taktsignals wird wirksam, wenn UP-Eingang auf 1-Signal liegt.
- $\overline{\text{LOAD}}$: Laden von Daten beim Signalwechsel von 1 nach 0. Die Daten liegen an den Eingängen A...D der D-Flipflops an.

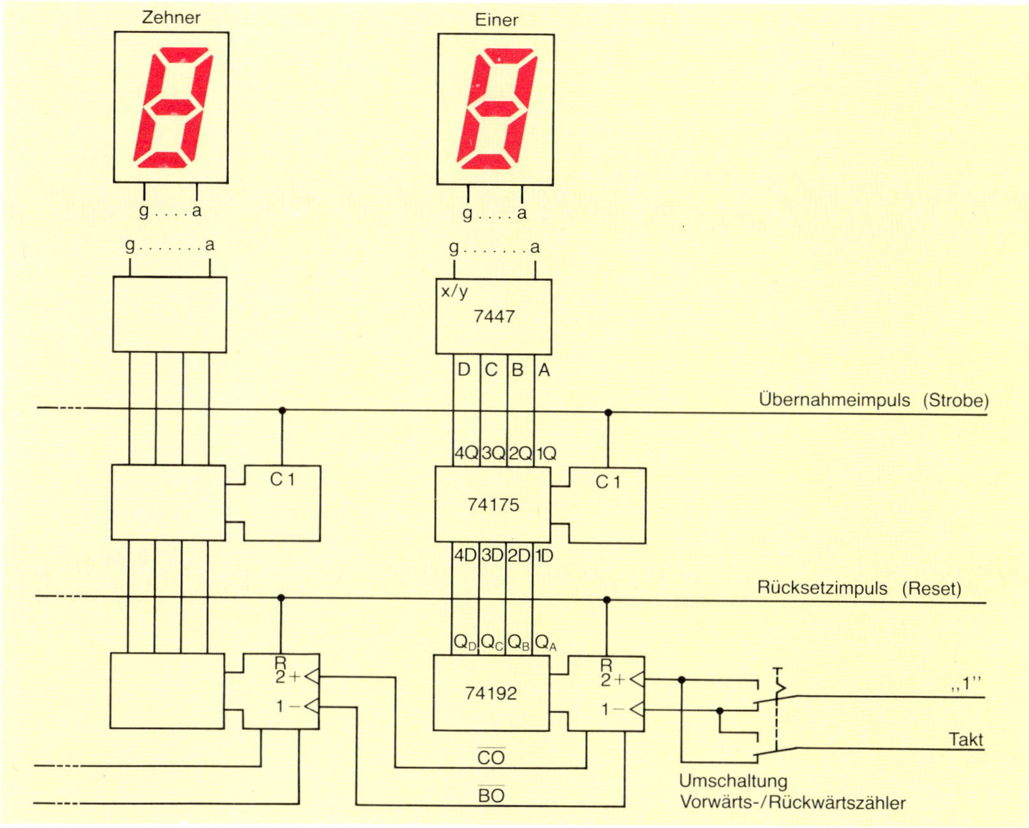

Abb. 3: Vorwärts-Rückwärtszähler mit Zwischenspeicher, 7-Segment-Codierer und Anzeige

Die Kennzeichnung innerhalb der Flipflops (1, 2, 4, 8) gibt die Wertigkeit der Flipflops an.

Wie mit Hilfe einiger integrierter Schaltungen ein Zähler mit Anzeige aufgebaut werden kann, zeigt die Abb. 3. Der Aufbau für eine Anzeigeeinheit (eine Dekade) besteht jeweils aus einem Zähler (74192), einem Zwischenspeicher (74175), einem Codierer (7447) und einer 7-Segment-Anzeige.

Diese Anordnung kann um beliebig viele Dekaden erweitert werden. Die Takteingänge des Zählers der zweiten Dekade sind bei dieser Schaltung mit den Übertragungsausgängen des Zählers der ersten Dekade verbunden.

Alle Zähler können mit einem Rücksetzimpuls (1-Signal) gleichzeitig zurückgesetzt werden. Soll der Zählerstand zu einem bestimmten Zeitpunkt angezeigt werden, so kann das mit einem Übernahmeimpuls an den Zwischenspeichern geschehen.

Durch diesen Impuls werden die Signale, die an 1D...4D anliegen, an die Ausgänge 1Q...4Q weitergeleitet und stehen an den Eingängen A...D des Codierers zur Verfügung. Der so angezeigte Zählerstand bleibt solange erhalten, bis ein neuer Übernahmeimpuls an die Zwischenspeicher gelegt wird.

Aufgaben zu 4.11 und 4.12

1. Beschreiben Sie die Arbeitsweise eines geradzahligen Frequenzteilers!
2. Skizzieren Sie die Schaltung eines 10/1 Teilers!
3. Beschreiben Sie die grundsätzliche Vorgehensweise beim Entwurf einer Schaltung für einen ungeradzahligen Teiler!
4. Welcher Unterschied besteht zwischen einem Asynchron- und einem Synchronzähler?

4.13 Schieberegister

Schieberegister sind Speicher, deren Informationen (Signale) durch einen Takt verschoben werden können. Sie enthalten mehrere hintereinander geschaltete Master-Slave-Flipflops, die parallel mit einem Taktsignal angesteuert werden.

Abb. 1a zeigt ein vierstufiges Schieberegister, aufgebaut mit JK-Master-Slave-Flipflops. Wird $D = 1\,(t_0 - t_1)$, übernimmt das Flipflop 1 den Zustand an den Eingängen in seinen Zwischenspeicher. Mit der abfallenden Taktflanke (t_2) werden die Zustände an die Ausgänge durchgeschaltet. Nach dem nächsten Taktimpuls hat das Flipflop 2 dann den Zustand vom Flipflop 1 eingenommen (t_4), während das Flipflop 1 den neuen Eingangszustand eingenommen hat. Nach vier Taktimpulsen erscheint am Ausgang vom Flipflop 4 der erstmalig am Eingang D eingegebene Zustand (t_8). Mit jedem weiteren Taktimpuls erscheinen am Ausgang vom Flipflop 4 die seriell am Eingang eingegebenen Daten. Nach insgesamt fünf weiteren Taktimpulsen enthält das Schieberegister keine der ursprünglichen Daten.

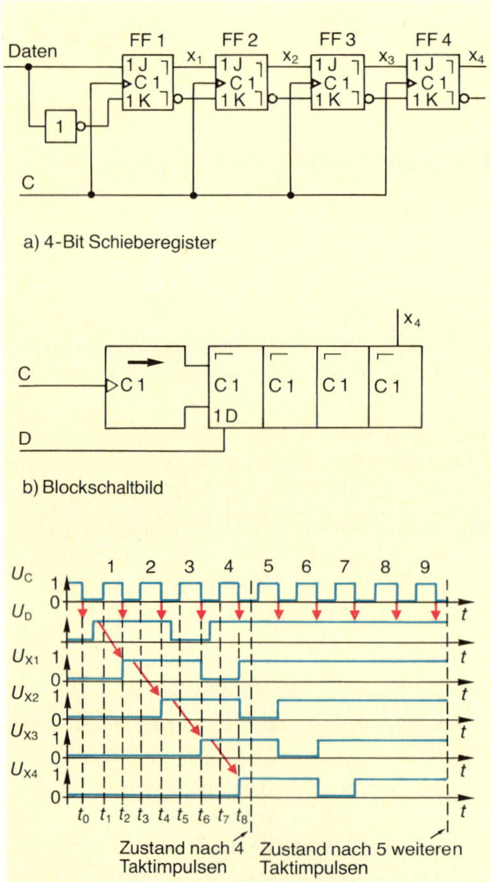

Abb. 1: Vierstufiges Schieberegister

Da während des dritten Taktimpulses die Eingangsinformation am Dateneingang 0 geworden ist, wird dieses Signal bei abfallender Flanke (Zeitpunkt t_6) im Flipflop 1 gespeichert und anschließend auch weitergegeben.

Ein Schieberegister kann man auch wie in Abb. 1b vereinfacht darstellen. Es besteht aus dem Steuerblock mit dem Daten- und Takteingang sowie den vier Flipflops. Das erste arbeitet als D-Flipflop. Der Pfeil im Steuerblock gibt die Schieberichtung an (in diesem Fall nach rechts).

Will man die einmal in das Schieberegister eingeschriebenen Daten beim seriellen Auslesen nicht verlieren, benötigt man eine Rückkopplung vom Ausgang auf den Eingang. Zusätzlich muß über den Umschalteingang U festgelegt werden, ob neue Daten eingeschrieben oder die gespeicherten Daten seriell ausgegeben werden sollen (Abb. 2).

Bei U = 1 werden die an D anliegenden Daten eingeschrieben. Bei U = 0 wird die Rückkopplung wirksam und die seriell ausgegebenen Daten werden erneut in das Schieberegister eingeschrieben.

Dieses Prinzip des Umlaufspeichers findet Anwendung in hochintegrierten dynamischen Speicherschaltungen.

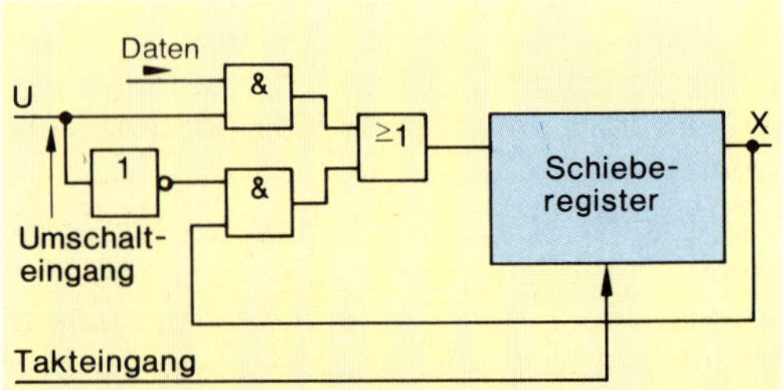

Abb. 2: Schieberegister als Umlaufspeicher

Serien-Parallel-Umsetzer

In Rechenwerken ist es mitunter erforderlich, daß zwei Zahlen Stelle für Stelle eingegeben (seriell), addiert und dann als paralleles Ergebnis ausgegeben werden. Verwenden kann man dafür Serien-Parallel-Umsetzer, die mit Schieberegistern arbeiten.

> Serien-Parallel-Umsetzer sind Schieberegister, mit **einem seriellen Dateneingang** und **parallelen Datenausgängen,** deren Zahl von der Anzahl der Flipflop-Stufen abhängt.

Damit ist die Möglichkeit gegeben, die mit einer entsprechenden Zahl von Taktimpulsen eingeschriebenen Daten parallel abzugreifen (Abb. 3).

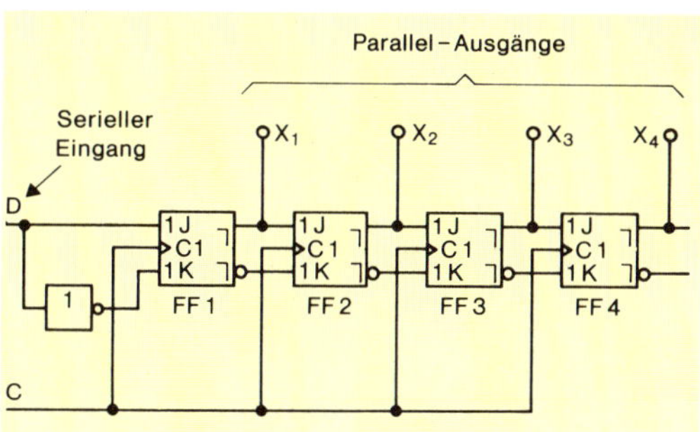

Abb. 3: Serien-Parallel-Umsetzer

In Abb. 4 ist die serielle Dateneingabe mit paralleler Ausgabe auf eine andere Weise dargestellt worden. Die serielle Eingabeinformation besteht aus 4 Bit: 1011. Für jeden Takt kann die dazugehörige Ausgangsinformation entnommen werden.

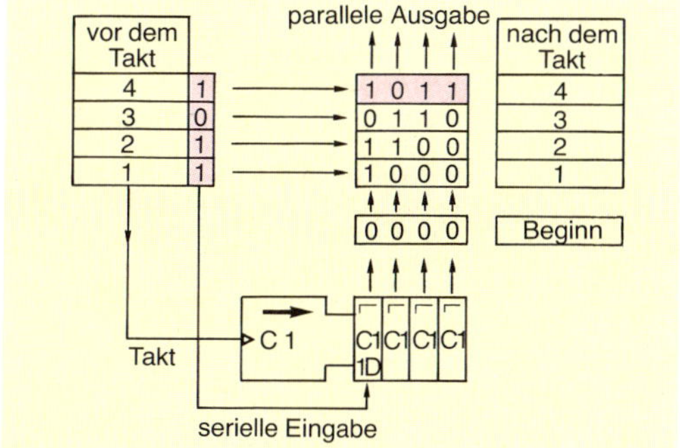

Abb. 4: Serielle Eingabe und parallele Ausgabe mit einem Schieberegister

Parallel-Serien-Umsetzer

Parallel-Serien-Umsetzer arbeiten in ähnlicher Weise. Die parallel anstehenden Daten werden über die Stell- und Rückstelleingänge mit einem Setzimpuls in die Flipflops eingeschrieben. Am Serienausgang erscheinen dann nacheinander die durch den Takt herausgeschobenen Daten (Abb. 5).

> Parallel-Serien-Umsetzer sind Schieberegister mit **parallelen Dateneingängen** und **seriellem Datenausgang.**

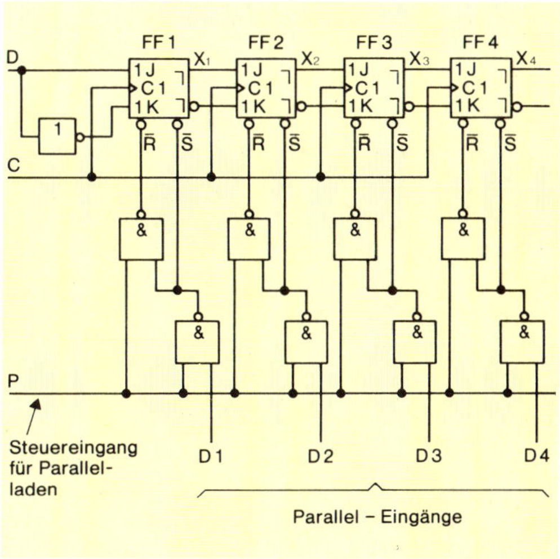

Abb. 5: Parallel-Serien-Umsetzer

Universelle Schieberegister-Bausteine beinhalten sowohl die reine Schieberegister- als auch die Parallel-Serien- und Serien-Parallel-Umsetzer-Funktion. Durch zusätzliche Steueranschlüsse kann außerdem die Schieberichtung (rechts oder links schieben) bestimmt werden.

Die Veranschaulichung mit Hilfe eines Beispiels der parallelen Eingabe der 4 Bit Information 1011 erfolgt in Abb. 1 (S. 288).

Die Abb. 2 auf S. 288 zeigt das Symbol des integrierten Schaltkreises SN74194. Es handelt sich dabei um ein 4-Bit-Schieberegister.

Die Bezeichnungen im Steuerblock bedeuten:

- SRG4: SchiebeReGister mit 4 Bit.
- R: Rücksetzeingang (unabhängig vom Taktsignal)

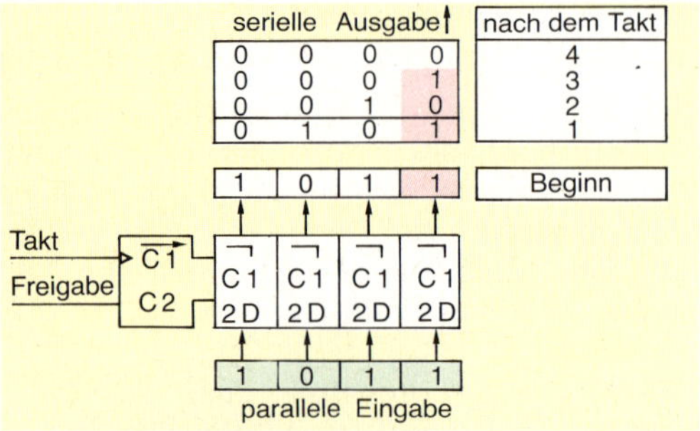

Abb. 1: Parallele Eingabe und serielle Ausgabe mit einem Schieberegister

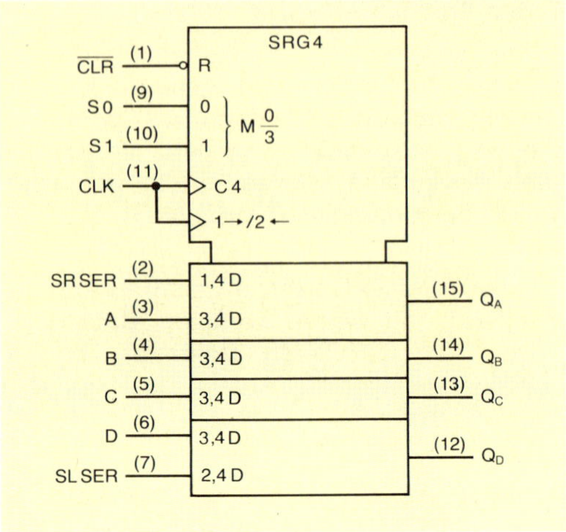

Abb. 2: 4-Bit-Schieberegister

- M0/3: Mode 0...3 = Beschaltung der Eingänge S0 und S1 in den Kombinationen 00, 01, 10 und 11.

Mode 0: S0 = 0; S1 = 0 Schieberegister ist gesperrt;

Mode 1: S0 = 1; S1 = 0 Serielles Laden der Daten, Schieberichtung rechts;

Mode 2: S0 = 0; S1 = 1 Serielles Laden der Daten, Schieberichtung links;

Mode 3: S0 = 1; S1 = 1 Paralleles Laden der Daten, Schieberichtung rechts; bei jedem Taktimpuls

- C4: Takteingang
  1→/2←: Schieberichtung in Abhängigkeit vom Mode 1 oder 2
  1: rechtsschiebend, 2: linksschiebend.

Das Impulsdiagramm in Abb. 3 verdeutlicht die Wirkungsweise. Zuerst werden alle Flipflops durch einen Reset-Impuls (0-Signal an CLR) zurückgesetzt. Danach werden die Signale an den Eingängen A...D parallel im Mode 3 in das Register geladen. Der nächste Taktimpuls verschiebt diese Daten im Mode 1 um eine Stelle im Register. Der 4. Taktimpuls übernimmt das an SR SER liegende 1-Signal in das erste Flipflop. Die Taktimpulse 5...8 verschieben die jetzt im Register befindlichen Daten im Mode 1 nach rechts.

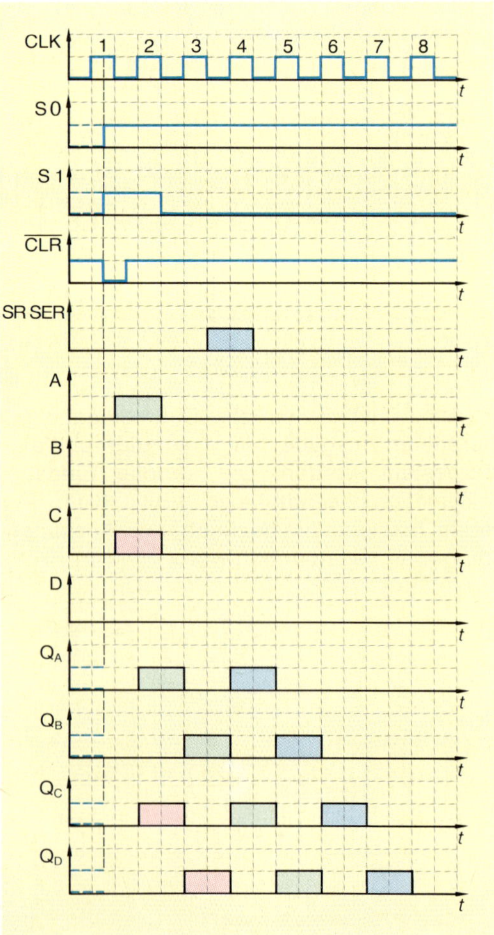

Abb. 3: Impulsdiagramm zum Schieberegister

Aufgaben zu 4.13

1. Nennen Sie Aufgabenbereiche für Schieberegister!

2. Beschreiben Sie die Arbeitsweise einer Serien-Parallel-Umsetzung!

3. Wie arbeitet ein Parallel-Serien-Umsetzer mit einem Schieberegister?

4.14 Signalumsetzung

4.14.1 Schwellwertschalter

Die in technischen Anlagen zu verarbeitenden Eingangsgrößen sind in der Regel analoge Größen (z.B. Temperatur, Geschwindigkeit, Kraft, Druck). Nach der Umwandlung in eine elektrische Größe ist es bei nachfolgender digitaler Verarbeitung erforderlich, das analoge Signal in ein digitales umzusetzen. Dieses geschieht in Analog-Digital-Umsetzern. Bevor es aber dazu kommen kann, ist es häufig erforderlich, das vorliegende Analogsignal zunächst in ein einwandfreies Rechtecksignal umzusetzen. Geeignet sind dazu die in 2.6.7 behandelten Schwellwert-Schalter (Schmitt-Trigger). Hier soll zunächst das Prinzip an Hand einer einfachen Schaltung herausgearbeitet werden.

Der Schmitt-Trigger ist ähnlich wie ein Flipflop eine Schaltung mit **zwei stabilen Zuständen.** Der jeweilige Schaltzustand hängt von der Größe seiner Eingangsspannung ab. Hat die Eingangsspannung u_E den in Abb. 4 gezeichneten Verlauf, dann hat die Ausgangsspannung u_A so lange den Wert u_{A0}, bis die Eingangsspannung einen bestimmten Wert überschritten hat. Im Zeitpunkt der Überschreitung des Schwellwertes $U_{E\,ein}$ nimmt die Ausgangsspannung sofort den anderen stationären Zustand u_{A1} ein. Erst wenn die Eingangsspannung einen bestimmten Wert $U_{E\,aus}$ wieder unterschreitet, fällt die Ausgangsspannung in den niedrigeren Zustand zurück.

Aus Abb. 4 geht hervor, daß der Schwellwert $U_{E\,ein}$ oberhalb der Ausschaltschwelle $U_{E\,aus}$ liegt. Die Differenz zwischen den beiden Schwellen nennt man **Hysteresespannung.**

Das Entstehen der Hysterese kann anhand der Schaltung (Abb. 5) folgendermaßen erklärt werden. Sie stellt einen Differenzverstärker (vgl. 3.8.2) dar, bestehend aus zwei Transistorstufen, die mit einem gemeinsamen Emitterwiderstand arbeiten. Der Transistor V1 wird von der Eingangsspannung gesteuert, die Stufe V2 erhält ihre Eingangsspannung über eine Mitkopplung von V1 (R_4 und R_5).

Bei Eingangsspannungen kleiner als die Schwellenspannung von V1 ist der Transistor V1 gesperrt. Der Kollektor von V1 liegt auf einem hohen Potential ($\approx U_B$). Über die Mitkopplung von R_4 und R_5 bekommt der Transistor V2 eine hohe Vorspannung und befindet sich im leitenden Zustand. Es stellt sich ein Zustand mit 0-Signal am Ausgang A ein. Die Spannung an A wird durch das Verhältnis von R_{C2} zu R_E bestimmt.

Wenn die Eingangsspannung u_E größer wird als die Summe der Spannung über dem Emitterwiderstand und der Schwellenspannung, dann wird der Transistor V1 leitend. Seine Kollektorspannung fällt ab. Der Transistor wird gesperrt. Als Folge sinkt der Strom durch den Emitterwiderstand R_E. Die Spannung über R_E wird kleiner, und U_{BE1} wird größer. Gleichzeitig wird U_{BE2} kleiner, da U_{CE1} sinkt. Am Ende ist V1 leitend und V2 gesperrt.

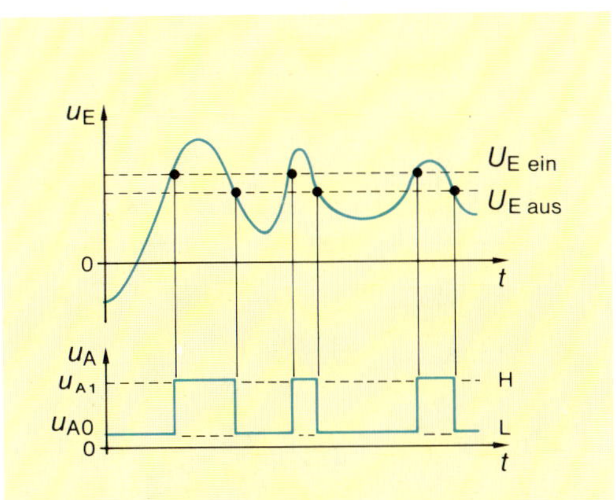

Abb. 4: Spannungsverläufe beim Schmitt-Trigger

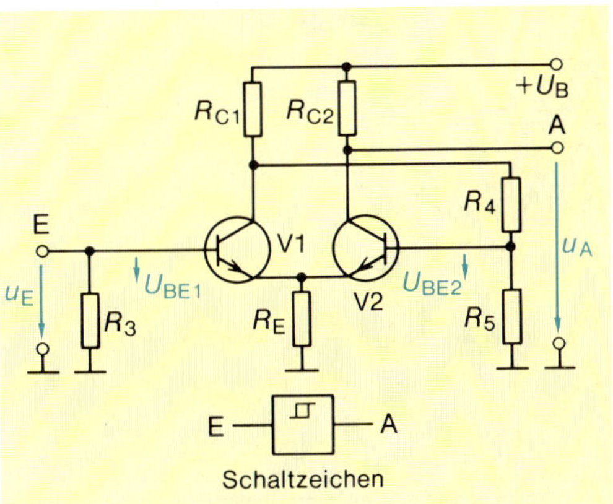

Abb. 5: Schmitt-Trigger

Die Kollektorspannung von V1 ist auf den Wert von U_{CEsat} abgefallen. Das Kollektorpotential von V2 liegt bei U_B. Der Ausgang A hat jetzt 1-Signal.

Eine weitere Erhöhung der Eingangsspannung verändert den Zustand der Schaltung nicht. Erst wenn die Eingangsspannung die Basis-Emitter-Spannung von V1 unterschreitet, kippt die Schaltung in den Zustand A = 0-Signal zurück.

Der Wert der Spannungshysterese wird dabei bestimmt von der Schwellenspannung der verwendeten Transistoren und vom Verhältnis der Widerstände R_4 zu R_5 im Mitkopplungszweig.

Ein Schmitt-Trigger ist ein elektronischer Schalter, mit dem sich analoge Signale in Rechteckimpulse umformen lassen.

Durch den Mitkoppeleffekt beim Schmitt-Trigger läßt sich auf einfache Weise ein Multivibrator aufbauen (Abb. 1). Wenn der Kondensator entladen ist, liegt der Eingang 2 des NAND-Gatters auf 0-Potential und der Ausgang demzufolge auf 1-Potential. Der Kondensator kann sich über R aufladen (t_1 bis t_2). Bei t_2 ist das Schaltniveau erreicht, und die Stufe schaltet. Der Ausgang liegt jetzt auf 0-Potential, und der Kondensator entlädt sich. Bei t_3 schaltet die Stufe wieder usw.

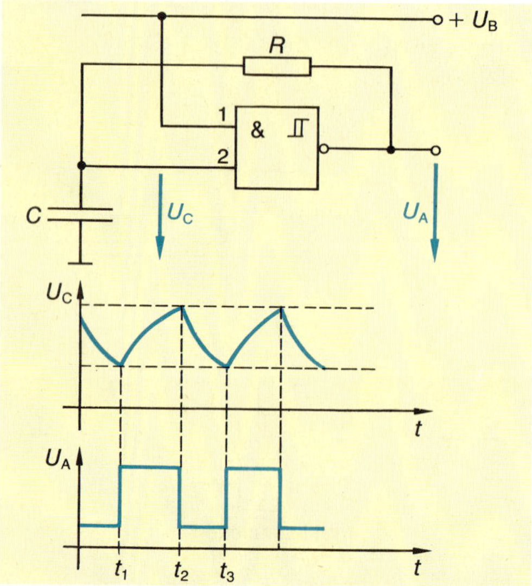

Abb. 1: Multivibratorschaltung mit Schmitt-Trigger

4.14.2 Analog-Digital-Umsetzer nach dem Zählverfahren

Bei der Analog-Digital-Umsetzung nach dem Zählverfahren wird die zu messende Eingangsspannung in eine abzählbare Anzahl von Impulsen umgesetzt. Man unterscheidet verschiedene Verfahren.

In Abb. 2 ist das Schaltungsprinzip nach dem **Sägezahnverfahren** verdeutlicht worden. Der Sägezahngenerator liefert eine zeitproportionale Spannung an den nichtinvertierenden Eingang des Komparators V1. Sobald sie

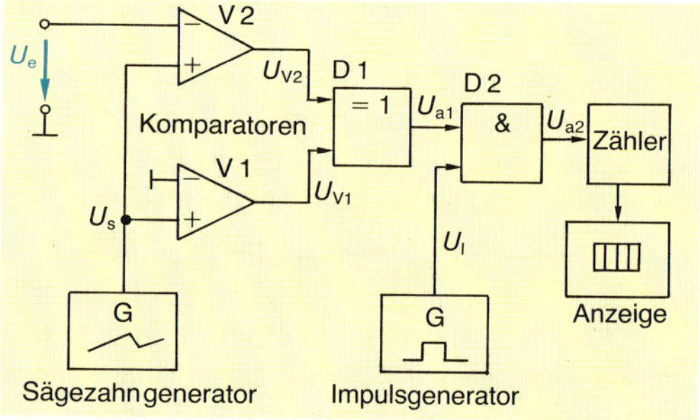

Abb. 2: Analog-Digital-Umsetzer nach dem Sägezahnverfahren

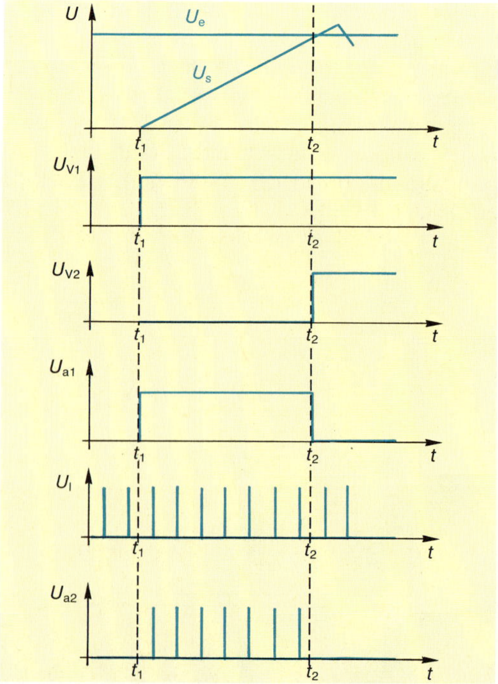

Abb. 3: Spannungsverläufe beim Analog-Digital-Umsetzer nach dem Sägezahnverfahren

durch Null läuft (t_1 in Abb. 3), ist die Spannung zwischen den beiden Eingängen ebenfalls Null (invertierender Eingang liegt auf Null-Potential) und es entsteht am Ausgang des Komparators ein positiver Impuls (U_{V1}).

Am Ausgang des Komparators V2 liegt bis t_2 kein positiver Impuls, weil U_e noch größer als U_s ist. An den Eingängen des nachfolgenden EXKLUSIV-ODER-Gliedes D1 liegen somit ungleiche Signale und der Ausgang befindet sich zwischen den Zeiten t_1 und t_2 im 1-Zustand. Es werden nur in diesem Zeitbereich über das UND-Glied Impulse des Generators durchgelassen, gezählt und angezeigt.

Wenn $U_e = U_s$ geworden ist (t_2), ändert sich das Signal am Komparator V2 und am Eingang des EXKLUSIV-ODER-Gliedes liegen gleiche Signale. Das Ausgangssignal U_{a1} wird Null und das UND-Glied sperrt. Die Impulszählung ist beendet.

Beim Analog-Digital-Umsetzer nach dem **Integrationsverfahren** beeinflußt eine Steuerschaltung (Abb. 4) den elektronischen Schalter, das UND-Glied und den Zähler. Zum Zeitpunkt t_0 befindet sich der Umschalter in der gezeichneten Stellung und die Eingangsspannung U_e gelangt an den Integrator V1. An seinem Ausgang steigt die Spannung linear an, bis zu einem von der Steuerschaltung festgelegten Zeitpunkt t_1 (Abb. 5). Nach dieser abgelaufenen Meßzeit wird zur weiteren Auswertung der Schalter umgeschaltet, der Kondensator durch eine gegenpolige Referenzspannung umgeladen und der Zähler beginnt die Impulse zu zählen. Je nach Größe der Spannung U_e wird die Entladezeit ($t_1 \ldots t_2$) groß oder klein ausfallen. Dementsprechend gelangt eine bestimmte Zahl von Impulsen zum Zähler. Der Komparator erzeugt dabei den Steuerimpuls für das UND-Glied. Da bei diesem Verfahren eine doppelte Integration stattfindet, nennt man es auch Doppel-Rampen- oder Doppel-Flanken-Verfahren **(Dual-Slope-Verfahren).**

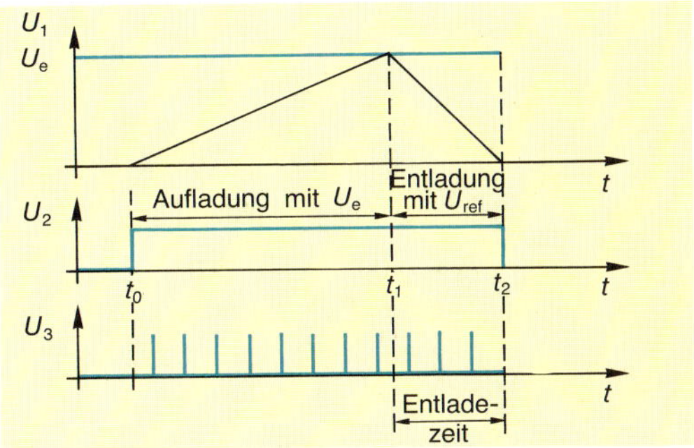

Abb. 5: Spannungsverläufe beim Dual-Slope-Umsetzer

Ein weiteres Verfahren ist das **Spannungs-Frequenz-Verfahren.** Die zu messende Spannung U_e wird in einem Umsetzer in eine entsprechende impulsförmige Wechselspannung umgesetzt, ausgewertet und angezeigt. Die Anzahl der Impulse ist somit ein Maß für die Meßspannung.

Beim Analog-Digital-Umsetzer nach dem Zählverfahren wird während eines genau definierten Zeitabschnitts die Anzahl der Impulse gezählt.

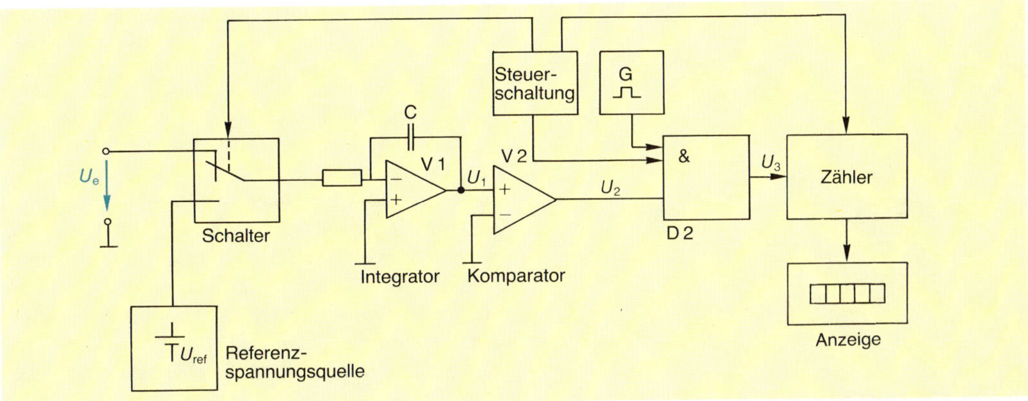

Abb. 4: Analog-Digital-Umsetzer nach dem Integrationsverfahren (Dual-Slope-Umsetzer)

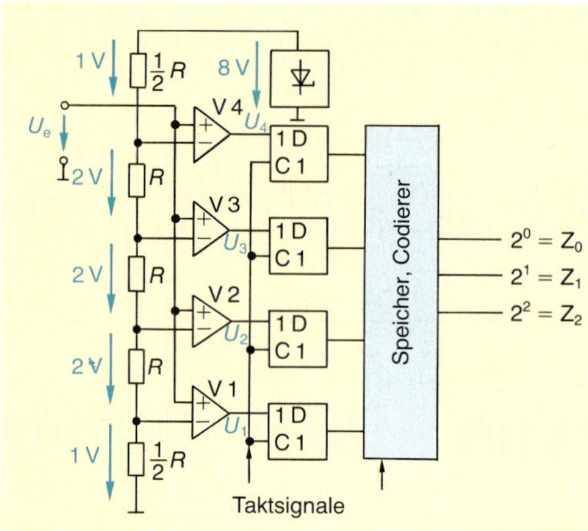

Abb. 1: Analog-Digital-Umsetzer nach dem Parallelverfahren (Beispiel)

U_e in V	Komparatorzustände				Dualzahl		
	V 4	V 3	V 2	V 1	Z_2	Z_1	Z_0
0	0	0	0	0	0	0	0
1	0	0	0	1	0	0	1
3	0	0	1	1	0	1	1
5	0	1	1	1	1	0	1
7	1	1	1	1	1	1	1

Abb. 2: Spannungen und Zustände beim Parallelverfahren

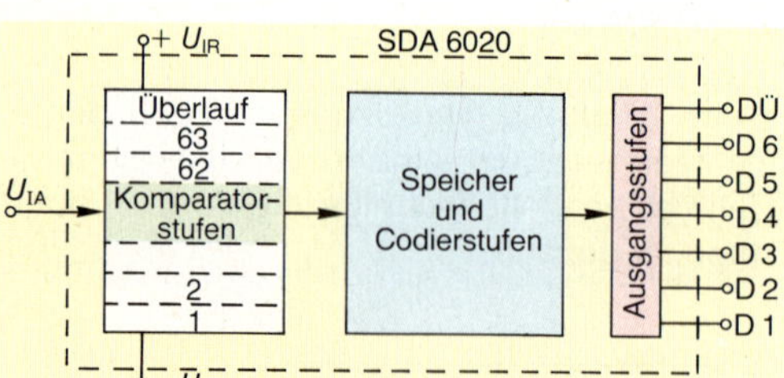

Abb. 3: Blockschaltbild des Analog-Digitalumsetzers SDA 6020

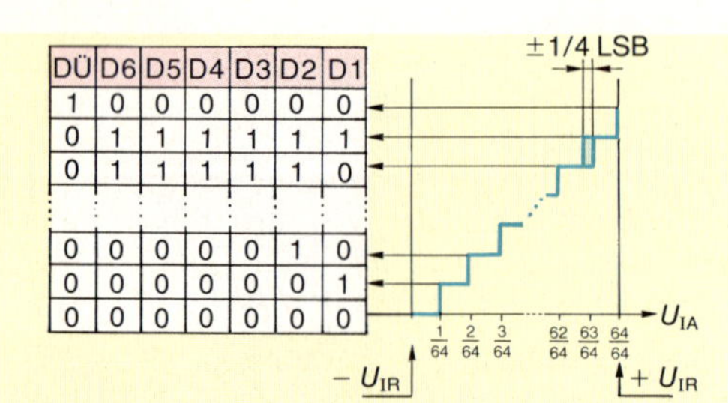

Abb. 4: Übertragungscharakteristik und Logiktabelle des SDA6020

4.14.3 Analog-Digital-Umsetzer nach dem Parallelverfahren

In Abb. 1 ist vereinfacht die Analog-Digital-Umsetzung nach dem Parallelverfahren zu sehen. Aus Gründen der Übersichtlichkeit wurde eine grobe Abstufung der Spannung vorgenommen.

Die invertierenden Eingänge der Komparatoren V1 bis V4 erhalten aus einer stabilisierten Spannungsquelle (8V) über Widerstände genau definierte Spannungen (1V, 3V, 5V und 7V). Wenn jetzt z.B. die Eingangsspannung $U_e = 5\,V$ beträgt, dann werden sich die Ausgänge der Komparatoren V1, V2 und V3 im 1-Zustand befinden. Diese Werte werden im D-Flipflop gespeichert und entsprechend codiert. Durch eine nachfolgende Auswahlschaltung kann der Wert dann angezeigt werden.

Aus Abb. 2 sind die Ausgangsspannungen der Komparatoren für die 5 verschiedenen Fälle zu entnehmen. Durch eine Erhöhung der Zahl der Komparatoren sowie eine entsprechende Erweiterung des Widerstandsnetzwerkes ist eine feinere Auflösung möglich. Da die Eingangsspannung direkt umgesetzt und das Ergebnis als parallel codiertes Digitalsignal zur Verfügung steht, bezeichnet man dieses Verfahren auch als **Parallel-** oder **Direktverfahren.** Es ist im Vergleich zum vorher beschriebenen Zählverfahren ein sehr schnelles Verfahren.

Beim Parallelverfahren wird das Eingangssignal direkt mit einer im Umsetzer vorhandenen Spannung verglichen und dann daraus der digitale Wert gebildet.

Als praktisches Beispiel soll jetzt der 6-Bit-Analog-Digital-Umsetzer SDA6020 besprochen werden. Er arbeitet mit einer Abtastfrequenz von 50 MHz und einer Auflösung von 6 Bit. Das Blockschaltbild ist in Abb. 3 zu sehen. Darin erkennt man, daß sich im Eingangsbereich 64 (63 und Überlauf) Komparatoren mit dem entsprechenden Widerstandsnetzwerk befinden. Danach folgen Speicher- und Codierschaltungen. Am Ausgang steht das digitalisierte Signal mit 6 Bit (Wortlänge 6 Bit, D1 bis D6) und ein Übertrag Dü zur Verfügung.

Am Eingang des Komparators darf eine maximale Analogspannung von $\pm 3{,}0$ V liegen (U_{IA}). Die Referenzspannung wird an die Anschlüsse $+U_{IR}$ und $-U_{IR}$ gelegt. Sie darf sich zwischen $+3{,}0$ V und $-3{,}0$ V bewegen. Der Baustein kann mit logikkompatiblen Spannungen betrieben werden (z. B. 5 V).

Die Übertragungscharakteristik und die Logiktabelle in Abb. 4 verdeutlichen die Arbeitsweise. Der Eingangsspannungsbereich wird in $64 = 2^6$ Stufen aufgeteilt und jeder Stufe ein digitaler Wert zugeordnet. Auf der 63. Stufe ist mit 1/4 LSB die Linearität gekennzeichnet.

LSB bedeutet: **L**east **S**ignificant **B**it und kann als kleinstmöglicher digitaler Schritt verstanden werden. Er berechnet sich wie folgt:

$$1\,\text{LSB} = \frac{U_{FS}}{2^n}$$

U_{FS}: Spannungsendwert (**F**ull **S**cale)
n: Anzahl der Bit

Setzt man für den vorliegenden Baustein als Maximalwert $U_{FS} = 3$ V und $n = 6$ ein, so ergibt sich

$$1\,\text{LSB} = \frac{3\,\text{V}}{64}; \quad 1\,\text{LSB} = 46{,}875\,\text{mV}$$

Dieser Wert ist also die kleinstmögliche Spannungsänderung, die vom Analog-Digital-Umsetzer unterschieden werden kann. Die Angabe der Nichtlinearität von $\pm 1/4$ LSB bedeutet somit, daß eine Abweichung vom linearen Verlauf $\pm 11{,}72$ mV bei jeder Stufe bestehen kann.

Dieser Fehler ist systembedingt und kennzeichnet die Unsicherheit aufgrund der endlichen Auflösung bei der Digitalisierung. Es ist deshalb nicht möglich, von einem digitalisierten Ausgangswert auf den genauen analogen Eingangswert zu schließen und umgekehrt.

4.14.4 Analog-Digital-Umsetzung nach dem Wägeverfahren

Dieser Umsetzer arbeitet mit einem nachfolgend noch zu besprechenden Digital-Analog-Umsetzer. Dieser setzt das von einem Speicher kommende Digitalsignal in ein analoges Signal um.

Zu Beginn des Meßvorgangs (Abb. 5) wird durch eine Steuerung der Speicher so eingestellt, daß er sich im Zustand $z_7 = 1$ befindet. Das Ausgangssignal hat also folgenden Wert: 1000000. Der Digital-Analog-Umsetzer formt dieses Signal in eine analoge Spannung um. Sie ist halb so groß wie der Aussteuerbereich. Ist die Eingangsspannung U_e nun größer als dieser Wert, muß $z_7 = 1$ bleiben. Ist sie kleiner, muß durch die Steuerung diese Stelle auf 0 gesetzt werden. In gleicher Weise werden jetzt die anderen Stellen verglichen, bis auch die letzte Stelle der Dualzahl mit der Eingangsspannung U_e übereinstimmt. Das Umsetzverfahren entspricht somit einem Wägeverfahren. Werte werden nacheinander verglichen, bis Gleichheit herrscht.

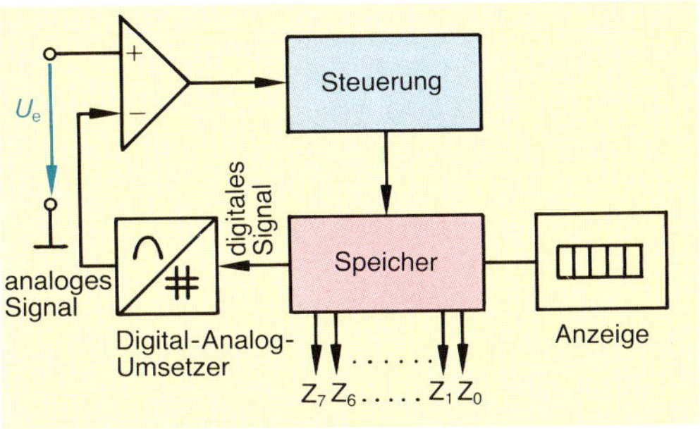

Abb. 5: Analog-Digital-Umsetzung nach dem Wägeverfahren

Beim Analog-Digital-Umsetzer nach dem Wägeverfahren wird das Eingangssignal solange mit einem analogen Signal aus einem Digital-Analog-Umsetzer verglichen, bis das Eingangssignal dem digitalisierten Wert entspricht.

Aufgaben zu 4.14.1 bis 4.14.4

1. Beschreiben Sie die grundsätzliche Arbeitsweise eines Schmitt-Triggers!
2. Was versteht man unter der Hysterese bei einem Schwellwertschalter?
3. Erklären Sie die Analog-Digital-Umsetzung nach dem Sägezahnverfahren!
4. Welcher Unterschied besteht zwischen der Analog-Digital-Umsetzung nach dem Zählverfahren und dem Parallelverfahren?
5. Beschreiben Sie die Analog-Digital-Umsetzung nach dem Wägeverfahren und vergleichen Sie dieses Verfahren mit der Umsetzung nach dem Zählverfahren.

4.14.5 Digital-Analog-Umsetzer

Auch Digital-Analog-Umsetzer können nach verschiedenen Verfahren arbeiten. Zur Verdeutlichung des Prinzips dient die Schaltung von Abb. 1a. Das umzusetzende digitale Signal steht an den Ausgängen A, B, C und D eines Zählers mit den Stellen 2^0, 2^1, 2^2 und 2^3 (Dualcode) zur Verfügung. Die Ausgangsspannung wird über dualgestufte Widerstände ($R_0/2^0$, $R_0/2^1$, $R_0/2^2$, $R_0/2^3$) zusammengeführt. Es entsteht durch die Summenstromstärke I ein Spannungsabfall, der allein von dem jeweiligen Ausgangswert des Zählers abhängig ist.

In Abb. 1b sind zwei Fälle zur weiteren Erklärung der Arbeitsweise zu sehen. Wenn sich im ersten Fall alle Ausgänge des Zählers im 1-Zustand befinden, sind die Ausgangsspannungen ebenfalls alle gleich. Für diesen Fall wurden 5V angenommen. Durch die dualgestuften Widerstände ergeben sich somit Stromstärken von 8 mA, 4 mA, 2 mA und 1 mA. Die Gesamtstromstärke beträgt dann 15 mA und die analoge Ausgangsspannung 15 mV bei einem Widerstand von 1 Ω. Dieses ist der größte Wert.

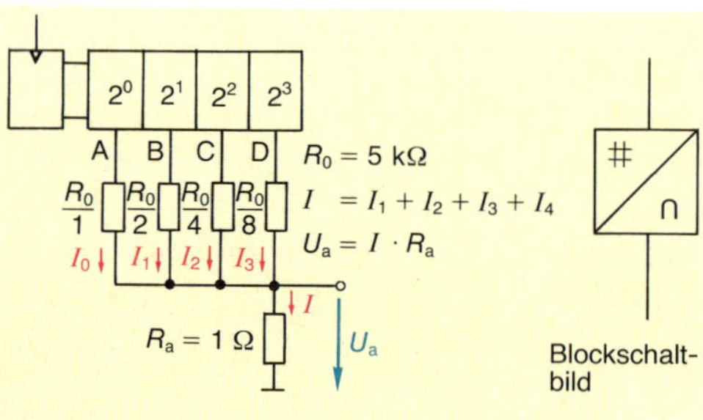

a) Schaltung

Logikwerte	Spannungswerte	Stromwerte	I_a	U_a	Dezimalwert
D = 1 C = 1 B = 1 A = 1	5 V 5 V 5 V 5 V	8 mA 4 mA 2 mA 1 mA	15 mA	15 mV	15
D = 0 C = 0 B = 1 A = 1	0 V 0 V 5 V 5 V	0 mA 0 mA 2 mA 1 mA	3 mA	3 mV	3

b) Beispiele

Abb. 1: Digital-Analog-Umsetzer mit dualgestuften Widerständen für den Dualcode

Liegen dagegen wie im zweiten Fall (Abb. 1b) ein 1-Signal nur an den Ausgängen A und B, dann entsteht eine Ausgangsspannung von 3 mV. Eine Umsetzung einer in digitalisierter Form vorliegende Eingangsspannung in eine analoge Ausgangsspannung hat wiederum stattgefunden. Durch Verstärker können die Ausgangssignale noch vergrößert werden.

Eine Variante eines Digital-Analog-Umsetzers mit dualgestuften Widerständen ist in Abb. 2 zu sehen. Die Ausgänge eines Zählers wirken auf Schalter ein, die dann entsprechend der Wertigkeit des Signals einen digitalgestuften Widerstand an den Eingang des Operationsverstärkers legen. Liegt z. B. ein codiertes Signal von 0100 vor, ergibt sich eine Eingangsstromstärke von

$$I = \frac{8\ V}{R_0/4};\quad I = 4\ mA.$$

Dieser Strom erzeugt am Ausgang des Operationsverstärkers eine Spannung von $-U_a = 4\ mA \cdot 1\ k\Omega$; $-U_a = 4\ V$.

Bei einem codierten Signal von 0110 dagegen ergibt sich folgendes:

$$I = \frac{8\ V}{R_0/2} + \frac{8\ V}{R_0/4};\quad I = 4\ mA + 2\ mA;\quad -U_a = 6\ V$$

Bei diesem Verfahren sind sehr genaue Widerstände erforderlich. Die Anforderungen sind bei den höchsten Stellen am größten. Während der Widerstand der 2^4-Stelle eine Toleranz von weniger als 3% haben darf, ist beim Widerstand der 2^{10}-Stelle bereits eine Genauigkeit von 0,005% erforderlich.

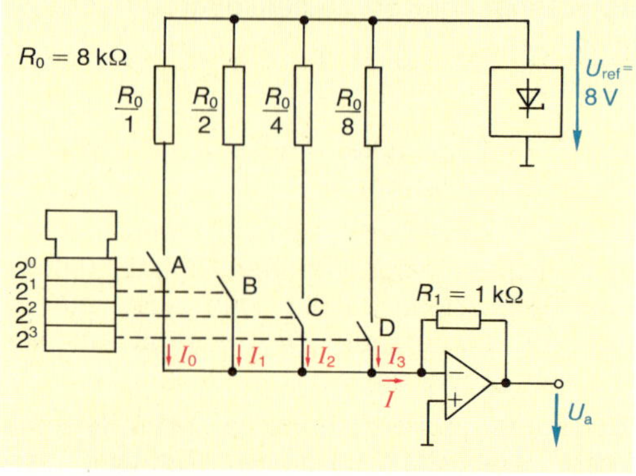

Abb. 2: Digital-Analog-Umsetzer mit dualgestuften Widerständen und Operationsverstärker

Diese Nachteile führen dazu, daß die Schaltungen in der Regel nicht eingesetzt werden. Günstigere Eigenschaften besitzt das ***R*-2*R*-Netzwerk** (Abb. 3). Für die Referenzspannungsquelle ergibt sich immer ein Gesamtwiderstand von $R_{ges} = R$. Durch eine fortlaufenden Spannungsteilung von links nach rechts erhält man gewichtete Spannungen, obwohl nur zwei Widerstandswerte im Netzwerk vorhanden sind.

Die Ersatzschaltung befindet sich in Abb. 4. Sie enthält keine Schalter und auch nicht den Operationsverstärker. Durch die Schalter werden die 2*R*-Widerstände direkt gegen Masse oder zum invertierenden Eingang des Operationsverstärkers gelegt. Letzteres ist gleichbedeutend mit einem virtuellen Nullpunkt. Unabhängig von der Schalterstellung liegen die Widerstände also immer an Masse, so daß die eingezeichneten Ströme ($I_0 \ldots I_3$) für die Ausgangsspannung verantwortlich sind. Die folgende Berechnung verdeutlicht die Zusammenhänge:

$$-U_a = R\,(I_3 + I_2 + I_1 + I_0)$$

$$-U_a = R\left(\frac{U_{ref}}{2R}[D] + \frac{\frac{1}{4}U_{ref}}{2R}[C] + \frac{\frac{1}{2}U_{ref}}{2R}[B] + \frac{\frac{1}{8}U_{ref}}{2R}[A]\right)$$

$$-U_a = U_{ref}\left(\frac{[D]}{2^1} + \frac{[C]}{2^2} + \frac{[B]}{2^3} + \frac{[A]}{2^4}\right)$$

Die in eckigen Klammern befindlichen Buchstaben sollen die jeweilige Dualstelle verdeutlichen. Sie kann die Werte 0 oder 1 einnehmen. Wenn z. B. das Digitalwort 1010 vorliegt, ergibt sich folgende Ausgangsspannung:

$$-U_a = U_{ref}\left(\frac{1}{2^1} + \frac{0}{2^2} + \frac{1}{2^3} + \frac{0}{2^4}\right); \quad -U_a = 5\,\text{V}$$

Integrierte Digital-Analog-Umsetzer arbeiten häufig mit Konstantstromquellen. In Abb. 5 wird dieses durch eine Referenzspannungsquelle mit einem Präzisionswiderstand von 5 kΩ realisiert. Im Innern des Umsetzers befindet sich das Widerstandsnetzwerk mit den elektronischen Schaltern. Über die Eingänge A bis G gelangt das 8-Bit-Digitalwort an den Umsetzer. Am Ausgang steht eine entsprechend gestufte Stromstärke zur Verfügung. Mit Hilfe eines nachgeschalteten Operationsverstärkers läßt sich diese z. B. in eine Spannung von 0 bis 9,98 V in 40 mV-Schritten umwandeln.

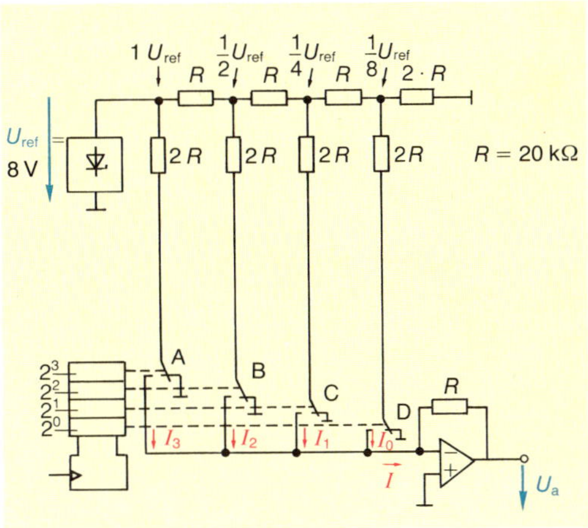

Abb. 3: Digital-Analog-Umsetzer mit *R*-2*R*-Netzwerk

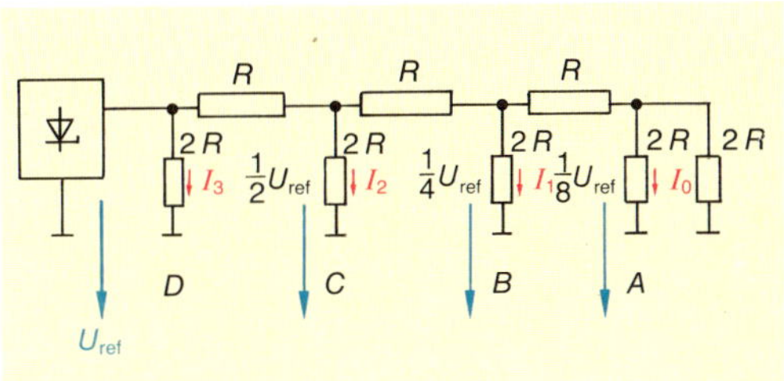

Abb. 4: Ersatzschaltbild zum *R*-2*R*-Netzwerk

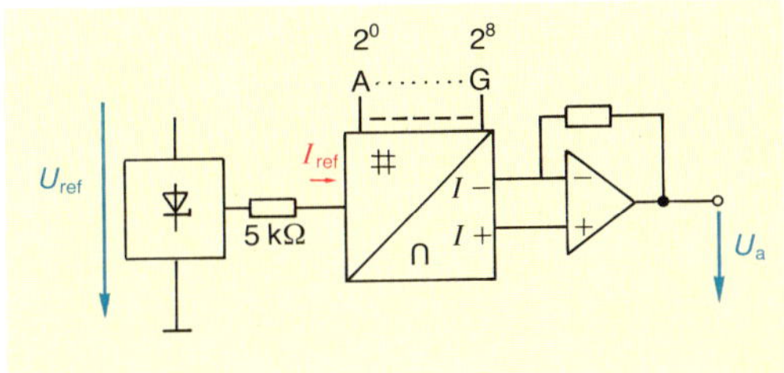

Abb. 5: Beschaltung eines integrierten Digital-Analog-Umsetzers für 8 Bit

Aufgaben zu 4.14.5

1. Was sind dualgestufte Widerstände?
2. Beschreiben Sie einen Digital-Analog-Umsetzer, bei dem dualgestufte Widerstände eingesetzt werden!
3. Skizzieren Sie die Schaltung eines *R*-2*R*-Netzwerkes!
4. Erklären Sie die grundsätzliche Arbeitsweise eines Digital-Analog-Umsetzers!

4.15 Auswahl- und Verbindungsschaltungen

In der Digitaltechnik ist es häufig erforderlich, daß von einer Schaltung aus verschiedenen angebotenen Daten bestimmte Daten ausgewählt (selektiert) und über eine Leitung weitergegeben werden. Man kann sich diese Schaltungen im Prinzip wie einen wechselnden Schalter (Abb. 1) vorstellen. Durch eine Steuerung werden die Daten der Eingänge a bis d an den Ausgang x geschaltet.

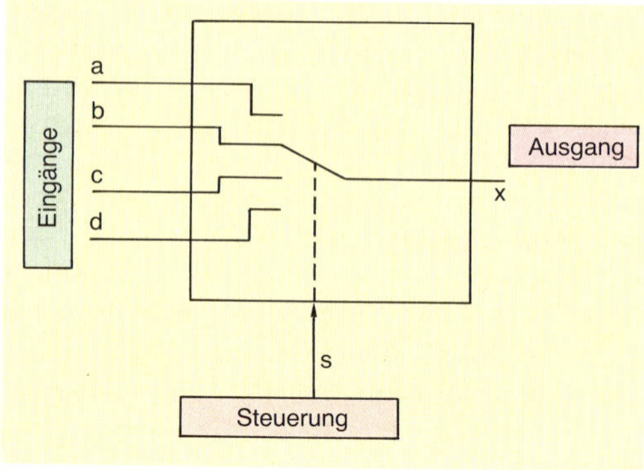

Abb. 1: Prinzip eines Datenselektors

Datenselektoren wählen aus den verschiedenen angebotenen Daten die gewünschten Daten aus.

In vielen Schaltungen der Digitaltechnik erfolgt der Datentransport zeitlich nacheinander über eine Leitung. Ein Hilfsmittel bei diesem Verfahren sind Datenselektoren. Man nennt diese Schaltungen, bei denen Eingangssignale zeitlich nacheinander weitergegeben werden, **Multiplexer.**

Einen zeitabhängig gesteuerten Datenselektor bezeichnet man als Multiplexer.

Wenn in einem Umkehrverfahren dagegen die Daten zeitlich nacheinander auf verschiedene Ausgänge verteilt werden, spricht man von einem **Demultiplexer.**

Die Arbeitsweise eines einfachen Multiplexers verdeutlicht Abb. 2a. Die Daten liegen an den vier Eingängen (a bis d, 4 Bit). Jeder Eingang soll durch die Steuersignale S 1 und S 2 zum Ausgang durchgeschaltet werden. Diese Steuersignale entsprechen Adressen. Zusätzlich kann durch ein 0-Signal am Freigabeeingang der Datentransport vorbereitet werden.

Die Wertetabelle in Abb. 2b verdeutlicht in den Spalten S 1 und S 2, daß sich mit 2 Bit vier verschiedene Steuerbefehle erzeugen lassen (Adressen werden gewählt). Jede Bitkombination ermöglicht einen bestimmten Datenfluß von einem Eingang (a, b, c oder d) zum gemeinsamen Ausgang x.

Im Blockschaltbild der Abb. 2c kennzeichnet man die UND-Verknüpfung der Eingänge S 1 und S 2 durch den Buchstaben G. Die Sym-

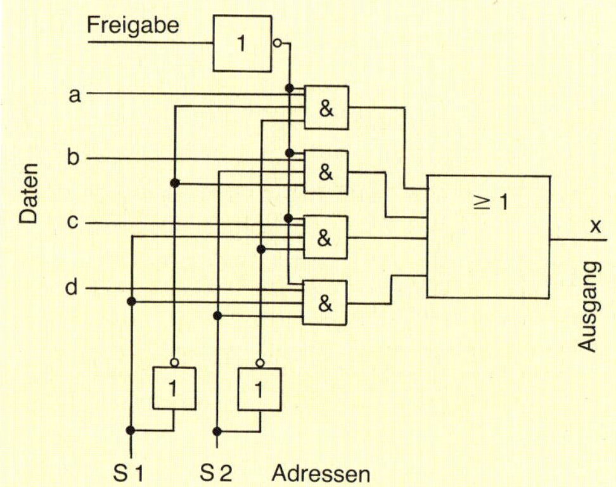

a) Schaltung

Freigabe	Steuerung Adressen		Eingänge für Daten				Ausgang
	S 1	S 2	a	b	c	d	x
0	0	0	1	0	0	0	1
0	0	1	0	1	0	0	1
0	1	0	0	0	1	0	1
0	1	1	0	0	0	1	1

b) Wertetabelle

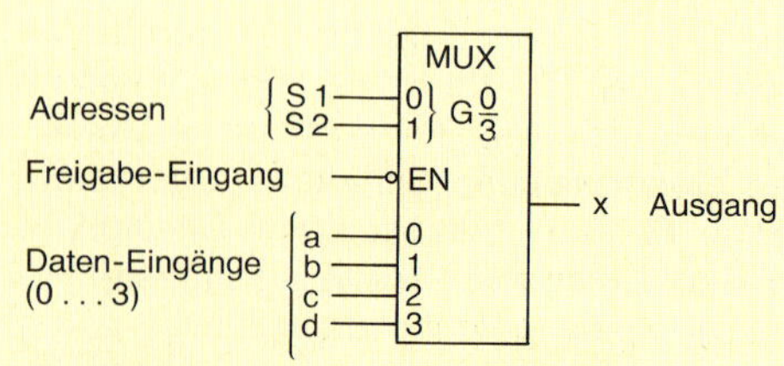

c) Blockschaltbild

Abb. 2: 4-Bit-zu-1-Bit-Datenselektor (Multiplexer)

bolik $\frac{0}{3}$ verdeutlicht, daß für S1 und S2 vier Kombinationen möglich sind (0, 1, 2, 3, 00, 01, 10, 11). Der Freigabeeingang wird durch die Buchstaben EN gekennzeichnet. Zusätzlich sind die Anschlüsse im Innern zur Unterscheidung mit fortlaufenden Ziffern versehen.

Datenselektoren können mehr als 4 Eingänge sowie mehr als einen Ausgang besitzen. Als Beispiel soll der 2 × 4-Bit-zu-4-Bit Datenselektor dienen. Er besitzt 8 Eingänge, wobei jeweils 4 Eingänge zusammen als eine Informationseinheit zu betrachten sind. Über einen Adresseneingang können die 4 Ausgänge angewählt werden und die Eingangsinformation somit weitergeschaltet werden.

Demultiplexer arbeiten umgekehrt wie Multiplexer. In Abb. 3a ist das Schaltbild eines 1-Bit-zu-4-Bit-Demultiplexer zu sehen. Er verfügt über einen Eingang und vier Ausgänge. Mit Hilfe der Signale an S1 und S2 werden die Wege von dem einen Eingang zu einem bestimmten Ausgang freigegeben. In der Wertetabelle ist beispielsweise als Eingangsinformation der Wert 0 angenommen worden. Durch die interne Negierung liegt dann ein 1-Signal am Demultiplexer-Eingang. Dieser Wert kann jetzt durch entsprechende Wertekombinationen an S1 und S2 zu einem Ausgang geschaltet werden.

Auch Demultiplexer gibt es für verschiedene Anforderungen. So arbeitet z.B. die integrierte Schaltung SN 74LS138 als 1-Bit-zu-8-Bit Demultiplexer. Wie die Bezeichnung verdeutlicht, besitzt er über 8 Ausgänge. Über eine entsprechende Adressierung dreier Eingänge $\left(G\frac{0}{7}\right)$ können die Daten an die Ausgänge geschaltet werden.

Anzeigesteuerung im Multiplexbetrieb

Ein Anwendungsbeispiel für Multiplexer bzw. Demultiplexer ist die in Abb. 1, S. 298 dargestellte Steuerung von Sieben-Segment-Anzeigen im Multiplexbetrieb.

Bei diesem Beispiel werden acht Sieben-Segment-Anzeigen angesteuert. Wollte man die Anzeigen parallel ansteuern, müßte jede Anzeige ihren eigenen Sieben-Segment-Decoder bekommen (insgesamt also acht Decoder). Außerdem benötigt man dann zu jeder Anzeige vier Leitungen, bei acht Anzeigen also 32 Leitungen, zwischen Steuerteil und Anzeigeteil. Besonders bei großen Entfernungen zwischen Steuer- und Anzeigeteil ist dieses Verfahren deshalb unwirtschaftlich.

Die Funktion der Multiplexer-Schaltung läßt sich wie folgt erklären:

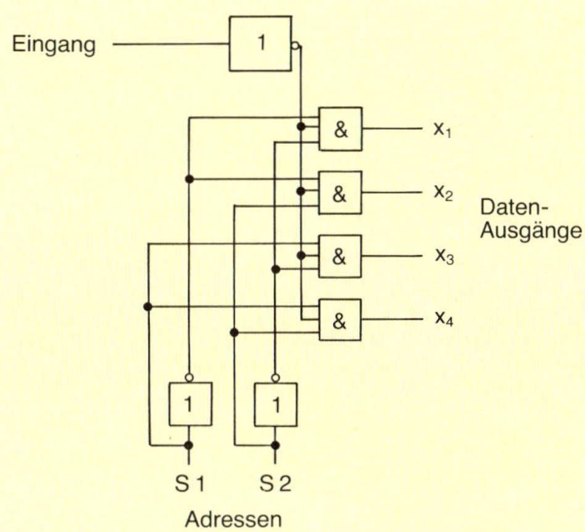

a) Schaltung

Eingang	Adressen		Ausgänge für Daten			
	S1	S2	x_1	x_2	x_3	x_4
0	0	0	1	0	0	0
0	0	1	0	1	0	0
0	1	0	0	0	1	0
0	1	1	0	0	0	1

b) Wertetabelle

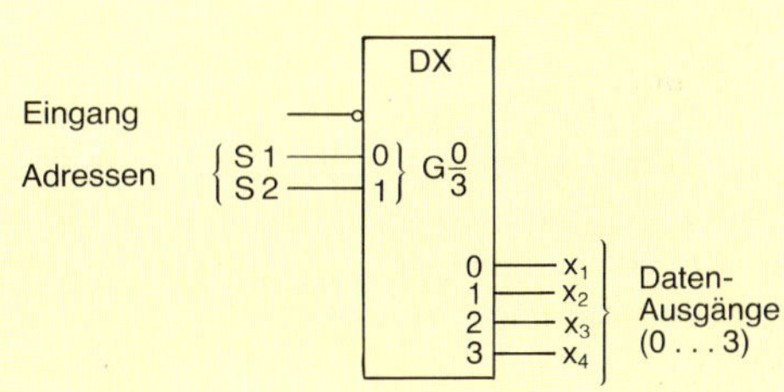

c) Blockschaltbild

Abb. 3: 1-Bit-zu-4-Bit-Demultiplexer

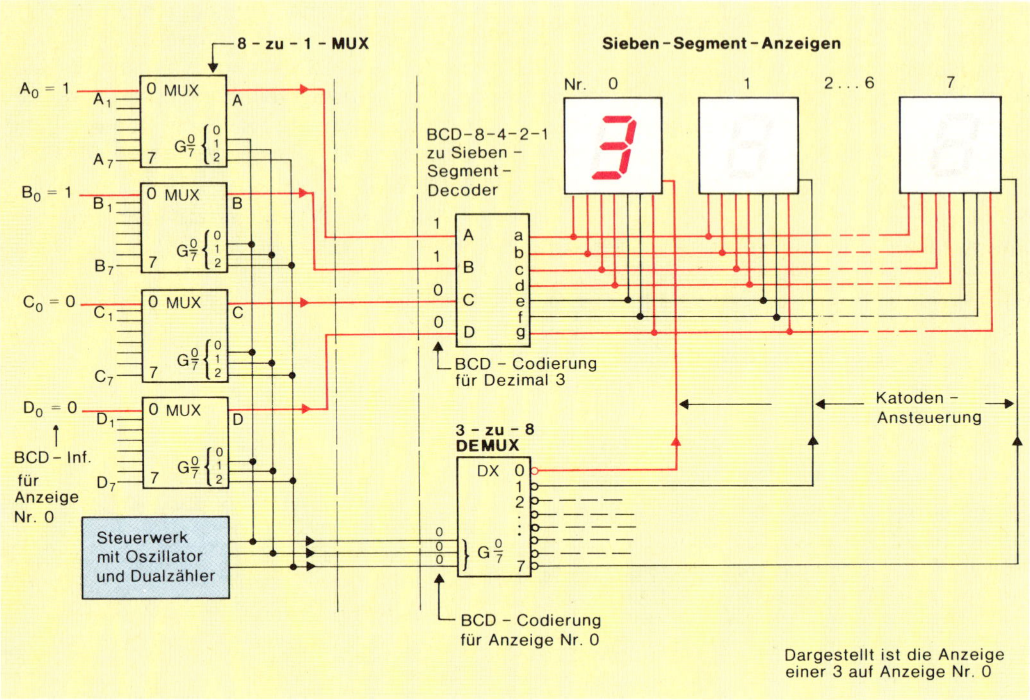

Abb. 1: Multiplexsteuerung bei Sieben-Segment-Anzeigen

In dem Steuerteil befindet sich ein freilaufender Oszillator, der einen Dualzähler mit Taktsignalen versorgt. Die Ausgänge des Zählers sind an die Adresseneingänge der 8-zu-1-Multiplexer und an den 3-zu-8-Demultiplexer geführt. Nehmen wir an, daß der Zähler die Adresse 000 auf die Eingänge A0, A1 und A2 der Demultiplexer legt. Damit schalten die Multiplexer die Eingänge A1, B1, C1 und D1 auf die Ausgänge A, B, C und D durch. An diesen Eingängen liegt die BCD-Information für die erste Sieben-Segment-Anzeige. Im nächsten Schritt erhöht der Zähler seine Adresse und die Multiplexer schalten den nächsthöheren Eingang zum Ausgang durch, usw. Der BCD-zu-Sieben-Segment-Decoder decodiert die jeweils anliegenden Informationen und schaltet die entsprechenden Segmentleitungen an. Der Demultiplexer schaltet den der Adresse entsprechenden Ausgang aktiv und steuert damit den für alle Segmente gemeinsamen Katodenanschluß mit niedrigem Potential an. Dadurch leuchten die ausgewählten Segmente. Das Umschalten zwischen den einzelnen Anzeigen geht so schnell, daß das menschliche Auge ein ruhendes Bild wahrnimmt.

Aufgaben zu 4.15

1. Welche Funktion haben Datenselektoren in der Digitaltechnik?
2. Zeichnen Sie das Schaltbild eines 4-Bit-zu-1-Bit Multiplexers!
3. Beschreiben Sie die grundsätzliche Arbeitsweise eines Demultiplexers!
4. Beschreiben Sie die grundsätzliche Arbeitsweise einer Multiplexsteuerung einer Sieben-Segment-Anzeige!

Sachwortverzeichnis

T

U

V

Bildquellenverzeichnis

Hinweis: Ziffern vor dem Komma = Seitenzahl; Ziffern nach dem Komma = Bild-Nr.

Fotos:

Felten & Guillaume AG, Krefeld: 82, 2
Hartmann & Braun, Frankfurt/M.: 91, 5; 249, 4
H. Heinemann, Braunschweig: 247, 4
„Aufnahme: INTERMETALL, Freiburg, Halbleiterwerk der Deutschen ITT Ind. GmbH": S. 9
Kaschke KG GmbH & Co., Göttingen: 43, 3
Foto & Grafik Rixe, Braunschweig: 11, 1; S. 23; 32, 1 u. 2; S. 49; S. 51; 57, 3; S. 74/75
Römisch Zehn, Ivano Polastri, Braunschweig: 73, 3 u. 4; 80, 1
Siemens AG, Erlangen: 158.3
„Siemens AG", München: 57, 4; 111, 6; 112, 1; 133, 3; 143, 4; 151, 3; 155, 3; 161, 4; 162, 1
Werkbild „WIMA Westermann Mannheim", Mannheim: 28, 2
Westermann-Foto, Hermann Buresch, Braunschweig: 43, 4; 57, 5; 156, 1

Zeichnungen:

Hermes Kartographisches Büro, Göttingen-Roringen
Thomas Hoppe Ingenieur- und Zeichenbüro, Hamburg
H. Jürgen Köster Entwurfs- und Zeichenbüro, Braunschweig
Eleonore Schmidtchen Technisches Zeichenbüro, Berlin
Technisch Grafische Abteilung Westermann

Formeln

Gegengekoppelter Operationsverstärker

$$\frac{U_2}{U_1} = \frac{R_2}{R_1}$$

$$\frac{U_2}{U_1} = 1 + \frac{R_2}{R_1}$$

Verstärker bei Gegenkopplung

$$v = \frac{v}{1 + kv}$$

Klirrfaktor

$$k_u = \sqrt{\frac{U_{f2}^2 + U_{f3}^2 + \ldots + U_{fn}^2}{U_{f1}^2 + U_{f2}^2 + \ldots + U_{fn}^2}}$$

Verstärkung von Wechselgrößen

– Spannungsverstärkung

$$v_u = \frac{\Delta U_a}{\Delta U_e}$$

$$v_u = \frac{u_a}{u_e}$$

– Stromverstärkung

$$v_i = \frac{\Delta I_a}{\Delta I_e}$$

$$v_i = \frac{i_a}{i_e}$$

– Leistungsverstärkung

$$v_p = \frac{\Delta P_a}{\Delta P_e}$$

$$v_p = \frac{p_a}{p_e}$$

$$v_p = v_u \cdot v_i$$

Stromverstärkung bipolarer Transistoren

– Emitterschaltung

$$B = \frac{I_C}{I_B}$$

$$\beta = \frac{\Delta I_C}{\Delta I_B}$$

– Kollektorschaltung

$$C = \frac{I_E}{I_B}$$

$$\gamma = \beta + 1$$

– Basisschaltung

$$A = \frac{I_C}{I_B}$$

$$\alpha = \frac{\beta}{1 + \beta}$$

Steilheit

– FET

$$S = \frac{\Delta I_D}{\Delta U_{DS}}$$

Formeln

Widerstandsschaltung

in Reihe	Parallel
$I_g = I_1 = I_2 = \ldots = I_n$	$I_g = I_1 + I_2 + \ldots + I_n$
$U_g = U_1 + U_2 + \ldots + U_n$	$U_g = U_1 = U_2 = \ldots = U_n$
$R_g = R_1 + R_2 + \ldots + R_n$	$\frac{1}{R_g} = \frac{1}{R_1} + \frac{1}{R_2} + \ldots + \frac{1}{R_n}$

RL-Schaltungen

in Reihe	Parallel
$U^2 = U_R^2 + U_L^2$	$I^2 = I_R^2 + I_L^2$
$Z^2 = R^2 + X_L^2$	$\left(\frac{1}{Z}\right)^2 = \left(\frac{1}{R}\right)^2 + \left(\frac{1}{X_L}\right)^2$
$S = U \cdot I$	$S = U \cdot I$
$P = U_R \cdot I$	$P = U \cdot I_R$
$P = S \cdot \cos\varphi$	$P = S \cdot \cos\varphi$
$Q = U_L \cdot I$	$Q = U \cdot I_L$
$S^2 = P^2 + Q^2$	$S^2 = P^2 + Q^2$

RC-Schaltungen

in Reihe	Parallel
$U^2 = U_R^2 + U_C^2$	$I^2 = I_R^2 + I_C^2$
$Z^2 = R^2 + X_C^2$	$\left(\frac{1}{Z}\right)^2 = \left(\frac{1}{R}\right)^2 + \left(\frac{1}{X_C}\right)^2$
$S^2 = P^2 + Q^2$	$S^2 = P^2 + Q^2$

RCL-Schaltungen

in Reihe	Parallel
$U^2 = U_R^2 + (U_C - U_L)^2$	$I^2 = I_R + (I_C - I_L)^2$
$Z^2 = R^2 + (X_C - X_L)^2$	$\left(\frac{1}{Z}\right)^2 = \left(\frac{1}{R}\right)^2 + \left(\frac{1}{X_C} - \frac{1}{X_L}\right)^2$

Verlustfaktor

in Reihe	Parallel
$\tan\delta = \frac{R_{ser}}{X_{ser}}$	$\tan\delta = \frac{X_{par}}{R_{par}}$

Güte

in Reihe	Parallel
$Q = \frac{X_{ser}}{R_{ser}}$	$Q = \frac{R_{par}}{X_{par}}$